西方現代城市規劃思想史導論

壬寅夏月 劉克明題

国家自然科学基金（项目号51778318）、清华大学研究生教学改革经费（2021）、清华大学建筑学院“双一流”建设经费

西方现代城市规划思想史导论

（19 世纪末 -1940 年代）

刘亦师 著

中国建筑工业出版社

图书在版编目（CIP）数据

西方现代城市规划思想史导论：19世纪末-1940年代/
刘亦师著. —北京：中国建筑工业出版社，2022.9

ISBN 978-7-112-27506-9

Ⅰ.①西… Ⅱ.①刘… Ⅲ.①城市规划—思想史—西方国家—现代 Ⅳ.①TU984.5

中国版本图书馆CIP数据核字（2022）第101057号

责任编辑：易　娜
书籍设计：锋尚设计
责任校对：刘梦然

西方现代城市规划思想史导论（19世纪末-1940年代）
刘亦师　著

*

中国建筑工业出版社 出版、发行（北京海淀三里河路9号）
各地新华书店、建筑书店经销
北京锋尚制版有限公司制版
北京中科印刷有限公司印刷

*

开本：787毫米×1092毫米　1/16　印张：28½　字数：639千字
2022年8月第一版　2022年8月第一次印刷
定价：**118.00**元
ISBN 978-7-112-27506-9
（39488）

序

刘亦师教授是我的同事。我们同在清华大学建筑学院任教，虽然他在建筑系，我在规划系，但是办公室都在建筑馆新楼，不时会碰到。近年来，又经常看到他在规划杂志上发表高水平规划史论文，见面时总要交流几句。亦师治近代建筑史，兼顾西方现代城市规划思想史，跨度大，难度大，成果颇丰，令人称奇。今年初，他冷不丁地给我《西方现代城市规划思想史导论》，二十章洋洋洒洒的文字，不禁叹为观止，年龄上我虚长了几岁，可以倚老卖老地说一句，后生可畏！

亦师，亦友也。他温文儒雅，典型的学院派，对西方现代城市规划思想有独到见解。他以草坪、行道树和道路横截面设计等为饵，竟然诱出包含田园城市思想、田园城市运动和田园城市设计等丰富内容的田园城市研究体系这条大鱼来。并且，一路探隐索颐，展示了区域规划、乡村保护、城市更新等现代西方城市规划早期发展的迤逦景观。亦师的研究视角和经历都很独特，从建筑史入规划史，注意到西方现代城市规划思想史的细部，但不是局部，正是通过对这些常常被忽略的细部的深究，他洞悉了西方现代城市规划思想的真正消息和基本精神。

亦师将他的研究成果分成三类，一曰现代城市规划之起源，二曰田园城市思想、田园城市运动与田园城市研究体系，三曰田园城市及其他。似非而是的是，尽管他发掘的是历史，但是采撷的果实都很新鲜，甚是难得。从他探索的现代城市规划源头，我们可以远观历史的土壤及其上层建筑；至一百多年前田园城市蔚为大观地浮现于规划史的地平线，我们则可以感受到发达的欧美社会都已投入到这场规划运动中了。他称为“其他”的研究成果，包括著名的六边形规划理论以及区域规划思想实践等，实际上内容也很丰富。因为我喜欢六边形的中心地理论，那是一个基于调查与归纳，进而完美演绎的形态理论，亦师研究六边形理论早就引起我的注意，他发掘到了历史的基岩，收获了很多东西，自然会吸引路人的眼光。对于西方现代区域规划，2006年我著《中国近现代区域》时，亦希望从中国与世界的视角中进行审视，当时提出区域规划作为区域空间治理手段，现在已经成为共识，亦师的著作又进行具体的全景式研究，有点仰观俯察的意味了。

《西方现代城市规划思想史导论》即将上市，亦师邀我写上几句助兴。劳动节期间，我又通读了书稿，发现亦师联系、打通中与外，在相互观照中获得了新认知，这对于城市规划历史与理论研究富有启发意义。虑及一百多年来，国人奋发图强，学习西方现代先进思想包括西方现代规划，洋为中用，城乡规划建设取得了长足进步，中国城镇化已经成为国内外重要的学术研究领域。在此过程中，中国城乡规划学也发展为一级学科，城市规划历史与理论成为重要的知识领域。规划史研究从属于规划学而不是历史学，规划史研究具有学以致用的特征。亦师已经来到了规划史的原野上，囊中装着《西方现代城市规划思想史导论》，拔剑四顾。期待老友再接再厉，发挥所长，将论文写在中国式现代化的大地上。

是为序。

武廷海

清华大学建筑学院教授、城市规划系系主任

2022年5月3日

目录

第1章 绪章

1.1 "城市规划"与现代城市规划学科之产生及其特征

我国近现代相继出现的"都市计划"、本页"都市计画"和"城市规划"等术语虽然字面表述不同[①]，但其词源均来自英文词town planning，美国也称之为city planning或urban planning[②]。英文词"planning"表达的是对包括城市规划调查、研究、编制、实施管理等各环节在内的过程性控制，是一系列、各种层面的静态"方案"（plan）的集合[③]。

一般认为，最先发明英文词"城市规划"（town planning）的是英国住宅改革家、时任伯明翰住房委员会（Housing Committee）主席的聂特福德（John Nettlefold，1866—1930年）[④]（图1-1）。1904年，另一位英国住房改革家霍尔斯福（Thomas Horsfall，1841—1932年）基于其对德国的察访出版了《人民的住房及其环境提升：德国榜样》[⑤]一书（图1-2）。在此书启发下，聂特福德于1905年率伯明翰调查团赴德国考察住房建设和城市管理。临行前，他已在公函中使用"城市规划"一词，用以指代德国城市建设和管理等各项内容；访问回国后，聂特福德于1906年10月在向伯明翰市民的一次公开演讲中正式使用了"城市规划"一词，随即由伯明翰市政府印行出版。1909年12月3日，英国议会通过著名的《住房、城市规划及其他法案》（*The Housing, Town Planning, etc. Act*），这既是全世界第一部规划法案，也是"城市规划"这一术语首次出现在法律条文中[⑥]。

---

① 曾留学英国的陈占祥认为我国"城市规划"的定名来自对苏联术语翻译的影响，其本意可能指从近代"都市计划"转为"城市规划"的过程。二者虽字面不同，本义则一，且较单纯的空间形体设计（Civic Design）宽泛得多。此外应注意，苏联之城市规划系统亦系欧美规划家帮助建立。参见：陈占祥教授谈城市设计［J］. 城市规划，1991（1）：51-54；李浩."城市规划"术语定名考——兼议与"城市设计"之关系［J］. 北京规划建设，2016（4）：149-152.

② John Nolen. New Ideas in the Planning of Cities, Towns and Villages［M］. New York: American City Bureau，1919. Mel Scott. American City Planning Since 1890［M］. Berkeley: University of California Press，1969.

③ 曹康综述若干研究，指出德国、瑞典、法国、西班牙等国语言中皆有类似"规划方案"（plan）的单词，但意指planning者则仍推英国为首创。参见：曹康. 西方现代城市规划简史［M］. 南京：东南大学出版社，2010：81-82.

④ Gordon Cherry. The Politics of Town Planning［M］. London: Longman，1982：3.

⑤ T. C. Horsfall. The Improvement of the Dwellings and Surroundings of the People: The Example of Germany［M］. Manchester: Manchester University Press，1904.

⑥ Anthony Sutcliffe. Britain's First Town Planning Act: A Review of the 1909 Achievement［J］. The Town Planning Review，1988，59（3）：289-303.

图1-1 英国早期规划家聂特福德青年时代像（聂特福德是英国田园城市运动和第一部规划法的积极推动者，同时英格兰北部的工业城市伯明翰也是20世纪初英国推进规划实践最有力、成果最显著的城市）

资料来源：Oxford Dictionary of National Biography.

图1-2 曼彻斯特住房改革家霍尔斯福（他提倡仿效德国的榜样，由政府购地兴建工人住宅，此议在曼彻斯特和利物浦得以实行，但为聂特福德所反对〈详见第5章〉。可见20世纪初城市规划的多方探索及其不确定性）

资料来源：T. C. Horsfall. The Improvement of the Dwellings and Surroundings of the People: The Example of Germany［M］. Manchester: Manchester University Press, 1904.

通过田园城市运动的重要人物、与霍尔斯福和聂特福德均熟识的亚当斯（Thomas Adams）的回忆，我们可以看到“城市规划”这一新词汇所蕴藏的创造力：

> 在1905年8月赴德国考察之前，聂特福德就曾提出用“城市规划”翻译德语词fluchtliniengeseiz。他受霍尔斯福《德国榜样》一书的启发，但奇怪的是霍尔斯福从未使用过“城市规划”这一名词……霍尔斯福说他也不知道聂特福德怎么想出来这种翻译，因为fluchtliniengeseiz按字面意思是指“建筑控制线法令”……对应的德文词Stadtplan在该法令中压根没有出现过[①]。

最初，“城市规划”的含义与德国式的城区扩张（urban extension，德文*stadterweiterungen*）相近，也指建设城市新辟区域的道路和住房，但也包含着像德国那样由地方政府征购土地用于建设住宅和进行功能分区管理等内容。当这些英国的住房改革家最初开始使用这一新词时，他们自己也不确切知道“城市规划”的丰富内涵以及它终究将向何处发展。但城市规划作为英国政治和社会改革传统的一种新形式，“与当时的政策制定方式有根本不同”则属确定无疑[②]。并且，因为城市规划“是一个不带立场的中性政治概念，且能够容括当时各种温和的改革思想并将其进行重组以推广，用以遏制激进思想的蔓延”[③]。因此，虽然其范畴迅速超越住宅建设而触及政治和社会的方方面面，但仍为英国各界所接受。同时，“城市规划”这一新词及其政治、技术和文化内涵也从英伦三岛扩张到包括德国的世界各地。

本书的主要目的之一，是梳理“城市规划”这一“不带立场的中性政治概念”在西方如何形成、扩展并为人们所接受的历史过程，而重点研究19世纪以来的各种社会改革思想与“城市规划”的关系：前者如何被容括到后者中，又如何激发新的改革思想，进而形成新的话语体系和管理机制。此外，本书在此后章节中还将尝试回答以下问题：为什么在英

① Thomas Adams. The Origins of the Term “Town Planning” in England［J］. Journal of the Town Planning Institute, 1929, 15（11）: 310-311.

② Richard Foglesong. Planning the Capitalist City: The Colonial Era to the 1920s［M］. Princeton: Princeton University Press, 1986: 4.

③ Stephen Ward. Planning and Urban Change［M］. London: SAGE Publications Ltd. 2004: 25.

国（更具体地说是北部的工业城市伯明翰）最先出现“城市规划”这一专业名称？德国和英国在城市规划方面发生了怎样的互相影响？就关联性而言，当时西方世界的其他主要国家如法、美、奥匈帝国等在现代城市规划形成的过程中扮演了什么角色，如何相互影响？现代城市规划在其发展过程中出现过哪些重要思想，这些规划思想及其提出者之间有什么关联？而本章首先需阐释以下更为本质，也是直接关系如何建立研究框架和确定研究重点的问题：作为独立学科的现代城市规划究竟是怎样出现的？在其早期发展的历史过程中体现了哪些主要特征？

学界公认，现代城市规划形成于20世纪初的西方[①]，是在18世纪工业革命以后西方各国城乡景观及人们生产、生活方式发生了根本改变的大背景中逐渐孕育而生的。梁思成、林徽因在其翻译的《现代城市计划大纲》中对工业革命以后西方城市和乡村的发展阶段及其困境有过精要的描述：

> “欧美所有的城市庄镇都是由中世纪承袭下来的，早就逐渐不适宜于现代社会化的生产和工业化以后的生活；但因在经济制度方面，维持着残酷的剥削和私有财产制度，尤其是土地私有制度始终妨碍着任何改善都市体形的企图。在中世纪的城市里，加上资本主义的盲目发展，加上社会化的生产方式，加上工业生产以后的生活和现代交通工具，就等于紊乱的城市体形。这紊乱体形都经过了这样的程序：起初，工厂和铁路骤然间将人口集中到本来中古式的城市中，于是出现了密集的工业区，商业区和被剥削、被压迫的无产阶级和他们被迫所居住的“贫民窟”区；随后，汽车出现了，车祸出现了，现代公路也出现了，又将人口盲目地、无计划地输送到乡郊去，于是出现了许多住宅区，而把工商业遗留在市中心。但是新的工商业又追随着在郊区密集地兴建起来；于是想要躲避市尘嘈杂的有钱人，又将住处向郊外更远处迁移，乡郊遂被重重房屋所包围。”[②]

工业革命导致了西方城市的性质、规模、形态等的巨大改变是无可争议的事实。工业革命以前，工业的选址常不离原料产地附近，但随着工业革命之后动力和交通技术的发展，能提供大量廉价劳动力的城市成为新工厂选址的目的地，结果不但进一步加强了产业聚集效应，也成为推动西方城市化进程的重要动力。以城市人口为例，西方各大城市的人口在工业革命以后增长极快。如伦敦在1800年时不到100万人，至1900年增至400万人，至1950年又翻一番至800万人；同时英国北部诸工业城市如伯明翰、曼彻斯特、利物浦等亦快速增长，至1850年英国的城市化率第一次超过50%。类似地，巴黎在1800年不过55万人，至1900年增至280万人。美国因19世纪中后叶的大批欧洲移民，人口增速更快：纽约

---

① 西方学者多以1909年前后的重要事件为标准。国内学者有的以“规则法制化、术语规范化、组织专门化、期刊学术化、人员专职化、交流国际化”等作为现代城市规划诞生的指标，也可作参考。参见：曹康．西方现代城市规划简史［M］．南京：东南大学出版社，2010．

② 清华大学营建学系编译组．城市计划大纲［M］．上海：龙门联合书局，1951：1-2．

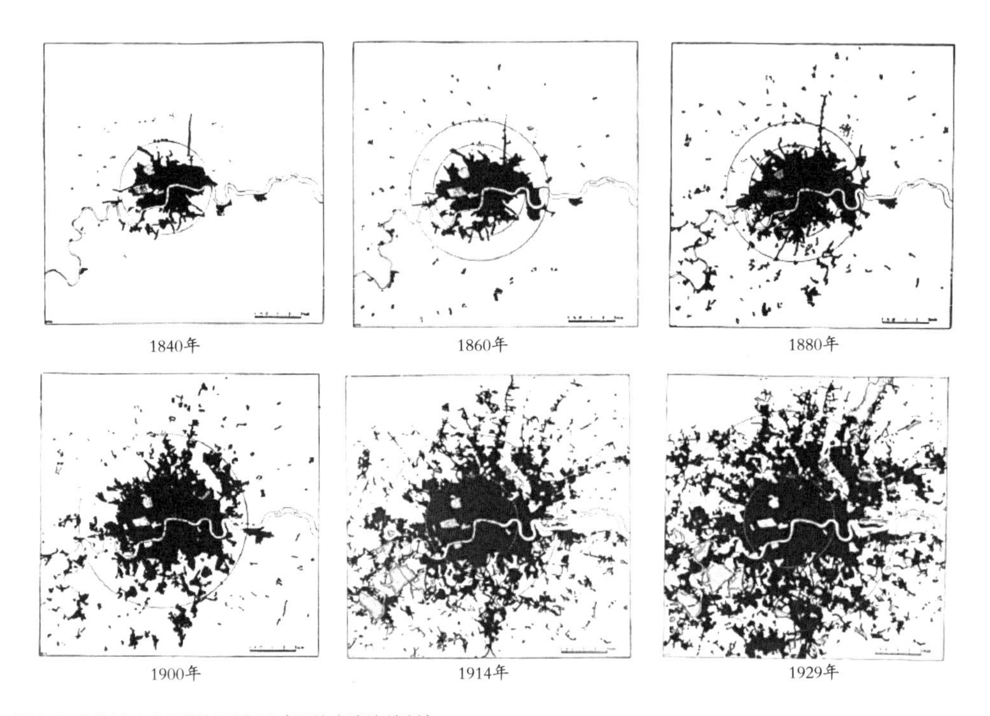

图1-3 伦敦城市空间增长示意图（阿伯克隆比绘制）
资料来源：Patrick Abercrombie. Greater London Plan 1944［M］. London：His Majesty's Stationery Office，1945：53.

从1800年时的6万人飞速增至1850年代的50万人，至1950年已达800万人；芝加哥在19世纪初尚不存在，至1870年代已成为美国第二大城市，19世纪末人口已逾170万①。在城市人口增长的同时，城市空间也越过城墙包裹的中世纪以来形成的老城，逐步向乡郊发展（图1-3）。由于缺少统筹规划，工厂和居住区毗邻而建，由此导致的各种城市问题，也就如梁、林文章所描述的那样，不但生活环境日益拥挤、阶级矛盾加剧，也造成了“紊乱的城市体形”。

为了应对过度拥挤、空气污秽、疾病丛生、社会动荡等城市问题，在城市规划尚未产生之前，就有一批富有理想主义和人文关怀的改革家提出过各种解决方案，这些尝试贯穿了整个19世纪，并发生在欧美各国中。以改革家统称的这批人——包括建筑家、政治家、经济学家、企业家、新闻记者等，实际上都是城市规划专业的“局外人”，但他们的工作都包括对现实社会的不公和悲惨景象进行描述、分析其所以产生的根源，并提出各自的解决方案。其中，有关城市空间形态的还相当粗犷的描摹就成为日后现代城市规划产生的思想基础。

西方学界一般认为现代城市规划学科正式创立于1909年，其重要背景是霍华德提出的

① Russell Lopez. Building American Public Health［M］. New York：Palgrave Macmillan，2012：13.

田园城市思想（1898年）及由此推动的席卷全球、声势浩大的田园城市运动。在此影响下，现代城市规划史上的诸多大事件在1909年这一年间接踵发生，英国于1909年颁布了世界上第一部规划法案，并于利物浦大学内开始正式的规划专业教育；此外，田园城市运动的主将恩翁（Raymond Unwin，1863—1940年）出版了《城市规划实践》一书[①]，系统总结了田园城市的设计原则和方法（详见第12章）。同年，大洋彼岸的美国召开第一次全美城市规划大会，伯恩海姆（Daniel Burnham，1846—1912年）公布了其著名的芝加哥规划方案，将美国的城市美化运动推向高潮。在此后数年间又接连发生不少规划事件，如柏林规划竞赛（1910年）、英国皇家建筑师学会主办城市规划大会（1910年）、英国规划师学会成立（1914年），世界各国为推动田园城市运动开展的城市规划专业团体也在这一时期陆续成立。这说明，在理论、实践和法制保障三个层面，城市规划皆已逐渐脱离其原来依附的建筑设计和市政工程而逐渐形成一个新的、独立的学科，并且在其创生之初就带有很强的全球性特征。

城市规划学科的出现，为当时西方亟待解决的城市发展模式及空间形态等问题探索新方向（图1-4）。19世纪西方城市的发展，不啻拆除中世纪的城墙并在毗邻已建成区域继建新城区，亦即德国式的“城区扩张”（urban extension）。以绿化隔离带相间，脱离开建成区建设“田园新城”，虽是霍华德田园城市思想的要旨，但经过1920年代“卫星城”理论的补充直至1940年代才成为占主导地位的城市发展模式。同样，霍华德在1898年就提出的区域规划思想也要经过几十年的反复进退，才能逐渐为各国政府接受作为重要的政策性工具。另一方面，在1910至1920年代，由于田园城市运动致力于建设住宅区，造成前引梁思成、林徽因文中所说“乡郊遂被重重房屋所包围”等现象。为了保护村镇的空间肌理和乡村景观免受资本和城市扩张的侵害，田园城市运动的主将阿伯克隆比（Patrick Abercrombie，1879—1957年）等人组织新团体从事乡村保护，及后与历史城市保护运动并立发展，在第二次世界大战的战后重建规划中成为引人瞩目的重要内容，再次扩大了现代城市

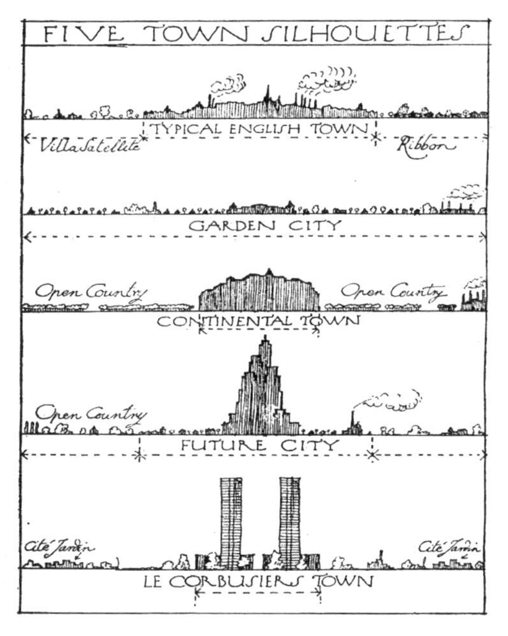

图1-4 阿伯克隆比著作中对不同城市形态的分析（对此图的分析详见第15章“结语”）

资料来源：Patrick Abercrombie. Town and Country Planning［M］. London：Thornton Butterworth Ltd.，1933：115.

① Raymond Unwin. Town Planning in Practice：An Introduction to the Art of Designing Cities and Suburbs［M］. London：Adelphi Terrace，1909.

规划的对象，使其内涵更加丰富（图1–5）。

可见，现代城市规划在其成立初期的目标、内容、范畴均相当局限，其从1909年创立开始到1940年代的发展历程是缓慢、逐渐扩大的。在此过程中，规划家们不断调整其立场并创造出各种新理论和新方法，且通过不懈的实践和宣传，使城市规划的实施范围持续拓展，并以法律形式加以确定——从最初的市郊新住宅区（最初颁布的几部相关法案的名称中都包含了“住宅”二字），到城市已建成区的更新改造，进而扩至市域、跨行政边界的区域和全国范围，使城市规划由依附而逐渐独立、成为政府的重要职能部门。贯穿本书此后章节的一个重要线索，就是围绕渐进式发展，缕析现代城市规划何以扩张边界、丰富观念和完善立法等历史过程。

图1–5 阿伯克隆比著作中对乡郊景观的分析及保护建议（图中所示为伦敦郊外Epping森林，“良好的林业管理应包括对自然森林的保护”，并作为休闲地服务于城市居民）

资料来源：Patrick Abercrombie. Greater London Plan 1944［M］. London：His Majesty’s Stationery Office，1945：164.

除“渐进性”外，我们还可以尝试总结现代城市规划在这一时期发展历程的其他几个重要特征，作为研究现代城市规划史的切入点。首先，现代城市规划是在一个较长历史时期孕育、发展的结果，是在贯穿了整个19世纪的寻求城市问题解决方案的探索中逐渐产生的。要更深入、立体地认识现代城市规划及其形成背景，对19世纪乃至更早之前的西方历史不能不有所了解。前文提及城市规划学科成立之前的“局外人”，正因为这批19世纪的改革家们不能或不愿将他们观察和研究的对象局限在狭小的专业领域，所以才能直刺政治制度和社会经济生活的本质。1945年之后世界政治格局、经济政策、社会舆论等方面发生了巨大变化，促进了现代城市规划的全球普及和实践，而其所包含的种种核心命题——政府与市场的关系、土地所有制、个人主义与集体主义的关系等，实际上在19世纪早已展开过激烈辩论：正是在18世纪初边沁功利主义思想影响下，才引起对自由放任经济和自由主义思想的系统批判与反思，因此掀起了英国的公共卫生改革运动，之后又引发了土地公有化和“市政社会主义”等各种倡议。现代城市规划正是在围绕这些核心议题的辩论及其向平民大众普及的过程中产生的。因此，有必要对19世纪乃至更早以来的政治、社会改革思潮加以梳理。

其次，现代城市规划的推广和实践是一场全球性运动。它所包括的田园城市运动、历史遗产保护运动和现代主义规划的发展，以及各种规划思想的全球传播、调适和接受，无不具有显著的全球关联性。实际上，在现代城市规划形成之前的19世纪，城市建设和改造等各种经验的传播已具有全球性，如巴黎改造成为之后马德里、维也纳、柏林和巴塞罗那等欧洲城市改造的样板，也曾是美国的芝加哥博览会及城市美化运动的重要参考。并且，这些首先在西方产生的规划思想、设计理论、技术标准等，随着西方殖民主义的扩张改变了广大“非西方”国家的城市景观（图1–6、图1–7）。这种全球关联性是城市建设史上一个饶有趣味的现象，在20世纪随着城市规划学科的成立和全球化的进一步发展而更加明显，也为我们研究城市规划史提供了一种有益的视角。

再次，规划思想在现代城市规划的产生与早期发展过程中有其重要地位和突出贡献，在某种程度上，决定了城市规划在不同时期的发展方向。现代城市规划就是在田园城市思想的影响下形成的，也是在田园城市思想与其他规划思想的冲突、调整和融合中丰富、成熟起来的。对20世纪上半叶的不同规划思想进行梳理，考察它们如何产生、传播、实践及其对当时和后世的影响，缕析各种规划思想之间的关联和规划家之间的相互影响，不但有利于在全球视野下形成规划思想的关联网络，加深对城市规划全球性的理解，也提供了研究城市规划史的新路径。

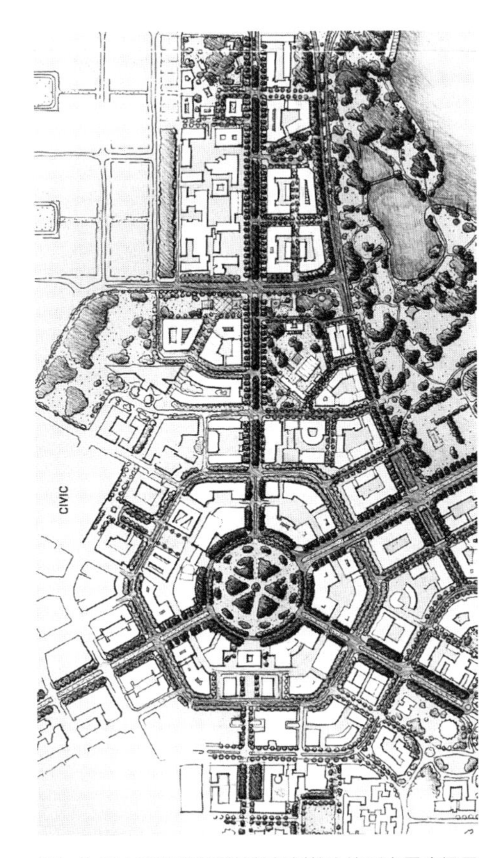

图1–6 澳大利亚首都堪培拉规划的六边形市民广场局部（格里芬〈Walter Griffin〉设计，1913年）

资料来源：Ian Wood-Bradley. The Griffin Legacy [M]. Canberra: Craftsman Press, 2004: 76.

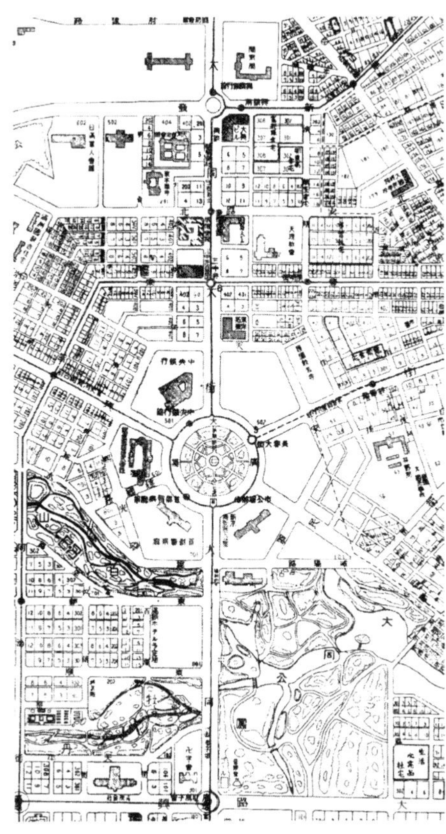

图1–7 日本规划和建设的长春（“新京”）大同广场及其周边（1942年。以六边形广场为特征，与图1–5比较可见二者的相似性）

资料来源：三重洋行发行. 新京特别市中央通六十番地. 康德八年.

复次，城市规划具有很强的政策属性和意识形态色彩，与西方政治思想的演替和世界政治格局的发展密切相关。1918年，英国政府发布《都铎·沃尔特斯报告》(*Tudor Walters Report*)，正式宣布遵照恩翁提出的田园城市设计原则和技术指标，确定以政府支持开发田园城郊住区作为第一次世界大战后英国城市的发展模式（详见第17章）。这标志城市规划成为政府干预市场、优化资源及空间布局的手段，其他“规划”如交通、人口、产业规划等也相继成为政府职能之一。因此，城市规划史研究的一部分重要内容就包括城市规划相关政策的拟定、修改和实施，及其所牵涉政治家本人的立场和贡献。

图1-8 19世纪末英国城市的“法定住宅”（上图）与城郊田园住区（下图）对比
资料来源：Ewart Culpin. Garden City Movement Up-to-Date［M］. London：The Garden City and Town Planning Association，1913：14.

又次，西方社会舆论的转向及一般民众对城市规划的认知与接受程度，在现代城市规划发展历程中也有重要地位。英国民众在19世纪形成的对乡村的美好想象，以及人们渴望改变枯燥乏味的“法定住宅”（by-law housing）构成的城市空间，是之后田园城市思想的提出和田园城市开展的重要前提（图1-8）。同样，政府的作用和政府干预市场及经济生活的正当性，从亚当·斯密时代至今都是西方政治思想界反复讨论的重要议题。19世纪中后叶，随着土地改革和土地单一税思想的普及，伯明翰、曼彻斯特等地的“市政社会主义”，以及费边社和英国工党的兴起，要求政府在城市管理上加强职责的意见逐渐占据上风。但由于大土地主阶层的阻挠，英国更迟至第二次世界大战前仍无法有效推行区域规划和产业规划。只是在1930年代的经济危机和之后的第二次世界大战的特殊环境下，为摆脱困境和争夺胜利，当时政府和民众对“规划”作为政策工具的重大意义和卓著成效才取得了高度一致的共识。民众热情支持政府主导的各层级“规划”及其实践，并对重建规划寄予厚望，而政府也当仁不让地承担了更多职能，这种舆情环境中，城市规划作为重塑城市空间和生活秩序重要途径的观点得以普及，也进一步强固了城市规划在政府职能部门中的地位。例如，美国国家资源规划委员会（National Resources Planning Board）创建于1934年，而英国于1941年成立城乡规划部（Ministry of Town and Country Planning），并于1947年通过新的、长达300多页的《城乡规划法》，确定了政府对土地征收、补偿和规划方案制定、土地开发等的权责，既是对前数十年城市规划实践的系统总结，也开创了战后全球规划发展的新局面。

最后，城市规划从创立之初就具有多学科参与的特征。格迪斯（Patrick Geddes，1854—1932年）很早就提出城市规划中“调查、分析、规划”（survey-analysis-plan）的三步骤法和“地点、工作、民情”（place-work-folk）的研究框架[①]，意味着除建筑学和市政工程外，社会学的调查方法以及经济学、地理学、生物学的相关知识也是规划师需要掌握的基本内容。随着城市规划观念和范畴的扩展，城市规划的学科框架中增添了城市交通、信息科学、生态学、人类学、心理学等其他学科，“今后还会有更多的学科渗入并开拓城市问题的研究领域，这是由城市科学的本质所决定的必然趋势”[②]。英国规划史家戈登·切利（Gordon Cherry）指出，从1980年代开始，“城市规划的属性已脱离建筑或工程技术等设计专业，而被广泛认为是社会科学的一个门类”[③]，研究重心也从对空间布局最终形态的设计转移到对规划过程的控制上。但是，在本书研究的20世纪上半叶，虽然有其他学科作为辅弼，但无论哪个规划思想派别，其主要内容和重要目标都是如何确定空间形式及其呈现方式，因而设计学科簇如建筑设计、空间设计、景观设计等在规划过程中居于核心地位。梳理这一历史也对我们今天重新思考城市规划的学科边界仍不无启发：在规划师为人们提供的美好生活图景中，优美、便利的物质空间环境和对人切身感受的关怀仍是核心内容。

综合而言，现代城市规划创立于20世纪初，但其思想根源及相关实践需上溯至19世纪甚至更早。为了描摹现代城市规划创立及其早期发展的全景，针对上述特征，可采取长时段、广视域、多学科的研究方法，突出规划思想的全球传播特性，考察其成因、含义、实践及不同规划思想的相互关联与影响，形成城市规划史研究的新范式。

1.2　城市规划思想史研究的路径及本书之取法

西方城市规划史的研究起步甚早。世界上第一部规划期刊——《城市规划评论》（*The Town Planning Review*）的首任主编阿伯克隆比在1910年考察欧洲各国后，在该刊发表了有关欧洲首都城市建设历史的系列论文。阿伯克隆比的早期著作也多以精炼、独到的规划史研究著称[④]。不少与阿伯克隆比同时代的其他规划家如格迪斯、夏普（Thomas Sharp，1901—1978年）、芒福德（Lewis Mumford，1895—1990年）等人也非常关心欧美城市和乡村的历史变迁，历史研究是他们各自著述的重要内容。

早期的规划史研究立足于从历史中寻求依据，有助于城市规划这一新生学科的实践和

---

① Patrick Geddes. Cities in Evolution［M］. London: Ernest Benn, 1915.

② 吴良镛. 城市规划［M］//大百科全书·建筑、城市规划、园林卷. 北京：中国大百科全书出版社，1988.

③ Gordon Cherry. The Politics of Town Planning［M］. London: Longman, 1982: 3.

④ Patrick Abercrombie. Town and Country Planning［M］. London: Thornton Butterworth Ltd., 1933.

学术活动取得合法性基础，有很强的服务现实的特征。1960年代末至1970年代初，美国和欧洲的城市史研究逐渐成为学界的热点。受此“城市热”（urban ferment）风潮的影响，西方的规划界开始重新检视现代城市规划的历史，至1980年代已发展得颇为成熟，涌现出一批重要的研究成果，为此后规划史的书写创立了范式[①]。其中，英国规划史家贡献尤巨，如已故去的戈登·切利[②]、安东尼·萨特克里夫（Anthony Sutcliffe）[③]、彼得·霍尔（Peter Hall）[④]，和仍活跃在学界的沃德（Stephen Ward）[⑤]、拉克海姆（Peter Larkham）[⑥]、格兰戴宁（Miles Glendinning）[⑦]、潘铎布里（John Pendlebury）[⑧]等人。

这一时期的规划史研究已不局限于分析历史上的优秀案例，而是致力于梳理现代城市规划的产生根源及其发展与相关机构的演进脉络，用以加深对那时城市规划的本质及其运作机制的理解。这些研究的涵盖面广、取材丰富，研究对象层次较多，研究视角和研究路径的选取也值得玩味。以研究类型而论，可分规划制度史研究、规划思想史研究和一些专题研究，后者以对田园城市思想和田园城市运动的研究成果最丰[⑨]。在研究对象的范畴方面，既有针对某些规划事件或具体技术问题如区域规划、功能分区制度的研究[⑩]，也有大批针对单一城市的研究，还有以一国的规划发展历程为对象的研究[⑪]，以及对若干主要西

---

① C. Glaab, A. Brown. A History of Urban America [M]. New York: Macmillan, 1967; Anthony Sutcliffe. The Autumn of Central Paris: The Defeat of Town Planning, 1850–1970 [M]. London: Edward Arnold, 1970.

② Gordon Cherry. The Politics of Town Planning [M]. London: Longman, 1982; Gordon Cherry, ed. Shaping an Urban World [M]. London: Mansell, 1980.

③ Anthony Sutcliffe, ed. The Rise of Modern Urban Planning, 1800-1914 [M]. New York: St. Martin's Press, 1980.

④ Peter Hall. Cities of Tomorrow [M]. Oxford: Blackwell Publishers, 1988.

⑤ Stephen Ward. Planning and Urban Change [M]. London: SAGE Publications Ltd., 2004.

⑥ Peter Larkham. When We Build Again [M]. New York: Routledge, 2013.

⑦ Miles Glendinning. The Conservation Movement: A History of Architectural Preservation [M]. London and New York: Routledge, 2013; Miles Glendinning. Mass Housing: Modern Architecture and State Power [M]. New York: Bloomsbury Visual Arts, 2021.

⑧ J. Pendlebury and J. Brown. Conserving the Historic Environment. London: Lund Humphries, 2021.

⑨ Stanley Buder. Visionaries and Planners: The Garden City Movement and the Modern Community [M]. Oxford: Oxford University Press, 1990; Stephen Ward, ed. The Garden City: Past, Present and Future [M]. London: E & Fn Spon, 1992; E.Howard. To-Morrow: A Peaceful Path to Real Reform, with Comments by Peter Hall, Dennis Hardy and Colin Ward [M]. 包志禹，卢健松，译. 北京：中国建筑工业出版社，2020.

⑩ Peter Hall, Mark Tewdwr-Jones. Urban and Regional Planning [M]. 5th edition. London: Routledge, 2010; Sonia Hirt. Zone in the USA: The Origins and Implications of American Land-Use Regulation [M]. Ithaca: Cornell University Press, 2014.

⑪ Barry Cullingworth, et al. Town and Country Planning in the UK [M]. London: Routledge, 2015; Mel Scott. American City Planning Since 1890 [M]. Berkeley: University of California Press, 1969.

方国家的规划发展进行比较的研究[①]。在理论框架方面，主要分为多元论理论（pluralist）和新马克思主义理论（Marxist），前者将城市规划视作形成相关政策而采取的方法，将一系列规划思想、事件及其影响，结合着与政治、社会、经济环境的关联，组成直线式叙事；后者则将城市规划视作政府扩大职权和对市场及社会干预的特殊形式，突出了对不同社会阶层在具体规划政策中的损益分析，将城市规划看作是资本主义制度的一种自我改革[②]。这两种理论视角对从本质上深刻理解现代城市规划各有其长处。

综括而言，西方的城市规划史研究在学科划分上较国内笼统，研究内容庞杂，研究对象覆盖了宏观、中观和微观的不同层次，有不少新史料和新观点。以与本书最相关的规划思想史研究而论，规划史家从不同方面进行总结，有的将西方的城市规划传统细分为威权主义传统、功利主义传统（指对自由主义政治和经济体制的反动，详见第2章）、乌托邦传统、浪漫主义传统、功能主义传统、社会主义传统、有机主义传统等[③]（图1-9），也有规划家将西方城市规划思想按其实施后的呈现方式加以分类，如霍尔的名著《明日之城市：20世纪城市规划及设计的思想史》[④]。这些规划思想史研究都产生于1980年代，其研究视野一般都相当宽广，考察规划思想在西方各国的整体发展情况。当然，受当时的视野和资料所限，大多数研究都对西方之外国家情况的关注不足，但毕竟将西方城市规划史情况整理清楚，为之后的研究奠定了基础。此外，1980年代的西方规划史的研究重心也出现转向二战以后城市规划的新发展及新理论的趋势。

国内有关西方城市规划史的研究，以沈玉麟编写、出版的《外国城市建设史》（1989年）[⑤]为标志，也逐渐形成了新的研究领域。以著作论，2000年以前主要是《城市规划原理》《西方近现代建筑史》以及与居住区规划、交通规划等相关的教材提及的一些规划史内容。2000年以降，一批系统研究中外规划史和规划理论的著作或译作[⑥]陆续出版，颇为可观。其中，孙施文[⑦]、张冠增[⑧]、张京祥[⑨]、曹康[⑩]等人的论著与本书或研究内容有所叠合，或研究途径相似，读者可比对阅读、互作补充。那么，在相关研究主题的中外既有文献已

---

① Anthony Sutcliffe. Toward the Planned City: Germany, Britain, the United States and France, 1780—1914 [M]. New York: St. Martin's Press, 1981.

② Richard Foglesong. Planning the Capitalist City: The Colonial Era to the 1920s [M]. Princeton: Princeton University Press, 1986: 16-18.

③ D. Burtenshaw, M. Bateman, G.J. Ashworth. The City in West Europe [M]. New York: John Willey & Sons, 1981: 12-32.

④ Peter Hall. Cities of Tomorrow: An Intellectual History of Urban Planning and Design in the Twentieth Century [M]. Oxford: Blackwell Publishers, 1988.

⑤ 沈玉麟. 外国城市建设史 [M]. 北京：中国建筑工业出版社，1989.

⑥ 阿尔伯斯. 城市规划理论与实践概论 [M]. 吴唯佳，译. 北京：科学出版社，2000.

⑦ 孙施文. 现代城市规划理论 [M]. 北京：中国建筑工业出版社，2007.

⑧ 张冠增. 西方城市建设史纲 [M]. 北京：中国建筑工业出版社，2011.

⑨ 张京祥. 西方城市规划思想史纲 [M]. 南京：东南大学出版社，2005.

⑩ 曹康. 西方现代城市规划简史 [M]. 南京：东南大学出版社，2010.

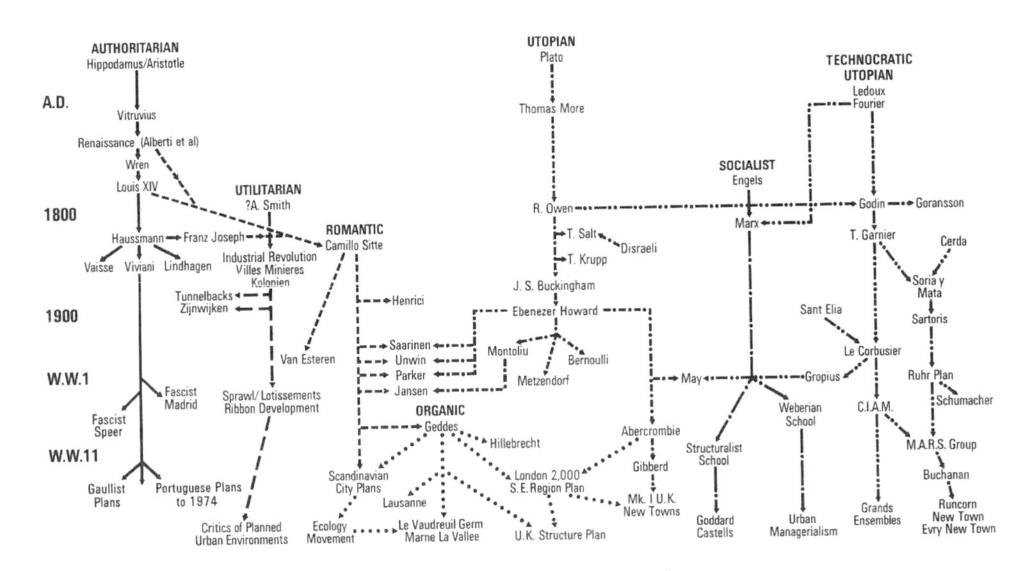

图1-9 西方各种城市规划传统和相关思想家及其相互影响示意图

资料来源：D. Burtenshaw，M. Bateman，G.J. Ashworth. The City in West Europe［M］. New York：John Willey & Sons，1981：31.

十分丰富的前提下，本书有哪些特点，何以能推进对西方现代城市规划史及至对近代以来我国城市和建筑发展的理解？

首先，本书以规划思想和观念为主要研究对象，探求各种规划观点、理论、学说等思想观念如何形成、发展、演替，以及它们如何在全球范围传播、接受和实施的过程，从而清理规划思想发展的内在秩序和关联，兼顾着技术、形式、制度、法规等不同方面，形成较为清晰的全球图景。这一点本书与此前的中外论著并无本质不同。但本书一方面突出了“人”即规划思想家的作用及其相互影响，其中不少是一般教材和参考书不常提到者，尤其注意到那些与城市规划专业看似无关的“局外人”；另一方面，在分析现代城市规划创立及其早期发展时，除适时参考多元论理论和马克思主义理论外，还引入此前较少涉及的进步主义思想（Progressivism）的理论框架。进步主义思想最初产生于美国，深刻影响了19世纪末到20世纪上半叶欧美政治、经济、社会、文化等各个领域，本书后文将提及的土地单一税思想的提出与普及、城市住房改革、费边社的兴起、女性规划专家登上历史舞台等，无不与进步主义思想密切相关。而且本文所涉大部分规划家都成长、成熟于进步主义思潮激荡澎湃的1880至1920年代。增加进步主义思想的阐释框架，有利于梳理19世纪末以后西方政治、社会等剧烈变革的历史背景，并在此基础上理解现代城市规划的形成与发展。

第二，在体例上，本书采取以田园城市思想和田园城市运动为主要线索，串接起20世纪上半叶其他主要规划思想，从而描摹出现代城市规划创立及其早期发展的图景。本书主张，田园城市思想的提出、田园城市运动的开展以及对这一全球性规划运动的反思、批判与实践，几乎构成了早期西方城市规划史发展的全景。一方面，早期规划家要么本身就是田园城市思想的奠基者、提出者、宣传者或力行者，要么是在批判和融汇田园城市思想的基础上发展出他们各自的规划思想——艺术城市、未来城市、带形城市、工业城市、光辉城市、高层城市、功能城市，无不与田园城市有密切关联；另一方面，城市规划研究范围扩张的历史过程——从城郊新建的居住区到建成区的城市更新，再到之后对老城区和乡村的保护以及区域规划和卫星城思想的普及与实践等，同样都围绕着田园城市思想的全球传播、实践及其对自身改进和丰富进行的。作者对西方城市规划历史的研究，也始自对霍华德著作前后版本异同的考察及对田园城市思想和田园城市运动关联的辨析。总之，以田园城市思想和田园城市运动为主要线索，由此决定体例、采择史料，是尚未见诸此前中外规划史研究的一种尝试。

第三，本书以规划思想和观念入手，主要研究的是规划思想的产生及其向规划政策转译的历史过程，突出“人”、思想、实践及其影响等相互间关系的问题，旨在全球图景中建立交叉错杂的关联网络。作为从头绪纷繁的历史现象中总结规律、揭示纲领的一种方式，这种强调“全球关联性”的研究不但系统梳理了西方各国的政治、文化和社会传统对现代城市规划所以形成及其不断丰富的影响，更指向更宏大的研究愿景，即在清理出西方现代城市发展脉络的基础上，用以开展对“非西方”世界尤其是对我国近代以来城市和建筑发展的研究，以便更准确、全面地在相应语境下进行背景综述、价值评判及特征分析。

如本章开篇所言，“城市规划”一词本身就蕴含着渐次发展的动态过程。那么，在全球视野下考察19世纪末到20世纪上半叶各种规划思想的产生、传播、实践及其相互关联和影响，无疑是获得现代城市规划学科在这一关键时期如何形成和逐渐成熟等发展全貌的重要方式，也是本书的主要内容。

1.3　本书的研究时限、资料来源、主要论点与篇章结构

本书的研究时限主要是19世纪中后叶到20世纪前半叶。具体来说，始于1840年代的英国公共卫生运动及法国巴黎开展的奥斯曼改造，迄于1947年英国颁布新《城乡规划法》，而重点是1898年霍华德出版其《明日：真正改革的和平之路》[①]（本书也简称为《明日》）一书之后现代城市规划逐渐形成和快速发展的20世纪前半叶。这表明，与目前城市规划历史和理论研究的普遍范式不同，本书的论述限定在城市规划早期发展阶段，没有延及1950年代之后。这是因为本书研究的时限范围正是现代城市规划创生并蓬勃发展的时期，各种规划思想相继涌现、交锋、融汇，展现出百舸争流、万物竞发的景象，逐渐廓清了现代城市规划的基本形态、对象范畴和工作方式。此后世界各国的城市规划正是在这些思想、实践和工作机制等构成的基本框架内继续发展，也是同等重要的课题，但其具体内容则已超出本书论述的规模。

---

① E. Howard. Tomorrow: A Peaceful Path to Real Reform [M]. London: Swan Sonnenschein & Co., Ltd., 1898.

近十年来，中国近现代建筑史领域已出现不少根据原始档案、信函、口述材料等一手资料开展的案例研究，且俨然形成趋势，是可喜的现象。但我国的规划史尤其是西方规划史研究，因研究条件所限，历来很难从一手资料入手，在具体问题上难以取得关键突破。此外，语言方面也受很大局限。这是国内规划史研究相比西方有所不足的根本原因，本书同样存在这些问题。具体而言，本书主要参考的是英、美规划史家的著作。在方法上，首先排列、比对这些史家对同一人物、同一思想、同一事件的不同论述及其叙述之详略，梳理其提供的各类材料并尽量查核原始文献（如1940年代以前的那些经典著作和文章），再根据本书体例和主线对大批史料加以裁选并确定论述方式。对前人论著进行综核稽考，发现其中的矛盾、可疑或未尽意处进行考证和拓展，以图显微烛隐、推陈出新，是我国重要的史学传统之一，也是本书的主要工作。在此基础上，本书进而以田园城市为核心和主线，试图形成关于现代西方城市规划思想史的新叙事方式，俾利从不同的侧面加深对城市规划及其发展历史的理解。

本书提出三个主要观点。其一，通过对现代城市规划的不同起源及其发展路径的研究，展现了城市规划学科逐渐扩张其边界、完善其内容的渐进特征。其二，现代城市规划从一开始起就具有很强的全球关联性，而且这场席卷世界各国的规划运动主要是由英、美两国推动和领导的。其三，田园城市思想、田园城市运动和由此构成的田园城市研究体系，可以作为研究现代城市规划早期发展史的重要线索。本书原本还有一个副标题“1945年以前现代规划思想的产生、传播与影响”，后来虽因嫌它冗赘而省去，但提示了本书关于西方规划史研究之着眼正在于这些讨论这些规划思想的形成及其在全球传播中发生的迁移和调适，进而探察它们对现代城市和规划学科发展的影响。本书的主要工作正是以对重要规划家思想、实践及其影响的综合讨论为线索勾勒出现代城市规划早期发展的概貌。

在篇章结构上，本书从下一章起分为三个部分。上篇“现代城市规划之起源”论述的是现代城市规划产生的背景及其几个不同的思想根源。第2章讨论的是英国在1840年代的公共卫生立法及其对城市建设的影响，卫生、健康和疫病防治既是城市规划专业产生的根源之一，也是城市规划工作的目标和主要内容，至今尤为如此。第3章以法、英、德、美等西方主要国家首都城市的规划和建设活动为对象，综合比较这些首都城市在1850年至1950年间的历次规划方案，考察现代城市规划学科的创立与发展，重点研究不同规划方案和城市演变过程中相关规划观念、设计思想和技术标准的形成、扩充等逐步成熟和完善的历史过程。第4章至第6章论述现代城市规划的各路“局外人”，包括英国“非国教宗”企业家、美国新闻记者及受进步主义思潮影响的政治家、经济学家等人，他们对理想社会的土地制度、建设步骤、管理模式等方面的构想和实践（早期尤以伯明翰为突出），成为现代城市规划创立的重要参考对象和思想来源，也是现代城市规划史上饶有趣味的章节。

中篇“田园城市思想、田园城市运动与田园城市研究体系”是全书的核心内容，下分7章，旨在清理田园城市思想和田园城市运动在全球范围内的发生、发展和实践，并在辨析二者的异同联系的基础上，构建出田园城市的研究体系。第7章是关于霍华德生平的论述，并比较了他著作前后版本的差异，主要分析了在后一版本中被省略的“社会城市”（我国近代也译作“复合田园都市”）及其影响。第8章研究霍华德田园城市学说的思想来源，将其与19世纪英国维多利亚时代的各种社会改革思潮建立起联系。第9章至第11章分别论述从1899年（英国田园城市协会成立）到1945年，田园城市运动在欧美和“非西方”世界的进展情况，辨析这些实践对田园城市思想的取舍、调整、丰富及其原因。第12章讨论的是田园城市设计的原则和方法，从历史角度考察它与其他思想流派，如之前的德国浪漫主义和之后的现代主义的异同。第13章的研究时限延长至后现代主义思潮兴起的1960年代，论述了曾质疑和批判田园城市思想的四派群体及其相应的实践：重视城市设计和城市空间品质的利物浦学派、立足城市并提倡高密度发展的城市改良主义者、现代主义者和“后现代主义”者，梳理这些跨越半个多世纪、前后相继的批判性理论的思想根源及其相互关系。本章反映了本书的一个重要论点，即田园城市思想、实践及其反思、批判几乎构成了早期西方城市规划史发展的全景。

下篇“田园城市及其他”也包含7章，主要辨析田园城市与其他主要规划思想间的异同与关联，在20世纪上半叶的时间范畴内，形成以田园城市为核心的现代城市规划的全球关联网络。第14章考察田园城市与早于它出现的带形城市的关联，第15章则论述田园城市与1930年代现代主义规划倡举的功能城市之间的联系。第16章讨论区域规划思想的形成、发展和普及的三个阶段。区域规划思想的形成及其实践不但是现代城市规划学科逐渐成熟的重要标志，也折射出西方政治、经济思想的演替。第17章考察作为现代城市规划重要组成部分的历史遗产保护思想的发展。从1850年奥斯曼改造巴黎开始，至1940年代一大批英国城市制定战后规划方案，其间近百年时间见证了现代城市规划的发展、演进，同时也是现代历史城市保护观念兴起、普及和实践的关键时期，突破了之前对单幢建筑的保护而扩大到城市尺度。“守旧”与“创新”成为现代城市规划的双重特征，也意味着现代城市规划具有更强的综合性，是其发展臻于成熟的重要标志。第18、19和20章均是关于具体的规划技术，分别讨论了与田园城市运动有密切关系的三种规划理论或规划方法：楔形绿地、六边形规划和道路横断面设计。这三章中涉及不少“非西方”尤其中国近代以来的城市建设内容，也论证了规划思想、规划理论和规划技术的全球传播特征。

上述章节的排列主要围绕组成现代城市规划的相应主题，并被归入上、中、下3篇，但每章在具体论述时大致依时间顺序展开。有些重要事件会出现在不同章节中，根据各自主题进行论述。同时，对同一事件或思想，为了便于读者全面了解而尽量选用不同图片，并指明与其他章节对比参考。

最后需要说明的是，笔者自做学生时起对西方规划史存留了不少疑问，直至前些年随着本书研究的进展才得以逐渐廓清，这也是本书研究的起点。书中所述，不过撷集众说所成一孔之见，而且目前相关中外论著颇丰，希望对城市规划有兴趣的读者们在学习、研究中比对阅读并进行批判性思考，有所广益，形成自己的新看法。

上篇

现代城市规划之起源

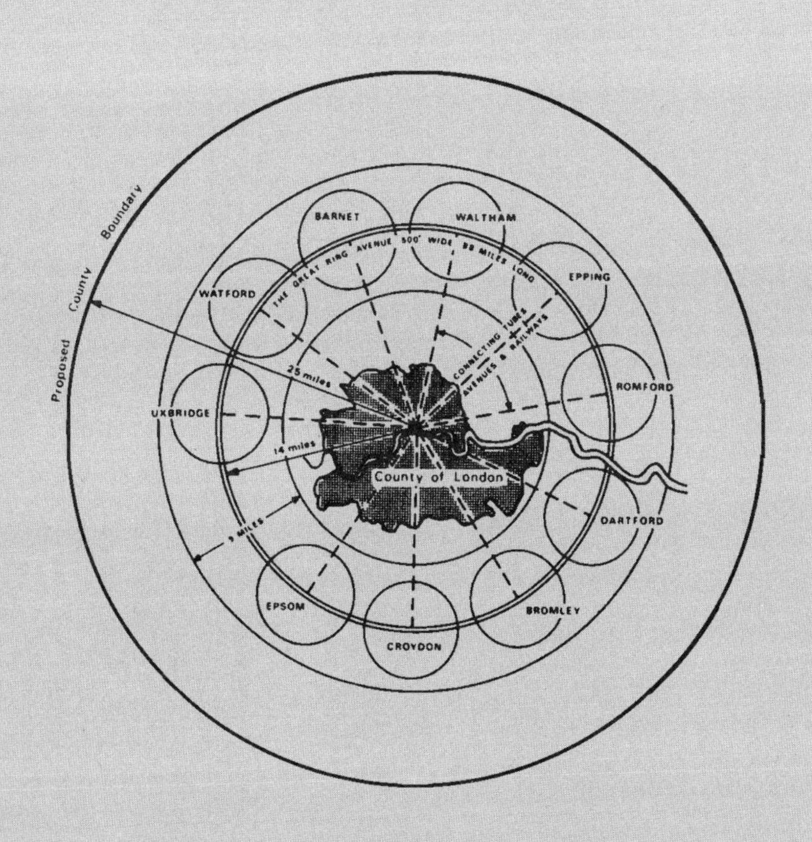

第2章 19世纪中叶英国卫生改革与伦敦市政建设（1838—1875年）：兼论西方现代城市规划之起源

对人的健康的关注和提升卫生条件、改善生活环境，是现代城市规划始终如一的目标，也是其所以产生的原因之一。1838年英国开始的大规模的疫病调查，雄辩地证明了通风不良、污秽淤积的城市环境与疫病的爆发和蔓延直接相关，并由此拉开卫生改革运动的大幕，开始了以下水道改造为核心的一系列城市建设活动。同时，英国议会开始针对卫生改革中出现的各种问题频繁立法，直至1875年通过修订后的《公共卫生法案》，实现了卫生改革运动主将查德威克（Edwin Chadwick，1800—1890年）提出的政府组织和管理模式。这一时期，受卫生改革运动影响而推动的市政建设活动中，最著名者是工程师巴扎格特（Joseph Bazalgette，1819—1891年）主持的伦敦下水道改造和泰晤士河堤岸工程，从此彻底清除了霍乱、伤寒等瘟疫。

查德威克等人领导的济贫措施、卫生调查和公共卫生运动，已初具20世纪福利国家（welfare state）的雏形[①]。在此过程中，功利主义思想严重挑战了当时占统治地位的自由主义和个人主义思想，为政府扩大对经济和社会事务的干预及管理进行了广泛辩论和初步实践。同时，在这一过程中，英国政治家和工程师逐渐掌握了城市规划的内容及其相互联系，为20世纪城市规划学科的正式形成奠定了基础。

2.1 引论

追求更加卫生和健康的居住、生活环境是西方现代城市规划学科所以形成和发展的重要动因。2019年底新冠肺炎疫情在全球的暴发，促使我们追溯西方城市规划的起源并梳理其与防治疫病及至公共卫生制度建构的关系。

英国是最早进行工业化的国家，也因此最早经历了工业化带来的各种城市问题。除伤寒、黄热病等“热病”夺去大量生命外，由亚洲传入的霍乱在1831至1866年间多次在英国爆发，因其传播更加迅猛且跨越了阶层的藩篱，导致英国社会的极大恐慌。在缺少特效药和疫苗的情形下，英国医学家于1838年开始针对包括霍乱在内的“热病”传播规

① 福利国家的治理哲学和相应实践起源于19世纪以降英国思想家和政治家改进社会问题的一系列努力，包括本文涉及的济贫制度和公共卫生改革。20世纪之后福利国家哲学逐渐为大多数国家所接受。

律的调研，提出脏乱的城市环境产生的“瘴气”（miasma）是导致霍乱爆发并加剧其传播的主要因素[①]。持“环境决定论”者包括发起“护疗改革”（nursing reform）的南丁格尔护士（Florence Nightingale），要求医院病房的设计充分考虑通风和光照，使“瘴气”无法聚集[②]。

而影响更加宏远的，是英国功利主义政治家查德威克等人发动的“卫生改革运动”（Sanitary Reform Movement），号召将卫生从个人习惯扩大至公共领域，在行政上建立由中央政府直接管理的公共卫生系统监控疫病的传播与治疗，并提出以彻底改造大城市下水道系统为核心的具体工程方案，继而推行与之相关的河道整治、路网改造等市政建设。英国在1848年通过了世界上第一部《公共卫生法》，是卫生改革运动早期的重要成果。此后由卫生改革家在伦敦修建了科学的现代下水道系统和举世闻名的泰晤士河堤岸工程，其于1860年代末竣工后，霍乱、伤寒等“热病”遂在英国绝迹。英国的公共卫生思想因此迅即被引入法、德、美等国，并随欧洲的殖民主义扩张被带到世界各地，城市绿地、供水及下水道系统从此成为必不可少的重要设施，也是西方“现代性”话语体系的主要构成内容和表现形式。

国内外规划史界一般认为，英国人霍华德提出田园城市思想及由之掀起的田园城市运动是西方现代城市规划诞生的标志。与文艺复兴之后的各种理想城市构想和19世纪的城市建设不同，田园城市思想全盘思考社会组织、经济、农业和市政等各种问题，以求综合、系统地解决19世纪末的城市问题。从历史角度看，田园城市思想对健康、供水及排污等方面的论述，是对19世纪中叶卫生改革运动的进一步发扬。同时，前述这些由查德威克等人发起的社会调查和市政建设中，已具有现代城市规划的某些关键特征，如以细致的社会调查作为发现问题和决策的基础，而重力污水管网的铺设则需在全市范围内统筹解决走向、坡度等技术问题，等等。尤为重要的是，政府逐渐被卷入这些早期的市政建设活动并发挥越来越重要的作用，这对18世纪以来以自由放任为特点的英国政府不啻巨大的改变，也为20世纪后城市规划的正式形成和快速发展在思想、文化和政府组织等方面奠定了基础。

国内规划学界对田园城市及其之后规划学科的发展论述綦详，但对19世纪中叶英国的卫生改革运动及与之相关的早期城市规划思想和具体建设讨论不多[③]。本章考察从1838年英国的卫生调查引发的围绕卫生问题及卫生政策开展的思想争论着手，综述从1848年通过第一部《公共卫生法》及至1875年修订该法案的法制建设过程，着重研究查德威克的卫生改革思想导致的英国政治意识形态和社会审美趣味的变迁，并讨论伦敦下水道改造和泰晤士河堤岸工程的历史意义。这段时期是英国社会思想观念和政治意识形态急剧变化的时

---

① George Rosen. A History of Public Health [M]. Baltimore: John Hopkins University Press, 1958.

② Edwin W. Kopf. Florence Nightingale as Statistician [J]. Publications of the American Statistical Association, 1916, 15 (116): 388-404.

③ 孙施文. 现代城市规划理论 [M]. 北京: 中国建筑工业出版社, 2007: 81.

期，也造就了公共卫生、城市规划、景观建筑学等新兴专业的雏形。

本章研究的重点是19世纪的早期城市建设活动在防治疫病和公共卫生体系建构过程中的关键作用及其社会、政治、经济等思想背景，并辨析其与20世纪规划活动间的若干差异。追溯这一段历史对我们在更深远的背景中加强对田园城市思想及完善20世纪规划学科形成与发展的历史背景的认识，皆有重要意义。

2.2 工业革命至19世纪中叶的英国政治、社会与城市概况

英国是最早进行工业革命的国家，蒸汽动力的发明使大工厂可以离开传统的航运河道而迁往大城市，便于扩大再生产。18世纪末英国人口近1000万，其中约30%居住在城市，而至1841年时英国城市化率已超过50%①，同时英国的人口规模从1800年至1851年增加了一倍②。以伦敦为例，其常住人口在1800年为96万人，到1841年已达180万人，至19世纪末激增超过400万人③。欧洲和美国的大城市大都也经历了相似的城市化过程，如巴黎从1800年的55万人增长到19世纪末的近300万人，芝加哥在1800年尚为小渔村，一百年后跃居北美仅次于纽约的大城市。

由于人口急剧膨胀，导致居住条件和城市环境逐步恶化。伦敦在中世纪曾以良好的供水和雨水排泄系统著称④，人畜等排泄物被限定在若干固定点而不允许直接排向街道或河流，定时由人力清捡运到城外。工业革命后，由于人口激增导致污物总量增加，前述规定被废止，垃圾和污物除堆积在院落、街道外，也被直接排向河流。受当时技术条件所限，这些河流多为城市的水源，由此导致疟疾、伤寒等流行病肆虐，之后的霍乱其病因也在于缺乏安全可靠的供水系统。

由于城市中居住密度极大，污物积聚难以及时清理而孳生蚊蝇、臭气，凡中产阶级以上逐渐搬到郊区。18世纪末以来伦敦就以烟雾弥漫（Big Smoke）著称⑤，英国城市史家还曾称伦敦为“污水之城威尼斯”（Venice of Drains），因每当大雨各街道到处流淌污物，

---

① Russell Lopez. Urban Planning, Architecture, and the Quest for Better Health in the United States [M]. New York: Palgrave Macmillan, 2012: 11-12.

② 18世纪末至1830年代由于大量开垦农地、结婚年龄普遍降低以及医疗方面的进步，英国人口在此时期有较大增幅。英国最早的人口普查始自1801年，但直至1837年开始执行人口登记政策后英国的人口数据才较可信。Derek Frazer. The Evolution of the British Welfare State [M]. London: MacMillan Press Ltd., 1984: 56.

③ Russell Lopez. Urban Planning, Architecture, and the Quest for Better Health in the United States [M]. New York: Palgrave Macmillan, 2012: 13.

④ Stephen Halliday. The Great Stink of London: Sir Joseph Bazalgattc and the Cleasing of the Victorian Metropolis [M]. London: Sutton Publishing, 1999.

⑤ 梅雪芹. 19世纪英国城市的环境问题初探 [J]. 辽宁师范大学学报, 2000 (3): 105-108.

可以想见其环境之恶劣[①]。除伦敦外，其他大工业城市如利物浦、曼彻斯特、伯明翰等也同样面临严峻的卫生和环境问题，如利物浦被称为“英国最不健康的城市”[②]。

由于英国政府凛遵亚当·斯密的自由主义思想，坚持由市场主导经济活动，政府尤其中央政府尽量不干预地方的经济活动。因此，英国各城市的供水、雨水排污和垃圾清洁均由私营企业负责，导致支付能力较强的富庶阶层住区环境较好，而工人阶级住区则持续恶化。当时最致命的两种疾病——肺结核和伤寒均多在工人阶级住区蔓延，城市中工人阶级的健康状况每况愈下（图2-1）。

图2-1 工业革命后日益颓丧的工人阶级画像（“严重患病”）
资料来源：I an Morley. City Chaos, Contagion, Chadwick and Social Justice［J］. Yale Journal of Biology and Medicine, 2007（80）: 61-72.

当时，在医学统计学方面领先的法国医学界将引发疫病的原因归咎于贫困。因此，贫穷和疫病之间的关系也引起英国政府和上流社会的关注，视之为社会稳定和保证繁荣的基石。实际上，救济贫困人口一直是英国政府的重要职能。17世纪以来，英国政府规定接受救济的人口不得离开其出生地，且救济方式为直接发放救济金。工业革命以后人口流动加强，之前的救济政策已不合时宜。同时，英国用于救济贫困人口的费用自19世纪以后逐年增加，但动乱仍此起彼伏[③]。因此，英国议会于1832年组建“济贫法委员会”（Poor Law Commission），调查全国的贫困问题并提出解决方案。

图2-2 查德威克像
资料来源：Benjamin W. Richardson. The Health of Nations: A Review of the Works of Edwin Chadwick［M］. London: Longmans, 1887.

在济贫法委员会中发挥了关键作用的是查德威克（图2-2），他曾是功利主义哲学家边沁（Jeremy Bentham，1748—1832年）的私人秘书，深受边沁的政治经济思想影响。边沁反对亚当·斯密那种放任市场调节的自由主义，而敏感地认识到在从农业社会向工业社会的转型过程中个人利益与公共利益间日益显著

① John Broich. Water and the Modern British City: The Case of London, 1835—1903［D］. Stanford University, 2005.

② Ian Morley. City Chaos, Contagion, Chadwick and Social Justice［J］. Yale Journal of Biology and Medicine, 2007（80）: 61-72.

③ Derek Frazer. The Evolution of the British Welfare State［M］. London: MacMillan Press Ltd., 1984.

的罅隙，政府需要在关键领域干预经济生活。边沁的哲学思想建立在“效率”和“利益（幸福）最大化”的基础上，特别关注政策的经济后果。他为容留救济人口强制劳动的“感化院”（house of correction）提出过著名的“全景容留所”（panopticon）模型（图2–3），融合了管理中心、住宿单元和劳动工场等功能，实现了以最少人力实现管理效率最大化的目的[①]。

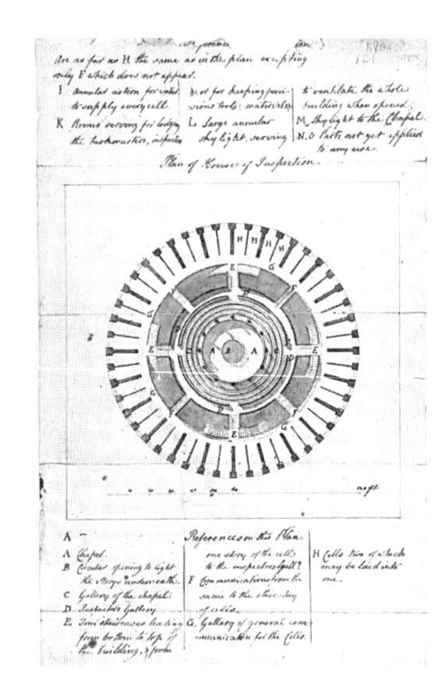

图2–3 边沁的“全景容留所”平面形式手稿图

资料来源：Gillian Furlong. Treasures from UCL［M］. London：UCL Press，2015.

查德威克遵循边沁提倡的“效率”和“利益最大化”两大原则，在派出大量调查员收集英国各地救济现状并分析其问题后，提出了将等待救济人口进行划分，除因残疾、年少失怙等无法正常工作必须领取救济者外，对身强力壮而不愿工作者一律采取“劣等处置”（less eligibility）原则，即将其强迫安置在济贫院（workhouse）中；救济金的发放不再面向个人，而通过济贫院以劳动折价等方式统一发放。济贫院的空间设计原型就是边沁的“全景容留所”（图2–4），申请救济者在其中被当作囚徒，且领取的物资水平低于济贫院外自由劳动所得，“迫使这些好逸恶劳者通过正常劳动获得更好的生活”，同时“以保证社会的大多数的利益最大化”[②]。

通过两年（1832—1834年）的工作，济贫法委员会向国会提交了调查报告和解决方案，获得一致支持，并于当年迅即通过了《新济贫法》（*Poor Law Amendment Act*），很快实现了缩减救济金支出的目标[③]。

查德威克在济贫法委员会的工作中已发展出一套工作方法，如首先以政府名义派遣他的助理到各地开展社会调查，其次争取在中央政府内建立相应机构，由中央向各地派遣专业人员督导政策的实施，最后促生出相应的专业领域。查德威克在济贫法案中的重要贡献及其敏行善辩和坚忍不拔的作风，使当时英国社会改革的焦点迅速聚于其身，也预示着他将扮演更重要的角色。

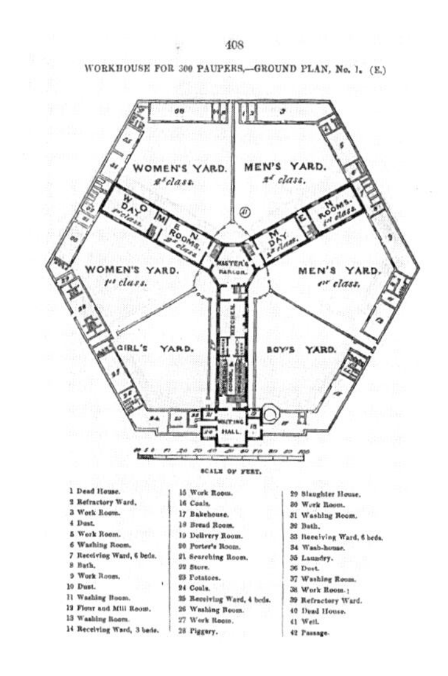

图2–4 容纳300人的济贫院标准平面图

资料来源：Annual Report of the Poor Law Commissioners for England and Wale［M］. London：Charles Knight，1836.

---

① Jacques-Alain Miller，Richard Miller. Jeremy Bentham's Panoptic Device［Z］，1987，41：3-29.

② Derek Frazer. The Evolution of the British Welfare State［M］. London：MacMillan Press Ltd.，1984.

③ Derek Frazer. The Evolution of the British Welfare State［M］. London：MacMillan Press Ltd.，1984.

2.3　自由主义VS功利主义：查德威克主导的早期卫生改革运动及其技术方案

1834年的《新济贫法》旨在通过改变救济方式和建立济贫院等设施以减少救济方面的开支，由济贫法委员会向各地派遣专员负责实行。查德威克在济贫法委员会中担任秘书长，他在救济工作中发现每年感染伤寒等“热病”会导致大批壮劳力罹难，因此新产生失去收入来源的43000多寡妇和112000多名孤儿[①]，不得不依赖政府救济。查德威克曾屡次向议会提议彻底调查传染病源，明确防治措施，以减少救济支出。实际上，当时的医学界已逐渐掌握伤寒、肺结核等传染规律，即这些“由贫穷导致的疾病”主要在贫民区传播，因此上流阶级并无特别的动力采取防治政策[②]。

当时造成更大社会恐慌的是由国际贸易从亚洲带入的霍乱。霍乱于1831年首次侵袭英国，造成22000人死亡，此后在1849年和1854年再度爆发，分别造成53000人和20000人死亡[③]。相对伤寒等病，霍乱致死率虽不高，但同时在富人区和贫民区暴发，这种新传染病“颇具新闻效应且在各阶层中造成了极大的恐慌”[④]（颇类似当前的新冠肺炎），因此英国议会于1832年紧急批准了《霍乱法案》（*Cholera Act*），授权地方政府提供实施隔离、消毒等措施的资金。同时，利兹等市进行霍乱传染的调查，确凿说明其蔓延到城市各区，但仍以贫民区尤为严重[⑤]（图2–5）。由于牵涉切身利益，英国各界尤其上流阶级一致要求查明霍乱病因并根治。这为查德威克于1838年在英国全国范围内开展疫病调查和相应的改革提供了极佳的时机和普遍的社会基础。

查德威克采取了和《新济贫法》一样的工作方式，委任他信任的卫生专家作为调查员派向各地，不但调查霍乱也调查其他“热病”的病因与传播情况。根据汇总而来的大量数据和一手资料，查德威克在1842年出版了著名的《工人阶级卫生状况报告》（*Report on the Sanitary Condition of the Labouring Population*）（图2–6），雄辩地指出环境问题与疫病间的因果关联，因此必须彻底改造城市居住环境，如缺少完整有效的供水和排污系统、住宅空间狭小闭塞且缺少供水和排污设施等。他提出“瘴气理论”（miasmatic theory），即城市中下水道淤塞以及地表污水、人畜排泄物和垃圾等堆积产生的臭气，其四下扩散是导致霍

---

① Ian Morley. City Chaos, Contagion, Chadwick and Social Justice [J]. Yale Journal of Biology and Medicine, 2007 (80): 61-72.

② Stephen Davies. Edwin Chadwick and the Genesis of the English Welfare State [J]. Critical Review: A Journal of Politics and Society, 1990, 4 (4): 523-536.

③ Morris R. Cholera 1832 [M]. New York: Homes and Meier, 1975: 19.

④ Derek Frazer. The Evolution of the British Welfare State [M]. London: MacMillan Press Ltd., 1984: 57.

⑤ David Sellers. Hidden Beneath Our Feet: Story of Sewage in Leeds [M]. Leeds: Leeds City Council, 1997.

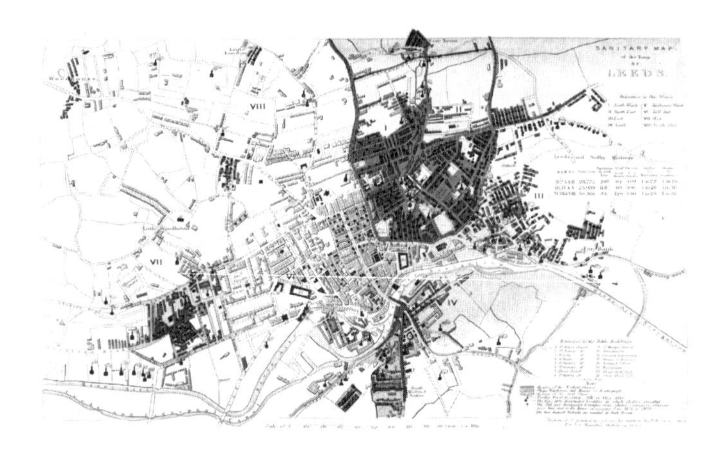

图2-5 英格兰利兹市霍乱传染病调查空间图示（1832年）
资料来源：David Sellers. Hidden Beneath Our Feet：Story of Sewage in Leeds［M］. Leeds：Leeds City Council，1997.

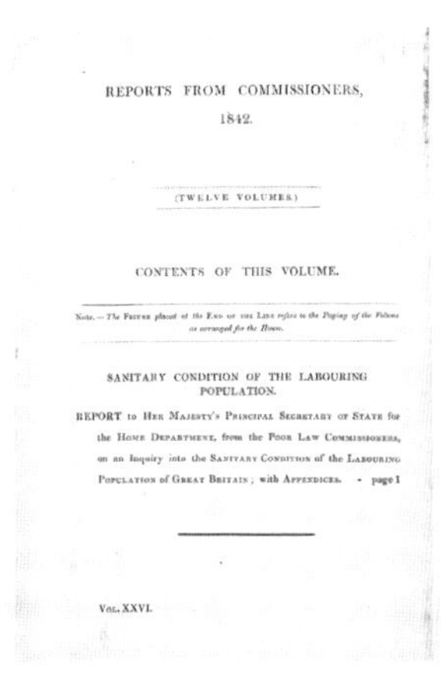
REPORTS FROM COMMISSIONERS,
1842.

(TWELVE VOLUMES.)

CONTENTS OF THIS VOLUME.

Note.—The Figure placed at the End of the Line refers to the Paging of the Volume as arranged for the House.

SANITARY CONDITION OF THE LABOURING POPULATION.

REPORT to Her Majesty's Principal Secretary of State for the Home Department, from the Poor Law Commissioners, on an Inquiry into the Sanitary Condition of the Labouring Population of Great Britain; with Appendices. - page 1

Vol. XXVI.

图2-6 查德威克撰写的《工人阶级卫生状况报告》封面（1842年）
资料来源：Reports from Commissions，1842，12.

乱、伤寒等疫病传播的主要原因①。他提出的解决方案，除向工人阶级灌输良好的个人卫生习惯外，还须由政府组建专门机构，扩大其职权，负责保证大量供水并建立完善的排水和排污管网，使污秽不能聚积②。

为了促使政府决策层下决心，查德威克从经济方面阐明卫生改革的效益。他一方面列举英国各市因疫病导致病死率过高而平均寿命过低，影响了工业生产必需的稳定劳动力供给，“每年因瘴气和不良通风导致施工的死亡人数较之本国历年战争的伤亡总数还要高”③。同时，他发扬了边沁有关疾病预防是最经济的卫生政策的功利主义哲学思想，提出将用于救济寡妇和儿童的经费用于改造城市环境、消除瘴气和防治霍乱等疫病，能使死亡率从“千分之三十多降至千分之五”④，从而有助于使英国在当时的国际竞争中赢得优势地位。同时，查德威克认为英国公共卫生存在的最主要的缺陷，是住宅外部基础设施的不足和缺陷，尤其是对排水设施的忽视，而这些问题是通过立法和行政手段可以直接干预和改善的。改造下水道后将污物排到远郊，可形成农业生产必需的肥料，能产生额外的经济价值⑤。

---

① George Rosen. A History of Public Health［M］. Baltimore：John Hopkins University Press，1958.
② 冯娅. 论查德威克的公共卫生改革思想［D］.南京：南京大学，2013.
③ Chadwick E.，Flinn M. W. Report on the Sanitary Condition of the Labouring Population of Great Britain［M］. Edinburgh：Edinburgh University Press，1965（1842）：422-424.
④ W.F. Bynum. Ideology and Health Care in Britain：Chadwick to Beveridge［J］. History and Philosophy of the Life Sciences，1988，10：75-87.
⑤ Jon A. Peterson. The Impact of Sanitary Reform upon American Urban Planning，1840-1890［J］. Journal of Social History，1979，13（1）：83-103.

面对缺少政府调控、各种私商利益交叠重合而难以制定统一市政建设计划的状况，查德威克的重要目标是在中央政府层面建立基于科学原则开展高效工作的新机构及其各地分支，实现由中央政府集中领导和实施的卫生改革，这也是功利主义学派的关键诉求。但这一政治主张因坚持自由主义的政治集团的反对而难以骤然实现，因此查德威克提出先从工程技术入手改造伦敦的下水道，由此拉开了卫生改革的序幕。

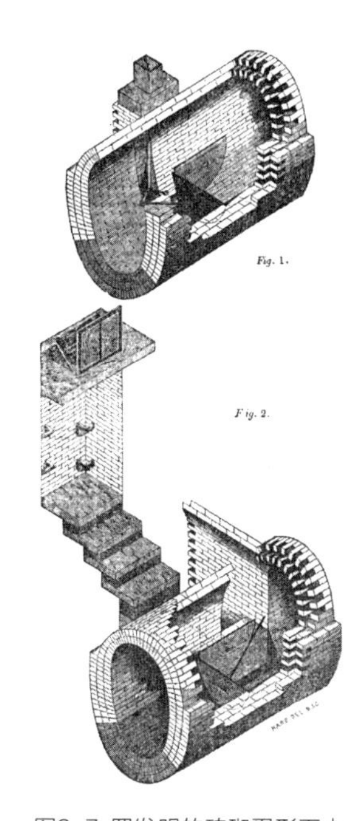

图2-7 罗发明的砖砌蛋形下水道（1842年）
资料来源：The Civil Engineering and Architect's Journal，1842：320.

当时伦敦等城市的下水道均由红砖砌成拱券状，高可通人，因没有考虑坡度和供水量，下水道内流通不畅，底部被塞满污物，每十年左右由工人清理淤积。这种铺砌造价和维护成本高昂且效率很低。1842年英国市政工程师约翰·罗（John Roe）发明了蛋形截面的下水道，大大减少了其底部的淤积量，同时倾斜的侧壁也提高了水流冲刷的效率（图2-7）。查德威克马上采取了这种新发明，在其主持下由大批工程师进行了多种实验，确定了水流自冲刷的蛋形截面下水道系统，不但造价可减至传统下水道的三十分之一①，通过大量供水和坡度设计，更可快速地将污物冲走，带到远郊排出形成积肥（图2-8）。查德威克亲自提出将红砖下水道改进为釉质陶土管，进一步增强冲刷效率，同时根据支管冲水能有效增加主管流动效能的实验结果，设计出由主管和支管组成的"动—静脉系统"（arterial-venous approach）②（图2-9），并将当时已在大量使用的室内抽水马桶设施连接到排污支管，以此替代遍布伦敦各处的旱厕，减少瘴气来源③。

在这些工作的基础上，1848年英国议会终于通过世界上第一部《公共卫生法案》。法案规定仍由地方政府负责修建下水道和供水系统，但在中央成立卫生总会（General Board of Health），成为全权负责城市卫生和霍乱事务的唯一机构，同时，凡死亡率超过千分之二十三（英国平均死亡率）的城市必须设立分支机构，由卫生总会派遣特派卫生检察官随时向卫生总会汇报当地疫病情况并督促地方政府改进卫生状况。此外，法案要求新建房屋必须有厕所和安装抽水马桶及存放垃圾的地方，且房屋的下水道与城市排污管网相连。《公共卫生法案》通过之后，伦敦以外的地区陆续制定了各自的地方法规，用以干预对供水、

① David Sunderland. "Amonument to Defective Administration"? The London Commissions of Sewers in the Early Nineteenth Century［J］. Urban History, 1999, 26（3）: 349-372.

② Christopher Hamlin. Edwin Chadwick and the Engineers, 1842-1854: Systems and Antisystems in the Pipe-and-Brick Sewers War［J］. Technology and Culture, 1992, 33（4）: 680-709.

③ Jean-Luc Bertrand-Krajewski. Flushing Urban Sewers until the Beginning of the 20th Century［C］. 11th International Conference on Urban Drainage, Edinburgh, Scotland, UK, 2008.

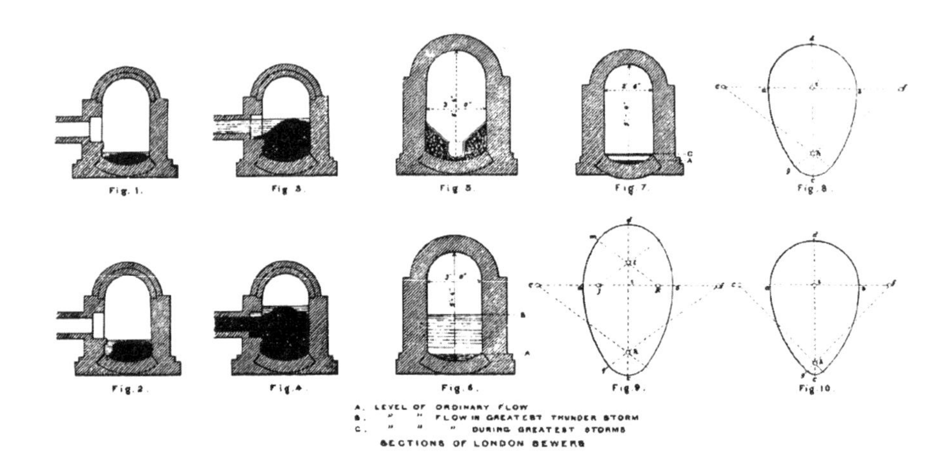

图2-8 传统砖砌拱形截面与蛋形截面下水道的比较（1850年代）
资料来源：Grace's Guide：https://www.gracesguide.co.uk/Joseph_Bazalgette.

排污等市政物品供给，逐渐使英国的民众接受了福利国家和政府参与市政运营的做法。

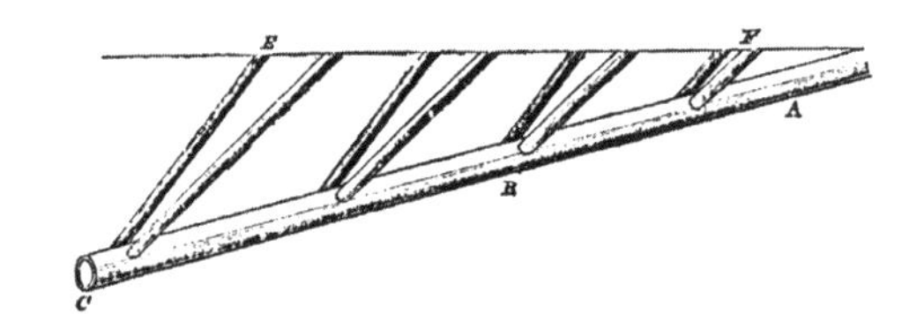

图2-9 "动—静脉系统"小管径管道示意图
资料来源：Christopher Hamlin. Edwin Chadwick and the Engineers，1842-1854：Systems and Antisystems in the Pipe-and-Brick Sewers War［J］. Technology and Culture，1992，33（4）：692.

查德威克在1848年《公共卫生法案》立法过程中起到了至为关键的作用，从此环境问题和国民健康成为政府的重要职能之一。在调查卫生状况和改造下水道的实践中，查德威克与卫生专家和市政工程师密切合作，一方面通过派任卫生专家在卫生总会和地方担任职务，使之承担疫病预防和监控的新职责，促使公共卫生专业的形成；另一方面，则通过鼓励工程上的新发明，鼓励市政工程师从城市的角度考虑下水道的铺设，并且改造城市街道以获得更佳的通风条件，在某些方面开始具有城市规划的雏形。

查德威克理所当然地当选为卫生总会首任三位委员之一，此后几年间致力于获取改建伦敦下水道的经费。但他行事作风强势且求功太急，为伸张己志不惜贬低同僚，如将伦敦下水道问题归咎于皇家工程师学会按总价高低收取佣金而丧失改革的锐气等①。他力主打破既有利益边界、实行中央集权，也使他深受猜忌，被迫于1854年从卫生总会辞职退休，从此再未担任公职，直至去世前一年受封为爵士②。

① Christopher Hamlin. Edwin Chadwick and the Engineers，1842-1854：Systems and Antisystems in the Pipe-and-Brick Sewers War［J］. Technology and Culture，1992，33（4）：680-709.

② Christopher Hamlin. Public Health and Social Justice in the Age of Chadwick：Britain，1800–1854［M］. Cambridge，Cambridge University Press，1998.

但查德威克开创的公共卫生事业并未中辍。他致力宣扬的“卫生观念”和改革运动逐渐深入人心，随着之后在改善城市卫生状况尤其是下水道改造、垃圾清理等方面取得巨大成效，最终遏止霍乱等疫病，使英国社会恢复了信心，开始了更快速的新一轮经济增长。同时，虽然查德威克在英国国内受到广泛质疑和批评，但他在公共卫生和市政工程方面的巨大贡献使英国超过法国成为这两个领域的头号强国，查德威克也因此声名远扬。法国的拿破仑三世在改造巴黎时曾邀请查德威克到巴黎传授经验[①]，美国景观建筑学的创始人奥姆斯特德（Fredrick Olmsted, Jr.）也曾到伦敦考察，向查德威克请教城市排水设计[②]。

查德威克发起的卫生改革牵涉观念、政治、经济、技术等诸多方面，既要说服政府同意改革措施，也需使民众放弃既有生活模式、接受卫生和福利国家等观念，唯有随时间推移才能逐渐如水银泻地般形成全面、深刻的社会改革浪潮。因此，这一运动在早期虽进展颇不顺利，但随着卫生条件改善和疫病预防效果显著提高，证明了查德威克提倡公共卫生事业的远见卓识，也使卫生、疫病预防和与之相关的市政建设成为民族国家竞争的重要表征，同时逐步建立了城市建设和管理的新标准，并随着殖民主义的扩张向世界各地传播开去。

2.4　卫生改革的深入：维多利亚时代的英国公共卫生法制建设与社会变迁

2.4.1　卫生观念对英国社会心态的改变

查德威克倡导的卫生改革运动受到过维多利亚时代诸多小说家和画家艺术创作的推动，同时也对艺术家们的创作产生了显著影响。如狄更斯的小说大多描绘伦敦灰暗、污秽的城市环境，使英国民众了解环境问题的严重性。维多利亚时代的绘画风格从文艺复兴和巴洛克时代画家所推崇的暗黑色背景，转而采用较为明亮的色彩，并在油画中大量使用白色。其中，最为典型的是前拉斐尔画派的艺术主张，即不再使用低沉、灰暗的色调，使画面洁净明亮且物体边界清晰。

拉斯金（John Ruskin）是与查德威克同时代的著名艺术评论家，他的艺术评价标准深刻影响了英国和世界艺术发展的轨迹。查德威克曾自豪地宣称，他成功改变了拉斯金的艺术欣赏品位，“如果威尼斯本身弥漫臭气、污秽不堪，威尼斯的艺术又有什么值得推崇”？[③]拉斯金此后申明，“设计合理的下水道较之历史上最优美的画作更加高尚和优

---

① Russell Lopez. Urban Planning, Architecture, and the Quest for Better Health in the United States [M]. New York: Palgrave Macmillan, 2012.

② Lawrence H. Larsen. Nineteenth-Century Street Sanitation: A Study of Filth and Frustration. The Wisconsin Magazine of History, 1969, 52 (3): 239-247; Jon A. Peterson. The Impact of Sanitary Reform upon American Urban Planning, 1840-1890 [J]. Journal of Social History, 1979, 13 (1): 83-103.

③ Eileen Cleere. The Sanitary Arts [M]. Columbus: The Ohio State University Press, 2014: 1-3.

美”。[①]拉斯金热烈支持前拉斐尔画派的创作，尤其推崇特纳（William Turner，1775—1851年）的画作（图2-10），使英国民众的审美趣味转向明亮洁净、轮廓清晰的作品，与卫生改革致力改革黑暗闭塞的空间和清除可能的致病因素等进程遥相唱和。同时，他还资助了英国贫民住宅社会改革家霍尔（Octavia Hall）女士的改革实践[②]，推动了卫生改革运动的深入。

图2-10 特纳笔下1840年代的威尼斯

资料来源：Michael Bockemühl. Turner［M］. Hong Kong：Taschen，1991.

综上所述，科学知识、技术水平、法制建设、经济条件都朝着有利于卫生改革的方向发展时，英国社会的意识形态和审美趣味也发生了变化。这表明查德威克在1840年代发动的卫生改革已全面深入到英国社会的各个领域，不但改变了政府的组织结构，也深刻影响到普通民众的日常生活。

2.4.2 医学研究的发展与新理论的产生

查德威克在1842年提出的“瘴气理论”虽然是当时英国医学界关于瘟疫起源和传播机制的主流观点，但当时还存在针锋相对的其他观点，如法国医学界在1830年代就提出“接触理论”（contagion），即与病人的密切接触是疫病传染的主要途径。事实上，随着对霍乱等瘟疫科学认识的不断深入，从1860年代以降科学家们逐渐开始倾向后者，至1870年代法国生物学家巴斯德发现了病菌，从而开创了“病菌传染理论”，为现代生物学和病理学的研究奠定了基础，病菌理论正式取代风靡一时的瘴气理论。

在英国，较早发现霍乱传染与饮用水有关的是伦敦的执业医生斯诺。1854年霍乱第三次在伦敦大规模爆发，斯诺受任作为霍乱调查专家对伦敦东部一个教区开展调查。通过逐屋询访排查，他发现多数染病的家庭和患者均从其中一条街道的水井中取水，他向卫生部门建议禁用该水井，此后果然该区患病人数未再增加[③]（图2-11）。斯诺的这一发现说明饮用水作为媒介是导致霍乱的病源，与瘴气理论的解释截然不同。但这一发现并未立即动摇瘴气理论的地位，而在1866年霍乱再度来袭时，伦敦一家供水公司未按法规要求过滤其水

① Anthony Wohl. Endangered Lives: Public Health in Victorian Britain［M］. London: J. M. Dent, 1983. 转引自Eileen Cleere. The Sanitary Arts［M］. Columbus: The Ohio State University Press, 2014: 9.

② Elizabeth Baigent. Octavia Hill, Social Activism and the Remaking of British Society［M］. London: University of London Press, 2016.

③ Russell Lopez. Urban Planning, Architecture, and the Quest for Better Health in the United States［M］. New York: Palgrave Macmillan, 2012: 31-32.

源，导致使用该公司供水的居民死亡达3400多人①，才使英国社会清楚地认识到霍乱传播的媒介是饮用水而非"瘴气"。之后在1870年代巴斯德（Louis Pasteur，1822—1895年）发现病菌并创立微生物学，才科学地解释了霍乱和伤寒等疫病的传播机制。

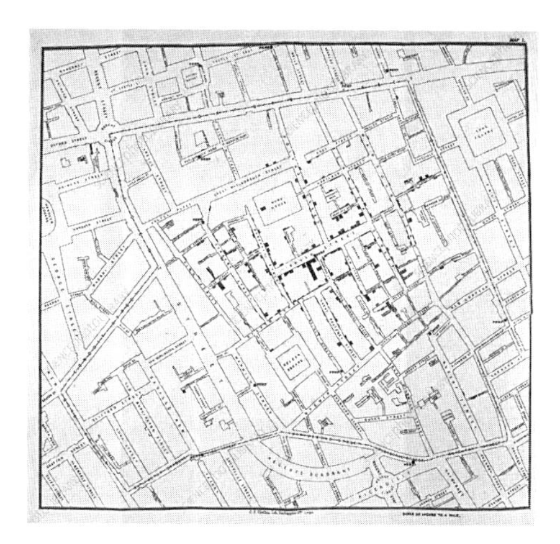

图2-11 斯诺在1854年进行霍乱传播调查的空间图示

资料来源：British Library：https://www.sciencephoto.com/contributor/bli/.

应该看到，查德威克及他在卫生改革早期的支持者根据错误的"瘴气理论"，虽然没能科学地解释霍乱等疫病的病源和传播机制，但他们提出的解决方案——增加通风、清除垃圾、建立完善的下水道系统和快速、远距离地排除污物，却事实上起到了防治疫病的功效。因为他们生怕污秽聚积产生臭气，因而想尽办法将其迅速排走，至于排向何处只能暂且从权，多数污物被就近排向河道中。"无论如何，水看起来干净无害，但臭气的危害有目共睹"②，这是1848年《公共卫生法案》通过后英国城市普遍采取的办法，如伦敦"将原先散布在城市里的旱厕集中到泰晤士河，使之变成一个大化粪池"，因而造成了伦敦在1858年的大臭气（Great Stink）。

"传染理论"及之后的"病菌理论"兴起后，人们意识到饮用水安全性的重要意义和在防治疫病中的作用，因此才设法缓解对河流的直排污染（但尚未重新选取安全可靠的水源地）并设法改进供水设施。后文论述的伦敦泰晤士河堤岸工程就是在这一背景下开始兴建的。从下水道革命到供水系统的改进，卫生改革的发展路径是一边努力完善对疾病和公共卫生知识的科学认识，一边针对发现的问题逐一提出补救和解决方案，但至1870年代时仍缺乏完整、系统的全盘计划。

2.4.3 公共卫生之法制建设与专业领域之形成

在查德威克的要求下，伦敦市政府于1848年任命医学家约翰·西蒙（John Simon）担任卫生官（Medical Officer），负责伦敦的公共卫生事务。1854年查德威克从卫生总会被迫辞职后，约翰·西蒙转任卫生总会医疗官，其职权扩大至英国全国，继续推进查德威克开创的卫生改革和公共卫生事业。

相比查德威克独断专行、锋芒毕露的性格，西蒙更善于协调不同立场的利益集团和群

① George Rosen. A History of Public Health [M]. Baltimore: John Hopkins University Press, 1958.

② Stephen Halliday. The Great Stink of London: Sir Joseph Bazalgatte and the Cleasing of the Victorian Metropolis [M]. London: Sutton Publishing, 1999.

体，积累了公共卫生管理方面的丰富经验，且其政治立场较温和中立，因此为各方政治力量所接受。1858年卫生总会解散后，他转任由之分立出的厕所委员会卫生处（英国卫生部的前身）首任医疗官直至1876年，在他领导下实现了查德威克无法推进的一系列重要立法工作，最终使公共卫生成为一个独立而重要的专业①。

西蒙的立法工作主要包括垃圾清理、下水道建设及管理、疫病预防等方面，从而达到完善公共卫生立法体系的目的。查德威克极力主张中央集权，即由中央政府负责垂直管理各地的公共卫生事务，但遭到各方面的反对。1848年的《公共卫生法案》中除新建房屋部分外，没有强制性条文。有鉴于此，西蒙同意由地方政府管理各自的公共卫生和相应税收，中央负责提供技术指导，以此实现中央和地方的合作。因此，他在议会的立法活动未遭到强烈反对，其中，1866年的《卫生法案》（*Sanitary Act*）将1848年法案中由地方卫生委员会监督的公共卫生事务变为地方政府的职能之一，成为强制性内容，并且规定除新建房屋外既有建筑也“必须”安装抽水马桶并与市政管网相接，成为“英国公共卫生史上里程碑式的事件”②。

在此基础上，英国议会在1872年通过修订的《公共卫生法案》，规定在中央政府层面建立管理全国性公共卫生事务的管理机构（Sanitary Authorities），并须在各级政府均任命有公共卫生专业学位和行医执照的医生为卫生官负责卫生政策的执行③，由此推动了公共卫生专业的发展。这些内容早已包含在1842年查德威克《工人阶级卫生状况报告》的建议中，但经过30多年的实践和发展才被写入法律条文正式通过。1875年，英国议会将1850—1870年代通过的与公共卫生相关的法案统合起来，形成1875年版的《公共卫生法案》，一直沿用到1930年代④。

1875年英国议会还通过了《工人阶级住宅法案》（*Artisans' and Labourers' Dwellings Act*），授权地方政府拆除不合卫生标准的房屋和住宅区，新建满足通风、日照等要求的“法定住宅”。根据住宅法案和公共卫生法案，老城区成片的旧住宅更新才成为可能，并在此基础上重新整治城市街道形式，随即用于指导泰晤士河堤岸工程和伯明翰的城市更新⑤，发政府兴建公共住宅之嚆矢。英国的上述这些法制建设当时均领先于世界其他国家。

在西蒙的努力下，公共卫生法案的条文从建议性转为强制性，反映出卫生改革运动的

① W.F. Bynum. Ideology and Health Care in Britain: Chadwick to Beveridge [J]. History and Philosophy of the Life Sciences, 1988, 10: 75-87.

② Derek Frazer. The Evolution of the British Welfare State [M]. London: MacMillan Press Ltd., 1984: 74.

③ Ian Morley. City Chaos, Contagion, Chadwick and Social Justice [J]. Yale Journal of Biology and Medicine, 2007 (80): 61-72.

④ Derek Frazer. The Evolution of the British Welfare State [M]. London: MacMillan Press Ltd., 1984: 77.

⑤ Phillada Ballard. "Rus in Urbe": Joseph Chamberlain's Gardens at Highbury, Moor Green Birmingham, 1879—1914 [J]. Garden History, 1986, 4 (1): 61-76.

深入。同时，这些法案涉及的内容由狭而宽，逐渐包括了从下水道、供水、疫病预防到街道、公园和住宅等城市空间布局，可见西方现代城市规划的雏形已经完备，一门新的学科呼之欲出。由此也不难看出作为现代城市规划成立标志的田园城市思想何以最先出现在英国。

2.5　卫生改革影响下的早期城市规划活动：巴扎格特主持的伦敦市政建设

2.5.1　新机构的设立与1858年伦敦“大臭气”

从查德威克提出“瘴气理论”并倡导卫生改革开始，英国民众已认识到必须对城市物质环境加以改造。但因各种政治、商业势力相互掣肘，直至查德威克于1854年从卫生总会辞职，伦敦的下水道改造和市政建设仍无实质进展。

1854年霍乱再次侵袭伦敦，迫使英国议会于次年通过《都市管理法案》（*Metropolis Management Act*），将一直分立且责权大量重叠的市政建设和管理部门统合为一个新机构——伦敦都市工程委员会（Metropolitan Board of Works），聘用在下水道工程方面富有经验的巴扎格特为总工程师（图2-12），试图在全伦敦市域内整治下水道系统。巴扎格特祖上是避难到英国的法国清教徒，受过良好的工程训练。他从当时现实经济技术水平出发，不同意查德威克关于改造下水道的激进方案（放弃砖砌下水道而大量使用不设检修口的自冲刷式陶管），而提出仍应以砖砌为主同时容纳污水和雨水并预留工人进入的检修口[①]，但他采纳了查德威克主持的工程试验的成果，将下水道截面设计成蛋形（图2-13）。

图2-12 巴扎格特像（1865年）
资料来源：Stephen Halliday. The Great Stink of London: Sir Joseph Bazalgatte and the Cleasing of the Victorian Metropolis［M］. London: Sutton Publishing, 1999.

由于巴扎格特考虑到伦敦未来的发展，在截面设计上预留了一倍以上的冗余量，使整个方案的造价过高，一直未能得到议会的批准，只在局部进行改造，未能解决大量污水和固体垃圾未经处理就被排入泰晤士河的问题。随着1850年代伦敦人口的急剧增长，1858年夏爆发了著名的“大臭气”（图2-14）。其影响之大，使泰晤士河边的威斯敏斯特宫（英国议会）无法办公，伦敦市民也生怕会因此爆发另一轮瘟疫。在此情形下，英国议会被迫采取紧急措施筹集300万英镑资金，并勒令伦敦都市工程委员会马上开始整治下水道系统，且国会和相关政府部门不得再以审

① Christopher Hamlin. Edwin Chadwick and the Engineers, 1842—1854: Systems and Antisystems in the Pipe-and-Brick Sewers War［J］. Technology and Culture, 1992, 33（4）: 680-709.

图2-13 巴扎格特设计的蛋形截面下水道截留系统

资料来源：http://www.adeadendstreet.co.uk/2014/09/london-bridge-sewer.html.

图2-14 1858年夏季的伦敦“大臭气”漫画

资料来源：Punch，or the London Charivari，1858-7-3.

核为名干扰设计和施工，以图尽快使泰晤士河臭气弥散。得此良机，巴扎格特迅速展开行动，将数年前已设计完备的下水道改造计划付诸实现。

2.5.2 1858—1875年伦敦下水道系统建设

泰晤士河由西向东蜿蜒穿过伦敦的核心城区，是伦敦市的重要水源，但也被大量污水和垃圾所污染[①]。泰晤士河是一条潮汐河流，在伦敦城区范围内尤为明显，使得排入河流的污物向东顺水流而下数公里后在下一次涨潮时被再次冲回到市区。因此，如何选择排污位置、顺利将市区内全部污水迅速排出，成为首要的问题。同时，伦敦都市工程委员会在修建下水道工程时，还在修建伦敦的地下铁路，需要同时考虑这些地下工程之间的避让关系。

巴扎格特全面调查了伦敦现有的下水道，采用了查德威克原先提出的主管—次管系统，将各条主管大致沿泰晤士河布置，将排污口安排在远离市区、不受潮汐干扰的东部远郊，同时彻底改造之前将污水排向泰晤士河及其他地下河的方法，将支管系统直接与各处房屋连接，截留各处污水和雨水汇入主管中。巴扎格特根据伦敦各区地貌和人口密度的不同，将管网处理为三种形式：深埋（low level，埋深约12m）、中埋（middle level，埋深9～12m）和浅埋（high level，埋深6.7～9m），其中以后两者为主且施工难度较大。全部主管长度逾132km，支管系统总长则达1760km（图2-15）。主管的最小坡度“每英里下降2英尺”[②]，并在城内污水管网集中处设若干泵房，加大向远郊排污的功率。在路线布置上，中埋和深埋管凡与河流和拟建的地下铁路等交汇处采用地下坑道形式，避免相互干扰（图2-16）。可见，巴扎格特的排水管网方案是在全面考虑伦敦市的道路、河流、地貌、

① 至1850年代，每年排放进入泰晤士河的固体垃圾和污水达60万吨。John Broich. Water and the Modern British City: The Case of London, 1835—1903［D］. PaloAlto: Stanford University, 2005: 84.

② Stephen Halliday. The Great Stink of London: Sir Joseph Bazalgatte and the Cleasing of the Victorian Metropolis［M］. London: Sutton Publishing, 1999: 239.

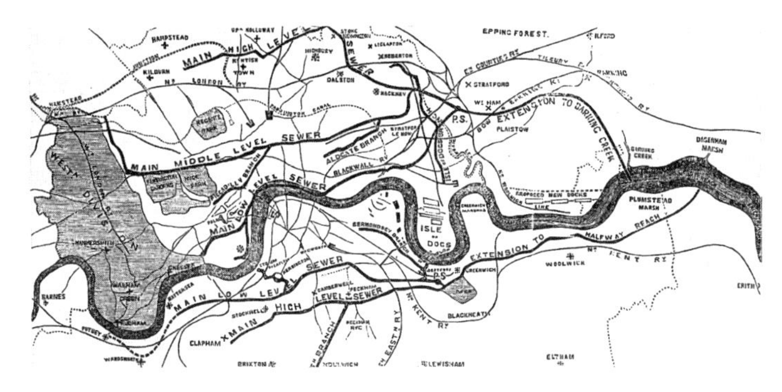

图2-15 伦敦下水道管网总图（1866年）
资料来源：Stephen Halliday. The Great Stink of London：Sir Joseph Bazalgatte and the Cleasing of the Victorian Metropolis［M］. London：Sutton Publishing，1999.

图2-16 巴扎格特下水道工程中的地下空间布局
1—热气、电力、供水等管道；2—砖砌下水道（涵洞内为圆形截面，其余为蛋形截面）；3—地铁隧洞；4—气动火车隧洞（未实现）
资料来源：The Illustrated London News，1867-6-22.

人口及其他地下工程的基础上制定出的。

在建设中，巴扎格特采用质量合格的特质红砖砌筑蛋形截面的下水道，因其需用量很大而修建了临时铁路，利于向工地运输红砖；在泵房等建筑上广泛使用了刚发明的波特兰水泥及混凝土。排污口在当时直排到泰晤士河中，后增设污水处理厂，但已彻底解决市区内对泰晤士河饮用水的污染问题。由于下水道截面预留量很大，因而这一工程直到今天仍在发挥作用。这一下水道系统大部分在1860年代中期建成，1866年霍乱最后一次侵袭伦敦时，感染病例均出现在下水管网尚未建成的区域[①]，而当全部工程竣工后，霍乱、伤寒等“热病”从此未在伦敦出现。

2.5.3　巴扎格特主持的泰晤士河堤岸工程及相关建设

英国议会和伦敦最繁华的商业区都位于泰晤士河滨，但由于向河里直排污水和潮汐作

① G.C.Cook. Construction of London’s Victorian Sewers：The Vital Role of Joseph Bazalgette［J］. History of Medicine，2001（77）：802-804.

用，“整个滨河区形同由垃圾和淤泥形成的滩涂”[1]（图2–17）。议会在1862年通过《泰晤士河堤岸法案》（*Thames Embankment Act*），委托伦敦都市工程委员会在改造下水道工程时，同时整治泰晤士河沿岸的街道和景观，并要求在这一区域修建伦敦最早的地铁（图2–18）。

这成为下水道工程中难度最大、耗资最多也最引人瞩目的部分。由于滨河地带已修建众多永久性建筑，滨河道交通过于拥挤，巴扎格特采取填河造陆的方式，在泰晤士河南北两岸新填出52英亩用地，用于拓宽道路和增设花园、广场、码头等设施，甚至新建了医院等大型公共建筑，由此彻底改造了伦敦的滨河景观和城市环境，形成了可与巴黎改造媲美的景致，也成为“象征帝国形象和英国文明的重要工程”[2]，至今仍是深受伦敦民众喜爱的休憩场所（图2–19）。同时，整个滨河地带被提高了10m左右，更加符合卫生改革运动中“地势越高受瘟疫影响越小”的观念。并且，由于河道变窄，水流在转弯处流速加大，也使污水更容易排向下游且不易受潮汐影响冲回市内。

在堤岸施工时，巴扎格特主要采用围堰方式施工，即在河道外围打下拦水木桩和沉箱，再抽取积水，再进行开挖和埋设管道等工作，最后回填土方并用花岗石等加固堤岸，形成新的城市景观。在施工中，巴扎格特主要使用波特兰水泥作为粘结材料，也是这种新建筑材料第一次被大规模应用于市政工程的实践。整个工程开挖了3000万立方英尺土方（图2–20）。

图2–17 泰晤士河河湾北岸改造前景象（1841年，远景为圣保罗大教堂）

资料来源：Stuart Oliver. The Thames Embankment and the Disciplining of Nature in Modernity［J］. The Geographical Journal，2000，166（3）.

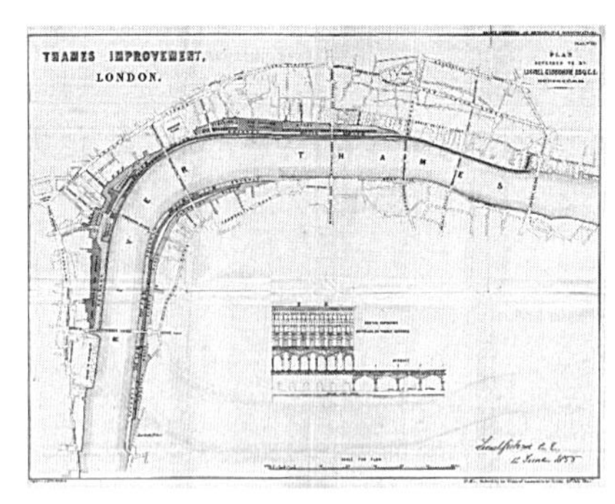

图2–18 泰晤士河堤岸工程总图（南岸为阿尔伯特堤岸〈建成于1869年〉，北岸为维多利亚堤岸〈建成于1870年〉，切尔西堤岸〈建成于1874年〉位于本图外西南方向）

资料来源：Grace's Guide：https://www.gracesguide.co.uk/Joseph_Bazalgette.

① Stephen Halliday. The Great Stink of London：Sir Joseph Bazalgatte and the Cleasing of the Victorian Metropolis［M］. London：Sutton Publishing，1999.

② Dale Porter. The Thames Embankment：Environment，Technology，and Society in Victorian London［M］. Akron：University of Akron Press，1998.

图2-19 泰晤士河河湾北岸改造后（1874年）
资料来源：Stuart Oliver. The Thames Embankment and the Disciplining of Nature in Modernity［J］. The Geographical Journal，2000，166（3）.

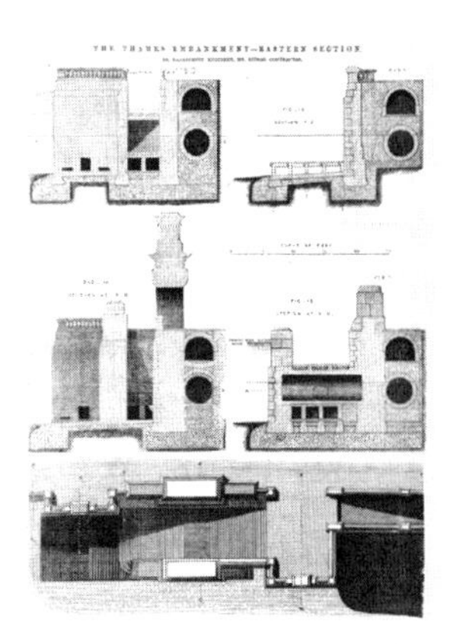

图2-20 泰晤士河堤岸工程各处截面图（显示堤岸护坡的构造与地下空间关系）
资料来源：Grace's Guide：https://www.gracesguide.co.uk/Joseph_Bazalgette.

在埋设管道时，巴扎格特预留了足够空间，除当时已铺设的下水道、供水管、燃气管外，后来还添设了电气管，使议会附近的维多利亚堤岸（Victorian Embankment）成为英国最早使用电灯照明（1878年）的区域，是英国当时城市现代化的标志。除堤岸本身的施工和管道埋设外，与之相关的还包括为便利交通而进行的道路拓宽和拉直并增设多处跨越泰晤士河的桥梁，此外伦敦的第一条地铁于1863年通车，其线路也利用了堤岸工程的地下空间。

巴扎格特深受卫生改革运动的影响，非常注意城市的通风和绿化，在堤岸多处清除贫民住宅后将居民迁往别处，而增设了多处城市公园，成为原本拥挤不堪的市中心区的点状"绿肺"。此外，他还对城市广场及其周边区域进行设计，进一步美化了城市景观。

相比下水道工程的隐蔽性，泰晤士河堤岸改造显著改善了河道水质和景观环境，体现了英国领先世界的工程水平和国家实力，"使伦敦滨河区受潮汐影响的污秽淤泥完全听命于工程师的设计和改造"[①]。在其1874年完全竣工后，巴扎格特于次年受封爵士，继续在伦敦和其他英国城市的市政建设中发挥重要作用[②]。

① John Broich. Water and the Modern British City: The Case of London, 1835—1903［D］. Stanford University, 2005: 84.

② G.C.Cook. Construction of London's Victorian Sewers: The Vital Role of Joseph Bazalgette［J］. History of Medicine. 2001（77）: 802-804.

2.6　余论：卫生改革影响下的市政建设及其与现代城市规划实践的差异

英国在1838年开始的大规模的“热病”调查拉开了声势浩大的卫生改革的序幕。功利主义政治家查德威克发表于1842年的《工人阶级卫生状况报告》是西方政治史上划时代的作品，雄辩地证明了城市环境恶化与孳生疫病间的关系，并且极力主张提出中央政府应建立相应机构负责疫病的预防和监控。1848年英国通过了世界上第一部《公共卫生法案》，而此时欧洲大陆正深陷革命浪潮之中，《共产党宣言》也在这一年发表。虽然这部法案并不包含强制性条文，远非查德威克要求的中央集权以强势推行疫病预防各方面措施的目标，但在他之后经过近40年的不懈努力，终于在1875年通过了修订后的新法案。法制建设的曲折和社会审美心态的变迁反映了一种新思想观念被接受的艰难过程，但至此英国已超过法国成为公共卫生领域最先进的国家，其市政建设和管理模式也被美国、德国等国家学习和效仿。

查德威克提出的“瘴气理论”后来虽被证明并不正确，但他提出的以下水道改造为核心的卫生改革计划却最终清除瘟疫，营造出较为良好的城市环境。他的学生理查德森（Benjamin W. Richardson）在综述查德威克卫生思想的基础上提出一个名为“卫生城”（Hygeia）的理想城市模型①，这也成为霍华德田园城市思想的重要来源之一②。霍华德关于田园城市构想的名著中有一章专门论述了下水道和供水问题，显然是19世纪中叶展开的卫生改革运动思想的延续。

查德威克在社会调查、组织管理、工程技术、社会心理转型等诸多方面都有开创性贡献，影响迅速波及欧洲大陆和北美，在卫生改革运动的洪流中促生了公共卫生、市政工程、景观设计等新学科。在方法论方面，查德威克遵循从社会调查到分析问题再到提出解决方案的步骤，与后来格迪斯（Patrick Geddes）著名的“调研、分析、规划”三步法颇为相似。在工作内容方面，卫生改革运动影响下进行的市政建设，已包含了城市规划的基本要素。以巴扎格特的下水道工程和泰晤士河堤岸工程为例，其由专门的机构——伦敦都市工程委员会负责制定计划并协同实施，其过程从实地调查到全市域的下水道系统设计，包括主管走向、坡度、泵房设置、地下空间综合利用，以及路网整治和公园、广场设计等相关内容，“从来没有人像他这样全盘考虑市政建设中的各方面问题”③。与此同时，从1875年开始，英国通过了有关住宅设计和旧城区改造的一系列法案，城市规划这门20世纪的新学科已经呼之欲出。

---

① Benjamin W. Richardson. Hygeia, A City of Health [M]. London: MacMillan, 1876.

② 详第8章。

③ Stephen Halliday. The Great Stink of London: Sir Joseph Bazalgatte and the Cleasing of the Victorian Metropolis [M]. London: Sutton Publishing, 1999.

但19世纪在由卫生改革推动的市政建设还有不少局限性，与我们现在熟悉的城市规划活动还有不少差异。首先，19世纪各主要西方国家的急速城市发展是无序且缺少政府监控的，人们对城市规划包括哪些内容及其相互关系还知之甚少。卫生改革肇端于改革下水道的动议，此后又涌现出这样那样的相关问题，如供水、街道整治、住宅改造等。在缺乏全盘计划但必须解决实际问题的压力下，政治家和工程师针对出现的具体问题逐一设法解决。因此，当时的规划和建设活动必然存在很多缺陷，例如伦敦下水道工程直至1880年代才着手解决供水的新水源问题。另以泰晤士河堤岸工程为例，为了整饬之前弯曲的一条街道以利交通通畅，英国议会在1860年代专门通过《帕克大街法案》，伦敦都市工程委员会才得以拆除部分房屋①。前述1838—1875年间的各种法案就出现在这一时期。

其次，当时进行的疫病调查、下水道铺设等工作，侧重在解决单一问题，因此忽视了更为全局性的目标。如在铺设下水道时关注的是管道坡度的工程要求，对城市区域的布局和街道形态是否合理视若罔见，在布置城市公园时也关注其通风效果和卫生要求，而忽视了其作为城市公共空间的作用，直到巴扎格特时代仍是如此。

并且，从事这些建设活动的工程师大多为技术服务的提供者，因此其工作是零星、散漫式的，没有机会进入政府部门成为负责筹划城市发展和规划的主持者，这一转变要等到1909年英国通过世界上第一部城市规划法（*Housing*，*Town Planning*，*& c. Act*），才将规划师和规划纳入政府职能，标志着城市规划专业的形成。这一过程与公共卫生学科的形成十分类似，且二者关系密切——英国的城市规划工作最初就被设置在卫生部（Ministry of Health）之下，直至1940年代才成为独立的部门。

从20世纪初直至不久之前，公共卫生的重心已植根在实验室研究和疫苗研制等，与城市建设渐行渐远。20世纪以来城市规划的蓬勃发展，如田园城市运动和各种规划思想兴起与实践，已非卫生改革运动的直接产物，但其追求健康、卫生的目标则始终未变。如果没有19世纪中叶的卫生改革运动及其推动的各种城市建设活动，很难想象人们如何去了解规划和建设现代城市的方方面面。同理，正是通过这一时期的实践，英国的政治和技术精英逐渐掌握了城市规划的内容和步骤，这种认识渐进发展而抵至深刻和全面。这与我国及其他“非西方”国家在近代直接引入西方的规划制度有根本不同。但正因为如此，才需要系统清理西方城市规划学科的起源及其发展，以期加深认识我国近代以来的城市发展。

① Stephen Halliday. The Great Stink of London: Sir Joseph Bazalgatte and the Cleasing of the Victorian Metropolis [M]. London: Sutton Publishing, 1999.

第3章 西方国家首都建设与现代城市规划之起源及发展（1850—1950年）

3.1 引论

现代城市规划学科自成立之初，就明确地将城市空间与建筑单体区别对待，并在全球视野中比较研究其特征与设计手法，深刻影响了规划学科此后的发展。

1909年年初，利物浦大学建筑学院成立了世界上第一个城市规划系，为现代规划教育之嚆矢[①]，以之为依托又创办起著名的《城市规划评论》(*Town Planning Review*)杂志。这二者皆是现代城市规划学科成立的重要标志[②]。《城市规划评论》的首任主编是后来主持制定了“大伦敦规划”的阿伯克隆比。他在此后几年间发表了一系列关于欧美首都城市规划和建设历史的论文。这些论文旨在梳理外国城市规划的经验，用以阐明城市规划学科的意义并试图指导当时英国的规划建设[③]，具有很强的现实关怀特性。而且，阿伯克隆比早年的这些研究成果后来或隐或现地体现在他日后的规划实践中，由此不难看到规划史研究在西方城市规划学科形成之初的重要地位和贡献。

阿伯克隆比的研究基于实地调研，聚焦在西欧主要国家的首都城市[④]，采用视野宽广的比较研究方法，得出颇多至今看来仍颇为新颖的观点。例如，阿伯克隆比梳理了巴黎从14世纪到19世纪中叶的历次扩建过程和规划方案，指出奥斯曼（Georges Haussmann，1809—1891年）在1853—1870年间的改造虽然彻底改变了巴黎的城市形象和空间特征，新增添了火车站、林荫大道等内容，但改造工程依据的基本是1793年早已确定的方案，从规划角度上说“留给

① 系名最初为“城市设计系”（Department of Civic Design）。参见：Christopher Crouch. Design Culture in Liverpool 1880—1914: The Origins of the Liverpool School of Architecture [M]. Liverpool: Liverpool University Press, 2002.

② 1909年英国接连发生了三个标志着现代城市规划学科成立的事件，除上述二者外，英国议会还颁布了全世界第一部《城市规划法》。

③ 这也是20世纪初英国规划研究的一种传统，即研究欧洲大陆的经验并检讨得失，以用于指导英国自身的建设实践，如1930年代Elizabeth Denby对欧洲各国住宅问题的研究。参见：Elizabeth Denby. Europe Rehoused [M]. London: Allen and Unwin, 1938.

④ 如巴黎、柏林、维也纳、布鲁塞尔等，也包括美国的华盛顿和克利夫兰。关于阿伯克隆比这些文章的学术史研究参见：Michiel Dehaene. Urban Lessons for the Modern Planner: Patrick Abercrombie and the Study of Urban Development [J]. The Town Planning Review, 2004, 75 (1): 1-30.

奥斯曼发挥的余地甚小”①。此外，在分析了香榭丽舍大道（Champs-Élysées）及其沿途重要节点的复杂形成过程后，阿伯克隆比将之与柏林的菩提树下大街及其延长线进行比较，指出“虽然前者包含了更多城市发展和规划上的失误和缺失，但正因如此而显得更加富有魅力”②（图3-1）。

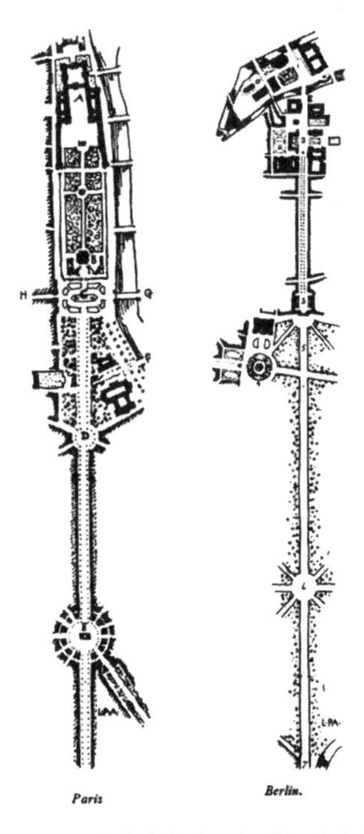

图3-1 阿伯克隆比对巴黎香榭丽舍大道与柏林菩提树下大街及其延长线的比较研究

资料来源：Patrick Abercrombie. Paris: Some Influences that Have Shaped Its Growth［J］. The Town Planning Review，1911，2（3）：218-219.

阿伯克隆比之后，针对各国首都城市规划的历史研究成果颇多。这是因为，第一，工业革命以后容纳流入人口最多的城市就是各国首都，因此它们的城市问题最突出，其经验利弊亟待梳理总结。第二，首都的规划和建设是各国用以彰显其物质文明和思想文化水平的集中体现，也是各国政府“对内笼络民心，亦为对外宣扬国威之重要途径”③，具有无可替代的独特性。第三，迟至1950年代以前，欧美这些主要国家仍积极推行全球殖民主义，“帝国”首都规划所体现的设计思想、艺术品位和技术标准是其殖民地城市规划的重要参考。第四，第一次世界大战后出现了一批新兴的民族国家，其首都规划也受到当时流行的欧美规划思想和技术的深刻影响，甚至直接聘用欧美规划师制订方案。因此，首都规划是全球视野下规划史研究中不可缺少的内容。

目前，这些针对首都城市的规划史研究的地域范围已从西欧和北美扩展至包括“非西方”世界在内的其他地区，研究内容也从较单纯的城市空间形态和景观特征扩展至经济政策、规划法案、国家建构和社会变迁等各方面。除量大面广的城市史研究外，专以首都城市的规划史为研究对象的著述可粗略归为两类：第一类是以美国学者劳伦斯·威尔（Lawrence Vale）为代表的综合性研究④，其著作一般分章讨论具有代表性的各国首都城市的规划设计和实施，内容偏重空间形态和规划政策，较少系统分析其所体现的规划思想及其与整个规划学科的关联。第二类则强调“专、精”，常以单一城市为研究对象，有明确的研究目标及丰富的历史细节，虽然有力地补充了此前阿伯克隆比那种粗放式的研究，但普遍缺少视野宏大的比

① Patrick Abercrombie. Paris: Some Influences that Have Shaped Its Growth［J］. The Town Planning Review，1912，2（4）：314.

② Patrick Abercrombie. Paris: Some Influences that Have Shaped Its Growth［J］. The Town Planning Review，1911，2（3）：218-219.

③ 新京都市计划概要草案（1931年），转自：刘亦师．近代长春城市发展历史研究［D］.北京：清华大学，2006.

④ Lawrence J. Vale. Architecture, Power and National Identity［M］. New Haven and London: Yale University Press，1992.

较研究，也难以由之摹画出西方城市规划学科的发展脉络。例如，2006年出版的《20世纪的首都城市规划》各章就以不同的首都城市为对象分别论述，唯在篇首收入彼得·霍尔以较为宏观的视野讨论重新思考“首都”概念及其分类的文章（此书还同时收入了劳伦斯·威尔关于多个首都城市规划设计的综述）[①]，可视作为数不多的例外。

有鉴于此，本章拟以推动了工业化和城市化进程的西方主要国家的首都城市——巴黎、维也纳、柏林、伦敦和华盛顿为对象，在扼要论述它们各自城市规划与建设历程的基础上，采用比较研究的方式梳理在它们的规划和建设中彼此影响、相互轇轕的历史过程，而将重点放在规划观念、设计思想、技术标准等三方面，着力考察以下问题：现代的规划观念如何在欧美各地的实践中得以形成并使其边界逐渐清晰？城市规划的设计思想如何逐渐扩充并形成体系？相关技术标准在何种背景下创建并逐步完善？比较奥斯曼的巴黎改造和阿伯克隆比的大伦敦规划，二者相去近百年，从这些方面入手观察可以清楚看到二者的紧密联系和根本区别。而在此二者之间西方世界又在首都城市的规划构思和实践中，涌现出代表着现代城市规划的不同发展方向，构成了现代城市规划史上万象奔腾的磅礴景象。

限于篇幅，本章关注的是西方主要国家首都的规划历史。虽然这些国家在其遍布全球的殖民地首府，如新德里、堪培拉、马尼拉、西贡以及北非的诸多城市也进行了各种规划活动，但就规划观念、设计思想和技术手段而言，那些规划活动凛遵宗主国的模式，殊少创新。此外，在民族主义泛起和民族独立运动的大潮下，20世纪上半叶还产生了诸多新兴的民族国家，如苏联、土耳其、巴西以及北洋政府和国民政府统治下的中国等，在规划史上也有其地位。这些“非西方”国家，包括日本在内，其规划活动仍遵照西方确立的模式进行，唯在苏联和日本出现过一些令人耳目一新的创造[②]，但已超出本章讨论的范围。

本章的研究时限起自1850年，其为欧洲各国政府尝试系统工业革命引致的城市问题之始[③]，并即将迎来影响深远的巴黎改造，下迄第二次世界大战结束后的1950年。本章研究的首都城市都属于西方主要国家，暂不涉及原殖民地国家和新兴民族国家的首都规划。我们开展这项研究的用意与阿伯克隆比的研究一样，旨在古为今用，通过研究外国首都城市的历史，力图深化对我国近代以来首都城市规划和建设的理解。

3.2 现代城市规划的雏形：18世纪末以来的巴黎改造及其影响

巴黎地扼冲要，古罗马人已在此地沿塞纳河两岸修建通往比利时和英国的公路，并于

---

① Peter Hall. Seven Types of Capital City［M］//David Gordon, ed. Planning Twentieth Century Capital Cities. New York: Routledge, 2006: 8-14.

② 刘亦师. 20世纪上半叶田园城市运动在“非西方”世界之展开［J］. 城市规划学刊，2019（2）：109-118.

③ Merry Wiesner-Hanks, et al., ed. Discovering the Western Past: A Look at the Evidence, Volume II［M］. Boston: Houghton Mifflin, 2004: 210-246.

公元3世纪筑起巴黎的第一道城墙。此后由于人口增长，巴黎的城市建设区域不断突破原有城墙向外扩张，导致城墙遭拆毁。同时，为抵御外敌入侵和征收关税，巴黎又陆续修建起至少6道城墙[①]。其中较重要且存留到1850年代的是修建于腓力二世时期（1180—1223年）的中世纪城墙、14世纪修建的百年战争时代城墙和1784年修建的关税城墙。直到1840年代，巴黎的远郊仍在兴建围墙以标明市域及其税收的边界。

在长期缓慢的发展过程中，巴黎逐渐聚集了现代城市空间的诸种要素。例如，路易十四时代已仿效罗马的样例将巴洛克式的宽阔道路引入巴黎，唯其长度较短，尚不具备后来的那种恢弘的气度，也缺少路灯、下水道等现代基础设施。此外，巴黎市中心的不同区域已形成卢佛尔宫、观象台、大学等具有法国特色的古典主义建筑群和诸多城市广场，但这些要素尚未与城市主要道路发生紧密联系。并且，除在巴黎的东西远郊各有一处皇家公园可用于市民出外游憩外，由于长期和平导致防御性极强的百年战争时代城墙被局部改造为郊外公园。

由于城墙占地较广，局部拆除后可有效改造该地区的交通和居住环境，"城垒一旦拆除就为城市创造出简单、经济的改造条件"[②]。可见，在延续城市既有格局、重新利用前代遗留的各种遗产的长期实践中，巴黎的市政管理者和建筑师对巴黎的城市问题和改良方向已逐渐形成清晰的认识。

在此基础上，1744年法国宫廷建筑师在巴黎西郊的布洛涅（Boulogne）森林附近规划了新市区，并以香榭丽舍大道将之与巴黎市区连接起来（图3-2）。从图中可见拥挤的老市区与新市区疏朗开阔的空间格局形成鲜明对比。其中，浅色道路即为香榭丽舍大道，并

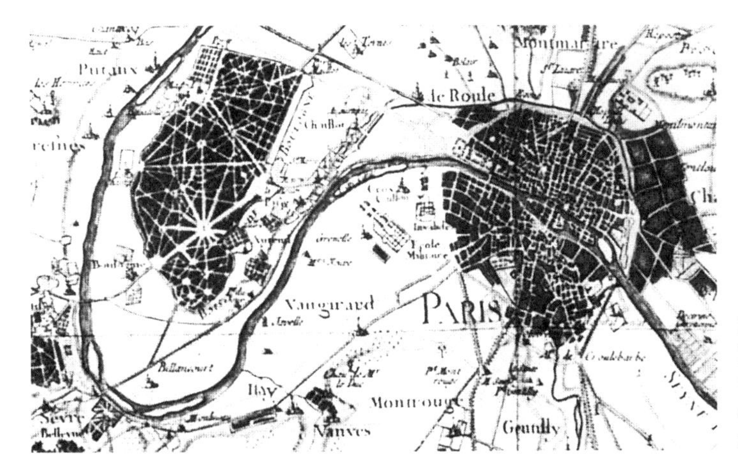

图3-2 巴黎老城与西郊新城区空间形态之对比（1744年）
资料来源：Spiro Kostof. The City Shaped［M］. New York：Bulfinch Press，1999：227.

① Patrick Abercrombie．Paris：Some Influences that Have Shaped Its Growth［J］．The Town Planning Review，1911，2（2）：113-123．

② Patrick Abercrombie．Paris：Some Influences that Have Shaped Its Growth［J］．The Town Planning Review，1911，2（2）：113-123．

且表明其两侧拟种植树木以美化街景。

1789年法国大革命爆发后，法国政府曾任命一个由雕刻家、建筑师和工程师组成的艺术委员会（The Commission des Artistes）负责研究巴黎的城市空间并提出改造方案，此即1793年版巴黎规划（图3-3）。这一规划产生于法国资产阶级革命的大背景下，受其影响也具有豪迈奋发的特征。它首次在规划中将此前历代存留的城墙、道路、建筑和开敞空间等要素统一加以考虑，提出在既有城市肌理上以新的宽阔大道进行切分和连接，尽量使道路取直，形成贯通全城的新轴线和高效的道路网。同时，这一规划将市区内道路按截面宽度进行分级，规定最宽的道路为14m，最窄的为6m；道路交会处设置圆形广场。可见，"就交通、卫生和艺术形象而言，现代巴黎的雏形已现"[①]。这一方案虽然最后被束之高阁，仅在拿破仑称帝后在市内按其建议的位置兴建若干公共建筑如凯旋门等，但它提出的重整街道格局构想成为后来奥斯曼改造巴黎的重要参考。

1851年年底拿破仑三世称帝时，巴黎相比伦敦在经济发展和城市环境方面已瞠乎其后[②]。因此，拿破仑三世立志重振巴黎，使之建成为欧洲乃至全世界"最明亮、最壮丽和最洁净的首都城市"[③]，并于1853年6月任命奥斯曼为塞纳地区行政长官，主持巴黎的城市改造。奥斯曼出生于官宦世家，担任过波尔多等"外省"地区的行政长官，积累了丰富的行政和城市建设经验，"事至而断、剑及履及"，亦能知人善任，堪称"能吏"。奥斯曼上任伊始即在巴黎最高的那些建筑物顶层修建观测塔，绘制出精准的全城测绘图作为此后改造的重要依据；他在改造中体现了远迈前代的气魄：将1793年规划方案中拟建的宽40m的

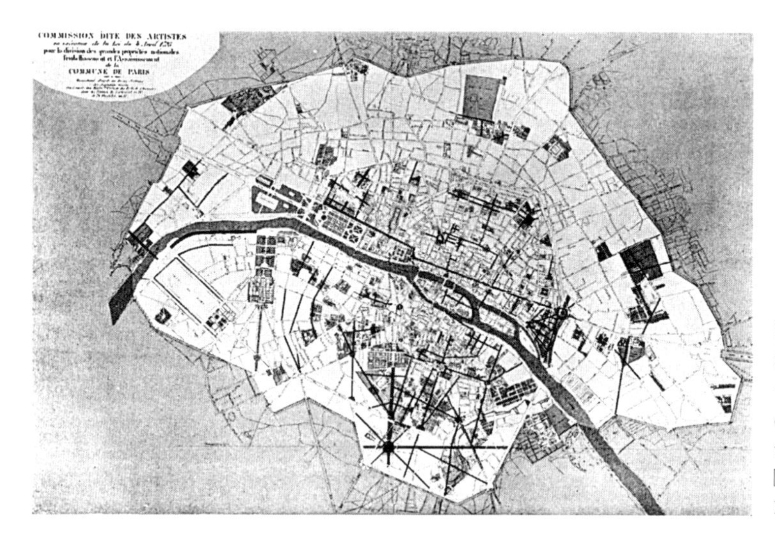

图3-3 法国大革命时期的巴黎改造规划（1793年）
资料来源：Patrick Abercrombie. Paris: Some Influences that Have Shaped Its Growth [J]. The Town Planning Review , 1912, 2 (4): 313.

① Patrick Abercrombie. Paris: Some Influences that Have Shaped Its Growth [J]. The Town Planning Review , 1912, 2 (4): 313.

② Peter Hall. Cities of Tomorrow [M]. London: Wiley Blackwell, 2004.

③ Brian Chapman. Baron Haussmann and the Planning of Paris [J]. The Town Planning Review , 1953, 24 (3): 177-192.

主要街道大幅拓展至80～120m。不但如此，奥斯曼还曾积极支持拿破仑三世称帝，因此深得后者的信任与器重，这也是他在此后17年间得以排除阻难、大刀阔斧进行城市改造的重要原因①。

奥斯曼拆除了位于西北部残留的百年战争时代的城墙，在原址修建起林荫大道，后又拆除环绕巴黎市区的关税城墙修建起外围的环城大道（Boulevards Exterieurs）（图3-4）。为使环形道路与放射形道路连成整体，奥斯曼扩大新建了一系列广场，“于数中点连以正街，复由此中点各作射出之径街，并做数圈街以穿贯之”②，由此形成新的城市街道系统。四方辐辏的笔直大道汇聚于不同几何形状的广场，如位于关税城墙的凯旋门广场被扩大成12条道路的交会点，使这种街道和广场成为现代交通的重要组成部分，也成为巴洛克式城市设计的重要特征，对世界各国产生了巨大影响。

当时的巴黎虽然有多条道路可进入市内，但没有一条贯穿全城的街道。因此，奥斯曼将香榭丽舍大道向东西延展，直抵布洛涅和万塞纳（Vincennes）森林公园，成为贯穿巴黎的东西轴线；继之又打通了一条南北大道，构成巴黎市的十字形道路骨架（图3-5）。奥斯曼的建设方式并非拓宽原有道路，而是提出“创造性破坏”（creative destruction）的观念，在大量拆除现有住宅和其他建筑的基础上新建宽阔的道路，也因此重塑了巴黎的城市肌理（图3-6）。这一改造手法在拿破仑三世的第二帝国倒台之后仍然继续（图3-7）。

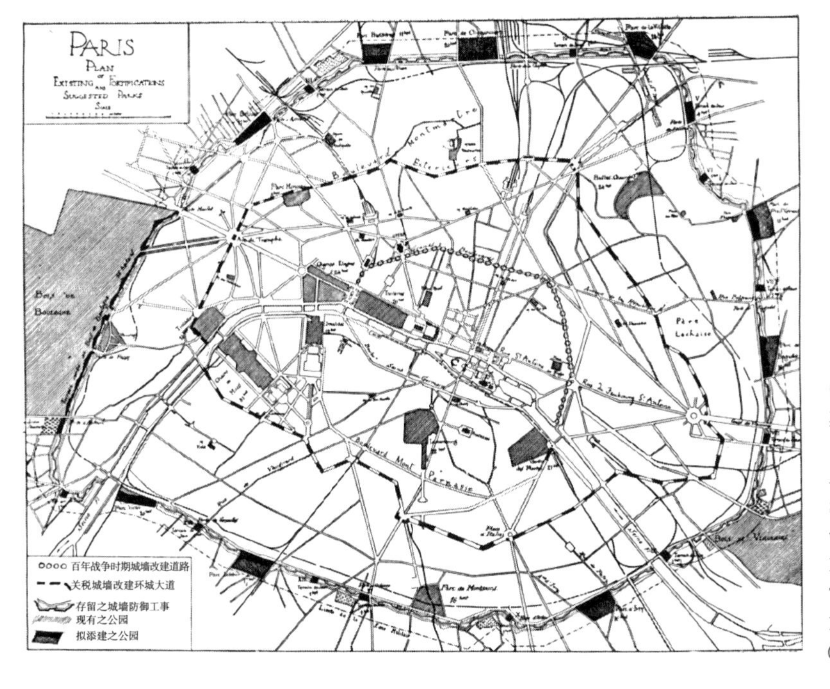

图3-4 巴黎城墙及其改造总平面图
资料来源：Patrick Abercrombie. Paris: Some Influences that Have Shaped Its Growth［J］. The Town Planning Review，1911，2（2）：122.

① Brian Chapman. Baron Haussmann and the Planning of Paris［J］. The Town Planning Review，1953，24（3）：177-192.

② 安徽警察厅省道局．拆城筑路之利益［J］．道路月刊．1923，4（3）：66-72.

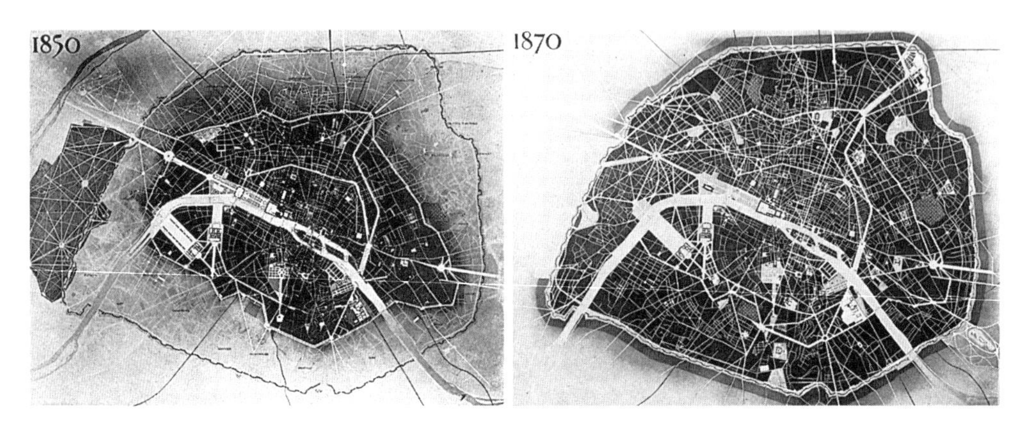

图3-5 1850年和1870年巴黎改造前后的城市街道网络对比
资料来源：Brian Chapman. Baron Haussmann and the Planning of Paris［J］. The Town Planning Review，1953，24（3）：177-192.

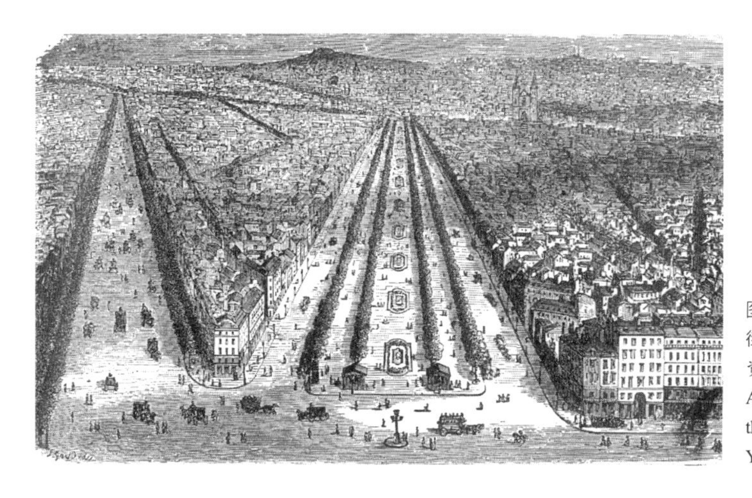

图3-6 奥斯曼改造巴黎形成的街道景观
资料来源：Vittorio Lampuhnani. Architecture and City Planning in the Twentieth Century［M］. New York：VNR Company，1985：25.

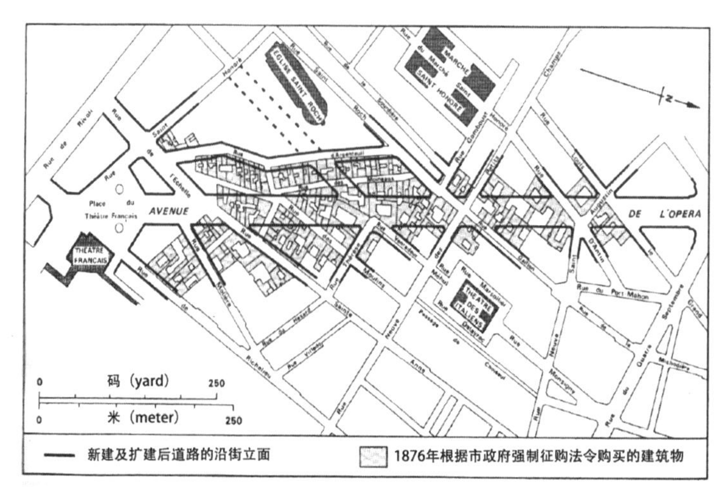

图3-7 歌剧院及其正对的歌剧院大街原有城市肌理和拆除后建成的空间形态对比（二者均在1887年建成）
资料来源：Merry Wiesner-Hanks，et al.，ed. Discovering the Western Past：A Look at the Evidence，Volume II［M］. Boston：Houghton Mifflin，2004.

奥斯曼曾参与过1830年的“七月革命”，亲眼见到革命者利用巴黎狭窄的街道构筑街垒①。在拿破仑三世的授意下，奥斯曼开辟宽阔大道的主要意图除促进人员和货物的快速输送外，还结合军营的布置，保证军队能迅速抵达可能的“暴乱”地点，遏制街头革命再次发生，也因此略具现代城市规划政治和社会功能的雏形。

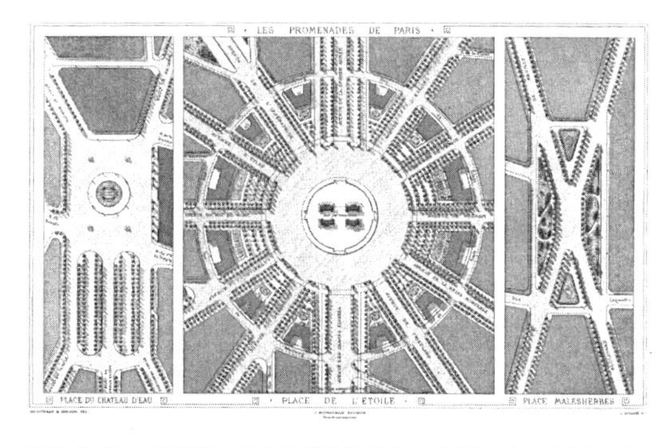

图3-8 阿方德著作中对不同形状（左：方形，中：圆形，右：矩形）城市广场的设计（1867年）

资料来源：Adolphe Alphand. Les Promenades de Paris［M］. Princeton：Princeton Architectural Press，1984（a reprint of 1867）.

为了使宽阔的道路成为巴黎城市景观的重要内容，1856年，奥斯曼任命阿方德（Jean-Charles Alphand，1817—1891年）执掌新成立的林荫道种植建设部门（Service des Promenades et Plantations），负责巴黎的城市绿化和公园建设。阿方德在实践中探索制定了建设种植多排行道树、具有不同道路断面和复杂地下管网系统等林荫大道的设计标准（图3-8，另见图20-3）。除建设道路外，阿方德还负责巴黎的公园建设，“布洛涅森林公园的设计是巴黎改造当之无愧的集大成作品”②，最终建成世界上最早的与城市公园相连的林荫大道系统，成就超乎其所模仿的伦敦公园之上，也启发了美国景观建筑学家奥姆斯特德（Frederick Law Olmsted，1822—1903年）设计园林大道（parkway）③。

奥斯曼改造巴黎为时最长的一项工程是修建现代化的供水系统和下水道系统，对其他各国尤其是英国产生了深远的影响。奥斯曼在南北两个方向选择了远离巴黎的可靠水源地，分别修建114km和173km的引水渠进入巴黎市区，同时任命工程师在巴黎地下修建多条人工河道，截留雨水和污水并引向巴黎远郊的污水处理厂，使原本污秽不堪的塞纳河及其支流逐渐清澈起来。整个工程持续30余年，和巴黎绿化系统的建设一样，都延续到奥斯曼去职之后④（图3-9）。

为了募集资金实施花费巨大的改造项目，奥斯曼提出“生产性投资”（productive

① Brian Chapman. Baron Haussmann and the Planning of Paris［J］. The Town Planning Review，1953，24（3）：177-192.

② Patrick Abercrombie. Paris：Some Influences that Have Shaped Its Growth［J］. The Town Planning Review，1912，2（4）：309-320.

③ 奥姆斯特德曾在1859年访问巴黎并曾与奥斯曼及阿方德会面。E. S. Macdonald. Enduring Complexity：A History of Brooklyn's Parkways［M］. Dissertation at UC Berkeley，1999.

④ Brian Chapman. Baron Haussmann and the Planning of Paris［J］. The Town Planning Review，1953，24（3）：177-192.

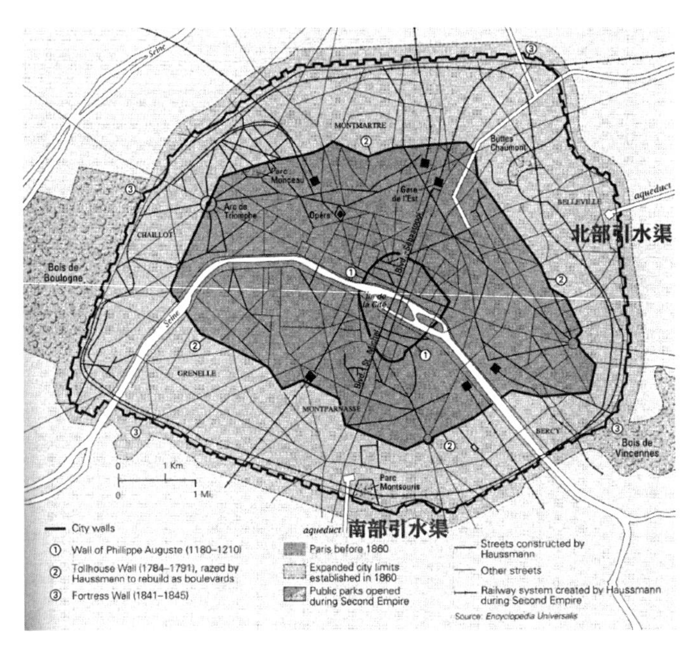

图3-9 巴黎的街道、水系及引水渠位置（1860年代）

资料来源：Merry Wiesner-Hanks, et al., ed. Discovering the Western Past: A Look at the Evidence, Volume II［M］. Boston: Houghton Mifflin, 2004.

expense）的概念①，利用土地的升值预期积极利用民间游资，沿各条壮丽的大道投资建设公寓住宅、商店等建筑，其税收又用于城市基础设施建设等，实现“正反馈循环”。并且，奥斯曼又推动建筑立法，或利用其政治身份重新阐释和利用现有法案为推进其改造事业服务，积极塑造了巴黎的现代化城市景观，并推动了法国经济和建造业的繁荣②。

奥斯曼积极引入新技术和设备，利用地下管网在道路两旁树立煤气灯，创造出令人惊叹的巴黎夜景并提高了巴黎的治安水平③。同时，新建的火车站、百货商店、歌剧院等公共建筑及至沿街布置的5层公寓大楼和零星的城市公园，不但代表了法国的国家形象，也同时改变了巴黎市民的生活方式，促成中产阶级从郊区回流到市内居住以享用种类齐全的服务设施，形成城市优先的规划心理和偏好，也根本区别于英、美的郊区化发展模式。更重要的是，巴黎改造在政治、军事、社会、经济等方面所体现出的巨大效益，欧洲其他国家竞相仿效，以之为模板改造各自的首都，“奥斯曼化”（Haussmannization）成为欧洲城市建设的普遍模式；而在这一过程中，主事者以理性的态度将城市历代遗留的物质要素连同现实需求统一筹划，将道路、公共建筑、广场、绿化系统、下水道、住宅区等各种城市要素综合考虑，在实践中逐渐形成了现代城市规划的观念，并得到普遍接受。通过巴黎改

① Richard E. Foglesong. Planning the Capitalist City［M］. Princeton: Princeton University Press, 2014: 140.

② Antoine Paccoud. Planning Law, Power, and Practice: Haussmann in Paris（1853–1870）［J］. Planning Perspectives, 2016, 31: 3, 341-361.

③ Kathleen James-Chachraborty. Paris in the Nineteenth Century［M］//Architecture since 1400. Minneapolis: University of Minnesota Press, 2015: 273-289.

造促成规划观念的浮现，是规划史上具有划时代影响的重大事件。

巴黎改造虽然开创了城市规划的新时代，但就城市规划的内涵而言，其所涉内容的关联性和完整性方面与现代意义上的城市规划仍有很大区别。首先，巴黎改造基本是对市区空间形式的整治，既缺少区域观念，没有触及城市与城郊和乡村的关系，也未从经济发展角度对工业布局进行统筹安排，而且对导致城市问题的根源——人口过度膨胀的趋势也重视不足，只是简单地将工人阶级住宅拆毁并外迁到郊区。其次，虽然通过技术革新创造出恢弘壮丽的林荫大道并建设了若干公园，但整个巴黎的绿化不成体系。第三，奥斯曼对历代遗留的建筑和其他物质遗产漠不在意，仅在大广场上保留若干文物建筑作为街道景观的对景，现代城市规划中的重要组成部分——建筑保护尚未进入其视野。

1870年年初，奥斯曼因在城市建设中滥发信贷被告上法庭，遭拿破仑三世解职，不久法兰西第二帝国也被推翻。但巴黎的建设事业未因政治和人事的割裂而终止，奥斯曼时代制定的宏大计划和积累的工程经验在新时期发挥了重要作用，造就了现代巴黎的城市景观，也决定了巴黎此后城市发展的方向。例如，为满足交通发展，19世纪末在林荫大道和圆形广场增添了机动车分流岛和地下通道等设施（图3-10）；奥斯曼时代形成的富庶阶层居住于城内、工人阶级散布于市郊的格局也一直在延续，柯布西耶在其1920年代的“光辉城市”方案中也遵循了这一传统[①]。

图3-10 法国建筑师尤金·希那德（Eugène Hénard，1849—1923年）绘制的巴黎道路交通规划（可见环岛部分为下沉广场，以地下通道与四周道路相连，另在路口设置分流岛）
资料来源：Norma Evenson. Paris：A Century of Change，1878-1978［M］. New Haven：Yale University Press，1979：32.

3.3　西欧主要国家首都建设与现代规划观念之形成

以巴黎为仿效的对象，欧美各国大致以两种不同的改造方式对其各自首都相继进行规

① 详第15章。

划和建设。第一种是伦敦改造所侧重的公共卫生设施建设。巴黎改造通过改造供水和下水道系统大幅改进了城市环境和居民健康，当时不胜疫病袭扰的伦敦以之为表率，在公共卫生设施的规划和建设方面作出创造性贡献，而且针对公共卫生立法，并于1870年代完成了对泰晤士堤岸工程的改造。

第二种是欧洲大陆国家如奥地利、德国以及西班牙、意大利、荷兰、比利时等，仿效巴黎的样例陆续开始拆除围绕市区的中世纪城墙，并在城墙旧址上修建环状道路，也力图形成类似巴黎的道路网络和市中心区景观。

无论是哪一种，巴黎改造的表率作用及其深远、巨大的影响，均清晰可见。通过这些改造实践，欧洲各国的政府和建筑师、工程师逐渐认识到现代城市规划的内涵，同时发展出相应的规划技术和标准，为现代城市规划学科的成立奠定了基础。

3.3.1　公共卫生运动主导下的19世纪中后叶伦敦改造

拿破仑三世执政前曾长期居留于伦敦，对伦敦当时的改造成就，如新商业街摄政王大道（Regent Street）和海德公园等评价颇高，以之为样例指导巴黎改造。

实际上，随着工业革命和全球贸易的展开，率先进行工业化的英国遭遇了更为严重的人口膨胀、居住环境急速恶化等城市问题。伦敦等大城市的居民除一直以来都受肺结核、鼠疫、伤寒等“热病”的威胁外，1830年代以后从亚洲带入的霍乱成为最致命且反复爆发的全国性瘟疫[①]。

在此背景下，英国卓有远见的政治家如查德威克（Edwin Chadwick，1800—1890年）等人领导了致力于探究霍乱致病原因和扩散机理的疫病调查，其工作方式为以整个城市为对象，对每个街区甚至每条街、每幢房屋的居民沾染疫病的状况进行统计（图3-11）。1842年查德威克自己出资刊印了其著名的调查报告[②]，雄辩地指出环境问题与疫病间的因果关联，推翻了当时占统治地位的、由法国学者提出的贫穷导致疫病流行的学说。查德威克提出“瘴气理论”（miasmatic theory），即城市中下水道淤塞以及地表污水、人畜排泄物和垃圾等堆积产生的臭气，其四下扩散是导致霍乱、伤寒等疫病传播的主要原因[③]。因此，必须彻底改造城市居住环境，尤其是建立完善的现代排污系统，并立法解决城市内挤占内院甚至道路建房、导致通风不畅和瘴气淤积的居住现状。查德威克的卫生调查和报告直接导致公共卫生运动的兴起，对城市环境的改造和公共卫生设施的供给从此成为现代政府不可忽视的重要职能。

---

① John Broich. Water and the Modern British City: The Case of London, 1835—1903［D］. Stanford University, 2005; Derek Frazer. The Evolution of the British Welfare State［M］. London: MacMillan Press Ltd. 1984.

② Report on the Sanitary Condition of the Labouring Population［R］.

③ George Rosen. A History of Public Health［M］. Baltimore: John Hopkins University Press, 1958.

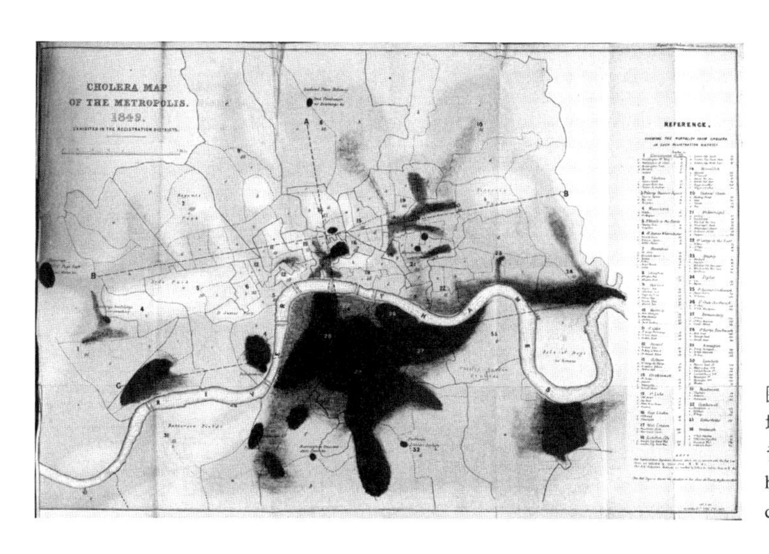

图3-11 1849年伦敦霍乱侵害城市区域严重程度调查图

资料来源：British Library：https://www.sciencephoto.com/contributor/bli/.

上一章已论述英国国会于1848年通过了全世界第一部《公共卫生法案》。同时，查德威克委任约翰·罗（John Roe），发明蛋形截面的下水道在伦敦尝试改良下水道规划及其砌筑技术（见图2-9）。查德威克马上采取了这种新发明，并采用雨水和污水分流以及主管、支管截留等技术，同时使当时已在大量使用的室内抽水马桶设施连接到排污支管，以此替代遍布伦敦各处的旱厕，减少瘴气来源①。虽然科学研究后来证明瘟疫的传播媒介是病菌而非“瘴气”，但查德威克领导发动的公共卫生运动和下水道系统的建设在实践中确实缓解了各种疫病的孳生和传播。查德威克本人后来也曾受到拿破仑三世的邀请到巴黎指导其下水道改造工程②。可见，当时英、法两国技术交流颇频繁，也在实践过程中积累了丰富经验。例如，卫生调查过程中细致缜密的社会调查成为现代城市规划的重要方法；而下水道系统的修建则不但充分利用了工业革命以来的最新成果和技术发明，同时在下水道管线线路的铺设中，人们开始认识必须以整个城市范围为对象，从而选择最佳的坡度和走向以充分发挥重力管的性能，并尽力将排污口布置在远离人口聚集区的远郊。

至1850年代末，为彻底解决排水问题，伦敦市政府任命巴扎格特（Joseph Bazalgette，1819—1891年）为总工程师，在全面考虑伦敦市的道路、河流、地貌、人口及其他地下工程的基础上制定新方案。巴扎格特参考巴黎的经验，不再将污水排向泰晤士河及其他地下河，而使各条排污主管大致沿泰晤士河埋设（见图2-16）。同时，采取不同埋深的

① Jean-Luc Bertrand-Krajewski. Flushing Urban Sewers until the Beginning of the 20th Century [C]. 11th International Conference on Urban Drainage, Edinburgh, Scotland, UK, 2008.

② Russell Lopez. Urban Planning, Architecture, and the Quest for Better Health in the United States [M]. New York: Palgrave Macmillan, 2012.

管道分别布置污水管、电力管线、地铁和气动火车（未实现）等设施[①]，较巴黎更为先进。

在住宅区的规划和建设方面，英国议会于1875年通过新的《公共卫生法》，授权地方政府拆除不合卫生标准的房屋和住宅区，并新建房间高度、建筑材料等满足要求的地方"法定住宅"（by-law housing）[②]。法案要求打破此前断头路和封闭大院的肌理，规定主要街道宽度一般定为至少40ft（约12m）[③]，并在连栋住宅背面预留较窄的通道，均旨在使街道彼此间相连，以利通风，因此形成了街道布局呈彼此垂直正交的网格状。这种缺少变化、单调乏味的住宅区也成为英国当时独特的城市景观（图3-12）。

图3-12 按照1875年《公共卫生法案》和"法定住宅"（by-law）街道布局的伦敦某区总平面

资料来源：Patrick Abercrombie. Town and Country Planning [M]. London: Thornton Butterworth Ltd. 1933: 78.

3.3.2 拆城筑路：欧洲大陆首都城市的环城大道与市中心区改造

英国因孤悬海外不易遭到外敌入侵，因而早在工业革命之前就拆除了古城墙。而欧洲大陆国家的首都城市则将发挥防御作用的城墙一直保留到19世纪中叶，甚至1840年代时巴黎仍在添建外围城墙。奥斯曼将巴黎的几重城墙悉数拆除，形成环城大道，"不特除去交通之障碍，一变而为交通之利器"[④]。受巴黎改造的影响，欧洲其他国家的主要城市也陆续开始拆除围绕市区的巨大城墙、填平沟堑，依其旧址修建了宽阔的环状道路，形成类似巴黎的林荫大道[⑤]。

其中，拆城筑路最著名的例子发生在奥匈帝国首都维也纳。维也纳城墙历经千余年构筑，已形成城墙、棱堡、暗门、壕沟等完整的防御体系，城内则为"丛杂狭隘之街道，而教堂与市场占满空地"。工业革命以后维也纳人口数量剧增，内城多为高官显宦所占，平民多住在城墙之外。1857年，奥匈帝国皇帝约瑟夫一世（Franz Joseph I，1830—1916年）

---

① Stephen Halliday. The Great Stink of London: Sir Joseph Bazalgatte and the Cleasing of the Victorian Metropolis [M]. London: Sutton Publishing, 1999.

② by-law出自荷兰语，意为"按当地规定建造的住宅"。详M.J.Billington. Using the Building Regulations [M]. New York: Routledge, 2005: 11.

③ Spiro Kostof. The City Shaped [M]. New York: Bulfinch Press, 1991: 149.

④ 拆城筑路之动议 [N]. 新闻报, 1929-08-24.

⑤ 陈树棠. 最新道路建筑法（续）[J]. 道路月刊.1923, 4（3）: 41-44, 46-47.

决定拆除其“模范城垒”，修筑环城大道，并在内城扩建广场和公共设施。城墙拆除后，“其地为公家所固有，能做宽广之圈式美街……另有空地建筑政府衙署、市政公所、雕画之博览院以及大学、教堂等，且余甚大之地面，以供私人之展布。”①

1858—1890年间开展的维也纳内城改造，不但连通了内城及其外围，也仿效巴黎的范例在内城新建了90余条大道并进行500多处广场和公共建筑的建设，上文所谓“圈式街道”沿原城墙位置环抱内城，其各段名称不同，但共同构成著名的维也纳环城大道（Ringstrasse）。环城大道除按巴黎林荫大道模式修建外，沿途还与之配合新建了一系列公园、广场和歌剧院等恢弘壮丽的公共建筑。林荫道及其两侧的建筑群和公园多采取围合式布局，较之巴黎其城市景观和空间感受更加细腻，“为世人所艳羡”（图3-13、图3-14）。这些早期的城市改造实践是后来奥地利建筑师西特（Camillo Sitte）归纳城市设计理论的重要基础②（图3-15）。关于西特的城市设计理论及其影响本书第12章和第17章还将展开论述。

环城大道和内城改造将近完成时，维也纳郊外的外城墙也于1890年被拆除，形成第二道圈式大道，并一举将市域面积从14000英亩扩大3倍（44500英亩）③。奥匈帝国政府曾为这一阶段的改造规划举行竞赛，由德国建筑师施蒂本（Joseph Stübben）和奥地利建筑

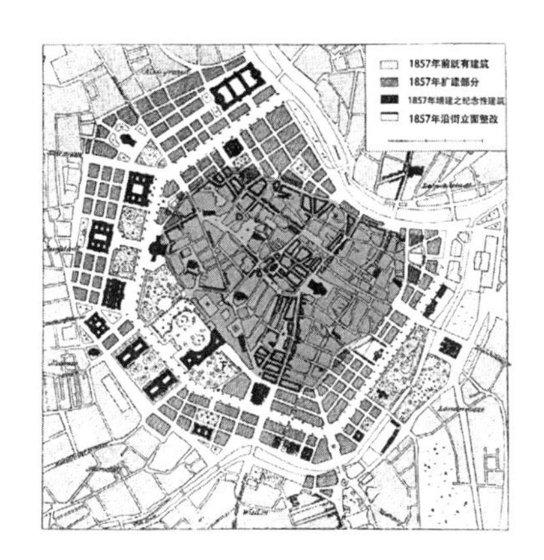

图3-13　维也纳环城大道及内城（虚线段内深色部分）总平面图（斜线阴影均为1857年以后新建之公共建筑及公园）

资料来源：Patrick Abercrombie. Vienna: Parts I and II [J]. The Town Planning Review, 1910, 1 (3): 226.

图3-14　维也纳环城大道局部鸟瞰（从维也纳剧院望向博物馆）（1911年）

资料来源：Patrick Abercrombie. Vienna as an Example of Town Planning: Part III [J]. Detailed Description of the Existing Town: The Town Planning Review, 1911, 1 (4).

① 安徽警察厅省道局．拆城筑路之利益 [J]. 道路月刊，1923, 4 (3): 66-72.

② Camillo Sitte. *City Planning According to Artistic Principles* [M], Translated by George R. Collins and Christiane Crasemann Collins. London: Phaidon Press, 1965.

③ Patrick Abercrombie. Vienna: Parts I and II [J]. The Town Planning Review, 1910, 1 (3): 220-234.

图3-15 西特设计的维也纳某区域住宅区设计方案（1904年）

资料来源：Eve Blau，Monika Platzer. Shaping the Great City：Modern Architecture in Central Europe，1890—1937［M］. Munich：Prestel，1999：76.

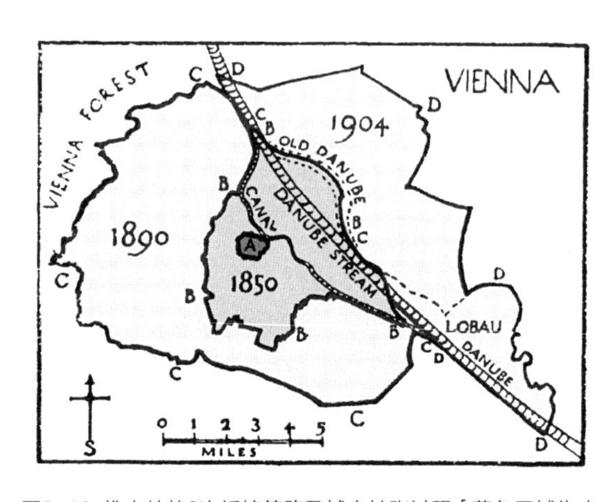

图3-16 维也纳的3次拆墙筑路及城市扩张过程［蓝色区域为内城及环城大道改造（1857—1890年），紫色区域为第二次扩张（1890—1904年），黄色区域为1904年并入市域的范围］

资料来源：Patrick Abercrombie. Vienna：Parts I and II［J］. The Town Planning Review，1910，1（3）：229.

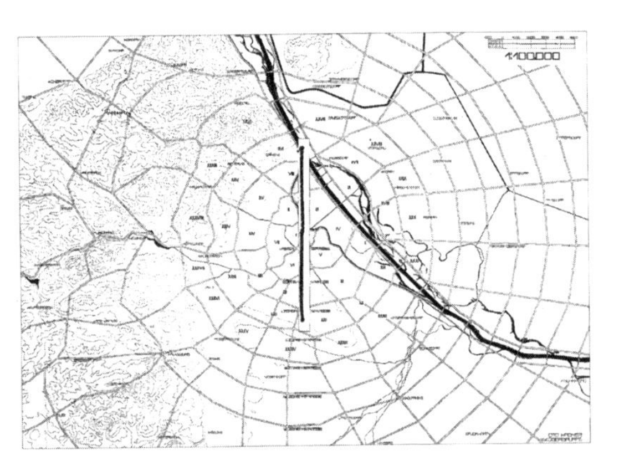

图3-17 维也纳及其周边区域规划图（1911年，可同图3-30比较，可见当时英、德、奥等国规划家已初具区域规划意识）

资料来源：Eve Blau，Monika Platzer. Shaping the Great City：Modern Architecture in Central Europe，1890—1937［M］. Munich：Prestel，1999：75.

师奥托·瓦格纳（Otto Wagner）获得，其中内城为历史城区，除建筑保护外允许兴建6层建筑，外围则依次按5层、4层递减，力图体现内城的壮丽景象和历史风貌[①]。1904年维也纳市域范围再次扩大纳入了西部森林和多瑙河东岸区域，市域面积再次扩大至68000英亩（图3-16）。为方便居民出行，维也纳政府于1894年兴建环绕全城的郊区铁路（Stadtbahn），此后还陆续投资建设巴士和有轨电车等交通方式，并对工人阶级率先实行高峰期低价票政策，鼓励郊区住宅的兴建[②]。

1909—1912年，在维也纳已经进行50余年改造的基础上，奥地利建筑师瓦格纳和卢斯（Adolf Loos）制定了新规划方案（图3-17）。此方案在维也纳及其周边布置了多重环形大道，以放射状道路连接各圈层，

① Patrick Abercrombie. Vienna：Parts I and II［J］. The Town Planning Review，1910，1（3）：220-234.

② Merry Wiesner-Hanks，et al.，ed. Discovering the Western Past：A Look at the Evidence，Volume II［M］. Boston：Houghton Mifflin，2004：210-246.

体现出区域规划的思想。瓦格纳曾设计了维也纳的不少著名公共建筑，其设计强调效率并剔除冗余装饰，已初具现代主义思想。他提出“城中城”的概念，对预期容纳15万人口的维也纳第22区在规划中采用规整的道路格网，旨在加强交通效率[①]（图3-18、图3-19）。虽然其建筑形式仍不脱古典主义，但大面积的城市绿地和宽阔、理性的街道布局已可见现代主义城市规划的重要特征，对后来“红色维也纳”时期的城市建设也发生了巨大影响[②]。

除维也纳外，欧洲各国首都也陆续开始拆城筑路和市中心区改造，如马德里、莫斯科、罗马、布鲁塞尔、阿姆斯特丹等。其城市改造的方法也均遵循“奥斯曼化”的路径，拆毁既有的狭窄街道、植入新的宽阔林荫大道，形成新的城市景观（图3-20）。

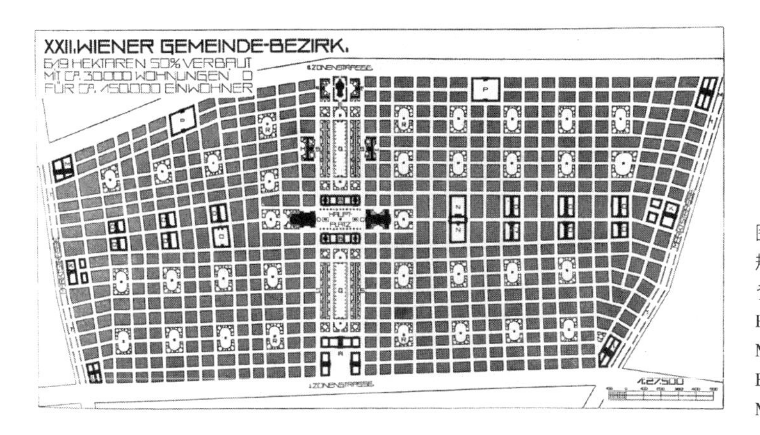

图3-18 瓦格纳设计的第22区规划总平面图（1911年）
资料来源：Eve Blau, Monika Platzer. Shaping the Great City: Modern Architecture in Central Europe, 1890—1937［M］. Munich: Prestel, 1999: 76.

图3-19 维也纳及其周边区域规划图（1911年）
资料来源：CED Library, UC Berkeley.

① Vittorio Lampuhnani. Architecture and City Planning in the Twentieth Century［M］. New York: VNR Company, 1985: 34-35.

② Wolfgang Sonne. Dwelling in the Metropolis: Reformed Urban Blocks 1890–1940 as a Model for the Sustainable Compact City［J］. Progress in Planning, 2009(72): 53-149.

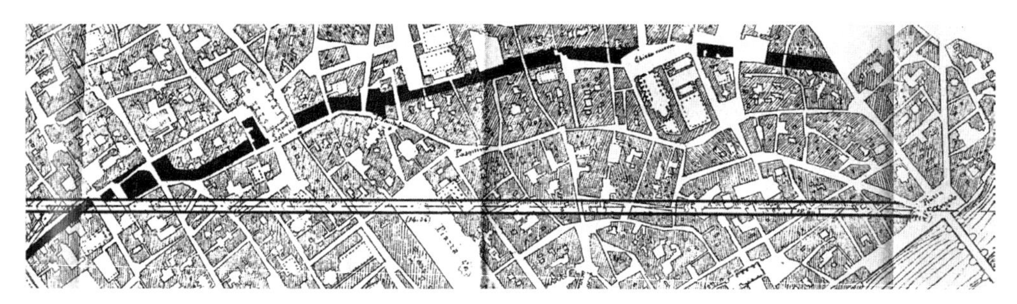

图3-20 罗马的市中心区改造（可见其笔直的主干道叠加于拟拆除的旧城肌理之上，1873年）
资料来源：Spiro Kostof. The City Assembled［M］. New York：Thames & Hudson，1992：273.

德国的柏林、科隆等市也经历了相似历程。德国城市改造特别注重新城区的规划设计及其与旧城区的衔接，在一系列实践中形成了城区扩张（extension plan）的设计原则和技术标准，即在老城区扩建或新建笔直的道路，再沿其延长线为主轴构成新城区。1862年建筑师霍布鲁西特（Hobrecht）为柏林制定了城区扩张规划（图3-21），其中菩提树下大街向西延伸（见图3-1），紧邻老城发展出新城区。这一方案成为此后柏林城市改造和扩建的主要依据[①]，虽然仿效巴黎改造统筹考虑了下水道系统和城市广场等要素，但没有在新市区设置足够的绿地空间，而以“数不尽、枯燥无味的住宅街区来建设”[②]，是这一规划的不足之处。

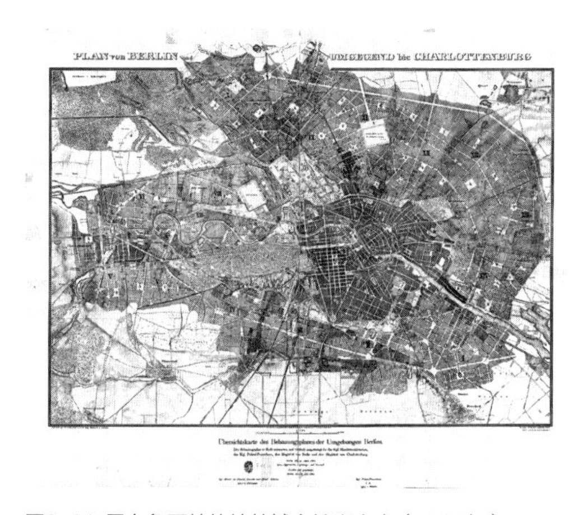

图3-21 霍布鲁西特的柏林城市扩张方案（1862年）
资料来源：Claus Bernet. The “Hobrecht Plan”（1862）and Berlin's Urban Structure［J］. Urban History，2004，31（3）：400-419.

在这些实践中，德国建筑师以其严谨态度和科学精神逐渐构建起道路截面、城市绿化等城市设计的理论体系。施蒂本于1890年出版了百科全书式的《城市建筑》[③]，其中不少篇幅用以分析道路横断面设计，将功能性和观赏性有机地融合在一起，使由行道树和草坪环绕的步行道独立出来，形成丰富多样的街道断面形式和街景，与法国的道路设计突出恢弘气度的设计意图迥乎不同，成为“德国式城市街道设计方法”（German School design）[④]，对

① Claus Bernet. The “Hobrecht Plan”（1862）and Berlin's Urban Structure［J］. Urban History，2004，31（3）：400-419.

② G·阿尔伯斯. 城市规划理论与实践概论［M］. 吴唯佳，译. 北京：科学出版社，2000：26.

③ Joseph Stübben. Der Städtebau［M］. Berlin：Vieweg，1890.

④ Raymond Unwin. Town Planning in Practice：An Introduction to the Art of Designing Cities and Suburbs［M］. London：Adelphi Terrace，1909：241.

各国城市景观的改造产生了深远影响[①]。施蒂本本人除获得维也纳改造竞赛的首奖外，还曾参与不少德国城市的城区扩张规划，创造和完善了将通过性交通与居住区内部交通隔离开、使公共建筑形成组群及当时德国常用的带状绿化空间等方法，被认为是“当时世界上有关大城市规划中设计思想和技术方面最先进的方案”[②]。

1910年举办的柏林规划竞赛是规划史上另一划时代的重要事件。这次竞赛中的几个获奖方案设计思想虽有侧重和手法各异，但均从区域、绿化系统、住宅建设、道路交通体系、基础设施等各方面将柏林市区及其周边区域统筹考虑，显见人们对城市规划观念理解大为加深[③]。其中，获得首奖的是简森（Hermann Jansen，1869—1945年）的方案，以数重环城路和放射性大道构成基本城市结构，并根据当时英国的田园城市理论采用环形绿化隔离带，进而形成贯穿城、郊区的绿地公园体系[④]（图3-22）。

由经济学家和规划家埃博思塔特（Rudolf Eberstadt，1856—1922年）等人合作完成的另一获奖方案，则采取了完全不同的设计策略：以从外围深入核心老城区的楔形绿化取代连续的环状绿化带，道路体系与楔形绿化结合布置。楔形绿地思想后经其他德国建筑师的发展和完善，成为现代城市规划空间布局的重要理论（图3-23）。但上述两个方案均采用

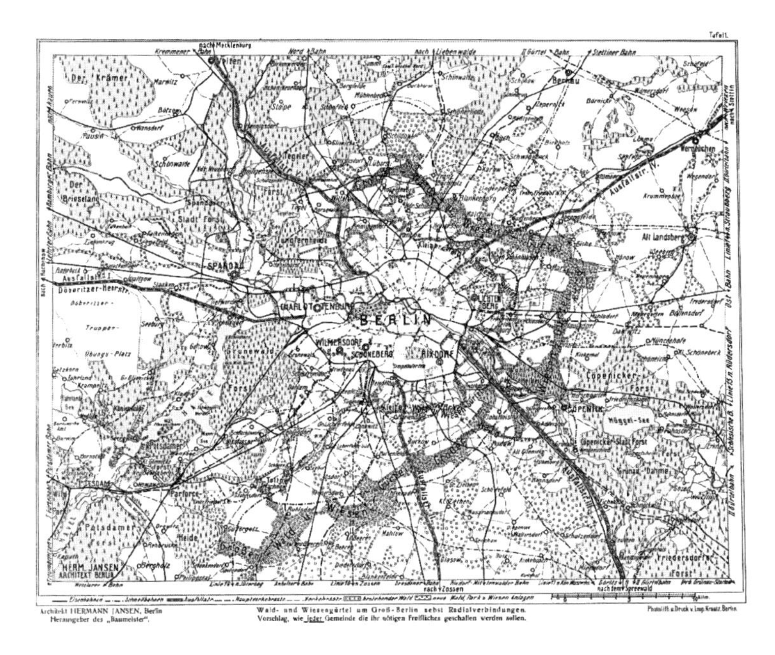

图3-22 1910年柏林规划竞赛头奖方案（德国规划家简森设计）

资料来源：Katharina Borsi. Drawing the Region: Hermann Jansen's Vision of Greater Berlin in 1910［J］. The Journal of Architecture, 2015, 20（1）: 47-72.

---

① 关于西方城市街道断面设计思想及方法的历史演进，详本书第20章。

② Anthony Sutcliffe. Towards the Planned City［M］. Oxford: Basil Blackwell Publisher, 1981: 45.

③ Katharina Borsi. Drawing the Region: Hermann Jansen's Vision of Greater Berlin in 1910［J］. The Journal of Architecture, 2015, 20（1）: 47-72.

④ Duygu Ökesli. Hermann Jansen's Planning Principles and His Urban Legacy in Adana［J］. METU JFA, 2009（2）: 45-67.

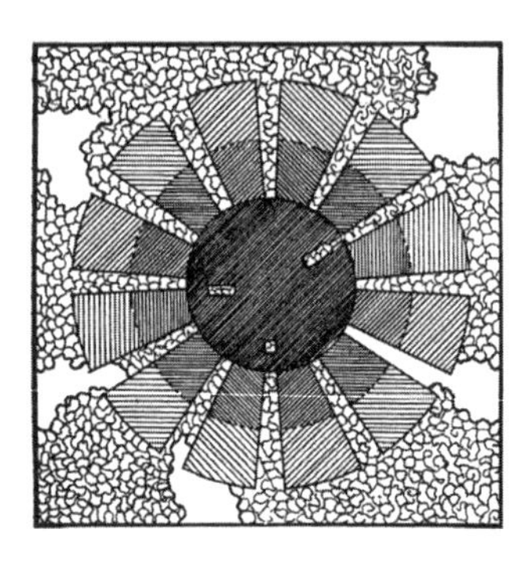
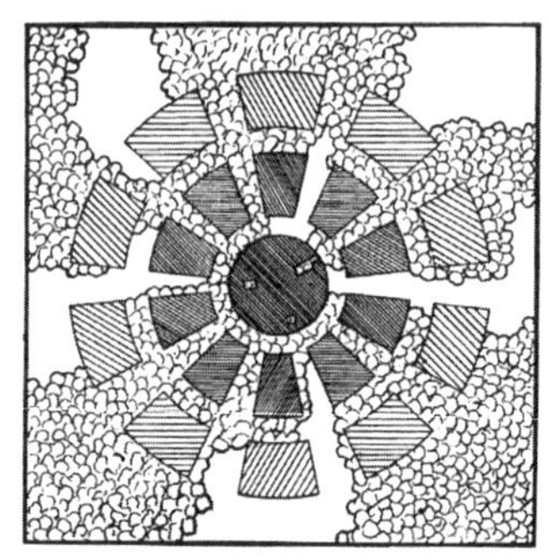
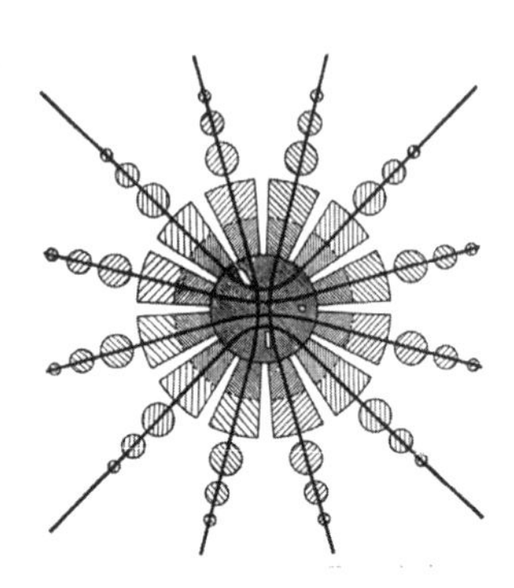

图3-23 埃博思塔特获柏林竞赛三等奖的方案空间模式简图（左），以楔形绿地为其特征，这一手法经完善（中）演化为彼得森（Richard Peterson）卫星城空间模型

资料来源：Eve Blau，Monika Platzer. Shaping the Great City：Modern Architecture in Central Europe，1890—1937［M］. Munich：Prestel，1999：63.

倡议将柏林周边几百个自治行政单位合并进行统一规划，在居住区的设计中都采用城市院落式住宅的形式，并影响中北欧国家甚深，形成与英国“法定住宅”或田园城市住宅迥乎不同的景象。这种“城市大院式”住宅的空间肌理也是诸多欧洲城市的典型特征（图3-24、图3-25）。

1909—1910年规划界接踵发生了多起大事件，如英国规划立法、利物浦学派成立、柏林竞赛及由英国皇家建筑师学会（RIBA）在伦敦举办首次城市规划会议等，此前田园城市思想和田园城市运动则早已然风靡全球。这些事件标志着现代城市规划学科最终形成。同时说明通过半个多世纪的实践，规划观念逐渐进入西方视野并得到人们的广泛认可。

图3-24 简森大柏林城市规划竞赛头等奖方案市中心区鸟瞰（城市肌理由大院式住宅构成，1910年）

资料来源：Charles Bohl，J. Lejenue，ed. Sitte，Hegemann and the Metropolis［M］. New York：Routledge，2009.

图3-25 德国规划模式影响下的阿姆斯特丹规划鸟瞰图［贝拉格（H.Berlage）设计，1915年］

资料来源：Spiro Kostof. The City Shaped［M］. New York：Bulfinch Press，1999：120.

3.4　美国进步主义思潮与城市美化运动：华盛顿规划及其影响

针对19世纪中叶以来因急速工业化和城市化导致的一系列政治、经济、社会问题，1890至1920年代在美国发生了一场声势浩大的进步主义改革运动。这场运动以提倡理性、技术进步和宣扬爱国主义为特征，主张加强政府对市场经济的监控和管理，号召重塑道德标准并逐步实现社会公正、推动社会进步。进步主义运动不但重塑了美国的国家形象和内外政策，也深刻影响了美国人的思维、观念和行为准则。因此，进步主义运动被广泛认为是美国历史上影响最为深广的改革[①]。

城市物质环境的改造是进步主义运动的核心议题之一，进步主义改革家们试图以之展现新的社会秩序、道德规范和市民生活的进步意义，进而改造城市面貌和人们的生活方式。当时，商业和知识界精英对政府效率低下和腐败成风不满，转而寻求以各方面专家组成委员会，干预并解决城市中的各种问题，这是进步主义运动兴起的重要背景，也在此过程中催生出城市规划委员会等专门机构和相关专业团体。后来的美国城市美化运动正是在进步主义思想大潮下轰轰烈烈展开的，但是国内学界尚较少关注二者的关联。

1893年举办的芝加哥世界博览会是进步主义思潮在城市建设领域的典型体现之一。19世纪末，芝加哥经过半个世纪的发展，从籍籍无名的边陲渔村跃升为仅次于纽约的美国第二大城市。在筹备庆祝哥伦布登陆美洲400周年博览会时，芝加哥的精英企业家们以强烈的进取精神争取到举办权，立志将其举办成展现美国上升期国力和芝加哥城市精神的盛会。以企业家为主要成员的筹备委员会任命自学成才的芝加哥本地建筑师伯海姆（Daniel Burham）负责规划和建设事宜，伯海姆又从芝加哥和美国主要建筑事务所中挑选了十多位顶尖建筑师和景观设计师参与博览会的场馆设计，开创了商业精英和技术专家通力合作的先例[②]。

芝加哥博览会的场地规划和展馆设计皆遵循学院派新古典主义风格，体现了当时流行的“布扎”（Beaux-Arts）建筑教育的影响：严谨的轴线关系和清晰的主从秩序是整个规划最重要的特征；单体建筑规模宏大，全部采用新古典主义风格，具有统一的檐口高度且均被刷涂白色抹面，创造出人们心目中理想的“白色之城”（White City）（图3-26）。为举办展览会还专门兴建了林荫大道和一系列城市公园，并促进下水道等基础设施的建设。芝加哥展览会所体现的尊崇科学、专家意见和倡举合作主义等精神，既体现了进步主义运动的重要主张，也预示了之后城市美化运动的关键特征。

芝加哥展会所展示的理想城市及其美好环境对美国各地从事城市改造的政治和商业

---

① Tim McNeese. The Gilded Age and Progressivism 1891—1913［M］. New York: Chelsea House, 2010；李剑鸣. 大转折的年代：美国进步主义运动研究［M］. 天津：天津教育出版社，1992.

② Titus M. Karlowicz. D. H. Burnham's Role in the Selection of Architects for the World's Columbian Exposition［J］. Journal of the Society of Architectural Historians, 1970, 29（3）: 247-254.

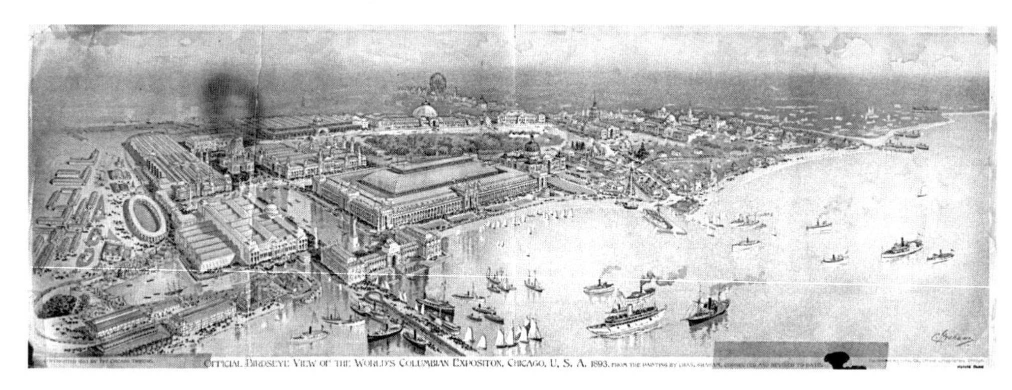

图3-26 芝加哥“哥伦比亚博览会”场地规划鸟瞰图（1893年）
资料来源：https://www.jstor.org/stable/community.12193200.

精英留下了深刻印象。从此，由他们发起了一场以营建气度恢弘的市民中心、公共建筑群、城市公园和林荫大道为主要对象的城市美化运动。按规划史家彼得森（Jon Peterson）的研究，城市美化运动的兴起是19世纪末以来美国思想和社会改革合力作用的结果①，如成立于1890年代的各地市政艺术协会致力宣扬城市雕塑艺术在训育公民品格中的作用，仿效巴黎改造进行的美国城市改造也已进行多年，同时奥姆斯特德建设城市公园和园林路（parkway）的社会效益也早已得到广泛认同，应用于美国各大城市的规划中，等等。城市美化运动正是在此基础上，通过对道路、公园、纪念碑和城市雕塑等进行美化和改造，并致力于营建市中心公共建筑群和公园绿地体系，从而进一步提升“市民自豪感”并促进爱国主义思想②。

经过近十年的理论和舆论准备，城市美化运动首先在美国首都华盛顿得以实施。1900年为筹备华盛顿建都百年庆典，参议员麦克米兰（James McMillan）在美国建筑师学会（AIA）的支持下成立了“参议院公园委员会”（Senate Park Commission），亦称“麦克米兰委员会”（McMillan Commission），从事改造首都的规划设计工作。这一委员会旨在恢复18世纪法国建筑师朗方（Pierre Charles L' Enfant，1754－1825年）设计的“联邦城”（Federal City）方案③，通过设计街道、公园、纪念碑和象征国家形象的公共建筑等元素改造首都景观，使之与美国当时正在上升的国际政治、文化地位相匹配④。

在进步主义思潮推重专家意见的影响下，除麦克米兰担任委员会主席外，其他4名成

---

① Jon Peterson. The City Beautiful Movement: Forgotten Origins and Lost Meanings [J]. Journal of Urban History, 1976 (2): 415-434.

② Richard E. Foglesong. Planning the Capitalist City [M]. Princeton: Princeton University Press, 2014: 141-146.

③ Elbert Peets. L' Enfant' s Washington [J]. The Town Planning Review, 1933, 15 (3): 155-164.

④ Thomas Hines. The Imperial Mall: The City Beautiful Movement and the Washington Plan of 1901—1902 [J]. Studies in the History of Art, 1991, 30: 78-99.

员均为亲身参与过芝加哥博览会设计的建筑家和雕塑家，而以伯海姆负责统筹工作，奥姆斯特德（后由其儿子小奥姆斯特德替代）负责公园体系设计。4名专家共同到欧洲进行调研，综合考虑了朗方的巴洛克式方案与现实需求，决定仿效巴黎改造的先例采纳放射状大街和圆形广场作为城市结构的骨架，同时以国会大厦为轴线的统率和东端点，以华盛顿纪念碑为轴线西端点并向西继续延长兴建林肯纪念堂，白宫和拟建的杰斐逊纪念堂则分列华盛顿纪念碑的北、南部，形成与主轴垂直的南北向次轴线。按照美国第三届总统杰斐逊设计的弗吉尼亚大学学术村（Academical Village）模式，主轴由位于中心的宽阔草坪绿地——“国家广场”（National Mall）[①]，和两侧夹峙广场的政府办公楼和各种文化设施构成[②]。为了迁就已建成的华盛顿纪念碑，主轴从国会大厦开始向西南略为倾斜，效果与巴黎的香榭丽舍大街的效果趣旨类似（图3-27、图3-28）。

当时，华盛顿最大的火车站位于规划图中国家广场的中部。为了实施规划，伯海姆成功劝说铁道公司迁移其车站并让渡所占土地，再在联邦政府补贴下，由伯海姆设计、建起新的联合车站（Union Station）（图3-29）。这一车站是整个规划中规模最大的工程，至今仍是华盛顿城市形象的标志之一。此外，奥姆斯特德为华盛顿及其周边地区制定了河流和公园设计方案，涵盖了居住区绿地、城市公园和远郊森林公园，在一个远超华盛顿市域的宽阔范围内形成了区域公园系统。与伯海姆等人的城市广场和单体建筑设计不同，这一景观设计遵从地势条件，视野开阔但没有强烈的轴线和固定形式，也是该规划的重要特征之一[③]。

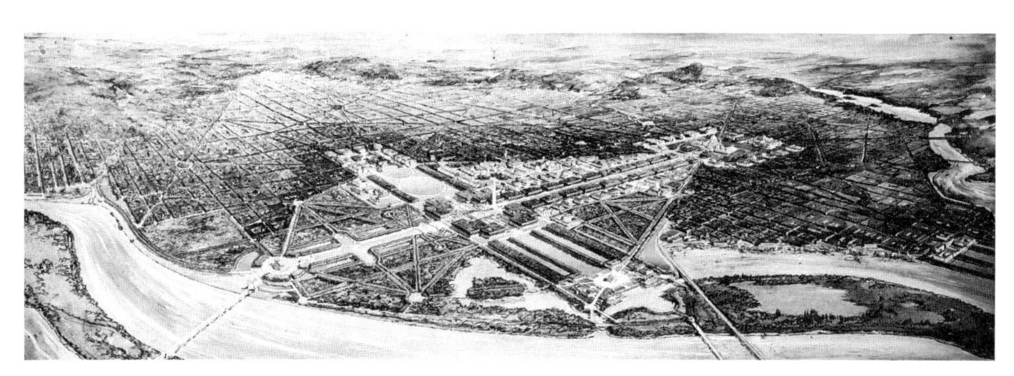

图3-27 麦克米兰委员会的最终方案鸟瞰图（1902年）
资料来源：Charles Moore，ed. The Improvement of the Park System of the D.C. Washington［M］. Government Printing Office，1902.

---

① Yishi Liu. Building Guastavino Dome in China：A Historical Survey of the Dome of the Auditorium at Tsinghua University［J］. Frontiers of Architectural Research，2014，3（2）.

② 包括美国政府部委办公楼和各种美术馆、博物馆（其中包括贝聿铭设计的美国国家美术馆东馆），其建设至20世纪末才全部告竣。

③ H. Paul Caemmerer. Charles Moore and the Plan of Washington［R］. Records of the Columbia Historical Society，Washington，D.C.，1944/1945，46/47：237- 258；Jon Peterson. The Mall，the McMillan Plan，and the Origins of American City Planning［J］. Studies in the History of Art，1991，30：100-115.

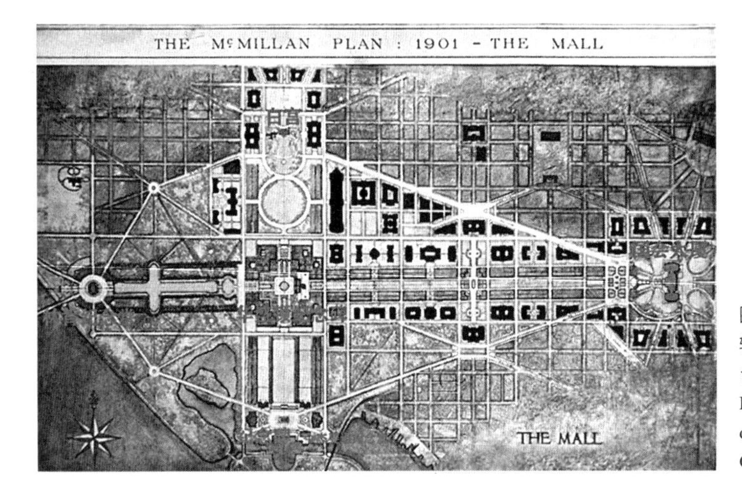

图3-28 国会山及“国家广场”轴线详细规划（1902年）
资料来源：Charles Moore，ed. The Improvement of the Park System of the D.C. Washington [M]. Government Printing Office，1902.

图3-29 伯海姆设计的华盛顿特区联合车站（1909年）
资料来源：CED Library，UC Berekely.

1902年完成的华盛顿规划是城市美化运动最早实施、也是极引人瞩目的实践，为此后美国及至外国的城市改造在设计思想和技术标准等方面树立了模板。不难看到，华盛顿改造的重点是道路、广场、纪念碑和公共建筑等方面，实施的内容则完全集中在政府所有的土地上，用以提振美国的民族主义和爱国主义精神。但是，这一运动从根本上未触及私人产权的土地开发问题，也没有包括普通大众的住房供给，对支撑城市改造的经济措施和配套立法亦均付阙如，等等。从这些角度来说，城市美化甚至比巴黎改造的涉及面还要狭窄。因此，在上述问题和投资浩大等批评下，城市美化运动在美国迅即趋于沉匿，代之而起的是着眼于提高经济性和效率的城市实用运动（City Practical）[①]。

但是，与欧洲通过公共卫生运动和城市规划立法等措施不同，城市美化运动推动了美

① Richard E. Foglesong. Planning the Capitalist City [M]. Princeton: Princeton University Press, 2014: 126.

国的城市规划学科成立，并使大批规划技术人才以专家身份进入政府从事管理等工作。同时，城市美化的规划方法及其背后的思想观念跨越大洋，对英国和欧陆国家发生了一定的影响，推动了城市规划学科的发展。例如，利物浦学派的领袖人物，包括城市设计系的首任系主任阿谢德（Stanley Ashead）及其继任者阿伯克隆比，均利用《城市规划评论》积极宣传美国城市美化运动，并且在教学和规划实践中以之为范例设计城市中心区，其重要性与侧重于郊区的田园城市设计思想相埒①。

3.5 从城市改造到城市规划：20世纪前半叶的伦敦历版规划及其启示

英国是田园城市思想的诞生地，并由此掀起席卷全球的田园城市运动，一举将城市规划思想和实践的中心从欧洲大陆转移至英国。19、20世纪之交，英国的规划思想和规划活动是当时人们关注的焦点所在，如田园城市协会的成立（1899年）、莱彻沃斯（Letchworth）田园城市竞赛及其兴建、伦敦市郊汉普斯泰德（Hampstead）田园住区的规划（1909年）、城市规划专业设立（1909年）、城市规划立法（1909年）等，它们成为城市规划学科建立和全球性城市规划运动开展的重要标志。

英国城市规划的创建和发展均与田园城市思想及其实践密不可分，而1909年以降有关伦敦的各种规划提案，同样反映出主其事者对田园城市思想的应用、反思和批判等不同立场。在这一过程中，城市规划专业的边界逐渐清晰，规划家们对田园城市思想及其构成内容认识不断加深，城市规划的研究对象和内涵也逐渐得以廓清，遂至形成一系列研究范式、设计手法和技术标准，影响至今触处可感②。

前文提及1910年英国皇家建筑师学会曾在伦敦召开城市规划会议，其时正是田园城市思想占据主流的鼎盛时期。在该次会议上，英国规划家克罗（Arthur Crow）以疏散人口和营建良好的居住环境为出发点，提出“健康十城”（Ten Health City）方案（图3-30）。该方案依据霍华德（Ebenezer Howard）的田园城市及社会城市（social city）结

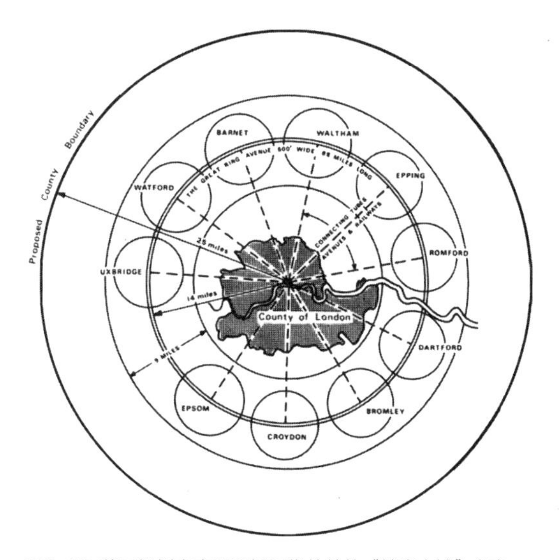

图3-30 英国规划家克罗所提围绕伦敦的“健康十城”方案
资料来源：Gerald Dix. Little Plans and Noble Diagrams［J］. The Town Planning Review，1978，49（3）：329-352.

① 详见第13章。
② 详见第10章。

构模型和管理理论，在伦敦主城外围布置了十座新城，将人口分散到这些新城中，同时在主导风向上预留大片绿地，以便新鲜空气在市郊和主城区间畅通无阻。该方案与19世纪不少理想城市构想一样试图以几何构图对城市空间加以重构，没有涉及住房、道路、绿化等系统性问题，对工业布局和人口分布也无具体规定。

同样在1909年，田园城市运动的主将——恩翁（Raymond Unwin）将田园城市设计理论汇编成书①，有力推动了田园城市运动的传播。他主张将田园城市运动的重点放在当时急需而正在大量兴建的住宅区设计上，进而提出良好的居住环境势必通过田园城市式的低密度规划（“每英亩不超过12户住房”）②和工艺美术运动式的精良设计才能实现。1920年代，恩翁受聘进入英国政府，担任卫生部的建筑与城镇规划技术主管，在此职位上促成政府对按照田园城市原则新建的住宅区进行补贴，对此后一段时期英国的住房政策和建设活动施加了巨大影响。

应注意到，恩翁本人对田园城市思想和城市规划内涵的认识也在不断全面和深化。1929年，恩翁受卫生部委托对伦敦老城核心区半径40km范围进行统筹规划，卫生部下设的大伦敦区域规划委员会（GLRPC）出于提升居住环境和促进健康的目的，要求在该区域内设置尽量多的绿地以满足人们的休憩需求。恩翁将绿地系统作为建成区的底景，在建成区中增添了多处公园和开放空间，并尽量形成连片绿地，但其分布仍较为零散（图3-31）。此后，恩翁在1933年的改进方案中，在环绕建成区周边布置了一道若断若续的绿化隔离环带，并采用楔形绿地将外围绿化与内部的公园等连接起来，形成直插内城的绿化带，伦敦内城周边的绿化系统初现雏形（图3-32）。

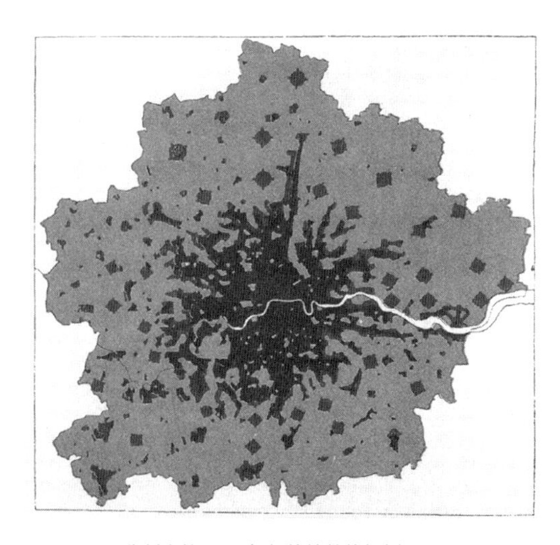

图3-31 恩翁制定的1929年版伦敦总体规划
资料来源：Fabiano de Oliveira. Green Wedge Urbanism［M］. London：Bloomsbury，2017：59.

随着田园城市运动的开展，在大城市周边沿交通线对郊区的过度开发已引起人们的警觉和反感。早年毕业于利物浦大学城市设计系的爱德华兹（Trystan Edwards）在1910年代就批评过田园城市的“开放式”设计思想及其导致的郊区

① Raymond Unwin. Town Planning in Practice：An Introduction to the Art of Designing Cities and Suburbs［M］. London：Adelphi Terrace，1909.

② Raymond Unwin. Nothing Gained by Overcrowding［M］. New York：Routledge，2014（reprint of 1912）.

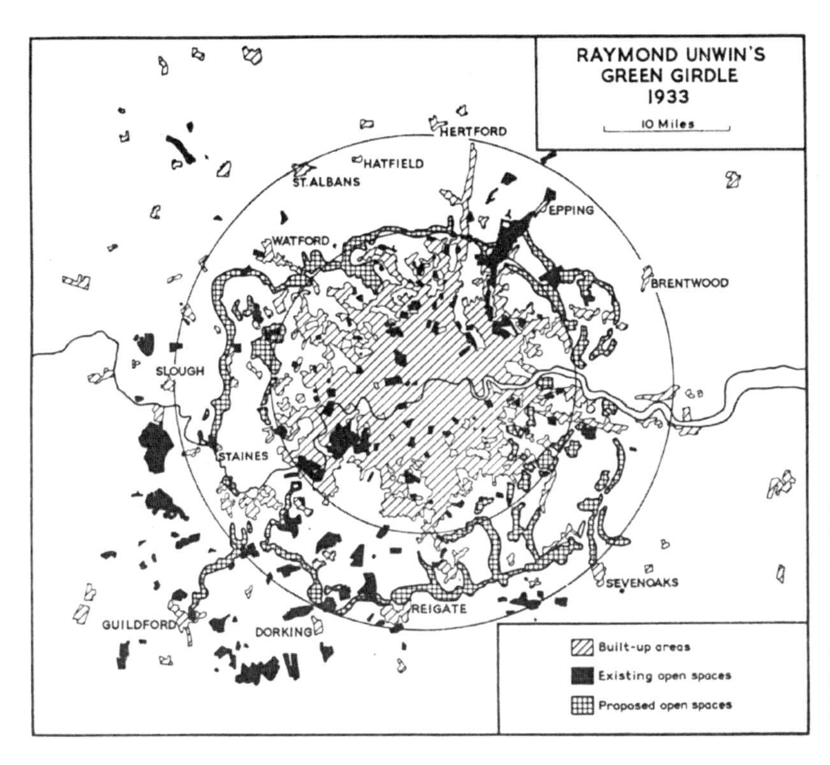

图3-32 恩翁修订的1933年版伦敦总体规划
资料来源：David Thomas. London's Green Belt：The Evolution of an Idea［J］. Ekistics，1964，17（100）：179.

蔓延现象①，但他对田园城市思想中有关城市疏散和区域发展等内容非常赞成。1930年代初，他根据田园城市运动中产生的"卫星城"理论发展出他自己的"百座新城"规划方案，即沿交通干线疏散布置工业，将人口吸引到人烟稀少或已衰败的周边地区，再围绕工业布置相互联系的新城。这一方案成为二战后英国政府实施"新城"运动的思想来源之一②。

同时，立场更为激进的现代主义也对田园城市规划体现的怀旧和浪漫情绪加以猛烈抨击。1930年代一批英国建筑师和社会活动家组成现代主义建筑研究小组（Modern Architecture Research Group，简称MARS）。该小组一些成员在1937年汲取田园城市思想中关于区域规划的观点后，以带形城市为主要理论对伦敦及其周边地区提出新的规划方案。其以蜿蜒贯穿伦敦城区的泰晤士河为主轴，沿其铺设主要的铁道干线并与围绕市区的郊区环形铁道连为一体，另配合楔形绿地形成16条居住带，在功能主义城市

① "开放式"设计（open style design）指的是在郊区较少建筑的开放地带进行的规划和开发，是1920—30年代在规划论著上常见的术语。

② N. E. Shasore. "A Stammering Bundle of Welsh Idealism"：Arthur Trystan Edwards and Principles of Civic Design in Interwar Britain［J］. Architectural History，2018（61）：175-203.

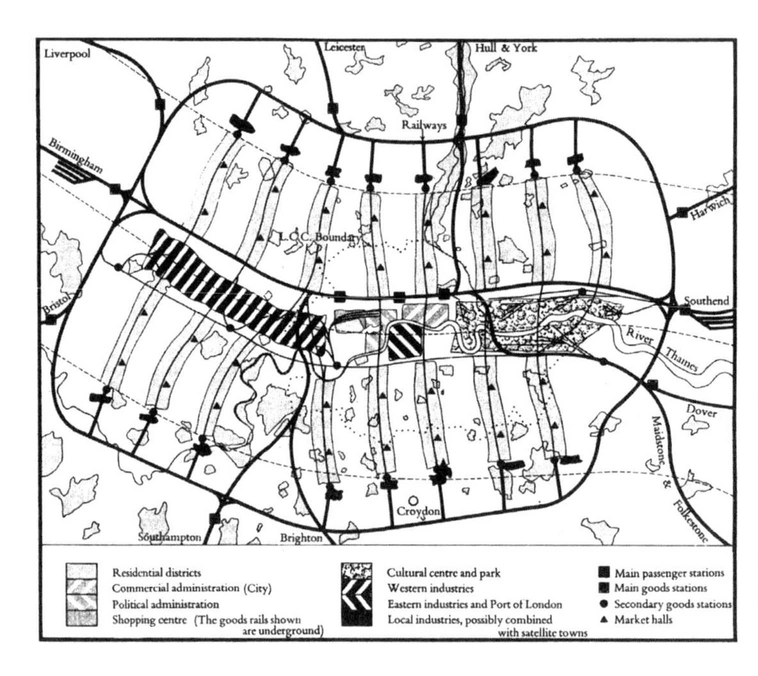

图3-33 MARS伦敦规划方案（1937—1942年）
资料来源：John R. Gold. The MARS Plans for London, 1933—1942: Plurality and Experimentation in the City Plans of the Early British Modern Movement［J］. The Town Planning Review, 1995，66（3）：243-267.

规划中融入了带形城市的元素，成为与田园城市截然不同的城市形态（图3-33）。该方案虽过于激进未能付诸实施，但其对泰晤士河及绿地系统的处理启发了之后的规划方案。

第二次世界大战爆发后，伦敦屡次遭到德国轰炸，市区大部成为废墟。因此，在战争期间英国政府就开始着手擘画战后的伦敦重建。1940年尚在战局正酣时，英国政府公布了关于伦敦地区工业布局和人口疏散的《巴罗报告》，提出采取战时的集权式规划，立足于区域规划的设计思想对英国的城镇体系进行重新布局①，此后又陆续对规划用地的征购和补贴加以规定②，从立法上突破了土地私有制度的限制，使更大范围内的统筹规划成为可能。

在此背景下，英国皇家建筑学会于1941年组建重建委员会（Reconstruction Committee），研究伦敦战后的规划。该委员会既包括MARS成员，也包括赞成田园城市设计原则的建筑师和规划师，如后来与阿伯克隆比合作的弗萧（John Forshaw）等人。该方案于1943年完成，提出以4道环形道路和若干放射状大道融合的路网结构，在建成区周边布置充裕的绿地和开放空间，面积较现有规模几乎大一倍，用以解决人民在战时经历的粮食和蔬

① Stephen Ward. Planning and Urban Change［J］. London: SAGE Publications, 2004.
② Austin Robinson. The Scott and Uthwatt Reports on Land Utilisation［J］. The Economic Journal, 1943, 53（209）: 28-38.

菜自给问题[①]。为达成此目标，重建委员会敦促政府加大对土地的征购，但在战时难以进行。

1943年，伦敦郡议会（London County Council）也开始对其所管辖的伦敦市区和郊区（即以伦敦市市区中心半径）进行规划，任命郡议会的首席建筑师弗萧和当时声望最高的规划家阿伯克隆比合作制定新方案，并要求根据在战争已摧毁了大半城市的基础上进行富有远见的擘画。这一方案受刚公布的皇家建筑学会伦敦规划方案影响颇大，尤其参考了其路网结构和绿地系统，但提供了更为阔大的绿地。同时，由于兼顾工业和人口的疏散，伦敦郡区域内的人口减少，使得人均绿地面积从战前的每千人3英亩增至7英亩[②]。同时，阿伯克隆比在方案中更重视绿地空间的联系和系统性（图3-34、图3-35），利用园林大道和铁路等交通线路将此前零星布局的公园和其他绿地与外围环带和开放空间构成整体，并以之为不同建成区的边界分别进行具体的工业区或居住区等设计。

图3-34 1943年前的伦敦既有绿地空间分布（上）与1943年版伦敦总体规划的绿地系统规划（深色表示绿地和开放空间）

资料来源：Fabiano de Oliveira. Green Wedge Urbanism［M］. London：Bloomsbury，2017：79.

图3-35 阿伯克隆比团队在准备1943年伦敦总体规划方案时的工作照

资料来源：London Planning in Retrospect Author（s）. John Craig Source［J］. Official Architecture and Planning，1965，28（5）：679.

由于伦敦郡仅占伦敦市域的一部分，伦敦市要求将这一方案融入进更大范围的全伦敦市域规划中，此即大伦敦规划方案（The Greater London Plan），同样由阿伯克隆比主持其事。这一方案同样采用4道环形道路结构，但范围更大：最内道仍为老城区，基本保留原貌；在此之外是半径约20km的环路，包括主要的建设区域和一些公园；再外围是主要由开放绿地和农田构成的第三

① David Thomas. London's Green Belt：The Evolution of an Idea［J］. Ekistics，1964，17（100）：177-181.

② Fabiano de Oliveira. Green Wedge Urbanism［M］. London：Bloomsbury，2017：78.

道环带；最外围是半径约80km的远郊农村，拟新建的8座卫星城就分布在这一区域内①。这一方案规定伦敦的未来人口总规模不超过1938年战争爆发前的1000万人，同时约100万人将从主城疏散到新建的卫星城中（图3–36）。其绿化面积较1943年规划方案更大，达到每千人10英亩②，足以实现各社区的自给自足并形成完善的公园绿地体系。

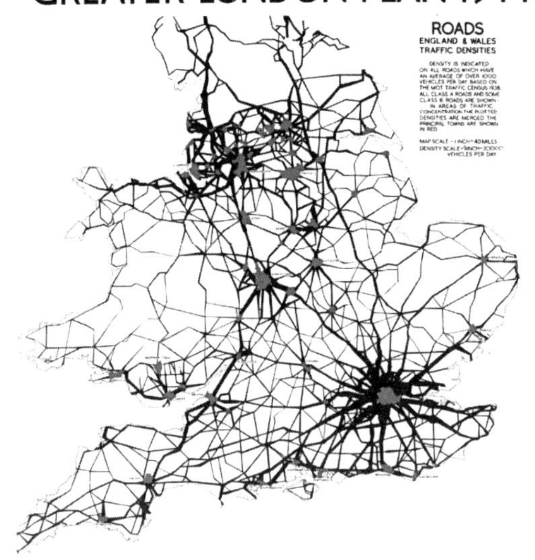

图3-36　1944年版大伦敦规划之道路系统与绿地系统方案
资料来源：Patrick Abercrombie. Greater London Plan 1944［M］. London：His Majesty’s Stationery Office，1945：107.

完成于1944年的大伦敦规划方案体现了规划思想上的长足进步，在历史城区保护、区域规划、绿化系统、道路系统、工业布局、人口疏散、住宅供给等方面，均作了详尽的调查和细致的分析，其方案不再仅有图示作用，而具有很强的实施性。同时，在具体设计上融合了绿化环带和楔形绿带等相结合的手法，体现了对规划观念的深刻理解和设计思想与手法的综汇应用。因此，1944年的大伦敦规划方案深远影响了战后的英国城市规划发展，对包括我国在内的世界各国的城市规划实践也起到了示范作用。将之与奥斯曼的巴黎改造和城市美化运动的一些方案进行比较，不难看到现代城市规划对象和范围的扩张及其综合性的加强，从一个侧面反映出这一学科的发展历程。

3.6　结语

本章以法、英、德、美等西方主要国家首都城市的规划和建设活动为对象，综合比较这些首都城市在1850年至1950年间的历次规划方案，考察现代城市规划学科的创立与发展，重点研究不同规划方案和城市演变过程中相关规划观念、设计思想和技术标准的形成、扩充等逐步成熟和完善的历史过程。现代城市规划的根源可追溯至19世纪中叶，在经历大半个世纪的发展，汇聚了西方各国的实践后，才逐渐廓清了这一新兴学科的面目和边界，体现出一以贯之的对于“人”的关怀与思考，对于今天重新认识城市规划的内涵、争

① Fabiano de Oliveira. Abercrombie’s Green-Wedge Vision for London: the County of London Plan 1943 and the Greater London Plan 1944［J］. The Town Planning Review, 2015, 86（5）: 495-518.
② Fabiano de Oliveira. Green Wedge Urbanism［M］. London: Bloomsbury, 2017: 82.

取思想和技术创新也具有启示意义。

20世纪上半叶是新生的现代城市规划富有朝气、百舸争流的关键发展期。这一时期不但出现了城市美化那种类似奥斯曼模式的城市改造理论和实践，也出现了内涵更丰富的田园城市、带形城市、功能主义城市等各种学说。除上文提到的华盛顿、柏林、伦敦规划方案外，现代主义城市规划在欧美兴起，首先应用于适合工业化生产和标准化设计的住宅区规划中，而后推及城市范畴，如德国现代主义建筑师对工业化住宅的各种探讨[①]，以及柯布西耶在1920年代以巴黎为对象所做的数轮规划方案（“光辉城市”等）[②]和1950年代初所做的印度昌迪加尔城市规划方案，皆为著名案例。

图3-37 纳粹德国时期的柏林规划（1939年）
资料来源：Peter Hall. Cities of Tomorrow［M］. London：Wiley Blackwell，2004：231.

此外，1930年代由于法西斯主义盛行，在希特勒的授意下，1937年柏林的新规划又回到古典主义原则，除修建贯通全城的宏大中轴道路外，还在轴线沿途布置了简约古典主义风格的大会堂、总理府、总参谋部等衙署建筑（图3-37），但不脱奥斯曼式改造模式，对丰富城市规划思想而言无足可观。

西方各国的首都城市是规划家们钟爱的对象，这一时期涌现出的一系列规划方案是现代城市规划思想的“试验田”。这些方案一经提出，不论是否实施都产生了巨大影响。不难看到，规划家们通过大量实践和理论研究不断加深了对规划观念的理解，使其真正独立于传统的建筑学和城市改造成为独立学科。在这一过程中，城市规划的空间范围从街区、城市走向更广大的区域，其处理的对象也更加丰富和全面，同时与经济、立法、社会保障、公共卫生供给等密切关联，同时设计思想和技术标准也随之发展成熟（表3-1）。城市规划因此顺理成章地被纳入政府职能部门，成为推行国家政策、统筹社会发展的重要工具之一。

① Vittorio Lampugnani. Architecture and City Planning in the Twentieth Century［M］. New York：Van Nostrand Reinhold Company，1980：129-131.

② 详第15章。

19、20世纪西方主要国家首都城市规划实践与城市规划学科的形成和发展

表 3-1

时间	规划史大事件	涉及的重要人物	规划观念的成熟	设计思想及方法的演进	技术标准的发展
1848年	英国通过第一部《公共卫生法》	查德威克	公共卫生及相关设施进入城市规划视野	卫生调查法；通风、光照成为设计要素	发明蛋形下水道设计；现代卫浴设施普及
1852-1870年	拿破仑三世任命奥斯曼进行巴黎改造	奥斯曼、阿方德等	将道路、公园、道路、公寓等统筹考虑，以强固统治、促进商业，创造巴黎改造模式	重整道路体系；广场设计与林荫大道连成体系；绿地公园设置；给水排水系统等	林荫大道截面设计；广场设计；公园设计及下水道设计等逐渐定型
1858-1890年	维也纳拆城筑路（第一期）	西特、瓦格纳等	取法巴黎改造模式	环城大路开辟及围合式城市中心区设计	西特城市设计理论之源从
1862年	柏林城市扩张规划	霍布鲁西特、施蒂本等	城市有序扩张，深刻影响英国田园城市思想及实践	扩张区域与紧邻建成区关系设计方法理论化	道路截面、广场、道路交通系统等设计深化
1850-1880年代	美国城市公园绿地体系发展成熟	奥姆斯特德	公园绿地系统成为城市规划的重要组成	中央公园设计、园林路之创造及其连贯公园构成绿地体系	城市公园设计、园林路截面设计等
1874年	伦敦泰晤士河岸改造工程竣工	巴扎格特	道路、驳岸等改造成为城市规划系统的一部分	连同地上建筑、地下设施与城市环境美化统筹考虑	进一步完善城市给水排水系统
1875年	英国通过新《公共卫生法》	—	住宅区改造纳入视野	实施“法定住宅”（by-law housing）	给水排水系统现代化；日照及通风最小间距
1893年	芝加哥博览会开幕	伯海姆、奥姆斯特德等	营造全新的城市中心区，注意建筑与景观结合，激扬爱国主义	遵循古典主义设计原则（“布扎”）进行规划和建筑设计，力求风格统一和气象宏伟	建筑使用白色抹灰；“布扎”设计成为主流
1898年	霍华德提出田园城市思想	霍华德	包括营建新城、控制城市面积与人口、绿化隔离带、平衡农工业发展、城镇体系等内容，随即成为主流思想	恩翁等人将霍华德思想转译为可进行空间操作的规划语言并进而理论化	制定道路设计、住宅设计、绿化系统设计等标准，形成田园城市设计原则，应用于1903年的莱彻沃斯及其他建设中

续表

时间	规划史大事件	涉及的重要人物	规划观念的成熟	设计思想及方法的演进	技术标准的发展
1902年	华盛顿特区规划（麦克米兰规划）	伯海姆、奥姆斯特德等	以1893年芝加哥博览会为原型，扩大至城市范围（中心区），由此掀起城市美化运动	重视空间序列、轴线系统、绿化、公共建筑之组合形式等，对住宅和工业布局等关注不足	在更大尺度上进行轴线设计和公园绿化系统设计
1909年	①利物浦大学成立城市设计系 ②利物浦大学创办专业刊物TPR ③英国通过第一部《规划法》 ④恩翁出版著作	阿伯克隆比、恩翁等	现代城市规划学科成立，以田园城市思想为指导建设新城并通过立法保证其实施	确立田园城市思想的主导地位	在全球实践中完善田园城市设计诸原则
1910年	①大柏林规划竞赛 ②RIBA在伦敦举办城市规划大会	简森、埃博思塔特、恩翁等	城市规划的实践具有全球普遍性和关联性	城市院落型住宅之现代化；绿化环和楔形绿地之不同应用	绿化环带、楔形绿地与道路体系之统筹设计
1911年	维也纳新区规划	瓦格纳、卢斯等	强调区域关联和交通效率	体现功能主义思想	—
1910-1930年代	历版伦敦规划	恩翁、阿伯克隆比等	统筹考虑内容越多，越显示出城市规划之综合性本质	绿化和公园从零星到系统；带形城市思想应用尝试，等	工业布局、道路网络与人口疏散相结合，抵制单纯郊区化
1920年代	“光辉城市”、巴黎规划	柯布西耶	功能主义规划	功能分区、绿化系统、道路系统、高层建筑等	现代主义规划原则成熟
1933-1939年	纳粹德国之柏林规划	希特勒、施佩尔	基本取法巴黎改造模式	重视城市轴线和公共建筑	—
1943-1944年	伦敦郡规划及大伦敦规划	阿伯克隆比等	根据《巴罗报告》统筹考虑工业布局与人口疏散；建设新城；形成广域绿地系统；构成城镇体系	规划观念的成熟促使设计思想相应发展，如区域规划设计、绿地系统设计、新城规划设计等	规划指标体系完善

20世纪以后世界各地涌现的首都规划是规划史上的有趣的现象，也标志着城市规划真正成为触及广大人民生活、关乎国家形象建构，具有很高关注度和可见度的国际性运动。在思想、技术和学科体系的建构上，西方主要国家一直起着关键的推动作用。这一格局基本延续至今。考察现代城市规划学科的发展历程，可知规划学科每次取得重大发展，都与规划家对城市与自然，尤其是与“人”的关联的思考密不可分，遂至扩大其边界、丰富其内涵。

可见，城市规划归根到底是关于“人”的学科，技术始终是辅弼性的。例如，绿化系统的思想源自伦敦和巴黎市郊的城市公园，其所以产生就与政府开始认识到开放空间之于人们健康的密切关联。由此发展出林荫大道的各种设计标准。此后西方规划家不满足于零星散布的城市公园，发明出园林大道和楔形绿地等规划技术，在此基础上最终发展出区域规划和绿化体系的观念及相应的技术标准，在1940年代的历版伦敦规划中人均绿化面积都是最重要的技术经济指标之一。在学术界热烈讨论和重新探索城市规划边界的今天，这一项历史研究也启示我们，城市规划内涵的扩充和话语权的提出，很大程度上基于对现代城市规划观念的再认识，尤其是对“人”与当代城市关系的再思考和创新，而非单纯追求数据分析和技术工具更新。

第4章 “局外人”（一）：英国“非国教宗”工业家的新村建设与现代城市规划之形成

4.1 引论：关于西方现代城市规划的“局外人”

学术史上常见的一种现象，是一个学科在其创立和发展过程中，一些非科班出身的“局外人”即外专业学者，常常跨界“侵入”且引发了某些核心议题的讨论，为深化对该学科的理解发挥重要贡献。以政治经济学为例，“魁奈本来是物理学家；亚当·斯密原本是哲学家；李嘉图当过股票经纪人，后来成为议会议员；马尔萨斯则是牧师；马克思曾做过记者，后来成为革命家”[①]，等等。同样地，在城市规划学科正式形成之前的19世纪中后叶，也有另外一批身份、背景各异，但均在塑造现代城市规划思想、拓展其学科边界的历史进程中发挥了重要作用的人物。其中，欧美的大企业家为保证生产效率和利润，向其工人提供了经过规划的、包括各种设施的福利住宅区，成为现代城市规划的早期实践和重要参考。

本章及后两章将分别对现代城市规划形成之前和初期的这批人物及其对现代城市规划的贡献进行论述。本章主要分析19世纪末至20世纪初上述三处工人新村规划和建设的思想来源，考察其时代背景与作为“局外人”的“非国教宗”（non-conformist）工业家的建设目的，比较它们各自的规划特征及相互关联，缕析它们在现代城市规划形成过程中的影响。

18世纪后半叶工业革命开始之后，英国涌现出各种理想城市的构想和实践，不绝如缕。其中，工业家离开城市新建工厂及附属的工人居住区，成为这一传统的重要内容，并以富有社会改革热情的“非国教宗”工业家的成就最为瞩目。19世纪前期工业新村的布局仍类同城市中的连栋住房，至19世纪80年代阳光港（Port Sunlight）村才统一考虑公共设施、道路形式、街道景观、住宅组合形态等，此后伯恩维尔（Bourneville）村和新厄斯威克（New Earswick）村又加以发扬和创造，在规划理念、设计手法和管理方式等方面积累了有益的经验，切实促使英国乃至西方社会普遍接受了带有花园的工人阶级住房的设计

① Mason Gaffney. Alfred Russel Wallace's Campaign to Nationalize Land: How Darwin's Peer Learned from John Stuart Mill and Became Henry George's Ally [J]. The American Journal of Economics and Sociology, 1997, 56 (4): 609-615.

模式。更重要的是，我们将在后面章节中看到这些早期实践如何启发了田园城市思想的提出，并推动了田园城市运动的发展，促使城市规划成为一门独立的学科。

从本章开始，我们将反复讨论本书的重要论题：19世纪以来的英国社会改革思潮对现代城市规划学科形成具有关键影响，并尝试解释为何英国在现代城市规划的早期发展中占据重要地位。

4.2 英国“非国教宗”教徒与城市规划初起时期的“局外人”

英国虽然属新教国家，但其国内宗教发展历史较之欧洲大陆更为复杂。从罗马帝国征服英格兰后，英国的主要信仰便是天主教。公元8世纪时英国国王亨利八世因与当时的教皇发生矛盾，遂脱离天主教而创立英格兰国教，由国王兼领教宗，亦称“圣公宗”（Church of England，亦作Anglicanism）。16世纪后，受欧洲大陆宗教改革浪潮影响，英格兰的公理宗（Congregational Church）、浸信宗（Baptist Church）、循道宗（Methodists Church）、贵格宗（Quaker Church）等新教教派纷纷成立。除圣公宗作为英格兰国教其势力伸张极广外，其他新教教派均称为“非国教宗”（Nonconformist Protestantism）。

英国的各“非国教宗”教派存在一些共同特征，如提倡宗教信仰自由、重视教育和个人操守、强调对工作的奉献精神、抵制嗜酒等，普遍对救助贫穷阶层和改良社会有强烈的责任感，一些教派如贵格宗还反对暴力等。这些精神品质使“非国教宗”教徒在英国不少行业广受尊重和信赖，20世纪的德国社会学家马克思·韦伯（Max Weber，1864—1920年）则统称之为“新教伦理”[①]，将其视作资本主义蓬勃发展的思想基础和价值判断标准。

17世纪中叶查理二世复辟后，他指挥英国圣公宗对参与了英国资本主义革命的其他新教教派进行“报复”和宗教压迫，不允许“非国教宗”教徒参加军队、进入大学学习或担任政府公职，导致不少“非国教宗”教徒流徙到美洲新大陆，著名的“五月花号航行”即因此而起。留在英国的非国教清教徒则选择开办业余学校、培训专业技能（当时牛津、剑桥等大学旨在培养神职人员），并投身商业活动和当时方兴未艾的技术革命洪流之中，至18世纪中叶他们之中涌现出一大批著名发明家和商业巨擘，如发明蒸汽机的纽卡门（Thomas Newcomen，1664—1729年）及其改进者瓦特（James Watt，1736—1819年），直接促发了英国工业革命。

19世纪随着工业革命的迅猛发展，英国涌现出一批“非国教宗”工业家[②]，如下文将讨论的威廉·利华（公理宗）、乔治·吉百利（贵格宗）、约瑟夫·朗特里（贵格宗）

① Max Weber. The Protestant Ethic and the Spirit of Capitalism [M]. 3rd ed. Translated and Edited by Stephen Kalberg. Los Angeles: Roxbury, 2002.

② Clyde Binfield. So Down to Prayer: Studies in English Nonconformity, 1780—1920 [M]. N.J: Totowa, 1977.

等。这些工业家都怀抱着社会改良的强烈意愿并积极践行，在离开城市的郊区从无到有地开始营建出供工人阶级居住和生活的“模范村”(model village)，在市镇规划、住宅设计和管理模式等方面各有创造，形成了巨大而持久的社会影响。受此启发，另一名“非国教徒”——霍华德(公理宗)于1898年发表《明日》一书[①]，提出了田园城市思想，此后迅即掀起了席卷全球、声势浩大的田园城市运动，并在此过程中逐渐形成了西方现代城市规划学科。

图4-1 第一田园城市有限责任公司董事会成员图(中央为董事会主席内维尔(律师)，其右侧为霍华德，左上角为伯恩维尔村创始人吉百利之子Edward Cadbury)
资料来源：Stephen Ward, ed. The Garden City: Past, Present and Future. London: E & Fn Spon, 1992: 189.

除了上述“非国教徒”工业家的建设活动外，在英国城市规划学科的初起时期，还有一批政治和文化界精英分子积极参与其事，如政府的进步官员和号召建立福利国家、渐进推行社会改革的“费边社”成员，以及其他拥有庞大社会资源的各行业翘楚(图4-1)。随着规划实践的开展及城市规划逐步成为政府职能部门，在这一制度化过程中，受过良好训练的职业建筑师(规划师)数量日增并逐渐主导了话语权，而早期那些热情饱满但缺少设计方面知识技能的“局外人”则最终被边缘化。1930年代初，英国的规划评论家就曾尖锐地指出：

> “建筑师和艺术家关心的是如何通过构图原则呈现出(城镇空间的)美。而创造出今天城镇农场(town-farm)的那些人——吉百利、利华和霍华德都不过是纯粹的社会改革家……对城镇作为艺术作品如何呈现美感，从而表达人类的尊严和文明漠不关心。”[②]

然而，要全面、深刻地认识城市规划的最初形成过程及其内涵，就不能不讨论这些“局外人”的作为及其时代背景与思想传统。事实上，英国的这种由外专业“局外人”介入工人阶级住宅供给的规划活动直至20世纪30、40年代仍颇有影响，唯其与建筑师的合作形式有所不同[③]。这些实例在物质空间形态的考量之外，延续了英国工人阶级住宅区规划体现出的社会关怀等悠久传统，使英国城市规划及现代主义运动的发展别具一格[④]，不但

① E. Howard. Tomorrow: A Peaceful Path to Real Reform [M]. London: Swan Sonnenschein & Co., Ltd., 1898.

② Thomas Sharp. Town and Countryside: Some Aspects of Urban and Rural Development [M]. Oxford: Oxford University Press, 1932: 140.

③ E. Darling. Kensal House: The Housing Consultant and the Housed [J]. Twentieth Century Architecture, 2007 (8): 106-116.

④ Alan Powers. Britain: Modern Architectures in History [M]. London: Reaktion Books, 2007.

成为城市规划知识结构和方法论体系的一部分，也丰富了我们对城市规划内涵的认识。

另一方面，仔细考察19世纪末、20世纪初的几处工人新村，它们前后相继，在观念和具体设计手法上推陈出新，拓展了人们对现代规划和住宅建筑的认识，积累起不少有益的经验，总结出一套行之有效的设计原则。它们不仅是霍华德田园城市思想的重要参考和思想来源，还包括一些霍华德学说中忽视的部分，如保存英国乡村特征、形成优美街景及维护城市风貌等，早已蕴含了诸多20世纪中后叶对田园城市运动的反思和批判的内容[①]，在城市规划发展史上产生了深远的影响。

4.3 19世纪以来的英国“新城”规划思想传统及其实践

在18世纪末工业革命爆发后，英国城市人口急速膨胀，导致卫生条件恶化、“城市病”问题日益突出，而工人阶级的居住和健康状况尤其恶劣。至1840年代，在霍乱等瘟疫屡次侵袭下，北部工业区城市的工人平均寿命还不到20岁[②]。为了治除“城市病”，19世纪以来的英国思想家提出了一系列“理想城市”方案，同时在一批富有社会责任感的工业家的支持下，建造了一批工业“新村”。正是这些不绝如缕的乌托邦理想城市理论和此起彼伏的新城建设实践，为19世纪末更大规模的工人住宅及田园城市思想奠定了基础。

4.3.1 19世纪的英国工业新村构想与实践

18世纪末，纺织工业家、空想社会主义者欧文（Robert Owen，1771—1858年）就曾在他位于苏格兰纽兰拉克（New Lanark）的纺织工厂工人住宅区中建造学校和各种福利设施，推行社会改革，取得了一定成果[③]。在此经验基础上，欧文提出在地价便宜的农村地带建造融合农业和制造业的“互助居住单元”（Agricultural and Manufacturing Villages of Unity and Mutual Cooperation）（图4–2）。

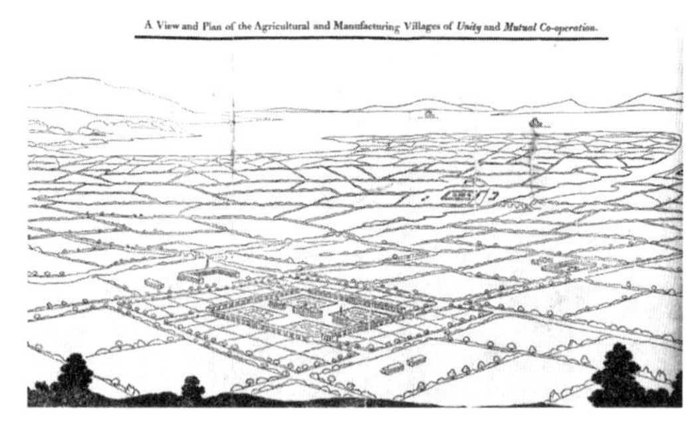

图4–2 欧文的“互助居住单元”鸟瞰图（在此基础上发展出新协和村）

资料来源：Robert Stern，David Fishman，Jacob Tilove. Paradise Planned［M］. New York：Monacelli Press，2013：700.

---

① Thomas Sharp. Town and Countryside：Some Aspects of Urban and Rural Development［M］. Oxford：Oxford University Press，1932；Jane Jacobs. The Death and Life of Great American Cities［M］. New York：Random House，1961.

② Derek Frazer. The Evolution of the British Welfare State［M］. London：MacMillan Press Ltd.，1984：261.

③ D. F. Carmony，J. M. Elliott. New Harmony，Indiana：Robert Owen's Seedbed for Utopia［J］. Indiana Magazine of History，1980，76（3）：161-261.

该居住单元位于河道附近，以便利原料和工业品的运输。其平面采用欧文钟爱的中世纪合院式布局：外围住宅均为2层，内院中有三幢层数较高的公共建筑，分别为位于中央的食堂兼礼堂，和两翼的教堂、图书馆、学校、育婴所等。合院之外是广袤的农田和工厂。“每个合院能容纳1200人居住，包括农田和工厂在内全部占地面积1000～1500英亩”①。

从图4-2可见，这种居住单元可按一定距离重复建设，从而最终解决大城市过度拥挤的问题。可以说，霍华德田园城市学说的若干要素——脱离城市、寓工于农、限定人口上限、两个小城镇间用农业地带隔离等，在18世纪初已见其雏形。欧文后来按此理论在美国印第安纳州建造了“新协和村”（New Harmony），惜运行不久即告破产②。

虽然如此，受欧文及其他维多利亚时代社会改革家的影响，棉纺工业家艾克罗德（Edward Akroyd，1810—1887年）于1850年代在英格兰北部的哈利法克斯（Halifax）市郊建造起艾克罗顿村（Akroydon）（图4-3、图4-4）。其平面布局仿效维多利亚城那样形成两层圈层，皆为2层或局部3层的连栋住宅，中间围合出的院落处布置阅览室和教堂。与欧文“居住单元”那种完全封闭形式不同的是，艾克罗顿村位于四周的住宅各由2或3排组成，多以8～10户为一组，留出较多巷道空间。这种布局一改城市中“背靠背”（back-to-back）连栋住宅拥挤不堪和通风不畅等弊端③，反映了建设者公共卫生意识的提高。

艾克罗德深信工人一旦拥有自己的房屋，他们的精神状况和社会关系会更稳定，从而有利于工业生产。因此，他鼓励他的工人购买小镇新建的房屋并提供贷款，从此不再需要

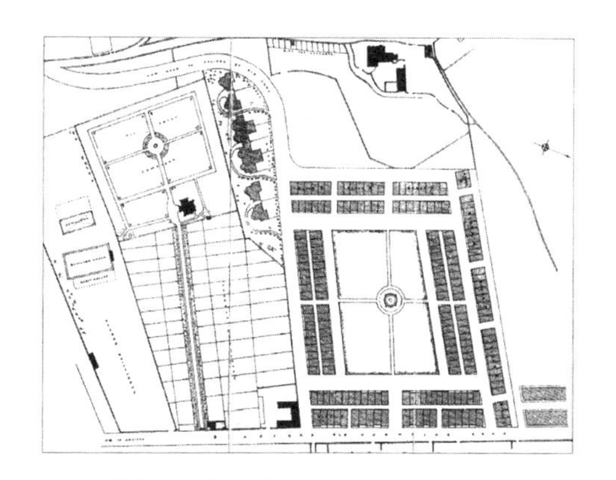

图4-3 艾克罗顿村规划总图

资料来源：Robert Stern，David Fishman，Jacob Tilove. Paradise Planned［M］. New York：Monacelli Press，2013：708.

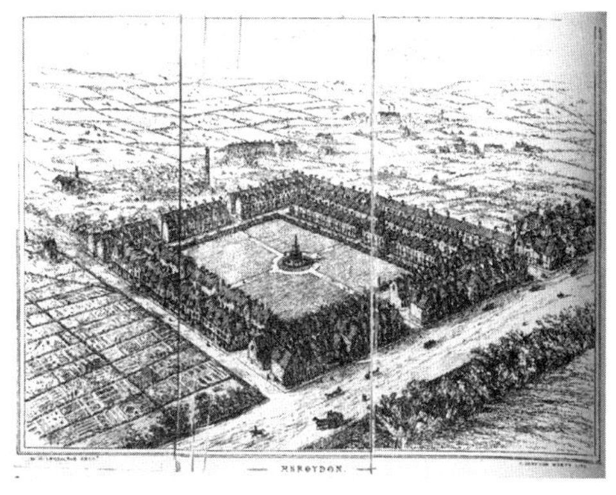

图4-4 艾克罗顿村鸟瞰

资料来源：Robert Sten，David Fishman，Jacob Tilove. Paradise Planned［M］. New York：Monacelli Press，2013：708.

---

① Robert Owen. Report to the Committee of the Association for the Relief of the Manufacturing and Labouring Poor［M］//A Supplementary Appendix to the First Volume of the Life of Robert Owen. London：Effingham Wilson，1858.

② D. F. Carmony，J. M. Elliott. New Harmony，Indiana：Robert Owen's Seedbed for Utopia［J］. Indiana Magazine of History，1980，76（3）：161-261.

③ 详第12章。

独租或与其他人合租挤在一起[①]。从此，不止富庶阶层和中产阶级，英国工人阶级中也形成了对拥有独立住房的普遍向往，此为英国住宅史上一大创举。

艾克罗顿村与工厂并不紧邻，其总平面虽非常规整，但其规划很注意延续英国传统乡村的肌理和空间形态，住宅布置较为紧凑。住宅和教堂等其他公共建筑均采用当地惯用的哥特式，形成很强的整体风貌。规划中为每户预留了一块花园，集中布置在住宅区南部。

另一处规模更大、影响更广的工业新村是由索特（Titus Salt，1804—1876年）投资建造的索尔泰尔（Saltaire）村。索特是公理宗的虔诚教徒，在英格兰北部的布拉德福特（Bradford）市经营纺织业，因生产规模扩大于1850年前后决定将工厂迁出该市而在郊外河运便利处择地新建厂房（约10英亩），并在紧邻工厂的25英亩土地上兴建一片较为完整的工人居住区。索尔泰尔村的名称即为“索特”和小镇附近河流“Aire”二者合并而来。建成后，这座工厂成为当时世界上最大的工厂，居住区可容纳3000多名工人及其家眷[②]。

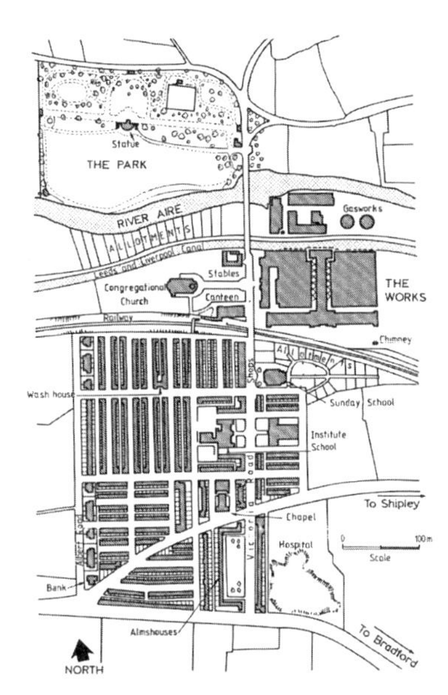

图4-5 索尔泰尔村规划总图（1851年）

资料来源：Cliff Moughtin. The European City Street：Part 2：Relating Form and Function Author（s）[J]. The Town Planning Review，1991，62（2）：154-199.

索尔泰尔村的规划采用较明确的分区手段，将工厂布置在临河港处，工人的连栋住宅位于西部，住宅区的北侧、西侧和东侧布置公理宗教堂及其他公共设施如食堂、洗衣房、医院、技术学校等（图4-5、图4-6）。分配给每户的花园集中在厂房南侧和北侧近河处，再往北跨河则为一处更大的公园。

相比艾克罗顿村，索尔泰尔村的居住区密度高得多。在保证通风、采光的条件下，每排住宅多为10多户组成，居住区内没有设置绿地，但花园和公园均在不远处。连栋住宅多为两层，中间和端部偶有突起为三层，丰富了街道景观。因此，小镇空间紧凑且建筑风格统一，加之公共设施较全，城市特征明显。这与20世纪后的田园城市形成很鲜明的对比，其行列式住宅的布局形式和较高的密度在田园城市运动中曾遭到批评，但1960年代以后被作为优秀的历史案例重被加以评价和研究[③]。

小镇住宅有多种户型，满足不同家庭的需要，是当时工人阶级住宅设计的一种创举，

① Walter Creese. The Search for Environment[M]. New Haven：Yale University Press，1966：14-60.
② Saltaire World Heritage Site Management Plan 2014 [M]. Bradford：City of Bradford MDC，2014.
③ Cliff Moughtin. The European City Street：Part 2：Relating Form and Function [J]. The Town Planning Review，1991，62（2）：154-199.

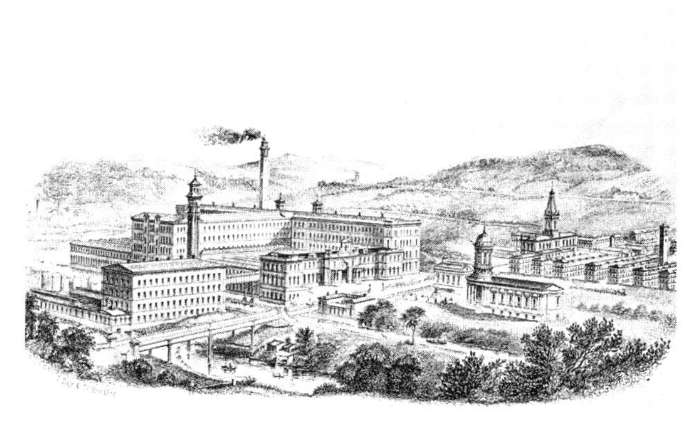

图4-6 索尔泰尔村鸟瞰（1870年代，右侧为公理会教堂及居住区一隅）
资料来源：Saltaire Archive.

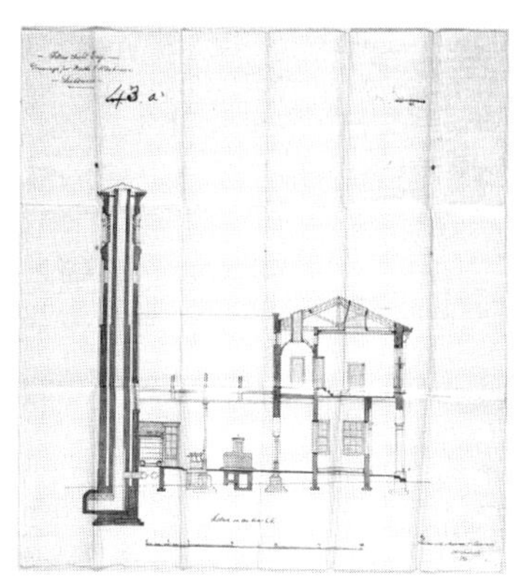

图4-7 索尔泰尔村的公共浴室（体现对工人卫生和健康状况的关注，1862年）
资料来源：Saltaire Archive.

体现了对工人家庭的关怀。除提升住宅条件外，索尔特别注重工人的健康状况，率先在此处兴建了集体浴室和洗衣房，引入洗衣机和烘干机等设备，体现了当时英国公共卫生运动对城市规划和建设的影响（图4-7）。

19世纪中叶出现的早期工业新村大多以棉纺为主，位于英格兰北部的工业区。其中，索尔泰尔村是英国将工业迁离拥挤、污秽的大城市而在其郊外新建厂房及居住区的重要先例[①]。其公共设施齐全，在住宅设计的多样化和关注卫生条件等方面较之艾克罗顿村等又迈进了一大步，直接影响了后世的工业新村建设。

4.3.2 城郊新建居住区的实践

工业革命后，英国的富庶阶层已陆续搬离空气污秽的大城市中心而居住在城郊的别墅中。对中产阶级而言，19世纪中后叶，英国大城市郊外也开始出现住宅区。最早提出这一设想的，是1845年伦敦建筑师莫法特（Moffatt）的市郊住宅方案，“在伦敦郊外四至十英里之地，图容三十五万人之居民”[②]。此方案虽因投资无着未能实现，但此后在伦敦和伯明翰等地陆续出现一些中产阶级的城郊住宅区，它们一般规模不大且较少公共设施，但住宅形式多为独幢或叠拼式，远较城市中的住宅宽敞、卫生。

1875年，土地开发商卡尔（Jonathan T. Carr，1845—1915年）在伦敦西郊购24英亩土地兴建贝德福特花园（Bedford Park）。由于卡尔特别关注在城郊营造自成体系的社区环境，因此设置了教堂、旅店、商店以及网球场等各种设施，生活较为便利。并且，卡尔致力提高住宅设计的品质和街道景观，使贝德福特花园成为当时伦敦设施最齐全的郊外住宅区，吸引了大批艺术家和精英知识分子到此居住和活动，如萧伯纳以及旅居伦敦的法国画

① A. E. J. Morris. Philanthropic Housing [J]. Official Architecture and Planning, 1971 (34): 598-600.
② 弓家七郎，著. 英国田园市 [M]. 张维翰，译. 上海：商务印书馆，1927：8-9.

家莫奈、毕萨罗等，甚至影响了印象派画家的创作道路①。

贝德福特花园的道路体统，不再是笔直的网格，而是根据地形有所起伏蜿蜒（图4–8）。其住宅因面向中产阶级也不再是连栋式，而改为2～3幢叠拼或独幢住宅。住宅设计多采用带有显著坡屋顶和壁炉的安妮女王式，其变化丰富的外观成为贝德福特花园的重要特征，“是英国第一处利用17、18世纪住宅建筑样式建造的新式居住区”②。建筑师在布置总平面时非常用心地处理住宅相互之间及其与街道间的关系，每幢住宅均退街道5m以上形成花园，并且丰富了街道景观（图4–9）。这种处理方式突破了原先只有占地广大的豪宅大户才具有面向街道的花园的传统，大大提升了为数众多的中产阶级住宅的居住环境，远非之前工人阶级的连栋住宅可相比拟。

但是，这些规划和建筑设计的创新都发生在与周围环境基本隔绝、自成体系的中产阶级住宅区中，还没有触及城市中数量最多、居住条件最恶劣的工人阶级住房问题。直至19世纪末，新一轮工业新村规划和建设才“革命性地”将上述设计思想和手法应用于工人住宅中③。

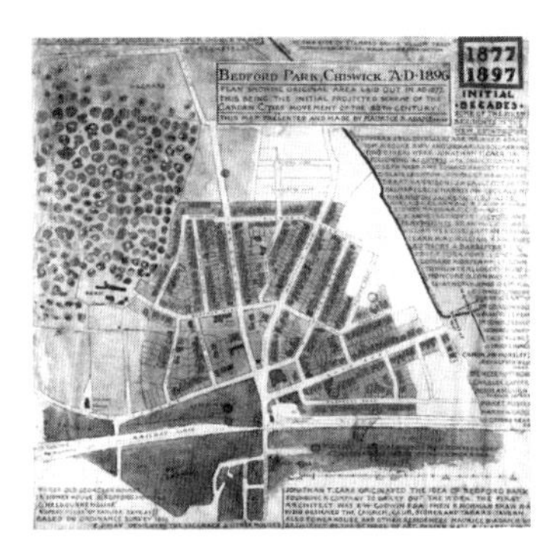

图4–8 贝德福特花园规划总图
资料来源：Robert Stern，David Fishman，Jacob Tilove. Paradise Planned［M］. New York：Monacelli Press，2013：40.

图4–9 贝德福特花园街景，建筑师为Richard Norman Shaw，其住宅建筑设计影响颇广
资料来源：Virginia Schomp. Life in Victorian England［M］. New York：Marshall Cavendish，2011：23.

4.4　肥皂业巨擘威廉·利华及其阳光港村的建设

威廉·利华（William Lever，1851—1925年）出生于英国曼彻斯特市郊的商人家庭，

① 建筑史家克里斯（Walter Creese）指出1870年代德法战争和巴黎公社期间在伦敦避难的一批法国画家，有可能因为在林荫蔽日、光斑散落的英国郊外住宅区居住和生活，从而对他们的画作风格产生了影响。详Walter Creese. The Search for Environment［M］. New Haven：Yale University Press，1966：87-107.

② Robert Stern，David Fishman，Jacob Tilove. Paradise Planned［M］. New York：Monacelli Press，2013：37-40.

③ Dennis Hardy. From Garden Cities to New Towns：Campaigning for Town and Country Planning，1899–1946［M］. London：E & FN Spon，1991.

全家虔信公理宗（图4-10）。利华自幼在公理宗教会学校读书，受公理宗教义如救助贫穷阶层、提倡女子教育、抵制饮酒等思想影响很深①。利华曾一度立志要成为建筑师，且终其一生对建筑设计都抱有浓厚兴趣，但至15岁时他辍学加入其家族经营的零售业，并与其兄弟一道将经销范围扩大至英国其他地区。当时，随着公共卫生运动的推展，个人卫生成为家家户户关注的问题，肥皂需求量日益增长。1885年，利华接手位于利物浦市内的一处化工厂开始从事肥皂生产。他充分发挥了善于营销推广的特长，创造性地将原本按重量切割售卖的肥皂分成等量的小块，分别加以包装再独立销售，从而创造了驰名世界的“阳光牌”（Sunlight）肥皂，其事业大获成功，迅速成为一方巨贾。

图4-10 利华像与阳光牌广告画

资料来源：Adam Macqueen. The King of Sunlight: How William Lever Cleaned up the World [M]. New York: Corgi, 2005.

1886年利华成立利华兄弟公司（Lever Brothers），肥皂生产的规模比日扩大，但利物浦市内的老厂房已无法容纳更多的机器和人力。因此，利华决心在市郊交通便利处择地新建工厂，并开始将他一直念兹在兹、为工人阶级提供良好居住条件的理想逐步付诸实现，此即著名的阳光港村（Port Sunlight）。在1902年，皇家建筑师学会曾邀请利华讲座，利华曾回忆1887年秋天在利物浦市郊勘察厂址和最初规划阳光港村的情况：

> “工人住宅区（Village）是工厂整个规划的一部分，这一思想从一开始就确定下来了。最初我们买了56英亩土地，其中24英亩用于工厂和商务，32英亩用于工人住宅。从那以后我们陆续又购买了周边的其他土地，至今我们掌握的面积共230英亩，其中不到90英亩为工厂区，剩下的140英亩用于工人区。”②

实际上，为了靠近港口和铁路，阳光港村所处的地理条件并不优越，海水的潮汐回冲深入地块内部，将地块分割成数个部分，形如倒躺的英文字母E。利华在最初的规划中发挥了“决定性作用”，与他的建筑师一道划分出地块的道路结构（图4-11、图4-12）。整个居住区与工厂区毗邻，西侧边缘为铁路所界定。为了防止海潮回冲，在西侧还修建了堤岸并形成郊外公园。

---

① E. W. Beeson. Port Sunlight: The Model Village of England [M]. New York: The Architectural Book Publishing Co., 1911: 3.

② W. H. Lever. Buildings Erected at Port Sunlight and Hornton Hough [C]. A Meeting of Architectural Association, London, March 21, 1902: 7.

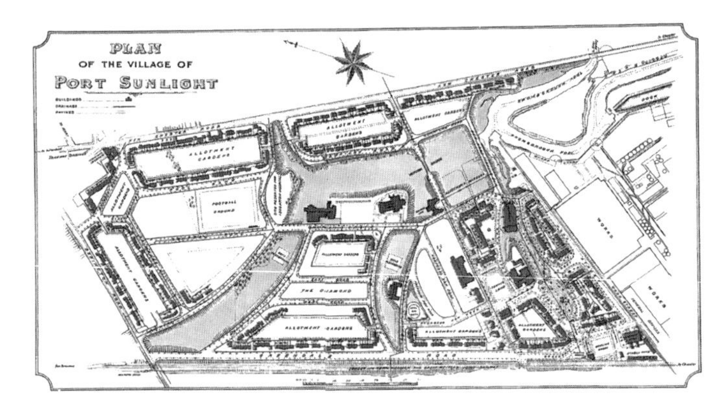

图4-11 阳光港村规划总图（1887年）
资料来源：W. H. Lever. Buildings Erected at Port Sunlight and Hornton Hough [C]. A Meeting of Architectural Association, London, March 21, 1902.

图4-12 阳光港村鸟瞰（1890年代）
资料来源：Unilever Archives.

1888年，利华决定先在洼地较浅、地质情况较好的西南角“溪谷区”（The Dell）开始建设。早期的建设包括分布在带状绿地中的教堂、旅店、学校、商店等各种公共设施，相互间间隔一段距离。此外，在西南部围绕垫高的冲沟轮廓确定略带曲折的道路，并以2～4户叠拼住宅围绕较大的院落，形成4组院落式居住单元。由于院落占用较大面积，“溪谷区”建筑密度很低（“每英亩仅8～10户”[①]）且道路面积较小，有效降低了开发成本。这种院落式住宅布局形式对之后恩翁等人提出田园城市设计原则提供了重要参考（图4-13）。

利华在阳光港村的不同建筑中雇用了10多位建筑师。在最初阶段，阳光港村就建成了种类完善的公共建筑群体，如利华认为较为成功的旅馆和女子俱乐部都是造价较低、外观低调平和的例子，相反食堂虽外观庄重，但用材昂贵、体量过大，“不适合工人住宅村落的性格”，这也反映了他讲求实效的行事风格。同时，他在剧院等处采取不同建筑材料和结构形式（木结构或半围合的露天形式等），进行了有意识的试验，旨在为将来的建设积累经验。

① W. H. Lever. Buildings Erected at Port Sunlight and Hornton Hough [C]. A Meeting of Architectural Association, London, March 21, 1902: 21.

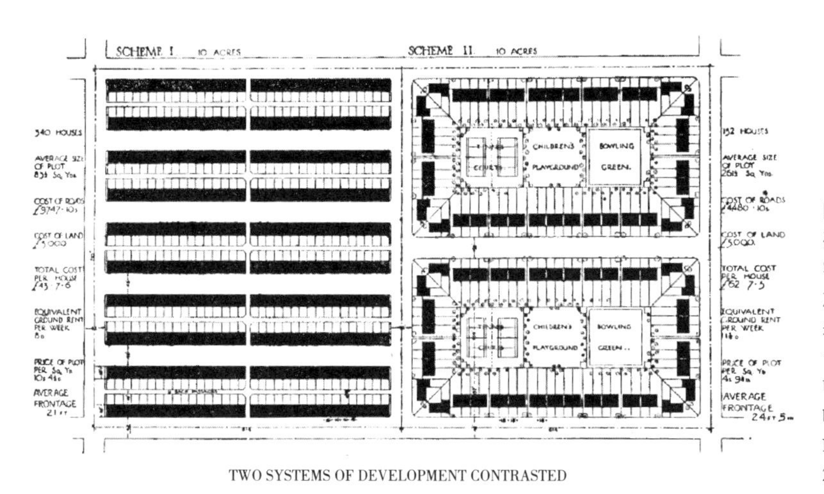

图4-13 恩翁比较行列式布局与合院式住宅布局，发现后者更加经济（其布局原型来自阳光港村）

资料来源：Raymond Unwin. Nothing Gained by Overcrowding［M］. New York：Routledge，2014：78.

为了围合出内院，阳光港村的早期住宅虽采取多幢联排在一起的形式，但在总平面上加以处理，使其参差错落形成趣味。除提供给牧师、学校校长、医生等人的十几幢独立的小别墅外，普通住宅分带凸窗客厅和不带凸窗客厅两种基本类型（图4-14），不同单元加以组合后形成不同面宽，交替运用形成丰富的空间感受。

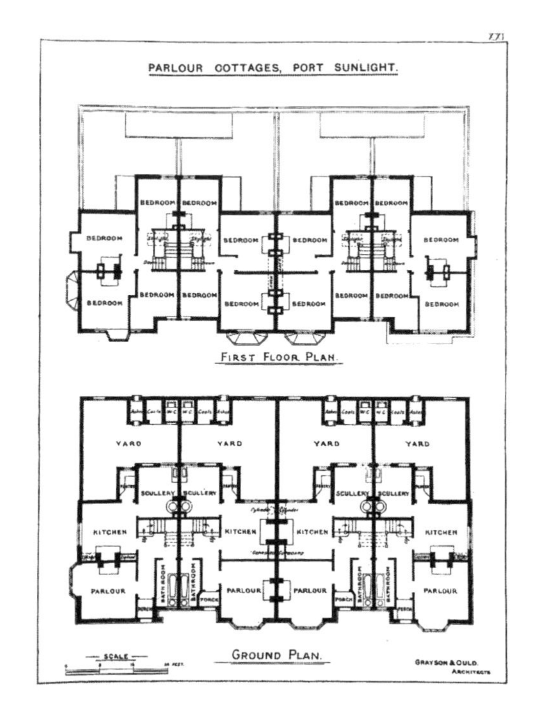

图4-14 4户叠拼之带凸窗客厅住宅平面图（上、下层）

资料来源：W. H. Lever. Buildings Erected at Port Sunlight and Hornton Hough［C］. A Meeting of Architectural Association, London，March 21，1902.

在规划设计中，利华参考贝德福特花园，要求每幢住宅都需后退街道6～10m，形成栽种绿化的前院。但因看到其他中产阶级的市郊住宅区在前院维护上存在各种问题，利华决定从工厂利润中分出固定数额确保各户立面和前院的维护。阳光港村街道景观的整洁和统一受到当时各种媒体的一致赞扬，但这是为了宣传肥皂企业“洁净、卫生的企业形象”①，其成本之高也使这种经验难以推广。

利华在住宅设计方面采取了实用主

① Walter Creese. The Search for Environment［M］. New Haven：Yale University Press，1966：131.

义的态度，认为纪念性建筑需追求永恒感，“但住宅只要满足50～60年之用即已足够”[①]，在建筑材料上可尽量节省。但是，利华对住宅建筑细部又提出了较高标准并要求使用当时流行的维多利亚式，因此阳光港村的多数住宅采用造价不菲的露明半木结构，保证了整体空间品质。在规划上，为了照顾西侧火车上旅客的观瞻，合院式住宅的背面也进行了细致的处理，一改之前只顾正面的做法，使小镇的空间品质达至整体均衡，这也是居住区规划中的一种创造，直接影响了之后伯恩维尔村的规划设计。

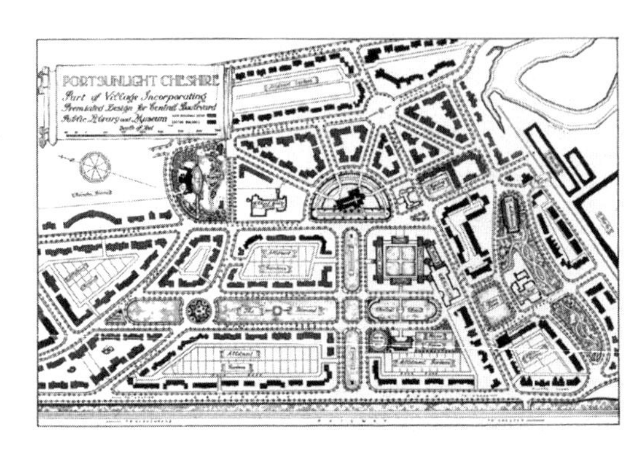

图4-15 阳光港村第二期规划总图（1910年）
资料来源：Walter Creese. The Search for Environment［M］. New Haven：Yale University Press，1966：134.

1910年，利华给他资助创立的利物浦大学城市设计系一笔经费，供师生参与阳光港村第二期开发的设计竞赛所用，结果头奖为一名大三学生获得。这一方案体现了当时风靡美国的城市美化运动的规划思想，反映了利华本人审美趣味的转移，与之前自然田园的“溪谷区”大不相同。利华的建筑师根据这一方案绘制了新的规划图（图4–15、图4–16）。新方案垫平了之前的冲沟，在核心部分形成了直角相交的两个带状广场，具有典型的美国式“布扎”特征，尤以从火车站到教堂的东西向广场为典型。新开发部分的居住区仍为合院式，但规模、尺度更大。

图4-16 阳光港村第二期规划鸟瞰［从火车站向东看向教堂（改造后形成的新南北轴线），1910年］
资料来源：Walter Creese. The Search for Environment［M］. New Haven：Yale University Press，1966：136.

阳光港村的所有住宅均为利华兄弟公司所有，作为一种福利分配给受其雇佣的工人；住户只有使用权，且必须服从公司的管理制度。除这种管理方式外，阳光港村的种种规划和建筑设计的方法，多数可见于之前的工业新村和城郊住宅区开

① W. H. Lever. Buildings Erected at Port Sunlight and Hornton Hough［C］. A Meeting of Architectural Association，London，March 21，1902：25.

发之中。但应该注意的是，阳光港村的叠拼式住宅质量与公共服务设施的完善程度，可媲美当时最好的中产阶级居住区。阳光港村的实践再次提升了广大工人阶级追求美好生活的标准，随着这一观念深入人心，工人阶级的这种诉求遂成为英国社会和政府不能不直面的重要问题。利华的重要贡献正在于将之前专属某些阶层的“特权扩展到其他阶层的广大群众”[①]。

4.5 巧克力大王乔治·吉百利与伯恩维尔村的建设

创建了巧克力商业帝国的乔治·吉百利（George Cadbury，1839—1922年）出生于当时英国最大工业城市——伯明翰的小商贩之家。吉百利的成长和从商经历与利华类似，吉百利的贵格宗信仰如关心穷人福祉、重视基础教育、践行体力劳作、反对酗酒和暴力等，贯穿了他一生的事业。

1861年吉百利和他的兄弟接手家族的零售生意，后购买了荷兰发明的可可粉脱脂技术，并将之用于巧克力的生产，其产品迅速风靡英国及海外市场[②]，也为吉百利兄弟公司积累起大量财富。因生产规模扩大，1879年吉百利在伯明翰郊外购买25英亩土地，兴建绿荫环抱下的新工厂。吉百利是英国最早实践工人退休金和补助医疗制度的企业家，同时也为工人补助房租[③]。

1895年，吉百利在其工厂周边一次购买了120英亩土地，开始筹建新式的工人居住区。与此同时，吉百利还在不断购买与之毗邻的土地，将之命名为“伯恩维尔村”（Bournville）。其命名，是据该地不远处的波恩河与法文中表示小城的“ville”合并而来。小镇由厂区、住宅区和公园绿地三部分组成，其中居住区部分面积最终达1000多英亩，占地之广远逾此前各例（图4-17）。

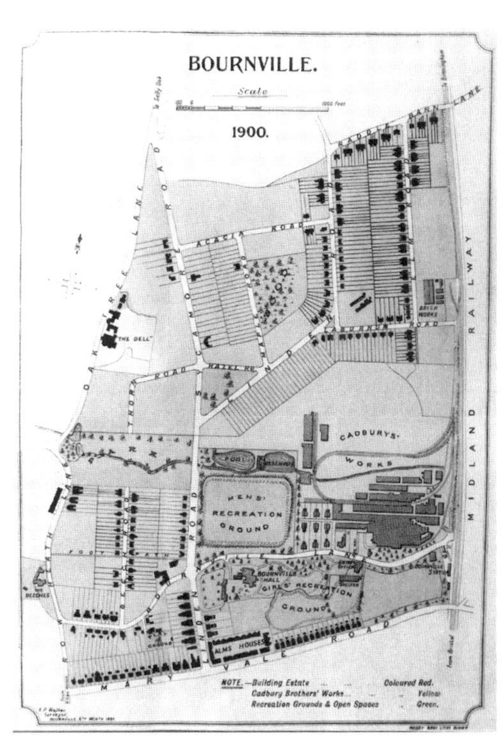

图4-17 伯恩维尔村规划总图（1900年）
资料来源：Andrew Reekes. Two Titans, One City［M］. Alcester: West Midlands History Ltd., 2017.

---

① Robert Stern, David Fishman, Jacob Tilove. Paradise Planned［M］. New York: Monacelli Press, 2013: 224.

② “怡口莲”糖果和可可饮料均为吉百利公司的著名产品。

③ Bournville Works Magazine. George Cadbury, 1839—1922［J］. Bournville, 1922.

吉百利和利华都是具有强烈社会改革意愿和人文关怀的“非国教宗”教徒。和阳光港村一样，吉百利在筹建伯恩维尔村时也旨在为其工人提供良好的居住条件以提升其身心健康，从而有利于生产和社会的持续发展。但吉百利也表达了以伯恩维尔村为“模范”进而推动更宏大社会改革的目标：

图4-18　伯恩维尔村三角广场街景（1906年）
资料来源：Bournville Village Trust.

“通过提供带有花园的住房和有利休憩的开放空间的环境，我们的目标是缓解在伯明翰及其周边工人阶级和劳动人民的（居住等）状况，其经验可推广至全英国。”①

在规划方法和空间形态上，伯恩维尔村明显不同于阳光港村。伯恩维尔村处于地势起伏的丘陵，在吉百利的要求下，道路被设计成曲折蜿蜒的形态，道路斜交处形成三角形广场（图4-18）。住宅和公共建筑顺应道路和地势加以仔细布置，成为整个空间布局的出发点。这种规划手法与阳光港村“溪谷区”的规划方法不同，后者是因应冲沟边缘的形态而造成略带曲线的道路。此外，伯恩维尔村的道路宽达25m（80ft），房屋退线更宽且有意地使道路两侧的房屋错开布置，因此田园景致更显著。

然而，阳光港村的公共建筑种类远较伯恩维尔村齐全，且集中布置形成了聚合感较强的中心空间，后又通过“布扎”构图的广场得以强化。伯恩维尔村虽也建造学校、教堂等，但数量较少且布置分散。这与伯恩维尔村逐渐扩大其用地的背景分不开，其规划在最初阶段并无统一、完整的构想。因此，伯恩维尔村在空间形态上缺少足以统率全局的中心，空间布局呈均质化，与后来的很多城郊田园住区非常相似，但与英国传统村镇的空间形态相悖。

在管理方式上，吉百利借鉴阳光港村的经验，令伯恩维尔村的居民也只有使用权，从而避免房屋交易投机等弊端。但是，吉百利允许除他公司之外的其他工人和低收入阶层也申请伯恩维尔村的居住权，使伯恩维尔村超出了单一性质的工人新村，而将社会改革的影响推向全社会。并且，为了使小镇管理更加公平，他在1900年就成立“伯恩维尔村信托公司”（Bournville Village Trust），独立于他的巧克力公司并以市场方式管理伯恩维尔村的日常运营。这一做法后来被用于建设和管理第一处田园城市——莱彻沃斯（Letchworth）。

伯恩维尔村的建设体现了吉百利的一些喜好和信仰。除有意将道路设计成蜿蜒形外，吉百利还特别强调住宅花园的重要性，“在花园的土地上耕作是亲近自然和促进健康的好机会”，并认为这会带来一定的经济收益。吉百利规定每处用地的建筑密度不能超过

① The Bournville Village Trust. Bournville［Z］, 1912: 3.

25%，其余部分用作花园①，甚至指示建筑师对住宅花园的种植和设施的布置进行了详细设计（图4–19）。相比而言，利华虽然也认为花园中的劳作和休憩是工人住宅区的“安全阀”（safe valve），但阳光港村对花园的日常维护强调的是整洁有序。在伯恩维尔村的实践中住宅附属的“花园”成为富有实际功能和社会寓意的重要设计要素，也在知识界和社会上造成了对花园和田园生活普遍向往的浪漫主义情绪。

在住宅设计上，伯恩维尔村的住宅多为简化的装饰艺术运动风格或维多利亚风格。相比阳光港村，其用材和造价更加经济节省，如不少房屋的外立面使用混水墙，但建筑师发挥装饰艺术运动风格对建筑材料自由组合的优势，形成了多样的外观形象和丰富的街道景观（图4–20）。小镇最奢华的住宅集中在沿铁道线一带，使往来的旅客能从远处观看其轮

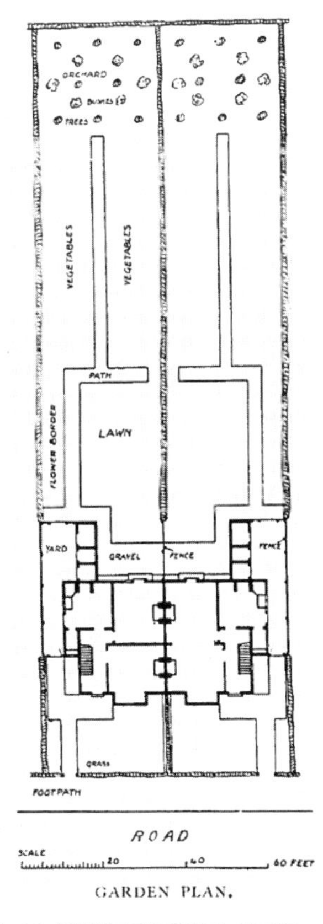

图4–19 普通住宅花园平面布置示意

资料来源：W.A. Harvey. The Model Village and Its Cottages：Bournville［M］. London：Batsford，1906：23.

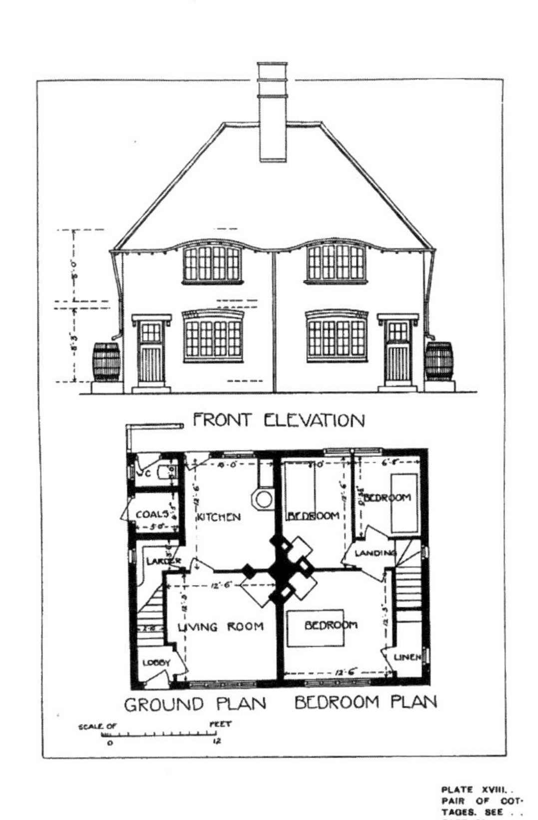

图4–20 伯恩维尔村两户联排住宅（为较典型的工艺美术运动风格）

资料来源：W.A. Harvey. The Model Village and Its Cottages：Bournville［M］. London：Batsford，1906：29.

① Robert Stern，David Fishman，Jacob Tilove. Paradise Planned［M］. New York：Monacelli Press，2013：225.

廓（图4-21）。这一设计思想显然得益于阳光港村的先例。

伯恩维尔村的建设与霍华德撰写和修订其《明日》一书几乎同时，其设计方法和美学效果对后来田园城市运动的主要建筑师如恩翁、帕克（Barry Parker）等人产生了重要影响，田园城市设计、建设和管理的一些原则至此已基本显现。

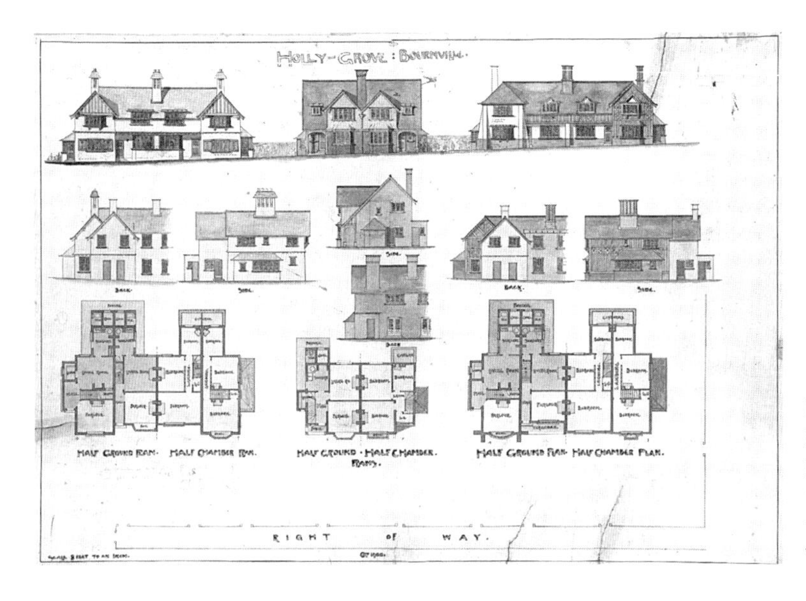

图4-21 伯恩维尔村Holy Grove街住宅设计图（该街与铁道相邻，1900年）
资料来源：Bournville Village Trust.

4.6　约瑟夫·朗特里与新厄斯威克村的规划与建设

和吉百利一样，约瑟夫·朗特里（Joseph Rowntree，1836—1925年）也是虔诚的贵格宗教徒，同样与他的兄弟一道创立了著名的巧克力和软糖公司。朗特里的工厂位于英格兰北部的约克市，吉百利曾到他的工厂做过短期的学徒，二人是事业上的竞争对手，但在传播贵格宗教义和推动社会改革方面也是终身的合作伙伴。

与吉百利不同的是，朗特里除一生践行贵格宗教义、关心提高其雇佣工人的福利外，还对英国当时的贫穷和福利国家等问题进行过系统调研，发表过一系列著作[①]，提出不能靠救济根除贫穷，而必须设法提高工人的教育程度并改变其生活方式[②]。根据这些研究，朗特里在他的公司中推行退休金和医疗补助制度，为工人及其家属开办免费的学校，并设

① 朗特里于1863年印行了关于英国工业区的调查统计，1865年发表名为《苏格兰及威尔士贫穷问题》的册子，后于1899年又正式出版《禁酒问题与社会改革》一书。他的儿子Seebohm Rowntree也是有名的贫穷问题研究专家。Joseph Rowntree. The Temperance Problem and Social Reform［M］. London：Hodder and Stoughton，1899.

② Pursuing the Vision Triennial Report（2006—2008）［Z］. York：The Joseph Rowntree Charitable Trust，2009：3.

立了专司工人福利事项的部门[①]。

1901年，朗特里购买了位于其工厂北部的123英亩土地。当时霍华德的《明日》一书已发表，且田园城市协会也于1899年正式成立并聚集起一批社会活动家和建筑师致力于实施霍华德的田园城市构想。朗特里也是田园城市协会的成员和赞助者，他委任活跃在该协会中的建筑师恩翁和帕克对他新买的土地进行统一规划和建设，根据其所在地命名为新厄斯威克村（New Earswick）。

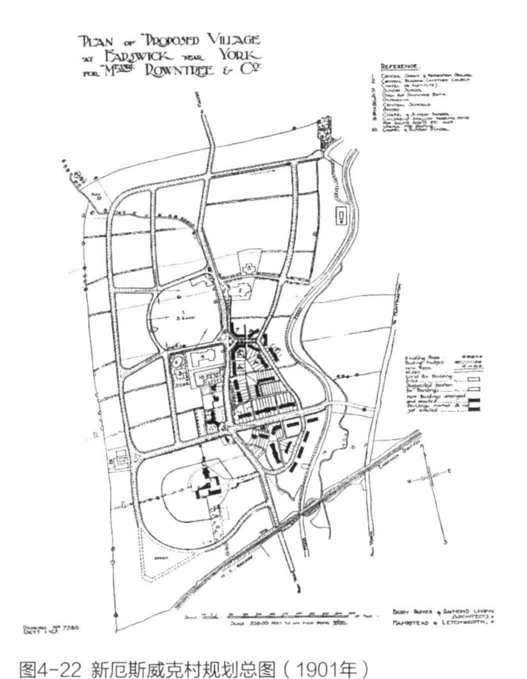

图4-22 新厄斯威克村规划总图（1901年）
资料来源：P. Abercrombie. Modern Town Planning in England: A Comparative Review of “Garden City” Schemes in England［J］. The Town Planning Review，1910，1（1）：18-38.

朗特里在建设新厄斯威克村时曾与吉百利密切沟通，在筹资和后来的管理方式上完全效法伯恩维尔村。例如，不但朗特里公司的工人，而且约克的劳工阶层都可申请入住，此外居住区建成后另外组建专门管理公司，与生产部门在业务上彻底分开，等等。但新厄斯威克村的规划建设也体现了一些重要的新发展。该地块较为平整，由一条南北向的主路与约克市和朗特里的工厂相连，东侧为一条蜿蜒的小河。主路以东是第一期开发区域，呈南北宽而中间窄的沙漏形。恩翁和帕克在这一项目中首先顺应河流的走向确定出地块东侧的道路，再将之与主路相连，形成基本的道路结构（图4-22、图4-23）。

图4-23 新厄斯威克村鸟瞰（1910年代）
资料来源：Robert Stern，David Fishman，Jacob Tilove. Paradise Planned［M］. New York：Monacelli Press，2013：228.

在确定内部路网时，为了使道路的利用效率最大（即相同长度的道路服务于房屋的数量最多），恩翁和帕克进行了多方案比较，最后决定使用尽端式道路。这种布局方式一来能较好地适应不规整的地块形状，使土地不致浪费，同时也能使道路的建造费

① Mervyn Miller. English Garden Cities：An Introduction［M］. Letchworth：English Heritage，2010：14-15.

用最省，“尽端式道路的开发成本较格网式道路为每户平均节省20多英镑”[①]（图4–24）。

当时，在公共卫生运动的影响下，英国大城市均立法要求破除封闭的住宅大院、改造尽端路使其与其他道路连通，以保证通风。所以，在空气清新、建筑密度很小的郊外住宅区中重新使用尽端道路布局不啻是一种设计上的大胆创新。同时，尽端路形成的小居住组团很容易营造出围合感，有利于形成集聚的社区环境。而且，尽端路组团的组合使一些住宅的背面也成为街景的一部分，而必须加以处理，从而提升了居住区的整体环境质量。

不但如此，恩翁和帕克甚至还对每一组尽端路单元进行经济性分析，经过比较发现，如果住宅在拼接方式上采用端部折角，则比简单的联排更加经济（即相同长度的道路上可排列更多数量的住宅）（图4–25）。为了方便居民在日常生活中接近绿地，建筑师充分利用尽端路地块与主路之间的“隙地”，布置远离车行道的小径，形成人流与车流的分离，启发了之后美国的“雷德朋模式”（图4–26）。因此，新厄斯威克村的整体布局是基于道路形式以及住宅与道路关系的综合分析基础上决定的，充分考虑到土地利用率和开发成本

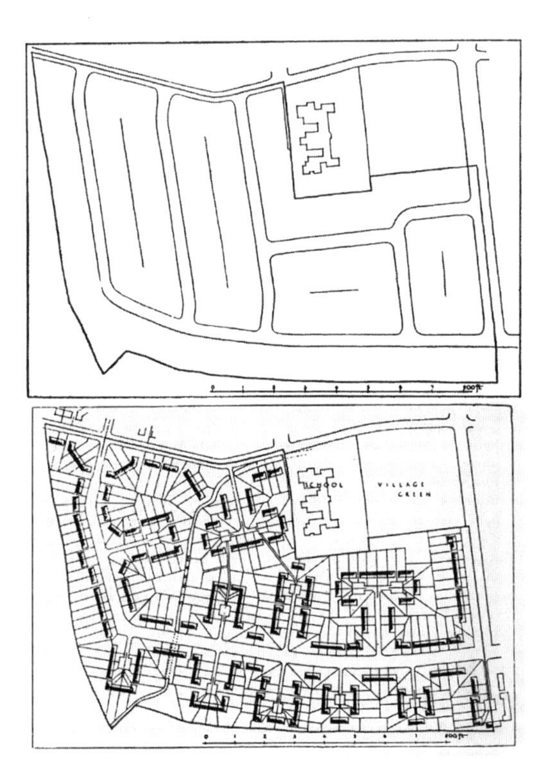

图4–24 两种不同路网结构的开发强度比较

资料来源：Barry Parker. Site Planning：As Exemplified at New Earswick［J］. The Town Planning Review，1937，17（2）：79-102.

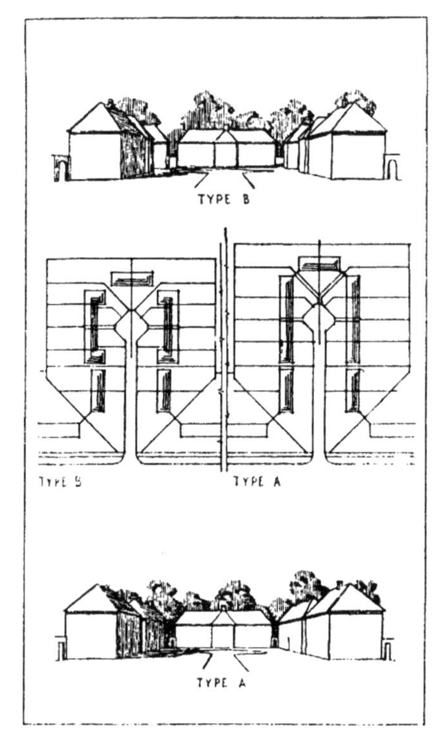

图4–25 尽端路与不同住宅组合形式的经济性比较

资料来源：Barry Parker. Site Planning：As Exemplified at New Earswick［J］. The Town Planning Review，1937，17（2）：79-102.

① Barry Parker. Site Planning：As Exemplified at New Earswick［J］. The Town Planning Review，1937，17（2）：79-102.

等问题。

与伯恩维尔村不同的是，恩翁和帕克为新厄斯威克村设计了较为完整的服务设施和公共绿地，集中布置在主路两侧，方便主路两边住户的使用（道路西侧属第二期开发）。公共建筑部分形成了有聚集性的中心，但整体空间呈现出经仔细设计后的不规则形。

在住宅设计标准上，新厄斯威克村也强调经济性（图4–27），除采用2～6户叠拼之外，在不少地块上布置独幢住宅。住宅采取与伯恩维尔村相同的规范，即每户的住宅用地不超过地块的25%，其余皆用作花园，唯因尽端式道路布局每户的花园形状多不相同，因此空间形态丰富。恩翁和帕克还将起居室扩大为南北通透式，并在二楼单独设置卫生间，这些都是当时住宅设计中的创新，后来成为田园城市住宅设计所遵循的原则。

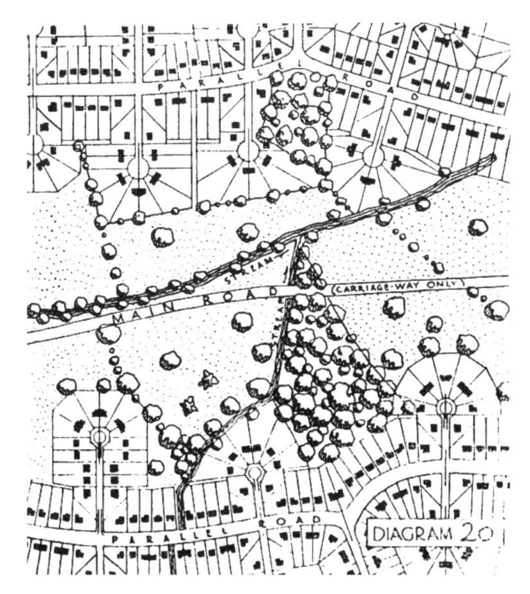

图4-26 主干道与尽端路组团背面“隙地”的绿地规划

资料来源：Barry Parker. Site Planning: As Exemplified at New Earswick［J］. The Town Planning Review，1937，17（2）：79-102.

图4-27 新厄斯威克村普通住宅外观（1902年）

资料来源：Mervyn Miller. English Garden Cities: An Introduction［M］. Letchworth: English Heritage，2010：15.

1902年，正当新厄斯威克村各处建筑在陆续建设时，田园城市开发公司也正式成立，次年开始兴建世界上第一座田园城市——莱彻沃斯，而这一项目的规划师正是负责新厄斯威克村设计的恩翁和帕克。可见，新厄斯威克村是英国传统工业新村建设传统在20世纪的延续，但同时也打开了通向综合性城市规划的广阔天地，恩翁和帕克在新厄斯威克村的试验和创造之后被反复应用在田园城市运动的各项事业中，产生了深远、持久的影响。

4.7 结语：19、20世纪之交的工业新村建设及其在规划史上的影响

18世纪工业革命爆发后，城市人口随之急速膨胀，导致城市居民尤其普通工人阶级的居住生活条件恶化，虽然经过1848年及其后的历次公共卫生立法，但城市问题始终是近代

化发展中难以根治的顽疾。抚创思痛，英国的进步知识分子从欧文开始提出了无数乌托邦式的“理想城市”构想，其共同之处都是脱离现有大城市，另起炉灶地建设规模恰当、设施齐全的新城市。这些构想固然无法付诸实施，但却使脱离城市的乡村生活成为几代人的憧憬。

在兼具有宗教热情、社会改革抱负和经济能力的大企业家的全力支持下，一些位于城郊、毗邻厂房的新工人住宅区被陆续建设起来，从而使提高工人阶级居住条件成为现实。同时，由于郊外土地价格便宜，工人阶级不再数户分租同一幢房屋，而是拥有自己的住房，从而确保了生产力的稳定。这与19世纪中叶欧洲大陆各国革命运动此起彼伏的状况形成了鲜明对比。

如前所述，英国的“非国教宗”教徒在18、19世纪的技术革命和经济发展中发挥了重要作用，他们的实践——修建工人新村并率先向工人提供各种福利[①]，促成了人们观念和社会舆论的转变，推动了英国政府的各种改革，最终在二战之后在英国建立起包括住房、医疗和教育在内的社会福利制度。这些社会改革实践的效果，实际上促使社会各个阶层的居住环境均有所提高，而尤以工人阶级受益为多。

位于英国北部棉纺工业区的艾克罗顿村和索尔泰尔村是早期工人新村的典范，尤以后者规模为大，在居住区之外逐渐形成了较成体系的公共建筑群，为后世树立了典范。19世纪前期的工人新村虽均位于地价较低、通风良好的城郊，但其布局模式仍不脱城市连栋住宅的窠臼。

1887年阳光港村的开发是英国工人新村建设史上划时代的事件，体现出现代城市规划的若干特征。在“建筑设计爱好者”利华的积极参与下，在最初阶段就确定了小镇的基本规划原则和建设方向，综合考虑了功能分区、路网结构、道路断面设计、景观层次、居住区布局、住宅设计等各方面内容。尤其是阳光港村的公共设施种类齐全，形成了统摄全局的中心区域，成为此后莱彻沃斯规划的参考对象。阳光港村的住宅外观华丽，街道维护干净整齐，也推动了英国社会改革工人阶级住房的进程。

1895年伯恩维尔村的开发与阳光港村相似，均以实行社会改革为宏旨，但也体现出在规划方法上的进一步发展，彻底摆脱了英国大城市的格网式和美国城市美化运动中放射式的道路结构，采取蜿蜒舒展的形式，与英国“如画式”的造园理念相合，因此一出现即广受推崇。而作为贵格宗教徒的吉百利又孜孜不倦地教导伯恩维尔村居民在自家花园中勤于耕作，并要求住宅占地不得超过25%。这与当时莫里斯、拉斯金等人提倡的浪漫主义相唱和，使田园生活成为社会各阶层的一致诉求，也为之后田园城市运动的勃兴从思想和舆论上做好了铺垫。

1901年新厄斯威克村的开发在田园城市运动的大幕正式拉开前夕，其规划师——恩翁

① 应该认识到，英国圣公宗企业家也不乏具有社会改革意识并付诸实施者，如前文提及之艾克罗德。

和帕克后来又设计了莱彻沃斯，唯用地规模更大、公共设施更齐全、住宅及其组合形式更复杂，但规划的方法和原则则一以贯之。这是恩翁和帕克第一次独当一面地从事规划和设计工作，并得到业界的高度关注，他们从此成为田园城市运动和城市规划领域的重要人物。后来恩翁进入英国政府担任公职，但帕克仍一直担任新厄斯威克村的顾问建筑师，负责其后的规划与建设。直至1946年帕克去世，才由第二处田园城市维林（Welwyn）的规划和建筑师索森斯（Louis de Soissons，1890—1962年）接替[①]。

除以上改革动机、规划思想和主事者之间的联系外，在具体的规划原则和设计方法上，工业新村的建设也为之后的田园城市运动提供了重要参考。例如，利华最早提出“每英亩不应超过12户住宅”[②]，这一观点后经恩翁用图式和计算加以说明，成为他最著名的理论[③]，也是英国政府勠力推行田园城市运动的指导原则[④]。再如，阳光港村的“溪谷区”通过在不同高程布置马车和人流（图4-28），这种人车分流的基本思路后来在雷德朋（Radburn）居住区中得以充分发扬（图4-29）；而“溪谷区”的院落住宅单元也是之后恩翁等人创造田园城市住宅组合理论的来源之一。此外，恩翁和帕克在新厄斯威克村率先采用的尽端路布局，也喻示着住宅区布局新时代的到来。

图4-28 阳光港村“溪谷区”石桥（桥上、桥下可分别通行，隐现人车分流的雏形，1890年代）

资料来源：Port Sunlight Village Trust. Port Sunlight Conservation Management Plan，2018—2028［Z］，2018：28.

图4-29 美国雷德朋住宅区的人车分流设计（1930年代）

资料来源：Daniel Schaffer. The American Garden City［M］//Stephen Ward，ed. The Garden City：Past，Present and Future. London：E & FN Spon，1992：134.

① Walter Creese. The Search for Environment［M］. New Haven：Yale University Press，1966：191-202.

② W. H. Lever. Buildings Erected at Port Sunlight and Hornton Hough［C］. A Meeting of Architectural Association，London，March 21，1902.

③ Raymond Unwin. Nothing Gained by Overcrowding［M］. New York：Routledge，2014（Reprint of 1912）.

④ Mervyn Miller. Raymond Unwin，Garden Cities and Town Planning［M］. Leicester：Leicester University Press，1992.

利华、吉百利和朗特里这三位城市规划专业的“局外人”，在现代城市规划的创立过程中发挥了不可替代的重要作用。除了他们各自的新村建设外，利华还于1909年捐资给利物浦大学创立建筑系和城市设计讲席，并资助了英国城市规划学科的第一本刊物——《城市规划评论》[①]，使利物浦大学成为培养规划专业人才和学术研究的中心[②]，影响至今不衰。吉百利也在1911年捐资给伯明翰大学设立城市设计讲席的职务，恩翁受聘为第一任直至1916年[③]。

利华、吉百利和朗特里都曾积极参与田园城市运动的开展。其中，吉百利的儿子爱德华·吉百利是开发莱彻沃斯的田园城市公司的董事之一，利华和朗特里也都购买了这一公司的股票[④]。此外，1901年第一次田园城市大会在伯恩维尔召开，全世界来参会者多达1000多人。恩翁在会上发表了田园城市设计原则的报告，会议中间即为同来参会的朗特里看中而聘为新厄斯威克村的建筑师[⑤]。1902年的第二次田园城市大会又移至阳光港村召开，旨在总结田园城市开发和规划设计等原则，在小镇的考察也是议程之一[⑥]。从那以后，随着西方城市规划理论的发展变化，人们对这几处工业新村的评价褒贬交替，但它们至今都仍生机勃勃，显见擘画者的远见与规划设计之得当，应予反复研究。

西方现代城市规划学科正是在田园城市运动的全球发展过程中建立起来的，而早期一些“局外人”发挥过重要作用，其思想、视野、宗教热情和改革意愿，较之设计技能和构图技巧重要得多。梳理这些事实、缕析其关联，对我们加深理解城市规划学科及其发展历史不无裨益。

---

① Buder Stanley. Visionaries and Planners: The Garden City Movement [M]. Oxford: Oxford University Press, 1990: 105-106.

② Christopher Crouch. Design Culture in Liverpool 1880—1914: The Origins of the Liverpool School of Architecture [M]. Liverpool: Liverpool University Press, 2002.

③ Walter Creese. The Search for Environment [M]. New Haven: Yale University Press, 1966: 131.

④ Dennis Hardy. From Garden Cities to New Towns: Campaigning for Town and Country Planning, 1899–1946 [M]. London: E & FN Spon, 1991: 80.

⑤ Stanley Buder. Visionaries and Planners: The Garden City Movement [M]. Oxford: Oxford University Press, 1990: 81.

⑥ W. L. George. Labour and Housing at Port Sunlight [M]. London: Alston Rivers, 1909.

第5章

“局外人”（二）：进步主义改革家与西方现代城市规划之形成及其早期发展

前一章论述了英国利物浦郊外的阳光港村、伯明翰郊外的伯恩维尔村和曼彻斯特郊外的新厄斯威克村的兴建过程。基于类似原因和目的，在大洋彼侧的美国在19世纪末、20世纪初也在大城市如芝加哥郊外兴建起普尔曼公司城（Pullman Company Town），及在宾州建设了赫西巧克力公司城（Hershey Chocolate Company Town）等。这是之前规划史和建筑史研究中已涉及的论题（图5-1）。然而，在19世纪末至20世纪初这一现代城市规划形成的关键时期，还有另一批“局外人”也发挥过重要的作用——职业政治家、经济学家乃至新闻记者，等等。他们如何影响城市规划学科及规划制度的创造、演进，以及为何这些“局外人”相继投身城市规划运动的历史、社会背景，则历来罕少论及。

图5-1 关于20世纪初美国公司城规划和建设的专著封面（该书作者曾先后任教于哈佛大学设计学院和加州大学伯克利分校建筑系）

资料来源：Margaret Crawford. Building the Workingman's Paradise [M]. New York: Verso, 1995.

19世纪中后叶距工业革命发生已逾百年，欧美各国的大城市均经历了人口膨胀，都面对着工业污染加重、居住环境恶化等相似的城市问题，同时随着贫富悬隔加剧，社会不公的现象不得不为人们所正视。在探索解决这些社会问题的过程中，西方的经济学学者首先提出不同的土地公有化方案，进而形成主张加大政府干预经济和城市建设力度等思想。受此冲击，原本秉持放任市场机制思想的自由主义政治家重新认识了国家与市场、社会的关系，开始了一系列改革措施，著名的市政社会主义（municipal socialism）即出现在这一时期。

同时，思想“左倾”的知识分子和社会活动家还组成了各种社团，宣扬上述改革主张，其中以提供工人住宅和社会福利为途径实现渐进式社会改革的费边社（Fabian Society）影响颇为深远，不但于19世纪末至第一次世界大战前在伦敦逐步实行这些计划，其政治纲领也为当时刚组建的工党所接受，深刻影响了英国的城市规划。值得注意的是，上述各种改革实际是在被称为进步主义思潮的笼罩下渐次展开的，影响所及，涵盖了当时西方国家尤其是美、英两国的政治、经济、社会等各领域，在城市规划和建设上也有显著的反映，并体现出作为城市规划学科奠基者的“局外人”的深刻影响。

本章首先概述作为理论框架和分析方法的进步主义思想，以进步主义运动中新闻记者对纽约工人阶级住宅报道造成的社会反响为例，考察进步主义时代改革对城市规划和建设的影响，之后再逐次讨论进步主义时代的经济学家、政治家和社会活动家对城市规划学科创立和早期发展的贡献。

5.1 19世纪末进步主义思潮及其与城市规划和建设的关联

19世纪中后叶，美国扩大了其版图，并在技术发明、繁荣经济方面取得非凡成就，因此吸引了大量海外移民。美国人口从刚独立时的400余万扩大到1920年代的1亿以上，而仅1870至1900年间就有超过1200万移民进入美国[①]。针对因急速工业化和城市化导致的一系列政治、经济、社会问题，美国于1880至1920年代发生了一场声势浩大的进步主义改革运动（Progressive Movement），涵盖法制、经济、宗教、教育、妇女权利、环境保护等诸多方面。这场席卷美国各个领域的改革运动以寻求理性、效率、提升技术和改进立法为特征，不但重塑了美国的国家形象和内外政策，也深刻影响了美国人的思维、观念和行为准则[②]。

因此，进步主义运动被广泛认为是美国历史上影响最为深广的改革[③]，同时也是“富于魅力的历史课题”[④]。其中，城市物质环境的改造是进步主义改革家们关注的核心议题，试图以之展现新的社会秩序、道德规范和市民生活的进步意义，并彻底改造了城市面貌和人们的生活方式。加速进行的工业化和城市化也带来了各种前所未有的政治、社会、经济等问题，且大多与城市有关，至少体现在以下数端。

首先，经济学家亨利·乔治观察到物质财富的增加和技术进步不但没有消除贫困，反而使贫困加剧，甚至“哪里人口最稠密、财富最庞大、生产和交换的机器最发达，我们就在那里发现最严重的贫困、最尖锐的求生斗争和最多的被迫赋闲”[⑤]。他于1879年出版《进步与贫困》（Progress and Poverty），论证了土地垄断和地租上涨是造成贫困悬隔的根本原因，提出将土地尤其是城市土地收归国有并实行单一税，即按土地价值征税并废除所有其

---

① Russell Lopez. The Built Environment and Public Health [M]. New York: John Wiley & Sons, 2011.
② 李剑鸣. 大转折的年代：美国进步主义运动研究 [M]. 天津：天津教育出版社，1992.
③ Tim McNeese. The Gilded Age and Progressivism 1891—1913 [M]. New York: Chelsea House, 2010.
④ 李剑鸣. 大转折的年代：美国进步主义运动研究 [M]. 天津：天津教育出版社，1992.
⑤ 亨利·乔治. 进步与贫困 [M]. 吴良健，王翼龙，译. 北京：商务印书馆，1995：14.

他税种，最终剪除贫困并使社会财富趋于平均。乔治的土地单一税学说在欧美各国造成了巨大影响，促进了进步主义思想的兴起，并拉开了进步主义时代各种改革的大幕。该论题将在下一章展开论述。

第二，19世纪中后叶美国的现代公司制度逐渐成熟，在大多数经济部门形成高度垄断。资本家集聚了大量财富，进而左右美国的国内外政策，“美国政治、经济、文化领域所出现的种种弊端几乎皆与垄断企业的行为有关”[①]（图5–2）。如何对垄断企业加以约束、实现社会公正成为美国进步主义改革运动的重要起点，也由此引发了对国家责任及其治理方式的重新审视。从此，强调政府对经济生活和社会事务干预的思想成为朝野共识，替代了此前的“自由放任”政策。其中一个典型例子，是成为众矢之的的洛克菲勒标准石油公司被拆分并重组资源，在此基础上成立了洛克菲勒基金会（Rockefeller Foundation）。洛克菲勒基金会从事全球范围内的慈善投资事业，尤以建成于1920年代的北京协和医学院最为著名[②]。

第三，由于大量农民和外来移民涌入城市，造成贫民窟蔓延、犯罪率上升和卫生状况污秽、疫病流行等问题。19世纪末一批新闻记者对平民区住宅及其居民生活状况等问题进行了一系列报道，要求社会关心“另一半人”（The other half）的生活状况，城市集合住宅的改造与立法因此成为进步主义社会改革的核心要求和重要内容。

第四，在解散大托拉斯的过程中出现了以垄断企业为依托的慈善机构，如萨奇·罗素基金会（Sage Russell Foundation，1907年）、卡耐基基金会（1911年）、洛克菲勒基金会（1914年）等。这些拥有巨大财富、权势煊赫的基金会聚拢服膺于进步主义思想的商界、政届、知识届及宗教届精英，以“非官方”名义从事全球范围的文化输出，最终服务于美国的国家利益。这些大基金会均从事一系列与公共卫生改革、住房改革、乡村建设等相关的研究和实践，如萨奇·罗素基金会积极推动住房改革运动（后文的第一次美国城市规划

图5–2 进步主义时代政治漫画“参议院的老板们”（讽刺垄断资本家对美国国会的控制）
资料来源：Ottmann Lith.The Bosses of the Senate［Z］. Joseph Keppler Puck Lithograph，1889-01-23.

① 马骏．经济、社会变迁与国家治理转型：美国进步时代改革［J］．公共管理研究，2008（1）：3-43．
② 刘亦师．美国进步主义思想之滥觞与北京协和医学院校园规划及建设新探［J］．建筑学报，2020（9）：95-103．

大会即为其赞助，复于1920年代赞助开展了纽约区域规划的研究[①]），推动了美国城市规划学科的创立。而洛克菲勒基金会则在中国兴建北京协和医学院，同时还资助基督教青年会和教会学校开展卫生改革等建设，且在欧美赞助了与古建筑和老城保护及城市问题的研究，均产生过深远影响[②]。这些跨国基金会与城市规划学科建立和发展的研究是尚未充分发掘的论题。

第五，美国基督教与美国进步主义运动发展相辅相成、纠缠颇深，成为进步主义改革的重要特征，而基督教的新发展又反之丰富了进步主义的含义。这一时期基督教运动提倡关注和改善社会问题，致力于消除贫困和社会不公、提高教育水平等“社会福音”（social gospel），并极大地改变了基督教海外宣教的性质。进步主义影响下的基督教活动在我国近代时期非常活跃。在“扩张与合作”的口号下，近代在华的教会在20世纪以后侧重开展医疗、教育等社会服务并从事相应建设。

此外，进步主义还涉及其他一些重要议题，如移民问题、劳工运动、妇女运动、儿童保护、食品安全、环境保护等内容，相关著作颇多[③]。限于篇幅，本章主要集中论述进步主义思想影响下的住房调查和住房改革运动；土地所有制和相应的地租问题具有广泛的政治、经济、社会意义，是政治经济学和城市规划等学科的核心议题，因此有关美国经济学家亨利·乔治及其土地单一税理论专门在下一章再详细讨论。

5.2 进步主义思潮与欧美城市住房调查及改革

在19世纪，美国城市化进展最快的城市是芝加哥，从19世纪初人口仅几百人的小渔村发展到第一次世界大战前超过300万人的美国第二大都市，也因此造成极其严峻的住房问题。19世纪中后叶的移民潮使得居住条件更加恶化，大批贫苦的外来移民的居住条件尤为恶劣。

芝加哥和其他美国城市贫民区的集合住宅被称为“廉租屋”或“大公寓”（tenement），常被业主划分为若干没有直接采光和窗户的黑房间，以容纳更多租户。此外，多年从事芝加哥贫民区住房改革的进步主义者亨特（Robert Hunter）出版了《芝加哥廉租屋的居住条件》（Tenement Conditions in Chicago）[④]，聚焦芝加哥的波兰移民居住区，“其拥挤程度甚至3倍于东京、加尔各答和很多亚洲城市”。他在分析大量事实的基础上，将死亡率和居住环

① 详第16章。

② 详第13章。

③ Steven Agoratus. The Core of Progressivism: Research Institutions and Social Policy, 1907—1940 [D]. Carnegie Mellon University, 1994.

④ Robert Hunter. Tenement Conditions in Chicago [M]. Chicago: City Homes Association, 1901.

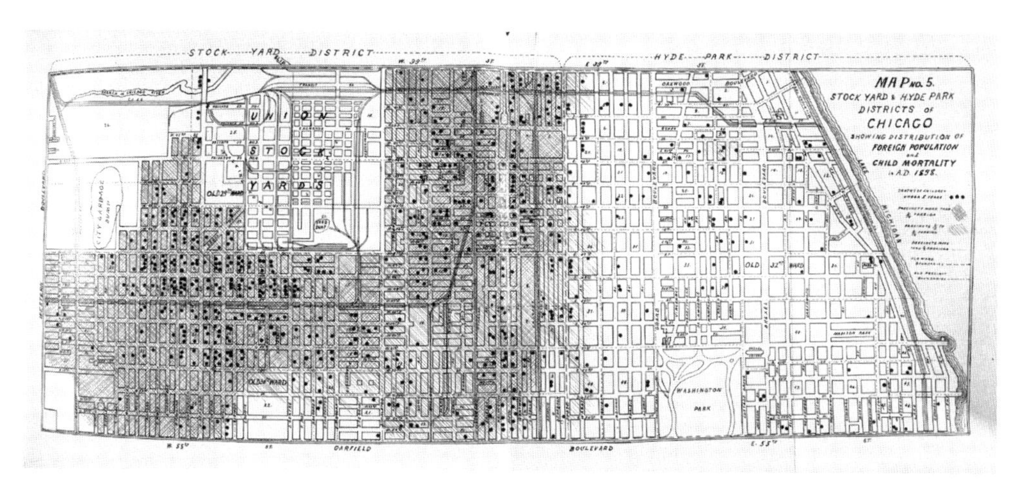

图5-3 芝加哥海德公园区卫生调查图（显示儿童死亡率与移民聚居区域的关系。图中黑点为存在5岁以下儿童死亡案例的地区，斜线区域为至少一半居民为移民的住宅区）

资料来源：Robert Hunter. Tenement Conditions in Chicago［M］. Chicago：City Homes Association，1901.

境建立起联系（图5-3），并辅以大量实地拍摄的照片[①]，引起了美国民众对“另一半人”生活状况的关注（图5-4）。

图5-4 亨特书中关于移民聚居区居住环境的照片

资料来源：Robert Hunter. Tenement Conditions in Chicago［M］. Chicago：City Homes Association，1901：38.

进步主义改革家深切关怀民众的不幸处境，于1880年代在芝加哥成立了美国最早的贫民区会所——赫尔会所（Hull House），为女性移民提供廉价住房和技能培训等社会服务。这一模式此后遍及美国各大城市，至1900年多达400余处[②]。同一时期，美国的基督教青年会会所开始大量兴建，一方面作为廉价旅馆安置劳工，另一方面也为年轻人提供一些技能培训和工余消遣活动（如打篮球、看电影等）[③]。这些举措在客观上减缓了社会犯罪，起到缓和阶级矛盾的作用，并在20世纪初将这一模式带到中国、日本、泰国等地。

1880年前后，美国最大城市纽约的贫民窟住房激增至3.7万多套，需容纳100万人，其中10万人住在条件极差、暗无天日的背街出租房中，“在13ft（约4.5m）见方的房间中住着

① Joseph Parot. Ethnic Versus Black Metropolis：The Origins of Polish-Black Housing Tensions in Chicago［J］. Polish American Studies，1972，29（1/2）：5-33.

② 李剑鸣. 关于美国进步主义运动的几个问题［J］. 世界历史，1991（6）：50-57.

③ Paula Lupkin. Manhood Factories：YMCA Architecture and the Making of Modern Urban Culture［M］. Minneapolis：University of Minnesota Press，2010.

男女共12人，房间被隔成好几层”[①]。纽约于1889年建立类似赫尔会所的慈善机构，并成立纽约人口拥挤问题委员会（Committee on Congestion of Population in New York），在1890年代举办过多次关于贫民窟生活环境的展览，引起人们的广泛关注。该委员会于1907年聘任曾在德国和英国访问考察、并以宣传推行土地单一税[②]著名的社会学家马西（Benjamin C. Marsh，1878—1952年）为干事。在马西的积极筹划下，1909年在华盛顿特区召开的第一次美国城市规划大会，其大会全称——“全美城市规划及城市拥挤问题大会”（National Conference on City Planning and the Congestion Problem）也显示了对城市居住问题的关切[③]。

图5-5 掀起了揭发黑幕运动的新闻记者里斯（1910年）
资料来源：Charles Madison. Preface [M] //Jacob A. Riss. How the Other Half Lives. New York：Museum of the City of New York，1971.

除住房改革家外，新闻记者关于贫民区住房报道的社会影响更大。1890年，受雇于《纽约论坛报》（The New York Tribune）的丹麦移民里斯（Jacob Riss，1849—1914年）出版了《另一半人如何生活》（How the Other Half Lives）[④]，书中对纽约贫民区居住状况的综合报道引起了巨大的社会轰动（图5-5）。里斯在1877年即开始为纽约警察局撰写新闻报道，得以深入探察贫民区的居住环境和生活状况。里斯对于所见产生的道德义愤促使他披露这些事实，进而以舆论为工具督促政府“提升卫生条件，保证每个房间都有采光的窗户，每户都安装给水排水管，并修订廉租屋建设的控制法规”[⑤]。而他在其十多年的记者工作中拍摄的大量照片成为吸引社会大众关注的焦点，因此掀起了19世纪末、20世纪初美国新闻界的“揭发黑幕”运动，促成了一系列影响至今的住房、食品、教育、儿童保护等法案的通过[⑥]（图5-6、图5-7）。

除了进行实地报道外，里斯还在其书中列举了有道德感的开发商怀特（Alfred T.

① Charles Madison. Preface [M] //Jacob A. Riss. How the Other Half Lives. New York：Museum of the City of New York，1971.
② 详见第6章。
③ Harvey A. Kantor. Benjamin C. Marsh and the Fight over Population Congestion [J]. Journal of the American Institute of Planners，1974，40（6）：422-429；Jon Peterson. The Birth of Organized City Planning in the United States，1909–1910 [J]. Journal of the American Planning Association，2009，75（2）：123-133.
④ Jacob A. Riss. How the Other Half Lives [M]. New York：Charles Scribner's Sons，1890.
⑤ 李莉. 19世纪后半期美国城市住房治理研究 [J]. 求是学刊，2021，48（2）：160-168.
⑥ Tim McNeese. The Gilded Age and Progressivism，1891—1913 [M]. New York：Chelsea House Publishers，2009.

图5-6 里斯书中对一幢1863年建成的廉租公寓平面的分析（图中D表示黑房间，L表示有自然采光的房间，H表示楼梯间）

资料来源：Jacob A. Riss. How the Other Half Lives［M］. New York：Charles Scribner's Sons，1890.

图5-7 一处廉租公寓的室内照片，一家7口人挤在一间小房间里（1870年代）

资料来源：Jacob A. Riss. How the Other Half Lives［M］. New York：Charles Scribner's Sons，1890.

White）等人建于1880年代的模范租屋（model tenement），讨论了如何在设计方法和法律法规方面加以改进，由此掀起了声势浩大的住房改革运动（图5–8）。在时任纽约州长、进步主义运动支持者西奥多·罗斯福的支持下，1897年纽约市政府成立了小公园委员会（Committee on Small Parks），对贫民区进行环境改造，增加绿地空间，里斯在其中发挥了重要作用[①]（图5–9）。此后纽约市政府又于1901年通过了新的《1901年租屋法案》（Tenement House Act of 1901），详细规定了建筑密度、内院尺寸、卫生条件、建筑高度等[②]，成为贫民区住房改革的重要成就。

无论亨特还是里斯，他们都认为恶劣的居住环境是导致犯罪和道德堕落的主要原因，因而鼓动住房改革，以改变居住环境作为实现社会进步的重要途径。这种“环境决定论”虽然有其缺陷，但他们以“揭发黑幕”为手段，唤醒民众去关心“另一半美国人”的生活，转而强调责任与义务，在美国社会上引起了某些共识，成为进步主义改革洪流的先声，并促进了20世纪初美国城市规划的专业团体及其学科的成立[③]。也由此可见新闻记者在城市规划学科创立时期发挥的重要作用。

除此之外，进步主义思潮在推动环境保护和女性主义运动等方面也与城市规划和建设有密切关系。例如，西奥多·罗斯福积极推动了自然保护区和美国国家公园体系的创立，而乔治等人则力主在平民住宅及其日常生活中也融入自然因素，从而奠定了美国郊区化运动的理论基础。而在女性运动方面，前述赫尔会所和纽约的一系列贫民区会所则都是由女

① Adrienne de Noyelles. “Letting in the Light”：Jacob Riss's Crusade for Breathing Spaces on the Lower East Side［J］. Journal of Urban History，2020，46（4）：775–793.

② 房屋占地不超过整体用地的70%，通风井被要求扩大到院落尺度且至少12ft见方，每户必须配备卫生间，每个房间均需自然采光，此外建筑高度不超过街道宽度的3/4。

③ 马建标．“进步主义”在中国：芮恩施与欧美同学会的共享经历［J］．复旦学报（社会科学版），2017，59（2）：120-130．

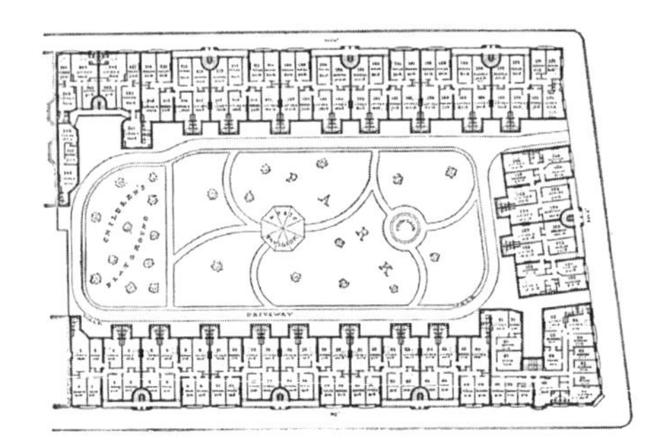

图5-8 怀特规划建造的一处位于布鲁克林区的院落式公寓区（1880年代）

资料来源：Jacob A. Riss. How the Other Half Lives [M]. New York: Charles Scribner's Sons, 1890.

图5-9 里斯书中抨击最多的穆别瑞街区（Mulberry Bend）改造后成为小型城市公园（1897年，"是里斯最引以为傲的成就"）

资料来源：Charles Madison. Preface [M] //Jacob A. Riss. How the Other Half Lives [M]. New York: Museum of the City of New York, 1971: 136-137.

性社会活动家创立和经营的。在她们大量实践工作积累的基础上，英、美两国在20世纪初都涌现出一批专门从事住宅研究的女性学者和设计师，对城市规划和住宅设计的发展起到了重要作用。

综前所述，进步主义运动是各项改革运动的总称，其得名反映了当时美国的广大民众相信能够克服各种困难、以渐进改革方式取得社会进步的乐观情绪，也带有很强的理想主义色彩。其影响所及，几乎牵涉所有美国人的切身利益，并彻底改造了美国的国家治理结构①，并且这一改革思想也被迅速传入西欧。在这些改革运动中，城市物质环境的改造是进步主义改革家们关注的核心议题，试图以之展现新的社会秩序、道德规范和市民生活的进步意义，并彻底改造了城市面貌和人们的生活方式。

5.3 政治家与社会活动家的影响：市政社会主义与费边社的兴起与实践

源起于美国的进步主义思想促生了席卷全球的社会改革浪潮，在面临类似工业化和城市化等问题的英国和欧陆国家产生了强烈回响，甚至在英国更早地转为社会和城市改革政策得以实施②。相比新闻记者和经济学家，英国一批思想进步的政治家在将改革思想转译为现实政治的过程中发挥了更大作用。这些政治人物在城市治理和建设的实践中调整和省思政府与社会、市场的关系，体现了寻求效率和社会公正及关怀下层人民等进步主义传统，为现代城市规划的创立打下了基础。

① 李颜伟．知识分子与改革：美国进步主义运动新论［M］．北京：中国社会科学出版社，2010：20-21．

② Daniel Rodgers．Atlantic Crossings：Social Politics in a Progressive Age［M］．Cambridge：Harvard University Press，1998．

5.3.1 约瑟夫·张伯伦与伯明翰之市政改革及城市更新

约瑟夫·张伯伦（Joseph Chamberlain，1836—1914年）出生于伦敦的商人之家，信仰“非国教宗”的一位论派教（Unitarianism）。“非国教宗”是英国“国教”圣公会之外的新教教派的总称，19世纪中叶以前其教徒无法进入大学或政府任职，而主要从事经商和手工业等工作。19世纪中后叶，“非国教宗”教徒中涌现了一批企业家，其工业新村的建设对现代城市规划产生过重要影响①。

张伯伦完成中学教育后即进入家族企业，在18岁时（1854年）被派往英国北部的大工业城市伯明翰，参与经营其父曾投资的螺钉工厂。他迅即在企业经营和财务管理上体现了过人的精明和营销天赋，引入美国专利利用机器批量生产螺纹钉，其工厂规模和销量不断扩大，在法国、爱尔兰、德国等地设立分销点，使其工厂在短短十几年间成长为全英国著名的大企业②（图5-10）。

张伯伦所属的一位论派教和大多“非国教宗”教派一样，注重教育并提倡积极参与社会工作、实现社会公正，尤其提倡社会服务，亦称“社会福音”（social gospel）③。因此，张伯伦也在工作之余担任一些学校的义务教师，并参与伯明翰教育学会（Birmingham Educational Society），积极宣传建立免费教育体系并筹资建设了一系列新学校。这是张伯伦接触政治活动之始。他于1869年成功当选伯明翰市政厅议员，从此正式踏入政界。因其宗教背景，张伯伦所推行的市政改革措施也被称为“市政福音（civic gospel）”。

1873年张伯伦当选伯明翰市长，并于次年退出他经营的企业，专心从事市政改革。张伯伦所属的自由党（Liberal Party），原本主张“自由放任”，即政府不干预经济生活，但张伯伦则提倡市政府扩大其权力，积极进行公共卫生改革，并接管了效率低下的燃气和供水等部门。实际上，1850至1870年代在其他工业城市如曼彻斯特和利物浦等，已开展了由市政府直接管理和经营污水排放和处理等工作，并具备了供水管道的铺设等经验。但张伯伦后来居上，充分发挥其经商和营销天赋，在其就任市长的次年就说服市政府垫资收购了用于燃料和照明的两

图5-10 张伯伦及其表亲聂特福德共同经营的螺钉厂广告（1871年）

资料来源：Nettlefold and Chamberlain，Birmingham［N］. Engineer，1871-08-25.

---

① 详见第4章。

② Andrew Reekes. Two Titans，One City：Joseph Chamberlain and George Cadbury［M］. Warwickshire：West Midlands History Ltd.，1998.

③ Emily Robinson. Defining Progressive Politics：Municipal Socialism and Anti-Socialism in Contestation，1889—1939［J］. Journal of the History of Ideas，2015，76（4）：609-631.

家私营燃气公司，撤销其重合的管道，优化供给方案，大大提高了市有煤气公司的效率。因其获利丰厚，不但一般平民支付燃气的费用连年下降，而且得以在1875年赎买了伯明翰市的私营供水公司，同样合并统一归市立公司统筹经营以保证供水质量，并使更多市民能以低廉价格购得安全的生活用水，有力地向世人展示了市有企业取代私人公司的成果与可行性。

伯明翰的经验被称为“燃气与供水社会主义”（gas-and-water socialism），也即市政社会主义（municipal socialism），指市政府扩大其职权，采用集体所有制企业接管私营公司或股份公司，直接经营涉及民生福祉的经济部类，负责燃气、供水、交通、住宅等公共产品的供给[①]。按张伯伦自己的定义，市政社会主义“是整个社区（城市）作为整体开展合作的结果，使富庶阶层关怀底层民众的生活福利，并承担起减轻民众不幸的责任”[②]，从而实现社会公正和财富趋于均衡。在此过程中，私人慈善工作虽然能发挥一定的作用，但更重要的是，“只有地方政府通过各种法案，进而扩大到全国层面的立法，才能有效改进教育、健康和住房等社会问题”[③]。这反映了张伯伦注重以立法手段提高政府治理效率并改进社会现状的观点，也显示了他支持渐进式改革的立场。

在经营燃气和供水取得资金后，张伯伦继续开展规模更大、牵涉面更广的贫民区改造和伯明翰市中心重建工作。工业化以后的伯明翰市中心区持续衰退，成为租金低而居住条件最差的贫民区。随着旨在提升卫生条件、消除疫病隐患的公共卫生运动的开展，英国议会于1875年通过《公共卫生法》和一系列相关的住宅法案[④]。张伯伦利用这些法案的授权，以低价强制购买了伯明翰市中心区域，清除了大批通风不畅、环境恶劣的“背靠背”（back-to-backs）住宅，并在其基址上规划建设了一条长达1mi的新干道。张伯伦将之命名为“法团大街”（Corporation Street），意在突出由市政府主办的“法团”或公司（Corporation）在市民生活中的重要地位[⑤]，并沿街布置了商业、广场及公共建筑，如伯明翰第一座公共图书馆和艺术博物馆等（图5-11～图5-13）。

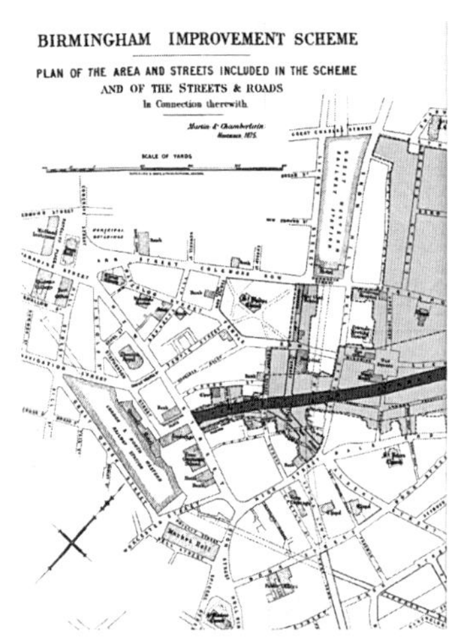

图5-11　张伯伦主持的伯明翰市中心改造总平面图（拆除贫民窟住宅进行城市改造，图中蓝色为“市企大街”，红色为街道两侧商业开发区域，1875年）
资料来源：https://lerwill-life.org.uk/history/brumpics3.htm，重绘.

① Jules Gehrke. Georgist Thought and the Emergence of Municipal Socialism in Britain, 1870—1914［C］. Western Conference on British Studies, Tempe, AZ, October 2009.

② J. Chamberlain. Favorable Aspects of State Socialism［J］. The North American Review, 1891, 152（414）: 534- 548.

③ 马骏. 经济、社会变迁与国家治理转型：美国进步时代改革［J］. 公共管理研究，2008（1）：3-43.

④ 详见第2章。

⑤ “法团”在我国近代文献中也译作“公法团”，参见：沈文辅. 评介美国新政中之泰纳西流域管理局［J］. 经济建设季刊，1944，3（2）：188-197.

图5-12 张伯伦改造后的伯明翰市中心区鸟瞰图（1886年）
资料来源：Andrew Reekes. Two Titans, One City: Joseph Chamberlain and George Cadbury [M]. Warwickshire: West Midlands History Ltd., 1998.

图5-13 伯明翰张伯伦广场，主要新建建筑均采用哥特复兴样式（1909年）
资料来源：Brian Hall, ed. Aspects of Birmingham: Doscovering Local History [M]. Barnsley: Wharncliffe Books, 2011.

张伯伦曾仔细计算了征购土地、新增建筑及市政设施的投资，并创造预租地块等集资方式，在财政方面保证了这一计划的实施。虽然张伯伦于1876年因就任国会议员而辞去伯明翰市长的职位，但这一新街建设和市中心改造计划仍得以顺利进行。其结果，不但使伯明翰的城市面貌焕然一新，同时也在短短几年间就跃升为英国市政建设的最典型代表[①]（图5-14）。

1876年以后，张伯伦步入议会主要从事全国性的政治改革活动。他读到亨利·乔治的《进步与贫困》之后，对其土地税主张深为赞同，进而提出要征收所得税和遗产税，扩大

① Andrew Reekes. Two Titans, One City: Joseph Chamberlain and George Cadbury [M]. Warwickshire: West Midlands History Ltd., 1998.

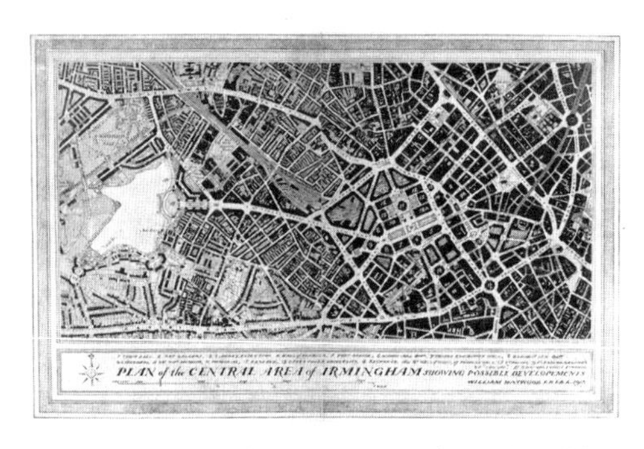

图5-14 伯明翰市中心区路网总平面图（1918年，蓝色区域为市企大街）

资料来源：William Haywood. The Development of Birmingham [M]. Birmingham: Kynoch Ltd., 1918: 21: 95.

图5-15 伯明翰市为张伯伦70周岁生日发行的明信片（1906年，左上角顺时针次序分别为：伯明翰市张伯伦广场、市企大街街景、张伯伦在伯明翰郊外的住宅、伯明翰市政厅，象征着张伯伦市政改革的物质成就）

资料来源：Chamberlain Souvenir (1836—1906): Many Happy Returns of the Day [Z]. Birmingham, 1906.

税基用于市政改革。张伯伦曾与乔治在伦敦会见（1882年），讨论与土地税相关的公共住房建设和租金征收等具体问题①，这也是他之后政治活动的主要内容。

1909年，张伯伦主持推动了筹建伯明翰大学的工作，并于当年正式招生，当时英国国王和王后均曾莅临开学典礼。与市企大街的公共建筑一样，伯明翰大学校园内的校舍及其矗立的钟楼也大多采用维多利亚时期的哥特复兴样式，成为张伯伦市政改革成就的集中体现（图5-15）。这些领先于时代的城市治理方式改革和市区改造实践，与伯明翰郊外的伯恩维尔住宅区一道，成为之后英国城市规划创立时期的重要参考。

5.3.2　费边社的兴起与伦敦市政改革

1882年乔治初次到英国讲演时，听众包括文学家、剧作家萧伯纳（George Bernard Shaw，1856—1950年）和另外一些费边社的创始人，他们都深为乔治的经济主张和进步主义观点所折服②（图5-16）。1884年，这批思想“左倾”的知识分子组织了费边社，其得名也反映了这个群体对待资本主义和社会改革的态度：“不是采取正面攻击的手段，而是采取古罗马临时独裁者费比亚（Fabius）以迟疑等待战略对付敌人的手段”③。

费边社反对暴力革命，而推崇渐进式促进社会立法来改变社会财富分配不公的局

① Jules Gehrke. Georgist Thought and the Emergence of Municipal Socialism in Britain, 1870—1914 [C]. Western Conference on British Studies, Tempe, AZ, October 2009.

② George J. Stigler. Bernard Shaw, Sidney Webb, and the Theory of Fabian Socialism [J]. Proceedings of the American Philosophical Society, 1959, 103 (3): 469-475.

③ 曹绍濂. 费边社思想的批判 [J]. 武汉大学人文科学学报，1956: 53-86.

面，因此也被称为“费边改良社会主义”①。其成员通过出书和讲演在经济、伦理、政治等方面进行积极宣传，引起各种社会的和政治的变革。对工人福利如住房、工伤保险、退休金等事项提倡尤力，广泛影响了英国的工人运动。及后英国工党于1900年成立，费边社的重要成员成为工党领袖，费边社提倡的改良主义纲领也因此成为工党的指导思想，深刻影响了20世纪英国的政治发展②。

图5-16 萧伯纳（左二）在上海宋庆龄宅与宋庆龄、蔡元培、鲁迅等人合影（1933年）

资料来源：Piers Gray. Bernard Shaw in China［J］. Shaw，1985，5：211-238.

张伯伦等人在英国地方政府推行市政社会主义，而亨利·乔治则在实行土地单一税的基础上对此进行论证，进而主张与全体人民生计相关的基础设施，如铁道、给水排水等经济部门，以及私人资本因无法盈利而不愿投资的图书馆、公共浴室等设施，也应退出市场而转交国家经营：“政府有可能实现社会主义的理想……可以建造公共浴室、博物馆、图书馆、公园、演说厅、音乐厅和舞厅、戏院、大学、技术学院、室内靶场、游乐园、体育馆等。热、光和动力以及水可以用公费通过街道传送过来；道路两旁可以种果树；给发明与创造以奖励，支持科学研究；可以用许许多多方式把国家收入用于奖励为公众福利进行的努力……政府将成为巨大合作社会的管理者，它将变为为公共利益管理公共财产的机构。”③费边社成员也积极宣扬市政社会主义的做法，并主张将在伯明翰等地推行的市政社会主义扩展到英国全国。

1889年伦敦市政府改组，成立了伦敦郡议会（London County Council），负责伦敦市及其周边区域的市政管理和建设。受乔治思想影响的费边社成员在伦敦郡议会的组建及施政纲领制定中发挥了决定性作用，“郡议会的118席中有73席为费边社成员或其盟友所有，他们自称为'进步派'（Progressives）”④。此后，伦敦除推进市政社会主义实践和征收土地税外，也开始尝试推进土地改革，由郡议会收购土地、直接为民众提供住宅，尤以工人阶级聚集的伦敦东区为重点，并为此在郡议会政府中建立了专门从事住宅规划和设计的部门。这些早期的福利住宅建设为之后英国城市规划立法和城市规划学科的产生与发展都提供了

① 张文成．十九世纪末二十世纪初费边社的工人运动政策及其实践［J］．国际共运史研究资料，1986（2）：135-156．

② 刘健．费边社对英国工党的影响：从十九世纪末至今［J］．当代世界社会主义问题，2016（3）：95-107．

③ 亨利·乔治．进步与贫困［M］．吴良健，王翼龙，译．北京：商务印书馆，1995：382-383．

④ Jules Gehrke．Georgist Thought and the Emergence of Municipal Socialism in Britain，1870—1914［C］．Western Conference on British Studies，Tempe，AZ，October 2009．

重要参考（图5-17）。

费边社主张伦敦郡议会“通过赎买将燃气、供水、有轨电车、码头、专卖市场和私营墓地都市有化”[①]，比伯明翰等地的实践更进一步，由此也增加了伦敦居民的税赋负担。但由于1889年以后伦敦市政情况的显著改善，以及进步主义思想和改革风潮的普及，在1892年的第二次郡议会选举中，费边社等“进步派”仍占据多数议席，使此后的大规模工人住宅和旧城更新计划得以逐步实施，并实现了泰晤士河轮渡、公共电车等设施的市有化[②]。

图5-17 伦敦郡议会建成的早期院落式集合住宅（1890年代，可与图5-8比较。院落式住宅与之后田园城市运动推崇的设计方式完全不同，前者在老城区内被普遍采用）

资料来源：London County Council. Housing of the Working Classes，1855—1912［M］. London：P.S. King and Son，1913：126.

费边社成员如作家萧伯纳、小说家威尔斯（H.G.Wells，1886—1946年）等人的文学作品曾对田园城市思想的提出者霍华德（Ebenezer Howard）产生过很大影响，并且萧伯纳、威尔斯等人在田园城市协会成立早期曾积极参与各种活动，是筹立的第一座田园城市——莱彻沃斯之规划和建设的重要推动者，后因“专业人士”如建筑师和规划家的介入才逐渐边缘化而少被提及[③]。

5.3.3 内维尔·张伯伦及其他：英国住宅改革及城市规划立法之演进

内维尔·张伯伦（Neville Chamberlain，1869—1940年，下称小张伯伦）是约瑟夫·张伯伦的次子，青年时代被其父派往英国各地及英国的海外殖民地从事各种不同产品的经营而有所成就。1911年，小张伯伦随其父兄进入政治界，被选为伯明翰市议员，并因其家族在伯明翰的巨大影响而担任刚成立的城市规划委员会主任（图5-18）。

小张伯伦与其父一样非常关心贫困阶层的住宅状况，也认为改善其居住环境能普遍提升道德水平，从而促进社会进步。同时，他看到伯明翰郊外伯恩维尔（Bournville）住区的蓬勃发展[④]，为普通工人阶级提供了有尊严、能从事园艺和农作物种植的居住环境，使他认识到在公有土地的基础上，通过良好、缜密的规划和住宅设计，能够实现居住条件改

① Stephen J. O'Neil. The Origins and Development of the Fabian Society，1884—1900［D］. Chicago：Loyola University Dissertation，1986.

② P. F. Clarke. The Progressive Movement in England［J］. Transactions of the Royal Historical Society，1974，24：159-181.

③ Stanley Buder. Visionarics and Planners：The Garden City Movement and the Modern Community［M］. Oxford：Oxford University Press，1990.

④ 详见第4章。

良，进而认识到以综合性的规划为手段能在更大尺度和规模上更为有效地配置资源、贯彻国家政策[①]。在伯明翰市规划委员会时期的工作使他后来在不同职位上均不遗余力地推进规划立法，并有力促进了城市规划观念的丰富与学科边界的拓展。

图5-18 内维尔·张伯伦像（1921年）
资料来源：https://spartacus-educational.com/PRchamberlain.htm.

当时英国首部《城市规划法案》(1909年)刚颁行不久，但仅建议地方政府对未开发的城市地段制定规划方案以指导符合卫生标准的住宅等建设。小张伯伦在其表亲、同样致力于住宅研究和实践的聂特福德（John Nettlefold，1866—1930年）协助下，率先制定了4个与旧城毗邻区域的规划方案（图5-19、图5-20），总规划面积逾15000英亩[②]，成为英国推行城市规划最有力的城市，使伯明翰再次异军突起，

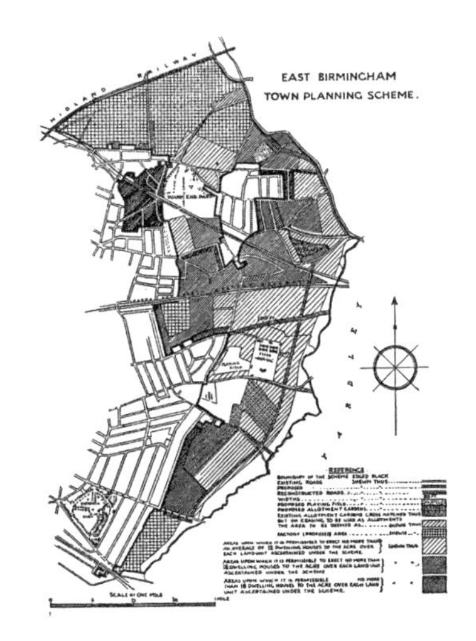

图5-19 小张伯伦主持的伯明翰东区土地利用规划方案（1910年代初）
资料来源：Stephen Ward. Planning and Urban Change［M］. London：Sage Publications，2004：31.

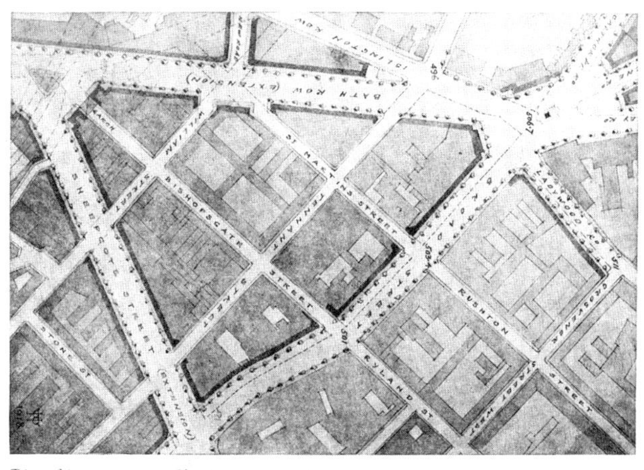

图5-20 小张伯伦和聂特福德主持实施的伯明翰市区扩张和改造工程（1914年）
资料来源：William Haywood. The Development of Birmingham［M］. Birmingham：Kynoch Ltd.，1918：21；70.

---

① Gordon Cherry. The Place of Neville Chamberlain in British Town Planning［M］//G. Cherry，ed. Shaping an Urban World. London：Mansell，1980：162-165.

② Stephen Ward. Planning and Urban Change［M］. London：Sage Publications，2004：30-33.

取得了举世瞩目的成果。

聂特福德对德国市区延伸（urban extension）的设计原则和规划技术曾进行过长期研究和考察（图5–21），也主张以道路设计为主轴，有序实现城区的逐步扩张，并将过度拥挤的人口向这些新建区域疏散；而在内城改造中则倡导采用改善住宅设施、拆除少量房屋以增加绿地空间等逐步推进的办法，实现旧城居住环境的提升（图5–22）。聂特福德此后出版了一系列论著[①]，是英国城市规划初创时期重要的理论家。他主张鼓励民间团体筹资、采取合作主义方式，按照田园城市思想在城郊建设新居住区，并在伯明翰勠力实施其主张（图5–23、图5–24），同时对小张伯伦的规划观产生了重要影响。

图5–21 中年时代的聂特福德像（1905年，另见图1–1）

资料来源：Stephen V. Ward. What Did the Germans Ever Do for Us? A Century of British Learning about and Imagining Modern Town Planning［J］. Planning Perspectives，2010，25（2）：117–140.

由于在住宅改造和规划实践方面的出色成就，小张伯伦担任了伯明翰市市长，并于第一次世界大战以后被选为直属于英国议会的“不健康区域委员会（Unhealthy Area Committee）”主席，主持开展对英国各城市贫民窟的调研，并提出对这些区域进行城市更新，尤其是未来平民阶层住宅建设的可行方案[②]。在此职位上，他开始与当时英国最著名的规划家如恩翁、派普勒（George Pepler）、阿伯克隆比等人熟稔，更加坚定了他关于大城市工业和人口疏散的观点。该委员会通过的正式报告也因此成为英国规划史上第一部明文提出城市疏散的重要文件[③]。

在具体方法上，小张伯伦更倾向于田园城市运动所提出的独幢住宅和低密度开发（“每英亩不超过12户”）等原则，但在面对大量的老城的更新项目时，他也接受聂特福德等人的渐进式改造主张，并客观地指出“从商业经营的角度看，‘摩天楼’占用最小的城市土地但提供了最大的容量，同时还满足良好的采光、供热和通风条件”[④]。因此，他后来对伦敦大量建设的4、5层集中公寓住宅也持支持态度，认为这样有助于就地安置原居民，

---

① John Nettlefold. Practical Town Planning. London：The St. Catherine Press，1905；John Nettlefold. A Housing Policy［M］. Birmingham：Cornish Brothers Ltd.，1915.

② Simon Pepper，Peter Richmond. Homes Unfit for Heroes：The Slum Problem in London and Neville Chamberlain's Unhealthy Areas Committee，1919—1921［J］. The Town Planning Review，2009，80（2）：143-171.

③ Gordon Cherry. The Place of Neville Chamberlain in British Town Planning［M］//G. Cherry，ed. Shaping an Urban World. London：Mansell，1980：168-169.

④ N. Chamberlain. Introduction［M］//William Haywood. The Development of Birmingham. Birmingham：Kynoch Ltd.，1918：21.

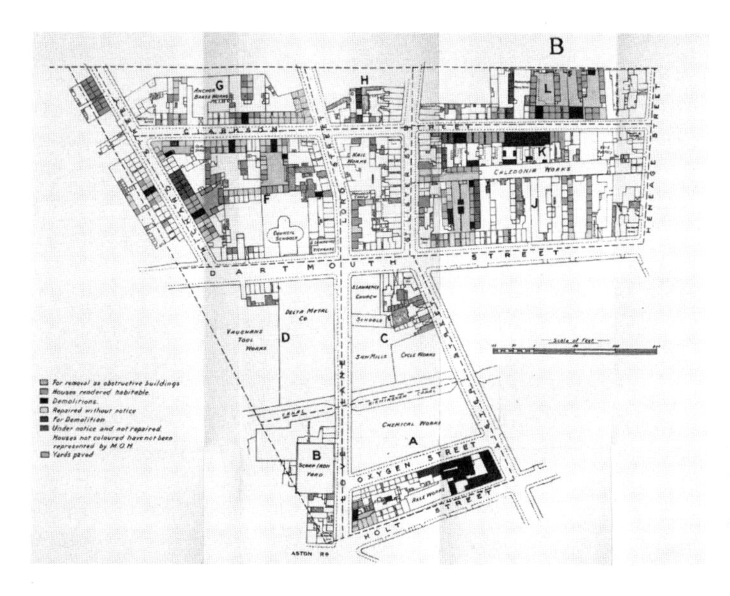

图5-22 聂特福德专著中关于伯明翰旧城更新的示例［图中仅深蓝和深褐色是拟拆除的房屋（代之以绿地），其余均为维修、铺饰地面等提升改造］

资料来源：John Nettlefold. Practical Town Planning［M］. London：The St. Catherine Press，1905：49.

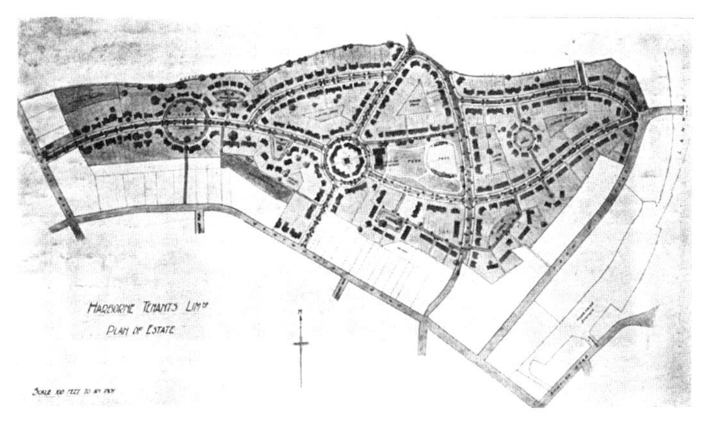

图5-23 由聂特福德推进的伯明翰北部高级住宅区（Harborne）规划方案（曾在1910年的皇家建筑师学会城市规划大会上展出，1910年代初建成）

资料来源：The RIBA. Town Planning Conference（London，Oct 10—15，1910）Transactions［M］. London：RIBA，1911：708.

图5-24 伯明翰北部高级住宅区街景［伯明翰的早期规划实践对英国和外国都产生过深远影响。该照片被美国早期规划家诺兰（John Nolen）用在其城市规划著作中，用以说明“合作共建和管理方式的有效性，及功能分区对住宅区居住环境的保护”］

资料来源：John Nolen. New Ideals in the Planning of Cities，Towns and Villages［M］. New York：American City Bureau，1919：86.

也减少通勤交通方面的压力（图5-25）。

1924—1929年小张伯伦担任英国卫生部（Ministry of Health）部长，当时英国的城市规划立法提案、方案审批和监督实施等规划事务统归该部管理。小张伯伦在任部长期间，主持通过了1925年的《城市规划法案》，将规划的对象从城市扩展到农村区域，并通过了与城市规划密切相关的《公共卫生法》（1925年）和一系列住宅法规。此时他进一步认识到城市规划的重要性，其实施的地理范围也不应局限在一地、一市，而应扩展到更大的区域乃至全国范围。因此，小张伯伦于1927年成立了大伦敦区域规划委员会，委任田园城市运动的主将恩翁主持其事，第一次从区域规划角度制定了前后两轮方案，成为之后历次伦敦规划的重要参考[①]。

图5-25 小张伯伦主政健康部时期伦敦郡议会建设的院落式集合住宅（1926年）

资料来源：Simon Pepper，Peter Richmond. Homes Unfit for Heroes：The Slum Problem in London and Neville Chamberlain's Unhealthy Areas Committee，1919—1921［J］. The Town Planning Review，2009，80（2）：168.

1937年，小张伯伦当选英国首相，当年即在其坚持下成立了著名的巴罗委员会（Barlow Committee），其正式名称为“工业人口分布委员会”（Royal Commission on the Distribution of the Industrial Population），其主要目的即在英国全国范围内考察工业布局和相应的工业人口疏散问题，小张伯伦的远见卓识也因此被广为赞誉[②]。后来主持制定《大伦敦规划》的阿伯克隆比也就职于该委员会[③]。1940年正式出版的《巴罗报告》还提出为了有效推进区域规划，建议征收土地以利于不同层面规划的制定与实施，并组成其他专门委员会研究土地利用和补偿等问题。这些建议后来均得以实施，并成为英国战后规划立法和实践的重要理论基础[④]。

5.4 结语

现代西方城市规划正式创立于20世纪初。但在19世纪中后叶随着进步主义思想的兴

① Simon Pepper，Peter Richmond. Homes Unfit for Heroes：The Slum Problem in London and Neville Chamberlain's Unhealthy Areas Committee，1919—1921［J］. The Town Planning Review，2009，80（2）：143-171；F. de Oliveira. Green Wedge Urbanism：History，Theory and Contemporary Practice［M］. London：Bloomsbury，2017.

② Stephen Ward. Planning and Urban Change［M］. London：Sage Publications，2004：32.

③ Jerry White. The “Dismemberment of London”：Chamberlain，Abercrombie and the London Plans of 1943-1944［J］. The London Journal，2019，44（3）：206-226.

④ George Sause. Land Development—Value Problems and the Town and Country Planning Act of 1947［D］. New York：Dissertation of Columbia University，1952.

起，政治、经济、社会改革的风潮席卷欧美，在新闻记者、有改革倾向的政治家、经济学家和社会活动家等群体的共同努力下，掀起了轰轰烈烈的贫民住房、市政治理、土地权属和税收制度等各种改革，其结果不但彻底改变了人们的思想观念和城市面貌，也为城市规划学科的出现和城市规划制度的完善奠定了坚实基础。上一章和本章都聚焦于这些规划史上较少提及的“局外人”，讨论在进步主义思想传播的背景下他们各自的空间和政策实践，及其与现代城市规划创建及早期发展的关联。

本章概述了进步主义与城市规划和建设有关的若干方面，并以受进步主义思潮影响显著的土地改革和市政改革为例，具体考察其与现代城市规划创立的关联。前文提及的里斯、亨利·乔治、张伯伦、萧伯纳、威尔斯等人，虽然在其各自的领域——新闻学、经济学、历史、文学等，都是声名卓著的重要人物，但在城市规划史上很少提及。这主要是因为他们都没接受过城市规划的专门训练，而且大多主要活跃于西方现代城市规划正式创立之前的19世纪中后叶，因此都是规划学科的“局外人”。而且有些人物，如内维尔·张伯伦曾于1937—1939年间担任英国首相，因其执行“绥靖政策”才广为人知，他对城市规划发展的贡献近来才逐渐得到学界的承认①。

有趣的是，这些人物活跃的19世纪末至20世纪20年代，正是进步主义思想在欧美兴起并大张其势的时期，这些人物都或多或少地受到进步主义思想的浸润，其中亨利·乔治等人还是进步主义运动的重要推动者。正是在进步主义推崇社会公正、渐进改革等思潮的影响下，他们在各自的领域掀起了声势浩大的改革浪潮，其中关于贫民住房改革、土地改革、地税制度改革、市政社会主义等，均为现代城市规划的成立创造了必要条件，一个新学科在19世纪末已然崭露头角、呼之欲出。

可以说，西方现代城市规划是在进步主义思想的传播和实践中诞生的。城市规划因能有效管控城市发展、缓解日益严重的居住环境恶化等问题，且通过兴建公共建筑和市民广场等行为提振民心士气、利用功能分区等手段提高经济发展效率，而逐渐成为进步主义改革的重中之重。而对量大面广的平民住宅的规划方式和设计手法的讨论成为住房改革的核心问题，也构成了现代城市规划的关键组成部分，其缘起则可追溯至前文提及的那些“局外人”的改革思想和实践活动，这些“局外人”实际上也是城市规划学科的奠基人。

因此，通过梳理这些“局外人”的各自经历，并将其一并归纳在进步主义思想传播的大框架下，综合考察他们与城市规划学科创立和发展的关联，可以更好地理解田园城市思想和现代城市规划产生的历史背景，也有助于更加全面地认识规划观念演进、边界拓展和实践丰富化等动态的历史发展过程。

---

① Gordon Cherry. The Place of Neville Chamberlain in British Town Planning [M] //G. Cherry, ed. Shaping an Urban World. London: Mansell, 1980; Stephen Ward. Planning and Urban Change [M]. London: Sage Publications, 2004.

第6章

“局外人”(三):土地单一税思想的提出、实践与西方现代城市规划初创期土地政策之历史演进

6.1 引论:土地政策与城市规划史研究

土地是人类赖以生存和发展的物质基础,也是决定人类生产关系的核心要素[①],而人地关系则影响着人们的科学观、宗教观及发展观等世界观的各个方面[②]。正因为土地具有重要的政治、社会、经济意义,历史上针对土地权属和地税制度的改革思潮此起彼伏。

城市规划学科同样以人地关系为研究对象,尤为重要的是土地权属和土地利用等问题,“所有的城市建设活动最终落实到空间上时,都体现为某种形式的土地利用”,甚至土地利用规划通常也被看作是城市规划的代名词[③]。因此,研究西方现代城市规划在19世纪末、20世纪初的形成与发展,不能不梳理与之密切相关的土地制度的演进路径,这也为厘清现代城市规划如何在观念、尺度和技术等诸方面逐步走向成熟的历史过程提供了重要视角和史料。

目前,对于我国国土利用规划和土地发展权问题的讨论,多集中在第二次世界大战之后,尤其是最近三、四十年的情形,其历史根源常以“1947年,英国率先提出土地发展权国有化”一言以蔽之[④]。但是,从17世纪洛克(John Locke)就主张私有制“神圣不可侵犯”[⑤]且自由主义传统深厚的英国,何以产生“土地发展权”和“国有化”的观念并为广大民众所接受?土地问题的历史研究对我们进一步认识西方城市规划的起源和早期发展有何助益?围绕这些问题,本章系统梳理从18世纪末工业革命以来至1940年代美、欧各国有关土地及税收问题的思想争辩与解决方案,集中讨论19世纪后半叶出现的土地单一税思想

---

① 王爱民,等.人地关系的理论透视[J].人文地理,1999(2):43-47;马智远.人类早期土地制度与社会关系变化浅析[J].中国国土资源经济,2012,25(6):26-28,55.

② 孙一飞.人地关系观、规划观的历史轨迹初探——兼论城市规划观的未来趋向[J].人文地理,1996(2):28-31.

③ 谭纵波.城市规划[M].北京:清华大学出版社,2005:106.

④ You-Tien Hsing. The Great Urban Transformation: Politics of Land and Property in China [M]. Oxford: Oxford University Press, 2010;田莉.土地发展权与国土空间规划:治理逻辑、政策工具与实践应用[J].城市规划学刊.2021(6).

⑤ Jeremy Kleidosty. An Analysis of John Locke's Two Treatises of Government [M]. New York: Routledge, 2017.

（land price single tax），并讨论其如何从一种经济学说转译为政策的历史过程，进而在20世纪上半叶如何影响了与土地密切相关的城市规划的形成与发展。

土地单一税也译作“地价单一税”，是美国经济学家和社会活动家亨利·乔治（Henry George，1839—1897年）于1879年在其《进步与贫困》（Progress and Poverty）[①]一书中提出的主张。土地单一税主张实行土地国有，在此基础上按土地价值征税并废除所有其他税种，其税收足以弥补包括城市建设在内的全部公共支出[②]，从而降低地价，促进投资和生产，最终剪除贫困并使社会财富趋于平均。

实际上，乔治的土地单一税学说并非凭空而来，而是在分析和综合了西方经济学家和社会活动家关于土地改革思想后提出的新办法。因此，本章前两部分综述乔治之前的土地经济学说和土地国有化运动，并以此为基础缕析乔治思想的主要内容及其创造。第三部分在全球视角下简述20世纪初土地单一税思想的政策及空间实践，进而以20世纪上半叶英国的土地政策演进为例，考察土地改革运动和城市规划创立与发展的密切关联。

6.2 工业革命以来的西方土地问题与土地经济学说

经济学一般将土地、劳动力和资本统称为三种基本生产要素，对应着地租、工资和利息等三种收益形式。其中，土地因为蕴藏了各种自然资源，且任何生产都无法与之脱离，因此也被视作最重要的生产要素。

18世纪末，工业革命最先在英国爆发，同时英国与海外的贸易日益频繁，英国古典主义理论也在这一背景下得以发展和完善。英国古典主义经济学派的几位最重要代表人物——亚当·斯密、马尔萨斯和李嘉图都主张对土地课以相对较重的税赋，从而保护和促进资本和生产的发展。例如，亚当·斯密提出工资、利息和地租构成了“商品的真实价格”，力主征收地租等有利于资本发展的税种。此外，斯密还提出市场竞争机制，主张政府尽量不干预市场经济的自由放任原则，并提倡推进专业分工和国际分工等，构建出英国古典主义经济的理论框架。而马尔萨斯提出人口增加使人们被迫不断开垦产量越来越小的新土地，导致人均生活水平和社会的“有效需求”不断下降，由此得出人口增长是导致普遍贫困和社会犯罪的原因。基于马尔萨斯对土地边际效益的观察，李嘉图（David Richardo，1772—1823年）得出地主利益和全社会利益相对立的观点，并提出了著名的差额地租理论，将地租量化地定义为“决定于优劣二地生产量之差”。李嘉图的地租理论是

① Henry George. Progress and Poverty［M］. New York：A. Appleton and Company，1879；亨利·乔治. 进步与贫困［M］. 吴良健，王翼龙，译. 北京：商务印书馆，1995.

② 仅以土地税收支付全部市政支出的理论在经济学上也称为亨利·乔治定理（Henry George Theorem）。我国近年实施的土地财政及与之相关的基础设施建设可视作此理论的一种应用。王智波.为什么中国拥有更好的基础设施?——基于亨利·乔治定理的一个理论分析［J］.深圳社会科学，2019（1）：59-69.

古典经济学的重要发展，成为此后不同经济学派理论的基石。

古典主义经济学理论的一个重要前提是承认土地私有。但18世纪末的英国思想家斯宾士（Thomas Spence，1750—1814年）率先对土地私有制提出质疑。他认为土地为自然天赐之物，因此应废除土地私有制，恢复人们在上古时期平等拥有土地的权利，“移一切土地归于村镇或教区所有”，其地租则平均分配给本教区所有人，“进而建设完全以自由平等为基础的新社会。”[①]斯宾士晚年主张以消灭地主和颠覆政府等激进方式进行土地革命，因此屡遭囹圄，但其土地公有制的思想从此开始在社会各阶层中广为传播。

受斯宾士的影响，被称为“古典经济学最后重镇”的穆勒（John Stuart Mill，1806—1873年）也认识到“土地私有的非正义性质”。但他反对暴力革命，提出将土地的自然属性和人为改良属性区分开来，其中“不劳而获的自然增值收归政府”。这种划分后来启发了亨利·乔治的土地单一税理论。穆勒提出“土地的不劳增值须属于真实的权利者”，具体办法是“把王国内全部土地的市场价格进行公平而均匀的估价，此后凡不是由于土地改良而增加的价值，一律归公。”[②]实际上，穆勒的最终目的是将所有土地国有化，但“他认为不能马上实行，眼前不如征收土地增加税较为便利而实在罢了，还是以稳健而不招致多数反对的改良政策为好。”[③]

穆勒晚年积极从事政治和社会活动，于1870年以其地租理论为基础创建了“土地制度改革协会”（Land Tenure Reform Association），从事土地改革的宣传和立法活动。穆勒招引他的学生兼同事华莱士（Alfred Russel Wallace，1823—1913年）进入该会。在穆勒去世后，华莱士继承其遗志，于1881年组建“土地国有协会”（Land Nationalisation Society），宣扬由国家从地主手中赎买全部土地，同时给地主以年金方式加以补偿——“国家成为土地的上级所有权者，一切农民，均为国家的佃户，对于国家而纳地租（quit-rent）。至于土地改良，虽视作佃户的佃耕权（tenant-right），而许其自由处分，但禁止佃耕地的转贷或抵押等。”[④]其渐进式改革立场与穆勒如出一辙。

6.3　亨利·乔治及其土地单一税思想

6.3.1　亨利·乔治的土地单一税思想：延承与创造

亨利·乔治于1839年出生于美国费城的海关职员家庭，14岁即因家贫辍学，之后从事过各种工作如店员、水手、报纸排字工等，曾随商船远航印度和澳大利亚，1860年代定居在当时美国新兴的西部城市旧金山担任报社记者和编辑，开始从事写作（图6–1）。“这几

① 黄通．土地国有运动概观［J］．地政月刊，1933，1（11）：1481-1507．
② 亨利·乔治．进步与贫困［M］．吴良健，王翼龙，译．北京：商务印书馆，1995：303．
③ 张觉人．单一税主义的土地制度改革论［J］．农村经济，1936，3（7）：35-44．
④ 黄通．土地国有运动概观［J］．地政月刊，1933，1（11）：1481-1507．

种工作，虽然清苦，但有很多机会阅读到各种各样的新闻，也有很多机会接触到各阶层的人士，尤有很多机会奔走实地考察和体验”[①]，这些来自民间的切身体验和观察是形成其学说的坚实基础。

图6-1 参与纽约市长竞选时的亨利·乔治（1880年代）
资料来源：https://www.britannica.com/biography/Henry-George.

乔治生长的年代正处于美国国力上升、国土扩张时期，随着铁道的延伸产生了一批新兴城市，工业生产和城市建设一派欣欣向荣。但乔治观察到物质的进步非但不能消除普遍存在的贫困现象，反而使贫困加剧，甚至“哪里人口最稠密、财富最庞大、生产和交换的机器最发达，我们发现哪里就有最严重的贫困、最尖锐的求生斗争和最多的被迫赋闲”[②]。因此，他立志探究贫困产生的原因，并刻苦自学古典经济学家马尔萨斯、李嘉图和穆勒等人的论著，于1871年出版了他的第一部著作《我们的土地和土地政策》，提出土地垄断和地租上涨是造成贫困悬隔的根本原因。此后，他将这些论点扩充，在1879年完成《进步与贫困》一书，系统提出土地国有和实行单一税的主张（图6-2）。

经济史家已指出乔治的经济理论——反对土地为私人独占的同时承认土地上劳作的成果应归个人所有，大体上是继承了斯宾士和穆勒关于土地属性划分的观点，并沿用了李嘉图的地租理论分析。在论证土地投机和地租上升是导致贫困的根本原因后，乔治提出的土地国有化和土地单一税等主张[③]，也均并非他所首创。

但是，由于乔治基于他自身的经历和观察，在其经济理论里也有其重要的创新内容。首先，无论亚当·斯密、李嘉图还是穆勒，其地租理论均主要针对农业土地而言，但乔治所处的19世纪中后叶是西方国家城市化急速进行的时期。因此，乔治的经济理论是植根于城市的，其土地单一税理论针对的是价值快速提升的城市土地，其牵涉的社会改革和税赋收入等均为各国发展必须面对的问题，对于日益蓬勃的城市建设所涉及的诸方面问题具有重要意义。

---

① 丘式如．亨利·乔治单一地价税的述［J］．三民主义半月刊．1943，3（7）：9-15．

② 亨利·乔治．进步与贫困［M］．吴良健，王翼龙，译．北京：商务印书馆，1995：14．

③ 18世纪中叶法国重农学派经济学家如魁奈（Fransois Quesnay，1694—1774年）曾提出废除其他赋税、只征收地租税的主张，以图避免其他税种最终转嫁到地租上，加重农民和地主的负担。亨利·乔治后来在其著作中提到，他“对魁奈或他的思想一无所知”，是通过他自己的观察达到相同的结论。亨利·乔治．进步与贫困［M］．吴良健，王翼龙，译．北京：商务印书馆，1995：357．

其次，乔治的经济思想虽然建立在古典经济学理论的基础上，但也进行了若干反映时代发展的补充，并发展出他自己的理论体系。例如，乔治虽接受了亚当·斯密学说的主要内容，如肯定市场竞争机制的关键作用、主张推进专业分工精细化以促进技术发展等，但乔治主张“天赋所有权”的土地和自然矿藏等应该退出自由市场，其所有权归于国家。尤其重要的是，乔治在继承李嘉图地租理论的基础上，将古典经济学中的著名公式——产品=地租+工资+利息，改写为“产品-地租=工资+利息”，这表明“不管生产能力增加多少，如果地租以同样速度增加的话，工资和利息都不会增加”[①]。由此出发，乔治对马尔萨斯的人口理论进行了猛烈抨击，即地租飞升才是导致一般工人生活水平下降的根本原因，而非人口增长。相反，人口密度增大是造成城市繁荣的前提，而人口增长会形成规模效应（scale effect），从而提升协同劳动生产率。“人口增加，既有增进劳动生产力和提高工资的作用，那么工资反而下跌全因地租上涨之故，可不辩而明了”[②]。并且，与马尔萨斯对社会犯罪分析的悲观态度相反，乔治对蕴藏在人民中的智慧和创造力富有信心，认为是土地私有制导致了社会不公才衍生出其他罪恶[③]。可见，对马尔萨斯人口论的批判是乔治经济理论建构的关键部分。

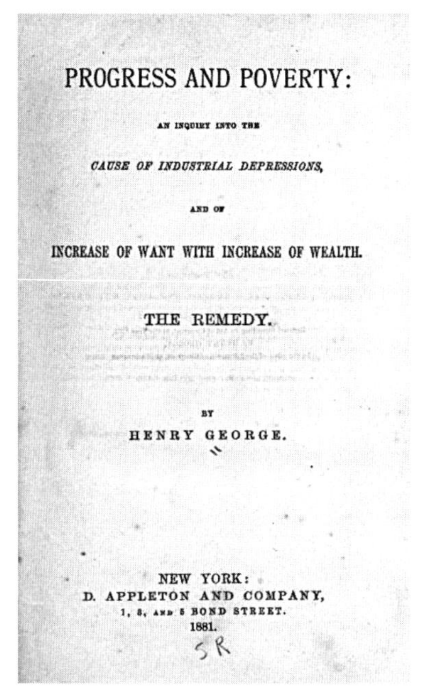
PROGRESS AND POVERTY:

AN INQUIRY INTO THE

CAUSE OF INDUSTRIAL DEPRESSIONS,

AND OF

INCREASE OF WANT WITH INCREASE OF WEALTH.

THE REMEDY.

BY

HENRY GEORGE.

NEW YORK:

D. APPLETON AND COMPANY,

1, 3, AND 5 BOND STREET.

1881.

图6-2 再版后的《进步与贫困》一书扉页（1881年）

资料来源：Henry George. Progress and Poverty［M］. New York：A. Appleton and Company，1881.

再次，乔治亲身经历的美国城市化历程成为他经济理论和单一税主张的重要论据，进而从地租上涨和土地投机方面对当时困扰西方资本主义社会的经济危机进行了合理解释。乔治观察到美国西部的大土地主如铁道公司和投机家往往利用优惠政策储存大量土地，但并不开发而坐等城市土地价格上升时再卖出牟取暴利，而这种土地投机进一步促使地价飞升。因此，乔治论证了地租上升过快而工资、利息都越来越低和生产的动力消退，只有当地租降低、土地投机现象暂时平复时，才能吸引资本进行新一轮投资以及工人投入生产，由此带来新的物质进步。土地投机和地租飞涨也因此导致了资本主义国家循环往复的经济危机。

---

① 亨利·乔治．进步与贫困［M］．吴良健，王翼龙，译．北京：商务印书馆，1995：159．

② 黄通．土地国有运动概观［J］．地政月刊，1933，1（11）：1481-1507．

③ Lawrence M. Lipin. Nature, the City, and the Family Circle: Domesticity and the Urban Home in Henry George's Thought［J］. The Journal of the Gilded Age and Progressive Era，2014，13（3）：305-335．

并且，乔治提出的单一税制度也有其创造，成为优化城市土地功能布局的理论基础。与斯宾士不同，乔治不赞成暴力革命，提出可以允许地主在名义上继续拥有土地，但通过对土地租金征税将地租转为财政收入，在不增添政府机构和避免大规模社会扰动的基础上实现土地国有化的目标。同时，与穆勒和华莱士不同，乔治主张无偿征收绝大部分土地税，从而彻底遏制土地投机的现象，并通过高额税收让无法有效开发土地的地主被迫出让其土地。长此以往，一方面可以降低地价，任何人均可以低价向国家佃租用于工业或农业开发，另一方面促进土地功能的更换和优化，进而实现城市土地的合理配置。

最后，乔治虽未曾专门研究城市空间及设计，但其经济理论和社会改革思想却深远影响了他同时代的城市规划学科的诸多奠基人物。乔治认为土地单一税将地租转为财政收入，足以弥补包括城市建设在内的全部公共支出。一方面，城市中心地带经过功能优化和调整，其高额的地租收归公有，可用于建设城市基础设施，如城郊铁路等公共交通。另一方面，随着交通的便利化和城郊出现大片低价的土地，一般工人阶级无需再拥挤在市区公寓里，而可以在城郊拥有低密度且环境优美的独立住宅，从而使一般工人能享受到物质进步的福利，逐步实现真正的社会平等。乔治虽然立足于城市，但认为应该在城市环境中融入自然要素，其郊区工人住宅的主张也可认为是美国郊区化运动的先声[①]。

6.3.2 亨利·乔治在欧美的社会、政治活动及其对城市规划的影响

乔治于《进步与贫困》出版后移居纽约，"更巡游英格兰、苏格兰、爱尔兰澳洲诸邦"。1882年他作为记者前往正在进行土地改革的爱尔兰后被捕，得到华莱士及其"土地国有学会"的帮助，前往伦敦讲演，宣扬其土地单一税理论。乔治受英格兰和苏格兰土地改革团体的邀请，前后一共5次到英国[②]，在英国主张社会改革的不同阶层中产生了巨大反响，被认为是当时美国对英国思想界最重要的影响[③]。

例如，反对大工业化的著名建筑师莫里斯（William Morris，1834—1896年）在仔细研究《进步与贫困》后，认为土地单一税亦即"单税社会主义"，与他的社会主义立场一致，而且该书"可以被称作这个世纪的新《福音书》"[④]。同样思想"左倾"、赞成土地公有和推

---

① Lawrence M. Lipin. Nature, the City, and the Family Circle: Domesticity and the Urban Home in Henry George's Thought [J]. The Journal of the Gilded Age and Progressive Era, 2014, 13 (3): 305-335.

② 第一次为1882年，1883—1884年连续访问3次，1889年最后一次访问英国。Jules Gehrke. Georgist Thought and the Emergence of Municipal Socialism in Britain, 1870—1914 [C]. Western Conference on British Studies, Tempe, AZ, October 2009.

③ Daniel Rodger. Atlantic Crossings: Social Politics in a Progressive Age [M]. Cambridge: Harvard University Press, 1998.

④ Stanley Buder. Visionaries and Planners: The Garden City Movement and the Modern Community [M]. Oxford: Oxford University Press, 1990: 16.

行各种社会改革的费边社成员，如萧伯纳等人积极参加他在英国的讲演，将其学说作为费边社的理论基石之一[①]。而英国倾向社会改革的政治家也深受乔治的影响。曾主政伯明翰市的自由党领袖张伯伦（Joseph Chamberlain，1836－1914年）在读完乔治的论著后，对乔治的学说深为认同。张伯伦曾率先在伯明翰对电车和供水等公司实行市有经营，后与乔治在伦敦会见（1882年），讨论与土地税相关的公共住房建设和租金征收等具体问题[②]。

田园城市理论的创始人霍华德也深受乔治影响。霍华德与乔治的成长经历类似，同样在青年时代辍学并远游外国，为谋生做过各种工作，对底层社会生活有深刻的体认。霍华德当时以速记员身份预闻国会辩论，因此对社会问题也有自己的思考。乔治有关土地税制、采取合作主义（co-operativism）自行管理和经营等主张，深得霍华德赞同，而英国经济学家马歇尔（Alfred Marshall，1842－1924年）[③]等人与乔治进行的辩论则启发和完善了他关于田园城市建设和管理的理论[④]。

但是，应该注意到，乔治与霍华德关于城市的认识和解决城市的主张有很大区别。乔治的整个思想体系植根于城市，他对大城市和密集人口的特点如生活便利、产业多样化等赞不绝口，认为具有乡村无法企及的优势，并提出在城市的边缘可以融合农村的若干优点。而霍华德思想的出发点是要解构大城市规模、疏散其人口，认为大城市的弊端积重难返，只能化解为若干有限规模的“田园城市”才能得以解决，这种对立可见于他著名的“三磁极图”。霍华德的田园城市学说在20世纪初成为城市规划的主流思想，而乔治立足于大城市解决城市问题的立场直到1960年代后现代主义思潮兴起才重新得到重视[⑤]。

不难看出，乔治的土地单一税思想在英国的反响既广且深，但对美国国内的市政改革家和规划家也产生了相当大的影响。例如，19世纪末美国的市政专家豪尔（Frederic Howe，1867－1940年）就服膺于乔治的思想，认识到乔治的土地单一税理论可作为优化城市空间功能和城市结构的依据，从而实现社会公正并美化城市环境。豪尔在20世纪初担任克利夫兰市长助理期间积极推行征收土地税，并且多次赴欧洲考察英国和德国的城市规

---

① George J. Stigler. Bernard Shaw, Sidney Webb, and the Theory of Fabian Socialism [J]. Proceedings of the American Philosophical Society, 1959, 103 (3): 469-475.

② Jules Gehrke. Georgist Thought and the Emergence of Municipal Socialism in Britain, 1870—1914 [C]. Western Conference on British Studies, Tempe, AZ, October 2009.

③ 马歇尔为英国19世纪末、20世纪初最杰出的经济学家，主张大城市疏解，其思想对霍华德产生了重要影响。

④ Stanley Buder. Visionaries and Planners: The Garden City Movement and the Modern Community [M]. Oxford: Oxford University Press, 1990: 15-17.

⑤ 乔治主张立足城市解决城市问题、城市人口和产业多样性具有巨大优势等观点，与1960年代简·雅各布斯（Jane Jacobs）等人的主张一致。Walter Rybeck. Curing Slums: The Jane Jacobs Way and the Henry George Way [J]. The American Journal of Economics and Sociology, 2015, 74 (3): 481-494.

划发展，撰写了美国规划史上最早的几部规划理论专著①。

与穆勒和华莱士一样，乔治在其晚年也积极投身政治活动。他曾在1886年参与竞选纽约市长，虽然"既无固定组织，也无政党的经费"②，但他以土地单一税理论为基础，提出建设郊区化工人住宅等主张得到工人阶级的普遍支持，最后虽因受到建制派联合抵制而未当选，但选票数仍居第二。1897年乔治再度参与纽约市长的竞选，旋因中风而不治去世。其出殡当天，大批纽约市民曾自发上街送葬，"一个平民得到这样的尊敬，是未曾听说过的。"③

但应该看到，乔治的经济思想也有其缺陷，如他从未拿出土地单一税征收的具体方案，同时他虽然深入批判了地租的剥削性，但对资本的无序发展加以维护，等等。下文有关乔治土地单一税思想的政策转译就是针对这些理论不足作出的各种调整。

6.4 20世纪初土地单一税思想的空间实践与政策转译

6.4.1 20世纪之初的美国"新村"实践

美国土地广袤，依据不同社会和经济改革学说建设和经营"新村"的各种实践贯穿了整个19世纪，如欧文发起的"新和谐村"（New Harmony Village）等。1880年代以后，乔治的土地单一税思想在美国引起广泛讨论和关注，形成土地单一税运动，亦称"乔治主义运动"（Georgist Movement），"在美国所设而有全国性的单一税运动机关及团体，共有六个，而散在美国各州的单一税团体组织，则有六十四个"④。19世纪末，有社会改革理想的企业家、金融家、建筑师等不同阶层展开合作，在美国各处购买土地并根据土地单一税理论规划和建设不同于既有美国城市的新社区。

1895年，一批积极宣扬乔治思想的知识分子和传教士筹款购买了美国南部阿拉巴马州港口城市莫比尔（Mobile）对岸的130多英亩荒地，以土地单一税思想为基础组建了自主管理的托事会，从事划分土地和合作建设住宅等工作，并吸引了具有相同社会改革理念的居民前来居住。该地被命名为菲尔霍普（Fairhope）镇，意为"公正平等的未来"，隐示着按照土地单一税理论最终实现社会财富平等的理想，它也是世界上第一处按照乔治思想进行建设、管理的实践。小镇土地由托事会所有、分租给居民，除土地税外不征收其他税种。其规划则按照19世纪美国流行的格网式道路布局，至今"仍是阿拉巴马州唯一不征收营业税的城市"⑤。

---

① Frederic Howe. The City, the Hope of Democracy [M]. New York: C. Scribner's Sons, 1905; Frederic Howe. The Modern City and Its Problems [M]. New York: C. Scribner's Sons, 1915.

② 丘式如. 亨利·乔治单一地价税的述 [J]. 三民主义半月刊. 1943, 3 (7): 9-15.

③ 张觉人. 单一税主义的土地制度改革论 [J]. 农村经济, 1936, 3 (7): 35-44.

④ 丘式如. 亨利·乔治单一地价税的述 [J]. 三民主义半月刊, 1943, 3 (7): 9-15.

⑤ Matthew M. Harris. Lessons from Attempted Utopia: Report Subtitle: Fairhope, AL and Arden, DE [R]. Lincoln Institute of Land Policy, 2004.

除菲尔霍普镇外，在纽约州、新泽西州、马里兰州和华盛顿州等地都出现了乔治运动影响下的“新村”建设实践①，但为时均不长即因各种原因不得不终止。忠实按照乔治思想落实于空间规划、建设和管理上的空间实践且延续至今的，以美国特拉华州的阿登村（Arden Village）最为典型。

1890年代，支持乔治思想的社会活动家曾试图在特拉华州改选州议会以进行地税改革，虽然最终未获成功，但其一系列宣传工作在民众中普及了土地单一税思想，具有一定的群众基础。1900年，当时土地单一税运动中心之一的费城聚集了一批积极活动分子，由雕塑家史蒂文森（Frank Stevens，1859—1935年）和建筑师普莱斯（William Price，1861—1916年）牵头合作，到特拉华州购买一块163英亩的土地，将之命名为阿登村，开始着手规划和建设②。

史蒂文森经营的建筑装饰公司获利颇丰，但他本人热衷社会改革，曾多次前往纽约会见乔治，在其鼓励下积极将土地单一税思想落实于实践。而普莱斯是19世纪末在费城执业的著名建筑师，为上流阶层设计了不少豪宅，也在费城郊外规划开发了多处高档郊外居住区③。他同样认同乔治关于社会改革的主张，对当时美国城市建设中竞相堆砌奢华、冗赘装饰的消费主义倾向深为不满，认为在新建的社区中应体现不同于当时美国城市和社会风气的新气象。

阿登村位于费城和特拉华州最大城市威明顿（Wilmington）中间，交通便利。与菲尔霍普镇一样，阿登村也组建了托事会管理全部土地并负责征收土地，税收的盈余用于市政设施的改进，从而在经济和管理层面贯彻了乔治的单一税思想。但其空间格局与菲尔霍普镇或其他美国城市不同，放弃了正交路网而采取顺应地势的道路布局（图6-3）。

图6-3 阿登村的蜿蜒道路（1910年）
资料来源：Mark Taylor. Utopia by Taxation：Frank Stephens and the Single Tax Community of Arden，Delaware［J］. The Pennsylvania Magazine of History and Biography，2002，126（2）：305-325.

① 如1906年新泽西开始建设的Helicon Home Colony，但后毁于大火。另如1905年建于纽约州的New Aurora，1910年建于华盛顿州的Home Colony等。Eliza Harvey Edwards. Arden：The Architecture and Planning of a Delaware Utopia［D］. Philadelphia：University of Pennsylvania，Master’s Thesis，1993：24.

② Mark Taylor. Utopia by Taxation：Frank Stephens and the Single Tax Community of Arden，Delaware［J］. The Pennsylvania Magazine of History and Biography，2002，126（2）：305-325.

③ George Thomas. William L. Price：Arts and Crafts to Modern Design［M］. New York：Princeton Architectural Press，2000.

连通费城和威明顿的一条主路将基址划分为东西两大块，其余次级道路均从主路延展，力图维持自然风貌。

阿登村主要规划和建设于1900—1916年间。史蒂文森和普莱斯力图将霍华德的田园城市思想和莫里斯的工艺美术运动思想融合起来，与单一税理论一道成为实践社会和经济改革的思想基础。因此，阿登村保留了东西两边的森林，用于“绿化隔离带”，并在东、西两个地块的中心位置分别布置绿地空间，使所有住宅都面向中心绿地，增加其向心性和社交接触（图6-4）。普莱斯设计的公共建筑、住宅还有艺术工坊都采取平实、拙朴的工艺美术风格（图6-5），提出减少不必要的装饰，是美国现代主义的早期实践。而且，受莫里斯的社会主义学说影响，所有住宅占地面积基本相同，且室内面积均较小，通过这些方式化解当时美国流行的“消费主义”风潮并鼓励居民尽量在户外活动。阿登村的居民主要是艺术家、商人和知识分子，其创建者的这些主张和思想得以贯彻至今，维持了最初的规划特征和管理方式，“足以证明乔治思想的可行性”[①]。

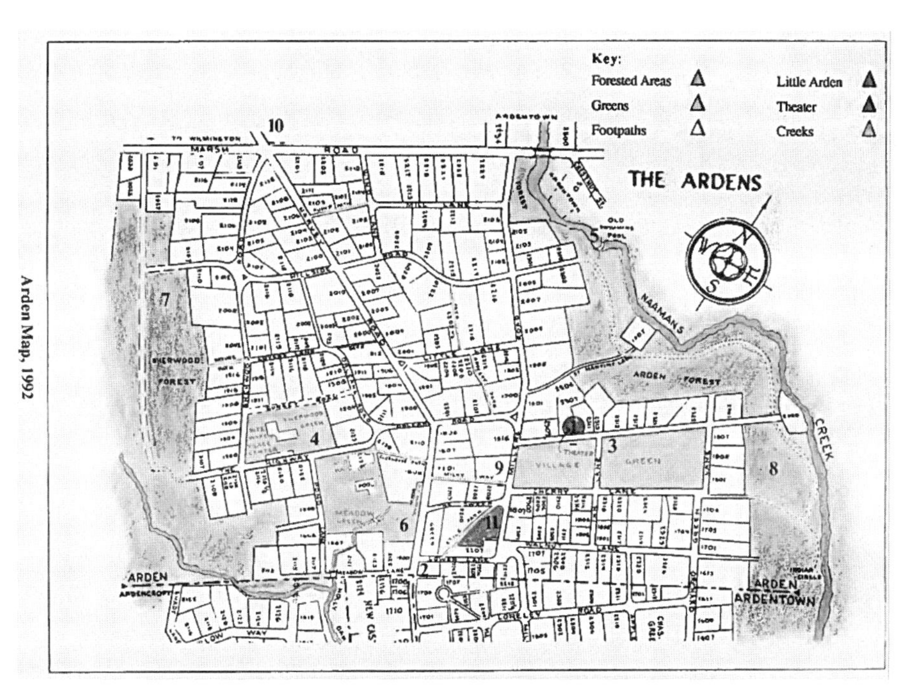

图6-4 阿登村总平面图（1992年，其路网结构和主要空间格局如东西两边的森林带和中心绿地等，自其建成后即未改变，唯南部相继增添两块新区）

资料来源：Mark Taylor. Utopia by Taxation：Frank Stephens and the Single Tax Community of Arden，Delaware［J］. The Pennsylvania Magazine of History and Biography，2002，126（2）：305-325.

① Eliza Harvey Edwards. Arden：The Architecture and Planning of a Delaware Utopia［D］. Philadelphia：University of Pennsylvania，Master's Thesis，1993.

在阿登村开始建设的20世纪初，美国尚未出现城市规划学科，而当时在美国建筑和城市设计界占统治地位的是古典主义设计方法和城市美化思想。但阿登村的规划和建筑形态背离主流，在经济制度、空间形态和生活方式等方面均进行了大胆创造。不难看到，宣扬和实践乔治思想的团体和个人，除了土地单一税外，他们还致力于推进涉及面更广的社会改革，如合作运动、住房改革、女性平权运动等，而“新村”规划和建设也属于这些尝试之一。

图6-5 阿登村的工艺品商店“红屋”（Red House）（1912年，普莱斯设计。从建筑命名可见设计者追慕莫里斯和工艺美术运动的设计立场）

资料来源：George Thomas. William L. Price: Arts and Crafts to Modern Design［M］. New York: Princeton Architectural Press, 2000: 206.

6.4.2 土地单一税思想在世界各国的政策转译及空间实践

1880年代以后，乔治的土地单一税学说和乔治运动风行全世界，各国争相译介其思想，并开始进行若干实践。1943年，我国经济学家丘式如曾总结当时的状况：“（其他各国）计西班牙一、丹麦一、瑞典一、英国一、挪威一、澳洲一、南美洲二、新西兰一。”[①]尤其英国的“国际地价税及自由贸易同盟”致力宣扬土地单一税学说，至1943年已召集5次国际会议[②]，可见影响之广。而其具体实践，“部分地或完整地见之于美国和加拿大的部分地区，以及澳大利亚、新西兰、南非和丹麦等地”[③]。

乔治除提出土地退出自由竞争市场和土地单一税理论外，还主张与全体人民生计相关的基础设施，如铁道、给水排水等经济部门，以及私人资本无法盈利的图书馆、公共浴室等设施，也应退出市场而转交国家经营。这一观点后来为改革政治家所接受，在欧美各国进行了广泛实践，最典型的就是张伯伦主持下的伯明翰市政改革，由市政府收买私人兴办的燃气和供水公司，再成立市营公司经营，结果提高了运营效率但收费逐年降低。这种经验后被推广至利物浦和曼彻斯特等市，被称为市政社会主义实验（municipal socialist experiment）。

乔治的土地单一税思想传入英国，与华莱士等人在英国积极推动土地国有和市政社会主义运动合流，成为改变英国社会观念和城市面貌的思想动力和理论基础。1889年，乔治第5次访问英国，当年伦敦市政府改组，成立了伦敦郡议会，负责伦敦市及其周边区域的市政管理和建设。受乔治思想影响的费边社成员对伦敦郡议会的组建及施政纲领发挥了决定性作用。此后，伦敦除推进市政社会主义实践和征收土地税外，也开始尝试由郡议会收

① 丘式如. 亨利·乔治单一地价税的述［J］. 三民主义半月刊，1943，3（7）：9-15.

② 同上。

③ Mary M. Cleveland. The Economics of Henry George: A Review Essay［J］. The American Journal of Economics and Sociology，2012，71（2）：498-511.

图6-6 1890年以前伦敦东部的邦德利街区域住宅区总平面图

资料来源：London County Council. Housing of the Working Classes, 1855—1912［M］. London：P.S. King and Son, 1913：35.

图6-7 伦敦郡议会改建后的邦德利街区总平面图

资料来源：London County Council. Housing of the Working Classes，1855—1912［M］. London：P.S. King and Son，1913：36.

购土地、直接为民众提供住宅，尤以工人阶级聚居的伦敦东区为重点，并为此在郡议会中建立了专门从事住宅规划和设计的部门（图6-6、图6-7）。这些早期的福利住宅建设为之后英国城市规划立法和城市规划学科的产生与发展都提供了重要参考。

除英国外，对乔治的思想深入研究并加以调整且进入现实政治的，首推德国社会改革家达马熙克（Adolf Damaschke，1865—1935年）领导的德国土地联盟。达马熙克认同土地归公，但为避免扰动社会过大，在具体的征税策略上主张将地租分为过去的和将来的两种，前者仍许地主所有，但后者则收纳归公，而且首先实施于城市土地，及后陆续扩展到农村[①]。这种方式与穆勒的主张很相似，其渐进和调和的姿态较为温和，也易为各阶层所接受，因此能用于现实政治中。值得注意的是，担任过德国土地联盟的秘书长单威廉（Wilhelm Schrameier，1859—1926年）曾受聘担任青岛德国殖民政府的首任土地局督办，以之为“试验地”执行了上述政策：德国殖民政府将青岛全部土地收买，再以高价租给青岛市民，“并实行征收地价增值税，除征收一般的6%的租税以外，凡业主在转让时，都必须把地皮涨价的获利部分，缴纳33%的土地增值税归市政当局所有”[②]，由此获得建设青岛必需的资金。这一政策一直延续到日本殖民者于1914年接管青岛为止。

同时，中国近代以来还曾通过其他渠道积极引介乔治的思想并加以实践。例如，辛亥革命前后由美国传教士和当地士绅联合，在南京市郊购买土地，创办类似英美等国的“新村”，作为地税归公的试验场[③]。孙中山也在各种演讲中宣传乔治的土地单一税，但他提出

① 王玉．地政学派土地思想研究（1933—1949）［D］．上海：上海社会科学院，2019．
② 夏良才．亨利·乔治的单税论在中国［J］．近代史研究，1980（1）：248-262．
③ 阎焕利．亨利·乔治单一税制思想及中国实践［J］．理论界，2010（3）：45-46．

的平均地权思想则是吸收了乔治单税论并参照中国传统和现实条件综合而成的，也对土地和资本同时征税，在具体措施上则受单威廉的影响更大[①]。1949年后，国民党政权在台湾实行了“土地改革”，也被学界认为是按照土地单一税理论加以修订而较为成功的实践[②]。

20世纪初的类似实践还可举出不少[③]。与阿登村那样从头新建但规模很小的例子迥然不同，这些政策实践都对乔治的土地单一税理论进行了适当修订，而在城市或国家层面付诸实施。可见，土地单一税运动出现了两个发展方向，但其目的均在废除土地私有、并以地税归公为途径消弭贫困，在政策、空间和思想观念等不同层面都发生了重要影响。

6.5 土地单一税思想、土地政策与现代城市规划：以20世纪初的英国为例

从上文可见，土地改革思潮自18世纪末兴起，经乔治等人的大力宣扬而逐渐获得各国民众的关注和认可。土地单一税思想真正被转译为土地政策、成为现实政治的一部分，仍首先出现于19世纪末的英国。而且，英国土地政策的演进与几乎同时诞生的现代城市规划的早期发展相轇轕，对之加以梳理无疑可以加深理解城市规划对象和范围逐步扩张的历史过程。

英国受古典经济学和自由主义思想影响极深，私有制观念根深蒂固，而英国的土地私有制由来已久，工业革命的圈地运动使土地兼并现象更为突出。但19世纪中叶在防治瘟疫的卫生改革运动中，英国朝野都认识到城市土地的开发必须改变追逐私利的做法，而必须遵从卫生和防疫的要求，由此诞生了世界上第一部《公共卫生法案》(1848年)。虽然土地私有权仍维持未变，但从此开始了政府对土地建设的干预[④]。

19世纪末美洲粮食连年出口减少，日益依赖粮食进口的英国因此形成普遍的社会慌乱。为了增加粮食产量、鼓励自耕农从事农作，英国议会通过了《小保有地法》(Small Holding Act)，授权地方政府从地主手中征购牧场、荒地等，再从中划拨1～50英亩的土地以租赁给提出申请的农民[⑤]。这既是出于英国粮食安全的考量，也是穆勒、乔治和华莱士等人前后相继20余年鼓动宣传的结果，“他（穆勒）的主张因此多少实现了一点”[⑥]。

① 熊金武．从土地单一税到地价税——兼论近代经济思想史领域内的欧洲中心论［J］．复旦学报（社会科学版），2020，62（1）：144-155．

② 陈立兵．再议亨利·乔治的“斯芬克斯之谜”——对美国早期贫富差距问题研究的评述［J］．福建论坛（人文社会科学版），2019（5）：72-80．

③ R.V. Andelson，ed．Land—Value Taxation around the World［M］．Third Edition．Maiden：Blackwell Publishers，2000．

④ 刘亦师．19世纪中叶英国卫生改革与伦敦市政建设（1838—1875）：兼论西方现代城市规划之起源（上）［J］．北京规划建设，2021（4）：176-181．

⑤ C. R. Fay．Small Holdings and Agricultural Co-Operation in England［J］．The Quarterly Journal of Economics，1910，24（3）：499-514．

⑥ 黄通．土地国有运动概观［J］．地政月刊，1933，1（11）：1481-1507．

除了专以农事为生计的农民外，19世纪中叶以后莫里斯等人描摹的乡村景象和乡村生活成为英国社会各阶层憧憬、想象的对象，也是现代城市规划早期发展的主要思想来源之一。因此，大批城市居民也要求在其居所附近开垦田地，以园艺和种植蔬菜、果木等自娱。1907年英国政府通过了“配给园地”（allotment）的法规，即由地方政府负责从地主手中征购荒地，并租赁不多于5英亩的土地给一般市民用于非盈利目的，并于1908年与《小保有地法》合并为《小保有地和配给园地法》（Small Holdings and Allotments Act），受益者颇多[①]，也进一步扩大了土地国有的实践范围。

1909年，深受乔治和张伯伦思想影响的英国自由党政府在议会公布了新的征税方案[②]，首次提出在对全英国土地估值的基础上，将“不劳而获”的土地增值课税收归国有，并大幅提高了所得税和遗产税，明确主张以税收为手段进行再分配，进而消除贫困。这些主张反映出当时英国政治人物和一般群众对土地私有制的普遍质疑和征收土地税的强烈要求，而原本主张减少政府干预、坚持市场机制的自由党也开始发生立场变化，成为推动英国政治和社会改革的重要事件。

同样，英国第一部城市规划法《住房和城市规划法》（Housing，Town Planning Act）也在1909年获得批准，其中规定地方政府将因规划导致的土地增值部分的50%收归公用[③]，但因地方政府权力有限而无法执行。1909年以后，英国的《城市规划法》在1919、1924和1932年分别进行过修订，但除将规划法的管理范围从新建地块扩充为全部土地外，仍未脱狭隘的用地调整范畴，无法在更大范围内对工业和人口进行有效配置。到1930年代末，英国政府开始认识到土地私有制是造成这种局限的主要原因。而且，随着矿产等自然资源的枯竭，英格兰北部的老工业区在1930年代出现了普遍萧条和失业，而伦敦则因规模效应聚集了越来越多的工厂和人口，更需要中央政府制定覆盖面更广、综合性更强的规划方案，从国家利益的全局优化配置各种资源。

因此，英国政府在1937年组织了由议员巴罗（Montague Barlow）爵士担任主席的“工业人口分布委员会”（Royal Commission on the Distribution of the Industrial Population），于1940年公布了著名的《巴罗报告》（Report of the Barlow Committee）。其最重要的结论是应在全英国的范围内重新布局工业，尤其需将伦敦地区的工业和人口向萧条的北部和西部疏散，并建议在中央政府建立独立的规划主管部门，面向全部国土制定规划方案，促进区域发展平衡。同时，为了有效推行区域规划，《巴罗报告》还建议对分散在大小地主手中的

① C. R. Fay. Small Holdings and Agricultural Co-Operation in England [J]. The Quarterly Journal of Economics，1910，24（3）：499-514.

② 提出者为后来成为英国首相的劳合·乔治（Lloyd George），此预案被称为“人民预算”（People's Budget）. Bentley Brinkerhoff Gilbert. David Lloyd George：Land，the Budget，and Social Reform [J]. The American Historical Review，1976，81（5）：1058-1066.

③ George Sause. Land Development-Value Problems and the Town and Country Planning Act of 1947 [D]. New York：Dissertation of Columbia University，1952.

土地进行征收并组成其他专门委员会研究土地利用和补偿等问题（图6-8）。

1939年二战爆发后，英国政府迅速疏散了麇集在伦敦及其周边的工厂，雄辩地证实了《巴罗报告》结论的可行性和有效性。不久，根据《巴罗报告》对于土地问题的建议，英国政府于1942年公布了《斯科特报告》（Scott Report），针对工业选址及农业用地问题，提出维持农田用途不得改变、尽量在城市中兴建工业而保持农村风貌等建议。这也是对前一时期英国无序的城郊田园住区（garden suburb）开发的反思，避免土地投机向农村蔓延。同时，虽然某些农地被限制开发，但“其土地价值不会消失而被转移到其他土地上”①，即其他土地获得更多规划和开发机会使土地的总增值不变。这也表明这时对于规划和经济等问题已跳脱局部而从整体、全国的角度加以考量。

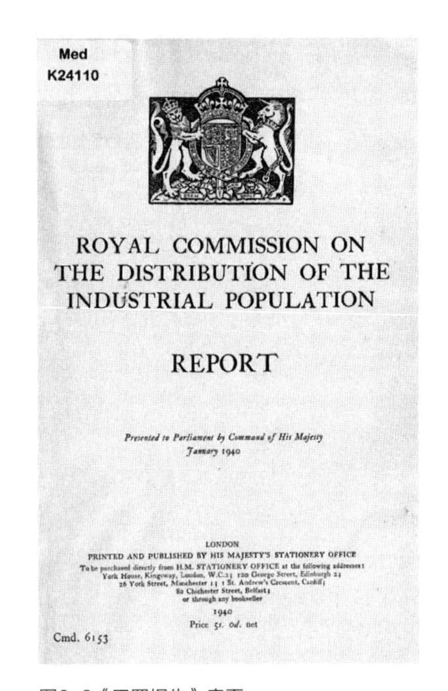

ROYAL COMMISSION ON
THE DISTRIBUTION OF THE
INDUSTRIAL POPULATION

REPORT

Presented to Parliament by Command of His Majesty
January 1940

LONDON
PRINTED AND PUBLISHED BY HIS MAJESTY'S STATIONERY OFFICE
To be purchased directly from H.M. STATIONERY OFFICE at the following addresses:
York House, Kingsway, London, W.C.2; 120 George Street, Edinburgh 2;
26 York Street, Manchester 1; 1 St. Andrew's Crescent, Cardiff;
80 Chichester Street, Belfast;
or through any bookseller
1940
Price 5s. 0d. net

Cmd. 6153

图6-8《巴罗报告》扉页
资料来源：Montague Barlow. Royal Commission on the Distribution of the Industrial Population Report［M］. London：Stationary Office，1940.

对于更加敏感的城市建设用地的征购和开发，英国政府又组织了“土地补偿及增值专家委员会”（Expert Committee on Compensation and Betterment），由法学家乌瑟沃特（Justice Uthwatt）担任主席。该委员会主要从法理上研究为实现土地公有，如何对地主进行补偿，以及战后进行城市更新时将土地增值收归公有等问题。1942年公布的《乌瑟沃特报告》（Report of the Uthwatt Committee）对此提出了重要建议，如将土地的所有权与开发权分离，后者收归国有；按未开发时（即农用地）的土地价格补偿地主，但按开发后的预期价格将开发权以征税形式（即土地开发费，development charge）租让给开发商，二者的差价即为由国家收没的土地增长价值；对于已开发但需重建的土地，由国家指定专业机构每5年对土地价值进行一次评估，其增长部分的75%也收归国有②。可见，《乌瑟沃特报告》将土地的所有权与开发权分离，是对穆勒等人将土地自然属性和人为属性区分并分别制定税收政策的进一步发展，而其有限补偿地主等建议，有利于缓和社会矛盾并简化征税程序，比乔治的土地单一税理论更温和且具操作性。这些建议后来都被融入二战以后英国的新规划法中。

上述三个关于规划和土地问题的报告——《巴罗报告》《斯科特报告》和《乌瑟沃特

① Austin Robinson. The Scott and Uthwatt Reports on Land Utilisation［J］. Economic Journal，1943，53（209）：28-38.

② George Sause. Land Development—Value Problems and the Town and Country Planning Act of 1947［D］. New York：Dissertation of Columbia University，1952.

报告》,在重要问题如实行土地公有政策、组建规划主管部门、扩大规划的对象和范围等方面立场一致,三者共同构成了二战后以土地问题为核心、有效推行不同层面规划的法理和政策基础,也引起了世界各国的广泛关注。

1943年,在广泛的民意基础上,英国政府首先成立了独立的规划部(Ministry of Planning),以上述三个报告的重要建议为依据,于1947年修改并通过了新的《城乡规划法》(Town and Country Planning)。该法案先从议会取得总计3亿英镑的土地补偿基金,保证了土地征购的快速推进,从而最终实现土地开发权的国有化,并开始实行规划许可制度。为了强化区域协调,规划部要求各地方政府每隔5年对辖区内土地现状加以测绘,并提交未来5年内的发展规划方案,在此基础上由规划部汇总并制定全国城镇体系规划方案,再分发地方作为指导性文件。由于土地补偿费已由中央政府支付给地主,且地方政府可征收高额的土地开发费,从而保证了地方政府的规划方案可以进行合理的空间布局、调整土地功能、提升环境质量,如增加城市中的绿地空间等。可见,土地问题的解决成为各层面规划方案得以统合和优化的基础,因此1947年版《城乡规划法》是第一部包含了强制性条文,并在经济和技术方面保证规划方案能够有效实施的规划法案①。

1947年版《城乡规划法》相比乔治土地单一税理论的无偿征收土地已温和得多,但仍富有激进色彩。该法案的一个重要创新是根据《乌瑟沃特报告》的建议开征建设开发费(development charge),但其税额被提升为100%,即建设活动导致土地升值的全部收益收归国有(财政部),从而直接打击了私人开发和建设活动的意愿,而过度依赖国家主导的建设②。因此,在这一法案执行6年后,1954年英国议会对之进行修订并通过了新版《规划法》,彻底废除了建设开发费,也宣告了二战刚结束时弥散在社会上的要求土地国有、社会平等诉求已消退,社会舆论再次倾向于效率优先③。

但是,1947年版《城乡规划法》对土地控制的全过程——各层面规划方案的制定、实施和管理,包括其制度安排如地方政府的规划权限、规划许可证制度等,在英国一直完整地延续到1980年代④,并对包括我国在内的世界各国的城市规划制度的建立和完善起到了重要的参考作用。

6.6 结语

在整个19世纪,西方各国的经济学家围绕土地所有权和地租,提出过各种互为补充的土

① George Sause. Land Development—Value Problems and the Town and Country Planning Act of 1947 [D]. New York: Dissertation of Columbia University, 1952.

② Stephen Ward. Planning and Urban Change [M]. London: Sage Publications, 2004: 99-100.

③ Barry Cullingworth, et al. Town and Country Planning in the UK [M]. London: Routledge, 2015.

④ H. W. E. Davies. Continuity and Change: The Evolution of the British Planning System, 1947—1997 [J]. The Town Planning Review, 1998, 69 (2): 135-152.

地改革理论，尤以美国人亨利·乔治的土地单一税学说影响最大。土地国有和土地增值归公的观念从此深入人心，也促生出田园城市思想和郊区化运动。虽然存在理论不足问题，但是土地单一税理论曾在世界各地进行过不同程度、方式的实践，并在19世纪末和20世纪初在英国首先演变为土地政策陆续得以实施，直接影响了现代城市规划的创立及其早期发展。

土地问题牵涉面广且深，关乎政治、经济和社会制度等诸方面，而工业革命导致的工业化和城市化进程则加剧了“地主阶层与其他社会阶层的对立”。西方各国以国有化为最终诉求的土地改革思潮贯穿了整个19世纪。在工业革命发生最早的英国，经济学家和社会改革家提倡土地改革尤力，而美国人亨利·乔治的政治影响力和他提出的土地单一税思想则传播最广。按照乔治思想，美国等地进行了新村镇的规划和管理实践，但更多的是以其为基础加以调整，成为一个城市政治国家的土地政策和经济政策的重要组成部分。

实际上，乔治的名著——《进步与贫困》及其土地单一税思想的传播此后也在美国拉开了一场更加声势浩大的进步主义运动（Progressive Movement）[①]，土地改革运动和实践也成为当时席卷全球各国的社会改革的重要组成部分。以英国为发端，土地国有化、征收土地税等土地改革主张后来成为建设“福利国家”（Welfare State）[②]的重要基础和早期实践，进而深刻影响了世界各国此后的土地改革和社会改革走向。

有趣的是，土地国有化的改革思想被转译为土地政策并真正进入现实政治的19世纪末，也正是现代城市规划即将形成的关键时期。由土地改革带来的土地公有和可观的财政收入均是城市规划得以有效实施的前提，因此土地政策的演进与现代城市规划的发展是相互促进、互为表里的关系，这在城市规划学科成立最早的英国体现得非常明显。

同时应该看到，社会观念的变迁及由之造成的民意基础，是推行具体政策的重要前提。这对我们今天制定土地税收政策、调整规划思路不无启示。如果不是斯宾士、穆勒、乔治、华莱士等人前后相继地宣传其观点，就难以形成社会各阶层一致认同土地公有、社会平等的主张。以英国为例，其土地国有化的实现绝非一蹴而就，而是通过政治活动和各种立法逐步实现的，在此过程中也为城市规划范围的扩大及规划方式的科学化做好了铺垫。1947年的规划立法集中体现了当时的民意和社会观念，而在社会观念再次发生变化时，土地政策也相应地改变，同时反映在规划活动中。

总之，以土地单一税思想的缘起、实践和影响为例，可以从一个侧面反映其与20世纪上半叶现代城市规划创立与发展的关系，也说明有关土地政策、经济政策和立法活动等研究是考察城市规划制度变迁的重要途径，仍有深入拓展的必要。

---

① 进步主义运动是19世纪末、20世纪初在美国发生，涉及政治、经济、文化、城市建设等诸多领域的社会改革的总称，此后英国也受到进步主义思潮的影响。前文提到的伦敦郡议会的执政党即自称进步党。

② 福利国家的治理哲学和相应实践起源于19世纪以降英国思想家和政治家改进社会问题的一系列努力，包括本章涉及的济贫制度和公共卫生改革。20世纪之后福利国家哲学逐渐为大多数国家所接受。

中篇

田园城市思想、田园城市运动与田园城市研究体系

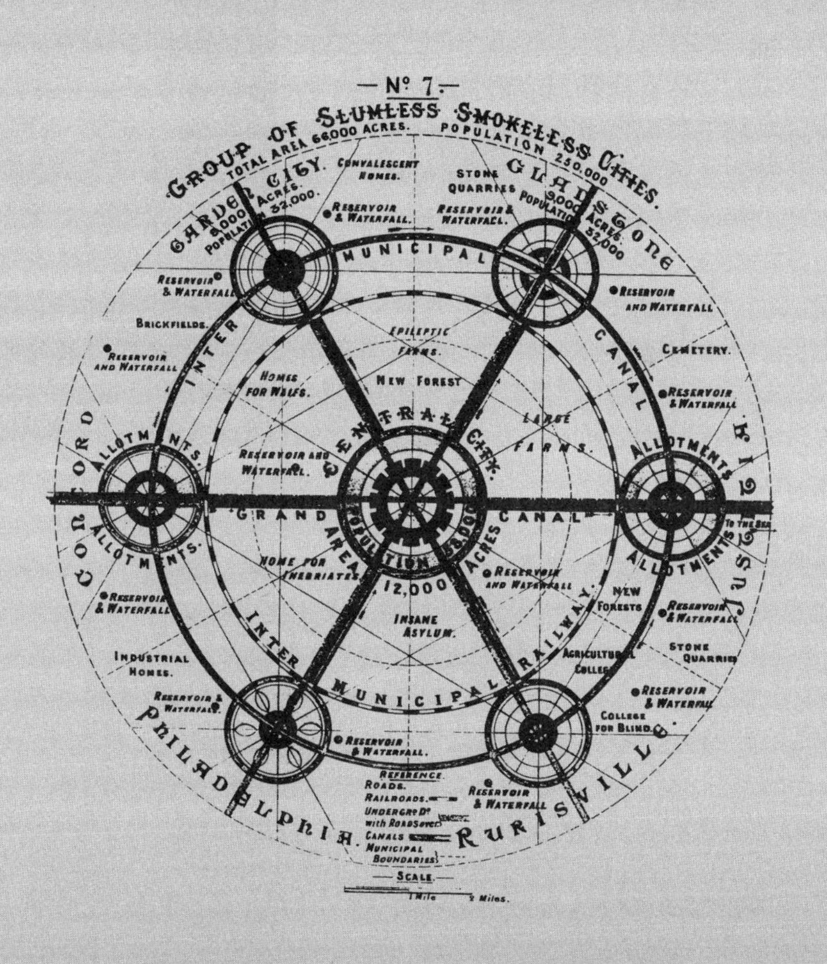

第7章　霍华德生平及其田园城市著作版本研究

7.1　引论

埃比尼泽·霍华德（Ebenezer Howard，1850—1928年）是西方现代城市规划学科的奠基人之一，被规划史家彼得·霍尔（Peter Hall）称为“现代规划史上最伟大的人物”[①]（图7-1）。霍华德于1898年出版了第一部，也是他唯一一部著作《明日：真正改革的和平之路》（后文简称《明日》），随即在英国掀起了波澜壮阔的城市规划运动，直接促成了英国政府针对住宅和城镇规划的立法（1909年），不但深刻影响了英国的城市政策，也从此彻底改变了人们在城市中的生活和生产方式。该书于1902年再版，改以《明日的田园城市》为书名，从此“田园城市”一词更为广泛地流传并被世界各国所接受，从而引发了一场在全球范围内持续至今的田园城市运动，影响至今不衰。以北京2017年公示的总规修编（2017—2030年）为例，其中就反复提到在城市发展中“留白增绿”“疏解首都功能和人口”“施行清洁空气行动计划”，并利用快速交通沟通中心城和新城等，这些都可归于百余年前已完整提出的田园城市思想的余绪。

图7-1　霍华德像（1920年代）
资料来源：F. J. Osborn. Sir Ebenezer Howard: The Evolution of His Ideas［J］. The Town Planning Review, 21（3）, 1950: 5.

田园城市自从提出就吸引了大批学者从事与其相关的研究。近30年西方规划学界在生态城市、新城市主义等思潮的背景下，重新对田园城市思想和田园城市运动进行了持续的、系统的、深入的讨论。但我国对这位规划史上的巨擘的生平与著作，研究颇显薄弱。目前流传最广的研究是出版于1998年，由金经元先生所著的《近现代西方人本主义城市规划思想家》[②]，但有关霍华德本人的生平经历着墨不多。此外，讨论田园城市的缘起、发展及我国近代时期的引介等方面的论文数量虽众，但针对田园城市体系——有关其思想、运动、实践和影响的系统研究则一直停滞不前，一些谜团始终未得廓清。例如，霍华德出生

① Peter Hall. Cities of Tomorrow［M］. Oxford: Blackwell, 1996: 86.
② 金经元．近现代西方人本主义城市规划思想家［M］．北京：中国城市出版社，1998.

于平民阶层，他的何种经历促使他提出田园城市思想？这种思想的形成受到当时及之前的哪些影响？他的著作的前后两版除书名之外还有哪些重要差异，其产生的原因何在？他的著作与此前城市改良思想及方案存在哪些不同？他本人在田园城市运动和实践中发挥了何种作用？田园城市的历史贡献何在？不重读霍华德的经典著作，不一一解答上述问题，就容易对“田园城市”陷入似是而非、望文生义的境地[①]，也很难从本源上对影响着包括我国在内的全球规划史上的若干重要现象加以阐释[②]。

本章侧重研究霍华德本人的生平历程及其对田园城市思想和运动形成与发展的特殊贡献，综述此前研究中仅零星涉及的霍华德的成长经历、交游过从等史实，从规划思想史和观念史的角度探讨霍华德田园城市思想的沿承与创造，同时分章论述《明日》一书的内容梗概及其前后两版附图的增删等异同。

实际上，田园城市思想、田园城市实践与田园城市运动是三个互相关联但内容不同的研究对象。本章是对这一在规划史上地位显要的庞大体系进行研究的序曲，仅将目标限定在研究霍华德的生平及其与田园城市思想的关联与贡献，并通过比较两个版本的差异，厘清霍华德本人规划思想的发展历程。此后章节将主要围绕田园城市思想的全球传播、田园城市运动的开展及其与现代城市规划边界扩张等历史过程的关系展开论述。

7.2 霍华德及其时代

英国是最早开展工业化的西方国家。由于城市是工业生产的中心，不断聚集着资源和劳动力，因此启动了英国急速城市化的序幕。英国在19世纪初的城市人口约占全国人口的33%，至1851年即跃升至54%，同时期的全国人口较1801年增长了一倍[③]。此后工业化和城市化仍继续加速，以19世纪中叶人口数量最多、同时增速最快的伦敦为例，从1871年至1901年就从390万人增加到660万人，平均每十年增加100万人[④]。城市人口的无节制膨胀带来了各种问题，其中住宅缺乏和生活环境恶化成为最大的困扰。在城市居住环境急剧恶化、人口健康状况持续下降的同时，农业由于人口的单向迁出也日渐衰败。“如何遏止人口从农村流向城市，并使之回到农村？”[⑤]这是那个时代的思想家和政治家所共同思考的问题。这一骚乱动荡的年代正是霍华德的学习成长和思想成熟时期。

---

① 金经元先生的著作已阐释过“田园城市”不同于“花园城市”，但如“田园住宅”“社会城市”“卫星城市”“新城建设”等概念始终未见阐明，歧义较大。

② 举例而言，北京1950年代的“分散集团式”布局思想，就是在苏联专家的指导下形成的。苏联受田园城市运动的影响，也与田园城市思想所提倡的新生产、管理等社会制度有若干共同之处。

③ Anthony Sutcliffe. Towards the Planned City［M］. Oxford: Basil Balckwell, 1981: 48-49.

④ Peter Hall, Dennis Hardy, Colin Ward. Commentary of To-Morrow: A Peaceful Path to Real Reform［M］. New York: Routledge, 2003: 3.

⑤ E. Howard. To-Morrow: A Peaceful Path to Real Reform［M］. London: Swan Sonnenschein & Co., Ltd., 1898: 11.

霍华德于1850年1月29日出生在伦敦南区的一个小百货店主之家，在10个子女中排行老二。由于家中经济拮据且弟妹众多，他很早就被送往住宿学校，并在少年时期辍学从事诸如锁匠、钟表匠等行业。霍华德的早年经历说明他并无显赫的家世和良好的教育背景，但他对生长于斯的伦敦的城市环境则有切身认识和深刻体会。

霍华德在21岁时受他在美国务农的叔父的鼓励，与另两位同龄友人一起远赴大洋彼岸的美国，前往刚并入联邦政府不久的尼布内斯加州，在州政府划予的120英亩土地上以务农为业，“种植玉米、黄瓜等作物”[①]。霍华德为期一年的垦荒生活虽以欠收告终，但在广袤农田中耕作是他此前的城市生活所未有的经历，不仅锻炼其心志，这一特殊经历也是他之后宣扬城市生活与田间劳动相结合的思想基础。

1872年霍华德从美国乡间搬到美国第二大城市芝加哥。因他在伦敦时曾自学过速记术，所以在芝加哥的一家速记公司找到一份工作，开始了为期4年的美国城市生活。当时的芝加哥是仅次于纽约的大都会，1871年芝加哥大火后的重建过程中出现了城市公园的新概念并被媒体广为宣传，因而得名“花园都市”（The Garden City）。霍尔等规划史家均指出霍华德在芝加哥的经历很可能是他后来取名“田园城市”的缘由[②]，而正是这一强有力的形象的名称，使得他的学说在世界各地、各阶层中被广为接受。霍华德自己虽没有承认芝加哥城市建设对他思想形成的直接影响，但他从各种报道上不难获得对当时芝加哥郊区由景观建筑师奥姆斯特德设计的新型住宅的印象[③]。值得注意的是，不论是芝加哥城内的公园建设还是郊外的新型住宅区，都是局部、零星发生的事件，还远未形成完整、系统的规划理论。

1876年霍华德因思乡返回伦敦，仍以速记员为业在国会谋得一份差事。新工作虽然辛苦，但却使他得以进入国会现场聆听和记录当时重要议案的辩论过程，使他得以亲身接触到当时英国政治界和知识界的重要人物及其观点，视野和知识结构也逐渐开阔、完整起来。在经年累月的工作中，他渐渐熟悉了英国政府的议事程序，但也因此严重怀疑政府拖沓、迟缓的效率无法有效对社会进行管理和干预，而宁可依赖地方社团对本地的自治[④]。

除工作之外，霍华德还是虔诚的基督教徒，积极参加教会各种致力于改良社会的活动。这些团体的成员包括著名的作家如萧伯纳，也包括一些社会名流，如大律师和教授等。在这些宗教团体的活动中，霍华德开始宣讲他的田园城市思想，并反复加以修订，

---

① R. Beevers. The Garden City Utopia: A Critical Biography of Ebenezer Howard [M]. London: Macmillan, 1988: 56.

② Peter Hall. Cities of Tomorrow [M]. Oxford: Blackwell, 1996: 89.

③ 奥姆斯特德在芝加哥郊外设计的新住宅区（如Riverside）采取了多种户型，并围绕弯曲的道路布置，这些后来都体现在田园城市的实践中。

④ F. J. Osborn. Sir Ebenezer Howard: The Evolution of His Ideas [J]. The Town Planning Review, 1950, 21 (3): 221-235.

"在他1898年著作出版前已得到多次演练，内容已臻完善"①。

1898年霍华德自己筹资出版了《明日》一书，刚出版时并无太大反响，但随即在英国开展的城市改良大讨论中得到政治家张伯伦（Joseph Chamberlain）和大律师内维尔（Ralph Neville）等人的支持。在他们的大力帮助下，1899年成立了田园城市协会（Garden City Association）来推广和实践霍华德的田园城市学说，赢得了不少大企业家的资助。随之，社会活动家、此后对美国和加拿大城市规划产生过巨大影响的托马斯·亚当斯（Thomas Adams）成为田园城市协会的专任秘书长，开展了有计划的募资和经营活动。在此局面大好、前景可期的形势下，1902年《明日》一书再版，1903年又择定伦敦以北35英里处的莱彻沃斯为第一处田园城市开始建设。短短5年间，田园城市思想竟从纸面被转译为实体空间，初步实现了霍华德提出的"实物示范"式（Object Lesson）的渐进改良构想。

霍华德为人朴实谦逊，在第一次世界大战前的田园城市实践中已退居次要位置，已不插手具体事务，而"将重要工作交给更加愉快胜任的人"②。第一次世界大战期间建设暂时停顿，但霍华德在战后又积极运作，罔顾其他同事的反对进行筹资和设计，几乎独力创造了第二处田园城市——维林（Welwyn），"他个性中的勇气和意志力是成功的全部原因，若非如此即使最崇高的理想也会化为泡影"③。他于1927年被授予爵士称号，于次年5月在维尔文逝世，葬于莱彻沃斯。此时他的著作已被译为法、德、俄、日等各种语言④，田园城市运动也已广泛传播，虽有别于霍华德最原初的构想，但自霍华德的著作出版以来持续在世界各地昌盛发展。

7.3 霍华德田园城市思想的形成及其历史贡献

霍华德的田园城市思想主要包含以下内容：人口限定32000人以内，城市周边围以农田用于阻止城市蔓延；全部土地所有权归该市民选自治团体所有，地价及租金增值部分用于该市的建设和社会福利；鼓励市内的商业和工业的有序竞争；在更大的区域范围内建成以一个规模较大、设施较完善的中心城（人口58000人）为核心的田园城市群，即"社会城市"（Social City），等等。但正如诸多规划史家所指出的那样，霍华德的著作"综合

① Evan D. Richert. Ebenezer Howard and the Garden City [J]. Journal of the American Planning Association, 1998, 64 (2): 125-127.

② R. Beevers. The Garden City Utopia: A Critical Biography of Ebenezer Howard [M]. London: Macmillan, 1988.

③ F. J. Osborn. Sir Ebenezer Howard: The Evolution of His Ideas [J]. The Town Planning Review, 1950, 21 (3): 221-235.

④ 我国近代时期最早系统介绍田园城市的著作是张维翰翻译自日本的《英国田园市》和《田园都市》二书，此外董修甲等人曾著文引介。

了此前百余年来关于新建住区的构想、观点和实验，但没有添加任何原创性的部分”[①]。霍华德的贡献，可用他《明日》一书中第11章的标题“各种构想的独特组合”综括之。

霍华德在书中坦承他的田园城市思想主要是在三方面影响下形成的。首先，英国政治家维克福德（Edward Wakefield）对将过剩的英国人口移民到海外开发殖民地的殖民政策是霍华德城市人口疏散思想的根源，其中南澳大利亚的阿德莱德（Adelaide）新城发展成为田园城市建设的范例。这一移民海外以达到人口平衡的思想经过经济学家马歇尔等人演绎，发展为有组织地将人口从大城市向农村地区迁移以形成新城市。这是霍华德关于人口疏散和城乡关系（“三磁石”关系图）思想的基础（图7-2）。

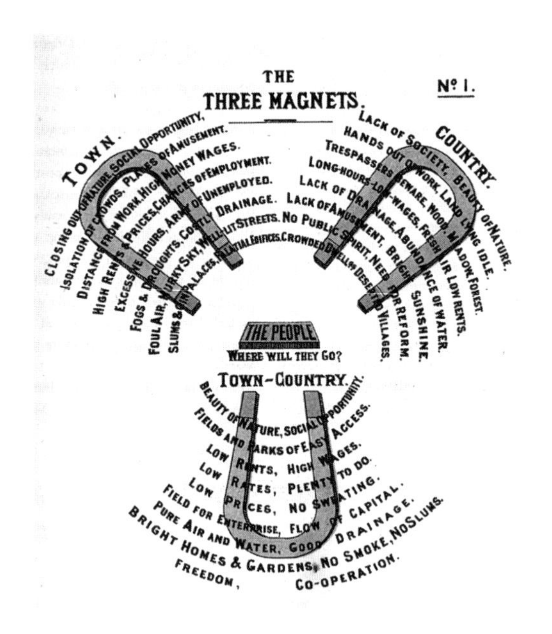

图7-2 田园城市“三磁石”图（该图所提倡的城乡结合为全书的主要观点，底部“自由—合作”为霍华德田园城市思想的精华）

资料来源：E. Howard. To-Morrow：A Peaceful Path to Real Reform［M］. London：Swan Sonnenschein & Co., Ltd., 1898.

其次，田园城市的地租理论和社会组织与营运模式是从19世纪英国改革家们废除大地主所有权、土地国有等主张发展而来。第6章已经论述过，18世纪思想家斯宾士（Thomas Spence，1750—1814年）提出过某一教区（parish）土地应归该区人民共有，由选举出的代表进行管理，土地租金溢价用于本地区建设。为了“和平”解决土地所有制问题，霍华德采取到乡间建立新城的做法，使原本在大城市无法购买房屋的工人也能占有土地。霍华德允许甚至期待土地价值能稳定上涨，并使房屋（用于工商业等）租金持续升值。

采用“合作主义”的建设和管理方式（由居民共同集资购买土地并进行建设，之后由居民选出代表进行管理），是对土地所有制的一种温和的改革，即由私人所有变为利益攸关方共同所有。而且，土地的升值部分归公，不但可偿还创建“新城”时的贷款，且能形成和扩大用于地方福利和基建的资本。就经纪方面而言，这种筹资办法和管理制度是对19世纪英国土地所有制改革的一种实施方案。霍华德《明日》一书中关于土地租金的示意图，也表明地主不劳而获的地租将在“田园城市”中逐渐消失，这与亨利·乔治主张的“土地单一税”相契合（图7-3）。

① Peter Hall，Dennis Hardy，Colin Ward. Commentary of To-Morrow：A Peaceful Path to Real Reform［M］. New York：Routledge，2003：4.

最后，1850年代白金汉（James Silk Buckingham）所提出的理想城市模型为霍华德构思其田园城市的物质形态提供了重要参考。维多利亚（Victoria）时代思想家的社会改良方案与19世纪初的空想社会主义实践不同，多为文字描述和理论建构，但白金汉描述了维多利亚新城的社会组织结构，并绘制出其空间形式：新城占地1英里见方，房屋由中心到边缘围合成方形院落（图7-4，另见图8-7）。其重要特征如中心广场、放射性道路，位于城市周边且环绕以绿环带，以及在达到城市人口上限后在远处开辟新城镇等思想，均与田园城市非常相似。

图7-3 “渐次消失的地主租金”示意图（再版书中被删去）

资料来源：E. Howard. To-Morrow: A Peaceful Path to Real Reform［M］. London: Swan Sonnenschein & Co., Ltd., 1898.

实际上，从19世纪初开始，空想社会主义思想家如欧文、傅立叶等人就开始提出在新的社会制度下重塑城市形态。但人口增长与城市设施恶化的矛盾愈演愈烈，直到1848年巴黎爆发了二月革命，政局动荡席卷了整个大陆。受之刺激，英国的社会学家、经济

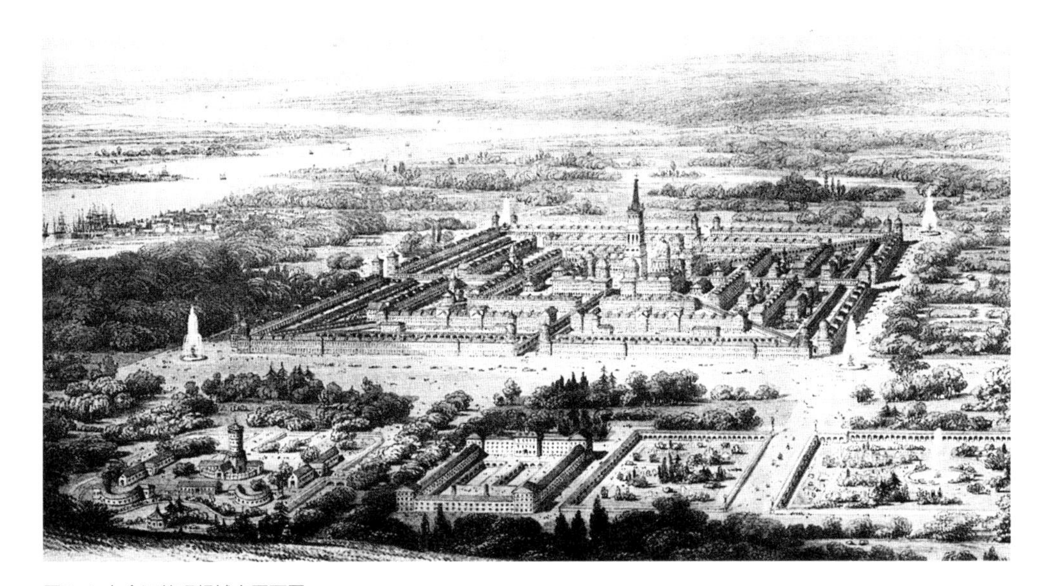

图7-4 白金汉的理想城市平面图

资料来源：James S. Buckingham. National Evils and Practical Remedies: With a Plan for a Model Town［M］. Cambridge: Cambridge University Press, 2011（根据1849年版重印）.

学家、政治家等开始陆续提出城市改良的提案，但或因侧重于理论和立法而缺乏可操作性，或因过于理想化无法实施。霍华德自己承认的上述三方面影响都是在1848年二月革命之后此起彼伏的社会改良运动中产生的学说和思想，但霍华德也指出了田园城市的独特之处，如将维克福德和马歇尔的理论相结合应用于英国的现状，又如白金汉的新城方案除严整的空间网格外，人们在其间的生产、生活方式及至房屋形式均受严格的限制，迥乎不同于田园城市推崇的自由和多样性。

霍华德的田园城市思想是在当时英国政治、社会改良运动的大背景中形成的。除上述三方面影响以外，霍华德还受到了其他多种的启发。以社会改良为例，土地权属和税制的改革固然是其核心问题，但针对城市问题而引起的公共卫生、教育、道德、住宅环境等各方面的讨论也同样不绝如缕。这些改良活动不少是由新教的不同教派所推动的，霍华德不但参与其事，其田园城市思想的形成过程也获益于与宗教团体的接触和讨论[①]。在进步知识分子和政治家的努力下已通过了多次法案以强制推行，工人住宅前后必须留有足够的空地而不得“背靠背”相接即为典例（图7–5）。

图7–5 19世纪末伦敦为工人阶级建造的“法定”住宅（by–law housing）（规定了住宅的最小间距，但仍造成街道排列的住宅形象乏味单调，成为此后工人住宅改良的主要目标）
资料来源：College of Environmental Design Visual Library, UC Berkeley.

针对各种城市问题，工艺美术运动的发起人莫里斯曾激烈反对工业化大生产，号召抛弃城市、返回农村。但到19世纪末，城市问题与农村问题不能截然分开、必须统筹解决已获得英国朝野的共识。俄国流亡到伦敦的无政府主义思想家克鲁泡特金（Peter Kropotkin,

① 刘亦师．田园城市学说之形成及其思想来源研究［J］．城市规划学刊，2017（4）．

1842—1921年）提出了兼容工业和农业的小规模社区发展的构想，更为霍华德疏散城市人口和农村复兴的思想奠定了理论基础。

霍华德的田园城市构想的另一个关键来源是此前英国在海外殖民地开发的新城（如前文所提的位于新西兰的阿德莱德）和当时英国的工人住宅建设的实际经验。1888年肥皂厂商利华在利物浦郊外建起了新的工人住宅区——阳光港村（Port Sunlights），继之糖果制造商吉百利于1894年在伯明翰郊外建起新的工厂和工人住宅——伯恩维尔村（图7-6，另见图4-17）。二者的共同点都是为单一工业的产业工人提供的福利性住宅，土地所有权由企业家所掌握，避免了房屋投机的现象。新城中心是公共服务设施如教堂、学校，住宅散布在周边，林荫道和公园等开放空间贯穿其中。虽然工人模范住区与田园城市有着根本性的差别，即后者是基于农业隔离带的自给自足的新城镇，同时是一定区域范围内的城镇群的有机组成部分，这些均是工人模范住区所不具备的性质，但是这些新住区在社会组织和制度建设方面为田园城市的构想提供了重要参考。

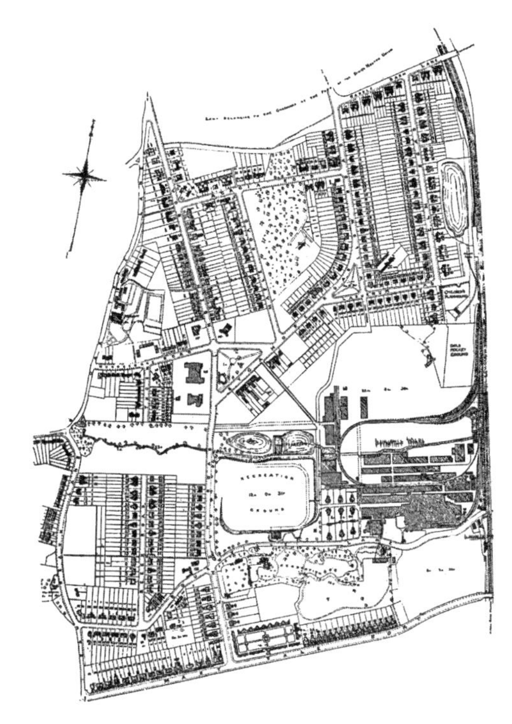

图7-6 伯恩维尔村总平面（1914年）

资料来源：Stephen Ward. Planning and Urban Change［M］. London：SAGE Publications，2004：20.

1889年霍华德读到倾向社会主义的作家贝兰密（Edward Bellamy，1850—1898年）的科幻小说《回溯：2000—1887年》，大受启发，开始将上述那些吉光片羽的改良方案统归到土地公有和合作主义的大框架下加以考虑，最终形成了田园城市思想的雏形①。

19世纪以来，英国的思想家孜孜于谋求社会改良，代不乏人，涉及城市生活的各方面。其中，城市公园、博物馆、剧院、图书馆等公共建筑类型的出现和普及，为工人阶级休闲娱乐提供了各种场所，有利于“矫风节酒”和“培养国民勤劳之风气”，同样是社会改良运动的一部分。虽然这些改良历有年所，就各自而言取得了相当成就，但毕竟是局

①《回溯：2000—1887年》讲述了一名生活于1887年的波士顿青年“穿越”到2000年的波士顿，看到其时土地和工商业已为国家公有，生产和消费领域普遍采取合作制，科技发达、市民道德水平提升，19世纪的城市问题全部得到解决。霍华德自述曾促成了该书在英国的再版和传播。Stanley Buder. Visionaries and Planners：The Garden City Movement and the Modern Community［M］. Oxford：Oxford University Press，1990：35.

部、散漫、孤立进行的，缺乏统筹考虑，无法从系统上解决要求多部门协作的诸多城市问题，也无法从理论上指导和预测城市的发展。霍华德的田园城市思想综融了此前已零星出现的各种城市改良方案，将其统一到从整体和根本上解决城市问题的一系列策略中，成为英国城市规划科学形成的基础，不论其广度和深度较之19世纪的各种尝试和提案均不啻为一次本质的飞跃。

7.4　从《明日：真正改革的和平之路》到《明日的田园城市》：版本异同及其解析

7.4.1　书名与封面的更改

霍华德撰写《明日》一书时，共产主义和社会主义思想逐渐深入人心，对资本主义制度的批判及与之相关的工人运动在欧洲各国此起彼伏。霍华德没有在书中引用任何与马克思、恩格斯相关的论述，且他本人一直对政府的集权和控制深存疑虑，所倡举的正是创辟出与维护大地主利益的资本主义和主张中央集权的共产主义不同的新社会形态。但由于田园城市运动聚拢了来自自由党和工党的政治活动家，因此四年后该书重版时，霍华德接受了田园城市运动同仁的建议，删去了稍带激进意味、容易引起歧义的“改良”一词，而使用了更加形象、意涵更具体的“田园城市”为书名，有力地促进了田园城市运动在全球各地的传播。但同时，因“田园城市”这一名词也带来了诸多想象和混淆①，也为此后各地的田园城市运动偏离霍华德的初衷埋下祸因。

TO-MORROW:

A Peaceful Path to Real Reform

BY

E. HOWARD

“New occasions teach new duties;
Time makes ancient good uncouth;
They must upward still, and onward,
Who would keep abreast of Truth.
Lo, before us, gleam her camp-fires!
We ourselves must Pilgrims be,
Launch our Mayflower, and steer boldly
Through the desperate winter sea,
Nor attempt the Future's portal
With the Past's blood-rusted key.”
—“The Present Crisis.”—*J. R. Lowell.*

LONDON
SWAN SONNENSCHEIN & CO., LTD.
PATERNOSTER SQUARE
1898

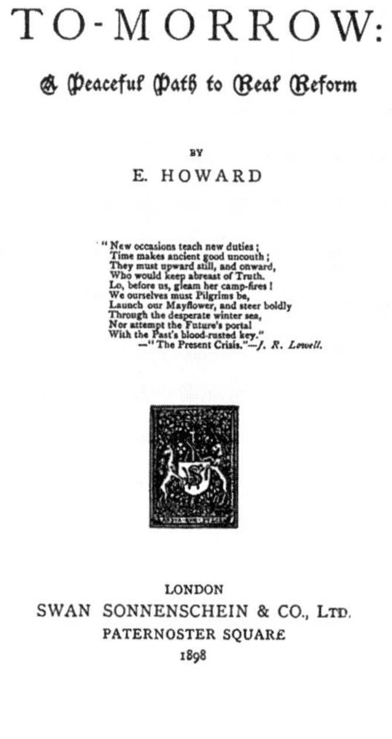

图7-7《明日》一书封面（1898年）

资料来源：E. Howard. To-Morrow：A Peaceful Path to Real Reform［M］. London：Swan Sonnenschein & Co.，Ltd.，1898.

不但如此，由于田园城市运动吸引来深受莫里斯和拉斯金影响的建筑师恩翁、帕克，因而再版书的封面也使用了二人的好友克雷（Walter Crane，1845—1915年）工艺美术运动风格的设计（图7-7、图7-8），延续了从莫里斯等人开始提倡的对自给自

① 金经元．我们如何理解“田园城市”［J］．北京城市学院学报，2007（4）：1-12．

足的田园生活的向往，与英国的浪漫主义传统和民众对乡村的美好想象相契合。

需要指出的是，霍华德并不反对工业化，其立足点是如何使城市生活更加健全和舒适。他的地租理论已论证了工业对增进城市福祉的贡献，但工业厂房必须安排在城市外围且应与农业地带相连，从而减缓工业烟雾污染对城市生活的影响。霍华德本人一生热爱机械发明，他的田园城市构思也正是建立在当时最新的科技，如交通、通信、给水排水等设施的进步基础之上的。这与当时反城市、反科学、反技术的一些社会思潮有着根本不同[①]。

从书名和封面设计的变更可见霍华德尽量获取具有不同社会背景和政治立场群体支持的努力，融合了改良运动、自由主义、无政府主义、社会主义、浪漫主义等诸多要素，并对书的内容进行调整，以使之更具说服力并更迅速地得以实施。

图7-8 再版封面（1902年）
资料来源：E. Howard. Garden City of To-Morrow［M］. London：Swan Sonnenschein & Co.，Ltd.，1902.

7.4.2 篇章结构与内容的异同

《明日》一书从章节结构和内容（表7-1）反映出霍华德对社会常识的深刻理解，避免极端的实用主义态度和立足实际的实干精神，令人信服地将田园城市得以实施的两个关键要素——物质空间形态及运营模式，清晰呈现在读者之前。

《明日》各章名称、内容及与再版的关联 表7-1

章节	标题	内容梗概	与再版之异同
0	序章	陈述当时所造成的城市拥挤与乡村衰败问题，提出“城市必须与农村结合，之后才能产生新的希望、新的生活和新的文明”；提出遏止人口由农村向城市的单向流动是本书的主要目标；本章包含图示1（三磁石图示），市民自治和合作为城乡结合后的最重要特征	再版保留，内容基本一致

① 胡华南．现代西方反科学主义思潮产生的原因及思考［J］．理论月刊，2007（10）：50-52．

续表

章节	标题	内容梗概	与再版之异同
1	城乡磁石	详述田园城市的土地和人口规模及购买价格。田园城市占地6000英亩，人口30000，周边农业人口2000；本章包含图示2、3，田园城市划分为中心花园和6个等面积的住区，各种设施和住宅分布其间，为各层绿化带所包围	再版保留，内容基本一致
2	田园城市税收及其获取方法——农业部分	从本章开始霍华德用大量篇幅说明土地的购买、债务偿还和由土地增值而带来的公共资金积累等具体过程；本章包含图示4	同上
3	田园城市税收——城镇部分	城市中心部分的商业、办公楼及位于边缘的工厂交纳的租金是田园城市运营的主要收入来源	同上
4	田园城市税收——开支部分	田园城市的主要收入为每年50000英镑，论证其能满足田园城市的运营，根本原因有三：土地价值较低；土地建设密度可较低，引入更多公共空间；新城建设较老城更新花费更少	同上
5	田园城市支出的更多细节	涉及桥梁、道路、图书馆、学校等基础设施的支出费用，论证了田园城市通过借贷资金进行的初期开发完全能够在运营中得以偿付并获取5%的利润。第4、5两章主要为详细的收支计算，占全书篇幅的1/5	同上
6	管理	提出由本地人自行选举产生管理田园城市的机构，分为中心委员会和职能部门（负责公共事务、工程建设和社会教育事业等三方面业务）两级。霍华德提出由独立于中央政府之外的地方自治社团管理财政收入和支出，并建立完善的田园城市福利社会	同上
7	基于当地的规章与禁酒改革的半公有企业	霍华德指出田园城市规模太小不适于自由经济的无序竞争，而由每个住区（共6个）指派进行统一售卖，但位于市中心区的大商场（Crystal Palace）则为替代选择，竞争以造福于居民为目的开展。霍华德不主张通过法令强制禁酒，而是通过居住空间的改善达到此一目标，是其自由主义思想的反映之一	同上
8	服务于市政的工程	霍华德主张各行业的工人应组成基于自由意愿的合作生产和消费组织（cooperative society），如建造行会等，建造和管理各类城市设施	同上

续表

章节	标题	内容梗概	与再版之异同
9	田园城市管理综览	中心委员会和各职能部门位于管理结构的中心，向外依次为半市有企业、服务于市政部门和合作及独立部门。本章包含图示5	本章篇幅最短，再版中被删去
10	一些需要考虑的困难	指出共产主义和个人主义在社会改良中各有其优势，应综合利用，扬长避短，并论证此前各种社会改良实践失败的原因“在于对人类本性的理解有误”。说明霍华德对人性等常识有着深刻的认识	再版保留，内容基本一致
11	各种方案的独特组合	承认他受的三方面主要影响及其与田园城市的异同，主要体现在田园城市对自由的选择和对多样性的尊重及对合作运动的提倡	同上
12	后续步骤	从细微处建设新城的构想	同上
13	社会城市	在宏观区域中建成以中心城为中心、6个田园城市围绕在外的城市群模型。本章包含图示6、7	同上
14	伦敦的未来	伦敦的现实问题及其解决途径	同上
附录	供水	利用新科技为田园城市供水的新体制，包括利用风力作为动力推动水泵将水从低处抽到高处，将生活用水和中水分开处理等	原从第13章中移除为附录，再版中被删去

再版书的章节安排与初版几乎一致，仅删去了初版书篇幅最短小的“管理综述”和附录“供水”两章。实际上，初版书中在最后一章已绘制了供水图示，并说明了在田园城市周边，根据河道水位高低，设置上下两处水库，利用水泵提举水位满足新城的供水需求。

7.4.3 附图数量及所示内容之异同

两版书最大的不同在于图示的数量及其内容的差异（表7-2）。霍华德自己绘制初版书中的所有附图[①]，再版书保留了初版中的前三幅附图（图7-2、图7-9、图7-10），但附加说明该图示并非真实的设计图（图7-11），同时增添澳大利亚阿德莱德新城总平面图（图7-12）。但初版书中绘制的精美的地租理论、田园城市组织及管理结构图、田园城市给水图和“社会城市”图未出现在第二版及其后的历次版本中，也因此导致后世对霍华德田园城市思想的某些忽略和误读。

① F. J. Osborn. Sir Ebenezer Howard: The Evolution of His Ideas [J]. The Town Planning Review, 1950, 21 (3): 221-235.

《明日》书中图示与再版增删情况比较 表7-2

初版图号及所在章节	初版图名	再版图号、图名及增删情况
图示1，序章	三磁石图	图示1，图名同初版
图示2，第1章	田园城市结构图	图示2，图名同初版；附加说明“选址确定前无法绘制平面设计”
图示3，第1章	田园城市局部：中心与住区单元的关系	图示3，图名同初版；附加说明“仅图示示意；平面必须根据选址而定”
图示4，第2章	渐次消失的偿付给地主的租金	被删去
图示5，第9章	管理组织图示	被删去
图示6，第13章	新的供水系统	被删去
图示7，第13章	社会城市	原图被删去，修订为图示5，图名“反映城市发展的真实模式”
		新增图示4，图名“阿德莱德新城”

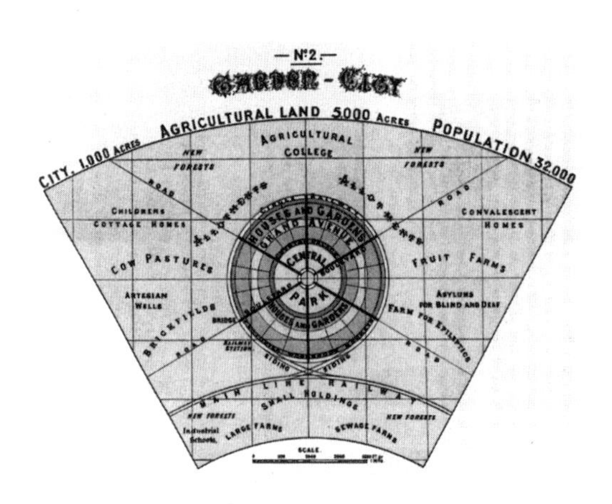

图7-9 初版书的田园城市结构图（城市位于扇形中心，其余为农田）

资料来源：E. Howard. To-Morrow: A Peaceful Path to Real Reform [M]. London: Swan Sonnenschein & Co., Ltd., 1898.

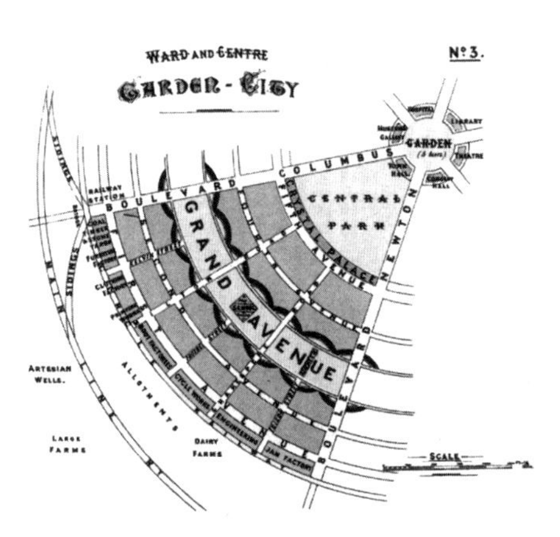

图7-10 初版书中的田园城市结构局部详图（中心与住区关系图）（此图表示田园城市的一个居住区总平面，其规模及与绿地和学校等服务设施的关系，非常类似美国社会学家佩里于1920年代提出的“邻里单位”）

资料来源：E. Howard. To-Morrow: A Peaceful Path to Real Reform [M]. London: Swan Sonnenschein & Co., Ltd., 1898.

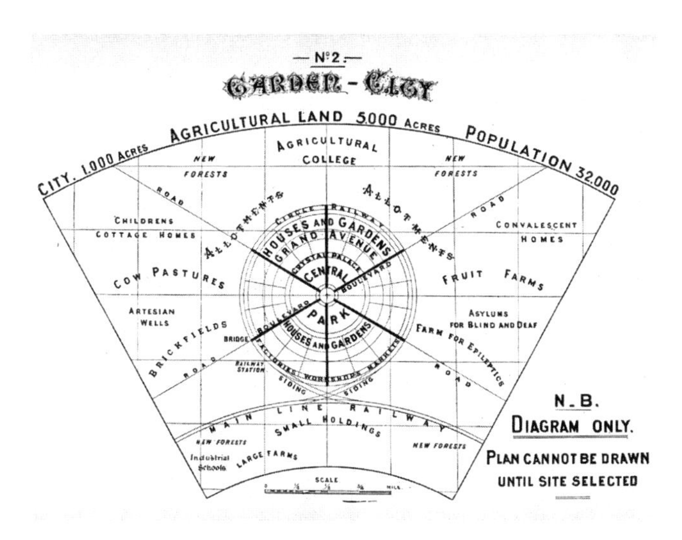

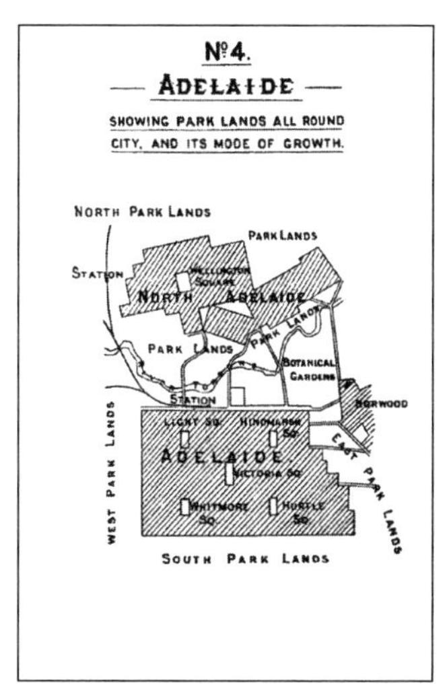

图7-11 再版书的“田园城市结构局部详图”（附加说明“仅图示示意；平面必须根据选址而定”）

资料来源：E. Howard. Garden City of To-Morrow［M］. London：Swan Sonnenschein & Co., Ltd, 1902.

图7-12 再版书中的澳大利亚阿德莱德城扩建总平面图（副标题“表示环绕城市的公园用地及城市的发展模式”）

资料来源：E. Howard. Garden City of To-Morrow［M］. London：Swan Sonnenschein & Co., Ltd., 1902.

其中，“社会城市”图示的消失对理解霍华德完整的田园城市思想的负面影响最大。霍华德在书中指出，“第一个田园城市必须先被作为仿效的对象建起来，之后才能形成类似的城市群”①。因此，田园城市是霍华德改造英国社会和城市生活的第一步，“将全部精力从小处入手，而将更宏大的目标作为当下行动的动力”②。以此为基础，当田园城市人口达到32000人左右时，在距离较远处另建新城，并在一个较大区域内形成田园城市与“中心城市”的网络关系，通过城际铁路、高速公路和运河将之相互连接，在一个较大的区域中形成霍华德所谓的“社会城市”（social city），全部人口可达50万（图7-13）。这一图示意在逐步改造城市结构和生活方式，但在再版书中这一雄心勃勃的远景被霍华德用目标有限得多、但更具现实意义的另一图示加以替代（图7-14），“社会城市”的名称也不再出现，而被冠以“反映城市发展的真实模式”（Diagram Representing True Mode of a City's Growth），副标题为“一个城市发展的正确原则：开阔的农业地带贯穿其间，各部分间由快速交通相连接”。这种替换也使得后世对霍华德的认识多局限于单一新建的田园城市，而忽略了霍华德的区域规划即“社会城市”的构想。

① E. Howard. To-Morrow：A Peaceful Path to Real Reform［M］. London：Swan Sonnenschein & Co., Ltd., 1898：151.

② E. Howard. To-Morrow：A Peaceful Path to Real Reform［M］. London：Swan Sonnenschein & Co., Ltd., 1898：152.

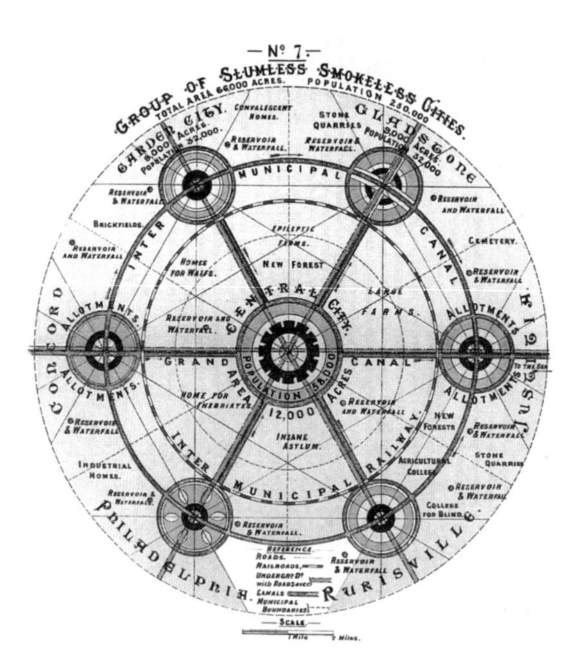

图7-13 初版书中的社会城市结构图

资料来源：E. Howard. To-Morrow：A Peaceful Path to Real Reform [M]. London：Swan Sonnenschein & Co.，Ltd.，1898.

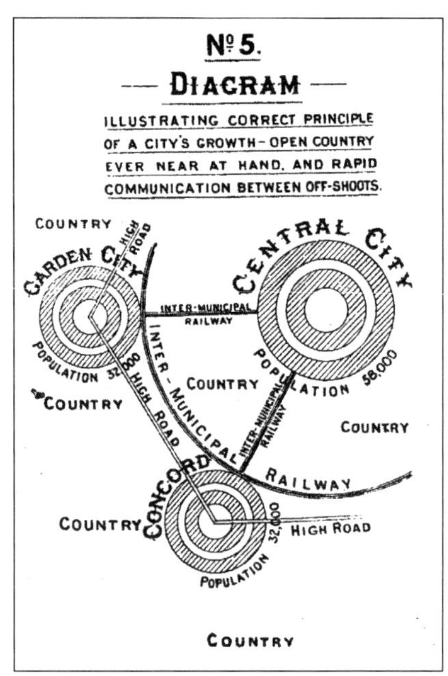

图7-14 再版书中经修订缩减的社会城市局部示意图

资料来源：E. Howard. Garden City of To-Morrow [M]. Swan Sonnenschein & Co.，Ltd.，1902.

除城市给水图与田园城市结构图相似外，被省略的另两幅图也影响了人们对完整的田园城市思想的认识。其中农业地租理论图（见图7-3）直观地总结了霍华德的地租理论和土地公有化思想及其在农业地租上的体现，即将付给地主的租金（rent）、用于偿还由政府征收的税（rate）合二为一，交由田园城市的管理机构（民选自治团体）。这些缴纳的费用在初期主要用于偿还投资人购买土地的债务（sinking fund），这部分租金"逐渐趋近于零"直至还清债务，此后缴纳的租金则完全作为田园城市的共有基金用于建设和社会福利，这也是霍华德将之命名为"渐次消失的土地租金"的原因。实际上，不但农业地租如此，城市住宅和工业部分的"租金—税费"的收纳使用同样如此。

初版书中第9章全部用于阐释田园城市管理图（图7-15）的内容。实际上，图上已清楚表明

图7-15"田园城市管理组织"示意图

资料来源：E. Howard. Garden City of To-Morrow [M]. London：Swan Sonnenschein & Co.，Ltd.，1902.

两级管理机构和位于外围的半市有企业、服务于市政部门和合作及独立部门的具体职能和业务范围。这一图示被删去对无暇细读霍华德著作而依赖直观图示理解其内容的读者不啻是巨大的损失。

从初版到再版的图示变更来看，反映出霍华德典型的务实精神，即执着于将建设新城和形成新社会秩序的完整理论切实化解为可操作性的具体步骤，以美好的愿景和翔实的利益回报等数据说服资本家投资购买土地，在商业意义上开始建设，"从此理想社会和住区的理论能被精明的维多利亚时代商人所理解和认可"。这也是霍华德区别于他之前和同时代的其他思想家的地方，即他的田园城市构想是以面向实施为目的的，这也决定了他的主张是温和、渐次而绝非激进的方案，需要顾及各种利益相关阶层的诉求，因此他不排斥，甚至敦促资本家和大土地主参与建设，先选择远离大城市的农村地带新建城市，逐步改良城市环境与社会制度。再版内容的变更情况，同样明确体现了霍华德要求尽快实施第一处田园城市的强烈意志，因此删去了他所认为暂与之关联不强的部分内容，但正是这部分内容，尤其是被略去的几张图示对全面正确认识霍华德田园城市思想产生了"令人遗憾的影响"[①]。

7.5　结语

霍华德在1898年出版的《明日：真正改革的和平之路》中提出了田园城市思想，为西方现代城市规划学科的形成奠定了基础。1902年该书重版，书名改为《明日的田园城市》，篇章结构虽相差不多，但插图的数量和内容则有显著不同。两个版本的增删差异对后世理解和认识霍华德的田园城市思想产生了相当影响。本章从梳理霍华德的生平及人生经历着手，讨论其田园城市思想形成的过程及其思想来源，并比对其著作两个版本阐释造成这些差异的原因，考察其学说的独特价值和历史贡献。

霍华德在其著作出版时已48岁，仍是议会的一名不见经传的速记员。他的追随者及其传记作者都记述他处事随和、工作勤奋，不过"才智寻常，与他的同代人相比远谈不上渊博和机敏"。因缘际会，成功将当时的各种社会改良思想相融并形成了一个颇具操作可能的田园城市方案，成为"救济英国时弊之事业"。其中一些观点如控制城市规模、疏散人口、引入绿化隔离带等，"直到百年后的今天仍行之有效"[②]。田园城市思想被广泛接受和迅速传播，除了某些运气因素如霍华德曾多次予闻议会的争论、结识并得到有影响力的政治人物和社会活动家的支持外，霍华德的个性及其对人性和基本常识的深刻认识，也是成

① Peter Hall, Dennis Hardy, Colin Ward. Commentary of To-Morrow: A Peaceful Path to Real Reform [M]. New York: Routledge, 2003: 157.

② Peter Hall, Dennis Hardy, Colin Ward. Commentary of To-Morrow: A Peaceful Path to Real Reform [M]. New York: Routledge, 2003: 7.

功的重要原因并为他的同代人及后世所推崇，“一个梦想乡竟成为现实之乐园，非特时运使然，亦实首创者能以坚忍不拔之志，阐明其主旨，尽瘁于其经营之结果也。”[①]

霍华德的田园城市思想与当时的社会、政治背景密切相关，霍华德本人的成长历程和人生经历对这一思想的形成起到了关键作用。例如，他的一生大部分时间以艰苦的速记为谋生之道，因此养成刚毅坚卓的意志力；他的虔诚宗教信仰则影响了对他对田园城市结构的构思。而他在美国乡间务农的经历使他主张城市与乡村应方便接近，并坚定地认为闲暇时间的农间或花园里的劳作应该成为城市生活的一部分，有利于消除当时劳动阶层所流行的酗酒等陋习。这说明，对规划史上重要人物的生平加以研究，这一方面的工作在国内虽不多见，但它对考察规划观念和思想的源从发展和厘清现代城市规划体系的创建及其全球传播具有重要意义，应有计划地陆续开展。

从1898年《明日》出版到1902年再版，不但书名更改，内容和图例亦有增删。这一方面是霍华德强调将构想加以实现的具体反映，直接的后果是促成了第一处田园城市的兴建，使一个抽象、陌生的概念逐渐清晰化和具体化，并正如霍华德所设想的那样，起到了开创成例的作用。但同时由于删减的图例也属于田园城市思想的精髓，因此也使之后田园城市思想的传播和田园城市运动的发展受到各种本可避免的质疑和误解。

《明日》一书的出版“是总结霍华德思想的终章，但同时也奏响了一个声势浩大的运动的序曲”[②]。田园城市思想、运动和实践是现代规划史上的重要事件，霍华德的性格因素及其过从往来等关系对这一思想的形成、发展和全球传播起到了关键作用。不对田园城市的庞大体系加以系统研究，不重读经典文献，不研究重要人物的生平，就无法形成完整的历史图景和正确认识城市规划学科的发展轨迹，对当前城市的现实问题，如日益严重的环境污染提供解决的对策和依据，也无法从历史角度清理源流，进而为决策提供依据。因此，今天再度研究田园城市这一已有百余年历史的规划思想仍具有重要的现实意义。

---

① 日本内务省地方局．田园都市［M］．张维翰，译．上海：华通书局，1930：14．

② F. J. Osborn . Sir Ebenezer Howard: The Evolution of His Ideas［J］. The Town Planning Review, 1950, 21（3）: 221-235.

第8章 田园城市学说之形成及其思想来源研究

霍华德的田园城市学说是19世纪以来英国百年间的各种社会改良运动思想及其价值观的集大成者，提出以土地公有和社区自治为基础，建设具有全新的管理和空间形式的田园城市，进而重组英国的城市空间结构，达到改良英国社会的宏大目的。本章研究田园城市学说的形成过程，从城市规划思想史的视角，分三方面缕析田园城市的思想来源，即英国的社会改良运动、19世纪的理想城市理论与实践、霍华德自身的经历与交游等，探讨其新城市建设和管理的思想基础及其空间形态的源从由来。应该注意到，本章论述的那些19世纪产生的理想城市构思争奇斗艳，但均从未被真正落实，唯独田园城市思想可谓“大勋斯集”，甫经提出即在全世界范围内被广泛实践，进而推动了现代城市规划学科的创立。因此，有必要简略分析田园城市学说不同于既往社会改良方案而得以迅速在全世界传播和实现的特殊之处。

8.1 引论

1898年霍华德（Ebenezer Howard，1850—1928年）在其《明日：真正改革的和平之路》（后文简称《明日》）一书中用大量篇幅阐释如何进行开发和管理以证明新建“田园城市”的可能性，并希望借由建设一系列的新城而形成区域性的“社会城市”，达到疏散城市人口和重组城市结构的目的，最终实现和平渐进地改良英国社会的理想。

田园城市学说提出后，虽经历些许挫折，但毕竟迅即大获成功：不到1年间霍华德又组织起“田园城市协会”（Garden City Association）专事推广其学说，并迅即得到上层知识分子和政治人物的支持，筹资建设田园城市[①]；1902年《明日》一书再版并更加广为流传，次年英国的第一处田园城市——莱彻沃斯（Letchworth）正式动工建设。从该书出版开始算起，田园城市学说在短短5年间由纸上理论转为现实，不但奠定了英国现代城市规划运动的思想和社会基础，促生了一系列直接影响城市政策的实践活动，同时也深刻改变了人们在城市中的生活方式和思想观念，并在全世界范围内掀起了一场声势浩大的田园城市运动。可以说，系统考察田园城市的思想来源、全球传播和实践活动，是研究20世纪以来中外城市规划史的基础性工作，不但有助形成田园城市的研究体系，对加深认识当前我们身处的城市的各种问题与发展方向也有直接关联（图8-1）。

---

① 详见第9章。

图8-1 通过建设田园城市达到改善城市的空气质量（《明日》一书“社会城市”图示的标题也是“无贫民窟无烟尘的城市群”）

资料来源：Stephen Ward，ed. The Garden City：Past，Present and Future［M］. London：E & Fn Spon，1992：147.

本章研究田园城市学说的形成过程及其思想来源，集中讨论其从何而来与独特性何在的问题。霍华德提出的田园城市学说并非旷古未有、凌空出世，而是以他独特的方式融合了19世纪以来针对城市问题的各种反思和解决方案。霍华德学说的内容既与他个人的生平经历和过从交游有关，也承续了改良主义的变革土地私有制和土地税制及英国的权利结构等缓和阶级矛盾、提高社会福利等主张和价值观，同时汲取了此前各种理想城市理论和实践中的有益成分，由此提出了通过建设田园城市的“和平之路”改造英国社会和政治体制的构想。这些思想来源来自诸多方面，相互间关系又颇错综复杂，不经广泛采集和爬梳整理难以全面理解田园城市学说在西方思想史上的地位。

本研究尝试回答下列问题：19世纪百年间的各种理论异彩纷呈，但为何只有田园城市能在短短数年间崛起并大行其道？田园城市学说具体如何形成，经过了哪些重要的过程？它与此前及同时代的各种构想有何关联，差异何在？1902年霍华德的著作以《明日的田园城市》为名再版，迅速风靡全球规划界，霍华德对书名、封面、附图的调整与田园城市思想的发展有何关系？从规划思想史的角度考察田园城市思想的源从及发展，不仅能厘清其发展的线索，明确其独特之处，也可为继而描摹田园城市思想在全球传播的图景奠定基础，是构成田园城市研究体系的重要环节。

8.2 田园城市学说的产生背景与形成过程

上一章已详细讨论过霍华德的生平及其所处的时代，本节对霍华德提出田园城市思想的过程再撷要述评。霍华德于1850年出生在伦敦南部的一个贫寒家庭，15岁时即被迫辍学自立，并曾远赴美国开荒务农，后以速记员为业辗转于芝加哥和伦敦。霍华德的传记指他并非聪慧机敏的学者，但工作奋勉、勤于阅读且为人谦抑，并“善于从不同地方找到支持自己观点的见解”。虽然霍华德的受教育程度不高、职卑禄薄[①]，但他与当时各方的交游却

① 霍华德与第一任妻子养育了4个子女，“时时为给养家庭而犯难”，但他对速记员的职业却颇无怨言，认为是他所从事过的最好的职业。F. J. Osborn. Sir Ebenezer Howard：The Evolution of His Ideas［J］. The Town Planning Review，1950，21（3）：221-235.

颇广泛。一方面，因他出生自虔诚的新教家庭，直接参与了当时新教各教派主导的改良运动；另一方面，他的政见与英国当时要求进行社会改革的自由党和工党（当时尚以“费边社”形式进行集会和讨论等活动）相谋合[①]，因此田园城市学说的形成过程中和之后进行实践的初期，得到了来自这两方面的直接支持。此外，议会速记员的职业也使霍华德得以亲身与闻当时英国自由党开展的若干改革议案的辩论过程。

霍华德成长和思想臻于成熟的时期正是英国的维多利亚时代（1837—1901年），英国在此期间完成了从农业经济向工业经济的巨大转变。霍华德出生时英国进行工业革命和机器生产已近百年，19世纪后铁道、通信等技术的发达使工厂可以远离河流和原料基地而向城市聚集，对廉价劳动力需用孔亟，因此农业人口加速流向以伦敦为代表的大城市[②]。城市人口的急剧膨胀，一方面带来住房匮乏、卫生环境恶化等问题，“成功之机会虽多，堕落之陷阱亦不少”[③]，导致道德水平和身体素质均大幅下降。伦敦当时是英国最大的城市，资源不足和配套设施落后造成的环境恶劣、国民身体素质低下[④]和酒馆、妓院蔓延等各种城市问题体现得最明显。霍华德自幼生长于伦敦，对各种城市问题有深刻切身的认识。

另一方面，由于乡村人口持续外迁，在外国廉价农产品大量进口的冲击下，英国的农业和乡村也日益萧条，影响到英国的国家安全。因此，当时的知识分子和政治人物要求开展一系列社会和政治改革，其目的旨在维持英国的全球优势地位，并为此陆续进行了若干试验。

霍华德于1876年返回伦敦，以议会速记员身份经常列席关于土地和税制改革等重要问题的讨论，结识了当时的进步知识分子如经济学家马歇尔（Alfred Marshall，1842—1944年）等人[⑤]。在19世纪80年代他已经广泛接触了当时英国主要的社会改良思想流派，阅读了他们的著作。受其影响，他已逐渐形成了田园城市学说中的基本观点如人口疏散、土地权属、经营方式等，但尚未将其综合形成一个严密的理论体系。本节简述霍华德田园城市学说的最终形成过程，尤其这一时期他所受到的来自美国思想的影响，而其思想来源将在下一节中详细讨论。

1889年霍华德阅读了美国社会主义者贝兰密（Edward Bellamy，1850—1898年）的科

---

① 霍华德本人于1917年加入工党，支持该党当时所提纲领即“工党代表一切进步的社会力量而非某种意识形态”。

② Stephen Ward. Planning and Urban Change [M]. London: SAGE Publications, 2004: 9-10.

③ 弓家七郎，著．英国田园市［M］．张维翰，译．上海：商务印书馆，1927：2.

④ 英国在维多利亚晚期的殖民扩张战争——布尔战争（1899—1902年）中作战不利，舆论将其归咎于适役年龄的青年人身体素质下降，社会改良活动家认为此与城市居住环境恶化有直接关联，号召开展改善平民住宅运动。

⑤ 马歇尔从经济学角度论证了将人口从大城市外迁的可能性，霍华德书中引用他的论著次数最多。Peter Hall, Dennis Hardy, Colin Ward. Commentary of To-Morrow: A Peaceful Path to Real Reform [M]. New York: Routledge, 2003: 55.

幻小说《回溯：2000—1887年》[①]，书中关于应用先进技术作为改造社会和提升公民道德水平的重要手段，以及在社会主义公有体制下减少无序竞争和关于合作生产和消费的理论[②]，使霍华德大受启发，促使他从这些方面构想新城的管理和组织方式。

贝兰密的书不但对霍华德也对维多利亚晚期的其他诸多社会活动家产生了深远影响，最典型的是新教牧师华莱士（Alfred Russell Wallace，1823—1913年）及其领导的土地国有学会（Land Nationalization Society）。华莱士此前主张通过补偿方式由国家收购乡村地主的部分土地，再以较低租金交由失地的佃农耕种，促成城市人口向乡村回流，缓解城市问题，继而实现对全部土地的国有化[③]。在贝兰密的启发下，华莱士后来提出除管理土地外，国家机器还应介入管理包括市政设施在内的生产和消费等领域，将土地所有制改革融入社会和制度的全面变革之内。

为了实现这一宏大目标，华莱士决定新建若干居住点加以试验。他再次借鉴了当时美国的实践经验，热情介绍了美国铁道工程师欧文（Albert K. Owen，1872—1909年）在墨西哥托波罗班坡（Topolobampo）进行的太平洋城（Pacific Colony）建设。欧文是合作运动的积极倡导者，主张建立一个旨在增进居民福利的大型公司经营铁路并管理新城的生产和消费，同时开发新城城区周边的农业，"成为第一个实现将城市和乡村融合为一的例子，这里将几乎没有雾霾等污染问题"[④]。欧文的太平洋城以低密度为主要特征，仿效华盛顿的放射状路网结构，整个城市为公园和绿化带所环绕，可容纳50万人口（图8-2）。

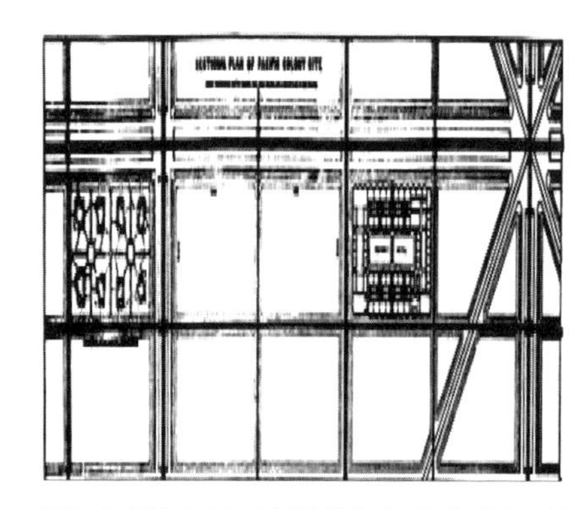

图8-2 托波罗班坡太平洋城总平面局部（显示斜向放射性道路，1891年）
资料来源：http://arc638gizembayhan.tumblr.com/post/44665972385/paper.

为了将这一模式移植到英国，华莱士召集了在伦敦的志同道合者志愿加入每周一次的讨论，霍华德就是其中的一员，并在此过程中逐渐完善

① 贝兰密是美国持社会主义立场的记者、作家，《回溯》为其代表作品，内容是一名生活于1887年的波士顿青年一觉醒来"穿越"到2000年的波士顿的情形，其时土地和工商业已为国家公有，生产和消费领域普遍采取合作制，科技发达、市民道德水平提升，19世纪的城市问题全部得到解决。霍华德自述曾促成了该书在英国的再版和传播。Stanley Buder. Visionaries and Planners: The Garden City Movement and the Modern Community [M]. Oxford: Oxford University Press, 1990: 35.

② 所谓合作主义（co-operativism）是当时风行美国和英国的一种社会改良方案，在消费方面通过大宗购买去除赚取差价的中间商，该方式至今仍风行于英美等国；在生产方面，则通过使劳动者成为企业的拥有者（co-partnership），有别于股份制售让股份于非生产者，以促成城市/社区实现自给自足和福利最大化。

③ 详见第6章。

④ L. Katscher. Owen's Topolobampo Colony, Mexico [J]. American Journal of Sociology, 1906, 12 (2): 145-175.

了他一直以来构思的新城方案。1892年的一次总结大会决定不采用太平洋城的方格网加放射状道路的形式，而替之以环形路网，并要求参照美国的经验统筹考虑经营和管理等各方面。在这一背景下，霍华德于1893年2月土地国有学会的另一次重要集会上受邀作了专题报告，第一次将其田园城市作为太平洋城的改进和替代方案完整地公之于众[①]。

田园城市学说延续了贝兰密和欧文关于合作运动、土地公有、集体管理、人口疏散和城乡结合等的众多思想和价值观，但在一些关键方面又有显著不同：霍华德不同意贝兰密书中描述的国家社会主义，认为会导致集权专制而代之以社区自治。同时，霍华德主张在实践中抛弃严密、统一的计划和措施，并鼓励居民进行实验以决定合适他们的方式，这与他所批评的托波罗班坡对“居民的管理过于僵硬，使人们不得不选择离开”[②]根本不同。自由和实验成为田园城市学说的重要特征。此外，美国19世纪中叶在广袤荒野上新建城市的做法已与英国国情和社会舆论相悖，霍华德因此提出在伦敦郊外择地建设新城，并通过铁道等加强与城市的联系。

霍华德的报告引起了激烈讨论，批评意见多指其方案缺乏细节，无法预见其实施。为了回应这些批评，证明田园城市实现的可行性，霍华德决心将其学说用文字和图示更明晰地表述出来。

8.3 田园城市学说的思想来源

8.3.1 霍华德承认的三方面思想来源及其他

《明日》书中的大量引述证明霍华德勤于阅读、关心时事。霍华德在书中坦承他的田园城市思想主要是在三方面影响下形成的[③]：在英国政治家维克福德（Edward Wakefield，1796—1862年）和经济学家马歇尔的影响下发展出城市人口向农村疏散的思想；接受了英国社会学家斯宾塞（Herbert Spencer，1820—1903年）土地公有的主张，这是田园城市进行统筹规划和管理的重要前提；1850年代白金汉（James Silk Buckingham，1786—1855年）所提出的理想城市模型则为霍华德构思其田园城市的物质形态提供了重要参考。

除此以外，霍华德还引述了数十位对他学说形成起到重要作用的人物的著作和观点，如莫里斯、拉斯金、亨利·乔治（Henry George，1839—1897年）、约翰·穆勒（John

① Stanley Buder. Visionaries and Planners: The Garden City Movement and the Modern Community. Oxford: Oxford University Press, 1990: 43-47.

② E. Howard. To-Morrow: A Peaceful Path to Real Reform [M]. London: Swan Sonnenschein & Co., Ltd., 1898: 98.

③《明日》一书的第11章标题为“各种方案的独特组合”，具体阐述了这三方面思想来源。

Stuart Miller，1806—1873年）[①]、克鲁泡特金（Peter Kropotkin，1842—1921年）[②]、贝兰密和威尔斯（H.G.Wells，1866—1946年）[③]等。他在书中也指出了田园城市的独特之处，如他将维克福德和马歇尔的理论相结合应用于英国的现状，又如白金汉的新城方案中人们的生活和房屋形式均受到严格的限制，与田园城市提倡的自由和多样性迥然不同。

实际上，田园城市学说的思想基础来源于19世纪以来英国的各种社会、政治和经济改良方案，"综汇了百余年间英国新城建设思想"[④]。但《明日》的主旨在于如何建设和管理田园城市的新城，书中对田园城市思想来源、沿承与发展的论述着墨甚少。因此，有必要系统地清理田园城市所以产生的社会、政治背景，从而明确田园城市思想的特殊性和历史意义。

8.3.2 维多利亚时代的改良运动

霍华德《明日》一书的第一幅插图"三磁石图"（见图7-2）反映的是当时英国城市和乡村各自所具的优势和缺陷，并提出了"人民将往何处去?"的问题。霍华德给出的解答是结合城乡的优点，使之兼具城市的就业机会、完备设施和乡村的贴近自然和远离尘嚣，形成理想的居住环境（即"第三磁石"），并以之为基础逐步改造英国的城市结构和生活方式。

实际上，如何妥善解决当时英国日益严重的城市和乡村问题、如何维持英国在全世界的军事和文化领导地位，是从工业革命以来到维多利亚晚期社会改良思想家的共同关心之处。其解决之道，在知识界表现为深入阐释和试图改变现有制度、生活方式和道德教化等社会现状，在政治和政策上则体现为以提高工人阶层待遇和居住环境为纲领的费边社和工党的兴起，试图以国家为工具推动社会的改造。在这一大背景下，霍华德撷取了各种社会和政治改良思想的不同成分并融合到田园城市学说中。

8.3.2.1 社会改良

乡村人口向城市单向流动造成的城市拥挤和乡村衰败，是维多利亚时代的两个相互关联的主要社会问题。维多利亚时代具有社会主义政治立场的知识分子将这些城市问题归咎于工业生产和资本主义制度，代表人物如莫里斯和拉斯金。他们号召人们离开城市返回乡村、重建亲密的社会伦理，鼓吹手工制造及其审美趣味，以此为思想基础掀起了工艺美术

---

① 关于亨利·乔治及穆勒的政治经济学主张，详第6章。

② 俄国贵族和无政府主义思想的代表人物，1890年代曾旅居伦敦，为莫里斯（William Morris）及霍华德等人所推崇，推动了英国的返回乡村运动。

③ 英国著名小说家，他的科幻小说《期待》（Anticipation）出版于1901年，叙述了大城市人口疏散的情景。霍华德在再版书中引用了威尔斯的小说。威尔斯也是英国费边社的主要成员，支持田园城市思想和实践。

④ Peter Batchelor. The Origin of the Garden City Concept of Urban Form [J]. Journal of the Society of Architectural Historians, 1969, 28 (3): 184-200.

运动。由于英国具有植根于乡村的浪漫主义历史传统，英国社会自此弥散着对乡村田园牧歌式的美好想象，人们开始普遍接受乡村的生活环境和道德水平高于城市的观点。这也是田园城市能够广为人们所接受的思想基础。

另一方面，土地和乡村问题是维多利亚时代各种社会改良运动的中心环节[①],《明日》的序言也直言“如何逆转人们蜂拥挤向城市，而是他们能回到乡村?”[②]为该书的中心问题。面对乡村的日益衰败，英国的思想家和政治家将农业的自给自足与英国国运相联系，提出以变革土地所有权为核心的各种方案，试图复兴乡村、促进农业生产，实现将城市人口迁回乡村、复兴农业的目的。前文提到的土地国有学会就是典型的例子。

1880年代以后，英国知识界逐渐认识到乡村、城市问题或工业、农业问题都不可能单独得到解决，而皆需依赖将人口迁向乡村地区并复兴农业作为解决城市问题的途径，从而维持英帝国在全球的优势地位并促进文明的发展。在此背景下，侨居伦敦的俄国无政府思想家克鲁泡特金提出以新建小型工业社区和农业精耕细作为中心，兼重工、农业使区域经济实现自给自足，使之成为以合作主义为原则的未来自治城市的基础[③]。霍华德曾在1890年代与克鲁泡特金会晤讨论这一设想[④]，赞同克鲁泡特金在区域发展中大力推行机械化和现代交通技术的观点。

在土地改革之外，卫生和教育也是社会改革的重要内容，冀望通过改良居住环境和提供充足的休闲设施，“导各人于不知不觉之间与娱乐同时受各种之训育”[⑤]，振作民心，最终革除弊病，消灭酒馆、妓院等“毒瘤”。田园城市在中心广场周边布置了剧院、博物馆等公共建筑，在居住区的绿化带中建造了8处教堂和学校，正是仿效德国的教育体系和针对“矫风节酒”采取的措施。

总之，土地国有化、税制改革、疏散人口和形成新的农业等，均为维多利亚晚期乡村改革的主要内容。霍华德虽然是现代城市规划的奠基人，但他所面对的不仅是维多利亚晚期的城市现状问题，同时也深深植根于对乡村问题和对城乡结合必要性的思考。

8.3.2.2 政治改良

18、19世纪英国仍遵从由市场主导、全面自由竞争的“放任自由”经济。但事实证明，在市政建设和基础设施供给方面，因利润不大而少有私人资本投入，导致设施陈旧和各种城市问题。对资本主义经济体制这一弊端的反思促使“市政社会主义”（municipal

① Frederick Aalen. English Origins [M] //Stephen Ward, ed. The Garden City: Past, Present and Future. London: E & Fn Spon, 1992: 44-48.

② E. Howard. To-Morrow: A Peaceful Path to Real Reform [M]. London: Swan Sonnenschein & Co., Ltd., 1898: 11.

③ Stanley Buder. Visionaries and Planners: The Garden City Movement and the Modern Community [M]. Oxford: Oxford University Press, 1990: 39.

④ Dennis Hardy. From Garden Cities to New Towns: Campaigning for Town and Country Planning, 1899–1946 [M]. London: E & FN Spon, 1991: 24-25.

⑤ 日本内务省地方局，编. 田园都市 [M]. 张维翰，译. 上海：华通书局，1930: 116.

socialism）思潮的兴起，即主张由政府对关系民生的电力、给水、排水和道路等市政设施直接进行投资和管理，并在这些领域减少或消除竞争而提高运行效率[1]。19世纪由自由党政治家张伯伦（Joseph Chamberlain，1836—1914年）等人在英国第二大城市——伯明翰推动的一系列市政改革就是在这一思想下进行的，他本人后来也成为田园城市运动的有力拥护者。

这种建立一个强有的政府并由之管理经济生活和调控资源的思想，使人们产生了对未来社会生产力大解放同时实现社会资源公平分配的憧憬。贝兰密的小说《回溯》描述的就是在一个集权、高效的中央政府控制下的城市生活。这种改造资本主义制度的思想发展为激进和温和两种方式：即马克思和恩格斯的科学社会主义主张通过革命的方式建立新政，一次性解决现有问题，但为英国保守的政治传统所深闭固拒；而在不根本动摇现行制度的前提下，产生了多股同情社会主义思想并主张逐步改良的政治潮流，企图以国家为推动改革的主要工具，渐次改良各种不合理制度，如以组织工会、提高工人待遇、为劳动者提供住房等福利为宗旨的费边社（British Fabian Society）。费边社要求废除土地私有化和实现工业国有化等纲领成为1900年成立的英国工党的理论和政策基础，获得了广泛支持，崛起为左右英国政局的新生力量。其代表人物如著名作家萧伯纳和威尔斯，同为田园城市运动的支持者。

作为资本主义经济制度的替代方式，合作主义（co-operativism）的概念被当时的社会改革家所普遍提倡。所谓合作主义，是将生产和消费合二为一、共有共治的形式，在生产领域中去吸收雇员成为股份占有者，逐渐去除剥削阶层，而在消费领域中清除中间商，同时吸纳消费者的资本用于生产。合作主义运动成为英国当时社会改良的理论基石之一，也是开展社区自治的重要途径。在田园城市学说中同样如此：凝聚了霍华德全书精神的“三磁石图”最下方就是“自由、合作”（freedom，co-operation）两个词（见图7-2），是构建田园城市思想的两大基石。

霍华德早前在议会做速记员时眼见耳闻英国政府办事效率低下、部门间推诿扯皮、议而不决等弊端，因此终身对政府推动田园城市运动的开展抱怀疑态度，而将主要希望寄付于民间自组织的合作主义方式上。不独霍华德，前面章节提到任伯明翰住房委员会主席的聂特福德也持同样观点，坚决反对学习德国那样由政府推动住房建设，而主张采取合作主义在地价低廉的城郊建设新住宅区，并在伯明翰进行了一系列实践。这也是田园城市思想在20世纪初按合作主义方式实施的为数不多的几个案例。及后第一次世界大战爆发导致建设中辍，而一战后英国政府即加强了对住宅建设的控制和引导，作为田园城市思想重要基础之一的合作主义遂逐渐淡出人们的视野。

---

① J. Kellett. Municipal Socialism, Enterprise and Trading in the Victorian City [J]. Urban History, 1978 (5): 36-45.

8.3.3　19世纪的理想住区理论与工人住宅改良实践

霍华德田园城市学说可分为两大部分，一方面是关于新城市建设和管理的思想基础和社会目标，另一方面则涉及新城的空间和形态。后者与19世纪初以来的各种理想城市/住区的建设理论和实践密不可分。尤其霍华德本人并非受过专门训练的建筑师，“其对社会变革的兴趣远大于对城市空间和建筑样式的偏好”①。田园城市的空间模式（图8-3），除了为他所承认的白金汉维多利亚城提供了范型之外，还另有参考的对象。

8.3.3.1　19世纪英国理想城市理论与实践的三次高潮

19世纪以降，为了矫正伴随工业革命而生的消极影响，英国的几代社会改革家们酝酿新建社会制度完善、空间组织合理的新城，这就是贯穿整个19世纪的新城建设（新型社区建设，亦称社群主义communitarianism）理论和实践，直至霍华德及其同时代人提出了各自的理想城市方案。

19世纪的英国新城建设有过三个高潮，其中1810—1820年代为第一阶段，以三位空想社会主义思想家的新城建设和实践为代表。代表性人物罗伯特·欧文（Robert Owen，1771—1858年）于1814年实施了位于苏格兰的新拉纳克（New Lanark）的新村建设，其规模为800～1500人，形态为四边围合的正方形，在其中心设置学校、教堂和其他公共建筑，住宅（公寓和单身宿舍）布置在外围。新村为绿化带所包围，工业集中在最外层的一个区域。这一理想住区的规模空间形态经过扩大和完善发展为最终的新城模型（图8-4）。欧文在新兰纳克已提出在农业地带新建住区并严格控制人口的构想②。

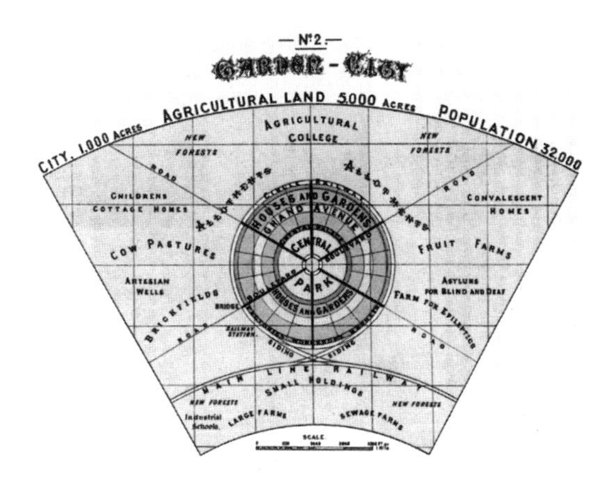

图8-3 霍华德田园城市及其周边农业地区总图

资料来源：E. Howard. To-Morrow: A Peaceful Path to Real Reform [M]. London: Swan Sonnenschein & Co., Ltd., 1898.

图8-4 欧文的新城平面（1841年）

资料来源：Robert Owen. A Development of the Principles and Plans on Which to Establish Self-Supporting Home Colonies [M]. London: Home Colonization Society, 1841: 40.

① Peter Hall. Cities of Tomorrow [M]. Oxford: Blackwell, 1996: 88.

② Helen Rosenau. The Ideal City [M]. London: Routledge and Kegan Paul, 1959: 131.

当时英国在全球进行殖民扩张，许多思想家（包括前文提到的维克福德和穆勒）提出解决国内城市问题的方案是将过剩的人口运往海外，在海外殖民地建设新城。教育改革家潘伯顿（Robert Pemberton，1788—1879年）提出在新西兰建立圆形的理想城市，其形态和道路体系与田园城市颇类似，唯人口规模较小（10000人），也未阐明在更大区域内与其他新城建设的关系（图8-5）。

新城建设的第二个高潮是在1848年二月革命之后，为从学理上阐释像法国那样因城市工人阶级不满而骤然爆发的社会和政治动乱，一批思想家提出了自己的理论，前文提到的马克思、莫里斯等皆在其类。这一阶段的思想家与19世纪初的空想社会主义实践不同，多致力于社会理论的建构，对空间形态关注不多。如公共卫生学家里查德森（Benjamin Richardson，1828—1896年）提出的卫生城（Hygeia），其自治式管理和在城市中引入绿化等原则皆为田园城市所沿承，但未明确其城市的空间形态①。

这方面白金汉为一例外，他不但描述了维多利亚（Victoria）新城的社会组织结构，而且绘制出表达其空间形式的平面图和透视图（图8-6、图8-7）：新城占地1英里见方，房屋由中心到边缘围合成方形院落。其重要特征如中心广场、放射性道路，位于城市周边且环绕以绿环带，以及在达到城市人口上限后在远处开辟新城镇等思想，均与田园城市非常相似。这一时期对理想城市和居住区的描述直接影响了以田园城市为代表的新城建设的

图8-5 潘伯顿在欧文影响下提出的维多利亚女王新城（Queen Vitoria Town）圆形平面（位于中心的是四所大学，环绕以博物馆等公共建筑，为典型的同心圆空间结构）
资料来源：Robert Stern，David Fishman，Jacob Tilove. Paradise Planned：The Garden Suburb and the Modern City［M］. New York：The Monacelli Press，2013：341.

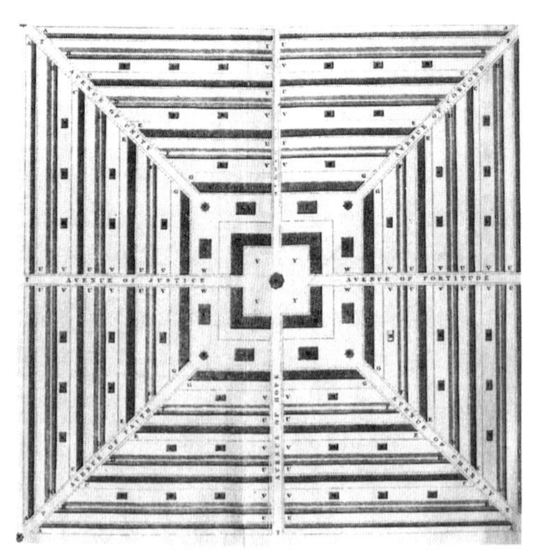

图8-6 白金汉的理想城市维多利亚平面图（1849年）
资料来源：James S. Buckingham. *National Evils and Practical Remedies*: *With a Plan for a Model Town*［M］. Cambridge：Cambridge University Press，2011（根据1849年版重印）.

① John Rockey. From Vision to Reality：Victorian Ideal Cities and Model Towns in the Genesis of Ebenezer Howard's Garden City［J］. The Town Planning Review，1983，54（1）：83-105.

第三个高潮，成为整个19世纪新城建设理论和实践的最后总结。

19世纪理想城市的理论虽然异彩纷呈但均以失败告终，大多未竟实施。以白金汉的维多利亚城为例，“他为新城中的8条道路分别命名为统一、协和、坚毅、慈爱、和平、希望、公正和信仰……这种命名方式因过于乌托邦化而使人们无法相信方案能够实施”①。这种用乌托邦色彩的词汇命名新城或新城的主要街道的做法，是19世纪一脉相承的传统，如欧文的新拉纳克的两个新村就被命名为统一和合作。霍华德正是顾及社会大众的反应才在再版书中将“社会城市”的图示进行删改，并去掉了具有乌托邦色彩的名称，使整个方案更具现实感②。

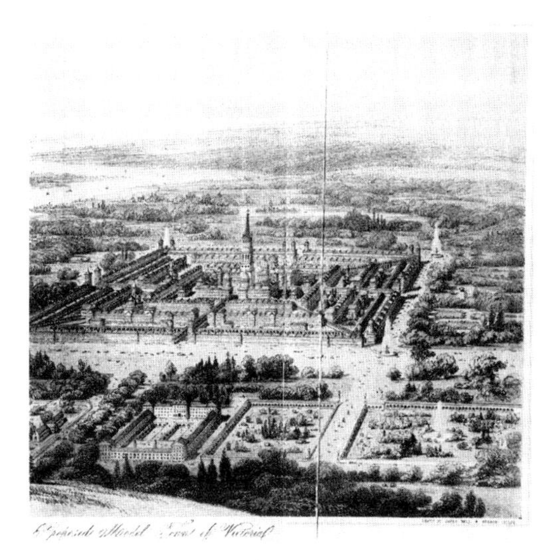

图8-7 维多利亚城透视图（1849年）

资料来源：James S. Buckingham. *National Evils and Practical Remedies: With a Plan for a Model Town* [M]. Cambridge: Cambridge University Press，2011（根据1849年版重印）.

8.3.3.2 19世纪中叶以后的工人住宅改良实践

霍华德田园城市学说的另一个关键来源是当时英国的工业新村建设的实际经验。早在1845年伦敦建筑师莫法特（Moffatt）曾建议开发市郊住宅，“在伦敦郊外四至十英里之地，图容三十五万人之居民”③，虽因规模和投资太大无法实现，但不失为郊区住宅开发的先声（图8-8）。

1850年代以降，随着改进型蒸汽机被广泛使用，工业生产摆脱了地理环境和季节的限制，一些兼具宗教和社会关怀的大企业家开始利用铁路在郊区廉价土地上建设大型工厂和工人模范住区（model village）④。这些新住区的建设目的固然是为加强生产和增加利润，但在土地价格低廉的郊外选地，既靠近工业厂区，使工人家庭能拥有附带后花园的1～4居独立住宅，也是对提高工人福利和改善居住质量的重要探索。

本书第4章“‘局外人’（一）：英国‘非国教宗’工业家的新村建设与现代城市规划之

① John Rockey. From Vision to Reality: Victorian Ideal Cities and Model Towns in the Genesis of Ebenezer Howard's Garden City [J]. The Town Planning Review，1983，54（1）：91.

② 社会城市的结构图除中心母城外，其外围的6个子城分别为田园城、快乐城（Gladstone）、公正城（Justitia）、乡村城（Rurisville）、博爱城（Philadelphia）及协和城（Concord）。再版书中该图示仅显示田园城和协和城2处子城与母城的关系，主要街道也改以著名人物如哥伦布、牛顿为名。

③ 弓家七郎，著. 英国田园市［M］. 张维翰，译. 上海：商务印书馆，1927：8-9.

④ 下文规模较小时可称为工人村（workers' village），规模较大者为工人城，西方文献有时也称公司城（company town）。详M. Crawford. Building the Workingman's Paradise: The Design of American Company Towns [M]. London: Verso，1995.

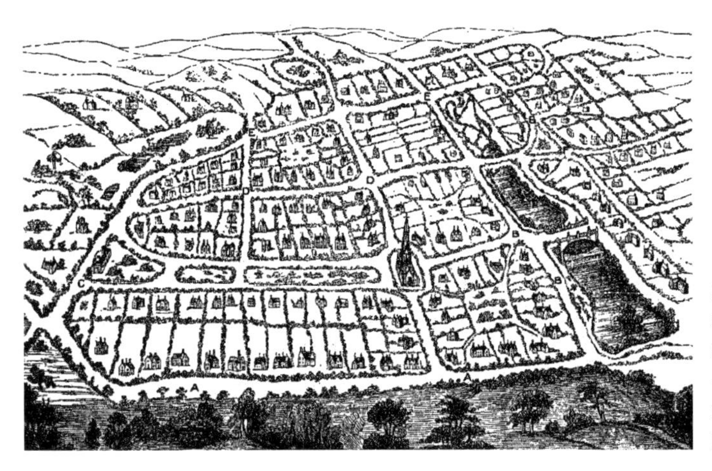

图8-8 莫法特设计的伦敦郊外住宅区透视图（具备了田园城市空间特征的雏形，1845年）
资料来源：Fremantle F. E. The Town-Planning Movement［J］. Public Health，1908（22）：2-13.

形成”对从阿克罗伊德（Edward Akroyd，1810—1887年）在1849—1853年为其工人建造的居住新村（Akroydon）到大纺织企业家索特（Titus Salt，1803—1876年）于1853—1856年建成的规模更大、设施更完善的工人新城索尔泰尔（Saltaire）进行过详细论述；也重点讨论过1888和1894年分别由肥皂厂商利弗（William H. Lever）和糖果制造商凯德布雷（George Cadbury）在利物浦及伯明翰郊外建起了各自的工人城——阳光港（Port Sunlight）村和伯恩维尔（Bournville）村的空间格局、住宅形制、管理方式等内容。值得注意的是，阳光港村和伯恩维尔村二者的土地所有权由企业家统一开发，避免了房屋投机的现象。这两处新城的中心都是公共服务设施如教堂、学校，住宅散布在周边，林荫道和公园等开放空间贯穿其中，且都利用其所从事的工业所得利润再投资于基础建设，使社区的规模渐次扩大，设施逐步完善。这种空间布局和建设及管理方法成为霍华德构想的田园城市的重要参考。

维多利亚时代的工人村或工人城，是大工厂主实行家长式统治，履行其训诫、保护和提供福利义务的场所，与自由派社会改革家们所憧憬的社会理想相去甚远，也招致了大量批评。凯德布雷认识到家长式控制不利于其社区的活力和持续发展，于1900年将其家族对伯恩维尔镇的管理权让渡给当地民选出的自治团体①。因此，霍华德不但在构思田园城市的空间形态时比照了凯德布雷等的工人村，在1903年莱彻沃斯动工之前更已有自治管理新城的范本供其参考。

8.3.4 宗教影响

19世纪的英国和美国的基督教会，尤其新教各教派是推动一系列社会改革的中坚力量②，如禁酒运动、废奴运动、监狱改革、教育改革和向包括中国在内的非西方世界传教

① Peter Batchelor. The Origin of the Garden City Concept of Urban Form［J］. Journal of the Society of Architectural Historians，1969，28（3）：194.

② Frederick A. Aalen. English Origins［M］//Stephen Ward，ed. The Garden City：Past，Present and Future. London：E & FN Spon，1992：35-36.

等，无不与有力焉。实际上，上文所述的19世纪英国社会改良中，有若干项即为英国新教教徒所主导和推动的，如领导土地国有学会的华莱士、创设伯恩维尔和阳光港的凯德布雷与利弗。其中，华莱士是霍华德的老朋友和坚定支持者，参与创立了田园城市学会，为田园城市运动的开展提供了巨大帮助[①]。

霍华德自己出生于新教家庭，一生都是虔诚的公理宗信徒[②]，在年轻时代就养成了宗教信仰和对机械发明的爱好。霍华德的田园城市学说的形成和完善都与新教主导的社会改良运动密切有关，从中获益良多。他的《明日》书稿中有一幅未经正式刊印的插图（图8-9），将宗教与科学并列为其思想体系的两大支柱，印证了他所受的宗教影响。特别是，19世纪宗教和科学及技术相互调和服务于大众的现实状况使他深受启发，从而使看似对立的立场和观点得以调和和相互促进，成为田园城市学说的主要特征之一。

以空间形态而言，田园城市的居住区（ward）中以学校为中心组织其他设施，体现着霍华德对教育和知识的重视，这与乌托邦思想家贝勒斯（John Bellers）在17世纪末提出的“学院社区”构想一致[③]；奥赛利（G.J. Ouseley）牧师在1880年代所提出的“教堂七城”方案，由基督教所尊崇的数字7衍生而来（图8-10），也对霍华德拟定的田园城市空间结构

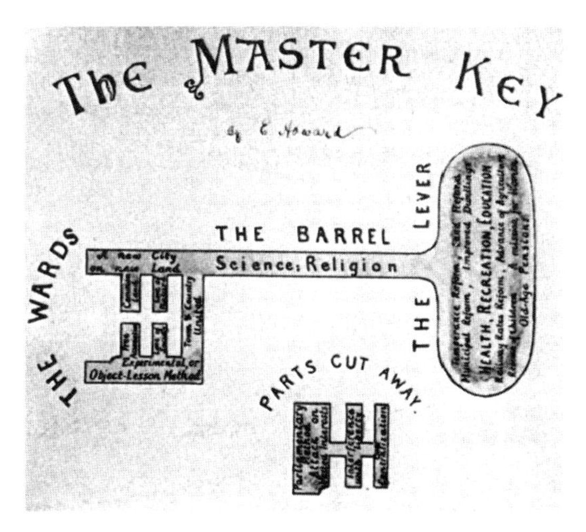

图8-9 霍华德书稿的一幅未刊图——“万能钥匙”（The Master Key）（初版书中第5页对其详加说明但未附该图。科学、宗教、教育和实物示范是形成新社会秩序的基石）

资料来源：Stanley Buder. Visionaries and Planners：The Garden City Movement［M］. Oxford：Oxford University Press，1990：Plate 3.

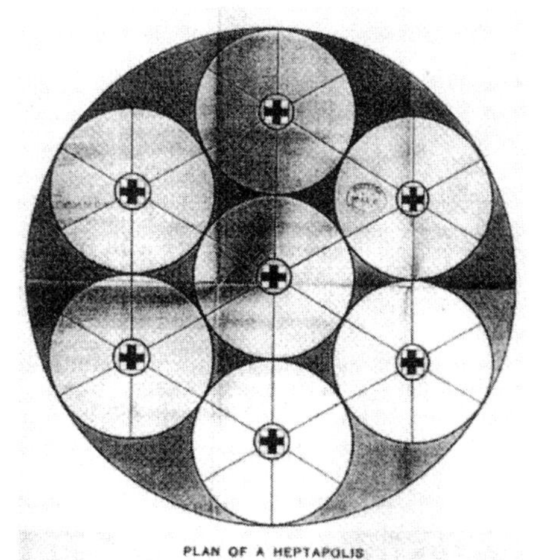

图8-10 奥赛利“教堂七城”城市模型（与田园城市结构几乎一致）

资料来源：John Rockey. From Vision to Reality：Victorian Ideal Cities and Model Towns in the Genesis of Ebenezer Howard's Garden City［J］. The Town Planning Review，1983，54（1）：98.

---

① Stephen Ward. Planning and Urban Change［M］. London：SAGE Publications，2004：23.

② F. J. Osborn. Sir Ebenezer Howard：The Evolution of His Ideas［J］. The Town Planning Review，1950，21（3）：221-235.

③ Peter Batchelor. The Origin of the Garden City Concept of Urban Form［J］. Journal of the Society of Architectural Historians，1969，28（3）：184-200.

和“社会城市”区域结构有所启发[①]。

8.3.5 霍华德同时代的其他新城建设理论与实践

就建设新城和疏散人口两方面而言，与霍华德同时代的其他国家的建筑和规划活动也显出勃勃生机，与田园城市学说交相辉映。其中，美国在19世纪伴随着疆土的扩张，新城建设理论和实践此起彼伏，如俄亥俄州的圆形城（Circleville）曾被认为是白金汉维多利亚城的原型[②]（图8-11），而前文提到的建于1880年代的托波罗班坡是霍华德同时代的实践，田园城市构想最初正是针对其如何迁移到英国而拟定的。应该注意的是，美国的新城不论是军事要塞还是“铁道城市”，均是远离大城市的边疆居住点，在组织结构和空间形态规划上自由度较大。这在美国在西部大开发时代是普遍的现象，带有明显的“反城市”（anti-urban）特征，是19世纪中叶莫里斯等人所鼓吹的离城返乡的范本。但霍华德的田园城市却积极寻求既有大城市的关联，借助大城市的各种设施与新城的发展相促进，进而改造现有都市形成新城组群（即“社会城市”），这也说明了“霍华德的理论丝毫没有英国传统的反城市主义”[③]。

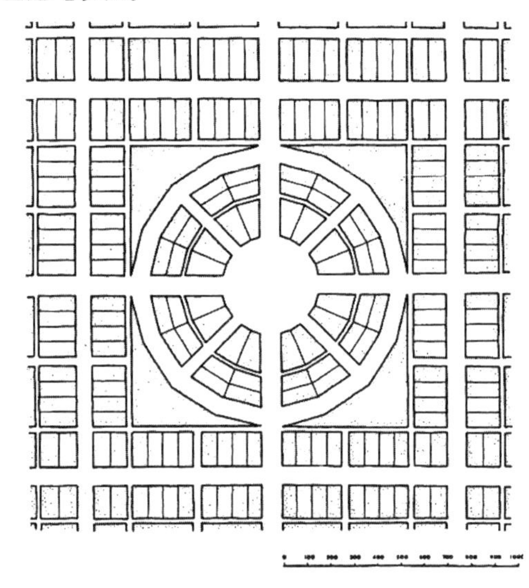

图8-11 美国俄亥俄州圆形城中心广场（1810年）
资料来源：John W. Reps. Urban Redevelopment in the Nineteenth Century：The Squaring of Circleville［J］. Journal of the Society of Architectural Historians，1955，14（4）：23-26.

19世纪后半叶英国之外的其他欧洲国家也各自发展出符合其民族文化和历史传统的规划思想，与田园城市学说不尽相同。西班牙工程师马塔（Soria y Mata，1844—1920年）在1882年提出“线性城市”，同样主张限制城市规模和将城市布置在农业地带，但利用铁道和高速公路等交通干线形成连接不同城市的“脊柱”，居住区等与之垂直布置形成“骨架”，后来成为与田园城市分庭抗礼的规划思想，得到广泛应用（见图3-34）。

法国自19世纪中叶巴黎改造以来，高密度、气度恢弘的城市住宅成为法国城市景观重要的组成部分，闲适便利的城市生活方式也成为其文化特征。僻处郊区的田园城市对法国

① 刘亦师．现代西方六边形规划理论的形成、实践与影响［J］．国际城市规划，2016（3）：78-90．

② Peter Batchelor．The Origin of the Garden City Concept of Urban Form［J］．Journal of the Society of Architectural Historians，1969，28（3）：193．

③ Walter Creese．The Search for Environment：The Garden City Before and After［M］．Baltimore：Johns Hopkins University Press，1992：8．

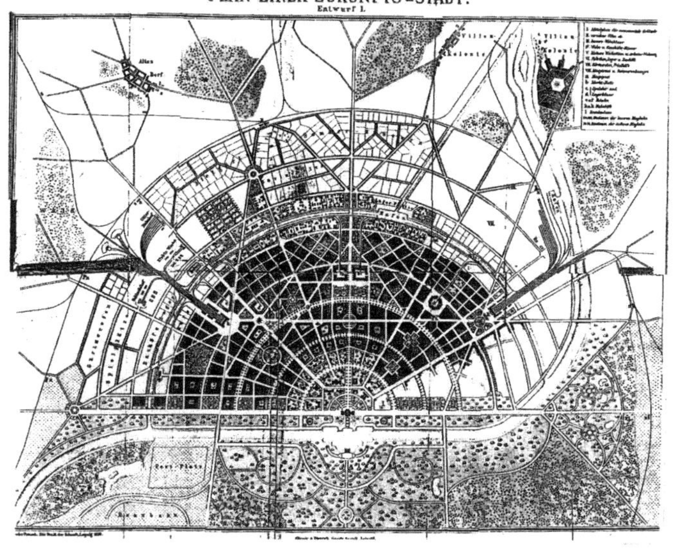

图8-12 弗里奇“未来城市”平面图（1896年）

资料来源：Dirk Schubert. Theodor Fritsch and the German（völkische）Version of the Garden City［J］. Planning Perspectives，2004，19（1）：12.

的影响相对而言反响较弱，反而法国建筑师戛涅（Tony Garnier，1869—1948年）在1901年开始构想以高密度为基础的“工业城市”，其人口规模（35000人）与田园城市相近，但城市性质和建筑形态则截然不同。

欧洲大陆与田园城市学说最接近的，是德国作家弗里奇（Theodor Fritsch，1852—1933年）的“未来城市”（Future City）理论及其实践。弗里奇在保护日耳曼民族道德品质和血统纯正的前提下，提出远离大城市兴建新城。其城市规模较小（“数千居民”），在空间上呈半圆形，其赓续发展可逐渐将另一半圆形空间添补完整（图8-12），之后则另外择地建设又一新城。弗里奇亲自领导在1893年和1906年创建了两处新城①。虽然在城乡关系、形态大小、具体布置等方面与田园城市有着根本的不同，但在提倡地权公有、控制城市规模和实现社区自给方面与田园城市高度一致，反映出二者试图解决当时资本主义城市和工业化问题的某些契合。弗里奇“未来城市”的著作于1896年已出版，早于《明日》一书两年，但其与霍华德田园城市学说是否相互影响，学界迄无定论②。

8.4 田园城市学说及其独特性

《明日》一书的书稿呈现了完整的田园城市的空间形态（图8-13，另见图7-10）：新

① Dirk Schubert. Theodor Fritsch and the German（völkische）Version of the Garden City［J］. Planning Perspectives，2004，19（1）：3-35.

② G. R. Collins，C. C. Collins. Camillo Sitte and the Birth of Modern City Planning［M］. New York：Random House，1965：96.

城包括周边农业地带占地6000英亩，其中1000英亩的田园城市位于其中心部位，和很多理想城市的模型一样呈同心圆布局，占地直径1.5英里（2.5km）。田园城市的中心为面积5英亩的大广场，周边环列市政中心、博物馆、医院、戏院、图书馆等公共建筑，形成第一圈层。其外是一圈宽阔的“中央公园”，占地145英亩，位于城市中心部位。公园带外围为仿效1851年伦敦博览会的大型集中商业建筑，霍华德将其命名为“水晶宫”，其利用玻璃建造，有面向公园的良好景观。水晶宫向外为4圈住宅区，并为一道宽广的绿化带所隔开。这一道绿化带主要服务于邻近的居民，“所有房屋与绿地和公园都不超过240ft”，其内布置学校、教堂等社区公共建筑。

其中，6条大道从中心广场向外放射，将田园城市划分为6个面积相等的居住区。田园城市总人口30000人，因此每个住区包含5000居民。田园城市外围由5000英亩的农业地带所包围，分布了2000名农业人口，为城市居民直接提供农产品供应，保证了田园城市的自给自足。田园城市是霍华德改造英国社会和城市生活的第一步。以此为基础，当田园城市人口达到上限后，在距离较远处另建一类似的新城，并在一个较大区域内形成田园城市与人口规模较大（58000人）、设施更加齐全的“中心城市”的网络关系，通过城间铁道、高速路和河道互相连接，形成霍华德所谓的“社会城市”（social city），最终实现改造英国城市结构和城市生活方式的目的（见图7-13）。

田园城市思想的提出并非横空出世，而有其悠长、深厚的思想、社会和文化背景[①]。仅就其空间形态而言，圆形的城市形态继承自文艺复兴时代以来有关理想城市构想的传统（图8-14）；同心圆空间结构则一方面参考了维多利亚时代的英国思想家和社会活动家建设新城镇的构想（见图8-5），另一方面也遵从欧洲城市传统的同心圆式空间布局。

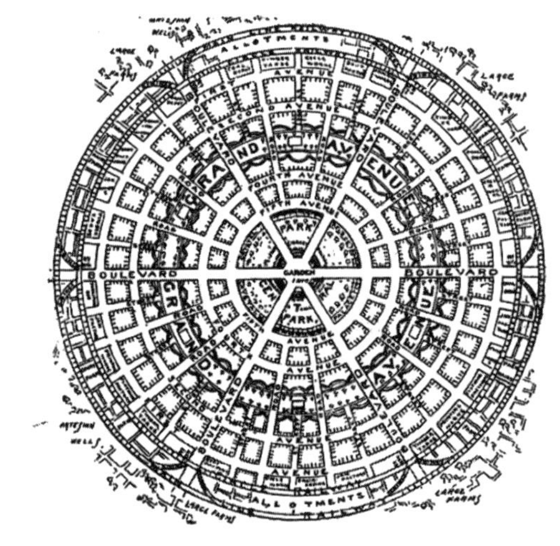

图8-13 霍华德绘制“田园城市”的全图（发表于1899年伦敦的一份报纸上，但书中未载）

资料来源：Stanley Buder. Visionaries and Planners: The Garden City Movement［M］. Oxford: Oxford University Press, 1990: Plate 5.

霍华德关于田园城市的描述，正如诸多规划史家所指出的那样，“综合了此前百余年来关于理想城市秩序的构想、观点和实验，但没有添加任何原创性的部分”[②]；新城建设是贯穿19世纪的社会改良

① 刘亦师．田园城市学说之形成及其思想来源研究［J］．城市规划学刊，2017（4）：20-29．

② Peter Hall，Dennis Hardy，Colin Ward．Commentary of To-Morrow：A Peaceful Path to Real Reform［M］．New York：Routledge，2003：4．

图8-14 法拉雷特（de Filarete）的圆形理想城市（该图系历史上首次反映理想城市与周边农村的关系，启发了此后提倡城乡结合的各种思想）
资料来源：Helen Rousenau. The Ideal City［M］. New York：Routledge，2007：46.

活动的重要部分，而从欧文开始为数甚多的思想家曾提出过限制新城人口并将城市布置在广袤的农业地带；圣西门、傅里叶[①]和克鲁泡特金等人已分别勾画出在更大的区域内进行新城建设的方案；克鲁泡特金、贝兰密等人曾大力鼓吹将科技与城市发展相结合；田园城市的具体空间形态更可从潘伯顿、白金汉和奥赛利等人的图示中一一找到对应的线索。那么，为什么唯独霍华德的田园城市思想得以被人们所接受并能迅速在全球传播？霍华德的田园城市学说的特殊性和历史贡献何在？

首先，霍华德的教育背景和人生经历决定了他无力胜任纯粹的理论家，但他作为实干家的务实精神和判断力为他赢得了不同阶层的信任。他的著作用了大量篇幅详细说明如何进行田园城市的开发和管理，“我从之前改革家的著作中各自挑选出一些内容，以实际操作的可能性为准绳将它们串接起来，形成了我自己的理论”[②]。在倡举社会改良的前提之下，这种务实精神“使精明的维多利亚时代的商人能够接受并投资于田园城市”。他不惮从微小处做起，“将全部精力从小处入手，而将更宏大的目标作为当下行动的动力”[③]；同时他也认为改良社会不会像亨利·乔治或贝兰密描述的那样一蹴而就[④]，而是局部、零星、渐次的改变，逐步实现改造社会的宏图。

霍华德虽认同莫里斯等人对大城市的批评，但绝不是逃避城市的愤世嫉俗者。他提出第一处田园城市应该在伦敦郊外30英里左右的地方选址，以位于铁道线两侧为最佳，从而

① 与新和谐村类似，法国的傅里叶提出了生产消费的合作社“法郎吉”（Phalanges），三面建筑围合成中央院落，将所有功能统一到单一一幢建筑中，体现了强烈的集体主义精神。圣西门的“工业合作社”（Industrial Association）是工业区域规划的先声，虽未提出空间形态但规定“自由发展、不受政府干预”的原则，之后也为田园城市所采纳。

② E. Howard. To-Morrow：A Peaceful Path to Real Reform［M］. London：Swan Sonnenschein & Co., Ltd., 1898：119.

③ E. Howard. To-Morrow：A Peaceful Path to Real Reform［M］. London：Swan Sonnenschein & Co., Ltd., 1898：152.

④《明日》一书中甚至没有提到马克思及其论著。

保证其既为廉价的乡村土地，又与伦敦有着便利的联系。他评论19世纪的各种乌托邦式的改革方案所以失败，“其主要原因很可能是对人性本质的认识存在偏差”，因此提出要使人能自由追求物质和精神的目标，同时尊重个体的独立性和自由选择的权利①。奋起寒微的丰富人生经历使霍华德能敏锐地洞察社会舆论的评价与趋从，并能利用基本常识判断和调适其理论的内容。

其次，霍华德的学说兼收并蓄自由主义、社会主义、无政府主义等诸种思想，体现了他综而用之、善于调和的能力，巧妙地将看似对立的不同立场、观点和思想融而为一，令人耳目一新。他《明日》一书第11章的标题是“各种构想的独特组合”，这也是田园城市学说的关键特征。他不但勾画出城乡结合后的愿景，也坚决号召宗教与科学、人与自然、社会主义与个人主义的结合，使它们扬长避短，相辅相成。霍华德的田园城市学说以面向实施为目的，这也决定了其本质是温和而非激进，需要顾及各种利益相关阶层的诉求，因此他不排斥、甚至敦促资本家和大土地主参与投资和建设，“保证了富有者的财产和既得利益，同时也提高无产者和劳动阶层的生活水准”②，逐步改良城市环境与社会制度。这一基本立场为他赢得了英国社会各阶层的广泛支持。但应注意的是，虽然霍华德的观点以温和、稳健为基调，但他综融了此前已零星出现的各种城市改良方案，将其统一到从整体和根本上解决城市问题的一系列策略中，成为英国城市规划形成的基础，在此意义上又具有脱离传统束缚的激进色彩③。

第三，霍华德的方案显示了对自由精神的维护和推崇：他提倡人们自由组合、自由实验，寻得各自最佳的生活方式，而反对由上至下的统一计划和任何形式的集权制度，这是他与白金汉和贝兰密等人最大的区别。他反对维多利亚城和托波罗班坡中那种对人的完全的控制，提倡参差多样的生产和生活形式，将自由精神和合作主义作为田园城市的两大基石，力图用自治和合作的方式替代自上而下的权力结构。同时，他号召“示范而为”，鼓励人们自愿向被事实证明的优秀先例学习，践行示范，逐渐普及美德良行。

最后，作为社会改良主义者，霍华德在政局飘摇、暗流涌动的维多利亚时代晚期，提出以“和平的方式实现真正的改革”，并以自由、渐进、调和为号召，无疑起到稳定时局、维系人心的作用。除了他在书中不厌其烦的各种计算外，政治上的现实考虑和可操作性也是他的学说得以普及和实施的重要因素。他的著作出版后，得到了赞成社会改良的重要政治人物和大企业家的支持，从组织和经费两方面宣扬其理论，促成其作为一种社会改良的可行方案从一纸理论迅速转为实际建设。

---

① E. Howard. To-Morrow: A Peaceful Path to Real Reform [M]. London: Swan Sonnenschein & Co., Ltd., 1898: 95-97.

② Peter Hall, Dennis Hardy, Colin Ward. Commentary of To-Morrow: A Peaceful Path to Real Reform [M]. New York: Routledge, 2003: 77.

③ Anthony Sutcliffe. Towards the Planned City [M]. Oxford: Basil Balckwell, 1981: 64.

总之，霍华德的田园城市是和此前大多改良主义方案一样，试图脱离开积重难返的大城市，另起炉灶，按规划建设和管理的新城。不同的是，田园城市虽然最终意在消解现有的大城市，并采取了较可行的办法，即暂不完全鄙弃大城市，而是通过在其周边新建一系列小城市，谋求通过人口和产业的疏散最终解决大城市的沉疴。此外，在实施和管理方面，霍华德提出以较温和的“五分利”（five per cent philanthropy）筹集资金、采用合作社方式建设房屋和土地集体所有以避免房地产投机等观点，充分论证了田园城市建设的可行性①。这种务实立场与之前维多利亚时代（1837—1901年）不断出现的乌托邦方案完全不同。后来莱彻沃斯田园城市的建设多少体现了他的这些观点（图8-15）。

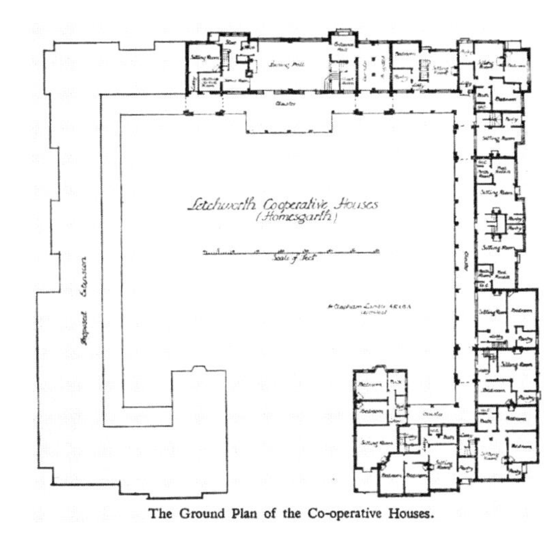

图8-15　莱彻沃斯基于合作主义建造和管理的集合公寓平面图（同时莱彻沃斯也有大量由恩翁等人设计的独幢住宅）
资料来源：C. B. Purdom.The Letchworth Achievement［M］. London：Dent，1963.

8.5　结语

金经元先生曾称霍华德是“不入俗套的”“近代西方人本主义城市规划思想家”②。基于自身经历所形成的对社会和人性的洞察力，“识人情之机微”③，霍华德才能以没受多少正规教育的速记员身份擘画出体大思精的田园城市学说。霍华德的田园城市思想在1890年左右已大端初具，最终在友人的资助下于1898年正式出版。在此期间，霍华德为其新城慎重选取了“田园城市”的名字，这既与英国的浪漫主义传统和当时提倡回归乡村的呼声一致，又避免了对现行政治的直接威胁，最终获得社会的广泛认可。

霍华德虽仅在书中明确指出三方面的思想来源（城市人口外迁、土地权属改革和理想城市的空间形态），但田园城市学说实际上融合了19世纪以来的各种社会改良方案。其主要观点——城乡结合更可上溯至16世纪英国哲学家摩尔（Thomas More，1478—1535年）对乌托邦的描述。与历史上其他社会改良方案不同的是，霍华德的著作问世后不久就得到社

① Stanley Buder. Visionaries and Planners：the Garden City Movement and the Modern Community［M］. Oxford：Oxford University Press，1990：88-95.

② 金经元．近现代西方人本主义城市规划思想家［M］．北京：中国城市出版社，1998；金经元．霍华德的理论及其贡献［J］．国际城市规划，2009（Z1）：97-99.

③ 日本内务省地方局．田园都市［M］．张维翰，译．上海：华通书局，1930：147.

会各界的认可，不到5年间就得以实施，深刻影响了英国此后的城市政策和城市规划的研究和实践；同时，田园城市学说被翻译为多种文字迅速传播到世界各地，开始了一场浩大的田园城市运动，影响至今及身可感。因此，田园城市既继承了追求理想的社会秩序和生活环境的英国思想传统，也是历史上第一次真正得以被广泛接受和全面实施的乌托邦式方案[①]，从此城乡结合、公园体系、绿化带、以规划方式减除污染等观念深入人心，在全球范围内深刻改变了人们在城市的居住和生活方式。

除了在其著作中所体现的善于调和、纵而用之的特点以外，霍华德还强调了在这一场前所未有的建设中自由精神和勇于试验的重要性，提倡采取示范而为的方式，跬积渐进。同时，他正确地估判了政治环境和社会舆论，配合以详密理性的分析计算，使田园城市的开发和建设既具可操作性也能为现实政治和既得利益者所接纳和支持，为其实现奠定了基础。

本章从规划思想史的角度，从英国的社会改良运动、19世纪的理想城市理论与实践和宗教影响等三方面缕析田园城市的思想来源，考察一系列与社会改良相关思想的主要内容、提出背景及其如何为田园城市学说所吸纳或扬弃，既有助于廓清维多利亚时代晚期的英国社会思想的变迁（正是在此大背景下霍华德提出的田园城市学说借以大行其道），同时也能更加明确田园城市的特征所在及其历史贡献。

从莱彻沃斯开始，田园城市从颇受争议的城市规划理论转为备受关注的实践活动，并对英国政府的城市政策产生影响，同时也传播到包括中国在内的世界各国，成为一场席卷全球的轰轰烈烈的规划运动。各国虽无不迅速接受了“田园城市”的名称，但几乎毫无例外地对霍华德原本的思想进行了不同程度的删增订补，与《明日》一书的社会改革宗旨已相去殊远。田园城市思想的全球传播和实践是另一课题，在此仅需指出，霍华德为了将他的理论尽快转为世人可见的现实，不但在书名选择、管理方式等多方面作了各种折中和妥协，使之后的实际建设几乎从最初就放弃了他的税收和自治理论，而且他还在重版书中删减了与建设第一处田园城市无关的图示，更影响了世人对他从田园城市到社会城市的理论的全面了解。但《明日》一书中这种多处可见的柔软和留有余地的特征，虽局部偏离了预设轨道却未阻碍全局的推进，或许这正是田园城市学说有别于其他缺乏弹性、置辩无从的乌托邦思想的最大区别，也是田园城市得以广为接受和实施的重要原因。

---

① Dennis Hardy. Utopian England: Community Experiments, 1900—1945 [M]. London: E & FN Spon, 2000.

第9章 全球图景中的田园城市运动（一）：田园城市的研究体系及田园城市运动在英国之肇端与发展

9.1 田园城市思想、田园城市运动与田园城市研究体系

9.1.1 田园城市研究体系：思想、运动与影响

"田园城市思想"系指霍华德在《明日》（1898年）一书中首先提出的理论体系。霍华德在书中描绘了田园城市思想，提出在自愿、自助和自由的基础上建立新城，并断言"人类社会和大自然的美景必须结合为一"（即著名的"三磁石图"）[①]。"田园"不但意指为广大工人阶级提供的新住宅所附带的花园，也指新城周边的农业带和城市的绿化体系等易于引发人们对前工业化时代的田园牧歌式生活的美好憧憬。1902年该书再版时更名为《田园城市》，这一概念得到更为广泛的传播和接受。规划史家彼得·霍尔曾指出，霍华德的著作不但是他田园城市思想的总结，更揭开了田园城市运动的序幕[②]。

必须指出，田园城市思想与田园城市运动紧密相连也有本质区别：前者是后者的理论基础，后者则通过实践和理论探索不断扩充和丰富了前者的内涵；前者原本的思想基础、目标、方法在后者的作用下，均发生了彻底变化，也使人难辨先后。田园城市思想虽由霍华德最先提出，但其是发展的而非静止的概念，尤其随着田园城市运动的进行许多历史人物深涉其中，他们的言论和观点也成为田园城市思想的一部分。本系列研究的目的之一就是要厘清霍华德的田园城市思想如何随着田园城市运动的进行而发生变化。

1899年霍华德和他的12名支持者成立了"田园城市协会"（Garden City Association），致力于宣传并筹资按《明日》一书的路线图建设田园城市（图9-1）。这是英国田园城市运动的起点，此后世界不少国家相继成立了相关组织机构，开始了一场席卷全球的田园城市运动。这场运动究其本意旨在宣传和推进霍华德的田园城市思想，但因其牵扯到不同利益集团，在处理现实事务的实践过程中，充满着妥协与取舍，显出与霍华德原初的田园城市思想大相径庭的特征。同时，为了创建和管理新城，田园城市运动的发展涉及政界、工

① E. Howard. To-Morrow: A Peaceful Path to Real Reform [M]. London: Swan Sonnenschein & Co., Ltd., 1898: 9.

② Peter Hall, Dennis Hardy, Colin Ward. Commentary of To-Morrow: A Peaceful Path to Real Reform [M]. New York: Routledge, 2003: 13.

业界和规划界的性格鲜明的众多重要人物，他们对田园城市思想各有阐释和发挥，这些基于实用和面向实践的观点、举措大行其道，却时常违背了霍华德的原初思想，使霍华德在这场运动中日渐被边缘化①。

霍华德因其自身经历，主张基于合作主义，由人民自愿和自发地开展田园城市的建设，对英国政府缺乏信心。但田园城市运动的重要目标就是获得政府支持并借由立法和行政力量实现田园城市的大量建设，而彻底放弃了霍华德所念兹在兹的合作主义等社会改良运动，也是田园城市思想与田园城市运动众多分歧的一个重要体现。

图9-1　田园城市学会机关刊物《田园城市会刊》（即今《The Town Planning Review》）封面（可与图7-8比较，二者均由Walter Crane（1845—1915年）设计，反映田园城市的田园牧歌式特征）

资料来源：Dennis Hardy. From Garden Cities to New Towns：Campaigning for Town and Country Planning，1899–1946［M］. London：E & FN Spon，1991：17.

1903年以后，英国陆续建成两处田园城市，直接影响了1909年以降英国的数次规划法案的制定。受此影响，各国也涌现出大量城郊田园住区。因田园城市运动被融入国家的公共政策，因此影响到遍及各国的无数普通民众的居住形态和他们在城市中的生产、生活方式。城市形态、结构以及人们对城市的认知也因此改变：政府干预和管控城市建设成为定则，而行道树和公园等城市绿化体系、物质环境与自然和谐、居住区环境设计等，从此成为城市景观和城市规划的重要内容。

9.1.2　田园城市运动的重要特征与历史贡献

田园城市运动因其明确的目标和行之有效的方法，在全球范围内掀起了一场以建设良好居住区为主要内容的宣传和实践，使一般群众认识到城市规划事业的必要性和重要性，从理论到实践和舆论都为促成城市规划知识的普及和立法打下了基础。可以说，专业化和全球化是这一运动的两个重要特征。

为了推动田园城市运动而诞生了一些著名的国际组织如田园城市协会②，虽然最早出

① R. Beevers. The Garden City Utopia：A Critical Biography of Ebenezer Howard［M］. London：Macmillan，1988.

② 田园城市协会创立于1899年，成立后即戮力宣传霍华德的田园城市思想和筹集资源兴建田园城市，随后于1908年改名“田园城市与城市规划协会”（Garden City and Town Planning Association）。1932年随着议会通过的《住宅、城市及乡村规划法案》再次改名为“田园城市与城市及乡村规划协会”（Garden City and Town and Country Planning Association），1941年最终改为“城市与乡村规划协会”（The Garden City and Town Planning Association）沿用至今，田园城市不再出现在协会的正式名称中。

现在英国，但迅即在西方各国以及苏联、日本等地成立分属机构（charter），从事翻译、宣传或实践。由其举办的各种国际会议、展览和竞赛提供给规划人员频繁交流的平台，也使与田园城市建设相关的各种规划技术和观念得以迅速传播，成为"早期国际化"的一个范例①，因此直接促成了城市规划专业的诞生和成熟。如由霍华德担任主席的"国际田园城市与城市规划联盟"（International Garden City and Town Planning Federation）自创立（1922年）起即致力于组织国际性的学术会议，至今仍活跃在国际规划界②。

田园城市运动全球传播的直接后果之一，是欧美和亚非各国的郊外住宅（"田园郊区"，garden suburb）作为大城市外围的"睡城"被大量建设起来，虽然确实提高了生活环境质量，但其规模和服务设施完备程度远不如田园城市，也无法引入工业和实现农业自给，更谈不上作为改良社会理想的一个环节。甚至"除了'田园城市'这一名称之外，与这场运动发起者们的思想别无相似之处。"③但田园城市运动对促进各国建立创设的规划机构和完善管理制度，以及普及民众对城市规划的认识等诸多方面贡献綦大，则毋庸置疑。

9.1.3　田园城市的研究方法

田园城市运动是伴随着思想、技术和人员的全球传播而开展的一场国际性运动，单看一个国家或地区无法反映其历史发展的全貌。同时，田园城市运动的内容非常丰富，且在历史的不同阶段由不同人物又添加了新的内容。针对田园城市思想、田园城市运动的各个组成部分（如英国田园城市的设计、雷德朋镇规划、邻里单元）的中文文献已汗牛充栋，唯未见在全球视野下将各国田园城市运动的历史进程及其内容联并加以考察和比较研究。国外关于田园城市思想和田园城市运动的研究颇丰，沃尔特·克里斯（Walter Creese）、安东尼·萨特克里夫（Anthony Sutcliffe）、彼得·霍尔（Peter Hall）、斯蒂文·沃德（Stephen Ward）、斯坦尼·布德（Stanley Buder）和丹尼斯·哈迪（Dennis Hardy）均称大家；论史料的全面与翔实程度则首推斯特恩（Robert Stern）的洋洋近千页的近作④。这些学者的论著均为本研究开展的基础，但由于其关心的问题和选取的史料各不相同，因此留有相当余地对其在综述的基础上加以填补和提升。此外，多数著作仍未脱西方中心主

---

① Stephen V. Ward. A Pioneer "Global Intelligence Corps"? The Internationalisation of Planning Practice, 1890—1939 [J]. The Town Planning Review, 2005, 76 (2): 119-141.

② 1956年改现名国际住房与规划联盟（International Federation for Housing and Planning）。2002年第46次大会曾在天津召开。

③ Ewart Culpin. The Garden City Movement Up-to-Date [M]. London: The Garden Cities and Town Planning Association, 1913: 9.

④ Robert Stern, David Fishman, Jacob Tilove. Paradise Planned: The Garden Suburb and the Modern City [M]. New York: The Monacelli Press, 2013.

义，对欧美之外地区的田园城市发展论述只是零星的补充而不成系统。

事实上，只有在一个较长时段下，将田园城市运动的发展历程纳入全球视野作为一个整体进行考察，才能全面认识其丰富性与复杂性。此外，由于田园城市思想和田园城市运动与现代规划史上的大多重要事件和思想都有关联（如田园城市思想与现代主义思想的关系、疏散主义与集中主义的关系等），对这一运动的系统考察也能成为研究现代规划史的一条重要线索。

田园城市运动是以霍华德的田园城市思想为基础、以英国为发源地开始的，毗邻英国的欧洲大陆各国则因应着民族主义和现代主义的蓬勃发展体现出很多不同于英国的特征，而大洋彼岸的美国则对田园城市思想进一步发展和创造，将这一运动推向高潮。在非西方世界如日本和中国等地虽未能在理论上创辟，但确有对结合当地情况加以实施的批判性反思，使田园城市运动的全球图景愈显丰满。

因此，本章及之后两章共分三部分分别介绍在现代城市规划发展中起过关键作用的规划运动：本章论述田园城市运动在英国的起源、其理论发展及实践。第10章讨论田园城市运动在欧洲大陆、北美及澳洲等西方国家被调整和接受的历史进程，重点是德、美等国的创造性发展。第11章讨论田园城市在“非西方”世界的改造及其相应实践。这一工作着重考察田园城市运动涉及的重要人物、思想和实践，分析不同历史阶段三者的互动，并以之为基础上讨论其与田园城市运动发展轨迹的关联，从而在全球视野下探寻田园城市思想的传播、调适和接受的历史过程。

9.2 从理想主义到实用主义：田园城市协会的创立与第一处田园城市的建设

1898年霍华德出版了他唯一的一部著作——《明日：真正改革的和平之路》[①]（后文简称《明日》）一书。次年霍华德与他长期有往来联系的宗教和社会改良团体合力创办了田园城市协会，但不论《明日》一书的社会反响还是协会的工作进展均差强人意。到1900年，协会会员虽近300人，但大多为“中下阶层的中年伦敦居民”；舆论仍认为田园城市与以前一样，不过是有一个难以实现的乌托邦方案，并嘲讽协会成员是一群冥顽不灵的老古董[②]。

但1901年转折到来。著名律师、自由党议员内维尔（Ralph Neville，1858—1918年）在1901年3月发表了关于重新布局英国工业和疏散城市人口的论文，其中引用并高度赞扬

① E. Howard. To-Morrow: A Peaceful Path to Real Reform [M]. London: Swan Sonnenschein & Co., Ltd., 1898.

② Stanley Buder. Visionaries and Planners: The Garden City Movement and the Modern Community [M]. Oxford: Oxford University Press, 1990: 78-79.

了霍华德的著作及思想。内维尔虽与霍华德是同一代人，但受过良好的教育并已在早年的律师生涯中取得了巨大成就和社会名望，在议会中也有相当影响力。霍华德读到内维尔的文章后立即与之联系，请求由其领导步履维艰的田园城市协会。内维尔应邀担任协会主席直至第一次世界大战爆发，并充分发挥了其专业知识、政治经验和社会资源的优势，迅速采取行动推动了英国田园城市运动的蓬勃发展（图9-2）。

图9-2 第一田园城市有限责任公司董事会成员图（内维尔位居中心，是使田园城市运动受到关注和尊重的核心人物，其右侧为霍华德）

资料来源：Stephen Ward, ed. The Garden City: Past, Present and Future［M］. London: E & Fn Spon, 1992: 189.

为了加强协会的组织和管理，内维尔选聘来自苏格兰的年轻人亚当斯（Thomas Adams，1871—1940年）为协会总干事，迅即于1901年9月即在著名的工业新村伯恩维尔（Bournville）所在镇组织了一次以工业疏散为主题的会议，吸引了300多名来自地方议会和不同社会改革团体人士参加。次年又于利物浦郊外的阳光港（Port Sunlight）召开第二次会议，参会人数骤增至2000余人。同时，在内维尔影响下，伦敦报业巨头哈姆斯旺斯（Alfred Harmsworth）也加入协会并在其颇受中产阶级欢迎的报刊上连续报道了田园城市思想及其协会的活动，一改之前媒体的嘲讽姿态。由于内维尔及他在政界和工业界的朋友们的奔走呼吁，田园城市协会与田园城市思想逐渐广为人知，田园城市运动始获世人的关注与尊重①。至1903年8月，协会的注册成员已逾2700人，3年间增加竟逾10倍②。

内维尔和霍华德一样，都视协会组织的活动为推动田园城市建设的主要手段。为了尽早将田园城市理论转为现实，最关键的问题是如何取得和管理所需的资金。霍华德在《明日》一书中提出由有良知的企业家和中产阶级集资，采用合作主义方式逐次开发田园城市的不同区域。但此法因无法保障投资人的合法利益已被证明难以实现。内维尔则根据商业原则和法律条文，于1902年向政府注册成立了由霍华德担任主席的“田园城市先导有限责

① 两处工业新村的创办人——凯德布雷和利弗，均为内维尔好友，受其说服加入田园城市协会并协助主办了上述两次会议。内维尔对田园城市的主要贡献在于招引同情于社会改良的上流社会人士加入，并使社会对这一本来具有乌托邦色彩运动的观感发生彻底改变。

② Dennis Hardy. From Garden Cities to New Towns: Campaigning for Town and Country Planning, 1899—1946［M］. London: E & FN Spon, 1991: 66-69.

任公司”（The Pioneer Garden City，Ltd.）从事新城的选址，并于次年购置了伦敦以北35mi处的3800英亩土地，公司随即易名为“第一田园城市有限责任公司”（The First Garden City，Ltd.），负责开始建设和管理世界上第一处田园城市——莱彻沃斯（Letchworth）。内维尔亲自制定了公司的章程并明确指出“公司的首要任务是对其股份持有人的利益负责”，显示出其深谙资本主义商业社会运作原则的程序，与霍华德所设想的由其居民选出的代表团管理新城的理想模式大不相同①。这一重要区别也吐露出之后一系列与霍华德原思想相背离的各种举措之端绪。

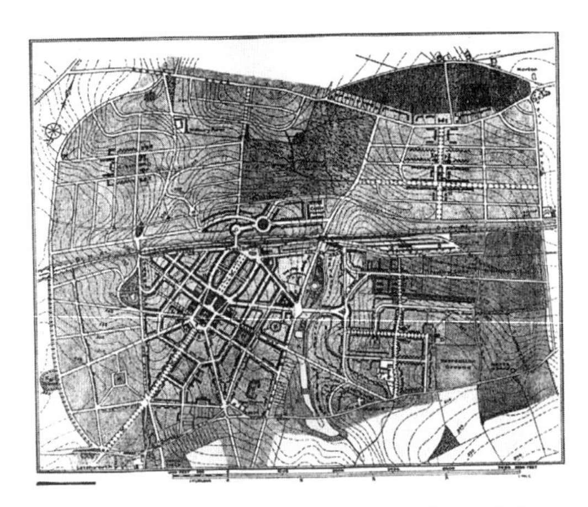

图9-3 恩翁和帕克设计的莱彻沃斯总平面图（1903年）
资料来源：Robert Stern，David Fishman，Jacob Tilove. Paradise Planned：The Garden Suburb and the Modern City［M］. New York：The Monacelli Press，2013：202.

因筹资进展顺利，田园城市协会于1904年初举办了新城的规划方案招标。此前已设计了新厄斯威克村（New Earswick）②的建筑师组合恩翁（Raymond Unwin，1863—1940年）和帕克（Patrick Parker，1867—1947年）的设计中标。实施方案顺应基地现有的铁道走向和自然条件，将住宅区和商业区呈椭圆形朝向市民广场分散布置，外围为工业区，其外再环绕以绿化带和农业区。新城的功能分区明确，尤其倾注心力于街道系统和住房形式，曲折蜿蜒、变化丰富的街景以及隐现于绿化中的由红瓦坡顶、白色墙壁构成的独幢住宅，成为田园城市的“标签”（图9-3、图9-4）。随着莱彻沃斯建设的进行，田园城市运动越来越显示出其优越性：这种在合理的规划方案指导下进行的建设，不但形成了带有田园牧歌色彩的良好居住环境，远优于维多利亚晚期以来漫无条理、形象乏味单调的郊区住宅建设，也吸引来部分工业如印刷厂和食

图9-4 莱彻沃斯街景（1921年）
资料来源：Stephen Ward. Planning and Urban Change［M］. London：SAGE Publications，2004：24.

---

① Stanley Buder. Visionaries and Planners：The Garden City Movement and the Modern Community［M］. Oxford：Oxford University Press，1990：80-81.

② 新厄斯威克类似于伯恩维尔，同样是由进步思想的企业家Joseph Rowntree委托恩翁和帕克为其可可饮料厂工人设计的工业住宅区。Barry Parker. Site Planning：As Exemplified at New Earswick［J］. The Town Planning Review，1937，17（2）：79-102.

品厂，从而迅速赢得了舆论和民众的支持，改变了他们对住宅和居住的认知（图9-5）。

这两位才华横溢的建筑师和内维尔一样都非常尊重霍华德，但同样也对霍华德的原初思想进行了若干重大调整，以便将其转译为具有可操作性的建筑方案。霍华德的同心圆城市结构和笔直的道路系统被中世纪式的蜿蜒道路所取代，而田园城市运动中最受关注和流传最广、最快的部分则是结合了工艺美术风格的住宅设计及街道截面设计。虽然内维尔和恩翁都推崇霍华德的思想且视之为田园城市运动的精神动力，但随着这一运动的展开，霍华德所要求的各种社会改革举措随即被暂时束之高阁。这一运动的现实性和复杂性使实用主义逐渐取代了理想主义，而改良社会的热情也让位于规划和建筑设计等专业知识。

图9-5 为招引定居者的莱彻沃斯宣传画（可与图9-6比较）
资料来源：Angelo Maggi教授提供.

9.3　田园城市设计手法之定型与指导思想之隆替：从田园城市到田园郊区

莱彻沃斯的建筑师恩翁和帕克均深受当时英国的工艺美术运动的影响，认同莫里斯和拉斯金的反对大工业生产、提高设计质量等主张[①]。恩翁曾在1901年参加上文提及的伯恩维尔镇大会，并宣读了他撰写的“田园城市中的住宅建筑”一文。他批判维多利亚晚期的“法定”（by-law）住宅区布局形式所造成的空间生硬、单调等问题，热情赞颂中世纪英国村庄中将自然环境、建筑形式和社会组织三者有机结合的空间形态，并从经济性上分析其可行性（图9-6），从理论上论述了田园城市设计原则的合理性。在此次会议后不久，他与帕克合作设计了位于约克市郊的新厄斯威克住宅区（图9-7），第一次将其理论付诸实践，二人也跃升为英国正在形成中的规划界的代表人物。尤其是恩翁，他除了设计了莱彻沃斯和其他诸多规模较小的新住宅区外，后又在1914年成立的英国城市规划学会及政府中担任诸多重要职务，对田园城市思想的发展完善和英国城市规划专业的形成及其早期发展均贡献綦巨，是整个田园城市运动中重要性仅次于霍华德的人物（图9-8）。

在莱彻沃斯的设计中，恩翁和帕克延承并发展了新厄斯威克的形制，在整体布局中采取了低密度的独幢住宅形式，彻底打破了“法定”联排住宅区布局形式，不但缩减了道路

① 他们曾介绍好友Walter Crane为霍华德再版的《明日的田园城市》一书及田园城市协会会刊设计了工艺美术风格的封面。

图9-6 维多利亚时代晚期的“法定”住宅开发与田园城市设计的空间形态比较

资料来源：Stanley Buder. Visionaries and Planners: The Garden City Movement and the Modern Community［M］. Oxford: Oxford University Press, 1990.

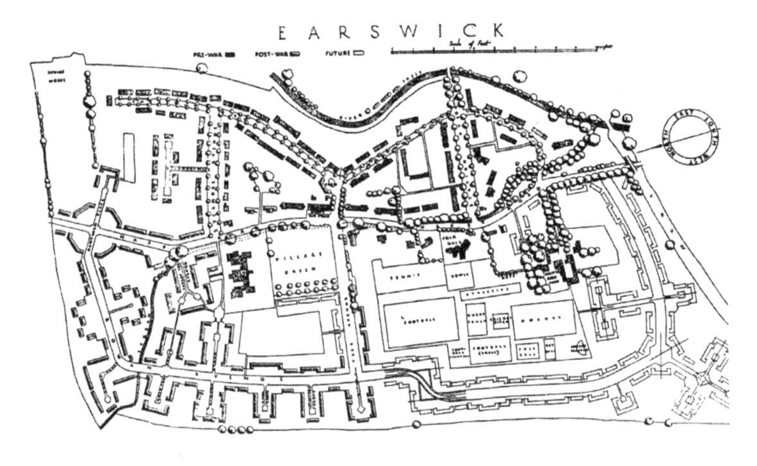

图9-7 新厄斯威克住宅区总平面（恩翁和帕克按照田园城市设计原则制定的最初尝试，1902年）

资料来源：Walter Creese. The Search for Environment: The Garden City Before and After［M］. Baltimore: Johns Hopkins University Press, 1992: 194.

占用的面积，“将节省出来的空间和资金用于公共活动场所的设施”，而且成团成簇、灵活结合自然条件将住宅组合成形态多样、尺度宜人的小社区。这种布局方式一经问世就引起各界关注，而经恩翁在理论上将其总结和完善后遂成为“田园城市建设的重要原则”，成功地将霍华德的思想与工艺美术运动传统统一到为工人阶级提供的新式住宅区中。同时，恩翁和帕克认同霍华德为工人阶级提供造价低廉但高质量住宅的主张，为了降低造价而取法英国乡村朴素的传统民居，并在平面设计上采取开放式布局，打通起居间等隔墙以增进家庭成员的亲密感①。

图9-8 帕克（左）与恩翁（右）像［二人为姻亲（恩翁娶帕克之妹）］

资料来源：First Garden City Heritage Museum.

① Stanley Buder. Visionaries and Planners: The Garden City Movement and the Modern Community［M］. Oxford: Oxford University Press, 1990: 71-79.

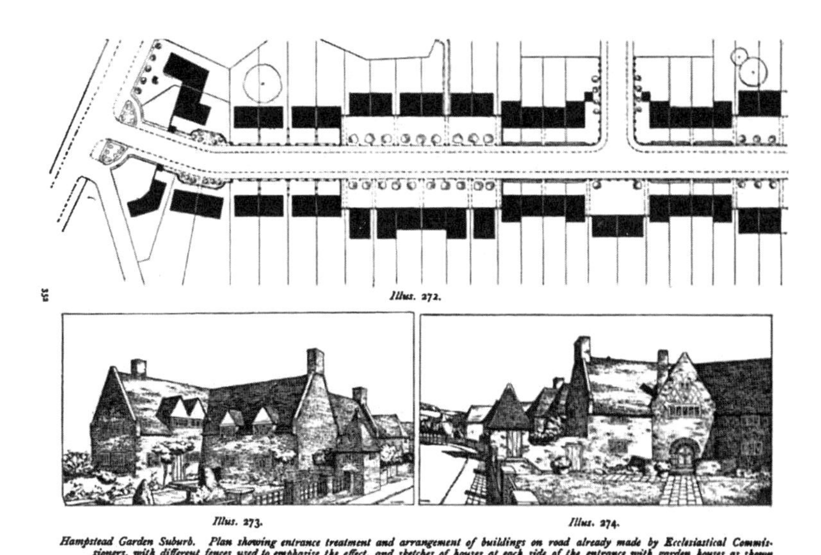

图9-9 恩翁著作中关于道路及其对景的分析示意图（恩翁主张街道中的人能快速辨认周边的景物，因此街景需呈现多样性以便辨识）

资料来源：Raymond Unwin. Town Planning in Practice［M］. London：Adelphi Terrace，1909：194.

街道设计是恩翁和帕克确立的田园城市设计原则中的关键部分。莱彻沃斯除市民中心采用巴洛克式的轴线设计外，居住区的道路大多适为弯曲且树木荫翳，并以一幢设计良好的住宅或街头小品为道路的对景（图9-9）。这种灵活自由的走向和封闭的街道景观处理方式成为之后田园城市运动的标志性特征，与奥地利建筑家西特的理论观点非常一致。街道景观和住宅“设计得如此成功，以至取代了霍华德的各种天才构想而成为田园城市的代名词。”[①]（图9-10）恩翁还曾建议内维尔在莱彻沃斯出台限制措施，以确保整体形态的和谐统一，虽未能严格执行，但成为之后城郊田园住区建设中普遍遵守的原则。

恩翁早在1901年的大会上就曾指出，在资源和经验均欠缺的当时条件下应该先从事规模较小、牵扯面较少的郊外住宅区的建设，这一主张得到亚当斯等人的热烈响应。1905年恩翁和帕克接受大慈善家巴涅特及其夫人（Dame Henrietta Barnett）的委托，设计了位于伦敦郊外的汉普斯特德（Hampstead）住宅区，将街景和住宅设计的原则与技巧阐释和发挥到极致（图9-11）。因这一项目的面积远小于莱彻沃斯（占地不足后者的1/5）而投资又有充分保障，因此建设更易形成规模且便于管理，最终成为完整体现田园城市设计原则的范例，也是在详密规划方案指导下建成的模范居住区[②]。著名建筑师卢廷斯（Edwin Lutyens，1869—1944年）也曾受邀设计了位于住区中心的管理楼。

① Stanley Buder. Visionaries and Planners：The Garden City Movement and the Modern Community［M］. Oxford：Oxford University Press，1990：88. 关于田园城市设计手法的形成与演替，详第12章。

② Stephen Ward. Planning and Urban Change［M］. London：SAGE Publications，2004：26.

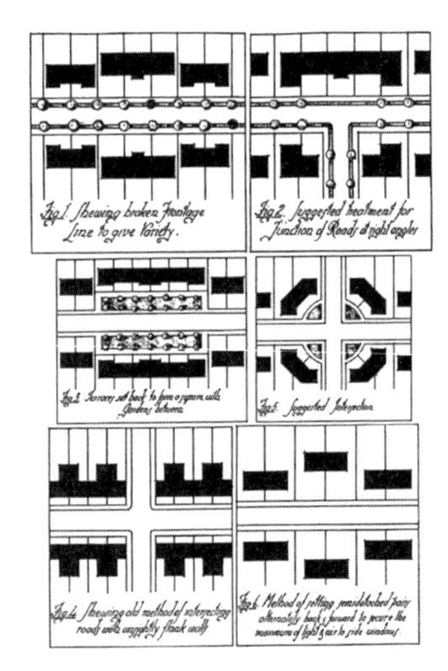

图9-10 英国田园城市运动规划师Clapham Lander总结的街道与周边建筑的组合方式

资料来源：Ewart Culpin. The Garden City Movement Up-to-Date［M］. London：The Garden Cities and Town Planning Association，1913：87.

图9-11 恩翁和帕克设计的汉普斯特德总平面（其图名即为“田园郊区”）

资料来源：Walter Creese. The Search for Environment：The Garden City Before and After［M］. Baltimore：Johns Hopkins University Press，1992：237.

实际上，霍华德已注意到他的田园城市思想已被类似伯恩维尔镇和汉普斯特德这样的城郊田园住区所混淆。但为了推进田园城市运动的开展并扩大其影响力，霍华德没有公开批评后者对他思想的误读，而是重新界定了三者的概念：田园城市（Garden City）是“自给自足、融合了工业、农业和住宅区的城市”，通常占地面积广大，服务设施较为齐全；城郊田园住区（Garden Suburb）是现有城市“按照健康的原则”扩张而在市区边缘形成的居住区，仅注重物质环境而“未触及城市问题的根源即农业人口的流失”；田园村落（Garden Village）则泛指伯恩维尔式的主要服务于工人阶级的小型城市，“是田园城市的缩小版，通常以单一工业种类为中心”①。

英国田园城市协会虽承认后两种相比田园城市是“权宜之计”，但实际上将三者的重要性等同视之，其机关刊物申明“指导、设计并建设田园城市、田园郊区和田园村落”为该会的主要目标之一②。霍华德暂时认可了田园城市协会修订后的宗旨，即“主要工作是推进田园郊区开发和建设”，毕竟这有利于按图索骥、提升新建郊区的居住生活环境。但

① Ewart Culpin. The Garden City Movement Up-to-Date［M］. London：The Garden Cities and Town Planning Association，1913：2.

② Philippa Bassett. A List of the Historical Records of the Town and Country Planning Association［J］. The National Archives，1980；Ewart Culpin. The Garden City Movement Up-to-Date［M］. London：The Garden Cities and Town Planning Association，1913：9.

他还是不无遗憾地承认，“理想一旦要化为现实就开始了一个下降的过程，伴随着痛苦和艰涩”①。

9.4　理论演替：卫星城理论与第二处田园城市的建设

1914年爆发的第一次世界大战暂时终止了英国城郊田园住区的建设热潮。1918年战争结束后，英国政府为了兑现战时的承诺，开始为退伍老兵建设了大批安置住宅，并聘任田园城市协会的关键人物如亚当斯和恩翁，由他们负责按照田园城市原则具体指导新住区的建设。

早在1913年建筑界就开始反思和批判郊外住宅区建设，“占地广、密度低的城郊田园住区已非解决城市问题的唯一方式，其所赖以产生的社会伦理和美学理论也不再是不证自明的真理。”②田园城市协会内部在这时也围绕着运动的发展方向进行了激烈争论。在霍华德的支持下，协会中自称“新城小组”（New Townsmen）的团体抛弃了“以大量建设城郊田园住宅为主要宗旨”的路线，将目标重新设定为田园城市式的新城建设，但同时积极寻求各级政府的资助与协作。为了区别于田园城，他们将之命名为卫星城（satellite town）或新城（new town）。这一理论与田园城市思想的不同在于，它所追求的疏散人口和工业并不以现有大城市的消殒为目的，反而以后者为中心建立“主次关系合理”（proportion）的区域城市簇群。但这一目标须借由政府的支持和推行才能得以实现，与霍华德所提倡的由下至上、摒除政府干预的原初理论仍不相同。

霍华德虽支持新城小组的擘画，但始终将之视为权宜之计，他本人自始至终以田园城市为目标。他自1907年开始即不断要求建设第二处田园城市，但为内维尔等人所峻拒。1919年他未通告协会的任何成员，即直接在民间筹资，并注册了“第二田园城市有限责任公司”，购买了离伦敦约20mi的维林（Welwyn），着手开始建设。霍华德的助手和同事曾极力劝阻他放弃此事而一起争取政府对卫星城建设的支持，但他不为所动。由于霍华德在田园城市运动中的特殊地位，田园城市协会不得不终止了卫星城/新城理论的宣传，而尽全力协助霍华德在第二处田园城市的建设工作。霍华德“个性中的勇气和意志力是成功的全部原因，若非如此即使最崇高的理想也会化为泡影”③。

霍华德针对莱彻沃斯的一些失误进行了调整，如鉴于商业设施不足和分散等问题组建了一个基于互助原则的百货公司集中管理商业活动；在农业地带组织了畜牧生产，供给

① Ebenezer Howard. The Relation of the Ideal to the Practical [J]. The Garden City, 1905: 15.

② Stanley Buder. Visionaries and Planners: The Garden City Movement and the Modern Community [M]. Oxford: Oxford University Press, 1990: 109.

③ F. J. Osborn. Sir Ebenezer Howard: The Evolution of His Ideas [J]. The Town Planning Review, 1950, 21 (3): 221-235.

该市所需。但在开发和管理模式上，维林城同样由一个注册的私人公司[①]统制进行，并由加拿大籍的建筑师索森斯（Louis de Soissons，1890—1962年）制定规划方案。2400英亩的市域被铁道线划分为东西各两块，其中铁道以东为工业区和工人住宅，西部为商业区和较高等级的住宅区[②]，其外围环绕以农业地带；市中心区具有巴洛克式的强烈轴线景观，而居住区道路体系和住宅组合形式则体现了显著的田园城市式风格（图9-12）。

图9-12 维林总平面图（1921年）

资料来源：Stanley Buder. Visionaries and Planners：The Garden City Movement and the Modern Community［M］. Oxford：Oxford University Press，1990.

索森斯选用乔治王式作为主要的建筑样式，用尽毕生心血营建该市，从而确保了全市建筑风貌的一致性，其城市形象的管控效果远优于莱彻沃斯。乔治王式此后也长期是英国城郊田园住区所普遍采用的建筑样式，反映了当时田园城市运动的复古情调（图9-13）。相比莱彻

图9-13 维林的普通住宅（1926年）

资料来源：F. J. Osborn. Green-Belt Cities：The British Contribution［M］. London：Faber and Faber Ltd.，1946.

---

① 初名“第二田园城市公司”（The Second Garden City Company），后易名“维林田园城市有限公司”（The Welwyn Garden City Ltd.）。

② 这种分区方法也招致批评，“从一开始就错误地将住民按照其阶级在空间上加以隔离”，与霍华德的本意相悖。

沃斯住宅建筑的各式各样（均为工艺美术风格的各种变体），维林的住宅建筑样式风格统一得多，维护管理亦有进步。索森斯除负责维林的规划和建设外，后来还接替帕克担任了新厄斯威克村的总建筑师（详见第4章），在推动英国田园城市运动中发挥了不小的作用。

但维林仍未能如霍华德所愿，成为推进英国乃至全球田园城市运动的转折点。因为未能成功吸引工业企业入驻，其原本容纳50000居民的计划，至1928年霍华德去世时仍不足万名。多数居民仅视之为距离伦敦较近、环境优良的卧城而已。不论是田园城市还是卫星城理论，实际上都已被当作如火如荼进行的城郊田园住区建设的一部分。

9.5 方向之争：1920年代以降的英国田园城市运动

19世纪末以牟利为目的的城市住宅建设模式造成了城市环境单调、面目可憎。田园城市运动正是发轫于对这一现象的反思和批判。随着田园城市协会活动的开展和莱彻沃斯的建设，在城郊兴建造价低廉、设计精良的低密度住宅区及其独特的生活方式，成为解决维多利亚时代城市问题的最佳方案，并获得了民众的广泛认同和支持。但这一运动中也混杂了大量缺少周详规划和管理，仅被冠以“田园城市”之名的建设活动[①]。至1920年代，以低密度和独幢住宅为代表的城郊住宅区造成了诸多问题，如交通费用腾升、阶层隔离、脱离大众文化等，城郊田园住区的建设模式反而变为城市规划需要解决的问题。

伴随着对郊区化的质疑，战后的“房荒”也使政府将更多精力投入到旧城的更新和重建上，不像田园城市思想那样“消解”城市，而是设法使既有城市容纳更多人口，并在功能分区的基础上使城市功能复合化。最典型的例子，是柯布西耶对巴黎的数次规划方案（“光辉城市”“300万人城市”），其本质与田园城市思想南辕北辙，但说明了此时田园城市式的新城建设不再是唯一的解决城市问题的途径。从此，疏散和集中这两个对立但有联系的规划思想，成为现代城市规划史上的两条发展主线。

同时，现代主义设计思想因其对经济性和技术的重视而迅速获得民众和政府的支持，严重冲击了田园城市运动追求田园牧歌式的居住意识形态。田园城市式住宅已然与时代潮流凿枘不投，英国长期在住宅改革领域的领袖地位也被在德、法等开展的先锋性住宅实践所取代。1930年代初，格罗皮乌斯等人为逃避纳粹政权曾避居伦敦，这批“技术移民”与伦敦年轻的现代主义规划师一道制定了基于线性城市思想的伦敦改造方案，其沿交通干道线性发展和高层高密度的特征与田园城市思想所倡导的同心圆圈层扩展完全不同（图9-14）。

---

① 关于城市蔓延对英国乡村造成的破坏及阿伯克隆比、托马斯·夏普等人的抵制和批判详见第13章和第17章。

虽然面对现代主义运动的强势挑战，但是田园城市运动在英国仍持续发展。这一运动的干将们致力于将霍华德思想作若干重要的调整以冀实施，并在官方主导的城市规划方案中发挥了重要作用。恩翁是田园城市运动中重要性和影响力仅次于霍华德的代表人物，曾提出著名的“每英亩不超过12户”的低密度住宅区建设理论。第一次世界大战后，恩翁基于区域规划的重要性，认识到霍华德所提的“社会城市”结构如果缺乏政府的财力和政策等支持将难以实现。因此，恩翁提出由政府主导，在现有大城市周边区域选址新建兼具一定规模工商业的若干新城，其能容纳工业并提供就业，而它们彼此之间及与主城之间均由绿化带（greenbelt）隔离开来，以作为限制人口规模和保障绿化空间的措施。这一理论固然将霍华德在田园城市外围布置农业区以实现自给自足的构想简化为单纯的绿化隔离带，但同时也使区域规划的实施具有可操作性，成为此后英、美等国新城建设和区域规划的理论基础。

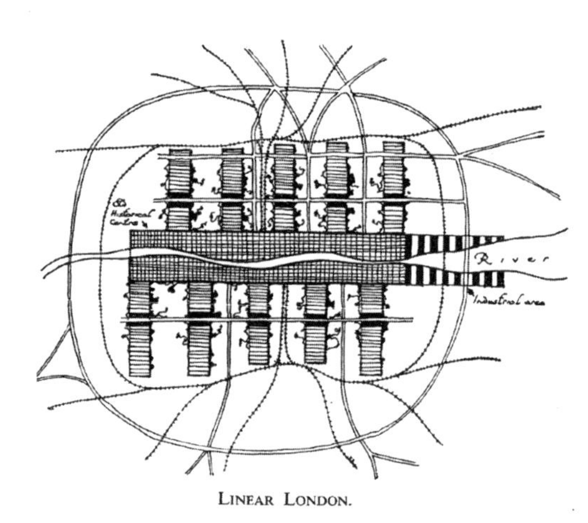

图9-14 英国的现代主义规划家根据线性城市思想设计的伦敦城市规划方案（1933—1940年）

资料来源：Thomas Sharp. Town Planning［M］. London：Penguin Books Limited，1940：63.

1929年，恩翁曾经的合伙人帕克制定了位于曼彻斯特郊外的维森歇尔镇（Wythenshawe），规划，是绿化隔离带理论在英国得到应用的一个典型例子。帕克在设计中遵循田园城市的设计原则，布置了充分的市政服务设施并尽力为居民提供就业岗位。在具体空间设计上，他将小镇与主城用绿化带隔开，并且在住宅区布置上结合利用了六边形理论和美国的邻里单元理论，是一战之后英国田园城市运动的代表作品（图9-15）。

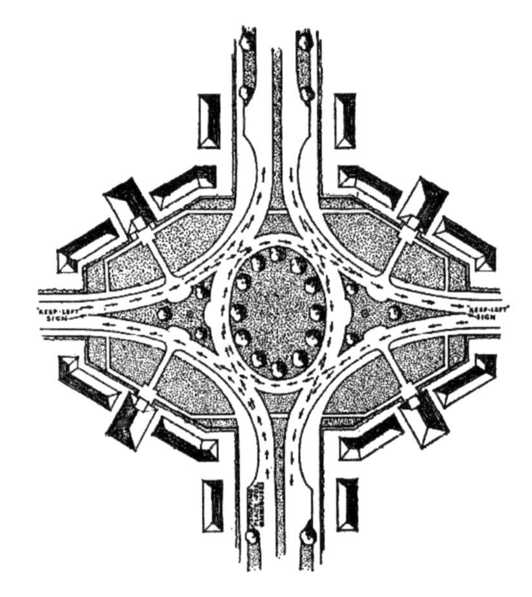

图9-15 帕克主持设计的维森歇尔镇主街节点平面（延续了田园城市的设计原则，1930年）

资料来源：Wesley Dougill. Wythenshawe：A Modern Satellite Town［J］. The Town Planning Review，1935，16（3）：209-21.

田园城市运动的另一重要人物、《城镇规划评论》（The Town Planning Review）的创办人阿伯克隆比（Patrick Abercrombie）曾在战时参与制定了著名的《巴罗报告》（Barlow

Report）和大伦敦规划。《巴罗报告》是在二战背景下以疏散城市工业和人口为目的的调查报告。战争环境的严酷和防空对疏散的要求，使人们重新认识到了城市疏散的必要性和重要性。因此，田园城市运动重获关注，并深远影响了战后英国的区域规划发展。1944年公布的大伦敦规划则反映了田园城市规划的诸多重要原则，如人口/工业疏散、提供本地就业、区域平衡发展。这一规划将伦敦市域划分为5个圈层：老城、内城、城郊、绿化隔离带和外围农村地带，并提出“将100万人口有计划地疏散到精心选址的8个新建区域，其大部分位于外围农村地带”①（图9-16）。这一方案不但深刻影响了战后各国的规划（如上海和香港），也衍生出第二次世界大战后在田园城市思想主导下的英国新城建设理论。

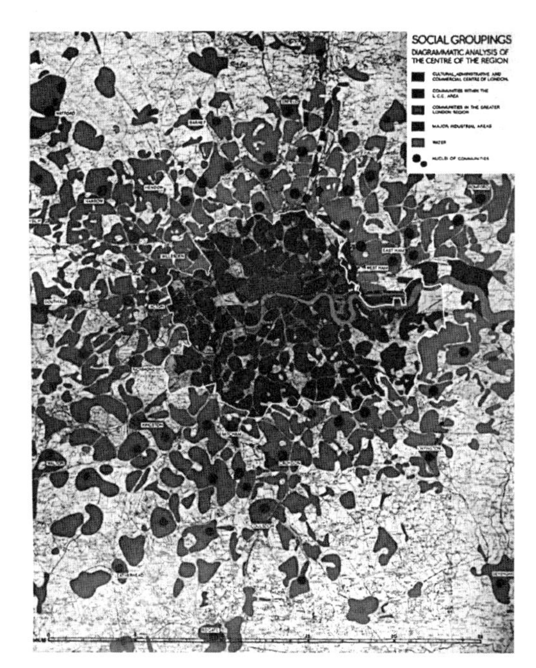

图9-16　阿伯克隆比主持设计的大伦敦规划（城市疏散与居民点布置，1944年）

资料来源：Patrick Abercrombie. Greater London Plan 1944［M］. London：His Majesty Stationery Office，1945：90.

9.6　田园城市运动与英国城市规划专业的形成

田园城市思想是维多利亚时代英国社会改良运动的诸多方案中的一种，而田园城市运动是尝试将这一思想加以实施的各种活动。在这一运动中，不但像其他思潮那样吸引来具有改造社会情怀的政治家、工业家、律师、左翼知识分子等，同时汇聚了一批训练有素的建筑师如恩翁、帕克，涌现出历史上第一批以规划为专长的专家——规划师，如亚当斯、阿伯克隆比等。

随着田园城市运动的开展，早先的改革热忱也被专业理论所取代，规划师在其中扮演了越来越重要的角色。甚至连英国的“城镇规划”（town planning）这一名称也是在田园城市运动中出现的②，“简而言之它意指将田园城市的原则施行于现有城区及新建的郊区”③。

① Stephen Ward. Planning and Urban Change［M］. London：SAGE Publications，2004：89-91.

② 伯明翰官员John Nettlefold为翻译德国的“城区延展”（urban extension），根据英国的实际情况创造了“城镇规划”一词。A. D. King. “Town planning”：A Note on the Origins and Use of the Term［J］. Planning History Bulletin，1982，4（2）：15-17.

③ Anthony Sutcliffe. Towards the Planned City［M］. Oxford：Basil Blackwell，1981：78.

从这一意义上说，田园城市思想和田园城市运动直接促成了英国的城市规划专业的诞生。

进入20世纪以后，在田园城市运动的影响下，维多利亚时代针对卫生、住宅、疏散等彼此不相统属的社会改良方案被整合统一到城市规划专业中，形成了追求“郊区健康生活”（suburb salubrious）、进而谋求恢复英国全球霸权的规划运动，使城市规划的必要性和重要性深入民心，是政府进行城市管理的重要手段。同时，随着田园城市运动的发展，越来越多的规划师认识到规划活动尤其是区域规划层面政府的支持不可或缺。而英国政府从20世纪初就网罗了在田园城市运动中崭露头角的规划师如恩翁、亚当斯等进入政府部门服务，此后规划逐渐成为政府部门的重要职能部门。

在田园城市运动的推动下，1909年英国议会通过了全世界第一个城市规划方面的法案——《住宅和城镇规划法案》（The Housing, Town Planning, Etc. Act），授予地方政府以设计干路形式、新城工业及居住等功能分区、在居住区采用较小建筑密度（图9-17）及住宅样式等方面的权力，以法规形式认可了恩翁等人以田园城市设计改变“法定”式兵营式郊区化模式的要求。虽然它没有强制性条款，但毕竟是第一个规划法规，从此“官方正式承认了城镇规划，并要求地方政府在新区开发方面酌情采取规划措施”，并在各级政府中为规划师创造了任职的机会，“极大地促进了英国规划专业的产生”[①]。1909年的规划法案后经1919和1932年两次修订以及1938年通过的《绿化带法案》[②]，都包含建设田园城市的条文，同时相继添入区域规划和新城建设的内容，英国政府并于1943年单独设立城乡规划部

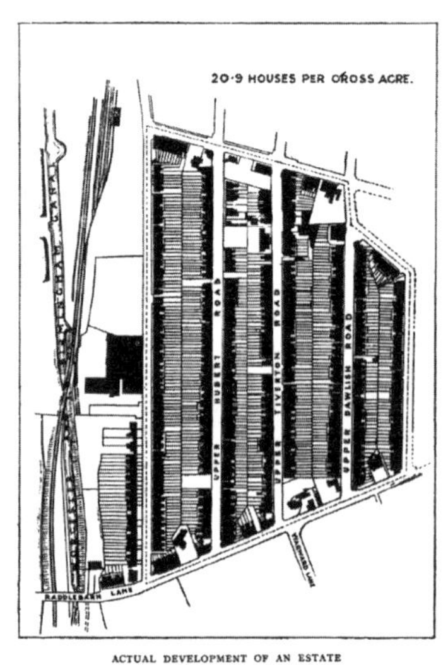

ACTUAL DEVELOPMENT OF AN ESTATE

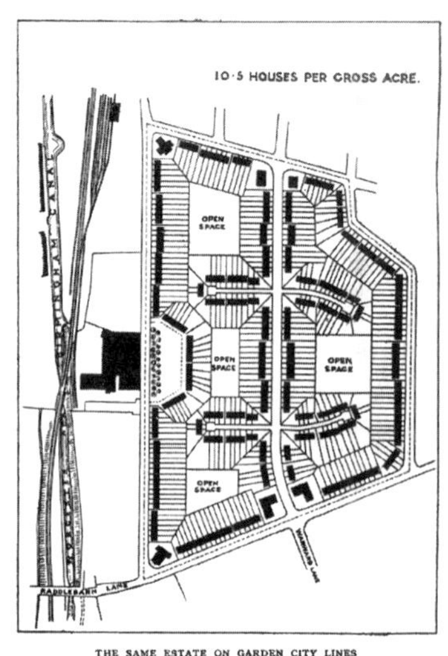

THE SAME ESTATE ON GARDEN CITY LINES

图9-17 降低居住区密度、在设计中采取田园城市的设计原则是1909年英国《规划法》的主要内容

资料来源：Stephen Ward. Planning and Urban Change［M］. London: SAGE Publications, 2004: 191.

① Stanley Buder. Visionaries and Planners: The Garden City Movement and the Modern Community［M］. Oxford: Oxford University Press, 1990: 105.

② Philippa Bassett. A List of the Historical Records of the Town and Country Planning Association［J］. The National Archives, 1980: iii-iv.

（Ministry of Town and Country Planning）专司规划方案的制定、实施和管理[①]，基本完成了英国城市规划专业的制度化，为战后的规划立法和活动奠定了基础。

除实践和立法等活动外，1909年还诞生了英国最早的规划教育（利物浦大学城市设计系）和英国第一份规划专业期刊、至今仍享盛名的《城镇规划评论》，数年后的1914年英国城市规划学会（The Town Planning Institute）组立[②]。一个独立学科正式形成的三个标志——专业人员、教育机构和机关刊物至此均已具备，且均由田园城市运动所致，深远影响了英国和世界的城市规划发展。

9.7　结语

霍华德提出田园城市思想，迅即促发了一场席卷全球的田园城市运动，不但深刻影响了人们的居住环境和生活方式，在此过程中也诞生了城市规划专业和学科，现代规划史上的很多重要人物和事件均与之密切相关。田园城市运动既是将田园城市思想迅速传播到世界各地、促使各国政府渐次将城市规划纳为职能部门的过程，也是不断修订、完善和扩充田园城市思想的过程。本章首先阐明田园城市研究体系的组成，即包括研究田园城市思想的形成和演替过程、田园城市运动及其实践所产生的影响等方面内容，指出专业化和全球化是田园城市运动的两个重要特征。本章主要考察了田园城市运动在英国的起源与发展，论述田园城市思想转为实践过程中所经历的调整和变化，相关理论的发展与演替，考察英国田园城市运动重心从建设田园城市到城郊田园住区转移、从住宅区设计到区域规划的历史过程。

霍华德的田园城市思想是英国田园城市运动的理论基础，但在运动之初就因便于实施和管理而在诸多方面都被修订，其目的不再是牵动全局的社会改良，而是转以建设有益健康、环境良好的田园郊区为首要任务。随着田园城市运动的开展，不同背景、立场和职业的人物深涉其中，考察这些个性鲜明的人物的规划思想和规划，及其对田园城市思想完善与传播的独特贡献，是本研究的一条主要线索。

随着田园城市运动实践的开展，霍华德念兹在兹的改革社会结构和分配方式的宏愿逐渐被定型化的设计手法所取代，田园城市运动的重心从建设占地广大、寓乡于市、环绕农业地带的田园城市，转到建设洁净卫生、街景优美、绿化充分的城郊田园住区。以恩翁为代表，在参考德国城市设计传统的基础上，形成了一整套田园城市设计的原则，包括蜿蜒的街道系统、良好的绿化体系、较低的建筑密度（“一英亩12户”）和多样化的住宅风格，

---

① Stephen Ward. Planning and Urban Change［M］. London: SAGE Publications, 2004: 85-86.

② 二者均为阳光港镇的创办人利弗所资助，利物浦大学受美国城市美化运动的影响颇大。Stephen V. Ward. A Pioneer “Global Intelligence Corps”?［J］//The Internationalisation of Planning Practice, 1890—1939. The Town Planning Review, 2005, 76（2）: 119-141.

等等。这些技术手段易于掌握和模仿，为推广新建城郊田园住区创造了条件。因此，经过专门训练的规划师和技术官僚成为推动田园城市运动的重要力量，在此过程中产生了独立的规划专业。 而城市规划也成为政府的重要职能部门，深刻地影响了20世纪城市的形态和发展。

随着城市规划专业的形成，恩翁、亚当斯等专业人员占据了越来越多的话语权，“人们通常混淆了他们的观点与霍华德原来思想的区别”，田园城市运动也越来越背离霍华德的最初设想，而自循其发展的路径。这反而说明田园城市思想具有很大的伸缩性和灵活性，其庞大的内容允许多重解释的可能，能独立分解不同的部分服务于不同的地区和目的。这一特性也使田园城市运动能够在全球范围内迅速发展。

第10章
全球图景中的田园城市运动（二）：田园城市运动在欧美的传播、调适与创新

田园城市思想是霍华德在《明日》一书中首先提出的理论体系：在自愿、自助和自由的基础上建立新城，并在新城周边设置农业带和城市的绿化体系等，其目的是限制城市的无序扩张，从而实现“寓乡于市、寓工于农”，进而在更大区域上形成级差有序的新城组群，彻底改变英国当下的空间结构和分配方式。田园城市思想及由其促发的田园城市运动均为现代规划史上的重大事件。它们对人们的居住环境和生活方式产生了巨大深远的影响，不论在西方还是包括我国在内的非西方世界，其影响至今仍触处可感。

上一章论述了英国田园城市协会的创立与英国田园城市运动的开展。由于现代城市规划思想和活动的全球性特征，田园城市思想也迅即传到欧洲和北美，经过各地的相应调整后，开始了一场席卷世界的田园城市运动。其中，美国的相应实践对补充田园城市思想和完善设计原则作出了突出贡献，也进一步推动了田园城市运动的全球实践。

10.1　田园城市运动在欧洲大陆的传播与式微

霍华德曾说：“（田园城市）解决了英国的城市问题，也同样能解决欧洲、美洲、亚洲和非洲的问题”①。田园城市运动的重要特征，其一是田园城市思想全球传播的国际性，其二则因各国国情和文化特征的不同，其在不同国家的发展路径和表现方式彼此各不相同。欧洲的主要资本主义国家如法（1903年）、德（1907年）、比、荷等国均很早就将霍华德的著作翻译引进（图10-1），且迅即成立了各国的田园城市协会，北欧各国也积极响应，使欧洲的田园城市运动在一战之前达到鼎盛。一战结束后，在现代主义运动和社会主义运动的交相冲击下，性质趋于保守、复古的田园城市思想受到激烈

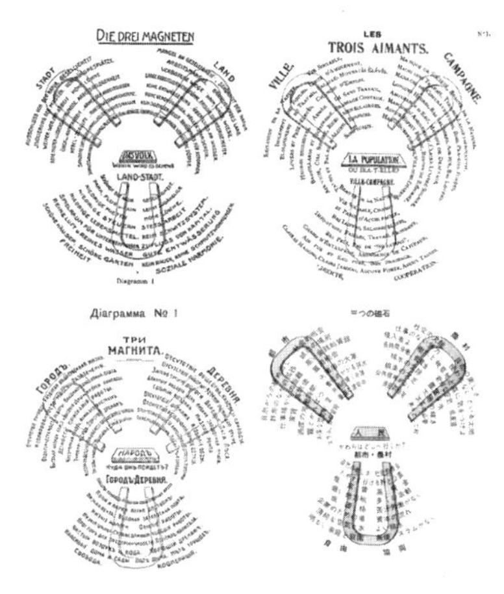

图10-1　霍华德著作法、德、俄、日译本中的“三磁石图”

资料来源：Stephen Ward，ed. The Garden City：Past，Present and Future［M］. London：E & Fn Spon，1992：195.

① 转引自Stanley Buder. Visionaries and Planners：The Garden City Movement and the Modern Community. Oxford：Oxford University Press，1990：133.

批判，逐渐在欧洲陵夷衰微。

10.1.1 1920年代以前田园城市思想在欧洲各国的传播与调适

德国是后起急进的资本主义国家，在世纪之交也经历着和英国类似的城市问题。德国的城市规划和城市管理在确立法规和理论化等方面素来领先欧洲各国[①]，由施蒂本（Joseph Stübben）撰写的《城市建筑》一书总结了城市设计的各要素[②]，与西特（Camelio Sitte）[③]和恩翁的著作[④]并称为西方早期城市规划的三大经典。而西特的著作提倡中世纪小城镇的封闭街景和蜿蜒的道路格局，不但对德语国家也对整个西方世界的城市设计美学都产生了深远影响，也是恩翁后来制定田园城市设计诸原则的重要参考。

德国思想家弗里奇（Theodor Fritsch，1852—1933年）的"未来城市"理论早于《明日》一书两年出版（1896年），颇多观点与霍华德的田园城市思想相似。德国田园城市协会于1902年成立，是最早成立的海外分属组织，十年间会员人数增至2000余人；霍华德的著作也于1907年被译成德文。曾任伦敦德国大使馆文化参赞、后来创建德意志制造同盟的著名建筑师穆特修斯（Hermann Muthesius，1861—1927年）于20世纪初开始仿效英国的范例设计德国的田园住宅，尤以赫勒奥村（Hellerau）最为著名（图10-2、图10-3），是德国田园城市运动的杰作。当时格罗皮乌斯曾在其事务所中工作[⑤]。

由于德国城市的土地价格腾贵，是英国相同地段和面积土地的6~7倍[⑥]，因此用多层公寓式住宅取代独幢别墅，"即使是在农村也建造2层楼高、供4户居住的联排住宅以节约土地"[⑦]。此外，德国建筑师虽取法恩翁式的道路系统和街景布置，但在住宅建筑设计中添入本地元素，如普遍使用孟莎式坡屋顶，且坡顶很少突出主屋脊之上以保持屋脊的完整性，使其具有显著的德国特征。

法国则自19世纪中叶巴黎改造就形成了完善的巴洛克式城市设计原则，以气度宏阔和具有城市气息著称，与英国向往田园牧歌的生活大相径庭。但法国这种依赖政府的大量投资仅限于中心城区的城市建设，城市其他区域的建设则任由私人资本自行其是。因此，法国迟迟未发展出系统和全面的城市规划，甚至巴黎改造的主持者奥斯曼也"仅自认为是一

① Anthony Sutcliffe. Towards the Planned City [M]. Oxford: Basil Blackwell, 1981.

② Joseph Stubben. City Building [M]. Julia Koschinsky, Emily Talen, Tran. Arizona State University Press, 2014.

③ Camillo Sitte. City Planning According to Artistic Principles [M]. New York: Phaidon Press, 1965.

④ Raymond Unwin. Town Planning in Practice [M]. London: Adelphi Terrace, 1909.

⑤ Stanley Buder. Visionaries and Planners: The Garden City Movement and the Modern Community [M]. Oxford: Oxford University Press, 1990: 135-138.

⑥ Professor Eberstadt. The Problem of Town Development [J]. Garden Cities and Town Planning, New Series, III, 1913: 200-205.

⑦ Patrick Abercrombie. Some Notes on German Garden Villages [J]. The Town Planning Review, 1910, 1 (3): 246-250.

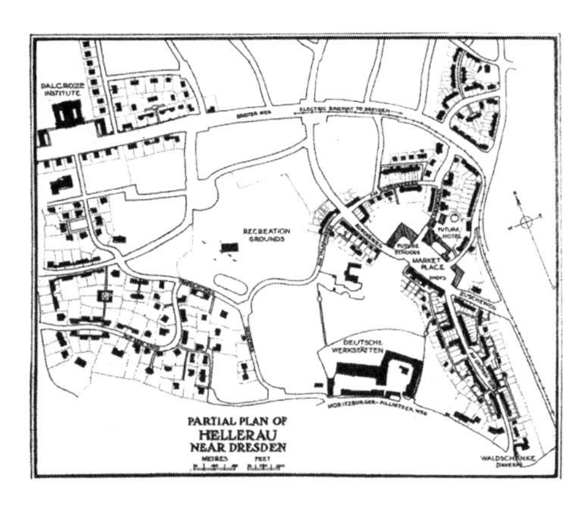

图10-2 赫勒奥村总平面图（1907—1911年）
资料来源：Robert Stern，David Fishman，Jacob Tilove. Paradise Planned：The Garden Suburb and the Modern City［M］. New York：The Monacelli Press，2013：291.

图10-3 赫勒奥村模型（德国住宅的屋顶坡度一般较陡峭，气窗形式亦较特殊，此为不同于英国田园城市住宅的区别）
资料来源：Patrick Abercrombie. Some Notes on German Garden Villages［J］. The Town Planning Review，1910，1（3）：Plate 73.

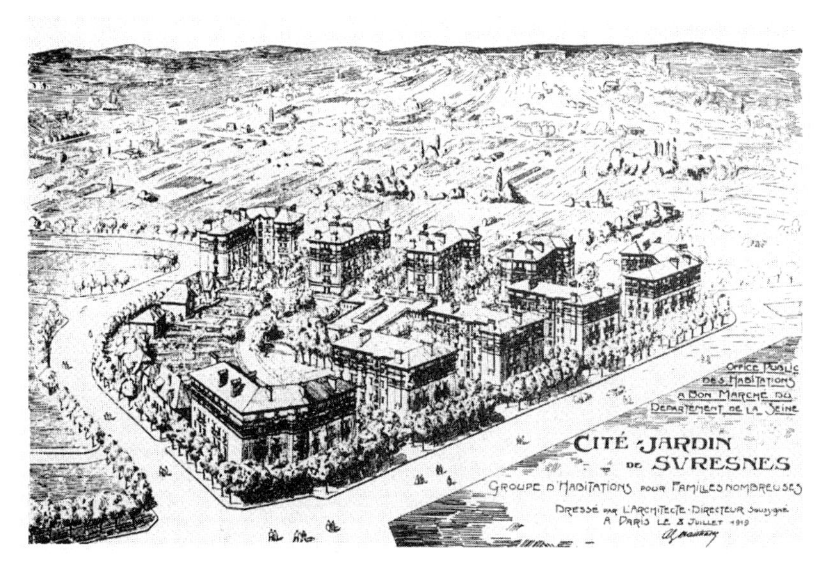

图10-4 法国一处按照田园城市原则设计的田园郊区透视图（可见其占地较小而建筑为多层公寓）
资料来源：Stephen Ward，ed. The Garden City：Past，Present and Future［M］. London：E & Fn Spon，1992：62.

名具有前瞻眼光的工程师而已”[①]。

法国的田园城市协会由一名律师（George Benoit-Levy）成立于1903年，并由其组织进行田园郊外住宅区的设计和建设，但和德国一样，其住宅形式多为多层公寓（图10-4）。他本人则因专业背景的限制，虽对城市疏散的正确性确信不疑，但同时也被西班牙的马塔等人提出的线性城市理论所吸引。因此，他罔顾二者的本质区别，于1907年将该协会改称

① Anthony Sutcliffe. Towards the Planned City［M］. Oxford：Basil Blackwell，1981：204.

“田园城市与线性城市协会”，对田园城市思想在法国的传播造成不少混淆①。同时，高密度、气度恢弘的城市住宅成为法国城市景观重要的组成部分，闲适便利的城市生活方式也已融入其民族文化中。因此，相对欧洲他国而言，以低密度和乡村生活为特征的田园城市运动对法国的影响始终较小。

田园城市运动另一处蓬勃发展的区域是北欧。20世纪初随着本土文化复兴运动的发展，北欧各国相继开展了对自身文化特征的发掘和整理；同时，挪威、芬兰在20世纪初获得独立，民族主义思潮发展迅速，各自系统总结了具有民族特色的民居、歌谣、文学等艺术形式，也为北欧独具特色的田园城市运动奠定了基础。田园城市在其他欧洲国家的普及及其所取得的耀目的成就，成为北欧各国进行现代化和城市建设时效仿的样本。由于北欧的城市化水平较低而人口密度亦较低，并未经历英、德等国那样的严重城市问题，因此没有接受田园城市思想中有关消弭现有大城市、限制城市人口的部分。但田园城市运动所尽力提倡的郊外住宅区则作为城市发展的一种科学、可行的方式，与当地传统的生活居住方式相契合，因此田园城市思想甫经引入即在北欧各国大获流行。

田园城市运动在其他欧洲大陆国家逐渐衰微之时，北欧仍在继续发展田园城市的理论和实践，并取得了新进展。除瑞典的多处新城建设仍参照恩翁的田园城市构想进行外②，芬兰建筑师老沙里宁（Eliel Saarinen，1873—1950年）针对赫尔辛基的城市发展提出了著名的“有机疏散”方案，实质上是在田园城市思想的基础上结合当地自然和经济条件而作的调整与改进（图10-5）。这也是欧洲田园城市运动在当时为数不多的创造性发展之一。

图10-5 伊利尔·沙里宁根据有机疏散思想制定的赫尔辛基规划鸟瞰图
资料来源：Wolfgang Sonne: Dwelling in the Metropolis: Reformed Urban Blocks 1890—1940 as a Model for the Sustainable Compact City [J]. Progress in Planning, 2009(72): 53-149.

① Jean P. Gaudin. The French Garden City [M] //Stephen Ward, ed. The Garden City: Past, Present and Future. London: E & Fn Spon, 1992: 52-68.

② Heleni Porfyriou. Artistic Urban Design and Cultural Myths: The Garden City Idea in Nordic Countries, 1900—1925 [J]. Planning Perspectives, 1992, 7: 3, 263-302.

在赫尔辛基西北郊，芬兰的大开发商购置土地后请沙里宁进行详细规划和单体建筑设计。沙里宁对所在地块连同赫尔辛基的历史情况进行细致分析，根据历史空间肌理特征、人口结构、地形地貌、产业发展等因素，将行政区和居住区依低矮的山脉和大片河谷布置，居住区之间以郊野公园区隔开，并与工业区脱离。沙里宁采用芬兰的传统风格设计了办公和住房，整个规划从总平面布局到建筑样式的设计手法都与田园城市设计一致（图10-6）。

图10-6 伊利尔・沙里宁设计的赫尔辛基西北郊新城（Munkkinemi-Haaga）总平面（1915年）

资料来源：Vittorio M. Lampygnani. Architecture and City Planning of the Twentieth Century [M]. New York: Reinhold Co., 1980: 144.

10.1.2　社会主义运动、现代主义运动与田园城市运动：1920年代以降的挑战

受战火的破坏，第一次世界大战结束后欧洲各国均出现“房荒”，引起了城市居民尤其是工人阶层的不满，强烈要求改变现状。而俄国十月革命的成功促进社会主义思想和暴力革命的蔓延，更激化了阶级矛盾，使得各国政府不得不重视和干预工人阶级的住房问题，以维持政局稳定，宣告了自由放任政策（laissez-faire policy）的终结。在这种情形下，霍华德所设想的独立于政府、借由民力自行发展的新城建设已成无根之木。

1920年代的田园城市运动的主要受众是中产阶级和较富有的工人阶层，以在远离城市中心的郊外选址新建住宅的方式，采用历史上习见的建筑样式用于住宅和附属设施，这使它在一战结束之后越来越受到来自两方面的批判：社会主义者抨击它与城市和现实社会保持距离的“逃避主义”态度，现代主义者则集中攻击其保守的设计思想和方法。

奥地利的社会主义政党社会民主党通过选举控制了维也纳市政府，即著名的“红色维也纳时期”（1919—1934年）（图10-7），并随即开始推行由政府资助的大规模公共住房建设，在旧城选址兴建为工人阶级家庭服务的集中住宅。其中最著名的是建成于1930年的卡尔・马克思公寓（Karl Marx-Hof），在这幢横跨4个有轨电车站点的建筑中，不但可供1300余户家庭居住，而且提供幼儿园、食堂、图书馆等公共服务设施，设计容纳5000居民（图10-8）。这一人口规模与霍华德田园城市图式中的一个居住区（ward）相当，但二者的设计出发点和空间组织形式大相径庭：从城郊转向内城，由分散变为集中；通过选址和空间组织安排，社会主义者所推崇的集体主义意识形态得以反映，也使居民不再仅仅专注于自

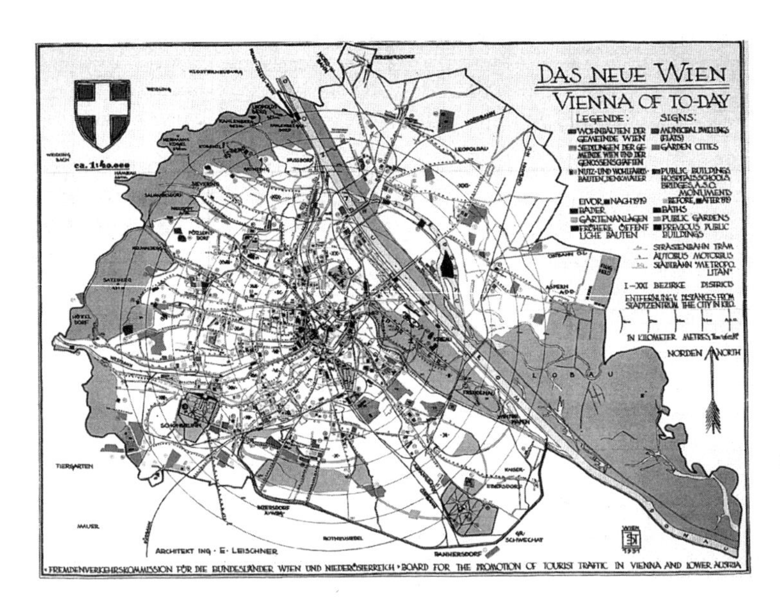

图10-7“红色维也纳”时期由市政府建设的住宅及公共服务设施分布图（1931年）

资料来源：Eve Blau, Monika Platzer. Shaping the Great City [M]. Munich: Prestel, 1999: 209.

图10-8“红色维也纳”时期建造的卡尔·马克思公寓（1930年）

资料来源：Eve Blau. The Architecture of Red Vienna, 1919—1934 [M]. Cambridge: MIT Press, 1999: 137.

身的内省而更关注现实政治①。

“一战”后骤然兴起的现代主义运动是田园城市运动面临的另一大挑战。现代主义要求与传统割裂，这一革命思想与田园城市运动谋求与历史相联系的意识形态格格不入，后者因此也时常被批评因没有充分利用现代技术而自远于时代。“左倾”激进的现代主义者提倡建设包括高层住宅在内的密度较高、与工业化生产和机械化装配相适应的居住区，其设计质量精良但造价较独幢住宅低得多，从而为老城、为更多平民解决住房问题。这一观点得到欧洲大陆各国政府官员的支持而成为主流的规划和建筑思想。

德国是现代主义运动的中心，也是田园城市运动和现代主义运动交锋最激烈的国家，其中不乏转变立场的建筑师。恩斯特·梅（Ernst May）曾协助恩翁设计了英国的众多住宅

① 该公寓后在1934年的“二月暴动”中成为工人阶级居民对抗右翼政府镇压的据点。参见：Eve Blau. The Architecture of Red Vienna, 1919—1934 [M]. Cambridge: MIT Press, 1999.

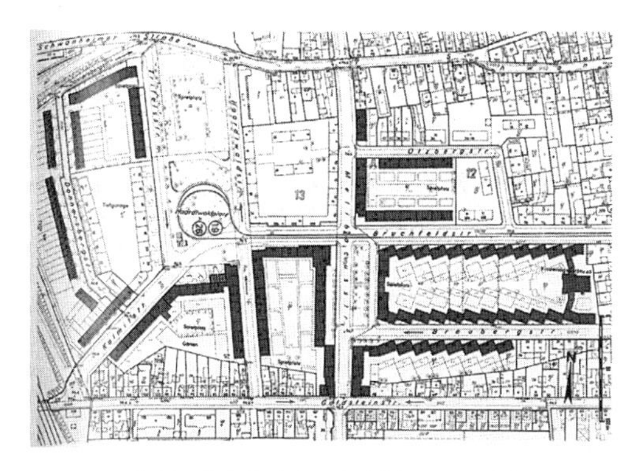

图10-9 恩斯特·梅主持建造的法兰克福郊区住宅（1926年，建筑密度和道路形式均不同于田园城市设计，红色部分为住宅）
资料来源：Robert Stern，David Fishman，Jacob Tilove. Paradise Planned：The Garden Suburb and the Modern City［M］. New York：The Monacelli Press，2013：362.

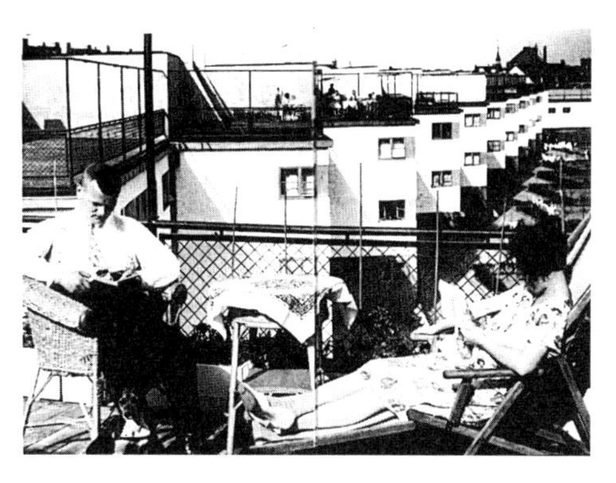

图10-10 法兰克福郊外的一处住宅区（Bruchfeldstrasse）（从屋顶花园鸟瞰院落，恩斯特·梅设计，1928年，该处住宅因其锯齿形平面布局也得名“锯齿住宅”（Housing Zigzag））
资料来源：Angelo Maggi教授提供.

项目。1925年他开始负责法兰克福公共住宅建设，放弃了恩翁式的蜿蜒道路系统而采用笔直的格网路和剔除一切冗余装饰的建筑风格，并利用快速交通联系不同的居住区①（图10-9、图10-10）。住宅的设计和布置也从英国式的独幢式变为连排的多层公寓，尤其在拼接形式上作了处理，内部引入大面积绿地，形成颇具现代感的居住区空间，将田园城市式住区的复古气氛一扫而空。

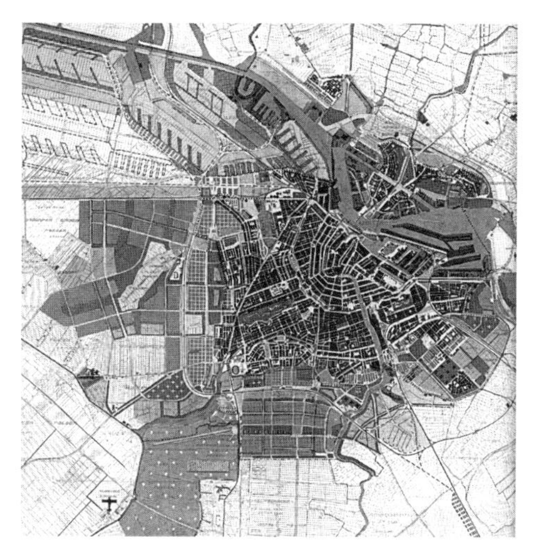

图10-11 伊斯滕主持设计的阿姆斯特丹总体规划（1929—1933年）
资料来源：Digital Archives of the College of Environmental Design，UC Berkeley.

荷兰曾于1924年采用恩翁的绿化带和卫星城理论作为其首都规划的指导思想，但1929年年轻的现代主义规划师、后任CIAM主席的伊斯滕（Cornelis Van Eesteren，1897—1988年）认为原方案过于浪费土地和效率低下，转而采用现代主义规划的指导思想重新制订了方案，在严格功能分区的基础上，采取以港口区为核心、其他区域相互毗邻的紧凑式布局方案②（图10-11）。与其他现代主义规划家一样，伊斯滕及其同事特别强调

① Catherine Bauer Wurster. The Social Front of Modern Architecture in the 1930s［J］. Journal of the Society of Architectural Historians, 1965，24（1）：48-52；Susan R. Henderson. Ernst May and the Campaign to Resettle the Countryside：Rural Housing in Silesia，1919—1925［J］. Journal of the Society of Architectural Historians，2002，61（2）：188-211.

② W. Dougill. Amsterdam：Its Town Planning Development［J］. *The Town Planning Review*，1931，14（3）：194-200.

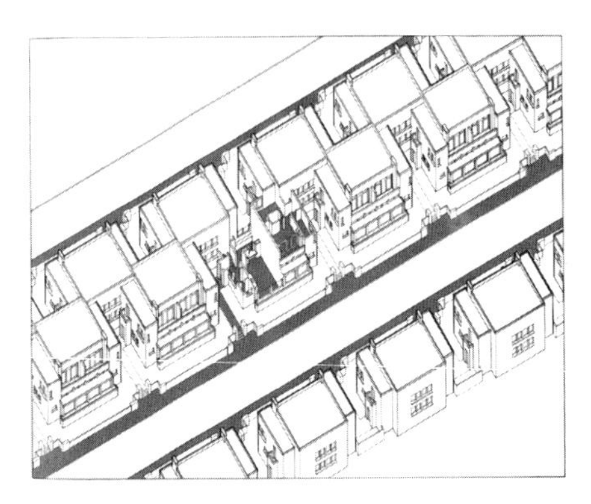

图10-12 荷兰海牙（Hague）一处住宅（Daal en Berg Duplex Houses）的轴测图（威尔斯设计，1920年）

资料来源：Roger Sherwood. Modern Housing Prototypes［M］. Cambridge：Harvard University Press，1981：39.

图10-13 威尔斯设计的住宅区外观（1920年）

资料来源：Roger Sherwood. Modern Housing Prototypes［M］. Cambridge：Harvard University Press，1981：40.

城市的功能分区及道路交通网的效率和合理性，这也是1933年CIAM大会上由柯布西耶等人提出“功能城市”（Functional City）的重要参考对象。

如果在城市的总体规划上现代主义规划与田园城市的差别体现得还不太明显，那么荷兰在1920年代的住宅设计则体现出显著区别于英国那种工艺美术运动的风格。作为现代主义运动重要支流的荷兰“风格派”建筑师，如奥德（J. J. P. Oud）、多斯伯格（Theory van Doesburg）、威尔斯（Jan Wils）等人，在这一时期积极采取新建筑材料设计了一批适应城市环境的新式独幢住宅。在城市中，由于地价昂贵且占地有限，这些住宅常彼此相接，因此采取平屋顶并设置屋顶花园，融合新结构和新形式，并逐渐成为现代主义住宅的设计标准（图10-12、图10-13）。

综合上述，田园城市思想传入欧洲各国后经历了不同的调整和变更，也体现在相应的田园城市运动实践中。1928年CIAM成立后，重视老城更新、功能分区等提高城市效率的现代主义城市规划思想逐步成为规划师们关注的中心议题，柯布西耶对巴黎的数轮规划方案即为其重要体现。相形之下，1920年代以降的田园城市运动在欧洲显得黯淡无光。但在大洋彼岸的美国，田园城市运动仍具有巨大的吸引力和影响力，不但继续蓬勃发展并作了若干重要创造，而且焕发着一股田园城市运动发轫时的那种万物竞发的气息。

10.2 田园城市运动在美国的发展与创新

霍华德曾寓居芝加哥四年（1873—1876年），时值芝加哥罹遭大火后的重建时期，也正值美国景观建筑大家奥姆斯特德在芝加哥郊外建成河边（Riverside）住区（图10-14），其蜿蜒曲折的道路系统、大量的绿化面积和精心设计的住宅的良好朝向，一如30多年后田园城市运动的作品。但1870年代的这类项目规模颇小，服务对象仅为上流阶层，而政府也置身事外。这一状况直至1920年代城市规划在美国形成后才得以改变。

10.2.1 美国新组织的创立及其核心人物

和英国不同，美国城市规划是作为19世纪末开始的城市美化运动的一部分而诞生的，关注的是如何调度必要的资源使重建的中心城区以其恢弘气度体现美国国力及建设成就。这与英国城市规划基于对城市卫生问题及住房改良，或德国对立法的重视均有很大差别，说明西方城市规划的出现各有其不同的历史和文化背景，其目的也不相同。

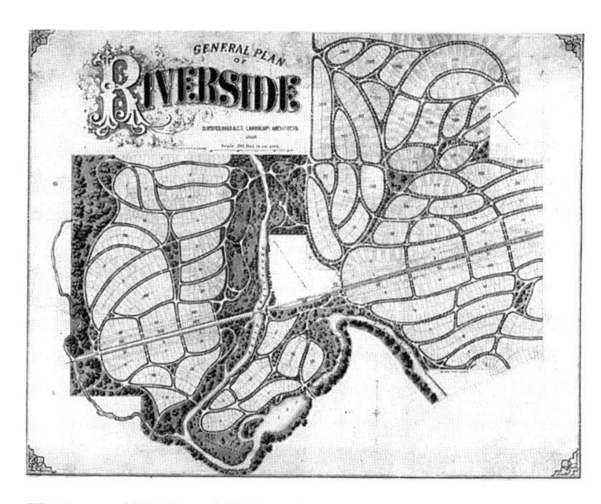

图10-14 美国景观建筑大师奥姆斯特德设计的芝加哥郊外住宅区（1869年）

资料来源：Irving Fisher. Frederick Law Olmsted and the City Planning Movement in the US［M］. Ann Arbor：UMI Research Press，1986.

美国的城市规划虽能调度必须的资源进行大规模的项目建设，尺度远迈英、德等国，但规划区域毕竟很小，也无法惠泽广大民众的日常生活；同时由于政府不介入市场，建筑师和规划师为实现其设计构想，必须争取财力雄厚的资本家的支持并服务于其利益，很难产生更宏大的规划理想。因此，美国知识分子推崇英国田园城市运动的原因之一，是借之批判美国城市规划受制于私人资本和市场因素所产生的各种消极结果。

美国田园城市协会创立于1907年，主要寻求大企业的资助从事工业新村的建设，但未能摆脱对资本和市场的依赖，对政府政策的影响殊少，不数年其活动即近趋于无。由于田园城市运动实践（城郊田园住区）与美国的居住意识形态十分相似，一批以纽约为中心的美国知识分子和建筑师仍持续跟踪英国田园城市运动的进展。一战期间他们借由政府获得公共住房设计的机会，于1923年成立了新的组织。为了与此前的美国田园城市协会相区别，他们采用了貌似无关的新名称——美国区域规划协会（Regional Planning Association of America），旨在推进田园城市运动在美国的传播和发展，也开启了美国城市规划的新时代。

美国区域规划协会是由一群成长于纽约、来自不同专业的文化精英组成的沙龙聚会组织。与英国等田园城市协会不同，这一组织成员颇少且不以扩充人数为主要目标，组织形式也松散得多。美国区域规划协会没有走英国田园城市协会那样的“上层路线”，他们没有直接从议会寻求立法支持，而是主要依赖媒体传播其观点以图改变民众的意识，进而逐步影响政府的公共政策。

美国区域规划协会的主将是毕业于哥伦比亚大学建筑学院、受过严格包扎艺术训练的斯泰因（Clarence Stein，1882—1975年），他与来自费城的建筑师亨利·莱特（Henry Wright，1878—1936年）一道设计了雷德朋住宅区等著名项目，将美国的田园城市运动推向高潮。另一位主要成员是毕业于哈佛大学林学专业的麦凯（Benton MacKaye，1879—

An Appalachian Trail

A Project in Regional Planning

By BENTON MACKAYE

SOMETHING has been going on in this country during the past few strenuous years which, in the din of war and general upheaval, has been somewhat lost from the public mind. It is the slow quiet development of a special type of community—the recreation camp. It is something neither urban nor rural. It escapes the hecticness of the one, the loneliness of the other. And it escapes also the common curse of both—the high powered tension of the economic scramble. All communities face an "economic" problem, but in different ways. The camp faces it through co-operation and mutual helpfulness, the others through competition and mutual fleecing.

We civilized ones also, whether urban or rural, are potentially as helpless as canaries in a cage. The ability to cope with nature directly—unshielded by the weakening wall of civilization—is one of the admitted needs of modern times. It is the goal of the "scouting" movement. Not that we want to return to the plights of our Paleolithic ancestors. We want the strength of progress without its puniness. We want its conveniences without its fopperies. The ability to sleep and cook in the open is a good step forward. But "scouting" should not stop there. This is but a faint step from our canary bird existence. It should strike far deeper than this. We should seek the ability not only to cook food but to raise food with less aid—and less hindrance—from the complexities of commerce. And this is becoming daily of increasing practical importance. Scouting, then, has its vital connection with the problem of living.

A New Approach to the Problem of Living

The problem of living is at bottom an economic one. And this alone is bad enough, even in a period of so-called "normalcy." But living has been considerably complicated of late in various ways—by war, by questions of personal liberty, and by "menaces" of one kind or another. There have been created bitter antagonisms. We are undergoing also the bad combination of high prices and unemployment. This situation is world wide—the result of a world-wide war.

It is no purpose of this little article to indulge in coping with any of these big questions. The nearest we come to such effrontery is to suggest more comfortable seats and more fresh air for those who have to consider them. A great professor once said that "optimism is oxygen." Are we getting all the "oxygen" we might for the big tasks before us?

"Let us wait," we are told, "till we solve this cussed labor problem. Then we'll have the leisure to do great things."

But suppose that while we wait the chance for doing them is passed?

It goes without saying we should work upon the labor problem. Not just the matter of "capital and labor" but the *real* labor problem—how to reduce the day's drudgery. The toil and chore of life should, as labor saving devices increase, form a diminishing proportion of the average day and year. Leisure and the higher pursuits will thereby come to form an increasing proportion of our lives.

But will leisure mean something "higher"? Here is a question indeed. The coming of leisure in itself will create its own problem. As the problem of labor "solves," that of leisure arises. There seems to be no escape from problems. We have neglected to improve the leisure which should be ours as a result of replacing stone and bronze with iron and steam. Very likely we have been cheated out of the bulk of this leisure. The efficiency of modern industry has been placed at 25 per cent of its reasonable possibilities. This may be too low or too high. But the leisure that we do succeed in getting—is this developed to an efficiency much higher?

The customary approach to the problem of living relates to work rather than play. Can we increase the efficiency of our *working* time? Can we solve the problem of labor? If so we can widen the opportunities for leisure. The new approach reverses this mental process. Can we increase the efficiency of our *spare* time? Can we develop opportunities for leisure as an aid in solving the problem of labor?

An Undeveloped Power—Our Spare Time

How much spare time have we, and how much power does it represent?

The great body of working people—the industrial workers, the farmers, and the housewives—have no allotted spare time or "vacations." The business clerk usually gets two weeks' leave, with pay, each year. The U. S. Government clerk gets thirty days. The business man is likely to give himself two weeks or a month. Farmers can get off for a week or more at a time by doubling up on one another's chores. Housewives might do likewise.

As to the industrial worker—in mine or factory—his average "vacation" is all too long. For it is "leave of absence *without* pay." According to recent official figures the average industrial worker in the United States, during normal times, is employed in industry about four fifths of the time—say 42 weeks in the year. The other ten weeks he is employed in seeking employment.

The proportionate time for true leisure of the average adult American appears, then, to be meagre indeed. But a goodly portion have (or take) about two weeks in the year. The industrial worker during the estimated ten weeks between jobs must of course go on eating and living. His savings may enable him to do this without undue worry. He could, if he felt he could spare the time from job hunting, and if suitable facilities were provided, take two weeks of his ten on a real vacation. In one way or another, therefore, the average adult in this country could

图10-15　麦凯发表于1921年的文章首先提出跨行政区划的阿巴拉契亚山脉保护和开发规划，此图为这一著名文章的第1页

资料来源：Benton Mackaye. An Appalachian Trail：A Project in Regional Planning［J］. The Journal of the American Institute of Architects，1921（IXX）：3-7.

1975年），他极力主张根据美国的自然环境进行跨行政区划的区域规划，并主持规划了绵延2000余英里、横贯美国东海岸的“阿巴拉契亚游道”（The Appalachian Trail），成为生态保护的范例和著名旅游线路[①]（图10-15）。本书第16章将会详细论述麦凯的区域规划思想及其对现代城市规划的重要意义。

我国读者所熟悉的芒福德当时是美国区域规划协会最年轻的成员。他受格迪斯的影响颇大，虽然未受正规的大学教育但其广泛兴趣和文辞天赋使其活跃于各种媒体上，致力于宣传以人为本的田园城市思想，从城市和区域角度认为可以通过疏解城市人口和将松散的郊区联成紧凑、能够自给的居住区，实现“均衡、有机的人类生活环境”[②]。

1920年代末美国区域规划协会在开展新型住区实践和呼吁政府干预规划活动等方面已具相当影响力。巧合的是，1920年代末的经济危机使主张政府干预经济生活的凯恩斯主义大行其道，美国区域规划协会所推崇的城市规划也被纳入罗斯福总统的“新政”的一部分，用于指导安置工业和劳动力的新城建设（Greenbelt Program）。美国区域规划协会也因

① Daniel Schaffer. The American Garden City：Lost Ideals［M］//Stephen Ward，ed. The Garden City：Past，Present and Future. London：E & Fn Spon，1992：134-136.

② 金经元．近现代西方人本主义城市规划思想家［M］．北京：中国城市出版社，1998：162-169.

主要成员离开纽约受雇于政府的不同部门，于1933年正式结束活动①。

10.2.2　美国田园城市运动的创新与历史贡献

当英国的田园城市运动用尽全力建设第二座田园城市维林而无力关注更多规划问题的时候，美国区域规划协会在区域规划、场地规划和居住区规划理论上都显示出巨大的创造力和实验精神，成功摆脱了英国式的"郊区健康生活"（suburb salubrious）道路，并丰富了最初由恩翁提出的设计原则（如每英亩不超过12户住宅）和方法。

出生上流阶层的斯泰因借由其关系网得到纽约房地产商的支持，在靠近曼哈顿的76英亩土地上率先开始了实践，于1924—1928年间设计了供1200户居住的日光花园社区（Sunnyside Gardens）。斯泰因和亨利·莱特采用了联排住宅，沿地块面向城市界面，内部则完全开敞布置绿地和儿童游乐等公共设施，停车场则按服务半径集中在若干区域。虽然纽约市区严整的方格网道路体系限制了该项目的空间结构，但在场地和住宅设计上仍体现出既不同于美国普通的住宅开发也不同于田园郊区式的布局，初步形成了"大街坊"（superblock）的概念②，人车分流的设计思想也已现雏形（图10-16）。

在此基础上，1928年斯泰因和亨利·莱特设计了著名的雷德朋新镇。虽然两位美国建筑师都是恩翁的仰慕者，但雷德朋的设计却体现了英国田园城市运动中未曾出现的两方面内容：充分考虑了机动车对居住生活的影响③，在"大街坊"概念下设计了树状道路系统以及尽端路结构，形成人车分流的道路系统，将田园城市运动正式推入汽车时代；同时，

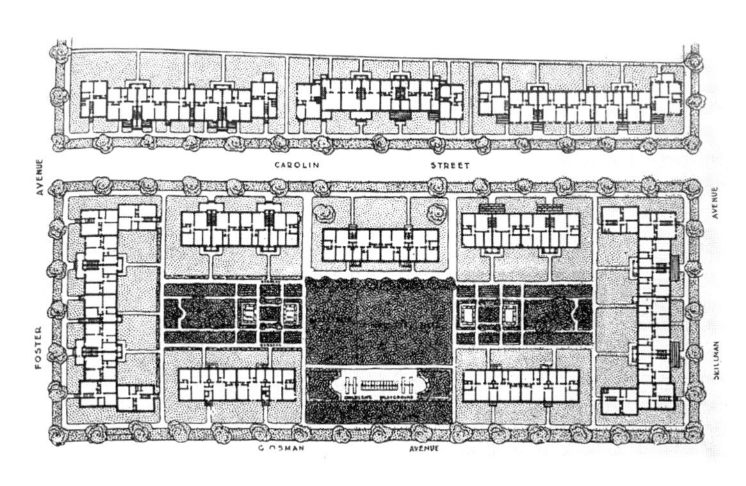

图10-16　由斯泰因和莱特合作设计的位于纽约市区的阳光花园第一期建成部分（1924年）
资料来源：Clarence Stein. Toward New Towns for America［M］. Cambridge：The MIT Press，1973：25.

---

① Kermit C. Parsons. Collaborative Genius：The Regional Planning Association of America［J］. Journal of the American Planning Association，1994，60：4，462-482.

② 即以城市中的主要交通干道为边界来划定生活居住区的范围，从而希望形成一个安全有序的居住环境。

③ 1920年代后期美国的机动车保有量为全世界的80%，而斯泰因在设计伊始就预想雷德朋的每户居民都拥有一部小汽车。

每个占地30～50英亩的大街坊包含若干组团，住宅和组团的内部空间则根据日光花园社区的规划经验加以布置，使场地设计成为有效组织社区生活、促进居民交流的重要工具[①]（图10-17、图10-18）。

与雷德朋同时进行的是美国社会学家佩里（Clarence Arthur Perry）提出的“邻里单元”理论。英国田园城市运动主要人物亚当斯曾为加拿大首都渥太华制定总体规划并设计了城郊住宅区的方案（1914—1921年）（图10-19），1921年起又主持了为期十年的纽约全市域规划研究和设计工作。在他的团队中，社会学家佩里进行的“邻里单元”研究最为著名，其将小学置于居住社区的中心，以之为出发点规划社区的交通、景观等其他部分，从而确定社区面积的大小和人口规模（每个居住单元不超过1200人）（图10-20）。这些内容与雷德朋的“大街坊”规划理论不谋而合。

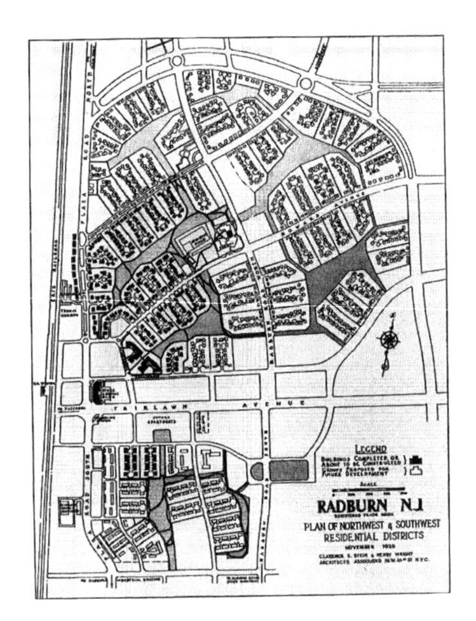

图10-17 雷德朋镇建成的居住区总平面图（道路系统分级明确，1929年）
资料来源：Stanley Buder. Visionaries and Planners: The Garden City Movement and the Modern Community［M］. Oxford: Oxford University Press, 1990.

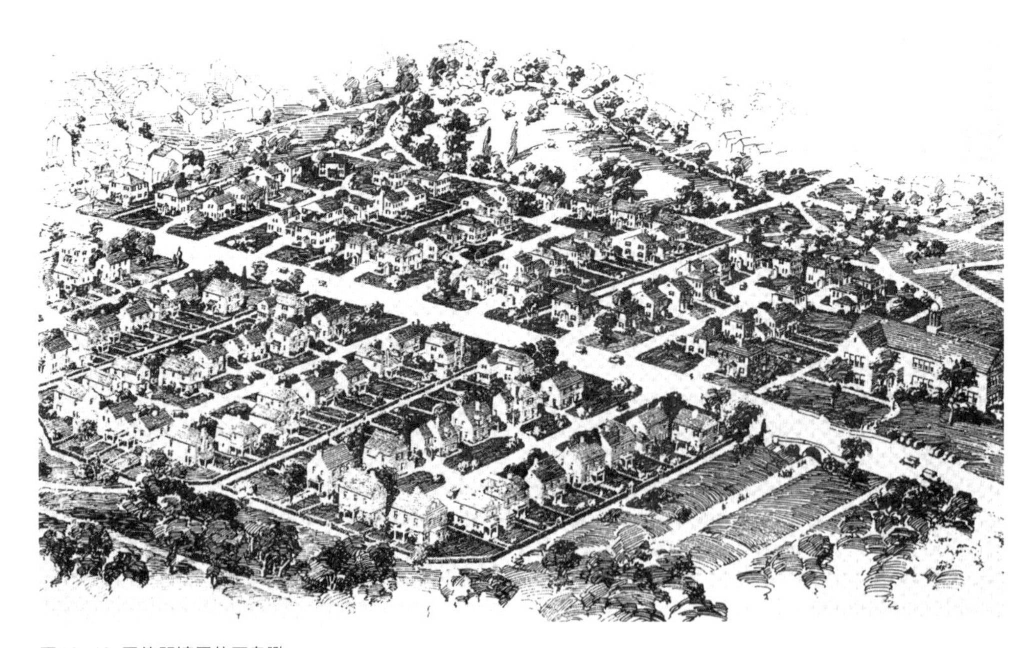

图10-18 雷德朋镇居住区鸟瞰
资料来源：Stephen Ward, ed. The Garden City: Past, Present and Future［M］. London: E & Fn Spon, 1992: 150.

① Clarence Stein. Toward New Towns for America［M］. New York: Reinhold Publishing Corp, 1957.

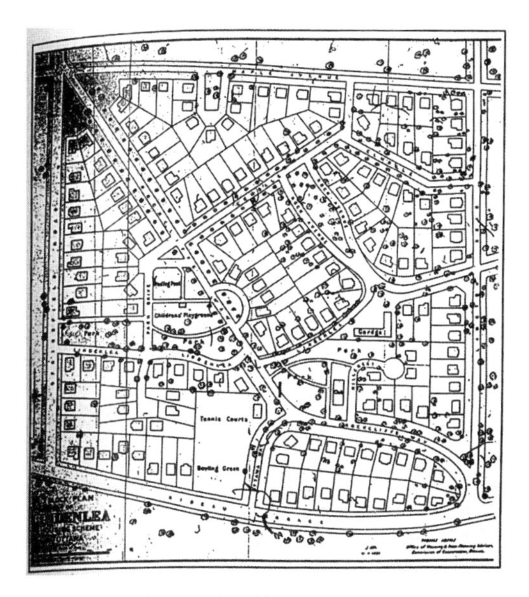

图10-19 亚当斯设计的第一处渥太华郊外住宅区（Lindenlea）（1921年）
资料来源：Robert Stern，David Fishman，Jacob Tilove. Paradise Planned：The Garden Suburb and the Modern City［M］.New York：The Monacelli Press，2013：633.

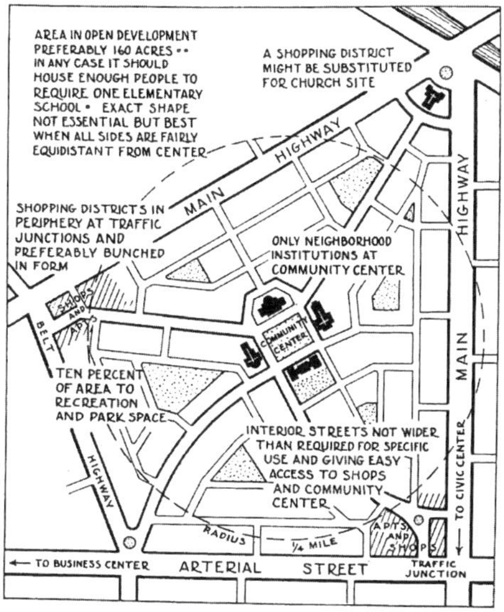

图10-20 佩里的“邻里单元”图示
资料来源：Stephen Ward. Planning and Urban Change［M］. London：SAGE Publications，2004：50.

不论是雷德朋还是“邻里单元”理论，它们均受英国田园城市思想和田园城市运动的巨大影响，它们之间有颇多类似之处。由霍华德书中的住区单元（ward）图示可见居住区已围绕学校或教堂等中心布置，唯未进行量化；而早在莱彻沃斯的道路设计中就已使用尽端道路，但未及发展出人车分流的原则。正是美国的这些创造丰富了田园城市思想，推动了其运动的深入发展（图10-21）。

尽管雷德朋因经济危机而中辍，仅完成局部建设，也放弃了环绕周边的农业地带，最终成为往返纽约的“卧城”，但其布局形态和规划思想是田园城市运动在美国创造性发展的范例，不仅对后世居住区规划影响深远，也在二战后回传到英国，直接影响了战后英国田园城市运动的余绪——新城建设（New Town Movement）。

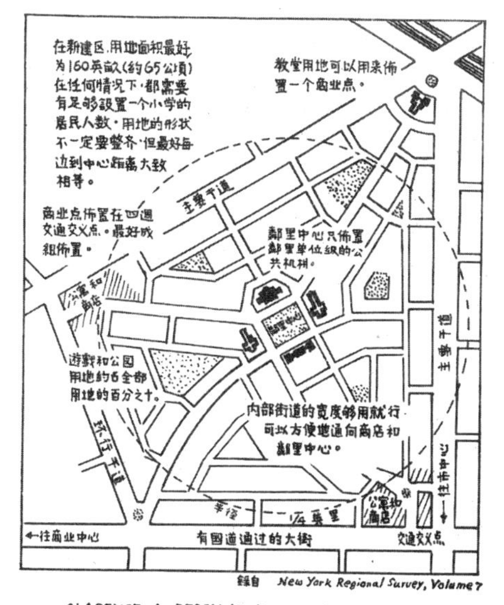

图10-21 1960年代初清华大学建筑系教师编写的城市规划教材中佩里的“邻里单元”图示
资料来源：清华大学土木建筑系城乡规划教研组. 对住宅区规划设计中一些问题的探讨［Z］. 内部资料，1963.

10.3　澳大利亚的田园城市运动及其他

霍华德曾在《明日》一书中申明，他受了英国政治家维克福德（Edward Wakefield，1796—1862年）将英国人口殖民海外并建设新城观点的影响。维克福德的观点在1837年经军事工程师威廉·莱特（William Light，1786—1839年）勘测并规划，在澳大利亚南部建设了新城阿德莱德（Adelaide）[①]。霍华德在第二版的《明日的田园城市》一书中新增了该城新旧城区的总图，"城市的发展要符合社会需求、美观和生活便利等原则……阿德莱德被周边的'公园林地'所环绕。新城区的发展越过这些'公园林地'形成了北阿德莱德"[②]。并说明了指导城市发展、最终形成田园城市组群（"社会城市"）的原则，以及环城绿地和公园的重要作用。

20世纪初澳大利亚联邦成立后，选定当时还是一片荒野的堪培拉为新首都，并举办全球规划竞赛，最终芝加哥建筑师格里芬（Walter Griffin，1876—1937年）的投标成为实施方案（图10-22、图10-23）。格里芬的规划表现了强烈的几何特性，合理地将堪培拉高低起伏的地形及其周边的山脉、湖水组织成一个系统，除了使用城市美化运动的设计手法，也遵循田园城市规划的原则，即在城市内部形成各不相同的组团，并将工业区和居住区隔

图10-22 伊利尔·沙里宁的堪培拉竞赛方案（第二名）（1913年）
资料来源：John W. Reps. Canberra 1912：Forgotten Plans & Planners of the Australian Federal Capital Competition［M］. Melbourne University Press，1993.

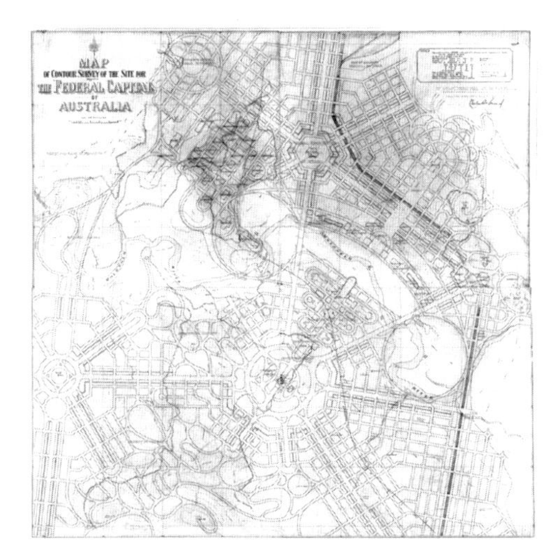

图10-23 格里芬获竞赛头奖的堪培拉规划总图（1913年）
资料来源：A. J. Brown. Some Notes on the Plan of Canberra，Federal Capital of Australia［J］. The Town Planning Review，1952，23（2）：163-165.

① Michael Williams. The Making of the South Australian Landscape：A Study in the Historical Geography of Australia［M］. London，New York：Academic Press，1974.

② Michael Williams. The Making of the South Australian Landscape：A Study in the Historical Geography of Australia［M］. London，New York：Academic Press，1974：140.

离开，这种布局符合田园城市限制城市扩张的精神。这次国际竞赛中中标的还包括以有机疏散理论著称的老沙里宁和宣扬区域规划的美国建筑师柯米，均在其方案中出现了弧线形、几何状的住宅区。

由于澳大利亚地广人稀，在地价较低的郊外建造独幢住宅成为当地的主流居住方式。但由于经济水平欠发达，直至20世纪50年代，“几乎没建成一处能与英国城郊住区相媲美的案例”[①]。堪培拉自身的建设也历经波折，几度中辍。直至1950年代，澳大利亚政府才在英国规划思想的影响下推行新城建设，并以卫星城理论指导大城市的发展规划。

20世纪初英国的一些殖民地首都城市的规划也采取了与堪培拉类似的规划手法：结合城市美化和田园城市的设计手法，利用规整、笔直的道路作为行政区，而采用舒缓、弯曲的路网作为居住区[②]。其中最典型的是印度的新德里规划。城市的骨架由纵横两条大道构成。下一章将详细论述之。

10.4　结语

本章考察20世纪上半叶田园城市运动在欧美等国的发展历史，比较研究不同国家的田园城市运动发展路径的差别与原因，着重探讨田园城市运动在英国发展的不同历史阶段、在欧洲渐趋式微的原因及在美国的重要创新。

20世纪之交的主要西方资本主义国家大都面临着城市过度拥挤等问题，田园城市运动为其提供了疏解城市人口和工业的行之有效的方法，田园式城郊住区的兴建风靡一时；田园城市的设计原则如道路格局、住宅形式、绿化规模形成了被普遍接受的设计标准，形成了一场名副其实的全球化运动。田园城市运动迅速席卷全球，并在美洲得到蓬勃推进，可见这一运动的全球传播之疾烈，不因地理位置的远近而影响其发展。

但是，由于各国文化背景和经济发展状况差异颇大，对待田园城市思想的态度及其解读彼此不同：法国知识界对田园城市思想的理解偏差甚大，田园城市运动在该国一直沉郁寂然，反映了其与英国在文化和生活方式方面的巨大差别；德国因其社会和城市问题甚至相比英国更加严峻，对田园城市思想接受极快，但也随即对之产生了强烈的质疑和挑战；北欧和澳洲地广人稀，因此更注重按照田园城市的设计原则新建良好的居住区，人口疏散反非所宜。典型的还有荷兰等国因土地稀缺而无法接受大面积的绿化隔离带。

从全球范围而言，英美两国相继主导了田园城市运动。英国不但是田园城市思想的发源地，一战结束之前田园城市运动的规划思想和设计原则、标准和方法，无不唯其马首是瞻。一战结束后，由于社会主义运动和现代主义运动的迅猛发展，已失社会改良宏图、仅

---

① Robert Freestone. The Australian Garden City [M] //Stephen Ward, ed. The Garden City: Past, Present and Future. London: E & Fn Spon, 1992: 122-123.

② 实际上第一座田园城市莱彻沃斯的设计也同样如此。

以物质环境建设为务的田园城市运动在欧洲大陆逐渐被边缘化，即使在英国也因建设和管理维林耗散了注意力而无法在规划理论及方法上继续创新和探索。反而在大洋彼岸的美国出现了令人振奋的景象，不但突破了既有的田园城市设计的框架，而且使田园城市运动重新摆脱了囿于物质环境的困境，推动了之后其在世界尤其是非西方世界的深入发展。

第11章
全球图景中的田园城市运动（三）：田园城市运动在“非西方”世界之展开

以霍华德的田园城市思想为基础、以英国为发源地，一场声势浩大、最终深刻改造了居住环境和生活方式的田园城市运动在20世纪初拉开了序幕。但由于霍华德本人并无建筑专业背景，这为建筑师和规划师介入并在一定程度上主导田园城市运动的发展方向埋下伏笔①。世界上第一处田园城市莱彻沃斯（Letchworth）的规划和建筑设计由恩翁和帕克（Barry Parker，1867—1947年）承担，曲折蜿蜒、变化丰富的街景以及精心设计的独幢住宅成为田园城市设计的“标签”。这一设计手法较霍华德田园城市思想更加易为业主（开发商和政府）所接受，也因此成为田园城市运动的媒介，迅速扩及世界各地，遵循恩翁式设计原则的较小规模的优美住区代替霍华德改造社会的宏大愿景，成为田园城市运动的主要目标。

质而言之，田园城市运动既是将田园城市思想迅速传播到世界各地的过程，也是不断修订、完善和扩充田园城市思想的过程。关于田园城市在欧美国家不同历史时期的发展，既有文献所载綦详②，但其在“非西方”世界的情况则无论中外文献均少涉及。然而，田园城市运动是伴随着思想、技术、人员和价值观的全球传播而开展的一场国际性运动，只有全面地考察其在全球范围内的历史进程才能反映这一运动的全貌，基于这一广阔背景的比较研究才更有利于凸显田园城市运动在某一国或地区的特征。

因此，本章基于既有的案例研究，综述20世纪上半叶田园城市运动在“非西方”世界——俄国、非洲、中东和远东等地的发展。就其大貌而言，欧美以外的“非西方”国家对田园城市思想的接受程度及实践情况各不相同：苏联采用独特的居住区规划理论建造集合住宅，放弃了田园城市式住区的设计方法，但卫星城理论成为苏联城市总体规划的基础；非洲和巴勒斯坦地区的田园城市运动因与殖民政策密切契合，得到大力推展，但其本质与霍华德所提倡的社会改革背向而驰；日本作为后起的资本主义国家，汲引田园城市运动的技术手段和设计方法，在本土和海外殖民地大规模建造城郊田园住区；中国则因工业

① 详第12章。

② Ewart Culpin. The Garden City Movement Up-to-Date [M]. London: The Garden Cities and Town Planning Association, 1913; Stanley Buder. Visionaries and Planners: The Garden City Movement and the Modern Community [M]. Oxford: Oxford University Press, 1990; Stephen Ward. Planning and Urban Change [M]. London: SAGE Publications, 2004.

水平和政府调控能力较低，仅进行了零星和局部的尝试，但已反映出对田园城市思想的深刻认识，二战以后的城市规划方案中明显体现了其影响。

这些在“非西方”世界的实践既区别于当时西方国家的田园城市运动，且相互之间也存在巨大差别，反映了田园城市思想在各地所经过的不同的调整、改造和接受等过程，折射出各地独特的政治、经济、文化因素所起的作用。从长时段、广地域的视角对之加以梳理，能使我们加深理解田园城市思想的历史变化及其原因，使田园城市运动的全球图景愈显丰满。

11.1　沙俄/苏联的田园城市思想传播与田园城市运动

11.1.1　沙俄时期的田园城市运动

霍华德曾向流亡伦敦的俄国无政府主义者克鲁泡特金（Peter Kropotkin，1842—1921年）当面请教新城建设的问题，后者所提倡的合作主义和区域观点对霍华德形成其田园城市思想影响很大[①]。

俄国知识界于1912年翻译出版了《田园城市》，霍华德曾为之作序，随后成立了俄国田园城市协会[②]。当时俄国的大城市周边零星开发的城郊田园住区以普罗佐卢福卡（Prozorovka）住区较为著名。它位于莫斯科西南，是为铁路公司雇员修建的新住区，由一条铁路将之与莫斯科相连，其规划师与霍华德相识并曾在恩翁的事务所中工作过[③]（图11-1）。该项目占地广达688hm²（1700英亩），其中约一半面积用于住宅，绿化程度很高。独幢住宅均为单层或2层，采取多种建筑平面和风格以满足不同家庭的需求。但这一住区仅有居住功能，从一开始就摒弃了霍华德“寓工于农”的思想。1914年第一次世界大战爆发后，俄国田园城市协会无力再推进建设活动，并于1918年解散。

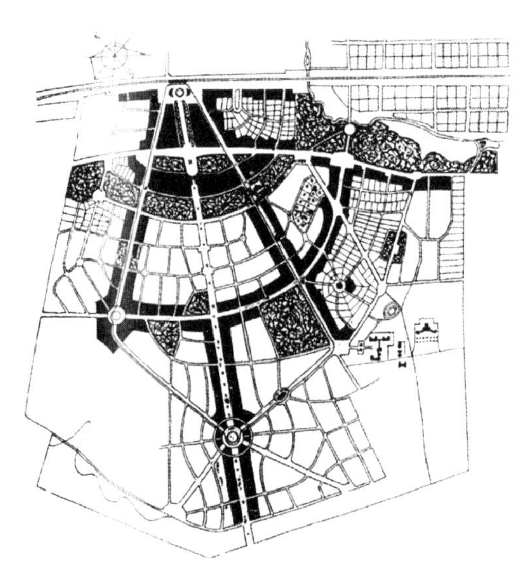

图11-1 普罗佐卢福卡总平面图（在道路布局上融合了田园城市设计和巴洛克式设计的特点）
资料来源：Robert Stern，David Fishman，Jacob Tilove. Paradise Planned：The Garden Suburb and the Modern City［M］. New York：The Monacelli Press，2013：689.

① Dennis Hardy. From Garden Cities to New Towns：Campaigning for Town and Country Planning，1899—1946［M］. London：E & FN Spon，1991：24-25.

② Stanley Buder. Visionaries and Planners：The Garden City Movement and the Modern Community［M］. Oxford：Oxford University Press，1990：134.

③ Robert Stern，David Fishman，Jacob Tilove. Paradise Planned：The Garden Suburb and the Modern City［M］. New York：The Monacelli Press，2013：689.

11.1.2 苏联时期的田园城市运动及其式微

1917年建立的苏维埃政权实行土地公有制，这与田园城市思想破除土地私有的根本诉求一致，田园城市运动一度颇有席卷全苏联之势。1922年，早先被解散的田园城市协会在苏联政府的支持下重新成立，开始在莫斯科规划中引入绿化隔离带等田园城市的设计原则，并围绕莫斯科开始建设新的城郊田园住区。

在这一背景下，曾主持改造克里姆林宫的建筑师马科夫尼科夫（Nikolai Markovnikov）于1923年规划了莫斯科西北郊的索科尔住宅区（Sokol）。该项目占地约60hm^2，采用单层或2层的独幢住宅，居民多为政府高级职员（图11-2）。由于占地颇小，完全没有考虑工业。这一项目因耗资大、容积率低而被苏联政府和规划界批判为“造成了巨大浪费”，独幢住宅也反映了西方的“资产阶级情调”而罔顾当时的经济水平和集体主义意识形态。“批判者理想中的住宅不应是独门独户，而应该是公社式的住房”①，此后苏联的住宅区遂为4、5层的公寓楼所主导，在此基础上发展出“居住小区规划”（micro district）理论。

小区规划理论与美国“邻里单元”理论的基本内容非常类似，都以在恰当的步行半径内提供一定的服务设施为主要标志，但苏联模式的福利设施内容更多更全（图11-3），以此为基础又形成了大居住区理论。

虽然田园城市式独幢住宅的建设戛然而止，但田园城市思想的若干内容仍绵延体现于苏联的居住区建设和城市规划中。以多层住宅和附属服务设施形成的居住小区在苏联“一五”计划时期被大量兴建，其设计也是广大社会主义国家居住区及其绿化设计的指导原则。面对城市人口急速增长，苏联规划师在1920年代末提出了两种解决方案：在城市中兴建大居住区理论和沿交通干线的线性发展理论。大居住区由若干集合公寓住宅和附属服务设施形成的组群，能够利用标准设计图快速施工，建成后可容纳数万居民，从而解决当时苏联城市人口快

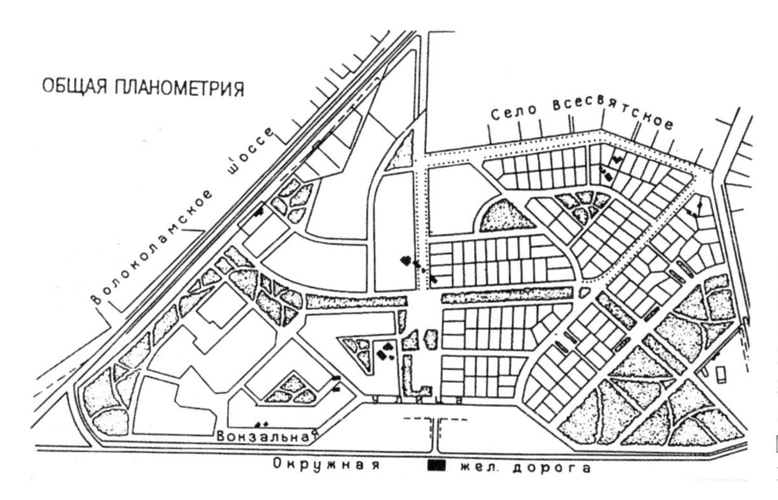

图11-2 索科尔住宅区总平面图
资料来源：Robert Stern, David Fishman, Jacob Tilove. Paradise Planned: The Garden Suburb and the Modern City［M］. New York：The Monacelli Press, 2013: 690.

① 库拉科娃．莫斯科住宅史［M］．张广翔，译．北京：社会科学文献出版社，2017：134．

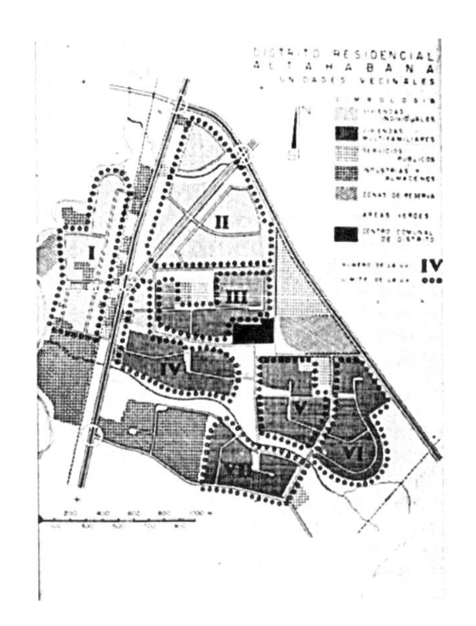

图11-3 苏联的居住小区规划及由此形成的大居住区（可与图10-20、图10-21比较）

资料来源：James Lynch. Cuban Architecture since the Revolution［J］. Art Journal，1979—1980，39（2）：100-106.

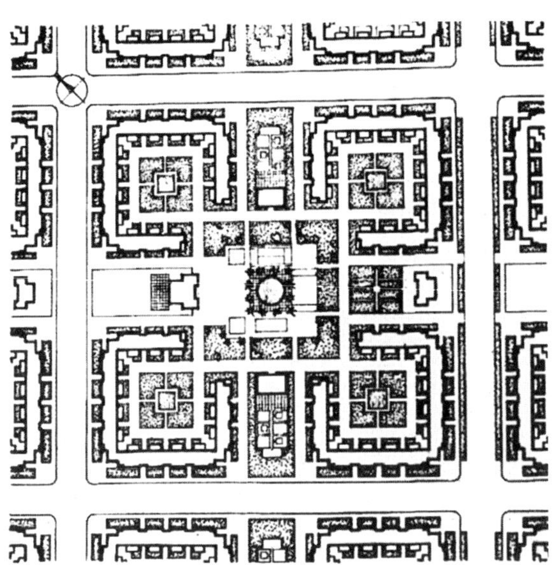

图11-4 苏联“一五”计划时期的一处典型工人住宅区局部（采取由3～4层集合住宅围合的“周边式”布局，中心用作活动场地，1931年）

资料来源：Selim Khan-Magomedov. Pioneers of Soviet Architecture［M］. London：Thames and Hudson，1987：317.

速增长的问题，因此在苏联“一五”计划时期被大量兴建。不论是居住区理论还是由此发展形成的居住小区设计理论，重视绿化和提供社区设施如儿童游乐场等原则都是重要的组成部分，也是我国1950年代所形成的居住区绿化设计的指导原则（图11-4）。

在更大的城市尺度上，米列廷（Nicolai Miliutin，1889—1942年）和拉多夫斯基（Nicolai Ladovsky，1881—1941年）分别提出带形城市理论，用绿化隔离带将交通、生产与居住区及其服务设施分隔开。带形城市思想与田园城市思想在此时逐渐融合，关于这一论题本书第14章将详细论述。此外，拉多夫斯基还曾在1930年提出结合环状和线性交通的袋形城市模型，并以此为基础拟定了莫斯科总体规划方案（图11-5）。这

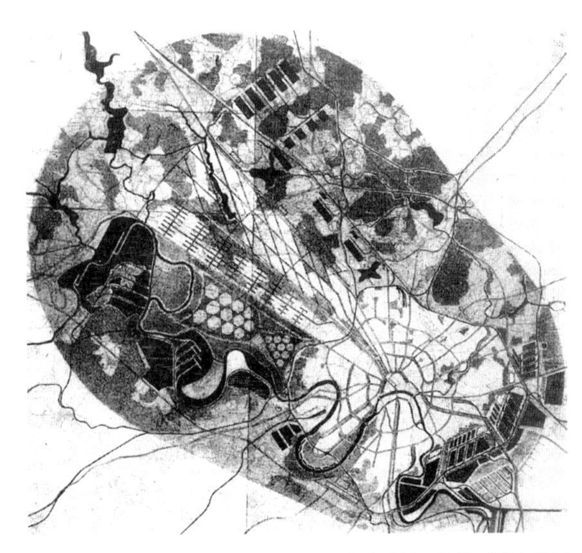

图11-5 拉多夫斯基的莫斯科总体规划方案（基于其袋形城市发展模型，是1935年莫斯科规划的基础）

资料来源：Selim Khan-Magomedov. Pioneers of Soviet Architecture［M］. London：Thames and Hudson，1987：331.

些都是既往田园城市运动中所未见的理论创新，丰富了田园城市思想和田园城市运动的内容。

总之，从沙俄到苏联时代，虽然城郊田园住区未能充分发展，但田园城市思想关于建设充分绿化、环境优美的居住环境和配套附属设施以加强居住空间社会性的理论不断完善，体现在大量居住区建设中。而田园城市思想中关于绿化隔离带和区域发展的思想则深刻影响了苏联城市规划的发展。如1918年莫斯科最初的总体规划就引入环绕绿化带和卫星城理论，1924年又对之进行完善。1930年代初入围的莫斯科总体规划竞标方案也都以环绕主城建设“小田园城市”式的卫星城为发展方向①。这些规划思想和设计方法在1950年代由苏联专家带到中国，在此基础上形成了北京“分散集团式”的布局理论。

11.2　英、法殖民帝国在亚洲、非洲和中东地区的田园城市思想传播与田园城市运动

随着殖民主义的扩张，田园城市思想也被英、法等国带到其亚、非殖民地。虽然霍华德式的田园城市未能实现，但公共空间、绿化带、蜿蜒的道路及行道树等都出现在各地城郊田园住区的建设中，成为特定群体居住的“飞地”，尤其是在南非和中东的田园城市运动与种族隔离等殖民政策紧密结合，因此被赋予了特殊的政治和文化意涵。

11.2.1　英国在印度的田园城市运动设计

20世纪初是西欧殖民主义发展的转折时期，为了安抚当地人民、使之认同殖民政权，英、法、荷等宗主国派出优秀的建筑师、规划师，按照最新且得到公认的城市设计手法，投入巨资在亚、非对其殖民地首都城市重新做了城市规划。这些规划尺度、规模虽大，但仍采取西方的艺术原则和技术手段，罔顾当地的文化、社会背景和既有的城市肌理，以显示殖民政权的威权和正当性为主要目的。最典型的例子是新德里（1910年）的规划和建设（图11-6）。新德里的骨

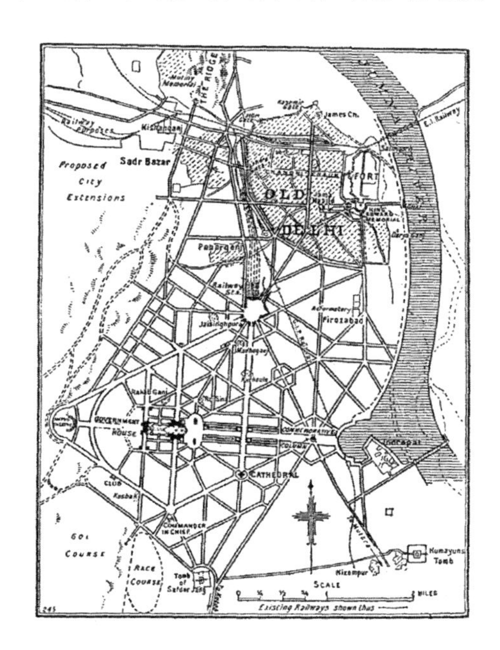

图11-6 新德里规划总图（分东〈行政区〉、西〈住宅区〉两部分，1910年，新建城区的道路断面设计、住宅区布局等都遵循了田园城市设计的基本原则）

资料来源：Allan Greenberg. Lutyens' Architecture Restudied［J］. Perspecta，1969（12）：140.

① Selim Khan-Magomedov. Pioneers of Soviet Architecture［M］. London：Thames and Hudson，1987：339-340.

图11-7 新德里行政区殖民政府秘书处（今经济部）主入口（2018年）

架由纵横两条大道构成，总督府被安置在东西主轴的东端，以之为中心形成东部行政区，而较远处的西端则是六角形的居住区。六边形的要素同时出现在堪培拉（见图10-23）和新德里，一度成为田园城市式设计的标志[①]。

应该注意的是，20世纪初，田园城市运动兴起之时也是西方殖民主义调整其殖民政策，从“同化”转而为“合作”的时代[②]。殖民者为安抚、笼络本土精英阶层，在城市建设上引入欧洲最新的规划技术和流行的建筑样式，并体现出尊重当地文化、使用本土建筑符号等特征，以新德里的规划和建设最为典型[③]（图11-7）。主持其事的建筑师卢廷斯（E. D. Lutyens）此前曾参与恩翁等人在伦敦郊区的汉普斯泰德（Hampstead）等田园住区设计。

11.2.2 非洲的田园城市运动

非洲最早掀起田园城市运动的是英国殖民地埃及。经营开罗有轨电车的比利时大企业家雇用英国规划师在开罗城郊开发兴建了“太阳城”住区（Heliopolis），时在1905年。这

① 详见第19章。

② Paul Rabinow. French Modern : Norms and Forms of the Social Environment [M]. Cambridge: MIT Press, 1989.

③ 刘亦师. 殖民主义与中国近代建筑史研究的新范式 [J]. 建筑学报，2013（9）：8-15.

一住区占地近2500hm²，其中很大一部分用作服务于开罗的高尔夫球场、马球场、曲棍球场等游戏娱乐场地兼作绿化带。其规划方案显然受莱彻沃斯规划的影响，其路网结构由放射状、巴洛克风格的市民中心区和蜿蜒自由的居住区两部分组成。由于从一开始就是作为开罗地区的娱乐中心开发，因此这座“新城”还容纳了一部分就业人口，部分实现了霍华德要求田园城市自给自足的理想。但这处以盈利为目的的新城建设由于允许土地出售和转让而造成了投机逐利的现象，与霍华德的本意相悖。

其他同时期兴建的“田园城”多位于大城市中心，居民也多为位处上流阶层的外交官、银行家等。住区被弯曲成环的道路所分割，沿尼罗河布置了散步道。其规划师为法国人，住宅类型除独幢别墅外也有4、5层的公寓（图11–8）。这些建设周边均无农业地带环绕，开发商和规划师把“田园”（garden）的含义缩略为绿化和附属于住宅的花园。

在英法殖民地广为建设的是按照田园城市原则设计的新住宅区。与西方国家不同，它们多位于城市的核心地段，居民则为外国人或本地的政治或知识精英阶层，这些绿化充分、环境优良的新住宅区成为划分社会阶层、体现社会地位的重要标志，与霍华德所提倡的“自由、合作”的理想南辕北辙。更有甚者，一些类似的新住区成为遂行种族隔离政策的得力手段，受到殖民政府的支持和推行。如英属南非首都开普敦城郊建设的田园住区松树园（Pinelands），居民皆为白人，它既是南非的第一处城郊田园住区，也是最早的种族隔离实践之一（图11–9）。

法国本土的田园城市运动更具“城市特征”，住宅建筑以公寓为主组合，与英国有所不同。法国在非洲殖民地如摩洛哥等地也掀起了田园城市运动，在大城市郊外也兴建了一批田园住区，从设计原则到建成效果与英国在非洲殖民地的实践几乎相同①。这些新建的住区均绿化充分、环境洁净宜人，同时街景蜿蜒优美、建筑形式变化多样，体现了田园

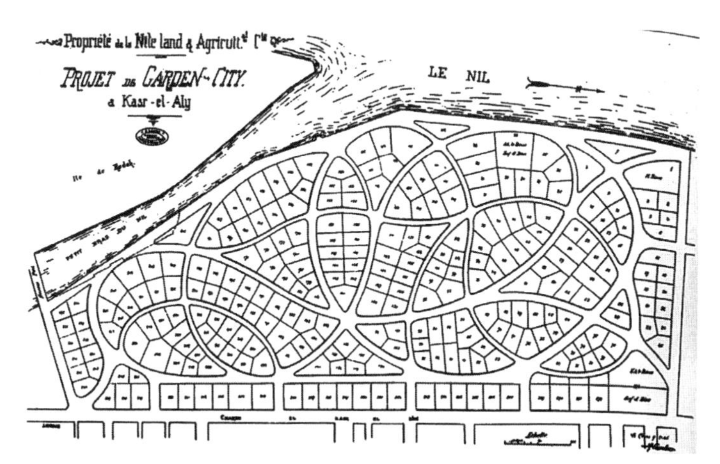

图11–8 开罗市内的田园城住区（1906年）
资料来源：Robert Stern，David Fishman，Jacob Tilove. Paradise Planned：The Garden Suburb and the Modern City［M］. New York：The Monacelli Press，2013：672.

① 应注意田园城市运动在法国本土反响颇弱，因法国人倾向大城市生活，在此文化背景中柯布西耶才提出“光辉城市”“300万人城市”等方案。

图11-9 松树园住区总平面（1921年建成）

资料来源：Robert Stern，David Fishman，Jacob Tilove. Paradise Planned：The Garden Suburb and the Modern City［M］. New York：The Monacelli Press，2013：668.

图11-10 达喀尔市内的高档住宅区（1910年代）

资料来源：Liora Bigon，Yossi Katz，ed. Garden Cities and Colonial Planning［M］. Manchester：Manchester U. Press，2014：62.

城市设计的诸多原则（图11-10）。但其土地为私人所有，既没有考虑引入工业以就近安置人口，也没有设置环绕的绿化带（更遑论农业地带）以限制其无度扩张。尤其这些住区的居民毫不例外地皆为上层人士甚或针对殖民地的种族隔离政策而设计。法国在摩洛哥的卡萨布兰卡和塞内加尔首都达喀尔郊外兴建的新住区同样如此[1]。因此，非洲的田园城市运动成为殖民政府遂行其殖民政策的技术手段，从而获得殖民政府的支持而不断发展。

11.2.3 巴勒斯坦地区的田园城市运动

20世纪之交兴起的犹太复国运动（Zonism）是由欧洲的犹太资本家发起、在巴勒斯坦地区[2]重建“犹太人家园”的运动，使中东地区的政局更加动荡不安，但同时推动了田园城市运动在这一地区的开展。

由于20世纪初到达巴勒斯坦地区的犹太人多居留于港口城市拉法（Jaffa），突如其来的人口增长使城市拥挤不堪，犹太人、基督徒和穆斯林混居期间。因此，犹太复国运动者在1907年购买了加法城北25英亩的土地，委托奥地利规划师规划和兴建了一座供66户犹太家庭居住的犹太新住区，将之命名为特拉维夫（Tel Aviv）[3]。该规划遵循了当时盛行于欧洲大陆的田园城市设计原则，特别重视街道景观、绿化和卫生，并规定每户的住宅建筑用地不超过地块面积的30%，俾便充分绿化。住区没有安排服务设施如旅馆和商店等，除住宅

① Liora Bigon，Yossi Katz，ed. Garden Cities and Colonial Planning［M］. Manchester：Manchester U. Press，2014：1-71.

② 巴勒斯坦地区包括今天的以色列和约旦，一战前由奥斯曼土耳其帝国统治，一战结束后成为英国的“托管地”。

③ Robert Stern，David Fishman，Jacob Tilove. Paradise Planned：The Garden Suburb and the Modern City［M］. New York：The Monacelli Press，2013：675.

外仅有犹太学校和管理设施，被布置在住区的中心位置，既显示其重要性，也具有强烈的犹太复国运动的象征意义。同时，特拉维夫的住宅和土地被禁止出租或出售给犹太人以外的族群，其建设与管理成为其后犹太居住点仿效的模板①，促生了一系列类似的犹太人新住区。

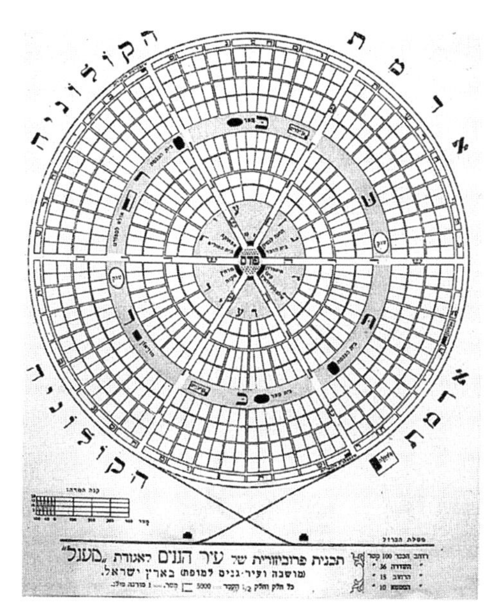

图11-11 理想的犹太新城总平面图（与霍华德书中图示几乎一样，1910年代）

资料来源：Yossi Katz. The Extension of Ebenezer Howard's Ideas on Urbanization outside the British Isles：The Example of Palestine［J］. GeoJournal，1994，34（4）：471.

由于这些居住点成功吸引了犹太居民，同时田园城市思想的很多主张与犹太复国运动的诉求相一致，如土地公有、兼重农商、合作主义等，所以犹太复国运动者提出遵循霍华德的思想建设一座规模更大的田园城市（图11-11）。这座城市的空间布局与霍华德书中的图示几乎一致，同心圆圈层的空间被六等分，包括中心公园和宽阔的居住区林带。但不同的是，该方案将犹太教堂、犹太教学校和受洗堂等宗教建筑安排在中心公园的周边，而霍华德图中的类似建筑则分散于居住区中。但由于政治和经济原因，该方案也未能实施。反而在两次世界大战之间，更多犹太人定居点被遵照田园城市设计的原则建设起来，其中一些是由从欧洲流亡到此的现代主义建筑师如门德尔松等设计的，不同的是住宅形式采用了现代主义风格（图11-12）。

需要指出的是，霍华德田园城市思想的要义，并非仅在提供如城郊住区那样良好的居住环境，也不止步于从经济上整合工业和农业，而是如《明日》一书中“社会城市”（social cities）所示那样，旨在从物质和精神层面实现改造英国社会、惠及全民的宏图。然而，不论是非洲殖民地的城郊田园住区还是巴勒斯坦的犹太人居住区，遵循的都是种族或民族的“隔离”政策，将自身与周边环境剥离开来。虽然其内设置了服务设施，足以实现自给自足，但其本质与霍华德整合社会的理想南辕北辙。

① 特拉维夫扩张速度很快，1920年代初即从原来拉法城外的一处住宅区独立为市。格迪斯曾在1920年代考察该市并制定了规划方案。参见：Yossi Katz. The Extension of Ebenezer Howard's Ideas on Urbanization outside the British Isles：The Example of Palestine［J］. GeoJournal，1994，34（4）：467-473；刘亦师. 现代西方六边形规划理论的形成、实践与影响［J］. 国际城市规划，2016（3）：78-90.

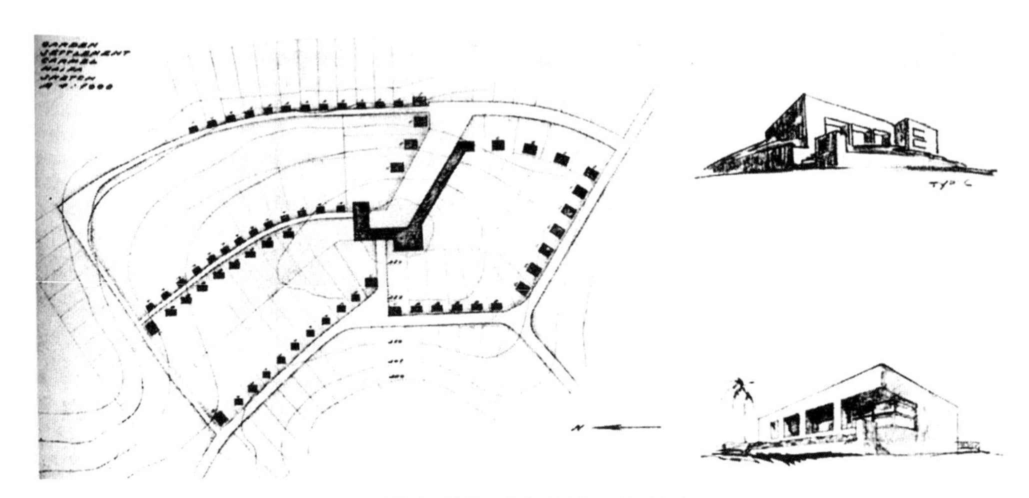

图11-12 门德尔松设计的卡梅尔山庄住区（住宅形式为现代主义风格，1923年）

资料来源：Robert Stern，David Fishman，Jacob Tilove. Paradise Planned：The Garden Suburb and the Modern City［M］. New York：The Monacelli Press，2013：679.

11.3 日本及其殖民地的田园城市思想传播与田园城市运动

11.3.1 日本对田园城市思想的引介、调适与实践

日本明治维新后在内培植财阀，对外频繁用兵，日俄战争（1904—1905年）胜利后跻身“一等强国”。随着工业的发展，日本也面临和西方同样的城市问题，政界和规划家同样将按田园城市思想建设的住区视为“济世良方”。规划史家片木笃将日本的田园城市建设分为三个阶段：①明治晚期（1905—1912年），系统引介英国关于田园城市和城市规划的理论著作，针对日本的国情加以调整和改造，并于1919年通过了日本第一部《城市规划法》；②大正时期（1912—1925年），由寡头财阀控制的铁道公司和土地开发公司沿铁道或在大城市周边进行一系列的城郊田园住区（日文称“郊外住宅地”）的开发建设；③除赓续前期的住区建设外，日本政府还按照卫星城理论主导了更大范围的城市疏散和区域规划，为世界大战作准备[①]。

1905年，日本内务省翻译了英国建筑师森内特的著作《田园都市的理论与实践》[②]。森内特的原作包含大量图幅阐释如何实施霍华德的田园城市思想，日本将之译为《田园都市》而删略、误读颇多。虽然该书主要反映的是日本政府的农村政策及对知识界要求建设

① 片木笃．近代日本の郊外住宅地［M］// 片木笃，等．近代日本の郊外住宅地．东京：鹿岛出版会，2006：13-34．

② A. R. Sennett．Garden Cities in Theory and Practice［M］．London：Bemrose and Sons，Limited，1905．

以农业为本的新社区的回应，理解多有偏差①，但这一概念和名称还是迅速传播开来。此后虽然还出现了“花园都市”“花苑都市”“庭园都市”“山林都市”等多种译名，但仍以“田园都市”最为允当，其影响也远及东亚各国。

日本规划师曾奉派考察英国的田园城市运动并与霍华德和恩翁等人会晤请教，之后撰写了一批译著和论作。如大屋霊城在1921年考察莱彻沃斯后撰写了一系列论文，申明“都市的田园化和田园的都市化”是田园城市运动的理想②；弓家七郎的著作对我国的田园城市运动产生了巨大影响③。同时，霍华德所主张的合作主义（co-operativism）也与日本政府当时所推行的以合作自治为主的地方改良运动有相似之处，受到了更多关注④。这标志着日本对田园都市理论的引介和传播从最初的片面误解逐渐变得全面、深刻。

但在追赶列强的心态和国内外政策下，针对日本的工业化和城市化落后的国情，日本规划家们抛弃了霍华德田园城市思想中关于消解大城市、进而重组国家和社会结构的部分，而主张以大城市为基础发展工业，但对其发展加以限定，并采取技术手段美化城市、改良居住环境⑤。这些主张成为日本1919年《都市计画法》的基础。因此，田园城市运动中被总结出的设计方法和技术手段，包括道路系统和道路截面设计、房屋设计和场地布局，成为当时日本规划界最关心的部分，进而模仿西方模式建造城郊田园住区。“而城市的形态、规模及土地权属等问题尚未进入其视野……他们也没有动力去区分田园城市和城郊田园住区的差异。”⑥

由于莱彻沃斯和一大批英国的城郊田园住区都是沿铁道干线修建，日本的铁道公司也开始效法兴建类似的住宅区。以大阪市为中心的铁道公司巨头在1910年代初就开始建设新居住区使之接近郊野和新建的棒球场及公园，而涩沢荣一（1840—1931年）于1918年融资组成的“田园都市株式会社”则沿连接东京市郊的东急铁道陆续规划和兴建了一批郊外住宅区（图11-13）。

其中，最著名的是位于东京西南20km处的田园调布。其设计没有采取莱彻沃斯那样的直线干道，而取法霍华德的理想图示，以新建的铁道站房为中心放射出三条道路，并环绕布置了若干圈同心半圆的道路，形成独特的空间结构（图11-14、图11-15）。田园调布

---

① Shun'ichi Watanabe. The Japanese Garden City [M] //Stephen Ward. Planning and Urban Change [M]. London: SAGE Publications, 2004: 70-72；渡边俊一. 都市计画の诞生 [M]. 东京：柏书房株式会社, 2000: 44-48.

② 片木笃. 近代日本の郊外住宅地 [M] //片木笃, 等. 近代日本の郊外住宅地. 东京：鹿岛出版会, 2006: 41-43.

③ 弓家七郎. 英国田园市 [M]. 张维翰，译. 上海：商务印书馆，1927.

④ 曾谙. 日俄战后日本农村的报德运动 [J]. 日本学论坛，2004（2）: 23-27.

⑤ 東秀紀，等.「明日の田園都市」への誘い—ハワードの構想に発したその歴史と未来 [M]. 东京：彰国社，2001.

⑥ Shun'ichi Watanabe. The Japanese Garden City [M] //Stephen Ward. Planning and Urban Change. London: SAGE Publications, 2004: 74.

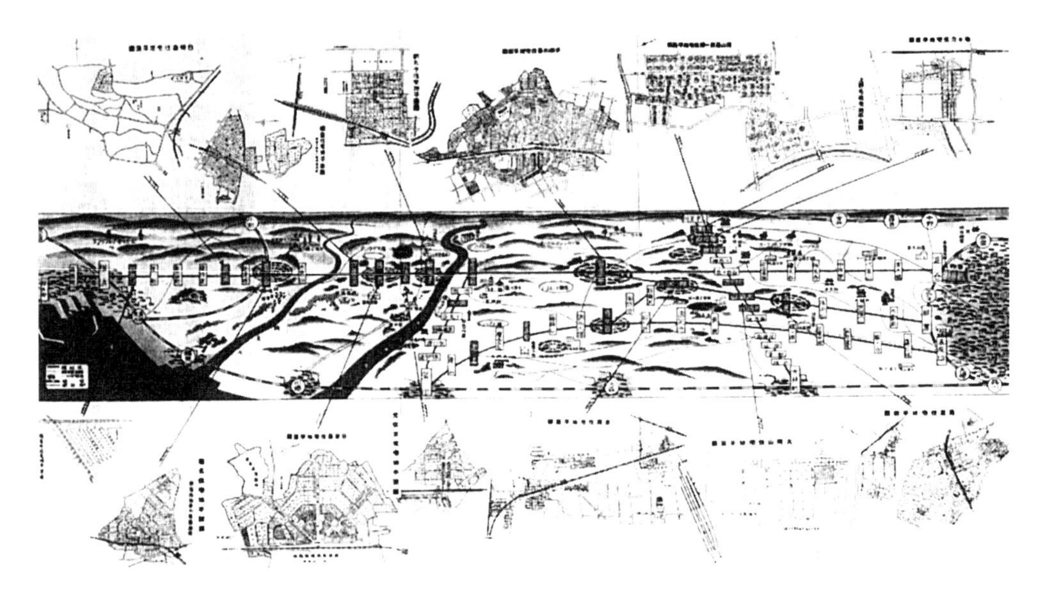

图11-13 东京至横滨铁道沿线的城郊田园住区（上排正中为田园调布，1920年代）
资料来源：片木笃，等. 近代日本の郊外住宅地［M］. 东京：鹿岛出版会，2006：19.

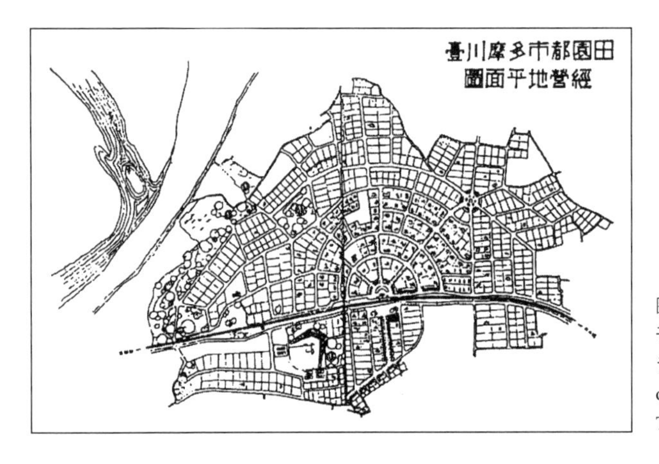

图11-14 建成于1924年的田园调布（位于东京西南的多摩川地区）
资料来源：Selim Khan-Magomedov. Pioneers of Soviet Architecture［M］. London：Thames and Hudson，1987：317.

图11-15 田园调布火车站及站前半圆形广场（田园调布至今仍是东京地区的高档住宅区）

的道路分级明确，采用树形高大俊美的银杏树为行道树。房屋建筑形式多为西式，但开发公司对围墙、高度、建筑密度甚至最低造价均给予限定①，因此建筑形式丰富多样但整体和谐。这一实践完整反映了田园城市设计的原则：绿化充分、街道蜿蜒、景观优美、环境卫生，同时对建筑有严格的限定以求整体形象统一。田园调布建成于关东大地震（1923年）发生之后，正值东京市民急切想离开市区另寻住所，田园调布的住宅因此一售而空，在商业上大获成功。

除铁道公司外，这一时期日本的大土地开发商也进行城郊田园住区的建设。如明治时代以海产品起家的渡边家族在离东京不远的镰仓市大船站建设了大船田园都市（1923年）。与田园调布类似，大船田园都市也公布了11条建筑规则，要求住宅必须采取西式风格、占地不超过地块的1/3，同时对围墙和道路截面的尺寸都作了规定，此外还建设了较为完备的基础设施如下水道系统，并鼓励居民在房屋中安放水槽、抽水马桶和洗衣机等新设备（图11-16）。

1930年代的城郊田园住区也遵循这些设计方法，在空间形式上继续探索。为进行战争作准备，日本政府于1939年通过了《防空法》，提出大量建设公园和绿化隔离带并疏散东京等大城市的工业，在更大尺度上体现了霍华德学说的部分思想（图11-17）。

综观日本的城郊田园住区，遵从恩翁式的田园城市设计原则，旨在为中产阶级以上的居民提供良好环境，迥异于日本的传统居住方式和体验，从一个侧面反映了日本的近代化和西方化的进程。但是，这些新住区虽然融合了西方的规划技术和设计方法，却无一涉及“城乡结合、寓工于农”和合作自助（co-operativism）的思想。每处“田园都市”都采取市场运作的方式，开发公司也参与分利，如田园调布在1923年出售时“每坪土地的平均价是原

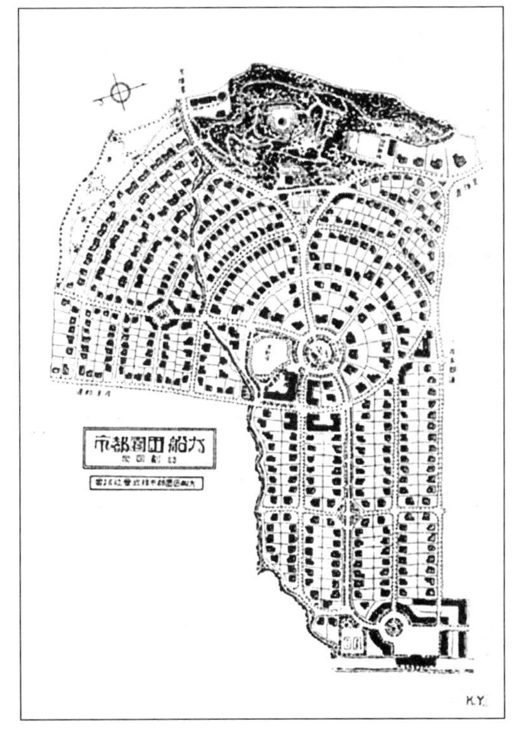

图11-16　大船町田园都市总图（1923年）

资料来源：片木笃，等. 近代日本の郊外住宅地［M］. 东京：鹿岛出版会，2006：198.

① Ken Tadashi Oshima. Denenchōfu: Building the Garden City in Japan［J］. Journal of the Society of Architectural Historians, 1996, 55（2）: 140-151.

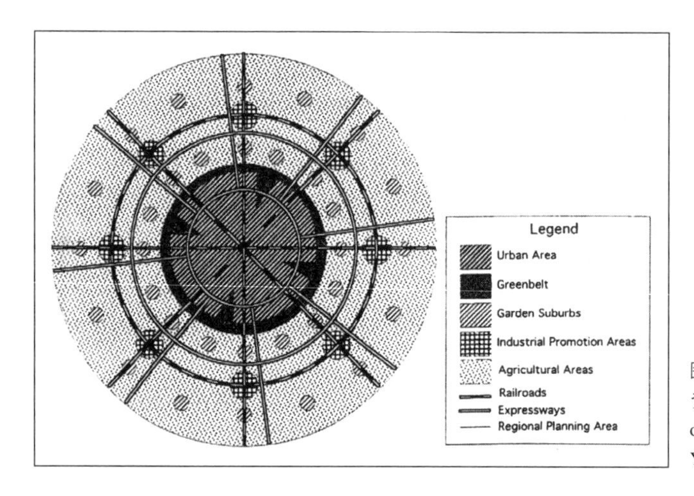

图11-17 东京都区域结构图（1940年）
资料来源：Andre Sorensen. The Making of Urban Japan［M］. London，New York：Routledge，2001：144.

来取得时的8～10倍"[①]，客观上造成了霍华德田园城市思想旨在消除的土地投机现象，而完成了开发使命的田园都市株式会社更是在1928年被解散[②]。

11.3.2 日本殖民地的田园城市运动

随着日本的殖民扩张，城郊田园住区的建设也被带到中国台湾、朝鲜和伪满等地，推动这一运动的是朝鲜银行和"满铁"等日本在殖民地遂行经济剥削的国策机构。

日本在中国台湾建设的移民村（图11-18）和公司社宅，也具有类似的性质[③]，这些土地由日本企业所有，房屋则作为一种福利付与员工及其家眷居住。与日本国内的郊外住宅不同的是，所有房屋都是统一设计而外观上更一致，也因此相对单调。这些特征与我国大陆1950年代开始建设的单位住宅也颇为类似。

例如，朝鲜银行社宅位于首尔（时称汉城）市中心，建成于1922年。住宅类型按照级别分为部长、科长、普通住宅和单身宿舍四类共八种，均为建地下室的二层楼房。建筑外形采用以钢筋混凝土为主要建材的西式风格，并安装了采暖、排水等设施，具有良好的采光、通风，尤其符合日本殖民政策以"卫生"划分文明程度高下的宣传[④]，被称为"文化住宅"（图11-19）。

"满铁"时期，日本在我国东北的城市规划，多采取巴洛克式的直线道路加圆形广场为骨架，在某些城市的住宅区中也进行了曲线形道路的探索，如鞍山和抚顺（图11-20）。这

① 黄世孟，吴旭峰．战前日本受西方社会主义规划概念影响之检验——以日本式的"职工村"及"田园都市"为探讨对象［J］．建筑与城乡研究学报，1991（6）：91-101．
② 伴随莱彻沃斯和维林开发而成立的第一和第二田园城市公司至今仍存在并进行城市管理。
③ 黄兰翔．花莲日本官营移民村初期规划与农宅建筑［J］．"中央研究院"台湾史研究，1996，3（3）：51-90．
④ Todd Henry．Sanitizing Empire：Japanese Articulations of Korean Otherness and the Construction of Early Colonial Seoul，1905—1919［J］．The Journal of Asian Studies，2005，64（3）：639-657．

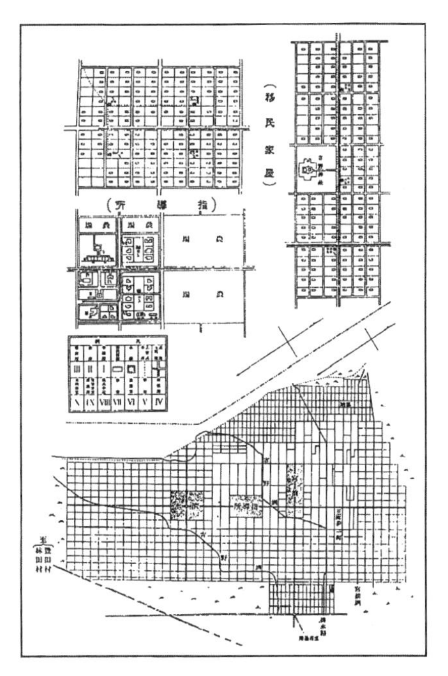

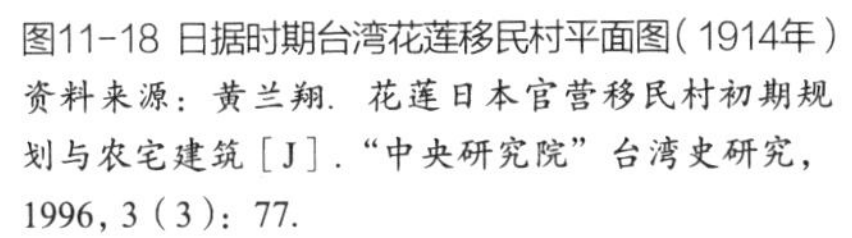
图11-18 日据时期台湾花莲移民村平面图（1914年）
资料来源：黄兰翔．花莲日本官营移民村初期规划与农宅建筑［J］．“中央研究院”台湾史研究，1996，3（3）：77.

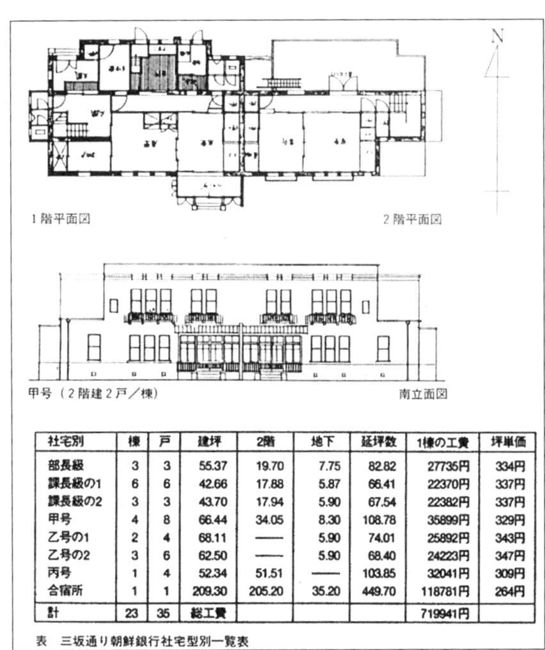

社宅別	棟	戸	建坪	2階	地下	延坪数	1棟の工費	坪単価
部長級	3	3	55.37	19.70	7.75	82.82	27735円	334円
課長級の1	6	6	42.66	17.88	5.87	66.41	22370円	337円
課長級の2	3	3	43.70	17.94	5.90	67.54	22382円	337円
甲号	4	8	66.44	34.05	8.30	108.78	35899円	329円
乙号の1	2	4	68.11	——	5.90	74.01	25892円	343円
乙号の2	3	6	62.50	——	5.90	68.40	24223円	347円
丙号	1	4	52.34	51.51	——	103.85	32041円	309円
合宿所	1	1	209.30	205.20	35.20	449.70	118781円	264円
計	23	35	総工費				719941円	

表　三坂通り朝鮮銀行社宅型別一覧表

图11-19 日治殖民统治下的汉城朝鲜银行社宅类型表及立面图（1922年）
资料来源：片木笃，等．近代日本の郊外住宅地［M］．东京：鹿岛出版会，2006：544.

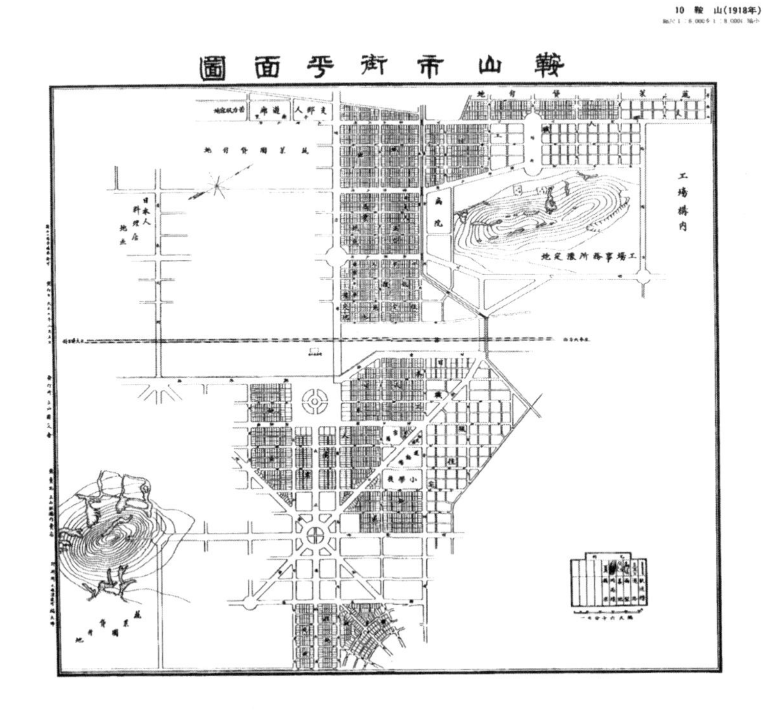

图11-20 鞍山“满铁”附属地规划图（东南角结合山丘设置了1/4圆的高档住宅区，1918年）
资料来源：张复合教授提供.

种规划手法，与英国在新德里和卢萨卡等地一样，在市政中心以外的居住区中遵循田园城市的设计原则，但相对规模较小。

伪满时期日本在长春（“新京”）曾借鉴了当时流行的“邻里单位”规划和建设居住区①。但将这一思想扩大到整个城市范围的是内田祥三的大同规划。内田祥三是日本近代著名的建筑师和教育家，曾深入研究过霍华德关于土地权属和土地增值归属的问题，在1919年提出基于公有土地制度的田园城市规划方案（图11-21），日本侵占华北后，在大同市“以西计划能拥人口二十万之新市街，并建设附属都市如碳矿都市及工业都市”②，并委任内田祥三制定规划方案。内田在区域规划的视野下，根据此前的研究，将邻近老城的外围地带布置为扇形的邻里单位居住区，居住区间设置了宽广蜿蜒的绿化带。同时，新发展的工业城和碳矿城作为“卫星都市”与主城区分离，并将铁道和火车站铺设在绿化带中，成为有效阻止城市蔓延的屏障③（图11-22）。内田还提出由政府主持土地收买和开发建设的建议，防止土地投机④。虽然该规划未能实施，但却是田园城市运动在我国及至东

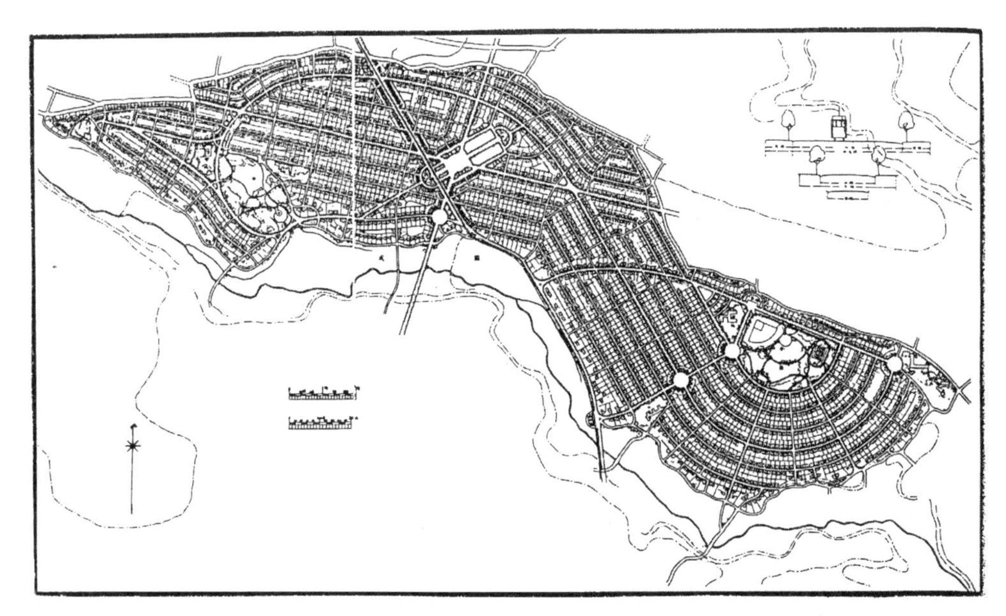

图11-21 内田祥三提出的居住区模型（土地为集体所有，1919年）

资料来源：Shun'ichi Watanabe. The Japanese Garden City［M］//Stephen Ward. Planning and Urban Change. London：SAGE Publications，2004：82.

① 李百浩，郭建．近代中国日本侵占地城市规划范型的历史研究［J］．城市规划汇刊，2003（4）：43-48．

② 大同市档案馆．关于大同都市建设之件［Z］，1939-08．

③ 卡罗拉·海因．从几个殖民地城市看日本城市规划思想的演变［M］//张复合．中国近代建筑师研究与保护（一）．北京：清华大学出版社，1999：225-230．

④ 内田祥三．大同の都市计画案に就て（1）［J］．建筑雜誌，1939：1281-1295．

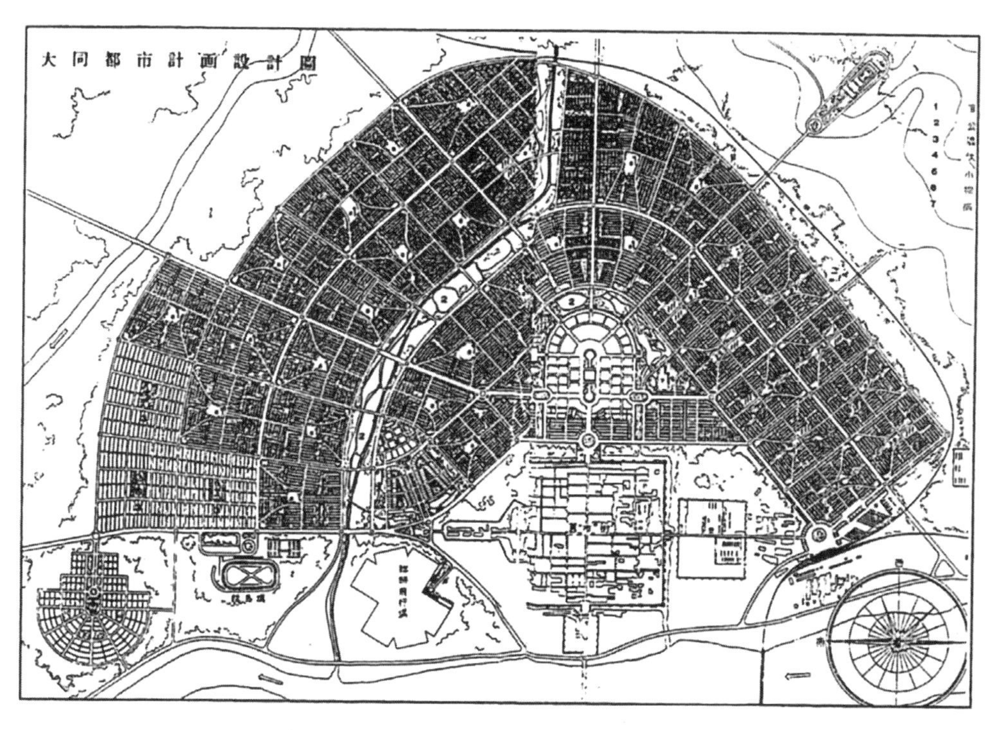

图11-22 内田祥三大同规划总图（1939年）
资料来源：岩崎继生．蒙疆の佛都：大同风土记[M]．奉天：满洲文化普及会，1939：82.

亚发展的重要里程碑，包含了规模仅数十公顷的城郊田园住区所无法涵括的内容。

11.4　我国近代时期的田园城市思想传播与田园城市运动

11.4.1　我国近代时期对田园城市思想的引介与调适

和日本类似，我国近代学者对田园城市学说的理解也有一个逐渐加深、继而"择善而用"的过程。民国初年田园城市的思想已被介绍到我国①，孙中山在其用英文撰写的《实业计划》中就曾提议在广州新建"田园城"（1919年）。1920年代以后出现了关于"园市""花园市""田园新市"的大量文章和论著，介绍田园城市思想及其实践，讨论其在我国如何实行。早期发表于不同刊物的文章篇幅较短，互相间抄录不加考证，常出现误拼英文地名、人名以及疏漏基本的史实等现象。1925年董修甲的长文第一次系统追溯田园城市思想形成的背景及其主要内容，特别重视其"寓乡于市之意"，并论及田园城市运动

① 最先向国内介绍田园城市思想的是《申报》发表于1912年的一篇文章。见：蔡禹龙．民国时期国人对"田园城市"的理论认知与实践探索[J]．兰州学刊，2017（2）：54-62.

在各国的推进状况，此后被频繁引用、转录①（图11-23）。但即使如此，此文也未区分田园城市（garden city）与城郊田园住区（garden suburb）的区别，并误以为伯恩维尔（Bournville）村和阳光港镇（Port Sunlight）的建成年代晚于莱彻沃斯。

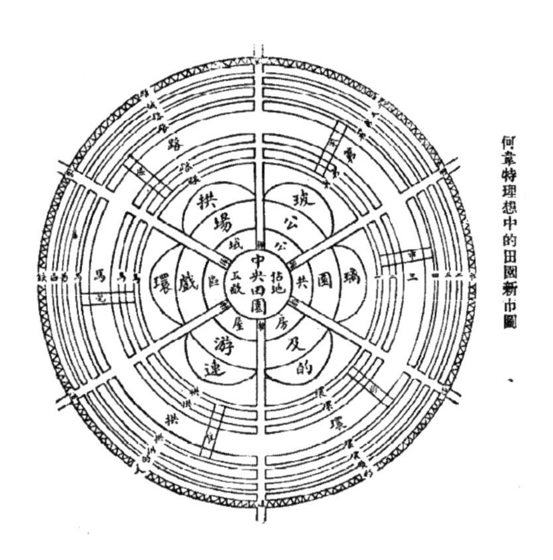

图11-23 董修甲转译霍华德著作所绘制的田园城市模型（1925年）

资料来源：董修甲．田园新市与我国市政［J］．东方杂志，1925，22（11）：31．

1927年张维翰翻译出版了在日本面世不久的《英国田园市》②一书，书末“田园市运动大观”一节论及田园城市的定义：“不以工商业为目的之单纯的住宅地，以及土地公司以营利为目的而经营之郊外地，与夫公共团体建设经营之土地，在经济、社会、文化各方面未足称为独立城市者，周围无农业地带者，皆不得谓田园城市。对于此等土地，田园市论家特以田园村（garden village）、卫星市（satellite town）、田园郊外地（garden suburb）、工商业村（industrial village）等名称。”这是对田园城市和相关各种概念的明确区分，表明当时田园城市的认识已颇全面、系统，但尚未论及区域规划以及田园城市与城市规划之间的关联。1930年张维翰又主持翻译了1905年日本内务省编译的《田园都市》一书③，使这一名词成为我国学界接受的定称。

此后，更多涉及田园城市的论文跳出抄录前人论述和简单罗列史实的窠臼，对西方城市的发展历史及田园城市的概念和历史地位均论断精审深刻。如庾锦洪将西方城市的发展历程粗分为城市规模无限扩张、管理放任自流的“治标时期”，与从规划系统上加以改进的“治本时期”，“此时期治本之都市计划乃接踵辈出，田园城市亦其中之一”④；“花园都市是资本主义文化发展的一贴调剂药”⑤；“要之即所谓都市农村化、农村都市化二者合并而成为田园都市”⑥。1934年的文章《田园都市的理想与实施》不但对田园城市和城郊田园新区加以明确分区，更对社会城市（social cities，书中译为“复合田园都市”）有精辟论述，关注点扩大到区域范围的社会结构和经济分配⑦。

① 董修甲．田园新市与我国市政［J］．东方杂志，1925，22（11）：30-44．
② 弓家七郎．英国田园市［M］．张维翰，译．上海：商务印书馆，1927．
③ 日本内务省地方局．田园都市［M］．张维翰，译．上海：华通书局，1930．
④ 庾锦洪．田园都市之研究［J］．新建筑，1937（5，6）：1-18．
⑤ 严景珊．花园都市设计［J］．国闻周报．1930，7（35）：1-6．
⑥ 梁汉奇．广州市市政公报［J］．1930（366）：4-22．
⑦ 体扬．田园都市的理想与实施［J］．市政评论，1934，2（2）：11-15．

为推进田园城市的实施，1930年代的倡议者包括学者、官员、商人和基督教改良运动者，率相以符合个人和国家利益相劝导。原来土地开发仅局限于城内，但若转而将资金用于开发城郊新市区，“再以之分售或出租”，不但为益群众，也成为另一投资获利的途径。同时，在当时日本咄咄相逼的局面下，“化整为零，使都市多分化为田园，而国家因得藏富于民……分化之都市即可继之以与敌人相持搏”[①]，成为一种救国方案。抗战爆发后，这种城市疏散的思想与防空和内迁工厂的安置相结合而具有“国防性的军事意义”，成为战时城市规划的重要理论基础。这与英国1940年代田园城市思想因空袭疏散而重获关注的情形颇为类似。

二战结束后，建筑和规划界对田园城市思想和实践继续进行讨论，将其作为指导二战后城市重建、复兴和发展的规划理论[②]，在区域规划的高度将其融入各市的城市规划中。如梁思成发表于1945年的《市镇的体系秩序》一文，即指出市容的装饰与点缀（如引入绿化和建造公园）绝非城市规划的全部或主要内容，“而我国将来市镇发展的路径，也必须以'有机性疏散'为原则”[③]。不唯如此，规划家还针对我国的居住习惯和经济水平，对田园城市思想在中国的适用性作了批判性反思，提出若干校正的原则，如1947年的《大上海都市计划（二稿）》中提出，“疏散的办法，在本市是不能采用欧美各国所用的办法的”，不能像西方那样小规模迁移人群和工厂，而需要中央政府调集力量加以实施。又根据调研察知英美的户均人口为3.2～3.5人，而上海则为5.35人，当时“英美每英亩要住20～22户，而我们只要住13.2户。如此，在同等面积中，我们的住宅可比他们少35%，这是我们同英美情形的一个主要不同之点”。此外，人口密度、住宅标准等也按照实际情况加以调整[④]。

由此可见，我国近代学者对田园城市思想的认识经历了一个逐渐加深的过程，早期论述或有常识错误或偏差，但很多论著对田园城市思想的内容、本质、历史地位等均有深刻认识，熟悉正在世界各国发生的这一运动的进展，也明了田园城市与城郊住宅等相关概念的区别。但在中央权辖有限、工业化水平很低的近代时期，要加以实施则只能“体察要义，自拟计划”，采取实用主义的方式取舍进行。

11.4.2　我国近代的田园城市运动实践及其余绪

我国近代的田园城市运动实践多为市内的高档住宅区或城郊田园住区的开发与建设，也有规模更小、社会实验性质的工人新村。孙科曾指出，“新式都市之建设，多由大公司或慈善家为之”[⑤]，但我国工业化水平低下，缺少日本近代时期那样兼营各种事业的大财

---

① 张国瑞．战时田园市计划［M］．桂林：中国建设出版社，1943．

② 郑樑．战后都市计划导论［M］．重庆：中国新建筑社，1942．

③ 梁思成．市镇的体系秩序［N］．大公报，1945-08．转引自：梁思成．梁思成全集（4）［M］．北京：中国建筑工业出版社，2001：303-306．

④ 上海市城市规划设计研究院．大上海都市计划［M］．上海：同济大学出版社，2014．

⑤ 孙科．都市规划之进境［M］//陆丹林．市政全书［M］．上海：道路月刊社，1931：213．

阀，也没有围绕某个大城市形成完整的通勤交通体系。由于公、私两方均缺少强有力的推动和调用资源的能力，我国的田园城市运动规模更小，是更加零星、局部的尝试。

最早的例子是民国初期国民党的统治中心广州。孙中山认为广州兼具深水、高山和平原的地理条件，在《实业计划》中提出将“建一新市街于广州，加以新式设备，专供居住之用”，成为“花园城市”，惜对土地权属和开发方式未加说明①。但在此思想指导下，相继担任市长的孙科、林云陔等人集政府之力在1920年代末建设了数片广州“模范住宅区”，提倡卫生的居住环境和与自然相接近的生活方式，“起到了移风易俗的社会影响”，以梅花村（原名松岗）最为典型②。其居民多为政府官员和留学归来的工商界上流阶层，建筑章程规定每地块住宅建筑占地不超过2/5，余用作花园绿地（图11–24）。

国民政府移都南京前，已考虑对南京重做规划，其中之一即拟以鼓楼以北、凤仪门以南的广大地区为新建的“田园都市区”，设置公园和各类文化设施如图书馆、音乐厅等，成为文化居住区，也未提及工商和就业问题③。定都南京后，负责制定南京规划的“首都建设委员会”在制定过程中则通过了由孔祥熙提议的“推广郊外建设采用田园都市计划案”④，《首都计划》在政府职员和低收入者居住的公营住宅设计上规定采用田园城市的设计原则（图11–25）。

上海是近代中国最大的工业城市，较早一处开发的新式住区是由基督教青年会于1925年在陆家嘴建设的一片住宅，占地仅5亩8分7厘（1300m²），围绕服务楼与运动场建成住宅12所，形成“一个劳工新村，改良浦东工人之居住卫生⑤。”此后，美国人开办的普益地产公司购置了紧邻公共租界的7hm²土地，划分为70个地块，委托著名建筑师邬达克

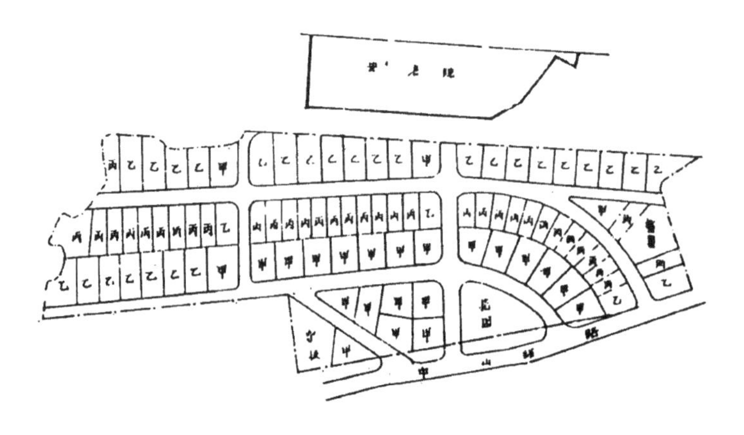

图11–24　梅花村住宅区总图（1928年）

资料来源：刘业. 广州市近代住宅研究［J］. 华中建筑，1997（2）：120.

① 孙中山. 实业计划［M］. 北京：外语教学与研究出版社，2013：103.

② 刘兴. 广州市近代住宅研究——兼论广州市近代居住建筑的开发与建设［J］. 华中建筑，1997（2）：117-123.

③ 张武. 改造南京市计划书［M］. 南京：宜春阁，1926：23.

④ 王俊雄. 国民政府时期南京首都计划之研究［D］. 台南：台湾成功大学，2002：附表3.

⑤ 董修甲. 英国的花园都市［J］. 前途杂志，1937，5（5）：52.

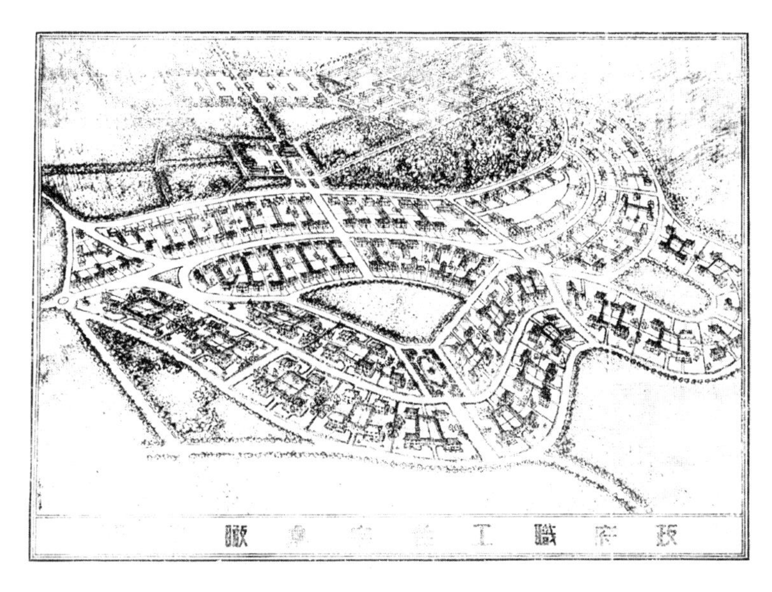

图11-25 南京公营住宅总图（1929年）

资料来源：国都设计技术专员庶务处. 首都计划［Z］, 1929：第52图.

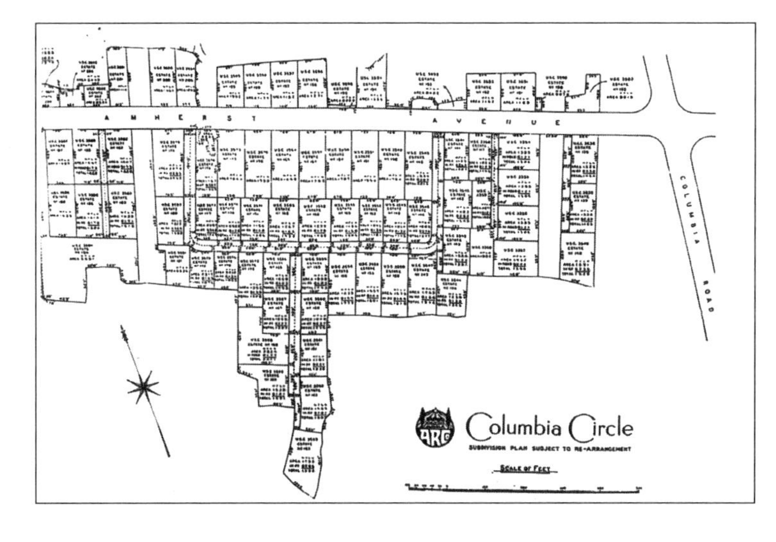

图11-26 邬达克设计的哥伦比亚圈地块平面图（1928年。各地块上建成的是风格、规模不一但均附带花园的独幢别墅）

资料来源：本书编委会. 邬达克的家［M］. 上海：上海远东出版社, 2015：16.

（Laszlo Hudec，1893—1958年）于1928年设计风格各异的西式住宅[①]。这一项目离城不远，交通便利，且从策划到宣传营销都以西方中产阶级的生活方式相标榜，吸引富庶阶层入住，取得了商业成功（图11-26～图11-28）。另一例是张永年、张国瑞、邬列莹在宁国县兴修的蔷薇园新村。和日本的城郊田园住区一样，这些项目也是以商业开发为目的，甚至在广告中也有“再以之分售或出租”的宣传语，为投资者牟利的新途径[②]。

① 本书编委会．邬达克的家［M］．上海：上海远东出版社，2015：10-16．
② 张国瑞．战时田园市计划［M］．桂林：中国建设出版社，1943．

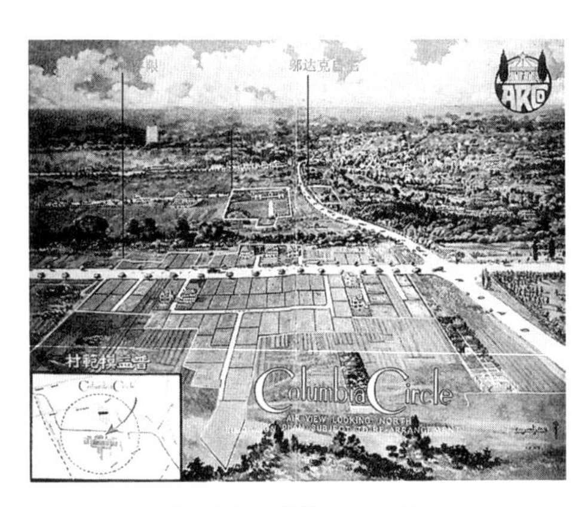

图11-27 哥伦比亚圈地块渲染图（1928年）
资料来源：本书编委会. 邬达克的家［M］. 上海：上海远东出版社，2015：156.

图11-28 新华别墅住宅现状（可见除独幢别墅外还有联排住宅和公寓，2017年）

另一处成功实施的新式住宅区是位于上海市区以南10km的蔷薇新村①。主事者之一、后来力主采用田园城市为法进行战时城市建设的张国瑞记述："民国二十二年间，我曾与友人张永年、邬列莹诸氏在上海市县属宁国乡参观蔷薇新村，基地百亩，住宅百数亩，并组织'中国新村建设社'，专门经营新村事业。在中国自周作人介绍日本武者小路实笃的新村主张后，国人自力大规模实际经营者，以此为嚆矢。"②除新建住宅外，主事者还试图以之推动社会改良。此外，无锡、唐家湾等地也进行了建设城郊新住区的尝试③，但这些例子中均未见以新区建设推行土地权属革新的尝试。

抗战之前和战争期间，虽然规划界已认识到田园城市思想中的有机疏散和卫星城理论对城市发展和安全的重要意义，但直到抗战军兴后，国民政府和大量企业、民众西迁，一些规划家和实业家又倡导田园城市思想中"城市疏散"的理论，成为一种救国方案。这种思想又被延伸发挥，与防空和内迁工厂的安置相结合而具有"国防性的军事意义"，成为战时城市规划的重要理论基础。当时陪都重庆的城市规划就是在这一思想下产生，最后定稿于1946年的（《陪都十年建设计划草案》）。其以疏散主城区人口为指向，采取卫星城理论在300km^{2}的广大范围内布置了12个卫星市、18个卫星镇，并结合保甲制度以邻里单位理论为基础规划各个居住区④。可惜由于内战爆发而无法实施（图11-29）。

类似未能实现的还有《大上海都市计划》。该规划方案的编制工作开始于1946年，开宗明义"对于本市将来人口增加之处理，应从区域计划入手，乃为浅显之事实。然区域之

① 郑红彬，杨宇亮．"魔都"的安居之梦：民国上海蔷薇园新村研究［J］．住区，2013（4）：136-146．

② 张国瑞．战时田园市计划［J］．建设研究，1939，1（6）：58．

③ 董修甲．田园新市与我国市政［M］//陆丹林．市政全书．上海：道路月刊社，1931：192；冯江．从宗族村落到田园都市：民国中山模范县的唐家湾实验［J］．建筑学报，2014（9+10）：117-122．

④ 谢璇．1937—1949年重庆城市建设与规划研究［D］．广州：华南理工大学，2011．

发展，又以区域内各单位之密切联系及有机发展为前提”。对具体居住区也按照田园城市的设计原则加以布置，并根据国情规定人口数量和建筑密度（图11-30）。

显然，1940年代国内规划对于田园城市和城市规划的认识已相当精审，只是当时兵燹纷乱，根本无力系统实施。但这些规划活动积累了经验，制定方案的专业人员后来大多留在大陆，在1949年之后才真正发挥其长才，在新形势下推动了田园城市在中国的发展。

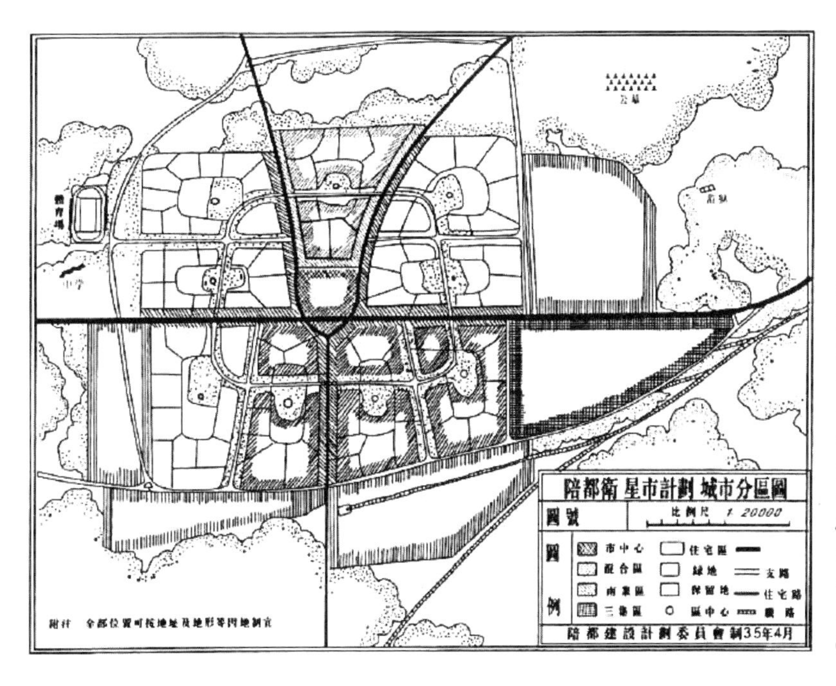

图11-29 陪都卫星城计划城市分区图（1946年）
资料来源：陪都建设计划委员会. 陪都十年建设计划草案［M］, 1946. 转引自：龙彬，赵耀《陪都十年建设计划草案》的制订及规划评述［J］.西部人居环境学刊，2015（5）：105.

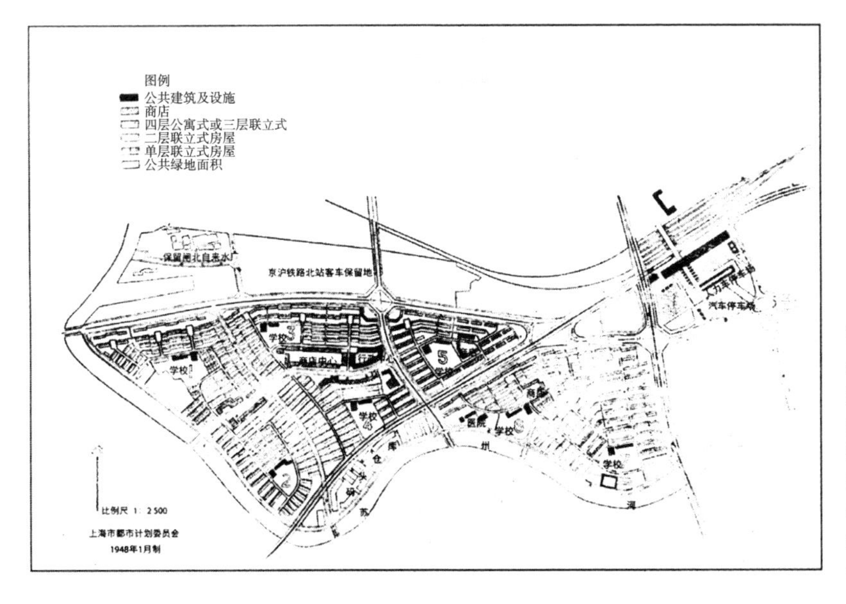

图11-30 上海闸北西区分区规划总图（2017年）
资料来源：上海市城市规划设计研究院. 大上海都市计划（上）［M］.上海：同济大学出版社，2014：140.

11.5　结论

田园城市运动既是将田园城市思想迅速传播到世界各地的过程，也是不断修订、完善和扩充田园城市思想的过程：英国的田园城市运动在运动之初就因便于实施和管理而在诸多方面都被修订，其目的不再是牵动全局的社会改良，而是以建设有益健康、环境良好的城郊田园住区（garden suburb）为首要任务，之后又衍生出卫星城（satellite town）和新城（new town）理论；毗邻英国的欧洲大陆各国则因应着民族主义和现代主义的蓬勃发展体现出很多不同于英国的特征，而大洋彼岸的美国则对田园城市思想进一步发展和创造，将这一运动推向高潮。田园城市运动在“非西方”世界的发展也体现出巨大差异：埃及、日本和中国等地遵循了城郊田园住区的设计原则，在城市中创造出专属上层社会的优美居住区，而南非、巴勒斯坦等地新建的“田园城”则成为遂行种族隔离政策的工具，等等。这些离散于主流之外的实践鲜见于西方文献，虽它们大多未能在理论上有所创辟，但都结合当地情况丰富和发展了田园城市思想。只有系统考察了田园城市运动在非西方世界的历史进程，才能加深理解田园城市思想随着这一运动的进行而发生的调整、变更和接受等过程，以及田园城市运动在不同国家和地区展开的历史特征。

一种规划思想在发展和指导实践过程中常常会背离其原初的理想，而当它被传播到另一个文化背景的地区时，在对其接受前被调适和修改也几乎成为必然。田园城市思想源出英国，但它在全世界各地传播时受到过各种有意或无意的误解和曲解，在实践时则因各地的政治、文化、经济各方面的实际情形而被修订和调整，出现了以城郊田园住区替代田园城市、用设计方法和规划技术替代社会改革的普遍现象。田园城市思想在“非西方”世界各国的发展轨迹和实践情形各不相同，但这些不同之中蕴藏着若干共同之处。

首先，新兴的民族国家如苏联、日本和中国与欧美各国一样，其田园城市运动经历了引介、吸纳和理解这一思想过程，继之尝试进行应用和实践这两个主要阶段。但在殖民地如印度、埃及与朝鲜、伪满等地，则在殖民政府的强力推动下直接移植了西方的范例。

第二，与西方大量兴建、利用铁路通勤、服务于中产甚至工人阶级的城郊田园住区（garden city）不同，“非西方”国家遵从恩翁式的田园城市原则设计的新建住宅区，其服务对象几乎无一例外都是特定阶层（如政府职员、工人）或种族，且它们大多毗邻市区而建，如以色列的特拉维夫和上海的“哥伦比亚圈”，但也有不少位于城市中心如开罗。这是受制于城市基础设施和交通水平低下的结果。相比之下，苏俄、日本的城郊田园住区布置在近郊铁路和城际铁路沿线更与西方国家相似。

第三，连续、广泛的田园城市运动实践依赖于该国的工业化水平和政府的效能。如日本明治维新时代形成的大财阀在1920年代成为推动城郊田园住区建设的主要力量，而我国近代规划家虽然深刻理解了田园城市思想并从理论上阐明了应用的意义及步骤，但终究无力加以实施。

第四，各国的政府和业主推行田园城市运动的目的各不相同，如英、法等国在殖民地将之作为实施种族隔离的手段，而日本、中国则以之为社会身份的象征。其共同之点，都代表着近代化的成就，且均造成了与城市其他部分相隔离的“飞地”，丝毫不谋求整个社会的空间结构和分配方式的改进。这些都与霍华德“社会城市”（social cities）的理想背向而驰。

最后，田园城市运动过程中形成的设计方法和规划技术是“非西方”国家关注的重点，因此缺少西方那样由社会经济结构等深层原因推动的理论创新，唯一的例外是苏联时代的若干探索如线性城市理论等。

与当今的全球化趋势类似，作为早期全球化样例的田园城市运动也以思想、技术、价值观（生活方式和审美取向等）的全球传播为特点。相比西方国家，“非西方”世界的田园城市更显重视技术手段和空间形象，从微观层面的草地、树木、公园、建筑样式，到中观层面的分区制度、道路设计、土地重划，再到宏观层面的城市疏散、区域规划，无一不可以田园城市思想笼括涵盖，并足以显示这些国家近代化事业上的成就，也因此造成了一场席卷“非西方”世界、声势浩大的田园城市运动，在“非西方”国家中形成了与传统模式截然不同的一批新型住宅区，使草坪、公园、花园等成为设计标准，在改变城市景观的同时也改变人们对城市的理解及其在城市中的生活方式。

对我国近代而言，早期的规划家对田园城市思想有全面、深刻的认识。我们研究这一段历史，不可因为没有看到太多实例而产生误解。尤其董修甲早在1925年于比较各国的田园城市运动后即指出：“田园新市之建设，不问其为大规模或小规模，合作者或独创者，其寓乡于市之意如未忘却，则田园新市之精神仍在。凡欲创办田园新市者，不必专效法一国，更不可专效法一种计划，须体察其要义，而自拟适宜之计划。各国田园新市计划中，良者采之，不善者弃之，如此方可得最适宜之制度也。”[①]这种制宜主义的论断开启了我国近代以来汲引西方规划思想而根据国情加以改造的先河，与1958年以后探索我国自己的城市规划道路的思想相一致[②]，是我国近代田园城市运动所留下的另一份精神遗产。

① 董修甲．田园新市与我国市政［J］．东方杂志，1925，22（11）：41．

② 华揽洪．重建中国：城市规划三十年，1949—1979［M］．北京：三联书店，2006：71-79．

第12章 田园城市设计手法之源从及其演进

12.1 田园城市设计的创造及其设计手法的若干特征

1898年，霍华德在其《明日》一书中提出田园城市思想，其本质是在远离既有大城市的农村地带另建新城，因其土地价格便宜，则可采取完全不同于大城市的开发手段，其较低的建筑密度也能使房屋掩映在绿树丛荫中，而且城市区域完全为绿化带（用作森林防护带或农业用途）所环抱，以此实现融合城乡优点的“乡市”（County-Town）的景象。当某一新城人口达到上限（32000人）时，则在距离该新城（“田园城”）较远处择地按此模式再次创建另外的新城（霍华德称之为“协和城”“友爱城”等），进而使英国的城乡空间得以重构，以此为途径消弭伦敦等超大工业城市，从而彻底解决工业革命以来的空间拥挤、人口膨胀等诸种城市问题（见图7-13）。

在田园城市思想提出之前，19世纪以来英国社会改革家们针对工业化弊端和城市病的方案，曾描摹了名称各异的理想城市形态及其管理方式，但无一实现。田园城市思想的与众不同之处正在于其提出次年即组建了旨在将此思想付诸实现的“田园城市协会”（Garden City Association），此后不到五年时间内第一座田园城市莱彻沃斯就已选址建设。从此，田园城市思想不再是被嘲笑和质疑的对象，进而深刻改变了全世界千万民众的思想观念及其生活和居住方式，并促成现代规划学科在英国及至世界各国的创立与发展。

霍华德虽然是胸怀远大的社会改革家，但并不具有建筑设计的专业技能，田园城市的空间形态也并非他学说中最重要的部分。仔细翻检《明日》一书，从第2章开始几乎全部篇幅都在论述如何筹集资金和进行日常运营。正如1930年代的批评家们所指出的那样：“霍华德是纯粹的社会改革家，对城镇作为艺术作品如何呈现美感漠不关心。”[①]霍华德书稿中的手绘图标示了田园城市空间功能的抽象布局（见图8-13），但涉及空间布局和住宅形式等具体设计则含混不清（图12-1）。后来他正式出版的著作中的附图更是直接省略了建筑形态而聚焦于空间格局及其相互关系[②]。

但正是因为霍华德缺乏建筑学的专业技能，才使得在田园城市运动推展过程中，逐渐为田园城市思想所吸引、聚集而来的一批建筑师得以发挥所长，从他们各自的专业立

① Thomas Sharp. Town and Countryside: Some Aspects of Urban and Rural Development [M]. Oxford: Oxford University Press, 1932: 140.

② 详见第7章。

场阐述田园城市思想，并将其“翻译”成相应的空间布局方案。这其中最著名者，是从早期开始积极参与田园城市协会活动的恩翁和帕克（Barry Parker）。他们在1902年的田园城市大会上接受糖果企业家朗特里（Joseph Rowntree，1836—1925年）的委托，按照要求在约克（York）市郊设计了令人耳目一新的新厄斯威克（New Earswick）工人住宅区。该项目占地123英亩，其中不少设计手法，如遵从自然地势确定街道走向、尽端式道路布局以及采用较为自由的住宅平面形态等，都成为此后莱彻沃斯规划和建筑设计的预演①。

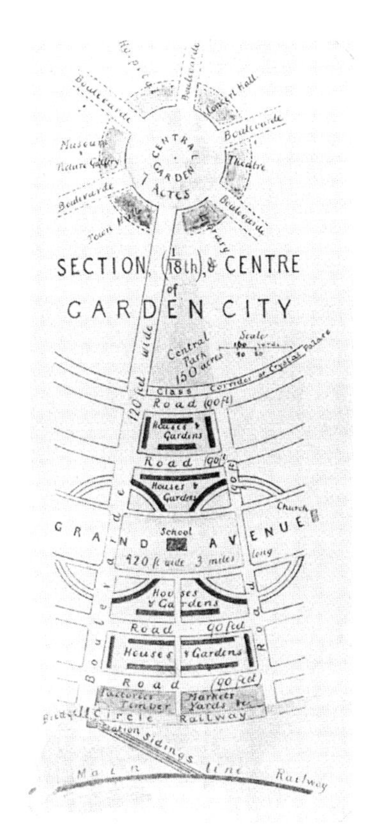

图12-1 霍华德手稿中的田园城市居住区（1/18城区）布置草图，可见住宅为联排式沿地块周边布置（《明日》一书中的居住区布置示意图为1/6城区）
资料来源：Stephen Ward，ed. The Garden City：Past，Present and Future［M］. London：E & Fn Spon，1992.

1903年，第一田园城市公司成立并在伦敦以北35英里处购买了3800英亩农地，通过设计竞赛选定恩翁和帕克的方案（图12-2）。该方案的规划原则是尽力保持乡村风貌和自然景观，整个“城市”为森林和农业带围绕，划分为不同等级功能区，其中西南片区为市政广场和公共建筑群，其西南走向的主路（百老汇大街）通向火车站；工业区布置在外围，占地较小；居住区的道路形态非常自由，多遵从地势等高线呈蜿蜒的曲线形。虽然当时和后世的批评家认为这一规划缺少真正统率性的中心，而且被铁道和南北干路分割成的四块区域相互间缺少有机联系，但这一设计毕竟开创了现代城市规划和新式居住区建设的先例，得到当时规划界和建筑界一致好评。

恩翁和帕克后来又于1909年合作设计了伦敦郊外的汉普斯特德城郊田园住区（Garden Suburb），其“田园城市风格”的设计原则呈现得更加完整、明确，恩翁也成为声势日炽的田园城市运动中重要性仅次于霍华德的核心人物②（图12-3）。

以莱彻沃斯和汉普斯特德为例，这种由恩翁和帕克开创并定型的“田园城市风格”设计的主要特征可分述如下。

第一，较低的建筑密度是田园城市设计的标志性特征，也是恩翁提倡最有力的设计

① 刘亦师．“局外人”：19、20世纪之交英国“非国教宗”工业家之新村建设与现代城市规划之形成［J］．建筑史学刊，2021（1）：131-144．

② Stanley Buder．Visionaries and Planners：The Garden City Movement and the Modern Community［M］．Oxford：Oxford University Press，1990：84．

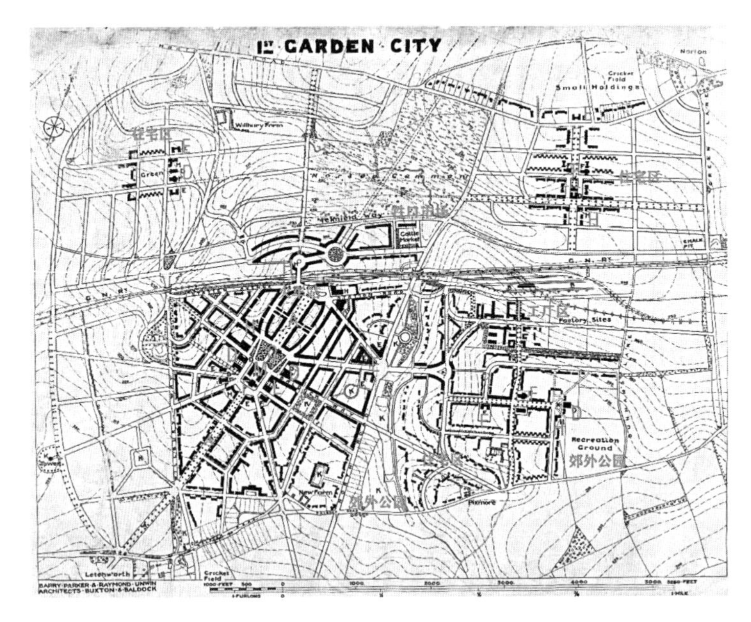

图12-2 莱彻沃斯总平面图及其功能分区（图中A：中央大道、C：中心公园、D：城市或社区中心、E：学校、F：教堂、H：旅店、L：邮局、M：市政中心）

资料来源：Stanley Buder. Visionaries and Planners: The Garden City Movement and the Modern Community［M］. Oxford: Oxford University Press, 1990.

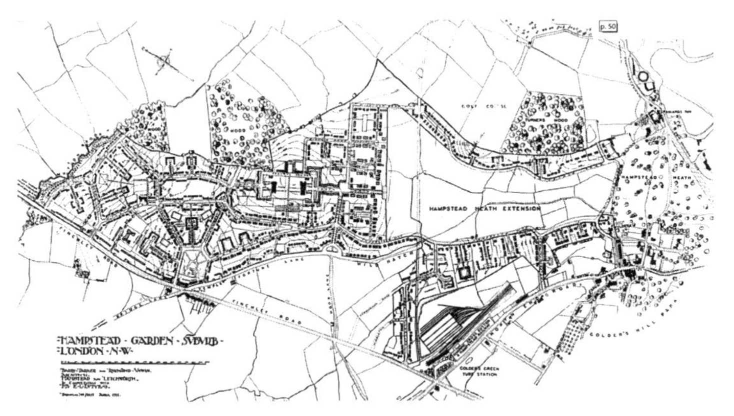

图12-3 汉普斯特德城郊田园住区总平面图（一、二期）（另见图9-11（第一期））

资料来源：Mark Swenarton. Rationality and Rationalism: The Theory and Practice of Site Planning in Modern Architecture, 1905-1930［J］. AA Files, 1983（4）: 49-59.

原则，并且进一步量化为“每英亩不超过12户住宅”[①]，以确保足够的通风和充分的绿化植被。而且每户均有专属的花园或自留地（allotment），用于从事园艺和耕作。霍华德和恩翁等人都认为花园能为劳动阶层居民提供有益身心的消遣活动，从而逐步消除遍布于大城市中的酒馆和妓院。

第二，田园城市和住区的规划均采取尊重自然景观的态度，尽量保持原有地形地貌，并有意使道路蜿蜒曲折，类似中国传统园林的“步移景异”，间或也采用尽端式道路以求形成较紧凑的建筑簇群，但均旨在破除当时英国的城市中单调乏味的“法定住宅”街道景观（详见下文），也因此形成了与传统英国城乡街道空间那种紧贴道路边缘布置建筑相似的景象。

① Raymond Unwin. Nothing Gained by Overcrowding［M］. New York: Routledge, 2014（Reprint of 1912）: 7.

第三，恩翁和帕克都倾慕19世纪中后叶兴起于英国的工艺美术运动。他们的住宅设计，无论是独幢住宅，还是2户、4户甚至6户的联排住宅，均主要采取这种富有浪漫主义色彩的建筑风格，具体体现在以红砖为主要材料、外观有意处理得不对称且采用较大的坡屋面，局部间或采用半木造（half-timber）结构强化前工业化时代的氛围，并以壁炉为中心组织室内空间等。工艺美术运动的反对工业化大生产和急剧城市化的意识形态与田园城市运动的宗旨相契合，且这种建筑风格十分符合居住建筑的性格，因此随着田园城市运动的全球传播也将这一建筑风格带到世界各地（图12-4）。

第四，虽然在居住建筑上采用工艺美术运动风格，但在恩翁和帕克的规划和公共建筑设计中仍体现了很强的古典主义的痕迹，这与他们在青年时代接受的古典主义建筑训练有关，同时也受到当时美国城市美化运动的影响。这也是莱彻沃斯总平面中在公共建筑区域采用了规整对称的巴洛克式布局（图12-5），而居住区部分的布局则颇为自由的原因。

第五，因为有专业建筑师和规划师的参与，田园城市的规划和住宅设计注意到经济性和空间效率，同时在普通住宅中普及了现代化生活设施，如抽水马桶和合理的市政管网体系等，这也成为田园城市设计现代性的重要体现（图12-6）。

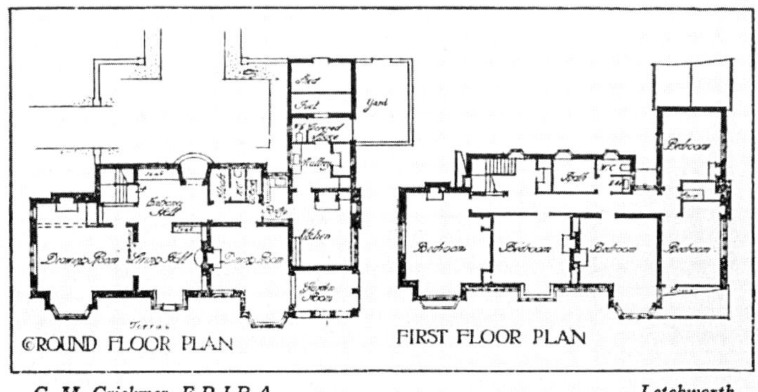

图12-4　莱彻沃斯一处住宅设计的立面和平面（设计师为C.M.Crickmer。住宅设计采用工艺美术运动风格是恩翁和帕克规划方案中规定的原则）

资料来源：C. B. Purdom. The Garden City：A Study in the Development of a Modern Town［M］. London：J. M. Dent & Sons Ltd.，1913：44.

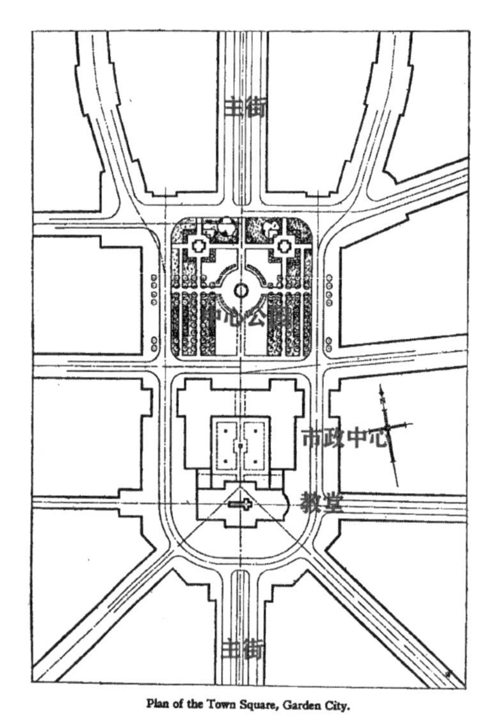

图12-5 莱彻沃斯市中心广场规划方案（1903年）
资料来源：Robert Stern，David Fishman，Jacob Tilove. Paradise Planned：The Garden Suburb and the Modern City［M］. New York：The Monacelli Press，2013.

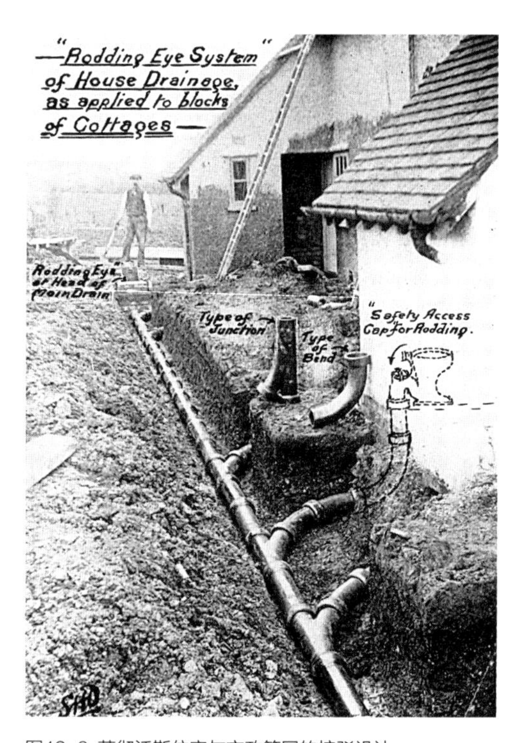

图12-6 莱彻沃斯住宅与市政管网的接驳设计
资料来源：C. B. Purdom. The Garden City：A Study in the Development of a Modern Town［M］. London：J. M. Dent & Sons Ltd.，1913：98.

除此以外，随着田园城市传播到世界其他国家尤其是美国，田园城市设计又扩展出其他诸种特征，如在私有汽车保有量较大的美国在设计中采取人车分流的路网格局①，又在1940年代左右发展出完整的“邻里单元”理论，等等。

莱彻沃斯的规划和建筑在空间布局和物质形态设计方面远远超出霍华德《明日》一书中的描绘，将那些简略、粗疏的文字和图示易之以精巧、细致的设计图，也无可置疑地体现出专业技术人员在田园城市运动中的重要性。霍华德书中缺少对空间布局和风格样式的明确规定成为恩翁、帕克等人施展才能、制定不同的设计原则的前提，也解释了田园城市设计中样式各异，甚至彼此矛盾的外部空间形象。恩翁和帕克提出的田园城市设计原则清晰明确，既有量化指标，也易于模仿，是推动田园城市运动快速发展的重要技术保证。

但应该注意的是，霍华德田园城市思想的原意是通过建设相当数量的田园城市式新城，进而彻底消弭现有大城市，以达“和平的”社会改革的宏旨。虽然莱彻沃斯和汉普斯

① 早期最系统的尝试是斯泰恩（C. Stein）和莱特（Henry Wright）在新泽西郊区设计的雷德朋住区（Radburn），使车行道沿周边布局，内部交通以步行道为主，并在交汇处采用立体交通彻底隔开车行流线和步行流线。

特德作为田园城市设计的原型大获成功，但人们的注意力被这种可操作性和可复制性很强的设计手法所吸引，而霍华德的视作最终目的的社会改革理想及其相应措施，如合作主义、工业与农业相结合、社会阶层混居等，反而在田园城市运动中被束之高阁、避而不论。莱彻沃斯之后仅建成另一座田园城市——维林。除此以外，兴建环境优美、植被茂密的城郊田园住区成为田园城市运动的全部内容。

12.2　田园城市设计手法之形成及其演进

田园城市的规划和建筑设计，很大程度上受到19世纪末兴建的两处模范工人居住区的影响，即位于利物浦郊外的阳光港镇和伯明翰郊外的伯恩维尔镇。两者均由深怀人文主义思想的大企业家所创立，前者在住宅设计上采用工艺美术运动风格，后者的道路体系则更重视与自然地势和景观的结合。二者均为工人阶层提供了宽敞明亮和环境优美的居住环境，一改在大城市中多户家庭拥挤在同一住宅内的情况，甚至将之前属于富庶阶层专有的私人花园和院墙等特权“扩展到广大群众”①，并致力于使这些经验推广至全英国②。因此，在具体的规划原则和设计方法上，工业新村的建设也为之后的田园城市运动提供了重要参考。笔者对此另有专文论述，兹不赘述③。

田园城市运动的主将恩翁和帕克在20世纪头十年的实践中不断探索和完善田园城市设计的方法，二人均深受英国工艺美术运动和德国城市规划及城市设计理论的影响。恩翁在汲取和发扬奥地利建筑师西特的名著《城市建设的艺术》（1889年）④（图12-7），和德国规划师施蒂本（Joseph St ü bben）于1890年出版的专著《城市

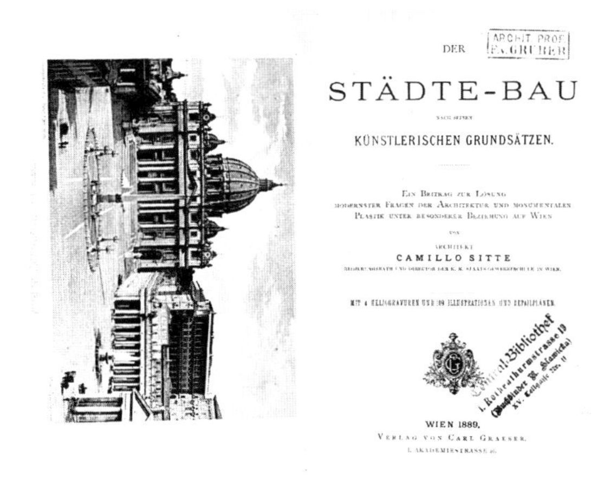
DER
STÄDTE-BAU
KÜNSTLERISCHEN GRUNDSÄTZEN.
Ein Beitrag zur Lösung
modernster Fragen der Architektur und monumentalen
Plastik unter besonderer Beziehung auf Wien
CAMILLO SITTE
WIEN 1889.
Verlag von Carl Graeser.

图12-7　西特著作《城市建设的艺术》第一版扉页及插图（1899年）
资料来源：Camillo Sitte. Der Städte-Bau Nach Seinen Künstlerischen Grundsätzen［M］. Wien：Verlag von Carl Graeser，1889.

① Robert Stern，David Fishman，Jacob Tilove．Paradise Planned［M］．New York：Monacelli Press，2013：224．

② The Bournville Village Trust．Bournville［Z］，1912：3．

③ 刘亦师．“局外人”：19、20世纪之交英国“非国教宗”工业家之新村建设与现代城市规划之形成［J］．建筑史学刊，2021（1）：131-144．

④ Camillo Sitte．City Planning According to Artistic Principles（1889）［M］．Translated by George R. Collins，Christiane Crasemann Collins．London：Phaidon Press，1965．

图12-8 恩翁著作的扉页及其插图（1909年，该书对田园城市运动的设计原则和技术标准等进行了系统总结，具有深远影响，是现代城市规划创立的重要标志之一）

资料来源：Raymond Unwin. Town Planning in Practice：An Introduction to the Art of Designing Cities and Suburbs［M］. London：Adelphi Terrace，1909.

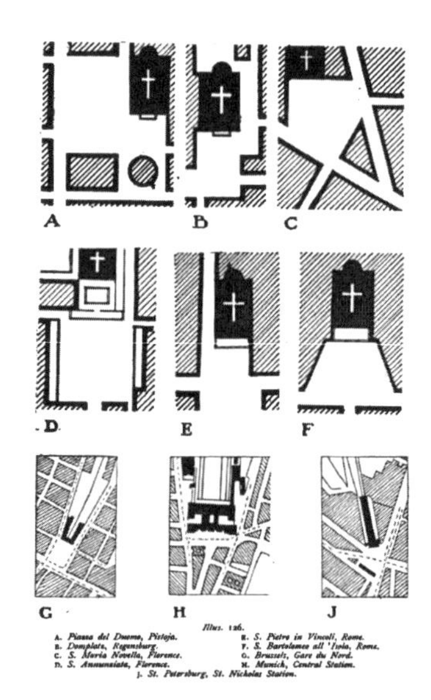

图12-9 恩翁书中的插图（对城市空间和街道景观的分析方法仿照了西特的“图底法”，错落有致的街景也是田园城市设计的重要标志）

资料来源：Raymond Unwin. Town Planning in Practice：An Introduction to the Art of Designing Cities and Suburbs［M］. London：Adelphi Terrace，1909：188.

建筑》[①]等设计思想和手法的基础上，总结了田园城市的设计理论，并于1909年出版为《城镇规划之实践》[②]（图12-8、图12-9），无论道路截面设计、道路景观还是城市空间设计，均明显可见德、奥城市规划理论和实践对他的影响；而奥斯曼巴黎改造的空间范式也在恩翁的设计实践中占有一席之地，体现了来自法国的古典主义影响。此书甫一出版就成为田园城市设计的经典读本，为田园城市运动向世界各地扩张提供了急需的技术参考。

除此以外，本文拟就19世纪末、20世纪初的英国社会、经济和思想等方面，较为详细地讨论当时卫生观念的形成、审美取向的变迁及英国城乡建设传统的赓续，讨论它们对田园城市设计手法形成与演进的影响。

12.2.1 公共卫生运动、街道布局形式与生活观念演变的影响

19世纪中叶英国城市中进行的卫生调查雄辩地证明了霍乱等疫病的传播与城市居住环境之间的关联，席卷西方的公共卫生运动也随之开展，也因此促成了西方现代城市规划的

① Joseph Stübben. Der Städtebau［M］. Berlin：Vieweg，1890.

② Raymond Unwin. Town Planning in Practice：An Introduction to the Art of Designing Cities and Suburbs［M］. London：Adelphi Terrace，1909.

形成与发展。查德威克是这些事业的发起和领导者，在他的推动下英国议会于1848年颁布了世界上第一部《公共卫生法案》（Public Health Act），责成地方政府修建下水道和供水系统，并清除居住区的垃圾和增强通风。这些措施改善了工人居住区的条件，在一定程度上遏止了疫病的暴发与蔓延①。

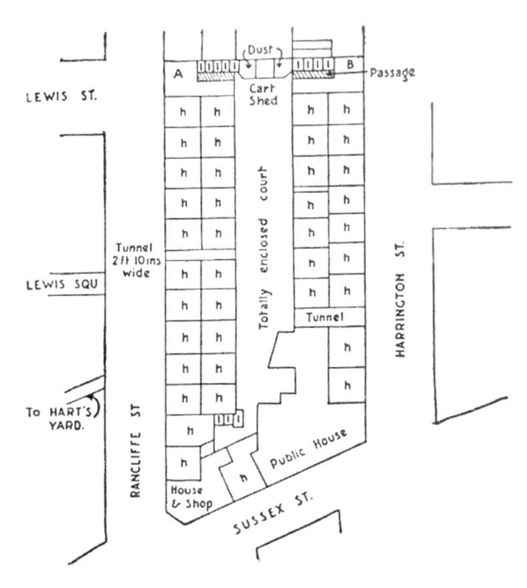

图12-10 英国诺丁汉市“背靠背”式住宅总平面（1845年，通常院落封闭或半封闭且街道阻断，在1875年后相继被拆除）
资料来源：Leonardo Benevolo. The Origins of Modern Town Planning [M]. Judith Landry Trans. Cambridge: MIT Press, 1985: 93.

1875年，英国议会将此前与公共卫生相关的法案统合起来，形成新的《公共卫生法案》。与1848年的版本比较，1875年的法案其主要内容仍为增加通风、清除垃圾、完善市内外卫生设施等，其条文从建议性转为强制性，授权地方政府拆除不合卫生标准的房屋和住宅区，并新建房间高度、建筑材料等满足要求的地方“法定住宅”（bye-law housing）②。

在具体措施上，1875年的《公共卫生法案》要求拆除此前为容留更多居民而建造的“背靠背”式住宅（图12-10），将封闭的院落打通，以满足日照和空气流通要求，避免“瘴气”淤积。此外，该方案还要求各地确定居住区主要街道的最小宽度，改造为地方“法定街道”（bye-law street），从而一举改变老城区的空间格局和卫生状况。法令还要求打破此前断头路和封闭大院的肌理，并在连栋住宅背面预留较窄的通道，均旨在使街道彼此间相连，以利通风。

因此，英国各市的主要街道宽度一般定为至少40英尺（约12m）③，其街道宽度“实际远超当时车辆通行所需，也与临街建筑的高度不成比例”④。同时，住宅一般紧邻街道布置，没有考虑绿化、公共空间和住宅花园的布置。而街道布局呈彼此垂直正交的网格状，虽然卫生状况较之前有所提高，但造成了城市居住区景观缺少变化、乏味无趣的普遍现象（图12-11、图12-12）。

随着“背靠背”式院落被拆除和地方“法定住宅”的普及，英国的城市面貌大为改观，

① Derek Frazer. The Evolution of the British Welfare State [M]. London: MacMillan Press Ltd., 1984: 77.
② by-law出自荷兰语，意为“按当地规定建造的住宅”。参见：M.J.Billington. Using the Building Regulations [M]. New York: Routledge: 2005: 11.
③ Spiro Kostof. The City Shaped [M]. New York: Bulfinch Press, 1991: 149.
④ Spiro Kostof. The City Assembled [M]. New York: Thames &. Hudson, 1992: 206.

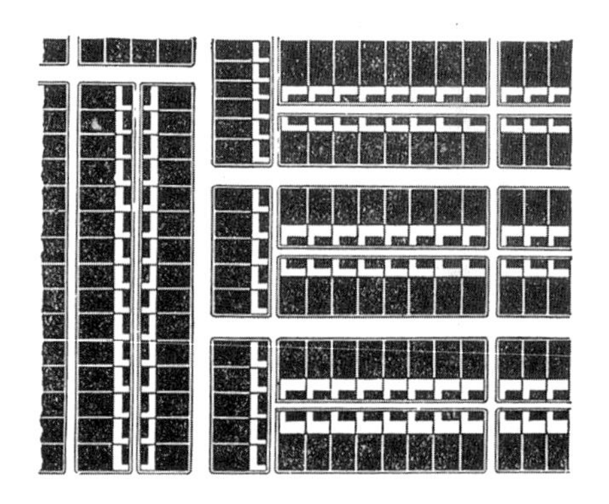

图12-11 按照1875年《公共卫生法案》布局的街道和“法定住宅”总平面示意图

资料来源：Leonardo Benevolo. The Origins of Modern Town Planning［M］. Judith Landry Trans. Cambridge：MIT Press，1985：105.

图12-12 英国伯明翰市的一条“法定街道”及沿街住宅（缺少绿化，景观乏味）

资料来源：The Bournville Village Trust. When We Build Again［M］. New York：Routledge，2013.

但城市拥挤的居住条件仍未彻底解决，同时人们对沉闷的生活环境和公共设施的缺乏日益不满。在此背景下，反对工业生产、提倡中世纪道德标准和向往乡村生活的工艺美术运动趁时而起，影响了一代英国的知识分子，也将对田园牧歌的向往沉淀为英国社会的集体性心理。这为田园城市思想的兴起和迅速被英国各阶层接受打下了广泛的思想基础①。

基于当时人们对规整的城市道路网格和千篇一律连栋住宅的街道景观的厌烦，田园城市运动的主将恩翁等人在将霍华德的思想转译为图纸语言时，借鉴此前的成功案例②，创造性地提出一系列设计方法，如不再将住宅紧贴道路边缘而大胆退线，布置带围墙的前院（此前前院一般特属于上层阶级宅邸）；打断连栋住宅的线性布局，改以叠拼和独幢住宅为主，有意拉大住宅间距作为公共空间；有意将道路设计得蜿蜒曲折，以增加道路景观的趣味性，等等。这些设计方法后来成为标志性的田园城市设计原则。

为了从理论上彻底改变人们习以为常的“法定街道”布局模式，恩翁在1901年的第一次田园城市大会上借助用地经济性分析，提出合院式住宅模式，其围合出的大面积院落可用于绿化和耕作，可以节省本来用于道路、排水系统等基础设施的开销，雄辩地证明了合院式住宅对投资而言更加经济③。同时，他提出在新时代人们对“健康”的诉求除防治疫病的基本要求外，良好的生活环境还必须包括充分的绿化、降低交通噪声等，这些只能借由低密度（“每英亩不超过12户住宅”）开发模式才能实现。这一理论是继查德威克发起卫生改革运动以后人们对健康和居住环境观念上的又一次巨大变革，并在之后深刻影响了

① Mark Swenarton. Artisans and Architects：The Ruskinian Tradition in Architectural Thought［M］. London：Macmillan Press，1989.

② 最重要者是19世纪末由工业家们建造的阳光港村和伯恩维尔村。

③ Raymond Unwin. Nothing Gained by Overcrowding［M］. New York：Routledge，2014（Reprint of 1912）：78.

英国政府的住房政策[①]（图12-13）。

1902年，恩翁等人在设计新厄斯威克村（New Earswick）工人住宅区时，为了使道路的利用效率最大（即相同长度的道路服务于房屋的数量最多），在获得当地政府核准后，决定使用尽端式道路。这种布局方式既能较好地适应不规整的地块形状，使土地不致浪费，同时也能使道路的建造费用最省[②]，还能有效地形成社区感并隔绝噪声（图12-14）。这种尽端路布局的设计手法后来在美国的雷德朋居住区规划中被发扬光大，被应用于世界各地。

从院落式住宅到尽端路布局，究其本质都是对1875年以后统治着英国城市空间的“法定街道”布局形式的反动，旨在通过新的设计手法，不但满足基本卫生需求，而且致力于创造良好的居住环境和景观趣味。这些探索既是对田园城市思想的丰富，也有力推动了田园城市运动的全球发展，颇具进步意义。但也应看到，只有在郊区土地价格便宜且土地储量足够大的条件下，这种低密度开发模式才能得以推行，而难以施用于用地紧张和地价昂贵的地方。

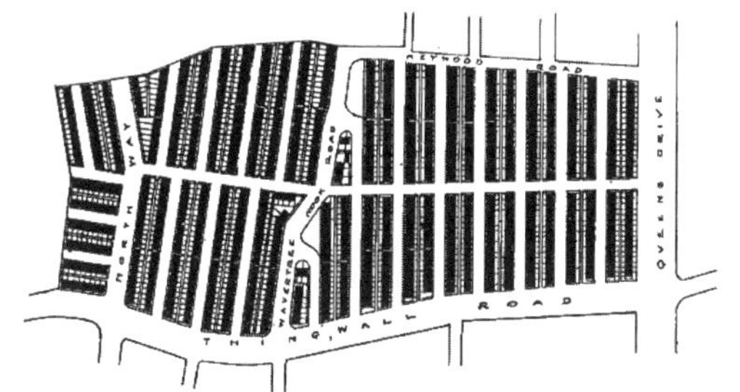

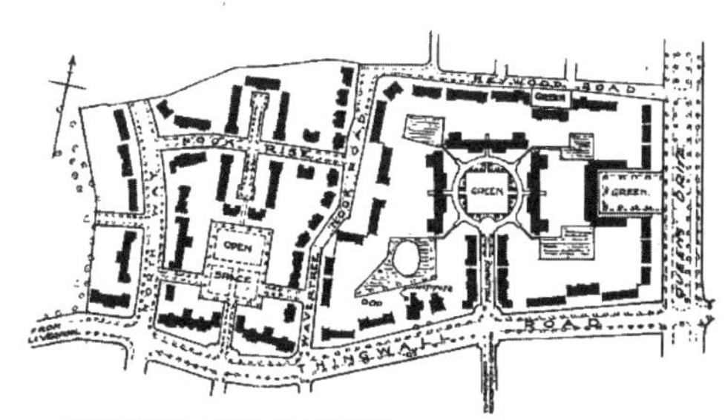

图12-13 两种居住区开放形式的对比：从“法定住宅”街道布局到田园城市设计（上图为占地25英亩的利物浦郊外住宅区，如采取“法定住宅”形式布局建筑密度为每英亩41户住宅，下图为环境良好的田园城市设计，密度为每英亩11户住宅）

资料来源：Ewart Culpin. Garden City Movement Up-to-Date［M］. London：Garden City and Town Planning Association，1914：54.

12.2.2 工艺美术运动与城市美化运动的影响

19世纪后半叶，一批英国艺术家和建筑师如莫里斯等人发起了工艺美

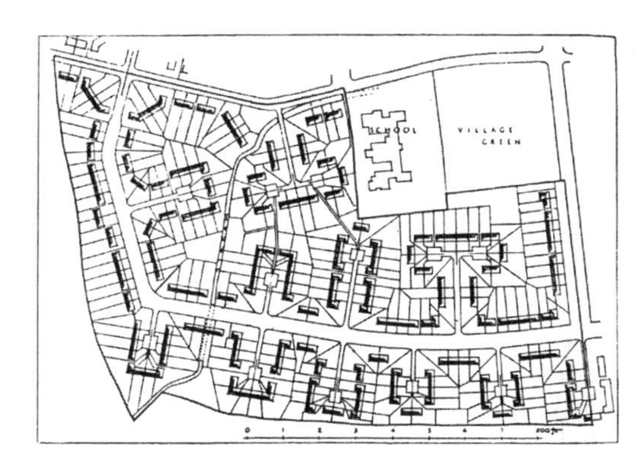

图12-14 新厄斯威克村居住区尽端道路平面形式（1902年）

资料来源：Barry Parker. Site Planning：As Exemplified at New Earswick［J］. The Town Planning Review，1937，17（2）：79-102.

① Barry Cullingworth，ed．Town and Country Planning in the UK［M］．New York：Routledge，2014．

② Barry Parker．Site Planning：As Exemplified at New Earswick［J］．The Town Planning Review，1937，17（2）：79-102．

术运动，反对千篇一律的大工业生产，提倡个性化设计，并效法自然和农村主题提高设计质量，从而“净化”被大工业和城市生活污染的人们的精神生活。工艺美术运动对英国民众的日常生活如装帧设计、住宅样式、壁纸和室内装饰等审美趣味的转移产生了深远的影响（图12–15）。工艺美术运动主要是一场涉及各种设计领域的实践，其思想来源于反对工业资本主义和劳动分工过分精细的美学理论巨擘拉斯金（John Ruskin）的理论。拉斯金大力提倡象征前工业化时代精神和生活方式的哥特建筑复兴样式，不但影响了19世纪中后叶英国的城市风貌，也与工艺美术运动一道造成了弥散在英国社会中的浓厚的浪漫主义气氛①。

工艺美术运动的设计原则旨在突破对称性，反对标准设计，追求个性表达，在局部如屋面处理上形成了出乎意料的变化。工艺美术风格的住宅曾被应用于造价不菲的城郊住宅区如阳光港村等实践中，与环境结合良好，但维护费用较高。恩翁等田园城市建筑师非常推崇工艺美术运动的设计原则，出于降低成本的考虑，对其稍作简化后广泛应用于田园城市住宅设计上。

工艺美术运动对非对称性和追求自然风貌的设计取向，放诸更大的街区和城市尺度，与当时奥地利建筑师西特关于公共建筑布局和城市广场设计的理论非常契合。恩翁是西特理论的热情支持者，他的专著《城镇规划之实践》大量参考了西特城市设计的理论和图示②，也体现出德国城市规划传统对田园城市运动的影响。

另一方面，1893年美国芝加哥成功举办了世界博览会，并以此为契机兴起了城市美化运动。城市美化运动采取了奥斯曼巴黎改造那样的“宏观设计手法”（grand manner）③，

图12–15 阳光港村工艺美术运动风格的叠拼住宅（1890年代）
资料来源：W. H. Lever. Buildings Erected at Port Sunlight and Hornton Hough［C］. A Meeting of Architectural Association，London，March 21，1902.

① Mark Swenarton. Artisans and Architects：The Ruskinian Tradition in Architectural Thought［M］. London：Macmillan Press，1989.

② Raymond Unwin. Town Planning in Practice：An Introduction to the Art of Designing Cities and Suburbs［M］. London：Adelphi Terrace，1909.

③ Spiro Kostof. The City Shaped［M］. New York：Bulfinch Press，1991：209-276.

兴建恢弘壮丽的公共建筑、城市广场和林荫大道以“美化”城市环境，旨在实现理性有序和明晰可辨的城市空间环境，也以此“体现高效、技术治理、道德名气、市民忠诚和精英统治等更重要的理念”[①]（图12-16）。城市美化运动中的公共建筑多采用“布扎”（Beaux-Arts）方式设计，注重轴线关系、对称布局和空间秩序的明晰化，这也是城市美化运动规划的设计原则。

图12-16 城市美化运动的发源地芝加哥市民中心改造方案（1909年）

资料来源：Peter Hall. Cities of Tomorrow［M］. New York: Wiley-Blackwell, 2002.

不同于英国城市改造和发展中将重点放在公共卫生和疫病防治方面，将大量资金投入下水道等卫生设施的修建，美国的城市美化运动强调的是公共建筑与城市空间的关系和艺术性。这一运动的“美化”效果很快收到成效，改变了华盛顿、旧金山等一批美国大城市的城市面貌，并引起大洋彼岸的英国建筑界的关注和推崇。

1909年，利物浦大学在阳光港村的创建人威廉·利华（William Lever，1851—1925年）的资助下，于建筑学院内设立城市设计系，这是全世界最早出现的培养专业规划师的教育机构。该系在其早期办学中将介绍田园城市实践和宣扬城市规划观念作为其主要任务之一，并致力于从城市设计角度营建良好的城市空间环境，在短短几年间形成了名震一时的利物浦学派（Liverpool School）[②]。利物浦学派的研究超出建筑本体的设计，而将重点放在一个较大区域内的各类空间和实体元素的相互关系。他们注意汲取当时美国正轰轰烈烈开展的城市美化运动的设计思想和手法，提出在城郊的新建区域可采用较为浪漫自由的工艺美术运动式布局，但在市中心地带应更加注意利用公共建筑组群形成较为规整和秩序分明的空间形态，以符合“城市中心”的观感。

利物浦学派的规划观念和设计思想直接导致了利华的审美取向及阳光港镇空间格局的变化，也影响了城市规划在英国发展的轨迹。作为田园城市设计重要参考范本之一的阳光港镇在1910年的第二期开发中，在利物浦学派的参与下，放弃了早期结合地形布置形态自由的住宅群的方式，而完全借鉴城市美化运动的设计方法，以纵横两条轴线和广场重新界定小镇中心区域的空间形态（图12-17、图12-18）。

恩翁等人在莱彻沃斯的折中主义设计可视作利物浦学派规划观点的前导，即在居住区

---

① Robert Freestone. The Internationalization of the City Beautiful［J］. International Planning Studies. 2007, 12（1）: 21-34.

② Christopher Crouch. Design Culture in Liverpool 1880—1914: The Origins of the Liverpool School of Architecture［M］. Liverpool: Liverpool University Press, 2002.

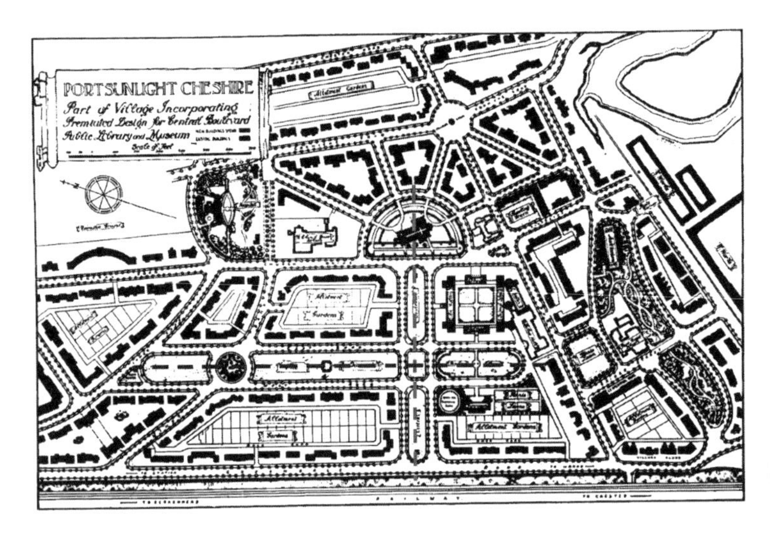

图12-17 阳光港村第二期规划总平面图（1910年，虚线轴线部分为该轮规划重点，即贯穿东西和南北两条轴线带）

资料来源：Walter Creese, The Search for Environment［M］. New Haven: Yale University Press, 1966: 136.

图12-18 阳光港村第二期规划的新东西轴线鸟瞰（另可参见图4-16（南北轴线））

资料来源：W. H. Lever. Buildings Erected at Port Sunlight and Hornton Hough［C］. A Meeting of Architectural Association, London, March 21, 1902.

设计中采用工艺美术运动的设计原则，而公共建筑集中的“市”中心区域则仍然采用城市美化即“布扎”的设计方法，以造成较明晰的秩序感。如此一来，莱彻沃斯就并置了不相兼容的两个部分，即轴线秩序较强烈、道路形式规整的商业区，和周边形态自由的居住区生硬地组合而成。这种生硬的处理手法也招致当时对田园城市运动的批评[①]。

在占地较大、公共设施需求较全的田园城市设计中，针对不同区域分别采取不同的设计手法，这一策略无疑是正确的。但田园城市规划师一直没有解决好将上述两套设计手法合二为一的办法。不过，真正意义上的田园“城市”仅建成两处而已，此后田园城市运动即转向田园“住区”的开发建造，即使有中心区也面积较小且公共建筑种类单一，遂不再是设计的焦点。

① Stanley Buder. Visionaries and Planners: The Garden City Movement and the Modern Community［M］. Oxford: Oxford University Press, 1990.

12.2.3　英国城乡传统空间风貌的影响

英国城市风貌的形成有其自身的深厚传统，尤其在18世纪的乔治王时代（Georgian Era）伦敦、巴斯等地建造的连栋住宅形成了英国特有的城市景观。这一时期英国城市中出现的大量联排住宅，其设计注意营造整条街道的连续景观，在留出人行道空间后抵近街道边缘建造，形成亲切的城市生活氛围。其单体设计则较注重经济性，装饰较为克制，立面规整、对称开窗，屋顶也多为较简单的四坡顶，间或开气窗，整体呈现出很强烈的理性色彩和城市性格。这一建筑样式被称为“乔治王式”（Georgian style），也是英国城市住宅所广泛采用的传统建筑风格（图12-19、图12-20）。

图12-19 伦敦市某乔治王式风格的住宅及其街道景观（1932年摄）

资料来源：Susuanna Avery-Quash. London Town House［M］. New York：Bollmsbury Visual Arts，2019：50.

但是，19世纪以后，因工业革命和城市化发展，英国城市中原本宽裕的连栋住宅在其院落空地中大肆加建，同时为多收租金，在原本宽裕的住宅中被多户挤占，因而形成了卫生条件恶劣的“背靠背”式住宅。这也是19世纪中叶开始的公共卫生运动旨在铲除的对象。

19世纪中后叶开始的工艺美术运动立足于抛弃工业化和大城市，提倡中世纪时代的建筑样式和乡村审美趣味。20世纪之后，一批英国建筑师和规划师开始从历史研究入手，力图发掘英国传统城市空间设计的精髓，以之为参照应用于当时的城市规划和建设中，而非简单地逃离城市另起炉灶。其中，18世纪的乔治王样式住宅外观简洁、对称，避免了工艺美术运动或哥特复兴式那种复杂的屋面而降低造价，也使构件得以标准化生产，这种理性的设计方法与现代建筑设计颇相契合，得到英国

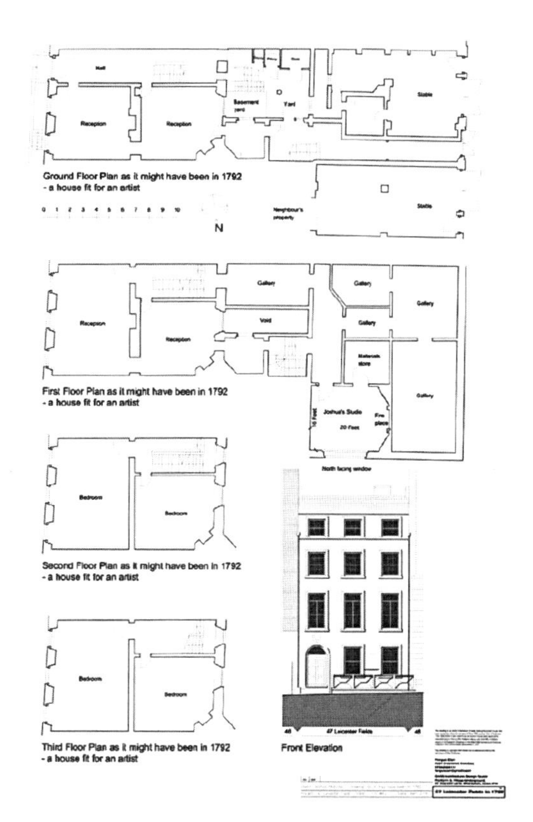

图12-20 伦敦某乔治王式住宅各层平面及立面复原图（1792年建）

资料来源：Susuanna Avery-Quash. London Town House［M］. New York：Bollmsbury Visual Arts，2019：196.

建筑—规划家的热烈支持。例如，第二处田园城市维林的主持规划师和建筑师索森斯（Louis de Soissons）在住宅设计上就统一采用了乔治王式。相较莱彻沃斯，其在建筑风格上更加协调和易于维护（图12–21）。

图12-21 维林田园城市的街道景观（住宅均为乔治王样式，1920年代）

资料来源：Thomas Sharp. Town and Countryside：Some Aspects of Urban and Rural Development［M］. Oxford：Oxford University Press，1932：159.

同时，18世纪英国城市中的乔治王式住宅一般沿街道连续布置，既节约土地也易于形成良好的城市生活氛围，同时还形成独有的空间特征。这种空间布局方式体现了建筑与街道的密切关系，是英国城市空间传统的延续，与田园城市住宅区那种脱离街道、自成一系的设计方法迥乎不同。

1930年代，一批英国建筑师、规划师组成了“乔治样式研究小组”（Georgian Group），致力于研究乔治王时代的城市空间布局和建筑风格，设法将其“现代化”并总结出一套设计方法，服务于当时英国的城市改造和建设。这批人中间不少同时也是英国现代主义建筑团体MARS的成员①。对他们而言，对城市中的拥挤住区逐步进行改造，在赓续传统空间的肌理和建筑风格的同时，满足现代城市居住生活的各种要求，无疑更加可行（图12–22）。

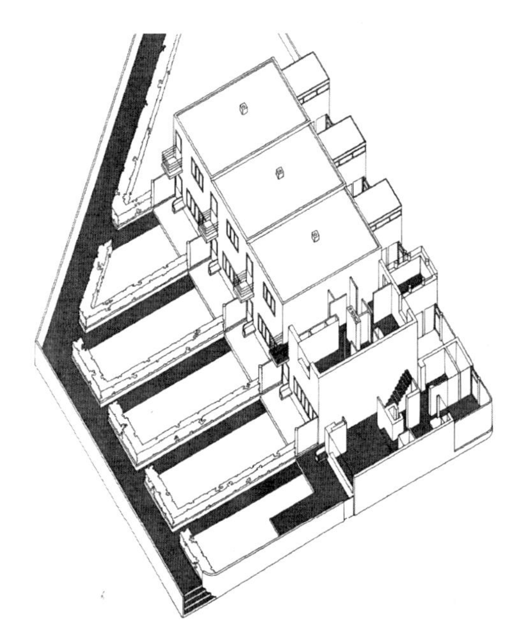

图12-22 荷兰现代主义建筑师奥德（J.J.P.Oud）的城市连栋住宅方案轴测图（1927年，另可参见图10-12、图10-13）

资料来源：Roger Sherwood. Modern Housing Prototypes［M］. Cambridge：Harvard University Press，1981：55.

除了英国城市有其悠久的建设传统以外，英国传统乡村的空间格局及乡村建筑也有其明显特色。1910年代以后，由于英国田园城市运动急剧向近郊乡村扩张，破坏了乡村的传统肌理。田园城市运动的主要人物——阿伯克隆比在1920年代初就开始系统批判城郊田园住区的蔓延，主张采取区域规划的方法对英国乡村的景观和村镇加以保护，并创立“英格兰乡村保护委员会”（Council for the Preservation of Rural England）宣扬其观点并从事实践②。

① Gavin Stamp. Origins of the Group［J］. Architects's Journal，1982（176）：35-38.

② 详见第17章。

此外，利物浦学派学者[①]托马斯·夏普（Thomas Sharp）从1920年代即开始进行一系列英国乡村和城市空间传统特色的研究（图12–23），论证限制田园城市的过度开发和保护英国典型乡村空间格局的必要性。从他书中绘制的大量总平面图可见，英国乡村的教堂和小铺面等公共属性的建筑也多采取集中式布局并布置在主街两侧，教堂因其高度成为村落的视线焦点，因此形成错落有致的街景（图12–24）。这与城郊田园住区那种将住宅脱离街道边缘并竖立围墙的做法截然不同。夏普认为英国的城乡传

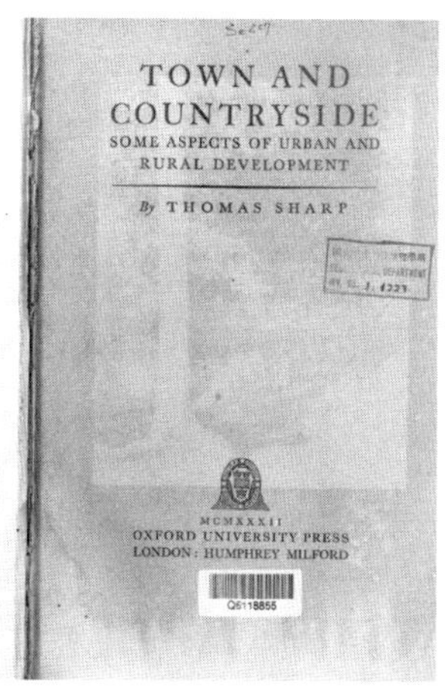

图12–23　夏普关于英国传统村落的第一本著作扉页及其插图（1932年）

资料来源：Thomas Sharp. Town and Countryside: Some Aspects of Urban and Rural Development [M]. Oxford: Oxford University Press, 1932.

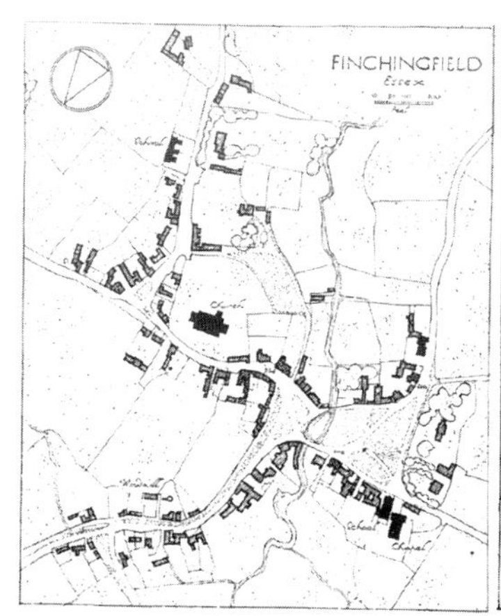

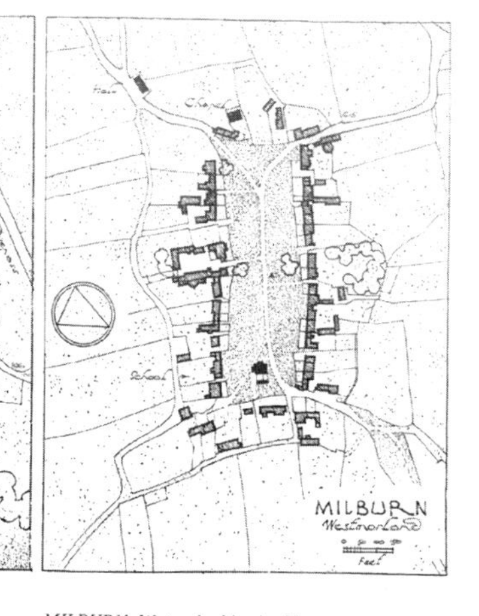

FINCHINGFIELD, Essex (400). A village lying for the most part in a little valley about an open roughly triangular green divided by a large pond beyond which the church crowns the rising ground. The stream feeding the pond is crossed by a narrow brick bridge. All views closed, except one inwards. Houses mostly on the footpath edge. Brick, colour wash; thatch and tiled roofs.

CHILHAM, Kent (250). A hilltop orchard-surrounded village associated with a local great house. Note the surprising axial arrangement of castle and church, both seen among trees through gaps at the ends of the diminutive gravelled square. All the views are closed. The houses are mostly without front gardens, but some have unfenced flower strips. Half-timber and plaster, brick, stone; tiled roofs.

MILBURN, Westmorland (150). Houses round an open green. There is a natural bypass on the west of the village (i.e., beyond the top of the diagram). There is also a partial ring of Pack roads. Front gardens. All views closed. Stone; roofs of stone slabs and slates.

图12–24　夏普书中关于英国传统村落空间布局总平面图的比较分析

资料来源：Thomas Sharp. The Anatomy of the Village [M]. London: Penguin Books Ltd., 1946: 17.

① 利物浦大学在大企业家利华的赞助下，于1909年成立了全世界第一个城市设计专业，系统讲授城市规划课程。该系教学侧重城市空间环境设计，其教师（包括阿伯克隆比）及学生通过一系列教学、研究、媒体、实践活动形成了利物浦学派。详见第13章。

统是城市、乡村各安其所，对传统空间的研究应作为现代城乡发展的基础。夏普也因此是最早提出历史建筑和传统城镇保护观念的规划理论家之一，并在二战以后积极参与制定了一批历史文化城市保护方案，是这一时期最为活跃、产出最高的规划家[①]。

而且，夏普等“乔治王样式研究小组”成员对以恩翁总结和推广的田园城市设计手法持批评态度，也反对西特那种在城市设计中一律采用围合式空间的手法[②]，而主张将英国自身的理性主义传统在新时期的城市建设中加以发扬光大，由此也推动了英国的现代主义运动。可以看到，英国的现代主义运动发展具有其自身特色，反映出对历史空间形态和要素的关心和思考，并非像德国和法国那样与传统截然断开。另一方面，为了保护英国乡村的传统风貌，他们也反对田园城市运动漫无节制地侵入农村地带。这些新建的田园城市居住区占地广大但缺乏中心和基础设施，既无法创造出霍华德设想的就业机会，又破坏了农村的风景和宁静。

这批研究和提倡英国建筑传统的建筑师和规划师都不约而同地反对浪漫主义有关返回乡村的诉求，质疑当时英国政府大力提倡的郊区化住宅发展，而以理性的态度研究提出更加经济、土地利用率更高、更有利城市便利生活的发展模式。在反对田园城市运动“逃离城市”立场的同时，一批深具现代意识的建筑师和规划师也开展实践，显示了现代城市发展和规划的其他模式，具有与田园城市运动一样的全球性影响。

12.3 结语

田园城市设计与霍华德的田园城市思想有关联而不同，是由一批英国规划师和建筑师在长期实践中摸索总结而出的一套设计理论和方法，极大地推动了田园城市运动在全球的传播和发展。本章聚焦于当时卫生观念的形成、审美取向的变迁及英国城乡建设传统的赓续，从这三方面入手讨论田园城市设计的若干原则和特征，并梳理了19世纪中叶以降的英国社会、经济、思想及技术等发展的历史背景，考察它们对田园城市设计手法形成与演进的影响。

田园城市思想和设计手法的形成和演进，究其根本是与英国19世纪中叶以后的社会、经济和思想背景密切相关的。其中，卫生观念的形成、公共卫生立法及卫生改革运动的开展，是西方现代城市规划兴起的根本原因和重要动力，由此带来了“法定住宅”等城市环境的改变，也成为之后田园城市运动所勠力矫正的目标。

源起于英国的田园城市思想及其推动的田园城市运动，是促成现代城市规划学科诞生的路标性事件。英国的城乡规划和建筑传统对田园城市运动的发展发挥了重要影响，也对其过度向农村地带开发提出了很多质疑，从正反两方面丰富了田园城市的思想体系和实践

---

① John Pendlebury. The Urbanism of Thomas Sharp [J]. Planning Perspectives, 2009, 24 (1): 3-27.
② 详见第13章。

内容。而在田园城市运动的早期发展中起了重要作用的利物浦学派也多方探索新的城市规划设计手法，提出在市中心区和市郊新建住宅区分别采用不同规划和设计策略的观点，影响颇大。这些观点和实践，经过恩翁等人的总结，遂于1910年代前后形成了从路网布局到道路截面及至住宅设计等较成体系的田园城市设计理论。此后又经美国等地规划师的补充，形成了完整的规划理论，包含丰富且易于模仿的设计手法，极大地推动了田园城市运动在全世界的传播。

应该注意的是，霍华德的田园城市思想中并不包含设计手法的说明，也正因为如此，才使他之后的建筑师和规划师能从不同角度对如何营造田园城市各抒己见、多方尝试，在实践中形成了形态各异而且有时相互矛盾的面貌。这些设计手法在1910年代逐渐定型，如蜿蜒的道路系统、浓密的植被和开敞的郊野绿化带以及低矮、设计精良的住宅等，都成为田园城市设计的标志性元素。但随着这些“符号”被过度使用，田园城市运动从1920年代开始到1960年代陆续遭到现代主义规划家和后现代主义学者的激烈批评，如工艺美术运动风格的住宅设计造价高且与大规模工业化生产的历史趋势相违，等等。不难看到，田园城市设计手法则成为集矢所向，也因此造成了对田园城市思想的若干误解。

然而，霍华德田园城市思想的要旨并非如何进行空间设计，而是通过创建一系列类似的新城达致消解现有大城市、重组英国城乡空间格局，从而以和平、渐进的方式实现社会改革。霍华德《明日》一书的主要篇幅皆用于论证田园城市在经济和管理方面的可行性，及其相比现有大城市的优势，但缺少对其终极目标——“社会城市”（social cities）具体形态的描绘，如消解后产生的“中心城”（见图7-13）其城市形态在哪些方面沿承或改造了之前拥挤的工业城市的特征？其空间格局和人口结构有哪些改变，如何与较小的“新城”在区域中进行联系？类似问题和对田园城市的空间形态描摹一样模糊不清，这正是霍华德田园城市思想的不足之处。正如前几章论述的那样，对这些概念和理论的认识，将随着田园城市运动的开展和城市规划学科的成熟，才能逐渐得以廓清。

第13章 田园城市思想、实践之反思与批判（1901—1961年）

13.1 引论：田园城市与田园城市批判

1898年，霍华德出版其《明日》一书[①]，提出在现有大城市之外的农村地带建立人口和用地规模都有明确限定的新城，并以“寓乡于市”“寓工于农”的新型“乡市”（country-town）按一定间隔，形成所谓的“社会城市”（social city，我国近代文献中曾译作“复合田园城市”），意在遏止农村的衰败，同时消解人口拥挤、蔓延无度的大城市，从而彻底改造英国的城镇空间体系。霍华德学说中的乡村田园场景进一步加强了19世纪中叶以来即弥散在英国的工艺美术运动和浪漫主义等思潮的影响，符合英国广大民众对健康居住和美好生活的憧憬，于是在英国掀起了一场主要在城郊营造新型居住区的田园城市运动。这场声势浩大的规划运动迅即席卷全球。正是在此过程中，各国扩充机构、推出法案、进行专业教育并出版相应刊物和开展各种学术活动，最终创立了现代城市规划学科。田园城市思想及其实践的重要贡献毋庸置疑，中外学者对此已掘发甚广[②]。

我国自近代以来，规划家不遗余力地引介田园城市思想，盛赞其“改进都市与救济农村，同时并进而收一举两得之效”[③]，新型的“乡市”使“繁华不至于尘嚣，乡野不至于荒僻”[④]，以此为途实现“创造新生命与新文明”[⑤]。历来文献对田园城市思想及其实践罕少苛评，最多指出因城市人口密度导致“疏散的办法……不能采用欧美各国所用的办法”[⑥]。其具体实施，除了抗战时期提出“战时田园城市”以分散工业和人口外，在大上海都市计划

① E. Howard. To-Morrow: A Peaceful Path to Real Reform [M]. London: Swan Sonnenschein & Co., Ltd., 1898.

② Stanley Buder. Visionaries and Planners: The Garden City Movement and the Modern Community [M]. Oxford: Oxford University Press, 1990; Dennis Hardy. From Garden Cities to New Towns: Campaigning for Town and Country Planning, 1899–1946 [M]. London: E & FN Spon, 1991; Peter Hall, Dennis Hardy, Colin Ward. Commentary of To-Morrow: A Peaceful Path to Real Reform [M]. New York: Routledge, 2003; 金经元. 近现代西方人本主义城市规划思想家 [M]. 北京: 中国城市出版社, 1998; 孙施文. 现代城市规划理论 [M]. 北京: 中国建筑工业出版社, 2007.

③ 庚锦洪. 田园都市之研究 [J]. 新建筑, 1937 (5-6): 1-17.

④ 翟宗心. 田园新市之趋势 [J]. 汕头市市政公报, 1933 (85): 1-8.

⑤ 体扬. 田园都市理想与实施（续）[J]. 市政评论, 1934, 2 (3): 1-7.

⑥ 上海市城市规划设计研究院, 编. 大上海都市计划 [M]. 上海: 同济大学出版社, 2014.

和中华人民共和国成立后北京的总体规划层面，的确借鉴了田园城市理论中绿化隔离带、“卫星城”等观念。但在量大面广的住宅建设上，按照田园城市设计原则得以实施者为数寥寥且规模均不大，决定城市面貌的是1950年代以后在苏联小区规划理论影响下进行的城市住宅建设。如何在全球规划史的框架下看待这些居住区？其建设与田园城市运动是否毫无关联？

应该指出，不但田园城市思想及其实践在西方城市规划学科发展过程中发挥了关键作用，对它们的批判和反思也是规划史研究中不容忽视的重要内容。实际上，田园城市运动开始后不久，田园城市思想在英国就遭到建筑家和规划家的质疑，其主要观点与1960年代简·雅各布斯（Jane Jacobs）等“城市主义者”如出一辙；而在实践中，除莱彻沃斯（Letchworth）和维林（Welwyn）两处规模稍大，差强可称“城市”外，田园城市运动主要致力于在城市郊区开发住宅区。即便如此，英国和欧陆主要国家的住宅建设多数也与田园城市思想和设计原则相悖[①]。

但是，这些史实与批判性思考多为近代以来我国研究田园城市的文献所忽略，很少探究这些批判理论的思想根源及其相互关联，也未讨论它们如何促进西方田园城市运动修正其自身的发展方向、丰富其设计手法，因此无法建立田园城市思想与同时代其他规划理论和方法的关联性网络，从而难以形成对西方城市规划史较为完整的认识。

因此，本章逐一讨论对田园城市思想及其实践提出激烈批评且影响较广的四派群体：即重视城市设计和城市空间品质的利物浦学派、反对郊区化并提倡城市高密度发展的城市改良主义者[②]，以及主张激进的现代主义者和20世纪50、60年代的“后现代主义”者，分析其承续关系与相互影响。本章研究的时限，起自1901年第一次全球田园城市大会，当时恩翁（Raymond Unwin）提出了大院式住宅布局[③]，后来演化为著名的低密度发展理论（“每英亩不超过12户住宅”），迄于1961年简·雅各布斯出版其《美国大城市的死与生》[④]。在此期间，围绕“疏散/低密度新建”还是“集中/高密度更新”的城市发展模式之争，田园城市运动以及西方规划界对它的批判与实践相互映照、彼此交缠，构成研究规划史发展的两

---

① Wolfgang Sonne. Dwelling in the Metropolis: Reformed Urban Blocks 1890—1940 as a Model for the Sustainable Compact City [J]. Progress in Planning, 2009(72): 53-149.

② 1909年利物浦大学成立城市设计系（Department of Civic Design），通常被认为是全世界最早开展城市规划教育的机构。在此前后专业技术人员都是以建筑师的身份主持各类规划活动，其建筑学背景促使他们对空间布局和形式美学的追求是早期规划活动的一个重要的共同特征。规划学科真正独立于建筑学，不以形式美学为主要考量而大量借鉴社会科学的理论和方法，主要是第二次世界大战以后的事。John Pendlebury. The Urbanism of Thomas Sharp [J]. Planning Perspectives, 2009, 24(1): 3-27.

③ Raymond Unwin. On the Building of Houses in the Garden City [M] //Raymond Unwin. Noting Gained by Overcrowding. New York: Routledge, 2012: 48-53.

④ Jane Jacobs. The Death and Life of Great American Cities [M]. New York: Random House Inc., 1961.

条重要线索，也对我们考察我国近代以来的城市发展提供了另一种视角。

13.2 来自利物浦学派的质疑

利物浦郊外阳光港村的创建人、化工企业家利华（William Lever）于1909年年初决定捐资给利物浦大学建筑学院，由其院长莱利（Charles Reilly）负责组建一个新的城市设计系，这成为世界上第一个从事城市规划教育的机构。莱利于是年5月任命与他的思想接近的阿谢德（Stanley Ashead）为该系首任系主任，接着于是年6月任命阿伯克隆比（Patrick Abercrombie）担任新创办的期刊——《城镇规划评论》（Town Planning Review）的主编[①]。1909年年底，英国议会通过了世界上第一个《住房和城市规划法案》（Housing，Town Planning Act）[②]。这些事件接踵发生在1909年，标志着西方现代城市规划学科的创立，而利物浦大学的一系列开创性工作使其成为英国规划教育的重镇，形成了以莱利、阿谢德和阿伯克隆比为核心的利物浦学派，对英国的规划发展产生了深远影响。

其中，作为旨在宣传城市规划新理念和实践的刊物，《城镇规划评论》创刊后在阿伯克隆比的主持下，连续发表了多篇评论田园城市思想和实践的文章，并通过比较讨论这一运动在世界各地的发展[③]。这说明了该刊物办刊的宗旨之一是系统介绍田园城市运动，以此促进规划学科的发展。

另一方面，利物浦学派对源自美国的城市美化运动也进行了大力宣扬和推广。1910年阳光港村的二期修建竞赛中标方案即由利物浦大学城市设计系的学生获得，使得利物浦的规划教育颇受规划界瞩目。同时，莱利等人已意识到田园城市设计的缺点，反对在市中心的规划中采用散漫、自由的工艺美术运动手法，而主张遵循“布扎”设计的轴线、序列、主从等原则，形成强烈的城市氛围，明确提出在规划设计方法上应区分市中心的改建与城郊田园住区（garden suburb）建设的不同。阿谢德于1911年在《城镇规划评论》上发表连载文章，详细介绍城市中心区空间的构成元素及其设计范例[④]。阿伯克隆比也对田园城市的郊区化蔓延提出过批评，“城市和乡村的空间美学本质不同，彼此对立、难以调和……城市的规划设计应体现城市生活和文化，乡村则应保持宁静。”[⑤]

可见，利物浦学派将城市规划的主要内容分为市中心和郊区两大类，分门别类加以研

---

① Christopher Crouch. Design Culture in Liverpool 1880—1914: The Origins of the Liverpool School of Architecture [M]. Liverpool: Liverpool University Press, 2002: 163-165.

② Anthony Sutcliffe. Britain's First Town Planning Act: A Review of the 1909 Achievement [J]. The Town Planning Review, 1988, 59 (3): 289-303.

③ P. Abercrombie. Modern Town Planning in England: A Comparative Review of "Garden City" Schemes in England [J]. The Town Planning Review, 1910, 1 (1): 18-38.

④ S. Adshead. The Decoration and Furnishing of the City [J]. Thc Town Planning Review, 1911, 2 (1): 17-22.

⑤ Thomas Sharp. Exeter Phoenix: A Plan for Rebuilding [M]. London: Architectural Press, 1946.

究和分析，并不赞同采取低密度的郊区化单一发展模式。也因为如此，阿伯克隆比主编的《城镇规划评论》上最早出现了对田园城市运动质疑的学术争论。

1913年，利物浦大学城市设计系最早的毕业生之一的爱德华兹（Arthur T. Edwards，1884—1973年）撰文批评田园城市运动"缺乏经济性、美学感和便利性"。他分析英国传统农村一般围绕一条主街布置其商业和公共建筑，但田园城市运动采用的"开放式"布局（open development），过多的独幢住宅既不能完全分离而又缺少联系，"既无城市紧凑热闹也丧失农村特有的宁静"。同时，田园城市思想"先预设乡村的概念，然后才进行'城市'布局"，因过于侧重居住建筑的属性而忽视了城市的其他特征。爱德华兹在利物浦学派的影响下，提出新的城市发展模式应该"协调市中心的公共建筑和居住区的住宅设计"，而解决之道是参考19世纪之前的乔治王时代（Georgian Era）案例，采用高密度的连栋住宅解决城市发展问题①。

该文"如预期般引起了激烈讨论"。在阿伯克隆比支持下，1914年年初爱德华兹再次撰文回应这些争论。他在第二篇文章中强烈批评了拉斯金和莫里斯等人以来的英国浪漫主义传统导致人们"对城市的憎恶和对自然的崇拜"，这也是田园城市学说抵制城市等内容的思想根源。他主张，"如果城市存在问题，就应该设法解决提升，而非彻底抛弃城市逃往农村"②。

关于城郊田园住宅居民死亡率较大城市显著下降的事实，爱德华兹解释这些居住区新建成，居民人口结构一般较为年轻，也普遍更加健壮，而如果在大城市中采取配备现代卫生设施的连栋住宅，也足以达到类似的效果。爱德华兹后来提出了低层、高密度的连栋住宅方案，使其紧贴道路以形成英国传统的连续城市界面，但留出后院和屋顶平台保证采光和通风，曾获得旨在研究城市物质环境与公共卫生关系的查德威克（即英国公共卫生运动的发起人，详见本书第2章）奖金（图13-1）。

图13-1　爱德华兹的城市连栋住宅方案透视图（屋顶花园开敞以利通风和日照，1933年）

资料来源：N. E. Shasore. A Stammering Bundle of Welsh Idealism: Arthur Trystan Edwards and Principles of Civic Design in Interwar Britain［J］. Architectural History，2018（61）：175-203.

同时，爱德华兹批评田园城市规划中的功能分区方式过于生硬严格，认为应该在某种程度上采取混合功能的布局方式以便利生活，也因此不宜采用绿化隔离带，而应使绿化空间有机地组织到不同功能区

① A. T. Edwards. A Criticism of the Garden City Movement［J］. The Town Planning Review，1913，4（2）：150-157.

② A. T. Edwards. A Further Criticism of the Garden City Movement［J］. The Town Planning Review，1914，4（4）：312-318.

域。1930年，爱德华兹提出了他的理想城市模型，以楔形绿地取代环状绿化带，除中心部分的商业和公共建筑外，在各居住区中也布置相应的服务设施①（图13-2）。

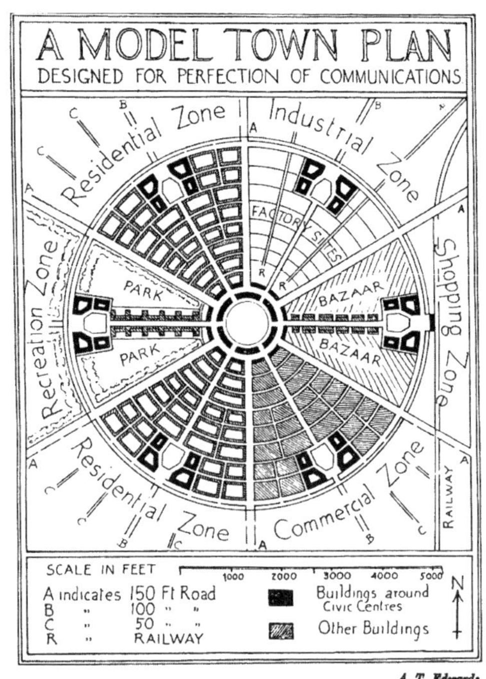

图13-2 爱德华兹的理想城市模型（1930年）
资料来源：A. Trystan Edwards. A "Model" Town Designed for Traffic［J］. The Town Planning Review, 1930, 14（1）: 31-41.

应该注意的是，爱德华兹并不反对田园城市思想中有关城市疏散和区域发展等内容，还根据田园城市运动中产生的"卫星城"理论，发展出建立百座新城的英国城镇体系规划方案，成为二战后英国政府实施"新城"运动的思想来源之一②。与此类似的是，阿伯克隆比也参与过不少英国及其海外殖民地城市的规划方案，其共同之处是侧重旧城保护、区域发展、交通疏解等方面，始终对郊区化和低密度发展模式持慎重态度，也体现出利物浦学派的影响。

爱德华兹发表于1913年和1914年的两篇文章是对田园城市运动最早的理论批判，而且提出了具体的修正措施，即采用低层高密度模式、能体现城市生活质量的连栋住宅，鼓舞和启发了后来的规划家和城市研究者对城市蔓延问题的关注。

13.3　来自城市改良主义者的批判及其实践

在爱德华兹影响下，对田园城市运动批判最力的是二战结束后曾相继出任英国规划师学会和景观建筑学会会长的托马斯·夏普（Thomas Sharp，1901—1978年）③。夏普受到过较正规的规划教育，并受聘于政府，积累了规划管理工作的经验④，因此对城市规划的认识较为全面。他将城市规划划分为几个子类，如侧重公共建筑布局的城市设计（civic

① A. Trystan Edwards. A "Model" Town Designed for Traffic［J］. The Town Planning Review, 1930, 14（1）: 31-41.

② N. E. Shasore. A Stammering Bundle of Welsh Idealism: Arthur Trystan Edwards and Principles of Civic Design in Interwar Britain［J］. Architectural History, 2018（61）: 175-203.

③ Stephen V. Ward. Thomas Sharp as a Figure in the British Planning Movement［J］. Planning Perspectives, 2008, 23（4）: 523-533.

④ John Pendlebury. The Urbanism of Thomas Sharp［J］. Planning Perspectives, 2009, 24（1）: 3-27.

design）、侧重城市美化的城市艺术（civic art）、侧重公共设施建设的城市改造（civic improvement）以及住宅设计和村庄规划等，主张建立从中央到地方的完善的城市规划体系，立足于空间设计的艺术性统筹考虑城乡规划的各种问题。

1919年，在田园城市运动及其主将恩翁等人影响下，英国于1919年颁行新的《城市规划法案》，明确规定政府主导按照郊区低密度的模式进行开发规划和兴建住宅，并对这些开发项目进行资金补贴，从此拉开了英国公共住房建设的大幕。为了获得财政补助，各地都开始城郊田园住宅区的建设。正是在此背景下，夏普于1932年出版《城镇与乡村：关于城市和乡村发展的若干思考》一书①，对当时的郊区化和田园城市运动进行了猛烈批评，也在一定程度上改变了田园城市运动的发展方向。

和利物浦学派一样，夏普也主张城市和乡村各安其所，必须阻止城市向乡村无节制地开发和侵蚀。他驳斥田园城市思想中"寓乡于市"的设想其最好的结果也不过是沉闷单调、缺乏生活气息的"城镇农场"（town-farm），"建筑师和艺术家关心的是如何通过构图原则呈现出（城镇空间的）美。而创造出今天城镇农场的那些人——吉百利（George Cadbury）②、利华和霍华德都不过是纯粹的社会改革家……对城镇作为艺术作品如何呈现美感，从而表达人类的尊严和文明漠不关心。"③无节制的郊区化发展的结果与田园城市思想预期背道而驰，"霍华德理论的新希望、新生活、新文明——'市乡一体'（Town-Country），实际上是不伦不类的怪胎。"④

夏普和爱德华兹曾多年通信，二人的理论立场一致，反对绝对化的功能分区而赞成适当混合。夏普也同意田园城市学说中有关区域规划和城市疏散（"卫星城"）等思想，但明确提出应建立从中央到地方的规划系统⑤。此外，他是"乔治王样式研究小组"的创始成员，也坚定地认为英国的城市设计和规划应取法"启蒙运动之后、维多利亚时代开始之前的英国历史经验"⑥。他对乔治王风格连栋住宅体现的理性和经济性大为赞赏，认为其与现代建筑设计的精髓一致，而现代城市建设正需要这种"自我意识的现代性而非多愁善感的怀旧情绪"⑦。正因如此，他对被田园城市规划师奉为圭臬的西特式城市设计模式也提出批评，认为可采取更加理性、高效的现代手法，提高城市空间设计的品质。

因此，他提出以高密度发展模式取代田园城市设计，力图形成连续性街道景观，与传

① 详见第12章。
② 吉百利于19世纪末创建了伯恩维尔村，与利华创建的阳光港村并称为田园城市设计的重要思想来源之一。
③ Thomas Sharp. Town and Countryside: Some Aspects of Urban and Rural Development [M]. Oxford: Oxford University Press, 1932: 140.
④ Thomas Sharp. Town and Countryside: Some Aspects of Urban and Rural Development [M]. Oxford: Oxford University Press, 1932: 143.
⑤ John Pendlebury. The Urbanism of Thomas Sharp [J]. Planning Perspectives, 2009, 24 (1): 3-27.
⑥ Gavin Stamp. Origins of the Group [J]. Architects' s Journal, 1982(176): 35-38.
⑦ John Pendlebury. The Urbanism of Thomas Sharp [J]. Planning Perspectives, 2009, 24 (1): 3-27.

统城市空间相呼应。针对当时田园城市运动中“每英亩不超过12户”的口号，夏普提出城市改造和新建住区应提高到每英亩50户左右（150～200人），提高土地利用率和经济性[①]。至1940年代，恩翁的搭档、田园城市运动的另一员主将帕克（Patrick Parker）也承认，“预先确定每英亩户数是不切实际的”[②]，而应根据实际情况制订相应方案。

此外，夏普很早就开始对英国历史城镇和村落的空间格局及其特征进行系统研究，出版了包括《城镇与乡村》在内的多部著作，雄辩地论证了田园城市运动的设计与传统空间巨大的区别，为其批判田园城市设计的原则提供了坚实的基础。此后，他逐渐形成了对英国历史城镇保护的理论，并在二战后的城市重建过程中，接受当地政府委托为牛津等10多个历史城镇制定了保护规划，开辟了传统城市和村落保护这一规划学科中的新领域[③]（图13-3）。

必须看到，在田园城市运动开始以后，英国城市大量建造的仍是院落型住宅，其数量

图13-3　夏普为英国历史城市德尔汗（Durham）制定的保护规划方案效果图（1945年）

资料来源：John Pendlebury. Reconciling History with Modernity：1940s Plans for Durham and Warwick［J］. Environment and Planning B：Planning and Design，2004（31）：331-348.

① Peter J. Larkham. Thomas Sharp and the Postwar Replanning of Chichester：Conflict，Confusion and Delay［J］. Planning Perspectives，2009，24（1）：51-75.

② Mervyn Miller. Introduction［M］//Raymond Unwin. Noting Gained by Overcrowding. New York：Routledge，2012：1-34.

③ Peter J. Larkham，John Pendlebury. Reconstruction Planning and the Small Town in Early Post - War Britain［J］. Planning Perspectives，2008，23（3）：291-321.

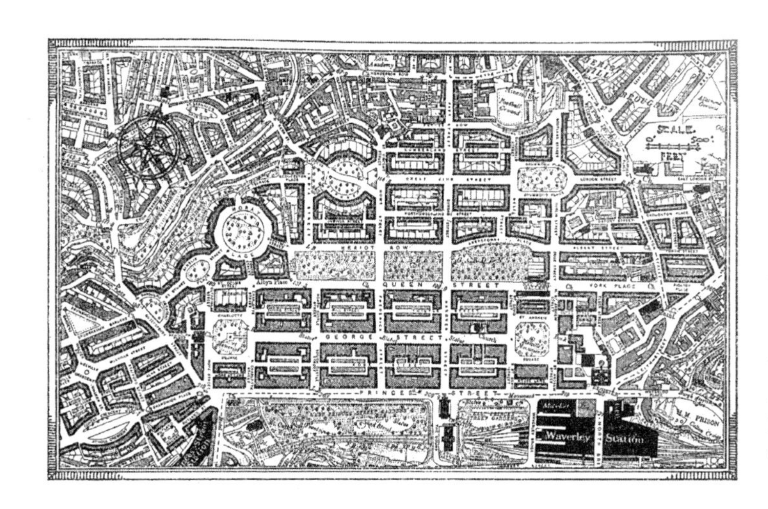

图13-4 18世纪末、19世纪初的爱丁堡主城区大院式住宅的城市肌理

资料来源：Thomas Sharp. Town and Countryside：Some Aspects of Urban and Rural Development［M］. Oxford：Oxford University Press，1932：159.

远较城郊田园住区大得多[①]。欧洲城市院落型住宅有其悠久历史，与连栋住宅一样是当时欧洲城市住宅的两种基本类型（图13-4）。20世纪以后，在公共卫生运动和现代主义运动影响下，院落型住宅的平面布局打破原来的封闭性而产生较多变化，但均力求构成丰富的街道景观和城市氛围，同时致力于提高卫生条件和设备先进性，而面积开阔的院落可作为绿化耕种之用，提供了良好的生活环境。在这方面，德国的规划师和建筑师创造尤多，形成了两种基本类型——沿街坊边缘布置的大院住宅，和将街坊细分而成的小院落群（图13-5），其经验被其他国家广为借鉴，甚至在以郊区化发展为主的美国也流行按院落型住宅进行改造和建设（图13-6）。

应该注意，城市院落型住宅与田园城市运动并非完全对立，恩翁也曾以其为原型修改为经典的田园城市大院住宅，唯其层数较低，而一些田园城市设计原则被融入新型的大院住宅中（图13-7），显示出二者各自的活力。

在荷兰等低地国家，由于土地有限无法采用占地广大的绿化隔离带和低密度的郊区化政策，而因地制宜地以建设院落式住宅为主，间或开发品质较高的城郊田园住区。在北欧国家，沙里宁基于田园城市思想提出“有机疏散”理论，逐渐在城市外围扩张，但在城市中心部分仍以新型的院落式住宅为主改造旧城空间（见图10-6）。

前文提及，1919年以后英国政府的住房政策向田园城市运动和郊区化倾斜，但城市更新项目数量上仍占绝对多数。由于城市院落型住宅的土地利用率较高，在这一时期的城市更新项目中，大多采用层数较高（8层以内）的建筑形成院落式住宅，并通过设计布置多种平面的住宅以充分满足城市居民的需求。这些项目的建筑密度虽可能较之前更高，但居

① 1893—1937年间伦敦市新建的住房中，90%为城市大院住宅，10%为田园城市式独幢或联排住宅。Wolfgang Sonne. Dwelling in the Metropolis：Reformed Urban Blocks 1890—1940［R］. University of Strathclyde and Royal Institute of British Architects（RIBA），2005：5.

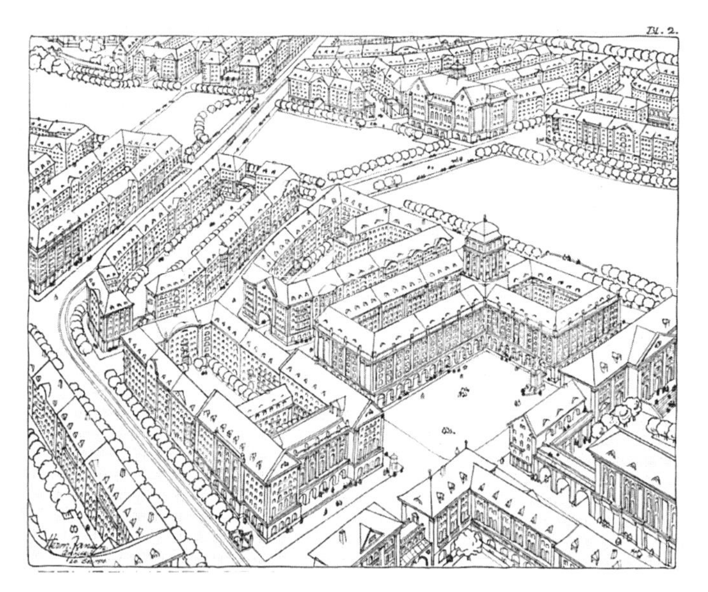

图13-5 简森（Hermann Jansen）大柏林城市规划竞赛头等奖方案市中心区鸟瞰（城市肌理由大院式住宅构成，1910年）
资料来源：Katharina Borsi. Drawing the Region：Hermann Jansen's Vision of Greater Berlin in 1910［J］, The Journal of Architecture，2005，20（1）：47-72.

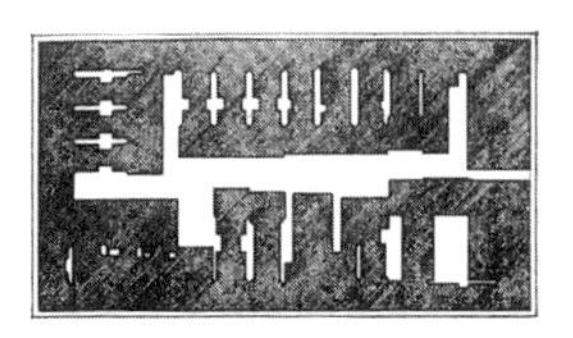

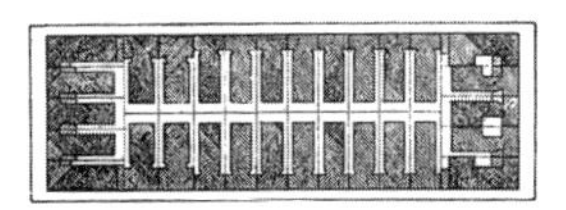

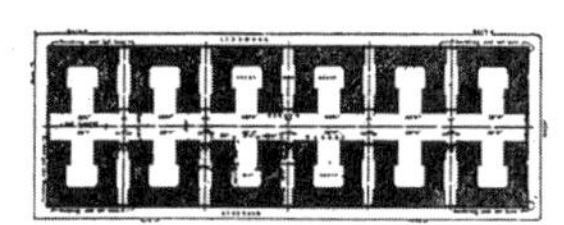

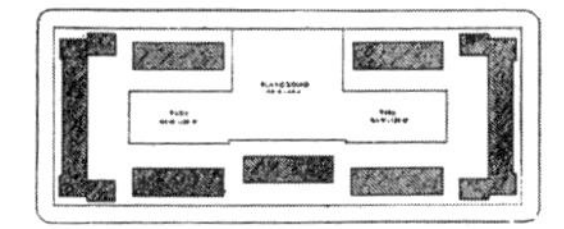

图13-6 美国规划师斯泰恩（C.Stein）对纽约城市院落式住宅空间演进过程的图示（1910年）
资料来源：Clarence S. Stein. Toward New Towns for America［J］. The Town Planning Review，1949，20（3）：203-282.

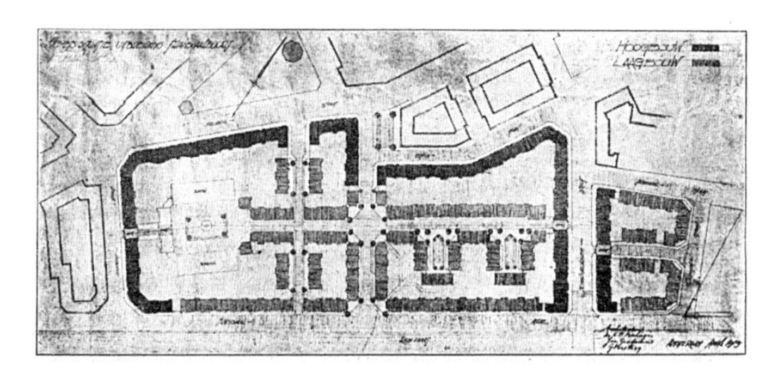

图13-7 荷兰城市（Transvaalwijk）一处周边式布局的大院住宅（内院布置了田园城市设计方式的住宅群，形成尽端路和小组团，1919年）
资料来源：Helen Searing. Berlage and Housing，"the Most Significant Modern Building Type"［J］. Netherlands Yearbook for History of Art，1974（25）：133-179.

住质量显著提升，也无需向郊区发展以疏解原居民。英国这类为数众多的新建住宅项目吸引了不少优秀的规划师和建筑师投身其中，既包括激进的现代主义者，也包括像维林市总建筑师索森斯（Louis de Soissons）①那样尝试将英国传统与现代性融合起来的城市改良主义者（图13-8），在探索英国现代规划和建筑发展方面作了众多贡献。

① 斯瓦森主持规划了第二处田园城市维林，并在住宅设计上就统一采用了两层的乔治王式。相较莱彻沃斯，其在建筑风格上更加协调和易于维护。

图13-8 索森斯设计的一处伦敦大院式集合住宅外观（整体仍为乔治王样式，1925年，比较图9-13可见二者在体量、高度和开发模式上的差别）
资料来源：Wolfgang Sonne. Dwelling in the Metropolis：Reformed Urban Blocks 1890–1940 as a Model for the Sustainable Compact City［J］. Progress in Planning，2009（72）：53-149.

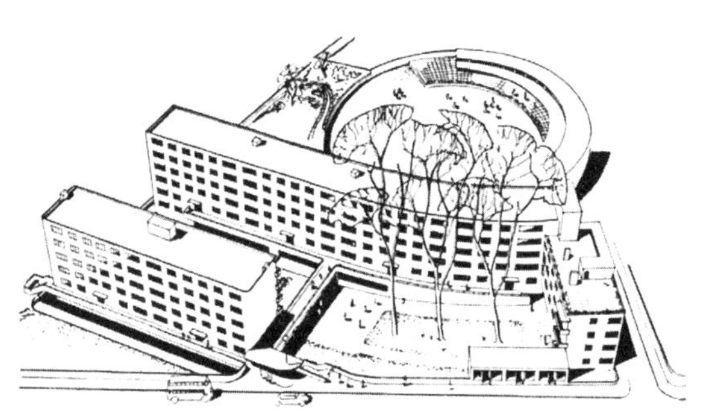

图13-9 坎索住宅轴测图（注意：其在平面上稍作弯曲打破了板式住宅的单调形象，1937年）
资料来源：Elizabeth Darling. Kensal House：The Housing Consultant and the Housed［J］. Twentieth Century Architecture，2007（8）：106-116.

这一时期，英国最著名的城市大院住宅是由现代主义建筑师福莱（Maxwell Fry）和“住宅顾问”丹比（Elizabeth Denby，1894—1965年）合作设计的坎索住宅（Kensal House）（图13-9、图13-10）。福莱是早期曾尝试使用混凝土框架体系和预制构件设计住宅的英国建筑师，而丹比曾于1933年获得利华基金会的支持到欧洲各国考察住宅建设，以社会调查和研究劳动阶层住宅闻名。丹比大力反对田园城市设计政策推动的郊区化住宅发展，也批判英国的浪漫主义思想造成的浪费，主张“将居民留在城市中，并限制郊区住宅的蔓延”[①]。在坎索住宅中，她要求建筑师设计了多种户型，虽每户面积狭小且仅能满足最低需求，但仍配属两处阳台和方便实用的厨房，并在院落中设置了幼儿园、活动中心、小商店等公共服务设施，在尽量经济的条件下创造了良好的居住环境，也体现了丹比的功能混合和改进城市设施和生活条件等观点[②]。

图13-10 坎索住宅院落内景（注意：其在平面上稍作弯曲打破了板式住宅的单调形象，1937年）
资料来源：CED Library，UC Berkeley.

① Elizabeth Darling. The Star in the Profession She Invented for Herself：A Brief Biography of Elizabeth Denby，Housing Consultant Planning Perspectives，2005，20（3）：271-300.
② Alan Powers. Britain：Modern Architectural in History［M］. New York：Reaktion Books，2007：66-67.

1938年丹比的著作《欧洲的安置住房》出版①。她比较研究了6个欧陆国家自第一次世界大战以来的住房政策和建设。通过实地考察，丹比提出这些国家的成功之处是都重视较高密度的城市住宅开发，如连栋住宅和院落型住宅。她特别指出瑞典居民的合作式建房解决了政府资金短缺的问题，而维也纳政府投资开发的大型城市院落式住宅既包含了现代化生活设施，又融入了公共设施，在开发模式、规划设计和管理等方面都是“全部所见案例中最成功者”。她指的是1919年后，由处于具有社会主义思想的“红色”维也纳政府投资兴建的多处占地广大、设施齐全的公共住宅。其中最著名者，是包含1380套住宅、能容纳5000多居民的卡尔·马克思大院住宅（Karl-Marx-Hof），除此以外还容纳了两座幼儿园、洗衣房、学校、旅馆等各类设施，同时在高密度的居住环境中兼容了充分的绿化。丹比盛赞这种混合功能的开发模式有益于促进社会教育（图13-11）。

奥地利的现代建筑发展自奥托·瓦格纳（Otto Wagner）以来即推崇理性主义设计，与追求浪漫主义的田园城市设计手法截然不同，因此在大院住宅中多采取较为理性、对称的处理手法，但色彩则通常较为大胆和鲜明（见图3-19）。

德国和奥地利的城市大院住宅模式影响了中欧各国的住宅建设，进而通过思想、技术和专业人才的流动延伸至苏联。1935年莫斯科总体规划得到苏共中央批准后，“使用古典主义方式设计城市大院式住宅成为普遍遵循的（规划）原则”，进而发展出苏联的小区规划理论。在具体的建筑设计上，一般住宅可高至10层，位于重要位置的住宅常带有民族主题的复杂装饰细部。这也成为当时苏联“社会主义现实主义”风格的重要体现。这种规划和建筑设计方法在1950年代传入我国后，即成为我国“周边式”街坊布局和住宅设计的渊薮②（图13-12）。

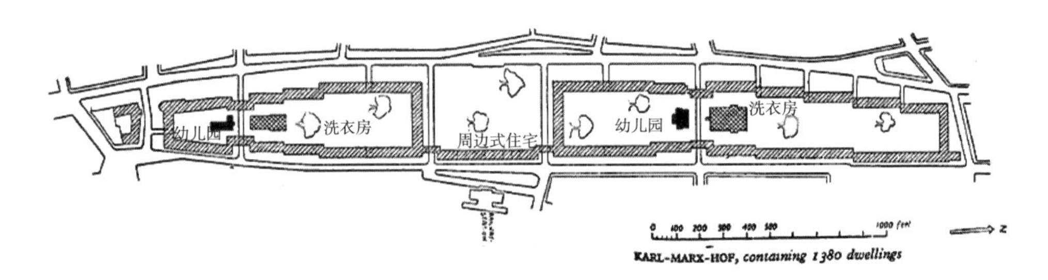

图13-11 维也纳卡尔·马克思大院住宅总平面图（1930年。住宅外观及内院见图10-8）
资料来源：Elizabeth Denby. Europe Rehoused［M］. London：Allen and Unwin，1938：161.

① Elizabeth Denby. Europe Rehoused［M］. London：Allen and Unwin，1938.
② 刘亦师. 长春第一汽车制造厂居住区建筑记事［M］//张复合，编. 中国近代建筑研究与保护（7）. 北京：清华大学出版社，2010：81-98.

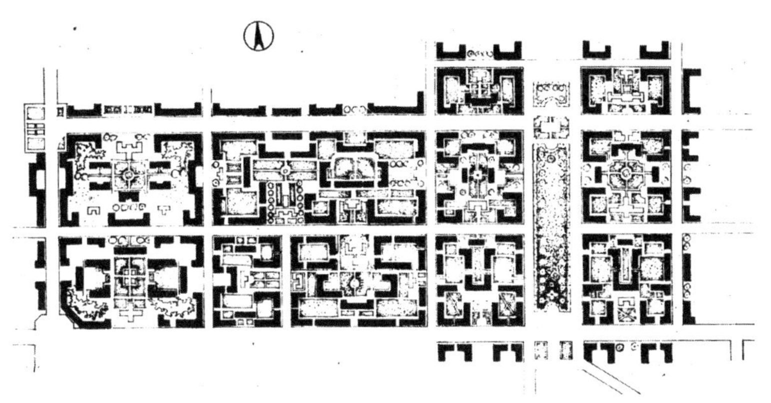

图13-12 长春第一汽车制造厂居住区中式住宅街坊总平面图
资料来源：中华人民共和国建筑工程部. 建筑设计十年（1949—1959）[M]. 北京：北京新华印刷厂，1959.

13.4 现代主义运动兴起及其对田园城市思想的批判与吸纳

现代主义运动主张呼应时代的发展，在设计中使形式服从于功能并彻底抛弃历史主题如各种装饰等，体现理性和效率，进而提振社会道德水平，实现社会进步①。格罗皮乌斯将之归纳为“经济性、技术和形式”三要素②。现代主义这种高度理性的意识形态及其与之相关的构件标准化和施工工业化诉求，明显不同于具有浪漫主义基调、反对大工业化生产的田园城市运动。可以说，1920年代以后，现代主义运动的勃兴是对田园城市运动的主要挑战。

但是，应该看到，田园城市思想及其实践与现代主义的发展相互启发和参考，在各自的发展轨迹中互有补充。例如，戛涅（Tony Garnier）的工业城市设想中有关的居住区布局就参考了田园城市的方法，但在单体设计上又使用混凝土等新材料并产生了新的住宅形式（图13-13）。受此启发，柯布西耶也曾在其早期实践中设计过田园城市式郊区住宅群，并使用混凝土和框架结构③，这也成为后来郊区化开发中普遍采用的方式。

1922年，柯布西耶发表著名的“光辉城市”（亦称作“当代城市”或“三百万人城市”）方案，后来成为他《明日的城市与规划》一书的主要内容④。在该书的首页，柯布西耶引用了一幅显示当时伦敦郊区住宅的鸟瞰照片（图13-14），指出这种乏味无趣的布局“显示了城市规划的所有错误”。他提出的解决之道，是取法利物浦学派那样先将城市区分为

① Paul Greenhalgh. Modernism in Design [M]. London: Reaktion, 1990: 1-24.
② Walter Gropius. Bauhausbücher (Vol. 3): Ein Versuchshaus des Bauhauses [M]. München: Albert Langen Verlag, 1924.
③ Armando Rabaca. Le Corbusier, the City, and the Modern Utopia of Dwelling [J]. Journal of Architecture and Urbanism, 1916, 40 (2): 110-120.
④ Le Corbusier. The City of Tomorrow and Its Planning [M]. F. Etchells, Translation. New York: Dover Publications Inc., 1987.

图13-13 夏涅“工业城市”的居住区部分效果图（1901—1904年）
资料来源：Vittorio Lampuhnani. Architecture and City Planning in the Twentieth Century［M］. New York：VNR Company，1985：53.

图13-14 柯布西耶《明日的城市与规划》一书首页插图（1932年）
资料来源：Le Corbusier. The City of Tomorrow and Its Planning［M］. F. Etchells，Translation. New York：Dover Publications Inc.，1987.

“市中心”“工业城市”和“田园城市”三部分，对它们采取不同的手法进行设计。其中心区的宽广道路、交通系统和高层建筑是这一方案的标致性元素，体现了与郊区化截然相反的发展模式。

值得注意的是，柯布西耶并不反对田园城市的规划理念和设计方法。他提出“必须采取开放式模式建设”，这与田园城市运动的郊区化“开放式开发”（open development）完全一致。同时，“光辉城市”方案中除引人瞩目的市中心商务区的24幢高层建筑外，其外围依次是多层的城市大院住宅和田园城市式的2层小住宅。田园城市式住宅是“光辉城市”的组成要素之一，甚至300万人城市中居民的2/3都居住于田园城市郊区中[①]。但是，在人口密度方面，“光辉城市”的人口规模在市中心高层区域高达1200人/英亩，郊外田园住宅则为120人/英亩。后者颇类似夏普150～200人/英亩的观点，均属低层高密度开发模式，不同于当时英国政府倡导的每英亩不超过50人（12户以内）的规定。“光辉城市”的不同居住形式（高层、多层和郊区小住宅）对应着不同阶层，柯布西耶采取了阶层隔离的方式以便于管理，展示出了现代主义规划者对秩序和等级，甚至更加强化了对功能分区明晰性的追求（图13-15）。这些立场与利物浦学派和城市改良主义者倡导的人本主义和功能混合理论凿枘不投。

德国包豪斯学派也赞成城市集中的观点，除推行严格的功能分区以便管理外，还主张采用更极端、更经济和更高效的建筑形式和排列方式，即所谓的“兵营式”或“行列式”（Zeilinbau）。1928年包豪斯学校的规划系主任希尔勃赛玛（Ludwig Hilberseimer）提出以

① Le Corbusier. The City of Tomorrow and Its Planning［M］. F. Etchells，Translation. New York：Dover Publications Inc.，1987.

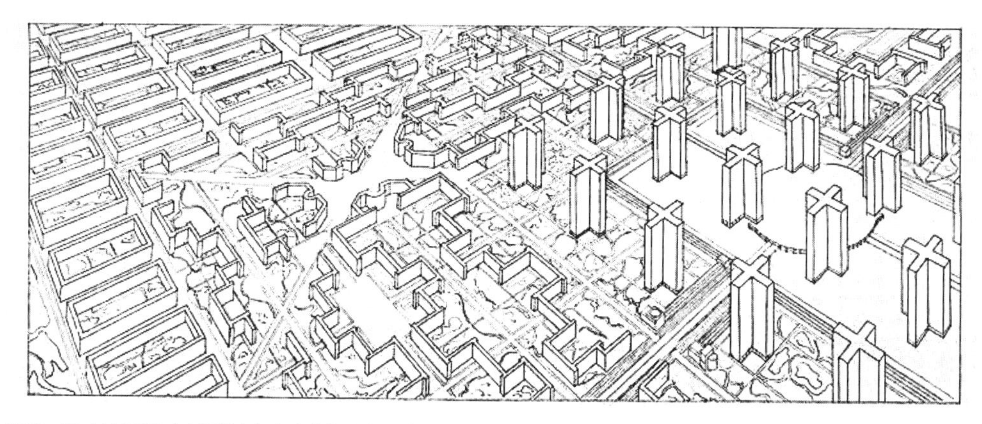

图13-15 柯布西耶“光辉城市”市中心部分鸟瞰（1922年）
资料来源：Le Corbusier Foundation.

图13-16 格罗皮乌斯设计的行列式11层住宅方案（曾在1930年CIAM大会上展示，1931年）
资料来源：Mark Swenarton. Rationality and Rationalism: The Theory and Practice of Site Planning in Modern Architecture, 1905—1930［J］. AA Files, 1983（4）: 49-59.

笔直的行列式办公、商业建筑改造柏林市中心区[①]。格罗皮乌斯也以之为例，盛赞其将成为未来城市改造和住宅区规划的模板，最终将取代作为过渡形式的大院式住宅和田园城市式住宅[②]（图13-16）。

德国现代主义规划师和建筑师对“行列式”布局进行了认真的研究和发展。在公共卫生运动的影响下，他们根据日照分析提出将住宅长轴沿南北向布置的设计原则，使客厅朝西、卧室朝东以接收充足的日照[③]。同时，在采取平行的行列式布局时，尽量使建筑长边垂直于街道，以减少道路交通的噪声干扰，等等。其中最典型的例子，是1920年代后期恩

① Pier Vittorio Aureli. Architecture for Barbarians: Ludwig Hilberseimer and the Rise of the Generic City［J］. AA Files, 2011（63）: 3-18.

② Wolfgang Sonne. Dwelling in the Metropolis: Reformed Urban Blocks 1890—1940［R］. University of Strathclyde and Royal Institute of British Architects（RIBA）, 2005: 1.

③ Catherine Bauer. Modern Housing［M］. Cambridge: Riverside Press, 1934: 182.

斯特·梅（Ernst May，1886—1970年）主持的德国法兰克福住宅区开发，在不同项目中又衍生出锯齿形、折尺形、曲线形等不同的行列式布局方式。这些项目实现了构件预制化和生产本地化，从而大大降低造价，满足了德国当时亟待解决的住房问题①（见图10-9）。梅曾在1910年代师从恩翁学习田园城市设计，但最终转向现代主义的规划和建造方法，并在1930年以后将这套规划方法带到苏联②，也成为苏联住宅区规划理论的思想来源之一。

虽然现代主义规划和建筑设计的理论立场和设计手法与田园城市有着诸多显著不同，但二者也存在很多关联。本书第15章还将就这些论题展开论述。

13.5 重返城市与重塑街道：第二次世界大战后对田园城市运动的反思

在具体设计上，柯布西耶曾提出“由沿街建筑界定的街道已经死亡”③，主张采用通行效率高、融合现代交通方式的街道系统。因此，不论是“光辉城市”还是条状建筑的行列式布局，都放弃了人车混行的街道格局，也不追求沿街的连续界面，街道景观与沿街立面互不相关、各成一系（图13-17）。将街道与城市空间割裂开的这种处理手法，与田园城市住宅后退街道，而依靠住宅的前院绿化和行道树形成街道景观如出一辙（图13-18），

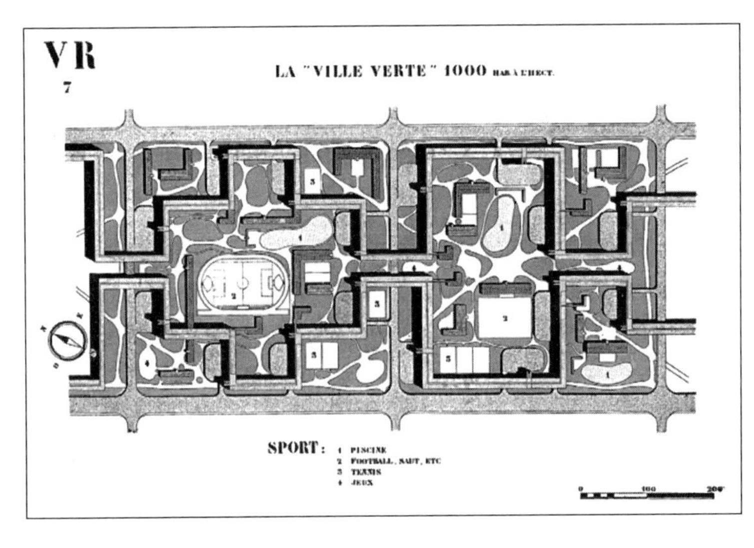

图13-17 柯布西耶“光辉城市”一处多层住宅区的总平面图（蛇形的住宅平面与街道之间缺少对应关系，1922年）

资料来源：James Dunnett. Le Corbusier and the City without Streets［M］// Thomas Deckker，ed. Modern City Revisited. New York：Routledge，2000：57.

---

① 详见第10章。

② 1930年梅辞任法兰克福住宅开发职位，在1930—1933年间接受委托规划了一批苏联的一些新建工人住宅区和工业城市。John R. Mullin. City Planning in Frankfurt，Germany，1925—1932［J］. Journal of Urban History，1977，4（1）：3-28.

③ Le Corbusier. The City of Tomorrow and Its Planning［M］. F. Etchells，Translation. New York：Dover Publications Inc.，1987.

也是爱德华兹和夏普等人抨击其缺失城市氛围的原因。

受现代主义思想的影响，1930年代欧美的城郊田园住宅的开发也普遍采取了现代主义提倡的新技术，如标准化设计、工业化生产和机械化施工等，进一步推动了郊区化发展。第二次世界大战结束以后，英国于1947年颁布新的《城乡规划法案》（Town and Country Planning Act），明确战后以田园城市设计原则为指导建设若干“新城”（New Town），实际上重申了低密度、郊区化的开发模式。而美国在二战之前的“新政”期间，就聘请恩翁为顾问规划师，按照田园城市的设计原则建设了几处新式居住区，即“绿带”城市（Greenbelt Towns）。二战以后美国在郊区开始大量兴建住宅，随之导致人口外迁，加速了老城的衰败。

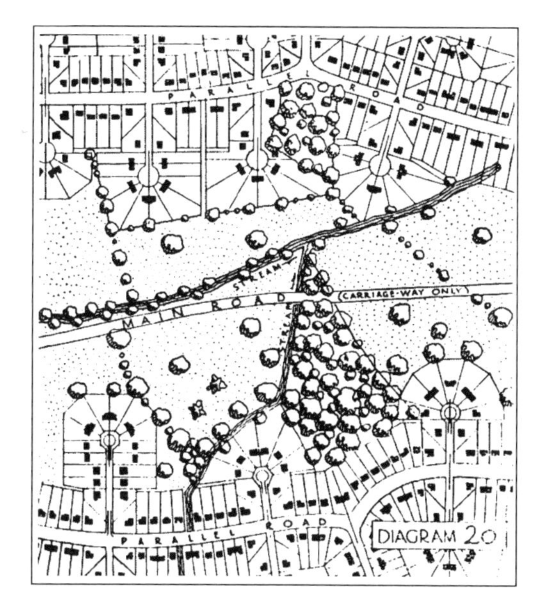

图13-18 主干道与尽端路组团背身“隙地”的绿地规划（住宅与道路景观相互独立）

资料来源：Barry Parker. Site Planning: As Exemplified at New Earswick［J］. The Town Planning Review, 1937, 17（2）: 79-102.

比较当时纽约郊外住宅区的鸟瞰图（图13-19）与柯布西耶书中所用的伦敦郊外照片（见图13-14）可知，前者虽然增添了道路蜿蜒、植被浓密等特征，但整体空间效果均乏味单调，缺少辨识感和生活气息。

至1950年代，战后田园城市运动的这些弊端已在规划界引起颇多争论，不少论点与1910年代至1930年代的那些批判非常相似。从英国空军退役的规划评论家聂恩（Ian Nairn）充分利用他任编辑的《建筑评论》（Architectural Review）这一平台，在1955年和1956年连续组织了两次专刊[①]，以大量的航拍和街景照片显示英国

图13-19 纽约市郊一处规模巨大的田园住区（Levittown）鸟瞰（1949年）

资料来源：CED Library, UC Berkeley.

① Ian Nairn. Outrage［M］. London: Architectural Press, 1955; Ian Nairn. Counter Attack against Subtopia［M］. London: Architectural Press, 1957.

郊区化和新城建设中的“可怖景象”，批判将城市和乡村元素混而为一、两造皆失的做法，论证了“盲目遵循低密度的发展模式”是造成这种局面的根本原因[①]。这两本专刊不但在城市规划专业内引起关注，也得到广大群众的热烈反响，影响远远超过之前爱德华兹和夏普等人的论战。

当时，美国洛克菲勒基金会（Rockefeller Foundation）资助了一批城市学者和规划家研究城市空间和发展模式。聂恩受资助前往美国考察郊区化的弊端，他提出战后的城市规划是否成功主要依赖两个因素，即必须妥善处理构成城市空间和城市生活方式的各要素间的关系，并着力使城市空间具有辨识性[②]。他的论点得到对“极盛时期现代主义”（High Modernism）日益不满的美国学者的支持。

1961年，简·雅各布斯在其《美国大城市的死与生》一书中追溯了西方现代城市规划的起源，不但批判柯布西耶、摩西（Robert Moses，1888—1981年）[③]等人代表的现代主义思想及实践，同时也激烈地批判了霍华德代表的田园城市思想：

> 霍华德观察了19世纪晚期伦敦穷人的生活状况，他不仅不喜欢城市中乌七八糟的东西，而且憎恨这座城市本身……让如此多的人拥挤在一起是对自然的亵渎。他开出的药方是彻底推倒重来……（田园城市）目的是创造自足的小城市，真正意义上的舒适的小城市，但前提是居民应很温顺，没有自己的想法，也不在意与那些同样没有想法的人共度一生……霍华德创立了一套强大的、摧毁城市的思想。对城市的那些不能被抽出来为他的乌托邦式的构想服务的方面，他一概不感兴趣，尤其一笔勾销了大都市复杂的、相互关联的、多方位的文化生活。[④]

雅各布斯认为从某种意义上讲，田园城市思想因其离弃城市生活的意识形态甚至为害更烈，“他们对大城市的成功之处漠不关心；他们只对失败感兴趣”[⑤]，霍华德、恩翁、芒福德（Lewis Mumford）等人无不如此。

雅各布斯这部“表述清晰、富有影响力的抵制现代主义规划的著作”，甫一出版即引起轩然大波，在理论上系统、完整地提出现代城市规划的主要目标既非提供健康的住宅，也非提高绿化率，而是将注意力转向城市空间和日常生活上，如改进城市设施、安置密集的人口和形成饱含生活气息的街道景观等。

---

① Gavin Stamp. Ian Nairn [J]. Twentieth Century Architecture，2004（7）：20-30.

② Lorenza Pavesi. Ian Nairn，Townscape and the Campaign Against Subtopia [J]. FOCUS，2013（10）：113-120.

③ 摩西在1942—1960年主管纽约规划委员会，期间进行了大量城市改造和大规模的郊区化住宅项目建设。

④ 简·雅各布斯. 美国大城市的死与生 [M]. 金衡山，译. 北京：译林出版社，2005：18-20.

⑤ 简·雅各布斯. 美国大城市的死与生 [M]. 金衡山，译. 北京：译林出版社，2005：20.

同一时期，林奇（Kevin Lynch）的《城市意象》①和亚历山大（Christopher Alexander）的一系列论著②相继出版，均旨在讨论城市空间的构成要素及其相互关系，呼应着从聂恩开始的以城市为中心的研究转向，也喻示着西方城市规划的发展进入到新时期。

13.6　结语

本章讨论质疑和批判田园城市思想的四派群体及其相应的实践：重视城市设计和城市空间品质的利物浦学派、立足城市并提倡高密度发展的城市改良主义者、现代主义者和"后现代主义"者，梳理这些跨越半个多世纪、前后相继的批判性理论的思想根源及其相互关系。前面章节中提及的不少关键人物（如霍华德、西特和恩翁等）及其观点，在本章都受到其他思潮的挑战和批判。通过这些讨论，可以揭示本书的一个重要论点，即田园城市思想的提出、田园城市运动的开展以及对这一全球性规划运动的反思与实践，几乎构成了早期西方城市规划史发展的全景。

现代城市规划史经历了螺旋式上升发展，每一阶段都显示了当时的社会思潮、审美趣味、经济技术水平对规划理论的影响。以街道形式的设计为例，在源自英国的公共卫生运动的推动下，为了有利于空气流通以排除"瘴气"，英国政府连续立法改变了工业革命以后城市中形成的断头路和"背靠背"式封闭院落，进而形成笔直连通的"法定街道"格局及其沿街的连栋"法定住宅"。"反者道之动"，当这种单调乏味的空间形态在19世纪末发展到极致时，英国社会要求改变的呼声高涨，在田园城市运动中除广植绿化外，一改原先平铺直叙的"法定街道"形态而使之蜿蜒曲折，同时重新引入尽端路的概念，由此迅速成为一场席卷全球的规划运动，推动了现代城市规划事业的发展。

但田园城市运动也暴露出不少问题，很早就引起西方规划家和理论家的警觉和批判。前文详述了对田园城市思想和运动批判的四方面声音，其理论立场及相互关系可以简要归纳为表13-1。

---

① Kevin Lynch. The Image of the City [M]. Cambridge: The MIT Press, 1960.

② C. Alexander. A City Is Not a Tree [J]. Architectural Forum, 1965, 122 (1): 58-62; C. Alexander. The Environmental Pattern Language [J]. Ekistics, 1968, 25 (150): 336-337.

表 13-1

西方理论家对田园城市思想及实践的批判

	基本立场	规划观点	城市空间布局	道路界面与住宅问题	设计手法
田园城市思想（代表人物：霍华德、恩翁等）	脱离城市，疏散主义；人文主义	低层低密度模式；去中心化的住宅区规划	按不同功能布置空间，保障居民健康	道路景观独立于沿街立面；住宅多以独幢或叠拼为主	前期主要借鉴西特的理论和工艺美术样式，后期融合现代主义风格
利物浦学派（代表人物：爱德华兹、阿伯克隆比等）	立足城市，提倡城市美化；人文主义	保持市区高密度；区分市中心与郊区，采取对应设计手法	认可功能分区但提倡功能混合	采用乔治王样式的连栋住宅，形成连续的沿街立面，延续和加强城市氛围	借鉴城市美化运动和“布扎”设计原则
城市改良主义（代表人物：夏普、丹比等）	立足城市，文脉主义；人文主义	低层高密度模式；兼顾改造城市空间和乡村保护，形成综合体系	反对严格的功能分区，提倡功能混合	采用乔治王样式的连栋住宅，同时提出城市大院式住宅模式，均旨在形成连续的沿街立面，延续和加强城市氛围	研究英国19世纪以前的传统设计经验，并将其现代化：“现代”但非现代主义
现代主义（代表人物：柯布西耶、格罗皮乌斯、梅等）	立足城市，有序疏散；机器理性主义	市中心高密度，郊区密度较低，立足于功能分区、空间秩序、通行效率等	主张严格的功能分区，致力于提高经济效率	采用行列式条状建筑，立足于标准化、预制化和工业化；提倡放弃传统街道形式，建筑立面独立于街道景观	主要体现技术理性和经济性，在次要环节上融合了田园城市设计原则
后现代主义（代表人物：聂恩、雅各布斯、林奇等）	立足城市，反对郊区化；人文主义	振兴城市，遏止郊区化蔓延	反对严格的功能分区，提倡功能混合	加强城市构成要素的联系并使之具有辨识性；强化城市街道景观与生活氛围	批判标准化、缺乏辨识感等极端理性设计手法

毋庸置疑，田园城市运动的发展及围绕这一运动产生的质疑与批评，一起推动了城市规划学科的长足发展。田园城市运动汲取了对立方面的意见，对其发展方向适时加以调整。例如，霍华德提出的田园城市思想试图以“复合田园城市”消解现有的大城市，但在田园城市运动中很快就抛弃了这一主张，转而提出卫星城和区域规划理论，得到城市改良主义者和现代主义者的认可。又如，爱德华兹、夏普等人基于对英国传统乡村空间的研究批评田园城市运动弃离城市、破坏乡村，同时引入了乡村规划和历史城镇保护等问题，田园城市协会因此相继改名为“田园城市与城镇规划协会”和“城镇与乡村规划协会”[①]，田园城市运动因此得以不断发展。

本章研究的1901—1961年间是西方城市规划思想史上极富朝气和活力的时期。随着对公共卫生和城市规划认识的深入，人们对同一问题逐渐形成了全面和综合的理解，也带来了思想观念和设计方法的变化。以健康问题为例，霍华德“把重点放在对’健康’住宅的提供上，把它看作是中心问题，别的都从属于它”[②]，遂简单地提出到空气清新的农村地带新建城市。而至1930年代，丹比等人已经意识到“良好的住宅环境不再仅通过清除贫民窟就可以实现”，而健康和卫生条件的提高“不是铺设更好的下水道系统那样简单”，也依赖于心理感受和多样化的选择机会[③]。这些人文主义（而非专注技术）的规划家和“外专业”理论家对田园城市运动的批判性思考，丰富了西方城市规划的内涵和外延及其理论与方法，使之真正脱离建筑学成为具有清晰边界的独立学科。

最后，“非西方”世界在批判田园城市思想和实践的思潮中集体“失声”，体现出对源自西方的规划思想的“追随”惯性。实际上，田园城市的思想体系不断丰富和发展，各国都有选择地截取其中适合本国情况的部分加以应用。以我国为例，“邻里单位”“卫星城”“居住区绿化”等理论被广泛接受和应用，而1950年代“单位大院”的周边式住宅布局与后来的“小区”规划则源自对田园城市运动的反思，在实践中体现了对田园城市思想的取舍逻辑。可见，以田园城市运动的展开及对这一全球性运动的批判为线索，能形成新的叙事方式，为我们梳理近代以来中国的城市规划和建设发展获得不少有益的新认识。

① Dennis Hardy. The TCPA’s First Hundred Years（1899—1999）[J]. TCPA，1999.
② 简·雅各布斯. 美国大城市的死与生[M]. 金衡山，译. 北京：译林出版社，2005：18.
③ Elizabeth Denby. Europe Rehoused[M]. London：Allen and Unwin，1938：272-273.

下篇

田园城市及其他

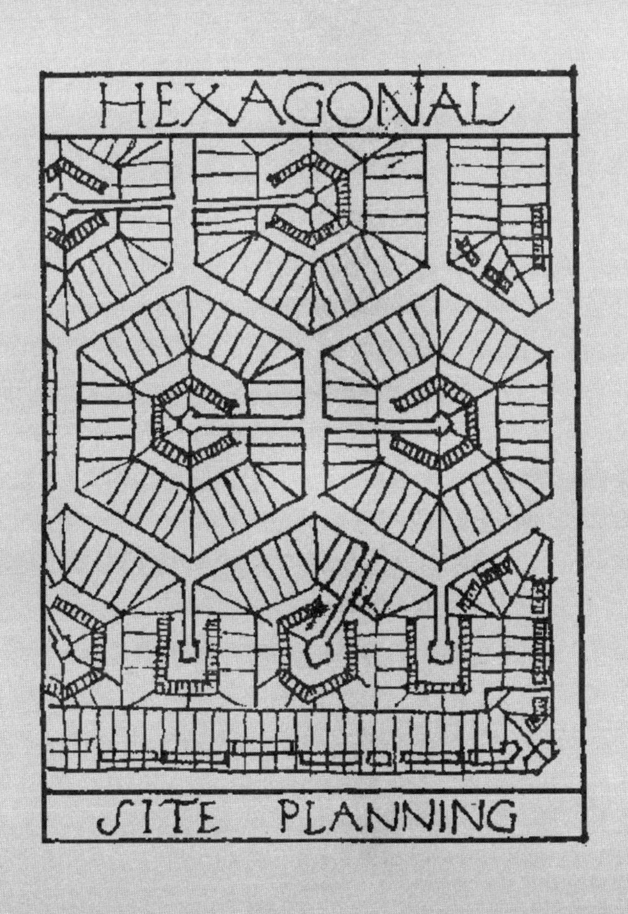

第14章

田园城市VS带形城市：带形城市规划思想与田园城市思想之并峙与融会

14.1 解题与辩讹：何为带形城市？

带形城市（Linear City）是出现在19世纪末西班牙的一种城市规划思想，试图通过与地面轨道交通紧密结合，使拥挤的大城市的部分人口和产业向广袤、衰败的农村地带疏散，以此推进城乡结合并改善居住环境，协调资源配置，进而缓和阶级矛盾，实现社会改良的宏大愿景。这些主旨与田园城市思想十分相似，但带形城市思想的提出和实践均早于前者，在20世纪初成为城市发展的两种模式之一（英国式的田园卫星城和西班牙式的带形城市），深刻影响了西方城市规划学科的形成与发展。

但是，带形城市思想很长时间内没有受到重视。究其原因，一方面是由于西班牙相比英国、法国和德国，经济、技术发展水平落后得多，而且国内政局动荡，尤其1936年西班牙内战以后该国越发成为“欧洲的边缘”[①]，西方学界在1950年代之前几乎遗忘了带形城市在西班牙及拉美世界的思想和实践，对其影响认识不足。这也影响到我国民国时期的学者们对它的注意。另一方面，随着交通技术的发展，汽车的迅速普及与公路网的建设，导致“公路带城镇发展”（ribbon development）模式的产生，即沿公路两侧出现随机排列的居民点，不但降低了公路的通行效率、缺乏设计美观，也不利于有序的城市发展，因此各国的规划部门均对此深恶痛绝。如英国1935年就立法遏止这种城镇发展模式[②]，我国学者也曾缕列这种模式的种种弊端[③]。这使得这两个概念经常被混淆，也造成了带形城市与时代发展的相违之感。

实际上，带形城市是城市疏散思想的一种具体形式，但与田园城市注重营造社区氛围和田园景象不同的是，它更加依赖交通组织和其他技术手段，力图使城市生活更加健康和便利。带形城市最初的设想，是由一条宽40m的主街将现有的两个城镇连接起来，主街上

---

① Francoise Choay. The Modern City Planning in the 19th Century [M]. George Collins, Trans. New York: George Braziller, 1969: 99-100.

② John J. Clarke. Restriction of Ribbon Development Act, 1935 [J]. The Town Planning Review, 1936, 17 (1): 11-32.

③ 李树琮. 应遏制线性城市建设的蔓延 [J]. 城乡建设, 1997 (2): 27-28.

铺设铁路或有轨电车从而满足与既有城镇便利地连接，在主街两侧有序地建造住宅和城市的各类设施，并在外围布置工业，实现人口和产业的转移。以此递推，冀望改造西班牙的城镇体系和空间格局，达到“乡村城市化；城市乡村化”①。

在带形城市原型中，主街上的主要交通是定时通行、时速相对较低而客流量较大的有轨电车（图14-1、图14-2）；而汽车交通崛起后，由于公路确乎也是带状的和线性延伸的，公路两侧配置居民点和各种设施也被习惯称为“带形城市”，这自然加深了人们对带形城市的误解。应该看到，带形城市思想在后续发展中，应对公路和汽车的兴起作了相应调整和发展，体现出与原初思想的巨大差别。

此外，还有必要区分带形城市和呈带状布局的城市。如前所述，带形城市的原初思想是依从一条（后来发展为若干条平行的）主街连接两个现有市镇，城市的发展方向与主要交通的延展走势一致，而使乡村城市化、城市乡村化。此外，带形城市还发展出两种应

图14-1 带形城市主街透视图（可见车速缓慢，行人可穿越）

资料来源：Clementina Díez de Baldeón. Arquitectura y Cuestión Social en el Madrid del siglo XIX [J]. Universidad Complutense de Madrid, 2015.（Architectural of Madrid in the 19th Century.

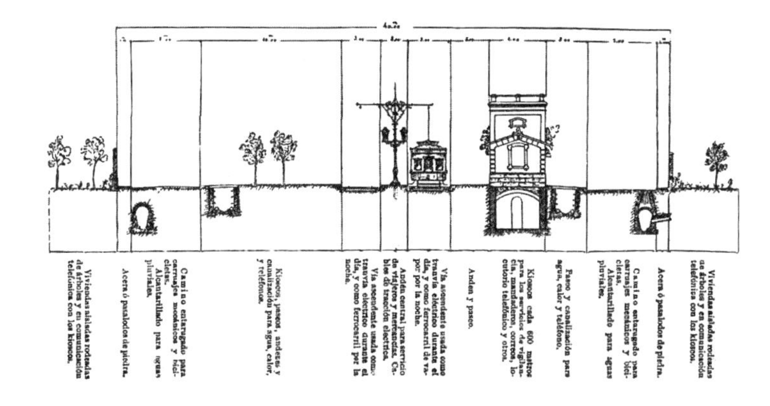

图14-2 带形城市主街及其轨道截面图

资料来源：Carlos Carvajal Miranda. Arquitectura Racional de las Futuras Ciudades [J]. Cámara chilena de la Construcción, 2012.（Rational Architecture of Future Cities）.

① George R. Collins. The Ciudad Lineal of Madrid [J]. Journal of the Society of Architectural Historians, 1959, 18 (2): 38-53.

用形式，即在大城市郊外形成良好的居住区，以及通过建设公路或铁路移民开发荒瘠地带[①]。而呈带状布局的城市多见于沿山谷或海岸线布局的例子，如我国的兰州和美国的迈阿密海滩，在城市中也常有沿某主干道布置的情况。它们通常不具有“乡村城市化”的意涵，城市的发展也不见得完全与交通轴一致，但城市形态毕竟包含了带状元素。例如，中华人民共和国成立初期在苏联专家指导下所做的洛阳和兰州总体规划，一般被认为是典型的带形城市，但实指其显著的带形元素[②]。如不追溯带形城市思想的演进过程并辨识其内涵，也容易产生混淆。

关于带形城市的研究，1950年代末美国哥伦比亚大学规划史教授柯林斯（George R. Collins）曾基于大量原始文献对带形城市的全球发展作了系统梳理[③]，参考意义甚大，但涉及苏联部分颇简略。此外，西方规划史家的论著中常提到带形城市规划，又陆续补充了若干史料[④]。这些文献综合起来能提供理解带形城市思想的基础。

然而，带形城市在我国的规划实践和规划史研究中一直未得到应有的重视。民国时期虽较多关注田园城市的学说和规划运动，但引介带形城市的论著基本空缺[⑤]。中华人民共和国成立以后，1961年由清华大学等校合编的《城乡规划》教材涉及的苏联“一五”计划时期的工业城市规划，实际上是带形城市思想的应用，但书中并未提及带形城市的概念[⑥]。改革开放以后，西方城市建设史、城市规划原理、西方近现代建筑史等课程中均加入带形城市的内容；1990年代以来陆续面世的西方规划思想和理论著作也对此进行了专门讨论，一些学者也将之译为“线形城市”[⑦]。这些文献基本廓清了带形城市的概念，使之成为有关西方规划历史的基本常识而为广大建筑院校的学生所熟知。

但目前在中文文献中仍存在一些问题，如缺乏讨论带形城市思想的动态演进过程、对在其影响下衍生出的其他规划理论和设计手法讨论不足，等等。所以，带形城市给人以孤峰异起、稍现即逝的刻板不变印象，因此也难以形成对西方城市规划史的更加系统、全面

---

① José M. Coronado. Linear Planning and the Automobile Hilarión González del Castillo's Colonizing Motorway, 1927—1936［J］. Journal of Urban History, 2009, 35（4）: 505-530.

② 兰州的总规方案（1954年）实际是沿河道排布若干市区，每个市区各有其轴线和中心地带，可视作以东西向交通串接数个卫星城镇。此与后文所说的“带形城市”并不完全一致。洛阳总体规划（1956年）与苏联工业城市规划的空间模式有类似之处。

③ George R. Collins. Linear Planning throughout the World［J］. Journal of the Society of Architectural Historians, 1959, 18（3）: 74-93.

④ Francoise Choay. The Modern City Planning in the 19th Century［M］//George Collins, Trans. New York: George Braziller, 1969; Vittorio M. Lampygnani. Architecture and City Planning of the Twentieth Century［M］. New York: Reinhold Co., 1980.

⑤ 检索上海图书馆《全国报刊索引》，查找“带形城市”无有效结果；查找与西班牙城市相关的内容，则多与巴塞罗那有关，与马德里和本论题相关者仅见：夏书章. 西班牙内战后之都市建设［J］.市政评论，1947, 9（23）: 7-8.

⑥ “城乡规划”教材选编小组. 城乡规划（上册）［M］. 北京：中国工业出版社，1961.

⑦ 孙施文. 现代城市规划理论［M］. 北京：中国建筑工业出版社，2007: 96-98.

的认识。此外，一些基本常识也待更正，如带形城市的提出者Arturo Soria y Mata（1844—1920年）一般被译为“玛塔”或“索里亚·玛塔”，唯《外国近现代建筑史》(第二版）已改称“索里亚”。按西班牙语的一般习惯，姓名由“名（1个或数个）+父姓+y（相当于英语and）+母姓”组成，而称呼上通常以父姓为主。所以，“玛塔”实应简称为“索里亚”。

总之，带形规划思想对西方现代规划学科的早期发展产生了巨大影响，启发了各国规划家提出多种类似的方案，并直接促成了区域规划和现代主义（功能主义）规划思想的产生。在全球图景中梳理带形城市规划思想的形成和演进对我们加深认识西方现代城市规划史的发展脉络无疑十分必要。

14.2 索里亚生平及其带形城市思想

田园城市思想的提出者霍华德因家境贫寒，没有受过高等教育。他的学说是他在广泛阅读、交游和深入思考前人提出的解决城市问题方案的基础上综合而得的[①]。与此不同的是，带形城市思想的提出者索里亚受过良好的教育和严格的工程训练，对通信、铁道、市政建设均有深入的研究，早年曾致力于将欧洲发达国家的这些技术引入经济落后的西班牙（图14-3）。

图14-3 索里亚像

资料来源：Sesión sobre la Ciudad Iineal［J］. Arquitectura，1959（11）：2-17.

和霍华德一样，索里亚也具有强烈的人文主义思想，广泛阅读了19世纪欧美的社会改良学说，并关切现实政治的发展。索里亚提出带形城市的出发点，同样也是谋求解决因工业化导致的居住拥挤、健康恶化等城市问题，实现“每户都拥有一幢独立住宅，每幢住宅都有自己的花园”的理想，降低马德里等城市惊人的死亡率(千分之四十)[②]。他早年曾是“激进的共和主义者”，反对王权政治，要求进行市政改革，他的政治主张“对他后来经营马德里的带形城市住区产生了不利影响”[③]。

索里亚在1870年代就筹办了一家有轨电车公司并运营马德里最早的几条线路，担任其总经理十多年，从事与交通运输和城市建设相关的管理工作，直至为筹建带形城市住区而

---

① 刘亦师．霍华德生平及其田园城市思想与著作版本研究［C］．2017中国城市规划年会论文集，2017．

② Edith E. Wood．The Spanish Linear City［J］．Journal of the American Institute of Architects，1921：169-174．

③ George R. Collins．Cities on the Line［J］．The Architectural Review，1959，127（761）：341-345．

出让这家公司的股份（1887年）。因此，索里亚积累了丰富的公司管理和城市建设经验。尤其难得的是，索里亚不但勤于著述，在各种期刊杂志陈述自己的带形城市思想（但未出版专著），同时他也是敏于行动的实干家，为了推行自己的理想坚定地克服各种障碍，同时有策略地修订自己最初的一些想法以促其实施。

图14-4 带形城市的一个街区的模型
资料来源：Edith E. Wood. The Spanish Linear City［J］. Journal of the American Institute of Architects，1921.

1882年4月索里亚在马德里的《进步报》上最早发表了他的带形城市思想：这种新型城市依从一条宽40m的笔直的主街向两个方向无限延展，能够向农村疏散现有大城市的过剩人口，并使日益衰败的农村得以复兴。此后一年多时间里，索里亚又在该报陆续发文不断阐发他的这一设想，逐渐形成了比较完整的带形城市设计原则，可归纳为以下13个要点[①]：

（1）"（人员和物资的）迁移是城市化的最主要问题，其他问题都是由此衍生而来的"。

（2）城市建设之前必须制定相应的规划方案。

（3）带形城市的空间结构由一条主街和若干条与之垂直的次干道划分。主街和其他街道应取直，街区也应是方正的形状，带形城市的空间形态应与主街的走向一致。主街低下埋设水、电、气等管线，道路取直和两边布置居住区的方式可保证基础设施投资最省，保证新城建设经济可行（图14-4、图14-5）。

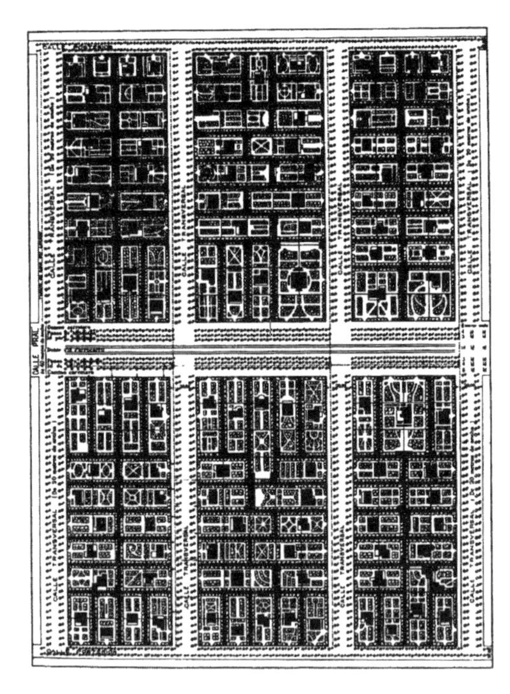

图14-5 带形城市地块划分图（以400m^{2}为模数划分空间，建筑占地块面积的1/5）
资料来源：Edith E. Wood. The Spanish Linear City［J］. Journal of the American Institute of Architects，1921：169-174.

（4）新城的地块应保证至多1/5用于建设，4/5用于园林绿化。

① George R. Collins. The Ciudad Lineal of Madrid［J］. Journal of the Society of Architectural Historians，1959，18（2）：38-53. Ivan Boileau. La Ciudad Lineal：A Critical Study of the Linear Suburb of Madrid［J］. The Town Planning Review，1959，30（3）：230-238.

（5）住宅应是互不相连的独幢式，以保证充分的采光和通风并降低火灾风向。同时住宅设计保证造价最低。

（6）住宅和街道之间应至少距离5m，用于街道美化并预留将来拓宽的余地。

（7）新型的带形城市能连接两处既有市镇，“其涵盖了广阔的农村地带，同时在这些地区能布置农业和工业”。

（8）受地形条件限制时，带形城市的宽度可缩减至容纳轨道交通即可，“甚至可以采用跨线或地下方式通行”。这说明带形城市可以是有所转折和变化的。

（9）通过乡村的城市化和良好居住环境吸引城市的过剩人口向荒瘠的农村转移，缓和城市的劳资矛盾，并逆转农村人口流向城市的现状。

（10）带形城市内大量种植绿化，并引入新技术，建成完善的灌溉、给水排水、电力系统。

（11）带形城市将尽量容纳不同阶层的居民，并通过划分地块大小使他们居住在同一街区，避免形成高档社区和贫民区之分。

（12）因没有特别显著的市中心，避免了土地价格从市中心向外递减的现象。由于新型带形城市能实现土地的公平分配，从而消灭房地产投机。

（13）根据美国经济学家亨利·乔治（Henry George）的土地单一税学说[①]，仅按土地大小课税，帮助居民获得土地所有权并鼓励他们在花园内栽种和耕植，“同时使户主和公众获益”。应注意的是，亨利·乔治的学说也曾深刻影响霍华德对田园城市的构想[②]。

可见，建设带形城市是为了重新布局工业和疏散人口，包含着区域性规划的内容，旨在实现阶级融合的社会改良。此外，索里亚深入研究了土地单一税学说，因此采取了与后来田园城市土地集体所有不同的方式，即将土地售于居民。他运营新城同样采取股份公司制募资，但运营资金仅征收土地税，同时经营有轨电车和其他业务来增加收入。

索里亚的带形城市思想基本形成之后，他着手积极筹划以付之实现，最终在1892年开始从事他毕生最看重的事业——环绕马德里的带形城市建设，直至他1920年去世。

14.3　带形城市思想的最初实验：马德里市郊带形住区规划与建设之得失（1892—1936年）

1892年8月索里亚发表了他环绕马德里的有轨电车建造计划，全线总长55km，并拟沿该轨道线开发带形城市，最终形成以7～8km为半径的马蹄状城市带（图14-6）。同年10月索里亚组建成立“马德里城市建设公司”（Compañía Madrileña de Urbanización）。索里亚

① Henry George. Progress and Poverty［M］. New York：Robert Schalkenbach Foundation，2006.

② Hall Peter，Dennis Hardy，Colin Ward. Commentary of To-Morrow：A Peaceful Path to Real Reform［M］. New York：Routledge，2003.

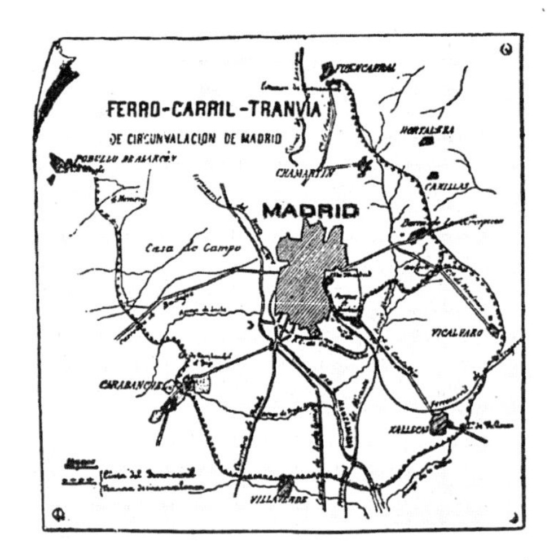

图14-6 索里亚拟定的马德里市郊有轨电车环线（55km）（未全部实施）
资料来源：Revision de la Cidudad Lineal［J］. Arquitectura，1964（72）：3-20.

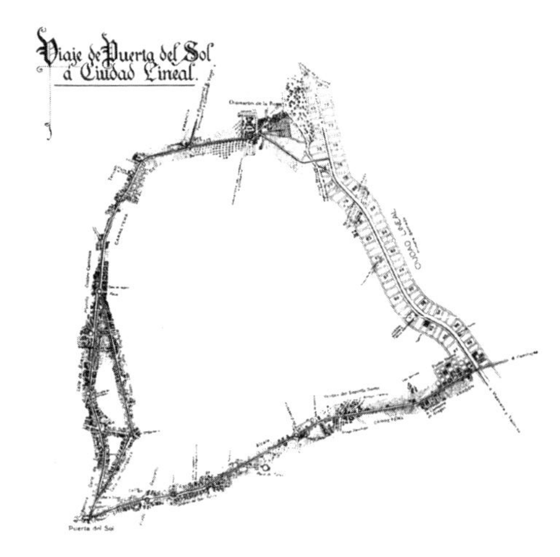

图14-7 环绕马德里的有轨电车线路及已实施的带形居住区（右侧）（1910年代）
资料来源：Francoise Choay. The Modern City Planning in the 19th Century［M］. George Collins，Trans. New York：George Braziller，1969.

出任总经理后满怀雄心地制订了一个总长55km的铁路线铺设计划，以每股500比索（约合100美元）向社会募资，准备围绕马德里和周边市镇形成马蹄状（图14–7），继而以之为主轴进行带形城市的开发和建设。同时，索里亚还创办了数种杂志，专事宣传他的带形城市和市政改革理念，其中《带形城市》每月2~3期，连续发行数十年，在拉丁语世界影响颇大①。此后两年时间虽只募集到约50万美金，但索里亚仍决定在1894年3月先动工建造马德里西北部一段长约5.2km的地段，连接马德里市郊的两处村落（图14–8）。

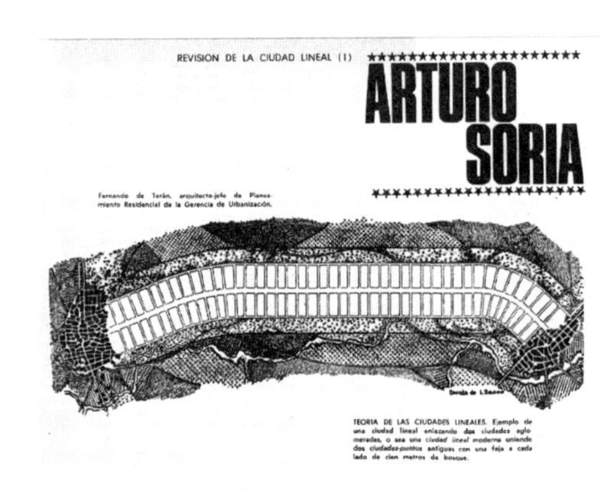

图14–8 带形城市空间图示
资料来源：La Ciudad Lineal，1896，1（1）.

但由于缺乏资金、土地购买困难及政府不加以支持等原因，铁道铺设计划难以实施。索里亚决定于1894年在马德里市内外先铺设有轨电车（后共计建成49km），并在马德里市以北沿电车路线建设了一段约5km的带状市郊住宅区（图14–9）。索里亚为他的带形居住区提供了档次不同的住宅，力图使一般工人阶层能拥有自己的独幢房屋。这种造价相对低廉的独幢住宅吸引了一批马德里市民移居到城外。至1911年冬，这一带形居住区共建造

① Vittorio M. Lampygnani. Architecture and City Planning of the Twentieth Century［M］. New York：Reinhold Co.，1980：25，54.

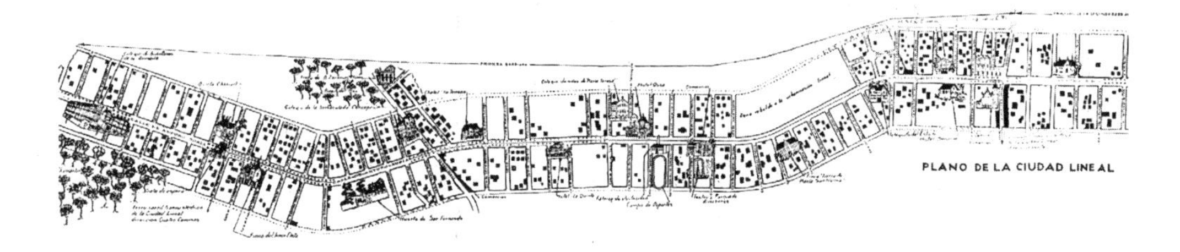

图14-9 最终实施的带形居住区总平面图
资料来源：Sesión sobre la Ciudad Iineal［J］. Arquitectura，1959（11）：2-17.

了680幢房屋，常住人口达4000多人[①]。同时，索里亚利用其杂志进行绿化宣传，并组织了每年一度的植树活动，在这一地区栽种了3万多株大树[②]，形成树荫如盖的绿化环境，与马德里市内外的荒瘠景色产生显著对比，因此吸引来更多居民和游客。

图14-10 主街中心的站台等设施（1958年）
资料来源：Ivan Boileau. La Ciudad Lineal：A Critical Study of the Linear Suburb of Madrid［J］. The Town Planning Review，1959，30（3）：230-238.

虽然索里亚在马德里周边铺设和经营近50km的有轨电车线路，但由于资金限制和政府未在土地购买方面给予支持，真正建成的主要就是上述5km的地段。由于规模过小，索里亚设想的产业疏散无从实施，因此与其称之为“城市”，毋宁说是马德里市郊的带形居住区。这与田园城市运动中将包含工农业的“城市”转变为市郊田园住区（garden suburb）建设的过程颇为类似。

在具体的空间布局上，索里亚将主街宽度定为40m，其上并列铺设两路往返于马德里的有轨电车轨道，警察署、邮局、餐厅、教堂等公共设施布置在主街中央靠近站台的位置（图14-10）。索里亚动员居民陆续在新城栽种了8万株大树，主街的截面也设计了6排行道树，荫翳蔽日（图14-11）。主街两侧为居住区；垂直于主街方向每隔300m左右设置一条宽15～20m的次干道，以此将新城划分为若干方正或梯形的街区，每一街区面积约40000～60000m^2。街区的外边缘各设一条10m的小路，与主街基本平行并贯通整个区域。

---

① 因其中不少房屋是作为度假住宅之用，夏季和周末时居住人口更多。

② George R. Collins. The Ciudad Lineal of Madrid［J］. Journal of the Society of Architectural Historians，1959，18（2）：38-53.

图14-11 主街的电车轨道及六排行道树（1903年）
资料来源：Carlos Carvajal Miranda. Arquitectura Racional de las Futuras Ciudades［J］. Cámara Chilena de la Construcción，2012.（Rational Architecture of Future Cities）.

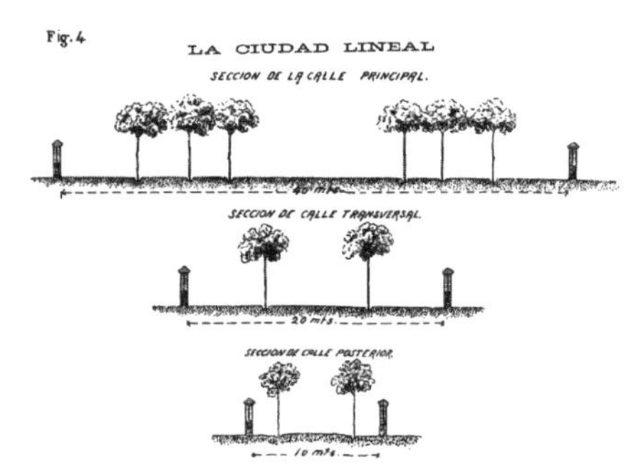

图14-12 主街、次干道和辅路道路截面图
资料来源：Carlos Carvajal Miranda. Arquitectura Racional de las Futuras Ciudades［J］. Cámara Chilena de la Construcción，2012.（Rational Architecture of Future Cities）.

整个带形城市的总宽度为500m①（图14-12）。

索里亚在细分街区地块时遵循了模数化原则，在建设住宅时则采用了标准化设计，即以最小地块（20m×20m）为基本模块，分别衍生出20m×40m和40m×60m的不同地块面积，分别属于街区内不同的住宅用地：最小的模块在距主街最远的背面（临外侧小路），次等大小的地块临垂直于主街的次干道，而最大的地块面向主街。同时，索里亚为业主提供了19种不同形式的住宅，造价从一般工人家庭能接受的700美元独幢平房（适用于最小地块）到10000多美元的两层豪宅，而以2000～3000美元的标准住宅为主（图14-13）。模数化的土地划分体现了索里亚提倡各阶层混合居住的重要思想，而标准化住宅的设计与建造则降低了造价，“使一般工人也能负担得起独幢住宅”。此外，在街区内或临主街的某些较大的地块用作学校、商店等建筑，与主街中央的各种设施相呼应，主街的截面景象变化颇丰富（图14-14）。

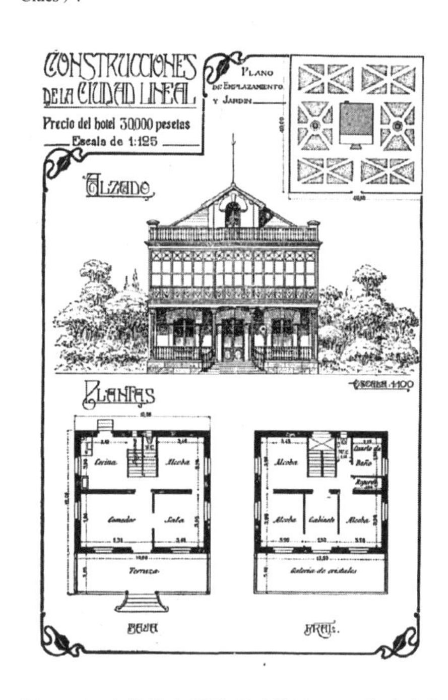

图14-13 高档住宅设计图（造价30000比索〈合6000美元〉，由马德里城市建设公司自营的建筑公司（Constructioes de la Ciudad Lineal）设计和施工）
资料来源：Carlos Carvajal Miranda. Arquitectura Racional de las Futuras Ciudades［J］. Cámara Chilena de la Construcción，2012.（Rational Architecture of Future Cities）.

① George R. Collins. Linear Planning throughout the World［J］. Journal of the Society of Architectural Historians，1959，18（3）：74-93；Edith E. Wood. The Spanish Linear City［J］. Journal of the American Institute of Architects，1921：169-174.

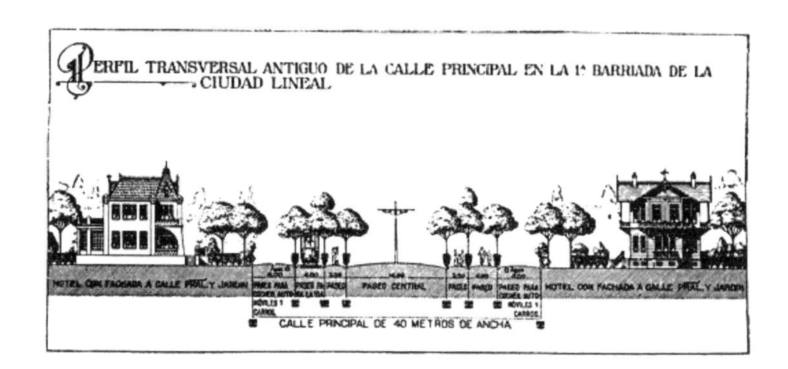

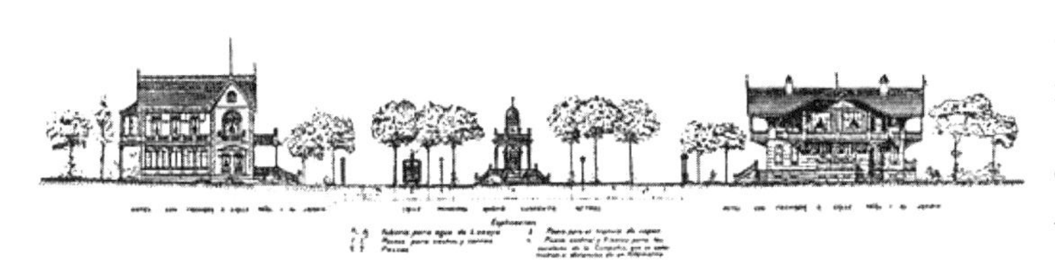

图14-14 主街不同位置的截面图（上：普通截面，下：车站等建筑在街道中央的截面）
资料来源：George R. Collins. Cities on the Line［J］. The Architectural Review，1959，127（761）：341-345.

索里亚一生笔耕不辍。为了宣传其带形城市思想并提升带形居住区的凝聚力，他自任其创设的《带形城市》（La Ciudad Lineal）杂志主编，将该杂志作为马德里城市建设公司的机关刊物。按这本刊物的创立年代而言，有规划史家认为其是世界上“第一本城市规划杂志”①。索里亚奋笔为该刊物撰写了大量文章，发表其对于现代城市设计的基本常识及现代城市管理方式的见解，普及他的带形城市思想（图14–15）。1897年索里亚在该杂志上撰文阐述了马德里城市建设公司的经营理念，并重申带形城市思想的人文主义内涵：

> “马德里城市建设公司的目标是在马德里周边创造舒适、卫生、经济的带形城市，其间能将乡村生活与现代城市的各种设施和就业机会结合起来。这种带形城市是为所有阶级设计的……人们再不必在拥挤的人群中艰难地呼吸污浊的空气。
>
> 为达成这一目标，公司拟开展各项业务并建设所有类别的公共设施，包括土地的购入与分售、公共建筑的建设、建筑材料的统购与分销、水电管线的铺设、有轨电车的经营等。”②

因此，索里亚的公司除了经营有轨电车、从事土地和房屋买卖及发行杂志外，还开办了多种业务，如成立了自己的设计部和施工队，并为此开办了砖瓦厂，从事带形住区和马德里市内的各种建设；为带形住区居民开设了存储银行和职业介绍所，并开办了一处大型

① George R. Collins. Linear Planning throughout the World［J］. Journal of the Society of Architectural Historians，1959，18（3）：74-93.

② Arturo Soria. La Ciudad Lineal［N］，1897-05-26. 转引自：George R. Collins. The Ciudad Lineal of Madrid［J］. Journal of the Society of Architectural Historians，1959，18（2）：38-53.

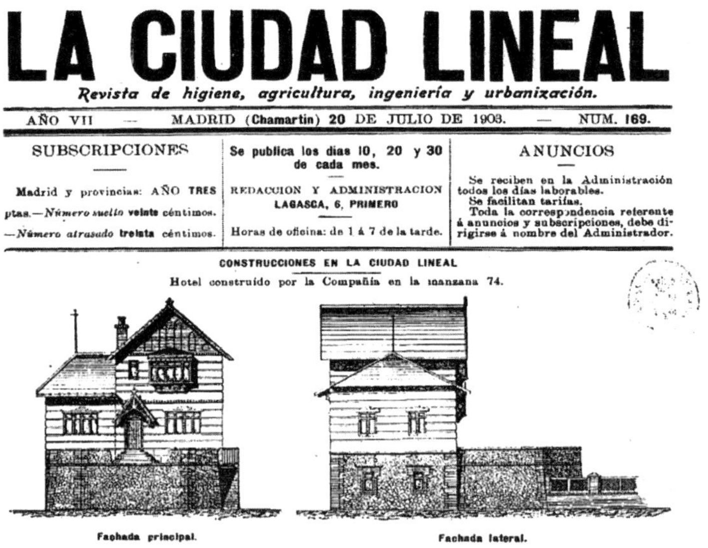

LA CIUDAD LINEAL

Revista de higiene, agricultura, ingeniería y urbanización.

AÑO VII — MADRID (Chamartín) 20 DE JULIO DE 1903. — NUM. 169.

SUBSCRIPCIONES

Madrid y provincias: AÑO TRES ptas.—*Número suelto* veinte céntimos. —*Número atrasado* treinta céntimos.

Se publica los días 10, 20 y 30 de cada mes.

REDACCION Y ADMINISTRACION LAGASCA, 6, PRIMERO

Horas de oficina: de 1 á 7 de la tarde.

ANUNCIOS

Se reciben en la Administración todos los días laborables. Se facilitan tarifas. Toda la correspondencia referente á anuncios y subscripciones, debe dirigirse á nombre del Administrador.

CONSTRUCCIONES EN LA CIUDAD LINEAL

Hotel construído por la Compañía en la manzana 74.

Fachada principal.　Fachada lateral.

图14-15《带形城市》杂志首页（1903-07-20，杂志的副标题为“卫生、农业、工程和城市化”）

资料来源：La Ciudad Lineal，1903-07-20.

游乐场。在公共设施方面，索里亚坚持将最新的技术引入带形住区，主街上的有轨电车在1905年改为蒸汽机车（此前为畜力牵引），又在1909年改为电力机车，并计划建设连接马德里的地铁；他还主持铺设各种水、电、煤气管网，大大便利了居民生活，体现出新住区的“现代性”。并且，索里亚还动员居民进行一年一度的植树运动，为此建设了完整的灌溉系统和苗圃，既改造了马德里周边的荒瘠面貌，又使绿化遍地的带形居住区吸引来更多定居者①。这些都反映了他重视技术和人文精神的根本思想。

不难发现，索里亚公司的业务远超一般房地产开发公司的经营范围。究其原因，既与索里亚的理想主义精神有关，同时也是他不得不采取多种经营方式以维持公司生存的结果。与田园城市运动迅速获得英国政府的高度关注和大批建筑师的积极参与不同，索里亚的带形城市建设一直遭到西班牙政府和社会的质疑（图14–16），不但导致难以购入连片土地从事整体性开发，也被迫让索里亚支付高额股息（10%）以吸引更多投资，而英、德等国开发田园城市的建设公司一般年分红为4%～5%②。

马德里市郊的带形居住区是索里亚将其带形城市思想付诸实践的最早活动，体现了他的一些关键思想，如重视技术、鼓励阶层融合、较早实行了工业化设计和施工过程等，在

① 1912年的统计数据表明带形居住区已建成680幢住宅，居民总数4000人；1927年建成2500座住宅。Ivan Boileau. La Ciudad Lineal: A Critical Study of the Linear Suburb of Madrid［J］. The Town Planning Review，1959，30（3）：230-238.

② Edith E. Wood. The Spanish Linear City［J］. Journal of the American Institute of Architects，1921：169-174.

具体管理上则坚持账务彻底公开[①]，反映了“带形城市是人文精神的代表”的重要立场。另一方面，索里亚在现实条件约束下为了遂行其志，在不少地方也作了妥协，如仅建设带形居住区而非带形城市，对独幢住宅的原则也有所退让，等等。但是，索里亚最初方案的某些主要内容后来被证明是缺乏弹性和不合时宜的，如坚持只设一条笔直的主街且宽度限定在40m，难以适合汽车时代的交通需求；沿主街平均散布的公共设施导致缺少城市中心，不利于形成熟悉的城市生活场景，也增加了日常生活的不便。此外，这种带形空间的形式过于刚正，缺少相对柔和的形态相冲和。这些内容是此后带形城市规划家最先加以改善的方面。

图14-16 讽刺画“众犬吠月”（月亮上的字为“带形城市”，众犬身上的文字表示西班牙国民性中的懒惰、嫉妒、多疑等特性）

资料来源：Perros ladrando a la luna［J］. La Ciudad Lineal, 1908-10-06.

索里亚的儿子们后来均参加公司协助索里亚进行管理，在索里亚去世之后曾勉力维持带形居住区的经营。但1920年代末由于汽车的兴起取代了有轨电车，公司盈利逐年锐减，维持乏力。索里亚家族最终在1936年西班牙内战前夕将公司股权全部售出。

14.4 带形城市思想的演进、传播和实践

14.4.1 带形城市思想的演进：与田园城市的比较研究

索里亚的带形城市思想和实践均早于田园城市，但索里亚对霍华德于1898年出版的《明日》一书及席卷欧洲的田园城市运动颇为熟悉，常在他的文章中将带形城市和田园城市进行比较。索里亚和霍华德的人生经历和教育背景相差悬殊；针对工业化大发展带来的城市问题，他们各自提出的解决方案，在处理既有城市的态度、新城的空间形态、解决方案的侧重点等方面也存在显著差异。但他们的思想传达出二人的人文主义和理想主义精神，由此掀起的带形城市运动和田园城市运动均反映了“人类对美好理想的追求”（表14–1、表14–2）。

① George R. Collins. The Ciudad Lineal of Madrid［J］. Journal of the Society of Architectural Historians, 1959, 18（2）: 38-53.

索里亚与霍华德生平经历的比较 表 14-1

	索里亚（1844—1920年）	霍华德（1850—1928年）
教育背景	受过良好的高等教育和工程训练	少年辍学，曾赴美国务农
成长环境	在马德里长大并工作，了解马德里的城市问题	出生于伦敦南部贫民区，熟稔伦敦的城市问题
工作经历	从事通信、铁道等发明与建设，并任铁道和电车公司总经理	在芝加哥学会速记，后担任英国众议院速记员
兴趣爱好	钻研毕达哥拉斯学派哲学，爱好研究数学；广泛阅读	爱好机械设计，发明速记打字机；广泛阅读
建筑方面知识	有较丰富的建筑和规划工程知识，主张采取标准化设计和工业化生产	曾自学过绘图，基本无建筑专业知识；建筑方案由恩翁等人主持
公司管理经验	积累了较丰富的管理经验，重视可行性和经济性，亲自进行管理	无管理经验，论证过经济可行性，但主要依靠专业人才进行管理
政治立场	共和主义者，与西班牙立宪制政府关系紧张，未接受政府资助	不信任议会制政府，主张开展合作运动，不接受政府资助；1925年受封爵士（Sir）
著述与发表	发表大量文章，主办过《带形城市》等杂志，但无专著问世	一生仅出版《明日》一书，但在田园城市运动中发表过若干短文
规划观点	主张建设前必须制定规划方案	无明确表述

带形城市思想与田园城市思想的比较 表 14-2

	索里亚的带形城市思想	霍华德的田园城市思想
提出年代	1882年提出，1894年正式兴建	1898年提出，1903年正式兴建
城市形态	带状、直线放射式延展	同心圆圈层发展
空间形态及功能分区	全部道路直线正交；无功能分区，实行功能混合（除工厂外）；无绿化隔离带	重视道路的蜿蜒曲折和对景营造；有较明确的功能分区和绿化隔离带
方案侧重	侧重市政和施工技术，尤其交通组织与工业化生产及施工	侧重营造社区精神和田园风情，对交通线路和技术未加特别注意
思想要点	“乡村城市化；城市乡村化”“每户拥有独立住宅，每幢住宅有其花园”	“寓乡于市，寓工于农”
处理现有城市态度	主张城市疏散，以带形城市连接现有城市形成区域格局，但不以完全消解现有城市为目标	主张城市疏散，在现有城市外形成若干“田园城市”，以此消解现有大城市并重组全国城乡格局

续表

	索里亚的带形城市思想	霍华德的田园城市思想
人口规模	无具体限制	单个田园城市上限32000人
卫生、绿化问题	大量种植树木；未明确提出绿化隔离带	形成中心公园和大片绿地；在城市外围保留大量农牧用地和绿化带
住宅形态	仅独幢住宅；反对高层建筑	联排、集合住宅和独幢住宅并存；反对高层建筑
社会改革观点	提倡各阶层混居融合	同左，但包含功能分区思想
建筑密度	低密度，（带形居住区）每英亩3.6户	低密度，（莱彻沃斯）每英亩12户
空间形态及房屋建造特征	以模数化和标准化为原则，建筑风格混杂，重视低造价住宅	追求建筑设计的质量和特色，反对标准化，建筑风格后期趋于统一
实施方法	组成有限责任股份公司负责建设和管理，向居民出售土地，实行土地单一税	同左，但实行土地集体所有，推行合作社
实施结果	仅建成5km的郊外居住区，带形城市思想的诸多内容未得到体现	仅建成两处田园城市，但在世界各地大量兴建了市郊田园住区

索里亚于1893年参加芝加哥博览会时与一位西班牙外交家卡斯蒂洛（Hilarión González del Castillo，1869—1941年）相识。卡斯蒂洛在海外工作多年，曾出任西班牙驻上海领事（1902—1906年），了解世界各国的城市发展状况，但他迅即信服带形城市思想并针对索里亚早期方案的不足进行调整，对带形城市与田园城市的融合起到了巨大贡献。

他在1914年法国里昂召开的城市规划大会上提交了一个带形城市方案，虽然骨架未脱索里亚带形城市模型的样貌，但街区内部已出现大量蜿蜒的道路和绿地公园，并且城市空间设计上采取了西特（Camillo Sitte，1843—1903年）那种重视图底关系的设计手法，这些均已成为田园城市设计的标签（图14-17）。第一次世界大战后，卡斯蒂洛针对比利时的战后重建制定了一个著名的带形城市方案，体现了与索里亚最初方案的重大区别。例如，这一带形城市仍以连接两个既有市镇为目标，其主轴亦为铺设轨道交通的一条主街。但主街宽度已增至60m，同时在其两侧各增设一条公路，形成总数5条的平行贯穿道路，提高了交通通行能力。带形城市的总宽度从500m骤增至2340m，预计容纳60000人，在居住

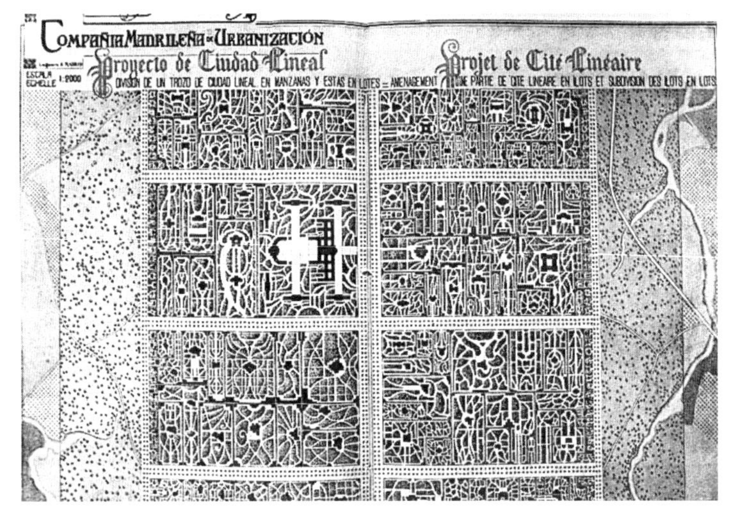

图14-17　卡斯蒂洛在1914年向里昂规划会议提交的带形城市方案

资料来源：José M. Coronado. Linear Planning and the Automobile Hilarión González del Castillo's Colonizing Motorway, 1927—1936［J］. Journal of Urban History，2009，35（4）：505-530.

区外围仿效田园城市布置了隔离绿化带。为了解决索里亚的带形居住区缺乏市中心的问题，卡斯蒂洛除沿主街每隔1260m设置一处社区中心，更在主街中心处设置市政中心，均采取恩翁（Raymond Unwin，1863—1940年）式的田园城市设计方法（图14-18）。卡斯蒂洛自己也将他的这些设计称为“带形田园城市”（Spanish Linear Garden City），视为英国田园城市的一种更完善的形式。

另一方面，推动田园城市运动在法国发展最有力的社会活动家、法国田园城市协会创始人列维（George Benoit-Lévy，1880—1971年）曾在各种场合宣扬带形城市规划的优点。他在第一次世界大战后依托国际联盟组建了国际带形城市协会（International Association of Linear City），从事带形城市思想的传播，以建设连通各国的带形城市来推进世界和平[①]（图14-19）。列维在1927年还曾结合田园城市和带形城市的优点制定了巴黎的总体规划方案，将同心圆结构改为相互平行的不同功能带，并加强了快速交通的作用，启示了此后苏

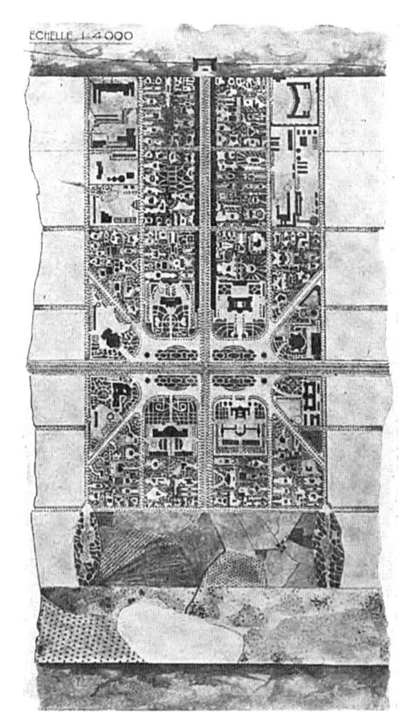

图14-18　卡斯蒂洛的1919年比利时带形城市方案市政中心平面布置

资料来源：Edith E. Wood. The Spanish Linear City［J］. Journal of the American Institute of Architects，1921.

① George R. Collins. Linear Planning throughout the World［J］. Journal of the Society of Architectural Historians，1959，18（3）：74-93.

联规划家的相关实践[①]。

可见，第一次世界大战以降，带形城市运动和田园城市运动的主要人物相互欣赏并汲取对方的优点，促进了二者相互融合。其中，前者更多地被视作一种特殊的田园城市形式，但如下文所述，它在规划家们需要突破田园城市格局时常常发挥了“替选方案”的重要作用。

14.4.2 带形城市思想在世界各国的演进与实践

马德里郊区的带形居住区建成之后，世界各国的规划家逐渐注意到索里亚的带形城市思想，并结合实际情况对之加以调整，从而发展出各种新的带形城市表现形式。

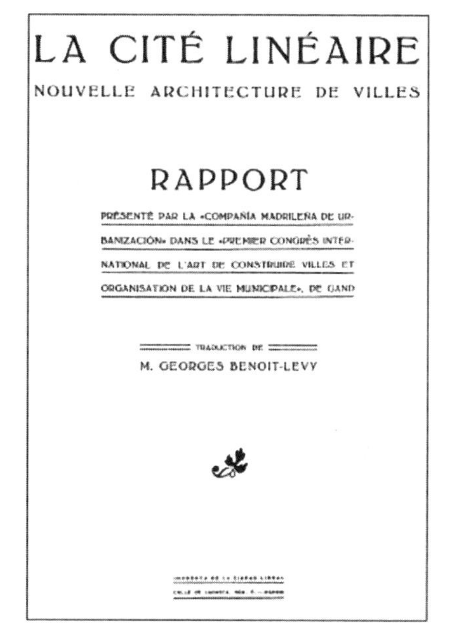

LA CITÉ LINÉAIRE

NOUVELLE ARCHITECTURE DE VILLES

RAPPORT

PRÉSENTÉ PAR LA «COMPAÑÍA MADRILEÑA DE URBANIZACIÓN» DANS LE «PREMIER CONGRÈS INTERNATIONAL DE L'ART DE CONSTRUIRE VILLES ET ORGANISATION DE LA VIE MUNICIPALE», DE GAND

TRADUCTION DE

M. GEORGES BENOIT-LEVY

图14-19 列维起草的国际带形城市协会年报首页

资料来源：Jose Ramon Alonso Pereira提供.

其中，拉丁美洲不少国家曾是西班牙殖民地，因此带形城市思想在智利、阿根廷等国传播较早且广[②]。智利规划家卡瓦杰尔（Carlos Carvaja）在1906年开始订阅索里亚主编的《带形城市》杂志，从此开始与索里亚和卡斯蒂洛等人经常通信联系。他认为索里亚主张的低造价住宅符合智利当时所急需。20世纪初的智利城市规划基本遵循的是奥斯曼巴黎改造的方式，即拓宽道路、加入放射形林荫道和沿街修筑多层建筑形成连续界面等。卡瓦杰尔担任智利首都圣地亚哥的总规划师后，试图将之与带形城市思想结合，不但主张因地制宜地采用独幢建筑，还与比利时商议铺设有轨电车网，将规划范围延展到圣地亚哥郊外的农村地带，沿街道建设带形居住区以缓解住房紧张问题[③]。卡瓦杰尔对城郊地带采用的透视图直接转自索里亚的带形居住区（图14-20），但因第一次世界大战等因素未竟实施。

带形城市思想因侧重工程技术的应用，因此受到20世纪初弥散着技术乐观主义的美国思想界的注意。布扎（Beaux-Arts）建筑师科贝特（Henry W. Corbett，1873—1954）在1910年发表了他关于未来城市的构想，将重要建筑与地面和地下交通相连，城市则沿交通线展开（图14-21）。同年美国作家钱伯列斯（Edgar Chambless，1870—1936年）也出版

① George R. Collins. Cities on the Line［J］. The Architectural Review，1959，127（761）：341-345.

② Figueroa Salas，Jonás. La ciudad Lineal del Centenario：Los cien años de la Utopía Lineal：The City's Centennial Linear：The One Hundred Years of Utopia Linear［J］. Memoria Historica，2009（6）.

③ George R. Collins. Linear Planning throughout the World［J］. Journal of the Society of Architectural Historians，1959，18（3）：74-93.

图14-20 马德里城市建设公司招股的宣传画（显示拟建设的4km主街及其两侧居住区。这份刊物对同样使用西班牙语的原殖民地如智利、阿根廷等南美国家产生过较大影响）

资料来源：Revision de la Ciudad Lineal［J］. Arquitectura，1964（72）：3-20.

图14-21 科贝特的未来城市构想

资料来源：New York Tribune，1910-01-16.

了《道路市镇》（Roadtown）一书，描绘了一条蜿蜒连续、跨越各州的主路。这条主路包括地下3层的独轨地铁和地上2层公路，保证提供大量、快速的运量，路两侧则布置住宅和各种必要的城市设施，能直接接触外围的农村和林地（图14–22）。这一构想基于美国地广人稀的现状，比索里亚的思想更加激进，几乎消解了城市和聚集的概念。受此启发，美国建筑师赖特（F.L.Wright，1867—1959年）后来提出著名的广亩城市（Broad Acre City）（图14–23），并进一步发展为生活城市（Living City）①，但其主要思想均为首先形成遍布全美国的道路网，再在其沿线布置独幢住宅和设施。

索里亚原初的带形城市思想中并未充分考虑汽车的问题，马德里市郊的带形住区也仅将主街有轨电车的一侧道路用作汽车道。但美国的汽车普及程度远超欧洲，在公路设计和交通规划方面产生了诸多创新。为了满足汽车通行效率和城市生活不受干扰，曾师从奥姆斯特德学习园林大道（parkway）的美国规划家科米（Arthur Comey，1886—1954年）提出将道路区分为通过性公路和生活性道路两种。这一道路交通设计的重要原则后来被卡斯蒂洛和其他规划家所汲取，发展出各自的规划模式，产生了深远影响，从此居住生活区被集中在道路的一侧而非再夹峙主街布置（图14–24）。

带形城市思想在美国一度被当作区别于田园城市模式的另一种居民区规划模式。如，科米主张沿交通线布置工业区，其外侧再布置居民点，并形成区域性的城镇群。他将这种适应美国国情且融合了带形城市思想的规划方法视作“对英国式田园城市规划挑战的

① Vittorio M. Lampygnani. Architecture and City Planning of the Twentieth Century［M］. New York：Reinhold Co.，1980.

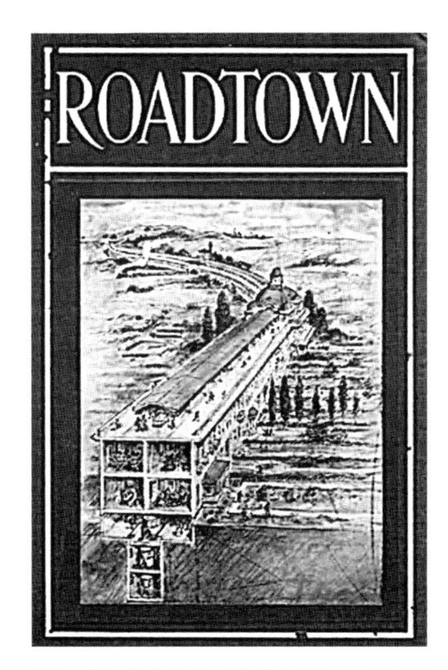

图14-22　钱伯列斯《道路市镇》一书封面（1910年，地下3层单轨电车，地上2层公路和铁路）

资料来源：E.Chambless. Roadtown［M］. New York：Roadtown Press，1910.

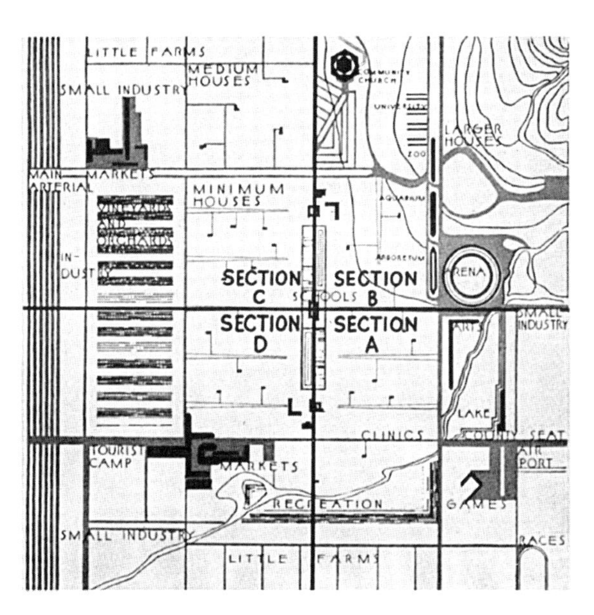

图14-23　广亩城市平面图（左侧为高速公路）

资料来源：Vittorio M. Lampygnani. Architecture and City Planning of the Twentieth Century［M］. New York：Reinhold Co.，1980.

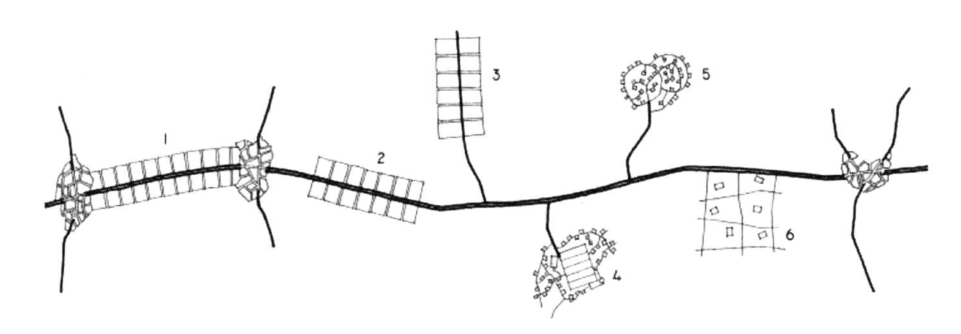

图14-24　卡斯蒂洛总结的六种带形城市公路与居住区的关系

1-索里亚的规划模式；2-卡斯蒂洛在1919年带形城市方案中的方式；3-与快速路分开垂直布置居住区；4-英国早期的公司城模式；5-郊外田园住区模式；6-早期西班牙殖民地的方格网模式

资料来源：José M. Coronado. Linear Planning and the Automobile Hilarión González del Castillo's Colonizing Motorway, 1927—1936［J］, Journal of Urban History, 2009, 35（4）：505-530.

回应"[①]。另一位美国建筑师也提出与田园城市蜿蜒路网的空间结构迥乎不同的方案：住宅面向公园基本成线性布置，住宅背后的道路与高速公路相连，路面之下布置各种管线

① Arthur C. Comey. Regional Planning Theory：A Reply to the British Challenge［J］. Landscape Architecture Magazine，1923，13（2）：81-96.

（图14-25）。这一方案曾获美国建筑师学会大奖，影响到美国郊外住宅的规划和建设，但不久又为雷德朋（Radburn）模式所取代。

除马德里郊外带形住区以外，苏联规划家还积极引入带形城市思想并加以实施。苏联成立初期人们曾一度倾向以田园城市思想为代表的城市疏散和市郊住区建设。但由于经济条件落后且需聚集人口发展工业，苏联的城市政策在1920年代中期转向“城市集团”（conurbation）①，一批苏联规划家开始在带形城市和工业城市（详见下文）思想的基础上探讨苏联工业城市的规划模式。其中，既有激进的方案，如在彻底瓦解城市、消弭“三大差别”（城乡差别、工农差别、体力与脑力劳动差别）的基础上，所有房屋和厂房都被设计成可拆卸移动，沿公路和铁路网布置且可无限延展。这与索里亚的最初思想颇为一致，但被赋予了较强的意识形态色彩。

1930年，建筑家金茨堡（Moisei Ginzburg）制定的“绿色城市”规划方案是对上述思想的改进，他融入了美国式交通规划的原则，使居民点脱离高速公路发展，周边则为便于接近的森林绿化带（图14-26）。这一方案是针对莫斯科外围的新居民点而设计的，体现

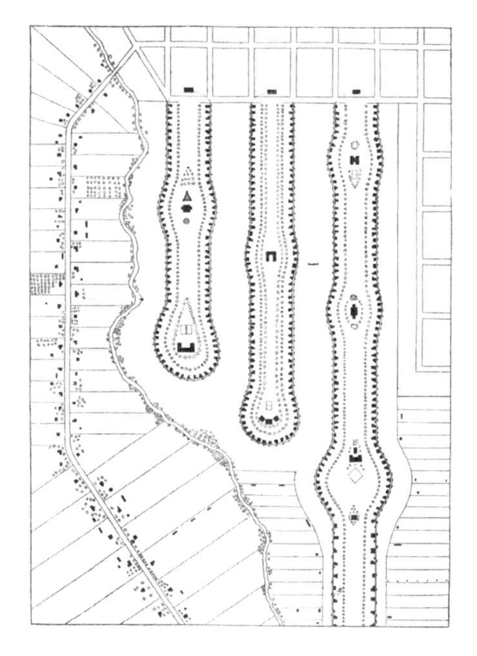

图14-25 美国建筑师Milo Hastings的带形住区总平面布置（1919年）

资料来源：Milo Hastings. A Solution of the Housing Problem in the United States [J]. The Journal of the American Institute of Architects，1919：259-266.

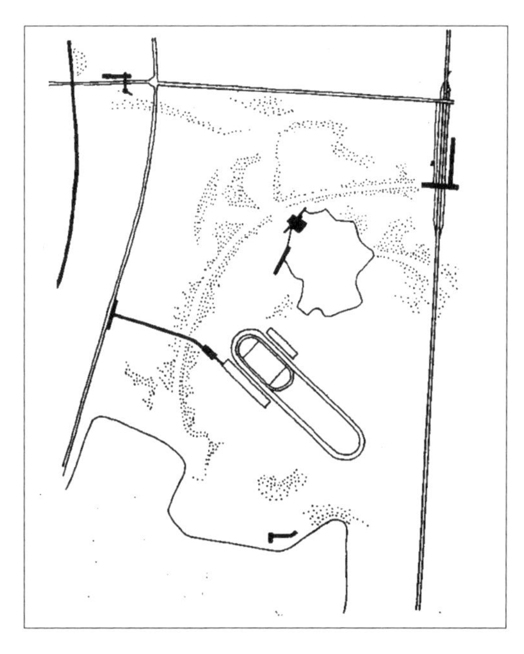

图14-26 金茨堡“绿色城市”工业区居民点总平面（1930年，以辅路与快速交通相连）

资料来源：Andrei Ikonnikov. Russian Architecture of the Soviet Period [M]. Moscow：Raduga Publishers，1988：109.

①“城乡规划”教材选编小组．城乡规划（上册）[M]．北京：中国工业出版社，1961：23．

出带形城市在区域规划中的作用。

同年，米列廷（Nikolai Miliutin）和拉多夫斯基（Nikolai Ladovsky）分别制定了新工业城市和基于旧城市发展的规划模式，均显著体现了带形城市思想。米列廷为斯大林格勒所做的城市发展模型，根据功能分区的原则，将城市的不同功能分别集中在相互平行的5条带状区域内，从最外围起依次是铁道、工业带、绿化隔离带（与公路结合）、居住带（其中设学校等公共设施）、滨河公园带（图14–27）。米列廷的方案得到苏联政府的高度认可，米列廷本人曾在政府担任重要职务，指导新工业城市的建设[①]。同时，米列廷与欧洲规划家往来颇多，这一方案也广受西方规划界的注意，成为带形城市实践最广为人知的案例之一[②]。

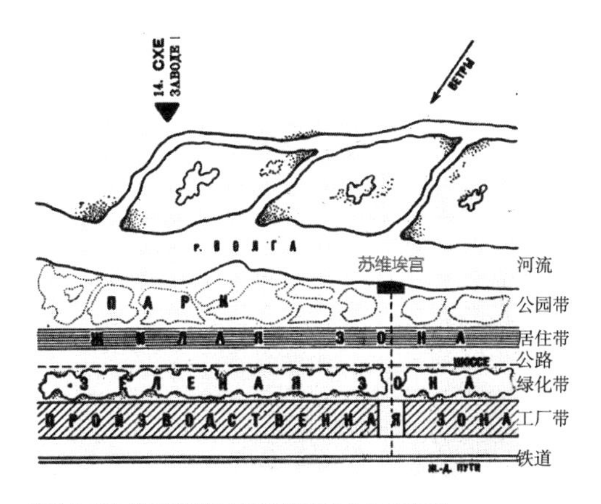

图14–27 米列廷的工业城市模型（1930年）
资料来源：Selim Khan-Magomedov. Pioneers of Soviet Architecture［M］. London：Thames and Hudson，1987：325.

与此不同，建筑师拉多夫斯基基于对同心圆城市和带形城市结构的深入分析，提出完整保留旧城，并以带形为主轴从旧城延伸出来，呈抛物线状单向无限延展（图14–28）。这一图示同样立足于工业生产，并包括了功能分区和绿化隔离带等索里亚思想中未曾涉及的内容。拉多夫斯基后来把这一规划应用到1930年代的莫斯科规划方案中，也启发了希腊著名规划家道萨迪亚斯（Constantino Doxiades，1913—1975年）在1960年代提出"动托邦"（Dynapolis）思想（图14–29），并在中东和东南亚有广泛应用[③]。

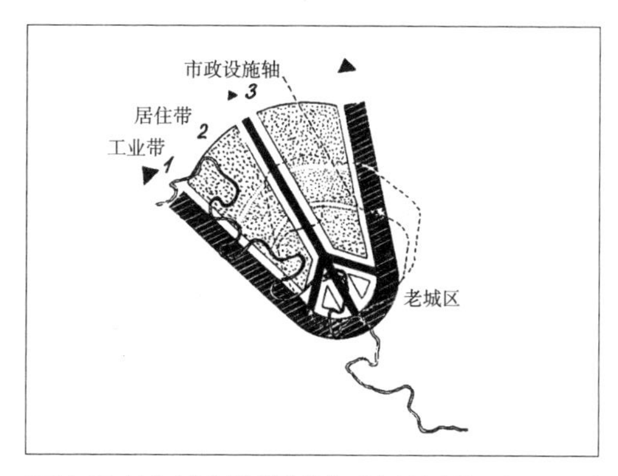

图14–28 拉多夫斯基的抛物线带形轴向城市模型（1930年）
资料来源：Andrei Ikonnikov. Russian Architecture of the Soviet Period［M］. Moscow：Raduga Publishers，1988：112.

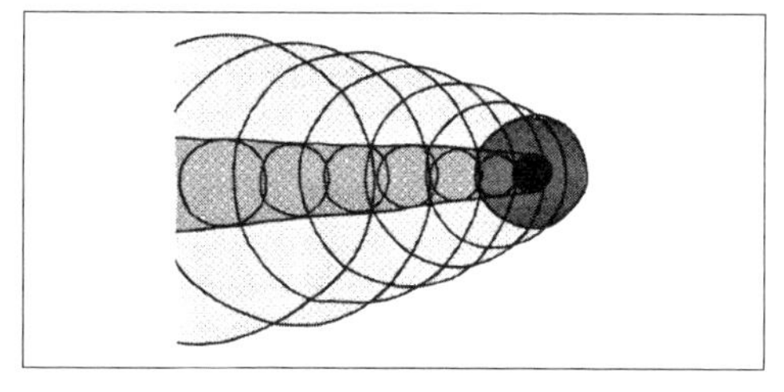

图14–29 道萨迪亚斯的动托邦图示（1967年）
资料来源：C. A. Doxiadis. On Linear Cities［J］. The Town Planning Review，1967，38（1）：35-42.

① Andrei Ikonnikov. Russian Architecture of the Soviet Period［M］. Moscow：Raduga Publishers，1988：111-112.
② Thomas Adams. The Design of Residential Areas［M］. Cambridge：Harvard University Press，1934：143-146.
③ C. A. Doxiadis. On Linear Cities［J］. The Town Planning Review，1967，38（1）：35-42.

14.5 带形城市思想的影响

带形城市思想自1882提出以后，除自身如上文所述不断演进和丰富其内涵以外，对西方现代城市规划学科的发展也产生了深远影响，受之启发形成了其他的重要规划思想和设计手法。

14.5.1 从工业城市到光辉城市：带形城市思想对现代主义城市规划的影响

索里亚开始马德里带形住区的建设后不久，法国建筑师戛纳在1899—1903年间也绘制了基于轨道交通和工业生产的著名方案，即“工业城市”。这一方案以铁路为主轴，但仅将居住区沿铁道线布置，除市政中心和学校与居住区相连外，工业区、码头、医院等皆独占城市的一部分，相互之间以绿化隔离带分开，颇类似田园城市的设计手法。居住区的布置与带形城市思想相近，但整条铁路只有一个主要站点，此外市中心的设置也为索里亚的早期方案所缺乏。工业城市方案的各功能区大致平行于铁道，启发了后来的米列廷等人。此外，戛纳创造性地使用混凝土设计了规划中的所有重要建筑，提倡以工业化生产、施工降低造价，这一思想也被现代主义建筑师和规划师所推崇。

其中，受戛纳规划和建筑观点影响甚大的是现代主义建筑大师柯布西耶。柯布西耶很早就反对田园城市追慕小资风情、无视工业化大生产的力倡。1922年，他以工业城市为样板，遵循城市功能分区原则，将交通、工厂、办公和居住严格区分开，并结合当时高层建筑设计的新技术，以巴黎为目标制定了“三百万人城市”方案（柯布西耶也称之为“当代城市”——Ville Contemporaine）。在这一方案中，他仿效戛涅的先例也设置了一座汽车和飞机联合车站，但完善了公路系统。城市的中心是集办公与高级住宅为一体的60层高的摩天楼群，工业和文化设施被布置在城市边缘[①]。主要建筑底层均架空使绿化弥散到城市各处（图14–30）。带形公路网是这一方案的重要特征，但高层住宅（郊外布置低矮的独幢住宅）的布置显非索里亚或霍华德所能接受。

包豪斯学校规划系的首任主任希尔勃赛玛（Ludwig Hilberseimer，1885—1967年）对柯布西耶的上述方案提出过批评，认为其路网过稀无法满足城市交通需求，且高层建筑的流线设计有缺陷，“实际上将水平的城市拥堵转移至垂直方向”[②]。希尔勃赛玛于1924年提出的“摩天楼城市”（Skyscraper City）使高层与多层建筑相结合，同样采用严整正交的路网体系，但更注意其合理性[③]。不难发现，无论柯布西耶还是希尔勃赛玛的方案，都侧重技

① William Curtis. Le Corbusier Ideas and Forms [M]. New York: Phaidon Press Inc., 2001: 63-65.

② Richard Anderson. Ludwig Hilberseimer: Metropolis Architecture and Selected Essays [M]. New York: Columbia University Press, 2012: 73-76.

③ Vittorio M. Lampygnani. Architecture and City Planning of the Twentieth Century [M]. New York: Reinhold Co., 1980: 128-129.

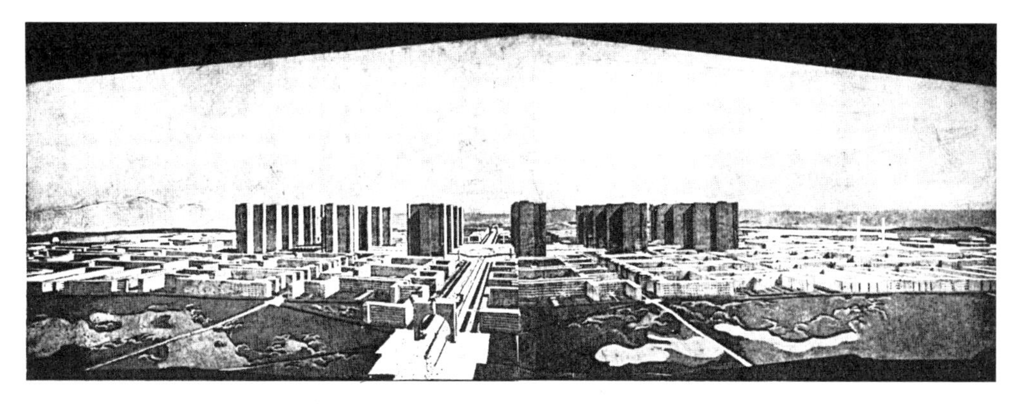

图14-30 柯布西耶的“当代城市”（即三百万城市方案）（1922年，远处山脚下规划为柯布西耶在工人阶级居住区内布置的田园城市式（Garden City style）住宅）

资料来源：Le Corbusier，F. Etchells. The City of To-Morrow［M］. Dover：Dover Publications，Inc.，1987.

术理性和交通效率而较为忽视人的情感和体验，此为现代主义规划的不足之处。

柯布西耶曾参与苏联的工业城市规划和建设，与米列廷等人有直接接触。受苏联式带形城市的影响，柯布西耶也提出过“带形工业城市”的方案，其主要思想如功能分区等后体现在他主持撰写的《雅典宪章》（1943年）上，其空间形态则表现为他在1930年代提出的“光辉城市”（Ville Radieuse）方案。“光辉城市”遵循有机体的形象，将象征“头脑”的商务办公区从市中心外移成为统率其他部分的区域，但其市内交通和功能分区则延续了“当代城市”的方式，同时加强了重工业部分的地位（“城市之腹”）[①]。这一模式后来在昌迪加尔（1947年）和巴西利亚（1956年）皆有显著体现，不难发现其中带形元素的主导性（图14-31）。

图14-31 昌迪加尔文教区的笔直道路（2018年）

14.5.2 带形城市思想对道路交通与绿地规划的影响

带形城市思想的发展与20世纪以后西方交通技术的进步与交通规划的成熟密不可分。

① Smaranda Spanu. Heterotopia and Heritage Preservation：The Heterotopic Tool as a Means of Heritage Assessment［M］. Cham：Springer，2020：98-100.

道路或铁路交通规划是城市发展的方向，如何对之加以引导、规划从而实现城市人口和产业的疏散，是带形城市思想的主要内容和特征。19世纪末法国建筑师尤金·希那德（Eugène Hénard，1849—1923年）就曾设想以轨道交通重新组织现代城市，美国人钱伯列斯等也作了相应的畅想。从1880—1910年代带形城市所依附的地面交通主要是有轨电车或铁路，在此条件下的城市形态与后来公路兴起、汽车交通占据主导完全不同。

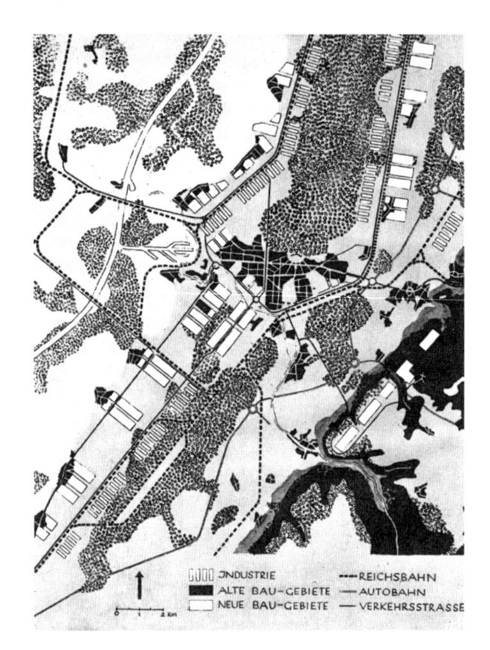

图14-32 基于道路交通的某小镇周边区域规划（Otto Ernst Schweizer设计，1950年）

资料来源：Borderline Culture［M］//B. Grosjean，ed. Recherche & Projet：Productions spécifiques et Apports Croisés. Lille：Ensapl，2017：59-70.

1920年代以后随着汽车的大量普及，在道路规划上已将交通性道路与生活性道路区分开来，随道路展开而布置居民点，通常以辅路与快速道路相连接，且为了避免产生过多干扰（ribbon development），在规划上越来越限制辅路与快速路的交叉点数量（图14-32）。这也使得带形城市脱离开索里亚那种沿主街两侧发展的模式，经常成为独立的郊外居民点加以设计，促使了与田园城市运动的结合。

道路规划和交通组织与20世纪初出现的楔形绿地规划思想密切相关。楔形绿地最初是作为打破欧洲城市传统的同心圆圈层结构而出现的，能从城市外围引入新鲜空气，同时利于将市内散布的绿地组成系统①。1910年代以降，楔形绿地与田园城市设计相互融合的同时，也迅速与带形城市的交通布局结合在一起，不少方案的交通线路都被设置在楔形绿地中，既保证了交通效率，也指示出城市发展的方向。

这种将地面交通与楔形绿地相结合的方式有多种表现形式，既有如拉多夫斯基那样的单轴抛物线结构（见图11-5），也有多方向发散的手指状或树叶状结构。例如，1925年德国规划师制定的汉堡市规划图，其楔形的“枝蔓”从旧市区延伸至远郊。这一格局在汉堡市的绿地系统规划中沿用至今。丹麦首都哥本哈根制定于1947年的规划方案形如戟张的手掌（finger plan），以老城区为基础，将新建的卫星市镇布置在5个不同方向，而作为建设区间隔的楔形绿地则承载了游憩和农业生产等功能，并界定了新建市镇的空间形态②（图14-33）。这些城市实际上是楔形绿地与带形城市思想结合的产物，也可以说是根据带形

---

① 刘亦师．楔形绿地规划思想及其全球传播与早期实践［J］．城市规划学刊，2020（3）．

② F. de Oliveira．Green Wedge Urbanism：History，Theory and Contemporary Practice［M］．London：Bloomsbury，2017：108-110．

城市重视交通的原则发展而出的另一种城市发展模式。这种布局形式使带形元素有机融合到田园城市之中，打破了田园城市既有的同心圆空间布局，促成了二者的融合。

14.5.3 带形城市思想对区域规划的影响

索里亚的带形城市思想以地面交通连接既有城镇，预期渐次建成新城镇体系，实现城乡一体、开发农村的宏图，其本身就蕴含着区域规划的内容。上文所述的规划家及他们发展出的各种带形城市方案也均体现了区域规划思想。

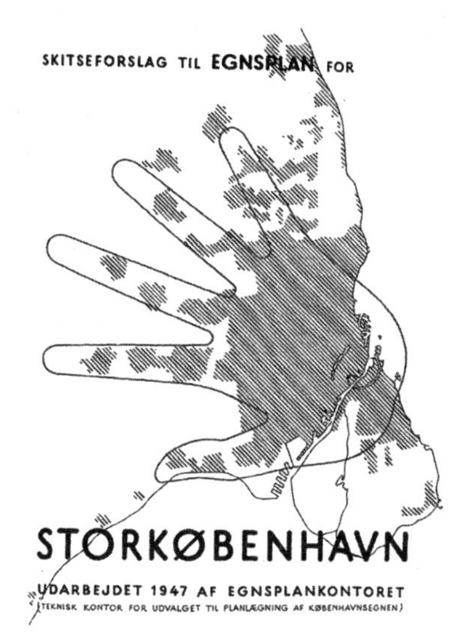

图14-33 丹麦首都哥本哈根的指形规划方案（1947年）
资料来源：F. de Oliveira. Green Wedge Urbanism：History, Theory and Contemporary Practice［M］. London：Bloomsbury, 2017：109.

例如，科米的区域规划方案实际上是带形城市思想的一种应用，但科米没有使用正交路网而采用六边形空间结构，在路网节点处形成不同级别的市镇，与后来研究市镇体系的重要工具——中心地理论不谋而合[①]。受此影响，赖特在1930年代提出的广亩城市实际上也是以路网覆盖美国国土范围的区域规划方案，但进一步消解了中心城市的概念（图14-34）。苏联的带形城市规划师们也依据公路网试图重新组织城镇体系，符合新兴带形工业城市的发展（见图14-27）。

激进的现代主义规划师希尔勃赛玛在1930年代受密斯·凡·德·罗的邀请到伊利诺伊工学院任教，继续沿用早期规整、标准化设计的住宅形式，但更多地考虑了城市的区域属性，为一批美国工业城市制定了区域规划（图14-35）。

柯布西耶在出版《雅典宪章》的同年还发表了旨在遍布欧洲大陆的带形工业城市方案，仿照米列廷的方案将既有城市以河道、铁路、公路和航线四种交通方式（图14-36中以4种颜色展开的线条）连接起来，而以公路为主要方式直接连接两处城市，并以绿化隔离带包裹之。沿公路设置若干处工业城镇，形成相互关联、秩序井然的而区域城镇体系。可见，柯布西耶的这种带形城市方案已与索里亚最初的构想完全不同，其主街两边的绿化隔离带取代了之前沿街布置的住宅等，但其包含的区域规划思想是一以贯之的。

① 刘亦师．现代西方六边形规划理论的形成、实践与影响［J］．国际城市规划，2016，31（3）：78-90．

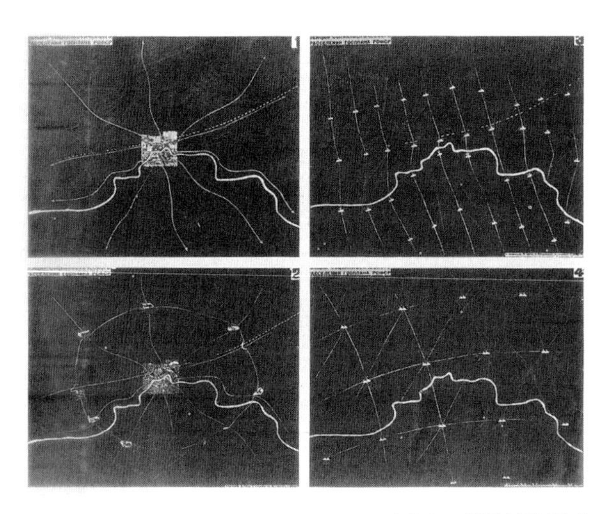

图14-34 1920年代末以地面交通为基础的四种苏联工业城镇规划模式
1—城市集中；2—卫星城镇；3—城市消解；4—城市分散
资料来源：Selim Khan-Magomedov. Pioneers of Soviet Architecture [M]. London：Thames and Hudson，1987：318.

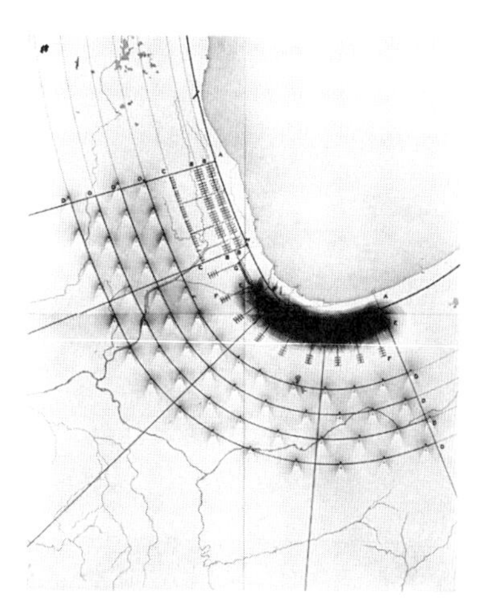

图14-35 芝加哥及其周边地区规划方案（1940年）
资料来源：Ryerson and Burnham Archives，Series 10/2，BoxFF 2.73.

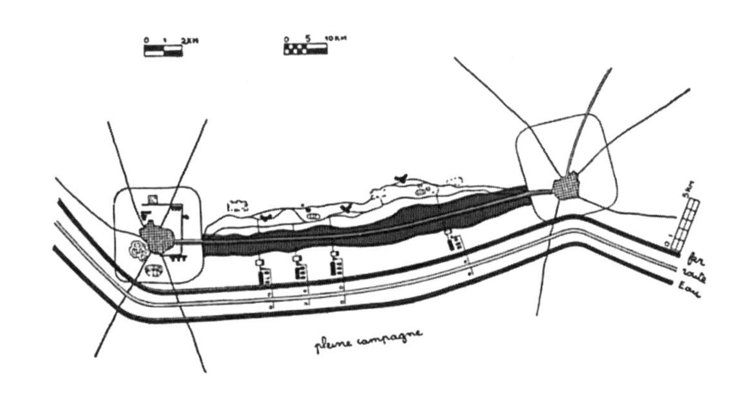

图14-36 柯布西耶与现代主义研究小组（ASCORAL）合作的带形工业城市方案（1943年）
资料来源：Willy Boesiger，ed. Le Corbusier—Euvre complète Volume 7：1957—1965 [M]. Paris：Éditions d'Architecture，2013.

14.6 带形城市思想的发展、实践及其与田园城市的融合

14.6.1 公路规划与带形城市的结合

著名规划史家柯林斯（George Collins）曾指出“索里亚是最先注意到地面交通在组织人们生活和生产上能发挥关键作用的规划家，并据此突破了传统城市围绕内核发展的模式而扩张到区域的范围。”①索里亚对交通技术及其在城市规划中关键作用的重视，启发了欧

① George R. Collins. The Ciudad Lineal of Madrid [J]. Journal of the Society of Architectural Historians，1959，18（2）：38-53.

洲各国的同行们，从此交通组织成为城市空间布局和区域规划的重要议题。例如，法国建筑师希那德在“未来城市”方案（1910年）中以地下、地表和高架交通线重新组织巴黎的空间布局，且城市将沿交通线疏散、发展，以及前文提及的美国作家钱伯列斯描绘的“道路市镇”，等等。受时代所限，索里亚所提出的带形城市思想对正在兴起的公路和汽车关注不足，同时仅布置一条主路，难以满足日益增加的交通需求。但就住宅区与主街的关系而言，索里亚的方案与道路市镇并无不同，皆为沿主街两侧布置住宅。

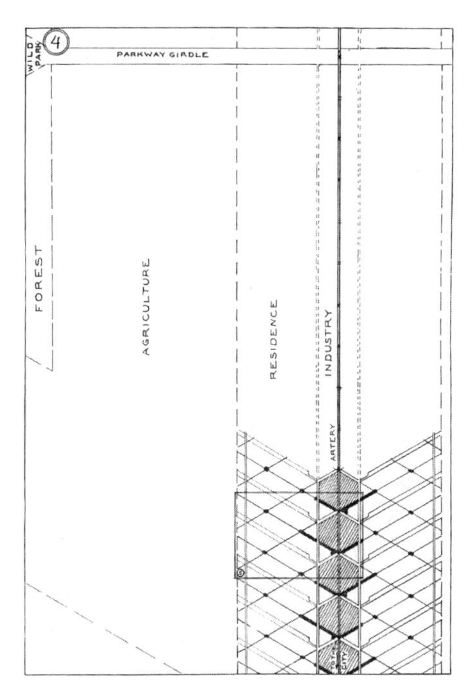

图14-37 科米“带形城市”方案中的道路交通与相应等级的城镇空间关系（1923年）

资料来源：Arthur C. Comey. Regional Planning Theory：A Reply to the British Challenge［J］. Landscape Architecture Magazine，1923，13（2）：81-96.

随着汽车车速的不断提高，美国从事道路设计的工程师提出将交通类型区分为快速通过性和较低速的生活性两种，住宅区应沿后者布置，减少对快速公路的干扰。科米提出一个区域性的带形城市方案，将快速路两侧布置工业区，而住宅区在外侧，远离快速交通（图14-37）。1930年代赖特提出的“广亩城市”及“生活城市”均可视作是在这种交通规划思想的基础上发展而来的。它们都是带形城市的一种独特的表达形式，这种基于公路的规划不但已经突破了索里亚关于以轨道交通为主的构想，而且不再沿主街两侧布置住宅和城市设施。

14.6.2　从郊外居住区到工业新城：苏联带形城市理论与实践的发展

索里亚的带形城市思想原本是将工厂和农业布置在500m宽的城区之外。但由于只有一小部分得以实施，实际上索里亚在马德里市郊建成的5.5km带形城市是单纯的居住区，没有包括工业。

在人口疏散与产业转移方面，苏联规划家对带形城市思想的发展贡献最丰。苏联规划界曾一度热衷于田园城市的发展模式，但迅即意识到脱离既有城市另起炉灶的方式过于浪费，转而采取依托城市进行发展。苏联“一五”计划（1928—1932年）中需要新建众多工业、矿产城市，规划师们根据带形城市规划理论发展出不同的城市建设和发展模式。其中即有米列廷著名的沿河和铁路单侧逐层布置生产和生活的带状城市模型及实践。

此外，列奥尼多夫（Ivan Leonidov）等人提出的一系列新工业城市的规划方案也沿道路的一边布置居住和生产，探索在不同交通线路间布置城市的方式，反映了带形城市规划的基本要点[1]。在一处自苏联“一五计划”期间设计的新城规划中（图14–38），列奥尼多夫在快速公路的一侧依次布置工业区和居住区，其外围则是绿化带，与上文所说的交通规划原则一致。

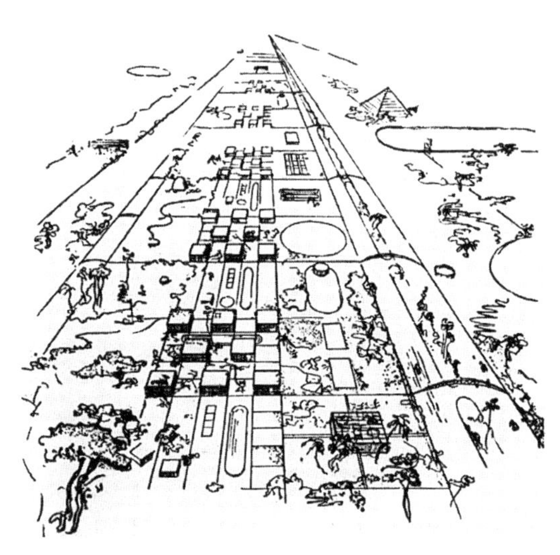

图14–38 列奥尼多夫所做的新城镇规划竞赛方案（1930年）
资料来源：Selim Khan-Magomedov. Pioneers of Soviet Architecture［M］. London：Thames and Hudson，1987：323.

14.6.3 带形规划与楔形绿地思想理论的结合

本书第18章将展开论述作为田园城市思想组成部分的楔形绿地理论在20世纪初的产生与发展。简略而言，1910年代德国和英国规划家汲取奥姆斯特德的公园大道的优点，将城市的对外交通布置在楔形绿地中，使楔形绿地成为融合绿化和道路的城市发展轴线。英国规划师兰彻斯特较早提出楔形绿地的概念，田园城市运动的主将恩翁和阿伯克隆比等也支持打破同心圆城市结构、与交通线结合的城市发展模式[2]。楔形绿地后来成为他们历次伦敦规划的重要特征，在典型的田园城市设计中融入了带形城市的若干元素。实际上，霍华德的田园城市思想中绿化带兼有两层作用：一是环绕在城市周边来限制城市的过度扩张；二是用作农业生产，实现田园城市的自给自足。而楔形绿地由于与交通线路结合，引导了城市的发展方向，将交通、娱乐、休憩和生产等多种功能蕴含于绿地之中，同时楔形绿地从区域规划角度能有效形成完整的绿地系统，成为带形城市与田园城市的重要交点。

14.6.4 带形城市与田园城市设计手法的融合

索里亚最初的思想还存在另外的不足，主要是由于住宅和市政、生活设施沿交通线布置而难以形成集中的城市景观，缺少城市的社区氛围。这些问题在后来世界各地的带形城市思想和实践中都被逐一解决，丰富了带形城市的内涵。

除索里亚外，宣传带形城市思想最得力者是另一位西班牙规划师卡斯蒂洛（Don Hilarión González del Castillo，1869—1941年），他发表了大量相关文章比较带形城市与田园城市的优劣，并积极参与国际上日益频繁的规划会议和展览，不断改进带形城市设计。1919年，卡斯蒂洛针对比利时战后重建提出连接现有城市的带形城市方案。这一方案

① Selim Khan-Magomedov. Pioneers of Soviet Architecture［M］. London：Thames and Hudson，1987：322-324.

② 刘亦师. 楔形绿地规划思想及其全球传播与早期实践［J］. 城市规划学刊，2020（3）.

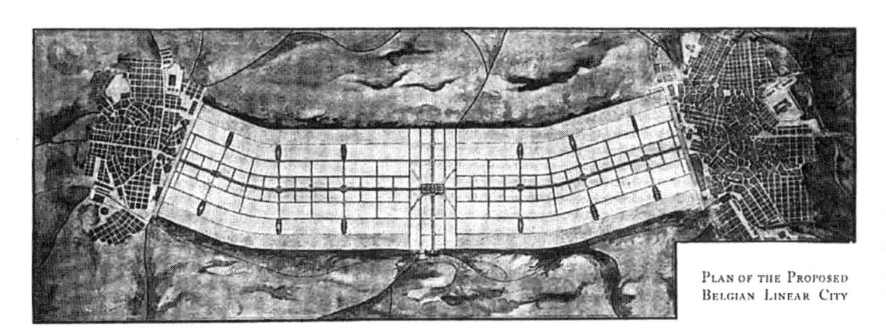

图14-39　卡斯蒂洛的比利时带形城市规划方案（1919年）

资料来源：George R. Collins. Linear Planning throughout the World [J]. Journal of the Society of Architectural Historians，1959，18（3）：74-93.

不但增加了两条平行于主街的公路，使路网结构更合理，还在周边布置了农业和绿化带，以外再布置必要的工厂。

同时，为了增强城市氛围，将原先沿主街散布的公共建筑集中布置，连同公园和其他设施形成中心区域。这一设计方案不但针对索里亚早期实践的不足一一进行了相应改进，同时在中央的市政中心和沿主街布置的公园带平面设计上，还参考了田园城市的手法，出现了后者标志性的蜿蜒曲线道路。这与索里亚执着于直线和正交体系以最大程度降低投资和造价完全不同，体现出二者的相互融合（图14-39、图14-40）。卡斯蒂洛自己也将他的方案称为"带形田园城市"（Linear Garden City），标志着两种规划思想开始相互融合。

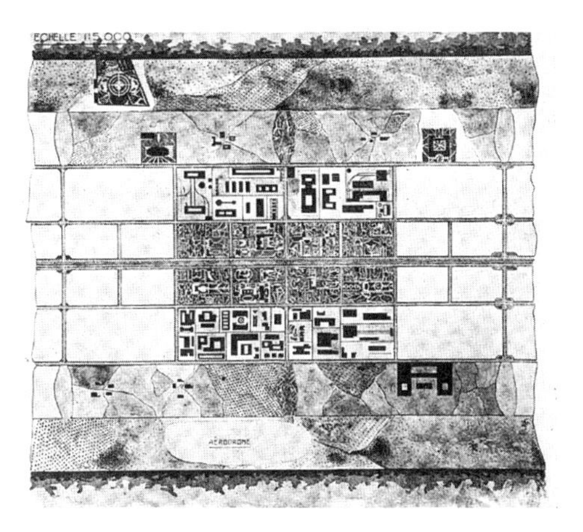

图14-40　卡斯蒂洛的比利时带形城市方案局部放大（可见绿带空间设计融合了大量曲线形，房屋地块的划分仍为直线形）

资料来源：Edith E. Wood. The Spanish Linear City [J]. Journal of the American Institute of Architects，1921.

如上所述，带形城市成为田园城市运动对自身调整和完善的一种方法。例如，除卡斯蒂洛积极与田园城市融合外，法国推动田园城市运动最早、最积极的支持者列维（George Benoit-Lévy，1880—1971年）则对带形城市大加赞赏，将他关于巴黎的规划改为平行带状布局[①]。同时，各国的规划家在探索如何跳出田园城市的局限和窠臼时，带形城市就发挥了"替代方案"的作用。前文提到的科米所做的区域规划，就是他融合了美国的国情、"应对英国田园城市规划挑战"而作的带形城方案[②]。除此之外，随着1920年代现代主义运动的迅速崛起也加速了二者的融合。

① George R. Collins. Cities on the Line [J]. The Architectural Review，1959，127（761）：341-345.

② Arthur C. Comey. Regional Planning Theory：A Reply to the British Challenge [J]. Landscape Architecture Magazine，1923，13（2）：81-96.

14.7 结语：现代城市规划思想的方向之争与融并交汇

本章讨论的是国内学界此前一直未将之视为规划史核心议题的带形城市思想，除摹画出其发展演变和全球传播的图景外，还着重梳理这一思想的演进递嬗与西方现代城市规划学科早期发展的重要关联。在追溯带形城市思想的提出者索里亚的生平时，将之对比于田园城市思想的提出者霍华德，可以发现不少发人深省之处，也得以厘清他们各自思想的异同与关联。可以看到，带形城市思想、田园城市思想、楔形绿地思想、区域规划思想以及交通规划和功能分区等规划方法，前后相继出现在20世纪初，它们之间相互关联、互为影响、彼此渗透，形成了如托马斯·亚当斯（Thomas Adams）所说的西方规划学科生机勃发的“试验时期”[①]。以此为例，说明了用联系而非孤立的观点，在全球图景中考察这些我们多少习以为常、习焉不察的早期规划思想及规划事件，清理其源流影响，无疑能较为全面和系统地认识西方规划学科及其发展脉络，也有助于深化对我国近代以来规划实践的研究。

索里亚和霍华德属同时代人，都身处工业革命深刻影响下的欧洲城市环境而大胆设想出新的城市形态和生活方式，并且都勇敢地躬亲实践。比较他们的人生经历、思想观点和规划实践，不难发现二人的默契多于差别。这说明他们当时面对的很多城市问题是共同的，如拥挤、污秽、缺少绿地、公共卫生条件恶劣等，同时他们都具有理想主义精神和强烈的社会改革意识。虽然之后的规划实践多少背离了创始者的初衷，但田园城市运动和带形城市运动“都反映了人类历史上对美好梦想的追求”[②]。

他们各自提出的解决方案迥然不同，这既有他们教育背景和个人兴趣的原因，也是他们所持立场的差异：索里亚是技术主义论者，而霍华德是更切近认识人性的文化主导论者。两种思想在空间布局、城市发展方式及住宅问题的解决方案等方面，不少观点是对立的，但它们各自启发了一大批后起的规划师甚至深刻影响到城市规划学科的发展方向。上文简述的1920年代以降的数次伦敦规划和米列廷等人的带形城市方案，就是这两种思想的典型应用和发展。此外，我们还应该注意到，无论田园城市还是带形城市在之后的实践活动中都添加进了很多新内容，大大丰富了其思想体系，也更具生命力。

但是，从1910年代以后，由于楔形绿地规划理论的发展，田园城市规划开始融入交通线路并与楔形绿地结合布置区域绿化系统，突破了欧洲传统的同心圆城市结构；而卡斯蒂洛也主动将田园城市的设计元素，如绿化带、道路的蜿蜒布局等融入带形城市方案，使之更有城市气息。1920年代以降现代主义运动的兴起加速了这两种思想的融合，将它们缩

① Editorial Note: Town Planning Jubilees, 1909—1984[J]. The Town Planning Review, 1984, 55(4): 399-402.

② George R. Collins. Linear Planning throughout the World [J]. Journal of the Society of Architectural Historians, 1959, 18 (3): 74-93.

退为功能主义城市规划可供选取的若干设计手法，也使得人们对这两种思想的印象更加刻板：田园城市多用于市郊住宅区规划，而带形城市只适合特定地理、地貌条件的城市，等等。

不难发现，如果对田园城市思想、带形城市思想和功能主义城市思想逐一单独阐述，不开展视野开阔的比较研究，势必难以探察相互的源流与联系。不论上述哪种思想，剥离开其支持人物和具体实践的规划史大脉络行孤立的讨论，无疑只能见树叶而不见森林。研究者如具有较宏阔的国际比较视野，从规划思想史的研究取径入手，考察这些思想的提出背景、发展丰富的过程、主要人物及其具体活动等，无疑能为我们重新审视规划历史提供新的研究思路和书写方式。

第15章
田园城市VS功能城市：现代主义规划思想之兴起及其早期发展与实践

15.1 引论：从田园城市到功能城市——两种规划思想之颉颃与交织

田园城市思想是英国人霍华德（Ebenezer Howard）在19世纪末提出的关于新城规划、建设和管理的学说，通过有序地向农村地带田园城市疏解当时拥挤不堪的大城市的人口和工业，从而达到重构城市空间和城乡关系的目的。与当时鼓吹逃避城市、返回乡村的某些思潮不同，田园城市思想并非单纯地摒弃城市和工业化进程①，而是主张"寓乡于市，寓工于农"，形成新的城市形态及生活、生产模式。但不可否认的是，霍华德对工业化大生产及其导致的城市生活方式并无好感，而田园城市思想的本质就是反对城市规模的进一步扩张，试图消解现有大城市，在更大区域内形成新的城镇体系结构②。

田园城市思想提出后，在20世纪头十年间，经一批建筑师和规划师不断努力，总结出一套设计原则和方法，极大地推动了田园城市运动的全球传播。一般认为，田园城市设计思想来源于德语国家关于城市设计理论和美国当时正在进行的城市美化运动③，其最重要的特征是强调道路的形态及其与临街建筑的空间关系，力图构成蜿蜒曲折、进退参差的街道景观；其单体建筑的设计则多采用工艺美术运动风格，以变化多端的坡屋顶展示田园意趣，力求避免工业化大生产造成的单调感。虽然霍华德似乎并不反对在"新城"中沿用英国传统城市的住宅方式——联排住宅和城市大院式住宅④，但在实践中，独幢住宅成为田园城市设计的标志。恩翁（Raymond Unwin）将上述实践经验总结起来，在1909年出版为《城市规划实践》一书（图12-8）⑤，可视作田园城市设计理论的集大成者（图15-1）。

---

① Stanley Buder. Visionaries and Planners: The Garden City Movement and the Modern Community [M]. Oxford: Oxford University Press, 1990.

② Peter Hall. Cities of Tomorrow [M]. New York: Wiley-Blackwell, 2002.

③ Anthony Sutcliffe. Towards the Planned City [M]. Oxford: Basil Blackwell Publisher, 1981; 刘亦师. 卫生观念、审美取向与城乡传统：英国田园城市设计手法之源从及其演进 [J]. 世界建筑, 2021 (9): 54-59.

④ Stephen Ward, ed. The Garden City: Past, Present and Future [M]. London: E & Fn Spon, 1992.

⑤ Raymond Unwin. Town Planning in Practice: An Introduction to the Art of Designing Cities and Suburbs [M]. London: Adelphi Terrace, 1909.

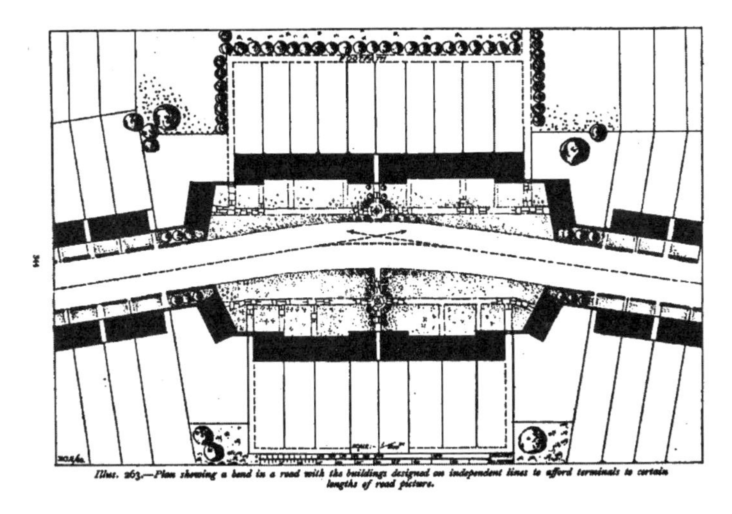

图15-1 恩翁书中关于田园城市设计中沿街建筑与街道的典型关系，体现了“围合”“退让”“变化”等关键词

资料来源：Raymond Unwin. Town Planning in Practice：An Introduction to the Art of Designing Cities and Suburbs［M］. London：Adelphi Terrace，1909：344.

第一次世界大战后，在欧洲各国面临战后城市重建和大量住宅短缺的形势下，以包豪斯学派和柯布西耶为代表的现代主义运动在西欧崛起，并在1928年成立了著名的“国际现代建筑学会”组织[1]（Congrès International d’Architecture Moderne，即CIAM），其关注点从住宅设计和居住区规划逐步扩大到城市尺度。1933年CIAM第4次会议上柯布西耶等人正式提出“功能城市”（Functional City）的概念，后经丰富和完善在20世纪后半叶主导了世界各国的城市规划和建设，影响至为深远，也是现代城市规划思想史上浓墨重彩的篇章。

与此前的各种规划思想不同，现代主义规划思想反对从“美观”角度预设街道系统及相应的街道景观（图15-2），而更为重视城市的“经济”“效率”及规划方案的“实用性”，主张在规划中采用“科学”方法，在对调查和数据进行分析的基础上确定城市不同功能部分间的相互关系（如工厂、住宅、绿地、道路系统等），使规划切实服务于大众并推进社会改革。同时，现代主义规划家积极鼓吹在城市规划和建设中须充分利用先进技术，促进工业化生产、标准化设计和机械化施工，旗帜鲜明地提出面向大众服务、以新建筑为媒介推进社会改革的政治立场[2]。

倡导理性、科学、技术进步和实用主义的这种基本立场使现代主义城市规划被史家定义为“理性主义规划”或“功能主义规划”，它们既是现代主义城市规划的理论基础，也是其特征所在。在很多方面——对待工业化的态度、规划原则、设计手法甚至政治立场等，现代主义规划与以追求田园情趣和个性化表达为特点的田园城市规划均截然不同。

但是，这两种规划思想也存在千丝万缕的关联。正是在目睹了田园城市运动发展过

① CIAM按字面翻译应为“国际现代建筑会议”，本文采用梁思成等的译称。清华大学营建学系编译组．城市计划大纲［M］．上海：龙门联合书局，1951：2．

② Howard Dearstyne．The Bauhaus Revisited［J］．Journal of Architectural Education（1947—1974），1962，17（1）：13-16．

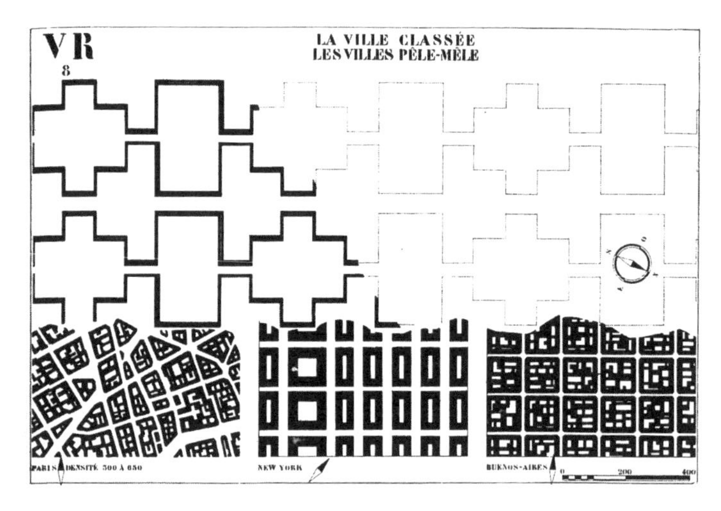

图15-2 柯布西耶《光辉城市》中对欧美城市街道与建筑“图底”关系的对比（上半部为“光辉城市”城市肌理，下半部为巴黎、纽约、布宜诺斯艾利斯的城市肌理现状）

资料来源：Eric Mumford. Defining Urban Design：CIAM Architects and the Formation of a Discipline，1937—1969［M］. New York：Graham，2009：5.

程中的诸多不足，如独幢住宅造成土地浪费、过度侵占农田及与社会疏离等弊端，以及因故意渲染怀旧氛围而弃用现代建造技术、造价较高等现象，现代主义城市规划因而改弦更张，提出集约化、工业化和理性化等主张，进而提出立场鲜明的“功能城市”思想。与田园城市规划孜孜追求城市疏散不同，现代主义规划家既有倾向“集中式”也有赞成“分散式”的城市改造和发展方案，前者以柯布西耶为代表，而后者可举美国人赖特（Frank L.Wright）的“广亩城市”和科米（Arthur Comey）的六边形城市网络为例（图15-3）。但不论哪种模式，现代主义规划家都坚决反对传统城市极高的建筑密度和低矮的联排住宅，这一根本立场与田园城市规划家并无不同。正因为如此，在1960年代后现代主义兴起的大潮中，简·雅各布斯（Jane Jacobs）才将霍华德和柯布西耶视同“反城市主义者”一起加以批判①。

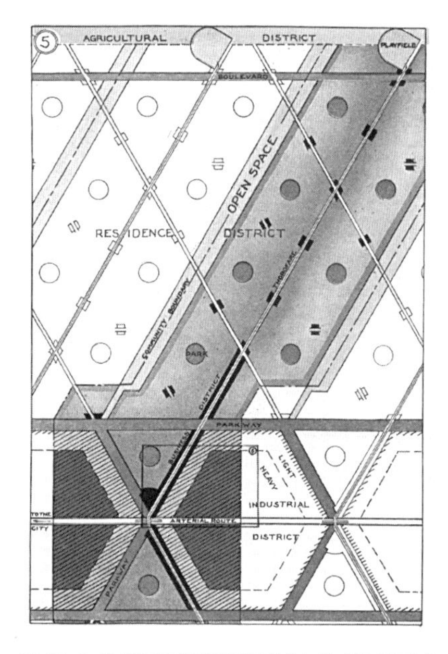

图15-3 科米提出的替代田园城市模式的美国城镇空间模型（沿公路网发展的“带形城市”模型，显示道路与居民点的关系）

资料来源：Arthur Comey. Regional Planning Theory：A Reply to the British Challenge［J］. Landscape Architecture Magazine，1923，13（2）：81-96.

一些现代主义运动的重要建筑家和规划家也曾深受田园城市思想的影响。如德国规划家恩斯

① Jane Jacobs. The Death and Life of Great American Cities［M］. New York：Random House Inc.，1961；刘亦师. 田园城市思想、实践之反思与批判（1901—1961）［J］. 城市规划学刊，2021（2）：110-118.

图15-4 法兰克福郊外新建工人住宅区（Niederrad）（1926年）

资料来源：Robert Stern，David Fishman，Jacob Tilove. Paradise Planned：The Garden Suburb and the Modern City［M］. New York：The Monacelli Press，2013：453.

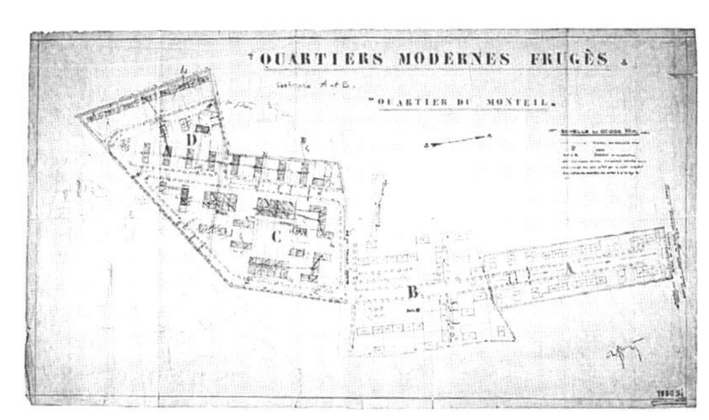

图15-5 波尔多郊外的田园住宅区（Cité Frugès）总平面图（红色住宅为建成者。柯布西耶设计，1924年）

资料来源：https://architecturalvisits.com/en/cite-fruges-le-corbusier-pessac/.

特·梅（Ernst May）在第一次世界大战前就曾在恩翁的设计事务所里工作过，深谙田园城市设计的优劣。他在1925—1929年间主持法兰克福市郊工人住宅规划和建设工作中，充分利用了德国建筑工业高度发达的优势，采用现代主义设计方法，进而创造出新的建筑形象和城市景观[①]（图15-4）。而立场与田园城市规划截然不同的柯布西耶在1920年代初则曾在法国波尔多市郊设计过以两层独立住宅为主的田园住宅区（图15-5），其早期的规划构想中也包含了田园城市式住宅区，唯居于边缘次要地位。在另一方面，也不应忽视田园城市运动在其发展过程中也受到现代主义规划的影响，如阿伯克隆比（Patrick Abercrombie）在1930年代初讨论旧城改造时，曾盛赞荷兰等地现代主义规划的实践，将之视作城市更新的一种趋向[②]（图15-6）。可见，田园城市和现代主义这两种规划思想的边界并非不可跨越的鸿沟，而是相互影响、并行发展，并构成了现代城市规划发展的主要图景。

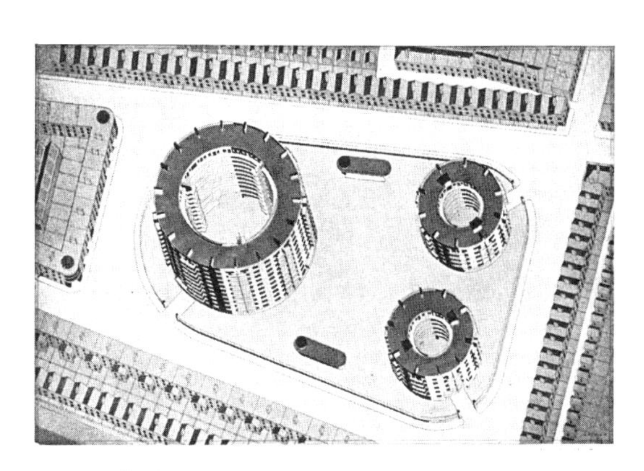

图15-6 荷兰某地的旧城区改造，可见新的圆形集合住宅与周边住宅肌理的对比

资料来源：Patrick Abercrombie. Slum Clearance and Planning：The Re-Modelling of Towns and Their External Growth［J］. The Town Planning Review，1935，16（3）：195-208.

① Susan R. Henderson. Building Culture：Ernst May and the Frankfurt Initiative，1926—1931［M］. New York：Peter Lang，2013.

② Patrick Abercrombie. Slum Clearance and Planning：The Re-Modelling of Towns and Their External Growth［J］. The Town Planning Review，1935，16（3）：195-208.

目前，国外有关现代主义建筑运动和现代主义规划的研究成果丰富且深入，但多未将研究焦点放在其与田园城市规划的关联上①，国内的相关研究同样存在缺少关联比较的问题，对现代城市规划思想史发展的全景关注不足，现代主义规划思想发展的线索及其具体过程也仍待进一步梳理和补充。因此，本文首先简述20世纪前20年间在田园城市运动之外的规划思想的转向与规划技术的发展，以之追溯现代主义规划思想兴起的背景，再着力分析其与田园城市思想与规划实践的关联，讨论CIAM成立之前西欧住宅区规划的新理论和实践，及CIAM成立之后“功能城市”思想的形成、发展、实践及其影响，从思想史的角度清理现代主义规划的早期发展脉络。所谓“早期”指的是从20世纪初到第二次世界大战结束前，此时现代主义建筑和规划思想还远未取得像战后那样睥睨一切的主导地位，而是在与同时期其他思想相颉颃的过程中，不断丰富、完善和调整，其生机勃发，也完全不同于战后那种日渐僵化的面貌。

15.2 从城市美化到城市实用化：现代城市规划的科学基础与功能主义之兴起

15.2.1 1910年代“泰勒制”的出现与美国城市规划的转向

20世纪的头十余年是美国城市美化运动蓬勃发展的时期。城市美化运动最初是由美国城市的大企业家和金融家发起的城市改造运动，富有改革精神且有助于提振美国民众的民心士气，因此为美国各地方政府所采纳，作为城市发展的蓝图。至1910年代，以华盛顿（1901年）、芝加哥（1909年）（图15-7）为首的美国各大城市都制定了气势恢弘的市中区改建规划，均以宽广笔直的放射形林荫大道、阔大的市政广场或公园及精美的公共建筑和城市雕塑为主要特征。这种规划模式的出发点是“美化”美国城市核心区，效果显著，因此其设计手法也得到大西洋彼岸的英国利物浦

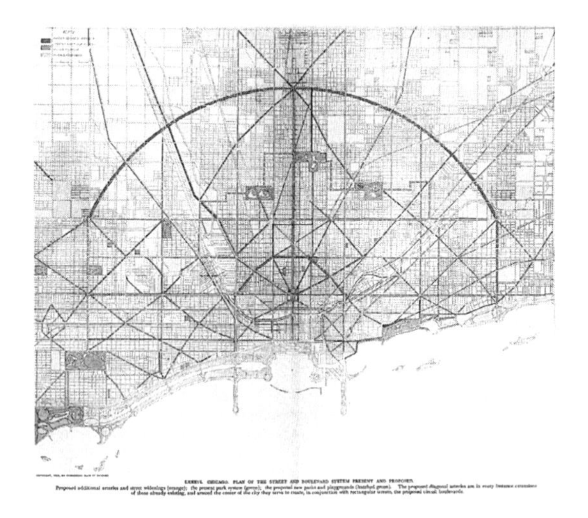

图15-7 1909年伯海姆（Daniel Burnham）制定的芝加哥规划方案（既是美国城市美化运动的集大成者，也体现出美国规划运动的转向，道路体系基于城市及周边区域发展需要确定）

资料来源：Daniel Burnham，Edward Bennett. The Plan of Chicago［M］. Princeton：Princeton Architectural Press，1909.

① Peter Hall. Cities of Tomorrow［M］. New York：Wiley-Blackwell，2002；Stephen Ward. Planning and Urban Change［M］. London：Sage Publications，2004.

学派规划家（如阿伯克隆比等人）的高度重视。但是，美国规划家们很快意识到城市美化运动立足于“美观”因而导致耗费巨大而获益面过窄，“得益者是最不迫切需要改善其生活环境的阶层”①，对切实促进城市工商业的发展收效甚微，也完全忽视了当时人们迫切关注的住宅问题。因此，美国规划家们提出城市规划的着眼点应更多关注经济和效率等实用性原则，从而自1910年代就掀起了“城市实用化”（City Practical）运动。

美国城市规划发展上的这一转型与1911年美国工程师泰勒（Frederick Taylor）在其著作《科学管理原则》②一书中提出“泰勒制”（Taylorism）遥相呼应。泰勒制的核心是通过“科学化管理”——致力于使工人减少移动从而避免浪费时间，从而提高工业生产效率。这一管理思想经美国汽车厂商亨利·福特（Henry Ford，1863—1947年）的推广，形成了固定工作地点和工作内容的流水线方式（Fordism），成为此后流行于各国的工业化、标准化大生产的基本模式，也成为了现代主义运动中技术进步和理性、效率的代名词③。

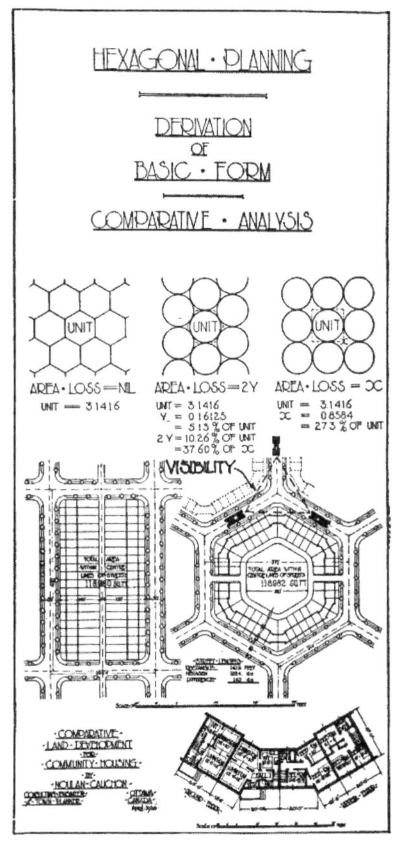

图15-8 六边形规划土地利用率与交叉路口能见性分析

资料来源：Noulan Cauchon. Planning Organic Cities to Obviate Congestion. Orbiting Traffic by Hexagonal Planning and Intercepters［C］. Annals of the American Academy of Political and Social Science，1927：241-246.

在泰勒制的启发下，美国规划家们也开始研究如何以更加科学的方式优化城市空间布局，从而提高城市的生产效率。这一时期在北美出现了以理性分析和缜密计算为特征的一些城市规划理论，如六边形规划理论的产生就是在分析不同形式交叉路口通行效率的基础上，确定六边形路网结构最为合理④（图15-8）。而同一时期欧洲规划师如恩翁和希那德（Eugène Hénard，1849—1923年）对交通节点的分析，也可

① Richard Foglesong. Planning the Capitalist City［M］. Princeton：Princeton University Press，1986：202.

② Frederick Taylor. The Principles of Scientific Management［M］. New York：Harper & Brothers，1911.

③ David Harvey. The Condition of Postmodernity：An Enquiry into the Origins of Cultural Change［M］. New York：Wiley-Blackwell，1991.

④ 刘亦师. 现代西方六边形规划理论的形成、实践与影响［J］. 国际城市规划，2016，31（3）：78-90.

视为这种影响的一种体现（图15-9）。

这一时期，西方各国的规划家相率摒弃了完全基于美学原理的规划方法，转而采用兼顾物质环境及社会情势调研和分析为基础的“科学”方法，并将社会科学的研究方法和视角融入城市规划学科。规划家开始更加注重过程性分析而非最终的美学效果，“不再需要以宏大轴线为特征的城市方案，而是借助新的理性方法使规划工作能有效扩展到整个城市范畴”[①]；街道布局及其截面设计必定与所处地势、周边的土地利用情况相匹配，而不再仅考虑其对景和沿街立面。因此，城市实用化有时也被称作“城市科学化”（City Scientific）。同时，由于泰勒制的核心思想是提高效率，而这一时期规划家的目的同样是提高城市居民和物资的流转、通勤和生产效率，借提升效率、发展经济化解城市中各阶层的矛盾，因此城市实用化还被称为“城市高效化”（City Efficient）。

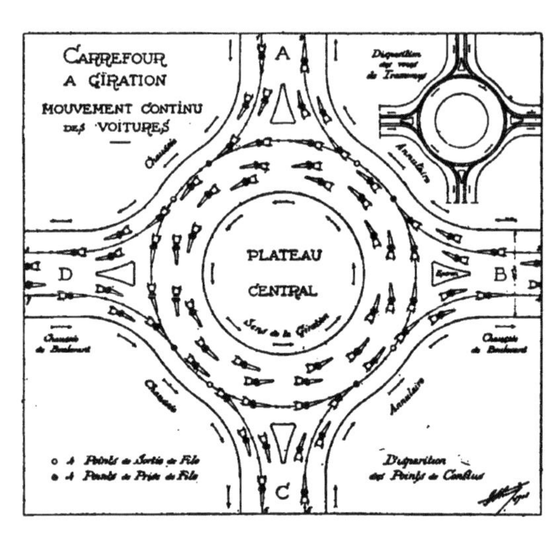

图15-9 法国规划家希那德对圆形环岛作的交通分析（此图被恩翁引用在其《城市规划实践》一书中）

资料来源：Raymond Unwin. Town Planning in Practice：An Introduction to the Art of Designing Cities and Suburbs [M]. London：Adelphi Terrace，1909：240.

这些“理性”“科学”“高效”等核心观念不但促成了美国城市规划的转向，也是不久之后在西欧兴起的现代主义思想的理论基石，柯布西耶亦曾直言不讳他的建筑和规划思想都受到泰勒制的影响[②]。其中，交通规划和功能分区被视作贯彻城市实用化意图的两个重要工具，其理论和实践在美国的发展也深刻影响了之后现代主义城市规划思想的形成。

15.2.2 规划技术之发展与普及：功能分区与交通规划

德国在19世纪中后叶就在城区扩张（urban extension）的过程中，将城区，尤其是新建区划分为不同功能并制定相应的管控规定，被称为分区制度（districting或zoning）。德国最早以法律形式确定的分区制度出现在法兰克福（1891年），及后为柏林、慕尼黑等地

① Eric Mumford. The CIAM Discourse on Urbanism，1928—1960 [M]. Cambridge：MIT Press，2000：59.

② Eric Mumford. Defining Urban Design：CIAM Architects and the Formation of a Discipline，1937—1969. New York：Graham，2009：3.

市政府效仿[①]。分区制度的基本原理，是德国市政专家观察到城市中的经济活动有聚集倾向，因此市政当局有必要通过政策工具对之加以强化并顺势制定针对建筑的体量、高度、密度等不同的规定，以此管理城市的活动与面貌，同时促进工商业发展并净化居住区的环境[②]。

德国的分区制度主要针对的是城区扩张过程中形成的新区，考虑结合主导风向等因素布置工业区和居住区等。但其管理相对宽松，不但允许一定程度的功能混合，而且对密度极大、各种功能混杂的老城区基本采取一仍其旧的态度。以法兰克福为例，其新城区分为居住区、工业区和混合区，除工业区内严格不允许建设住宅外，其他两个区域均允许适当建设商业甚至轻工业，但对老城区未加任何规定[③]。由于当时德国在城市规划和城市治理"科学化"方面均为西方翘楚，英、美等国的规划专家前去德国参观交流者不绝于道，不约而同注意到这一城市治理的新工具。德国的居住区规划和管理对英国田园城市运动发展影响甚大，而美国最早的分区制度也是直接参考德国城市模板的结果[④]。

与人口密度很高、国土相对狭小的欧洲不同，美国不但工业高度发达，且19世纪中后叶以降大批外来移民涌入，资本家从自身利益出发亟须功能分区这一政策工具保障其阶级权利和经济利益。实际上，美国在1880年代即开始在旧金山等地推行隔离居住政策，造成了"唐人街"这种将华工圈禁在一定城市区域居住和生活的现象，但现代意义上的该功能分区制度则始于1916年纽约市通过的分区规划法。美国法学家和市政学家在德国分区制的基础上大胆推进，不但将管控范围扩及包括建成区的纽约市全域，通过对限高、体量等控制，使市中心的高档商业区内再无容留工厂和普通住宅的可能[⑤]，同时，纽约的分区法还制定了更为严格的规章制度，除将商业区和工业区独立开来之外，还特别规定在居住区内只保留居住功能，而将所有工业和商业清除出去。并且，为维护特定种族和阶层的利益，纽约的分区法还对居住区内地块上的建筑密度加以详细规定，从法理上将不同形式的住宅——富庶阶层的独幢住宅区（"建筑占地不得超过所在地块的30%"）和工人阶级的多层公寓区也分开建设和管理，并以独幢住宅为美国生活模式的代表[⑥]。

---

① Richard Foglesong. Planning the Capitalist City [M]. Princeton: Princeton University Press, 1986: 217.

② Anthony Sutcliffe. Towards the Planned City [M]. Oxford: Basil Blackwell Publisher, 1981.

③ Sonia Hirt. American Residential Zoning in Comparative Perspective [J]. Journal of Planning Education and Research, 2013, 33 (3): 292-309.

④ Sonia Hirt. Contrasting Aerican and German Approaches to Zoning [J]. Journal of the American Planning Association, 2007, 73 (4): 436-450.

⑤ David Johnson. Planning the Great Metropolis [M]. New York: Routledge, 2015: 37-40.

⑥ Sonia Hirt. American Residential Zoning in Comparative Perspective [J]. Journal of Planning Education and Research, 2013, 33 (3): 292-309.

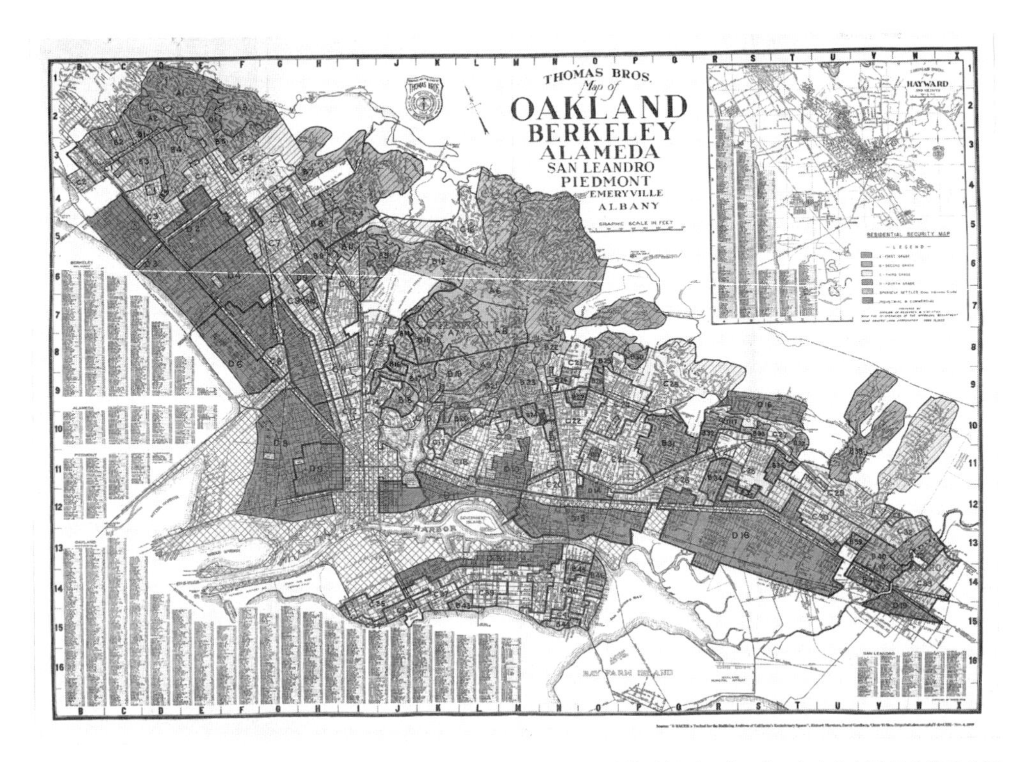

图15-10 1930年代的加州伯克利市功能分区图（绿色区域为独幢住宅（第1等级），蓝、黄、红色为其他住宅类型的居住区，灰色部分为工业等）

资料来源：College of Environmental Design Library.

继纽约之后，加州湾区小城市伯克利也于1916年通过了分区法，将其周边的居住区划分为5个居住区和另外3个商业、文化和工业区，更详细地规定出1～5居住区内住宅的类型和层高（图15-10）。纽约和伯克利的分区实践大获成功，得到美国各级政府的大力支持，至1925年全美“425个城市、涵盖美国一半人口的地区实行了规划法”①，而美国的城市功能分区制度也被认为是“美国对世界规划传统形成的主要贡献”②。对比仍允许功能混合及对居住区中住宅类型未加限定的德国模式，美国的功能分区制度更加彻底和“科学化”。功能分区制度的实践也成为之后“功能城市”思想的理论基础之一。

除功能分区外，19世纪末到20世纪初，美国的道路设计和交通规划等技术上也取得巨大进步，也是美国对世界城市规划发展的另一重要贡献。美国人奥姆斯特德（Frederic Olmsted）最先提出“园林路”（parkway）的概念，进而在城市及其周边腹地的区域内形

① Richard Foglesong. Planning the Capitalist City [M]. Princeton: Princeton University Press, 1986: 222

② E.Talen. New Urbanism and American Planning: The Conflict of Cultures [M]. London: Routledge, 2005: 154.

成了与高速路相结合的公园绿地系统[①]。随着美国私人汽车保有量的大幅增长，道路设计上出现了将城市内生活性交通和通过性的高速路区分开的方法，并且研究了不同性质道路的通行效率及其与居住区的关联。区域规划专家麦凯（Benton Mackaye）和芒福德（Lewis Mumford）曾提出“无城镇的高速路”（townless highway）和“无高速的城镇”（highwayless town）两种形态[②]，试图在提升通行效率的基础上减少快速交通对城市生活的影响，最终在1942年由屈普（Alker Tripp，1883—1954年）总结为分区交通规划原则（图15-11）。这一时期，早期的园林路设计让位于效率优先的交通规划和道路设计，一方面体现了以理性主义为基础的规划技术进步，是现代主义规划理论的关键部分之一，但另一方面也造成了后来广遭诟病的尺度丧失等问题。

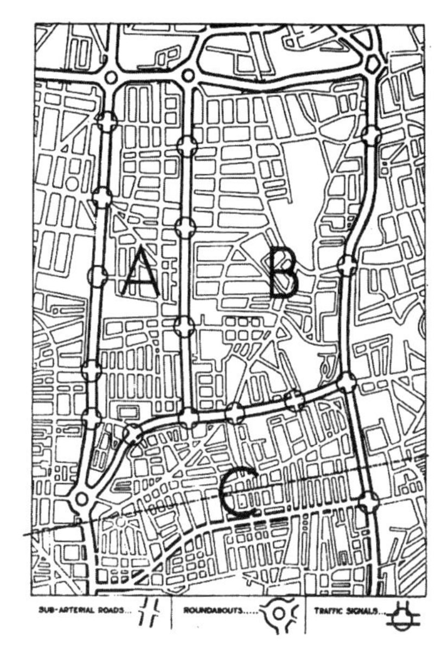

图15-11 屈普书中将道路区分为通过类和服务类的交通规划示意图（1942年）

资料来源：Alker Tripp. Town Planning and Road Traffic［M］. London：Edward Arnold & Co, 1942：78.

15.3 CIAM成立前后的现代主义规划思想之发展：从现代主义建筑到现代主义城市规划

15.3.1 从戛涅到柯布西耶：法国现代主义城市规划思想的形成与发展

在霍华德出版其《明日》一书不久，法国建筑师戛涅（Tony Garnier，1869—1948年）于1899—1904年间以其家乡里昂市郊为对象，发表了名为“工业城市”（Cit é Industrielle）的规划方案（图15-12）。戛涅以工业为未来城市的主要功能，其人口不超过35000人，容纳居住、办公、商业、休憩等功能，但有意将教堂、兵营等建筑类型排除在外。在总平面上，“工业城市”采取了分区布局：城市主要区域是连片被划分为30m×150m地块形成的居住区，办公、商业和市政中心居中，小学校均匀分布在居住区中间；与工业相关的各种设施按其类型被集中布置在港口和货运铁路等附近，且与医院、屠宰场等部分都和居住区隔离开。戛涅将新城布置在绿化充分的郊区，且将快速交通布置在居住区外围，使居住区内部形成连续的绿化步行带，而其内小学的布置更与30年以后美国的“邻里单位”理论如出一辙。

---

① 刘亦师．区域规划思想之形成及其在西方的早期实践与影响［J］．国际城市规划，2016，31（3）．

② Benton Mackaye，Lewis Mumford．Townless Highways for the Motorist［J］．Harpers Magazine，1931（8）：347-356．

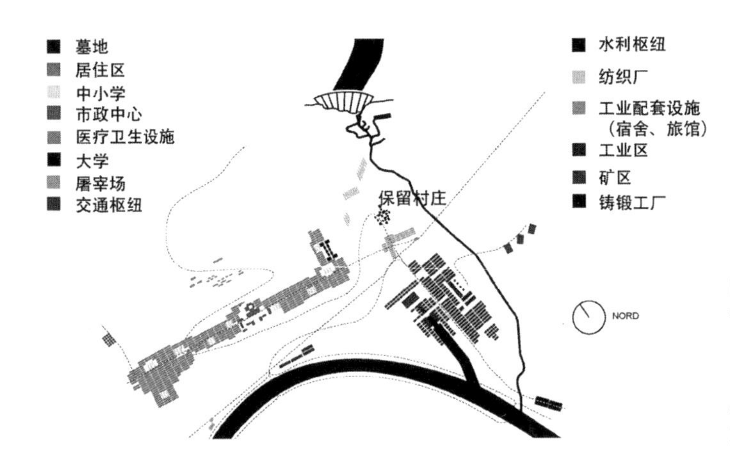

图15-12 工业城市总图与各功能部分布局（戛涅设计，1904年）
资料来源：Les Faiseurs de Villes：1850—1950，Sous la Direction de Thierry Paquot，Gollion-Paris，Editions Infolio，2010.

“工业城市”与田园城市的同心圆式布局不同。结合铁路、公路和航运一体的联运枢纽站位于市政中心对面，显见其核心地位，也为该市与外界及其不同功能部分之间提供了便捷的联系。同时，“工业城市”也体现出更加明确的分区原则，清晰可辨居住、工业、娱乐和交通等四种截然不同的功能。而且，在20世纪初混凝土尚未被广泛应用时，戛涅已敏感地认识到这种新建筑材料蕴藏的巨大潜能，提出在新建的工业城市中除个别外，所有建筑都采用混凝土建造，尤其在居住区设计了2～4层的混凝土住宅，广泛使用了符合混混凝土性能的带形窗、平屋顶和悬挑屋顶，也采用了自由平面布局、屋顶花园和底层架空等手法。整个方案既有创造性的前瞻构想，也包含了非常丰富的设计细节，柯布西耶在波尔多的住宅区项目就可视作是其方案的一种落实（图15-13、图15-14）。

戛涅的方案是早期理性主义规划的集大成作品，深刻影响了此后现代主义规划的发展，也是其重要的思想来源①。柯布西耶受戛涅规划思想的影响尤大②，而他基于住宅设计提出的“新建筑五点”实际也从工业城市的住宅设计中汲取了大量养分。柯布西耶从1910年代末开始关注城市规划问题，尝试将“建筑是居住的机器”这一原理推广至城市尺度。在参考了工业城市的功能分区、绿地系统、交通规划、几何布局等要素的基础上，柯布西耶于1922年提出了“当代城市”（Ville Contemporaine）构想（图15-15）。

柯布西耶旨在改变19世纪以来欧洲城市拥挤、混乱的状况，但坚决反对田园城市规划的扩张发展和浪费用地的做法。他赞成适度的集中式发展，如当代城市中的高层和多层建筑，体现了为精英阶层服务的便利的生活方式。“当代城市”的中心区域布置24幢高层建筑。由于采取集约式发展，高层建筑裙房掩映在绿茵之中，市中心绿化率极高，一改既有习见的拥挤不堪、缺少绿地等状况（图15-16）。高层外围是柯布西耶设计的多层板式住

① Vittorio Lampuhnani. Architecture and City Planning in the Twentieth Century［M］. New York：VNR Company，1985：52-53.
② William Curtis. Le Corbusier：Ideas and Forms［M］. London：Phaidon Press，Inc.，1986：63.

图15-13 工业城市的住宅区街景（戛涅设计，1904年）

资料来源：Vittorio Lampuhnani. Architecture and City Planning in the Twentieth Century［M］. New York：VNR Company，1985.

图15-14 柯布西耶设计的波尔多郊外田园住区住宅外观（1924年建成）

资料来源：http://www.prewettbizley.com/graham-bizley-blog/corbusier-pessac.

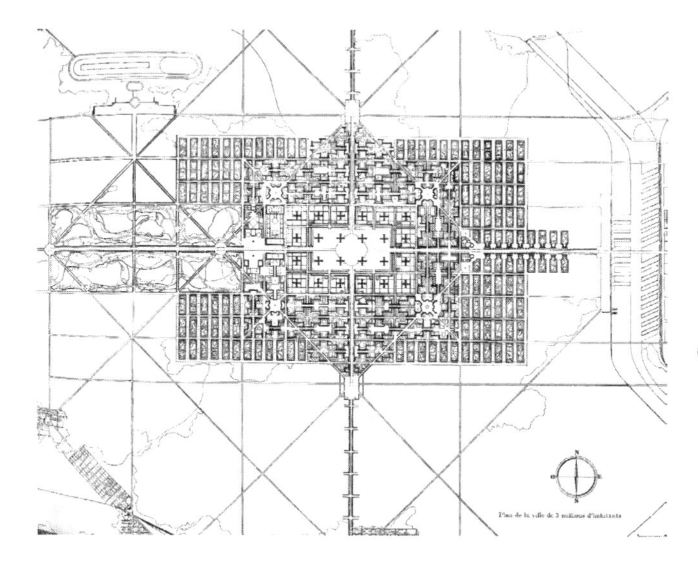

图15-15“当代城市”总平面图（1922年，西南角为与主城区隔离的工业区和工人住宅区，但在William Curtis关于柯布西耶的经典著作中被截去）

资料来源：Le Corbusier. Oeuvre complète，Vol. 1（1910—1929）［M］. Zurich：Les Editions D'Architecture，1936：99.

图15-16“当代城市”市中心高层区域的绿化环境（充足的绿化和娱乐空间是柯布西耶城市规划思想的重要组成部分）

资料来源：Le Corbusier. Oeuvre complète，Vol. 1（1910—1929）［M］. Zurich：Les Éditions d'Architecture，1936：97.

房——“居住单元”（Unité d’Habitation），其体形简洁且蜿蜒连续，是构成新城市面貌的重要元素，既用作精英阶层公寓也包含了某些文化设施。居住单元外围是为中产阶级提供的住宅群，其建筑密度更小。在远离市中心的下风向区域则布置了工厂及与之毗邻、为工人阶级提供的田园城市式住宅（图15-15左下角），显示其对田园城市思想的部分接受。此外，和戛涅一样，柯布西耶也极为重视交通线规划和通行效率，将车站置于最核心的位置，使之能与城市的不同部分产生直接联系。

“当代城市”旨在以理性主义规划促进城市效率的提高，并使社会各阶层各安其位、各得其所，不啻于造成新的社会秩序和生活方式，也颇具柯布西耶的个人风格——对构成城市的各种空间和社会要素均极力加以控制，不容任何变通。虽然柯布西耶的规划思路和建筑设计体现了显著的现代主义特征，但是其当代城市方案也带有奥斯曼巴黎改造的轴线设计的传统，呈现出强烈的几何式布局。

可容纳300万人的“当代城市”已非新建城镇的规模，而是对大都市尤其是首都城市建设蓝图的描摹，唯未指明具体地点。1925年柯布西耶以上述规划理论和设计手法为基础，预设巴黎塞纳河北岸的大片区域为对象规划了新巴黎市区，可视作对“当代城市”的具体应用。这一方案和当代城市一样，虽然引起规划界轰动，但并无实施的可能。

1930年代初，在与CIAM成员的密切交流中，柯布西耶已初步形成了“功能城市”思想。同时，他汲取了苏联规划家对“当代城市”等规划构想的批评，即过于强调商业资本在城市中的地位，且分阶层将民众安置在不同等级的住宅类型中（显然借鉴了美国的住宅分区制度）也显得不合时宜。因此，柯布西耶在1932年提出了“光辉城市”（Ville Radieuse）构想（图15-17）。这一方案同样重视对土地的集约利用和交通效率，但柯布西耶引入了比附人体结构的总图布局方法，使商业区和行政中心的高层建筑位于“头部”，“躯干”和“两臂”则布置绿化休闲区和住宅区，底部为工业区。此外，城市主体部分以外还设置了大学和行政等“卫星城”。“光辉城市”中的住宅形式与“当代城市”无异，一以贯之地利用现代工业和建造技术大量营建成本低廉的住宅，在其屋顶布置屋面花园和健身场地等。但在“光辉城

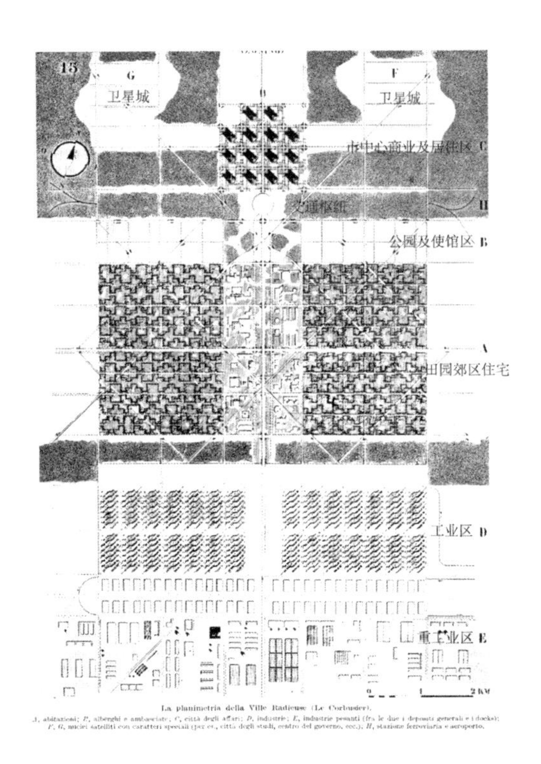

图15-17　柯布西耶“光辉城市”总平面图及其功能分区（1933年）

资料来源：Le Corbusier Foundation.

市”中这种居住单元成为唯一的住房类型，避免了以住宅品类划分居住者的经济和社会地位的弊端。

柯布西耶在阐释“光辉城市”时，提到田园城市规划能够在一定程度上疏解大城市的拥挤问题，创造了良好的居住环境并使某个阶层的生活质量得以提升，但受限于建造技术和用地模式，毕竟难以满足社会大众对住房的迫切需要，也无法推动霍华德曾向往的社会改革[①]。在此意义上，“光辉城市”提供了新的城市发展路径，即立足于清晰和等级分明的功能分区，通过集约化、工业化的开发和建造模式，融合田园城市等其他规划思想为辅弼，成为迅速改变城市面貌、重组社会形态的重要工具。“光辉城市”实际上是当时CIAM提出“功能城市”的具体表达形式之一，虽其本身暂仍未获实施的机会，但这一时期的若干实践则或多或少体现了柯布西耶规划思想的影响（详见后文）。

15.3.2　包豪斯学派及其他：德国城市规划理论和实践的发展

第一次世界大战后，德国成立魏玛共和国，其于1919年8月颁布的《魏玛宪法》（Weimar Constitution）第155款明确提出“为每个德国人提供恰当的住宅”[②]，这意味着德国政府有义务至少为德国民众提供“最低限度的居住空间”。在这一背景下，带有改革倾向、对广大中下阶层悲惨的住房情况抱有同情的一批德国建筑师和规划师以巨大的热情投入到住宅区的规划和建设中。

1919年，格罗皮乌斯（Walter Gropius）于魏玛市创建包豪斯（Bauhaus）学校，开展融合现代艺术、工艺美术和实际建造的现代主义建筑教育，使之迅速发展为德国现代主义建筑运动的中心。格罗皮乌斯主张利用德国高度发达的工业体系和生产能力，推行设计标准化，降低建造成本并加速施工速度。同时，他支持将妇女从家庭的桎梏中解放出来，充实德国的劳动力，并参考苏联经验将育儿所、食堂等配套设施同步于住宅进行建设[③]，进而通过新住宅营造新的生活方式，实现社会进步和改革。

在具体设计方面，格罗皮乌斯和同时代其他德国现代主义建筑师一样，抛弃了德国城市传统的沿街区周边布置的大院式住宅，而主张采用形式简洁、便于施工的长条形多层住宅，即著名的“条状多层公寓式住宅”（Zeilenbau）。由于挣脱了西特式街道界面和图底关系等设计原则的束缚，在总平面布局上，以住宅的长边垂直于街道，这种行列式布局显著提高了土地利用率，并进一步由5～6层发展为高层板式住宅（图15-18）。为了使住宅得到最大程度的日照和卫生条件，当时还流行将条状住宅布置成东西向。

---

① William Curtis. Le Corbusier: Ideas and Forms [M]. London: Phaidon Press, Inc., 1986: 118-124.

② Dan P. Silverman. A Pledge Unredeemed: The Housing Crisis in Weimar Germany [J]. Central European History, 1970, 3 (1/2): 112-139.

③ Eric Mumford. Defining Urban Design: CIAM Architects and the Formation of a Discipline, 1937—1969 [M]. New York: Graham, 2009: 3.

图15-18　格罗皮乌斯设计的11层板式住宅（1931年。包豪斯学派与柯布西耶均主张采用高层建筑，恩斯特·梅等则主张3~5层为宜。可与图13-16比较）
资料来源：Mark Swenarton. The Theory and Practice of Site Planning in Modern Architecture, 1905—1930［J］. AA Files, 1983/4: 49-59.

图15-19　卡尔斯鲁厄市新建住宅区（Dammerstock）规划图（1928年）
资料来源：Vittorio Lampuhnani. Architecture and City Planning in the Twentieth Century［M］. New York: VNR Company, 1985: 131.

图15-20　卡尔斯鲁厄市新建住宅区建成后鸟瞰（1930年）
资料来源：Carsten Krohn. Walter Gropius: Buildings and Projects［M］. Berlin: Heike Strempel, 2019: 104.

1928年，格罗皮乌斯以这种行列式布局的规划方案参与德国卡尔斯鲁厄（Karlsruhe）市的一处新住宅区规划竞赛，并获得头奖（图15-19）。除其规划方案外，格罗皮乌斯自己还设计了其中几处条式住宅，体现了与工业大生产相适应的典型标准化设计（图15-20）。这一项目中的其他住宅设计则由格罗皮乌斯委托给包豪斯学校的教师和其他现代主义建筑师设计。

除住宅区外，包豪斯学派成员还将这种理性主义的规划思想扩大到城市尺度。主持包豪斯住宅建设和城市规划课程的希尔勃赛玛（Ludwig Hilberseimer，1885—1967年）曾在1923年提出过“卫星城市”（Satellite City）方案，是当时包豪斯学派倡导的行列式住宅布局的居住区的典型例子。1925年，在参考柯布西耶的“当代城市”构想后，希尔勃赛玛又提出“高层城市”（High City）方案，将城市包含的住宅、商业、娱乐等各功能融汇在极为简洁、冷峻的一组组高层建筑中。与柯布西耶的方案一样，“高层城市”也极为重视交通效率和土地利用的经济性，但后者将标准化设计推向极致——不再区分住宅和其他建筑类型，而只保留了外观外圈一致的条状高层建筑，其底部为商业和办公，上部则用作娱乐设施和住宅。商业部分之间布置了步行连廊，与快速交通部分隔离开，供行人使用（图15-21、图15-22）。这一设计手法深刻影响了后来包括考文垂重建在内的诸多方案。同时，“高层城市”中不再布置工业，而只保留了办公空间，显示希尔勃赛玛对未来城市从工业到服务业发展趋势的理性判断①。

希尔勃赛玛后来还将这种规划思想应用到柏林的旧城区改造上，对老城区的历史遗产和肌理漠然视之（图15-23）。正如透视图所示，希尔勃赛玛和包豪斯学派的这些规划方案展现的城市场景是冰冷和拘谨的，理性、秩序和效率决定了规划的全部内容，而罔顾个体在情感和需求上的差异性。可见，包豪斯学派的规划思想在建筑形式、设计手法、城市发展模式等方面都与田园城市思想大相径庭，一方面引起理性精神和与工业化相匹配的立场确实有助于实现“最低限度的居住空间”，但另一方面也埋下了城市面貌趋于单调乏味和千城一面等世界性问题的远因。

应该注意到，包豪斯虽然是德国现代主义运动的中心，但同时期还有其他德国建筑师和规划师也在探索现代住宅区和城市规划的理论，并进行了数量可观的实践，同样是

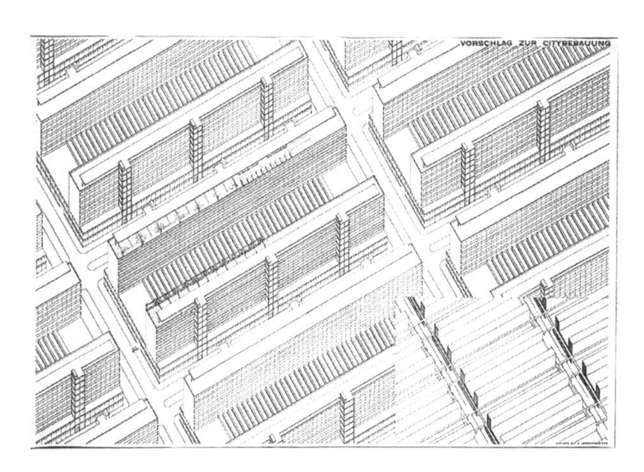

图15-21“高层城市”局部轴测图（1923年，希尔勃赛玛后来反思这种规划造成的效果“并非都市（metropolis）而是坟场（necropolis）”）
资料来源：Vittorio Lampuhnani. Architecture and City Planning in the Twentieth Century［M］. New York：VNR Company，1985：129.

图15-22“高层城市”方案中裙房部分（办公及商业）的步行连廊（下部为车行交通）
资料来源：Pier Vittorio Aureli. Architecture for Barbarians：Ludwig Hilberseimer and the Rise of the Generic City［J］. AA Files，2011（63）：3-18.

① Pier Vittorio Aureli . Architecture for Barbarians：Ludwig Hilberseimer and the Rise of the Generic City［J］. AA Files，2011（63）：3-18.

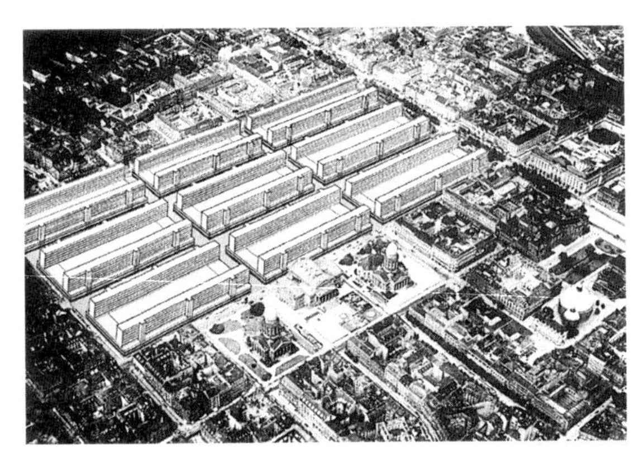

图15-23 柏林核心区改造方案（1928年，可见行列式的现代主义建筑与其他街区（大院式住宅街坊）的强烈对比）

资料来源：Pier Vittorio Aureli. Architecture for Barbarians：Ludwig Hilberseimer and the Rise of the Generic City［J］. AA Files，2011（63）：3-18.

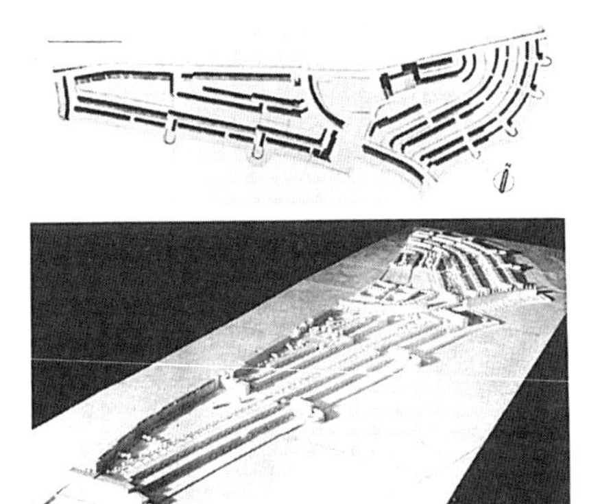

图15-24 法兰克福市郊新建的工人住宅区（Römerstadt）总平面及模型（可见其街道蜿蜒曲折，东、西两个地块分别采用不同的住宅形式，但均沿街道布局、形成特别的街道景观）

资料来源：Mark Swenarton. The Theory and Practice of Site Planning in Modern Architecture，1905—1930［J］. AA Files，1983（4）：49-59.

德国现代主义城市规划发展的重要组成部分。其中，最为突出的是恩斯特·梅在1920年代的法兰克福开展的新住宅区建设。梅在第一次世界大战前曾受英国田园城市运动主将恩翁亲炙，但其返回德国后，认识到田园城市设计与工业化生产凿枘不投；而且独幢住宅占地过大，除增加交通负荷外，与德国用地紧张的国情也不相符。但他与包豪斯学派不同，仍将住宅沿街布置，并注重沿街景观的塑造。梅袭用了田园城市在道路和绿地系统方面的浪漫主义设计原则，但以3层的平屋顶联排住宅为主体进行规划，利用住宅的进退组合创造出丰富的空间形态（图15-24）。同时，他在住宅设计中大胆使用了鲜艳明亮的色彩，增加了其作品的现代性意味。1925—1928年间，梅在法兰克福市政府支持下在其市郊建成了24处造价低廉的工人住宅区①，成为公共住宅建设的范例，得到西方各国的重视②。之后梅以这种规划思想和设计手法为苏联设计了不少新建的工业城镇（图15-25）。

除梅在法兰克福的实践外，现代主义规划家陶特（Bruno Taut）和马丁·瓦格纳（Martin Wagner）在柏林及其周边也进行了大量住宅建设，并探索了现代城市规划的空间布局方式。瓦格纳在1920年代曾担任柏林市的总规划师，他同样注重理性和科学分析在规划中的核心位置，但同时也力图将人的主观需求纳入设计，因此其住宅区设计中显示了不

① Eric Mumford. Defining Urban Design：CIAM Architects and the Formation of a Discipline，1937—1969［M］. New York：Graham，2009：3.

② John Mullin. City Planning in Frankfurt，Germany，1925—1932［J］. Journal of Urban History，1977，4（1）：3-28.

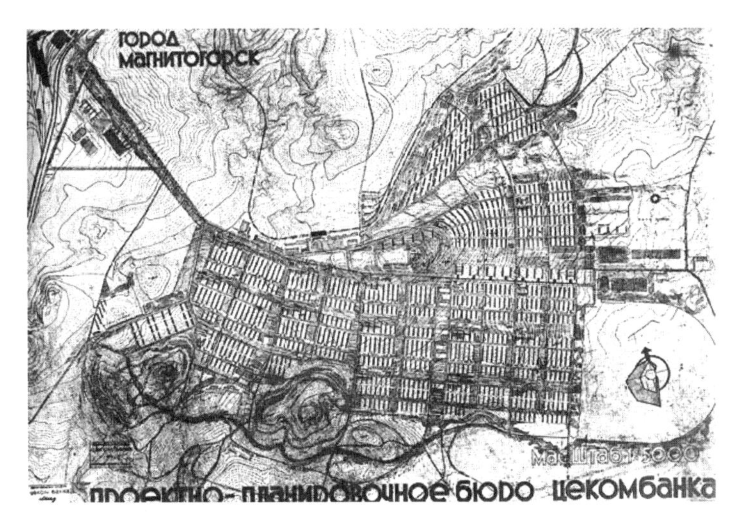

图15-25 梅设计的苏联新建工业城市（Magnitogorsk）总平面图（1930年）
资料来源：International New Town Institute.

同于包豪斯的现代主义风格[①]（图15-26）。

在魏玛共和国时期（1919—1933年），这些德国建筑家和规划家虽然其设计呈现各有不同，但均立足于以工业化方式解决住宅短缺问题，虽在具体设计手法上与英国田园城市运动有所关联，但展现出了田园城市规划迥乎不同的面貌和前景。而随着CIAM组织的成立和逐渐成熟，1930年代现代主义规划工作的重心从住宅设计转移到城市规划上，更为深刻地影响了世界城市建设的进程。

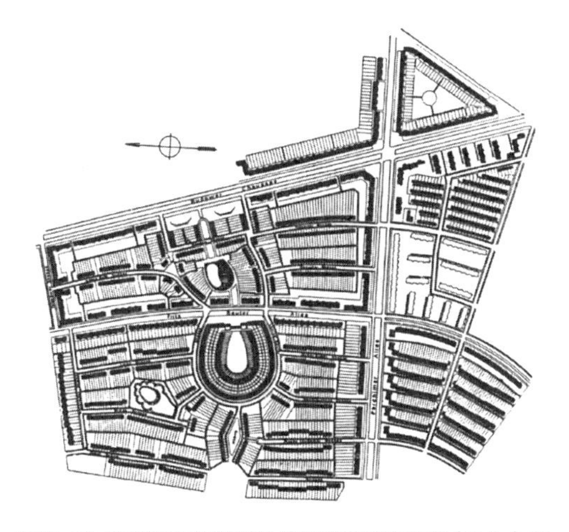

图15-26 陶特及瓦格纳设计的柏林市郊布里茨（Britz）新建住宅区（马蹄状联排公寓居中布置，1929年）
资料来源：Michael Hellgardt. Martin Wagner：The Work of Building in the Era of Its Technical Reproduction［J］. Construction History，1987（3）：95-114.

15.3.3 CIAM与《雅典宪章》

与英、美主导的田园城市运动不同，现代主义运动在其初期主要由德语区和法语区国家的建筑师和规划师推动，格罗皮乌斯、恩斯特·梅、柯布西耶等均为其代表人物。由于他们的政治观点、设计哲学和对待工业化及城市化等的立场接近，同时为了对暂处于弱势地位的现代主义思想进行有效宣传、将现代主义运动推向世界，他们于1928年在瑞士成立了著名的“现代国际建筑会议”组织（CIAM）。这一组织有效地团结了持现代主义立场的各国建筑师和规划师，陆续在30多个国家形成其分支机构（charter），通过

① Vittorio Lampuhnani. Architecture and City Planning in the Twentieth Century［M］. New York：VNR Company，1985：128-129.

组织展览、辩论、参观，对现代主义思想的基本观点形成了较为一致的看法，形成统一的宣传口径，对推动现代主义运动起到了至关重要的作用，其组织形式和活动内容也对之后的国际性建筑组织产生了重要影响[①]。

从创立至1939年第二次世界大战爆发，CIAM共举办了5次大会，此外由核心成员组成的执委会（Comité International pour la Réalisation des Problèmes d' Architecture Contemporaine）几乎每年都聚集起来，会商现代主义运动中的重要问题及确定大会的选址和主题等。1929年在法兰克福举办的第二次大会以"最小限度住房"（Existenzminimum）为主题，既与《魏玛宪法》的政治目标相符，也是现代主义建筑师致力尽力降低造价的体现。第三次会议于1930年在布鲁塞尔举办，主题为"场地的理性规划"，显示了CIAM和现代主义运动将其关注点从建筑单体/组群设计转移到城市规划方面。而1933年举办的第四次会议是CIAM历史上"最具传奇色彩"的大会，此次会议以"功能城市"为主题，初步形成了现代主义城市规划的基本原则，成为深刻影响此后世界城市规划思想和实践的大事件。

CIAM的早期活动具有非常鲜明的特征。其成员大都具有社会改革思想，密切关注苏联当时正在进行的社会革命和城市建设，急切希望将现代主义建筑的"革命"思想广泛应用到苏联，而苏联"一五计划"期间拟建设数百个新的工业城镇也为他们提供了广阔的前景。CIAM的核心成员如梅与其法兰克福时期的同事组成团队（May Brigade），在苏联规划了不少新城[②]，柯布西耶也曾在1920年代末以"当代城市"为模板为莫斯科做过规划方案[③]。

CIAM第四次大会本拟于1932年在苏联召开，但因斯大林赞赏的社会主义现实主义创作思想已占据统治地位，遂致日益排斥以抽象、简洁和工业感为特征的现代主义风格，使会期一再延宕。至1933年春，CIAM执委会决定在从马赛到雅典往返的一艘游艇上举办第四次大会。由于决定仓促，大部分德国代表未能出席，但新增了英国代表，登船参会者及其家眷近百人[④]。柯布西耶在大会开幕式上对"功能城市"的主题进行简要阐述，重申交通技术的进步和新材料如混凝土、钢材的应用为城市的集约化发展创造了条件，"功能城市"在合理分区的基础上将有效平衡集体组织和个体的需求，"以使多数民众获得最大快

---

① CIAM的大会和执委会制度及其活动组织方式都影响了二战后成立的国际建筑师协会（UIA），详Miles Glendinning. Modern Architect: The Life and Times of Robert Matthew [M]. London: RIBA Publishing, 2008.

② Thomas Flierl. Ernst May's Standardized Cities for Western Siberia [M] //Urbanism and Dictatorship: A European Challenge. Berlin: Birkhäuser, 2015: 199-216.

③ Eric Mumford. Defining Urban Design: CIAM Architects and the Formation of a Discipline, 1937—1969 [M]. New York: Graham, 2009: 3-4.

④ John R. Gold. Creating the Charter of Athens: CIAM and the Functional City, 1933—1943 [J]. The Town Planning Review, 1998, 69 (3): 225-247.

乐”[①]，而这正是传统城市和田园城市规划均未解决的问题（图15-27）。

CIAM在此前几次活动中举办过根据会议主题制作统一比例尺的项目展板，第四次大会则要求会员在会前准备同一比例尺的城市规划方案（展板尺寸、图纸内容及其比例尺均作了统一规定），最终在游艇上展出了欧美33个城市的规划项目或构思方案[②]。通过观摩和讨论，参会成员一致肯定了规划技术的重要性，并确定下来“功能城市”的四大功能：住宅、工作、交通和娱乐，其中居住最为重要且与之紧密相联系的是“娱乐”，并力图使娱乐活动不与集体生活完全脱离。因此，参会成员也形成了“功能城市”规划思想的五点“决议”：①城市规划应“适合其中广大居民在生理上及心理上最基本的需要”[③]，并使个体自由与集体生活得以协调；②城市的空间布局应遵从人的尺度；③城市应合理进行功能分区；④居住是城市最重要的功能；⑤应提供充足的绿化等自然环境，各功能区域和元素应融汇并用[④]。

图15-27　柯布西耶在CIAM第四次会议上发言（1933年8月）

资料来源：Van Eesteren-Fluck，ed.Atlas of the Functional City：CIAM 4 and Comparative Urban Analysis［M］. Amsterdam：Thoth，2014.

CIAM第四次会议结束后，“功能城市”成为现代主义规划家一致接受和宣传的设计原则，并通过理论和实践对“功能城市”的概念加以完善、丰富，如1933年柯布西耶出版的《光辉城市》一书及其提出的各种规划构想等。然而，迟至1942年CIAM成员才在美国首次将第四次大会上关于“决议”的内容编辑成小册子出版[⑤]。柯布西耶则于1943年又将CIAM第四次会议的过程及其他对“功能城市”的见解编辑成书，取名《雅典宪章》发表，迅即

① Eric Mumford. The CIMA Discourse on Urbanism，1928—1960［M］. Cambridge：The MIT Press，2000：77.

② Eric Mumford. The CIMA Discourse on Urbanism，1928—1960［M］. Cambridge：The MIT Press，2000：84.

③ 清华大学营建学系编译组. 城市计划大纲［M］. 上海：龙门联合书局，1951：27.

④ John R. Gold. Creating the Charter of Athens：CIAM and the Functional City，1933—1943［J］. The Town Planning Review，1998，69（3）：225-247.

⑤ Eric Mumford. Defining Urban Design：CIAM Architects and the Formation of a Discipline，1937—1969［M］. New York：Graham，2009：12.

引起世界性轰动，被翻译成多国文字[①]，为现代主义规划思想在战后城市重建中跃居主流奠定了基础。

1930年代初以降，随着苏联美学思想的转向，苏联的现代主义规划运动戛然而止。CIAM也随之调整，其政治立场渐趋中立，并使“功能城市”的蓝图能适用于不同政治意识形态的国家。1935年CIAM在巴黎召开第五次会议，会议召集人、CIAM总干事吉迪翁（Sidfried Giedion，1888—1968年）等还号召继续丰富现代主义规划思想，在具体设计中将对“人”的需求考虑进去，同时也将城市规划进一步扩大到区域范畴（图15-28）。但总体而言，第二次世界大战以前的现代主义运动始终处于世界舞台的边缘，相继在苏联和德国遭到抵制，但却于1930年代以后的世界变局背景下，陆续在英国和美国大为发展，最终在战后成为无可争辩的主流思想，影响至今。

图15-28 CIAM第五次大会上展示的华沙区域规划方案（1935年）

资料来源：Martin Kohlrausch. Brokers of Modernity: East Central Europe and the Rise of Modernist Architects, 1910—1950［M］. Leuven: Leuven University Press, 2019.

15.4 “功能城市”：现代主义城市规划的若干构想与实践（1932—1945年）

1932年CIAM第四次会议以后，“功能城市”成为现代主义城市规划运动发展的主导思想，以柯布西耶为首的一批现代主义规划家在此框架下纷纷开展多种探索，对欧洲、非洲、南美洲的诸多城市提出了规划构想，如巴黎、莫斯科、阿尔及尔、安特卫普（图15-29）、日内瓦、斯德哥尔摩、里约热内卢等[②]。应该看到，前文提及柯布西耶在1932—1935年提出的“光辉城市”构想及巴黎等地的规划构想，是“功能城市”思想诸多呈现方式中的一种，而同时还有正式得以实施并切实推动了现代主义城市规划发展的例子。

例如，荷兰在1920年代和1930年代曾积极践行现代主义。1929年，后来担任CIAM主席的荷兰规划师伊斯藤（Van Eesteren，1897—1988年）被任命为阿姆斯特丹总规划师，

① 清华大学营建学系编译组．城市计划大纲［M］．上海：龙门联合书局，1951．

② Eric Mumford. The CIAM Discourse on Urbanism, 1928—1960［M］. Cambridge: The MIT Press, 2000: 91.

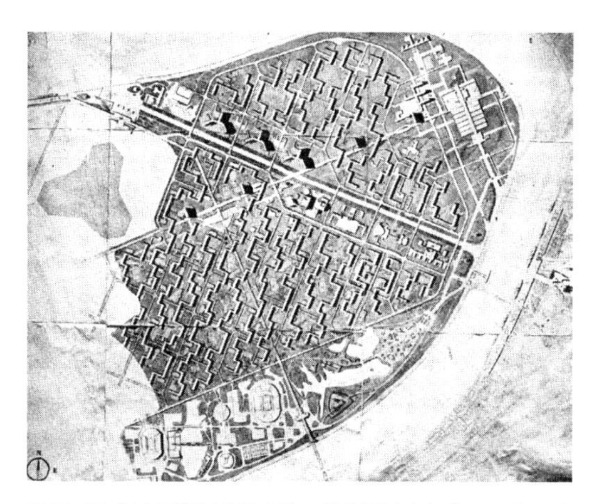

图15-29 柯布西耶制定的安特卫普市规划方案（1933年，未实施）

资料来源：Le Corbusier. Oeuvre complète, Vol. 2（1929—1934）［M］. Zurich: Les Éditions d' Architecture, 1936: 150.

图15-30 阿姆斯特丹规划鸟瞰渲染图（1935年，可见城市空间布局和建筑形式均完全不同于田园城市模式。可与图10-11比较）

资料来源：Eric Mumford. CIMA and Outcomes［J］. Urban Planning, 2019, 4（3）: 291-298.

遂于1929—1933年间为这座首都城市制定了新的总体规划，并在此后不断予以调整（图15-30）。伊斯藤采用了“基于过程性的规划方法”，首先对该市及其周边进行了细致的调研和分析，其功能分区与后来“功能城市”的四大分区一致，在此基础上布局各种相互关联的要素①，被视作是与田园城市规划不同的新规划路径②。由于伊斯藤主持该市的规划工作长达30年（1929—1959年），因而该方案的主要部分得以逐步实施。阿姆斯特丹规划方案是CIAM第四次大会之前的重要实践，体现了CIAM大力宣传的理性规划和功能性方案的诸多重要特征，也是“功能城市”思想的参考对象③。

1931年，巴塞罗那市委托本地在CIAM中活跃的一批青年规划师进行总体规划，柯布西耶也受邀参与，于次年正式公布最终方案（图15-31）。柯布西耶完整保留了巴塞罗那市的老城区，而在旁边规划了两片由商业和住宅建筑组成的新城区，其由典型的柯布西耶风格的多层和高层建筑组成。此外，还在南部沿海地带布置了供大众休闲的“娱乐城”（Leisure City）。旧城、居住区和娱乐区等不同部分之间用高速路系统连接，并延伸到与之相隔一段距离的工业区和码头，形成分区明确且联系便捷的空间布局。1932年的巴塞罗那规划方案既展现了柯布西耶之前的标志性规划手法，如居住单元等建筑形式及对绿地和交通的重视，但同时也融入了他对“功能城市”的思考如四大功能分区等，而“娱乐城”的

① Lidwine Spoormans, et al. Planning History of a Dutch New Town: Analysing Lelystad through Its Residential Neighbourhoods［J］. Urban Planning, 2019, 4（3）: 102-116.

② Stanley Buder. Visionaries and Planners: The Garden City Movement and the Modern Community［M］. Oxford: Oxford University Press, 1990.

③ Eric Mumford. The CIAM Discourse on Urbanism, 1928—1960［M］. Cambridge: The MIT Press, 2000: 60-65.

图15-31 柯布西耶参与指导的巴塞罗那规划方案（1932年，部分实施）

资料来源：Eric Mumford. The CIMA Discourse on Urbanism，1928—1960 [M]. Cambridge：The MIT Press，2000：72.

设置也体现了他设想的“通过住宅布局体现个体的个性，同时在日常性的体育等娱乐活动中体现集体精神”[①]。1932年，CIAM曾在巴塞罗那召开执委会，其核心成员讨论了这一方案的规划原则，之后第四次大会才正式提出“功能城市”思想。该方案的部分内容在1936年西班牙内战爆发前得以实施。

英国是田园城市运动的发源地和现代城市规划学科的诞生地。在1930年代以前，田园城市运动推崇的浪漫主义和乡村情调占据规划界主流，CIAM的英国分部即“现代建筑研究小组”（Modern Architectural Research Group，缩写为MARS）迟至1933年春才成立。其成立后立即响应大会组委会要求对伦敦进行了初步调研，并将成果在CIAM第四次大会上进行展示，这也是之后英国现代主义规划家制定伦敦规划构想的最初努力。1933年纳粹政府上台以后，包豪斯学派的重要人物格罗皮乌斯和科恩（Arthur Korn）等人相继流亡到英国，后者且留在英国从事教学和实践直至退休，与英国本土的现代主义建筑师、规划师一道推动了英国现代主义运动的发展。但与德、法力求与传统割裂不同，英国的现代主义运动无论理论还是实践从一开始就体现出借鉴英国传统的倾向。1930年代中后期英国产生了一批现代主义作品如坎索住宅（Kensal House）（图15-32、图15-33，另参见图13-9、图13-10），设计者除综合利用包豪斯学派和柯布西耶惯用的设计手法外，也努力在场地设计中融入英国园林的自由布局等特点。

英国现代主义城市规划的发展建立在对田园城市运动的批判和汲取的基础上。1933—1942年，英国现代建筑研究小组在科恩和英国本土规划师亚瑟·林（Arthur Ling，1891—1978年）的领导下，广泛收集和分析伦敦城市发展的各种数据，着眼于经济发展和交通效率，制定了新的伦敦规划方案。其将原本拥挤不堪的伦敦建成区彻底拆除，以泰晤士河、东西向铁道干线和外围环线为骨架，布置了16条南北向的通勤铁道，沿线重新布置居住区和工业区，组成一系列“卫星城”[②]（图15-34，另参见图3-34）。它们周边再环绕绿地，阻

① Eric Mumford. The CIAM Discourse on Urbanism, 1928—1960 [M]. Cambridge: The MIT Press, 2000: 79.

② Arthur Korn, Maxwell Fry, Dennis Sharp. The MARS Plan for London [J]. Perspecta, 1971 (13-14): 163-173.

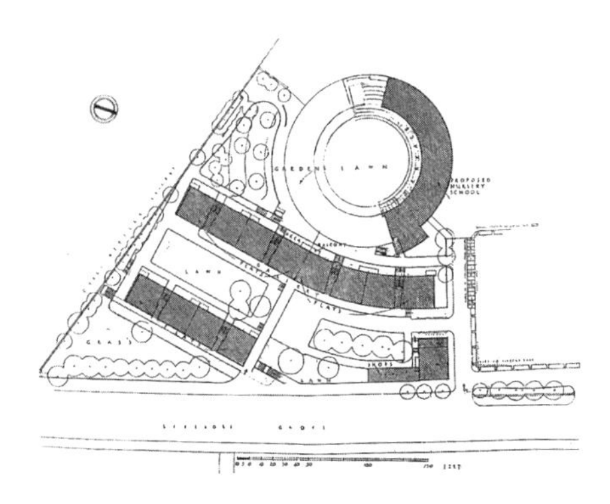

图15-32 坎索住宅总平面图（1937年，半圆形部分为育儿所）
资料来源：Kensal House［J］. Journal of the Royal Institute of British Architects，1937（3）：502.

图15-33 坎索住宅内院（1937年）
资料来源：CED Library，UC Berkeley.

遏其无序扩张。值得注意的是，居住区的设置参考了田园城市运动的最新理论即邻里单元，但在具体的单体建筑设计上则体现了柯布西耶的影响，有意与当时英国流行的独幢住宅区别开（图15-35）。可见，这一方案融合了带形城市、田园城市和“功能城市”思想，是英国早期现代主义规划运动的集大成作品，但其对历史城区和土地权属等现实情况的漠然态度，也注定了这一方案无法落实。

第二次世界大战爆发后，德国轰炸了英国的主要工业城市，考文垂等市的旧城区几乎被夷为平地[①]，但也为主张拆除旧城重新规划的现代主义规划家获得了施展的机会，得以系统地将现代主义规划方案落实并将其效果较为完整地向世人展现。在英国中央政府的鼓励和支持下，考文垂市总规划师、时年33岁的吉斯本（Donald Gisbon，1908—1911年）于1941年提出了立足于现代主义城市规划原则的重建方案（图15-36）。实际上，吉斯本早在数年前即已与其设计团队研究重建考文垂市中心的方案[②]。他将车行交通沿核心商业区外围布置，为商业区营造

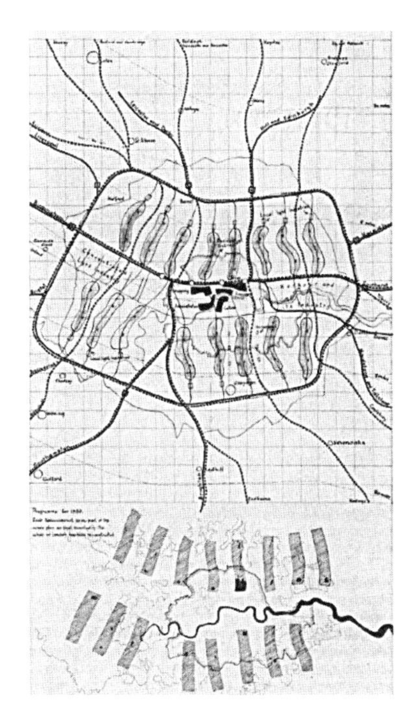

图15-34 MARS的伦敦规划（1942年）
资料来源：John Gold. “A Very Serious Responsibility”? The MARS Group，Internationality and Relations with CIAM，1933—1939［J］. Architectural History，2013，56：249-275.

① Stephen Ward. Planning and Urban Change［M］. London：Sage Publications，2004：76.
② Percy Johnson-Marshall. Coventry：Test of Planning［J］. Official Architecture and Planning，1958，21（5）：225-226.

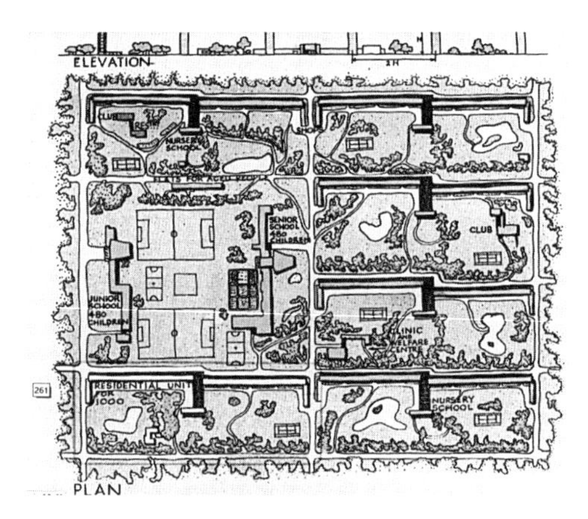

图15-35 MARS伦敦规划的邻里单元方案（亚瑟·林设计，1942年）

资料来源：John R. Gold. The MARS Plans for London, 1933—1942: Plurality and Experimentation in the City Plans of the Early British Modern Movement [J]. The Town Planning Review , 1995, 66(3): 243-267.

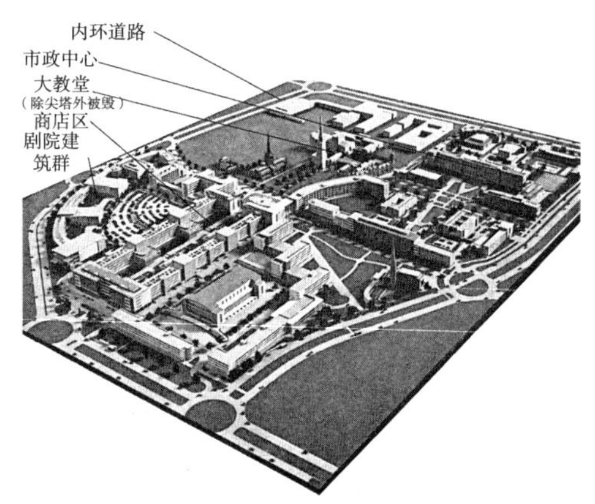

图15-36 考文垂市中心区重建规划方案模型（1940—1942年）

资料来源：Jeremy & Caroline Gould. Coventry Planned, 1940—1978 [J]. English Heritage, 2009.

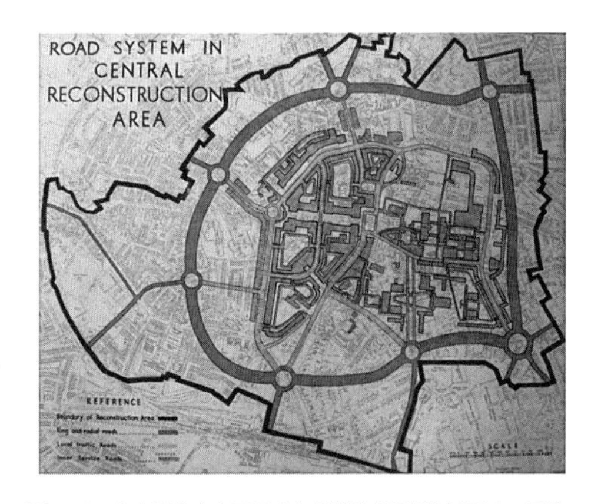

图15-37 考文垂市中心区重建方案道路交通规划（图中，黑色为重建范围、红色为外环线、黄色为内环线、绿色为步行道）

资料来源：Jeremy & Caroline Gould. Coventry Planned, 1940—1978 [J]. English Heritage, 2009.

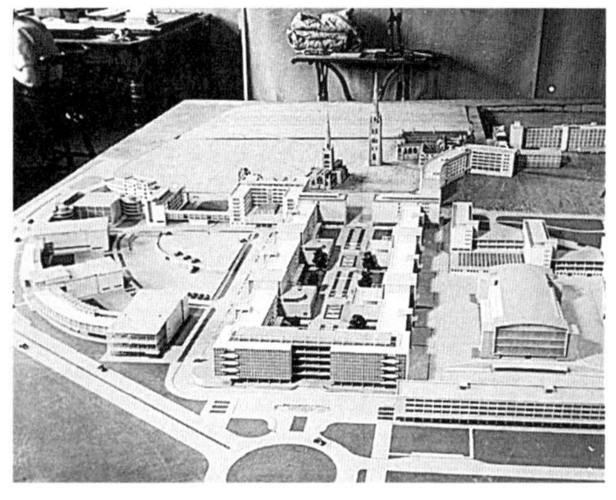

图15-38 考文垂大教堂残余之钟塔与新建现代主义风格商业区的轴线关系

资料来源：CED Library, UC Berkeley.

出良好的步行环境（图15-37）；重建区的商业、娱乐和市政建筑各自成组，相对集中布置，且都采用了简洁、实用的现代主义风格，其中商场上部的2、3层连廊实现了希尔勃赛玛的“高层城市”构思，创造出新型的商业氛围。但是，吉斯本摒弃了柯布西耶式的高层建筑，并使商业区的中轴与仅存的大教堂尖塔（大教堂建筑群后于1950年代复建）取直，体现出尊重传统的规划态度（图15-38）。吉斯本此后在考文垂总规划师任上致力于落实其规划，他于1955年离任后，另一位现代主义规划师亚瑟·林继任该职并完成了剧院的建设，使该规划得以完整实现。

1930年代以后，英国成为现代主义运动的新的重要舞台，而考文垂重建规划方案的实施则是现代主义规划运动的重大进展，引起全世界的极大关注。因此，英国政府逐渐转变立场，将现代主义规划与其前一直推崇的田园城市规划等量齐观，在战后重建的规划活动中发挥了重要作用，并将这些经验推向世界各国。

15.5　结语：现代主义规划与田园城市运动之融合

1912年，田园城市运动的主将恩翁设计了一个规模适当、与"母城"相距不远的理想"新城"，其靠近繁忙的港口，因此融合了工业、交通和居住等功能（图15-39）。这一"新城"模型成为之后沙里宁"有机疏散"理论的重要参考（见图10-5）。但同时，恩翁在此设计中体现的功能分区、道路系统和对交通联运的重视等特征，与柯布西耶参与的巴塞罗那规划（港口新城部分）也非常类似（见图15-31）。

1933年，阿伯克隆比在其名作《城市与乡村规划》一书中，对以柯布西耶为代表的现代主义城市规划与田园城市思想及其实践的关系做过比较精审的论述。他比较了田园城市式的发展模式与当时英国、欧洲大陆和美国城市的无序扩张如沿公路发展（ribbon development）或市中心高层麇集而与城市的腹地缺少联系等问题（见图1-4）。其中，柯布西耶的城市发展模式似乎相比其他更合理些，并且融合了田园城市的设计思想和风格：

> 柯布西耶先生的"明日城市"（容纳300万人口）与纽约那种在市中心聚集大批高层建筑的做法截然不同，也有别于田园城市的低密度模式。他提出维持或适量提高欧洲大陆城市现有的建设总量，但却通过降低建筑密度（降至15%）的方式达到此目的，并将所有的商业限定在市中心高700ft、间距1/4mi的高层建筑中……柯布西耶的规划遵循四个原则：①必须解决城市的拥塞问题；②必须提高建设总量（即容积率）；③必须提高交通效率和可达性；④必须增加城市中的公园和开放空间。

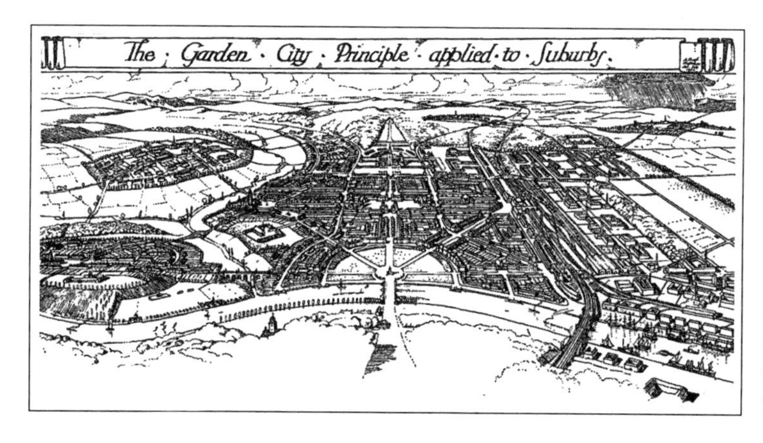

图15-39 恩翁勾绘的靠近港口的田园城市理想轮廓线
资料来源：Ewart Culpin. The Garden City Movement Up-to-Date［M］. London: The Garden Cities and Town Planning Association, 1913: 6.

> 但是，柯布西耶先生的规划也有其人性化的一面：他在城市郊外设置了“田园村镇”（cite-jardins），使在工厂工作的工人或者在市中心工作但倾向于在郊外生活的精英阶层拥有自己的“花园洋房”。足够宽阔的森林保护带或田野横亘于城市和这些田园村镇之间。因此，柯布西耶可算作是卫星城增长模式的鼓吹者之一，我们也可据此将他视为是对霍华德最先提出的田园城市发展模式的进一步发扬……当然，在埃比尼泽·霍华德和柯布西耶的规划思想两者之间，还存在其他很多规划思想，但也许这二者之间的差异并不像我们一般设想的那样巨大而不可弥合①。

现代主义城市规划思想的形成及其早期发展是现代城市规划思想史上的重要篇章，二战结束后这种规划思想和设计方法更是“登堂入室”，占据了各国城市规划和建设的主流。应该注意，现代城市规划（modern city planning）与现代主义城市规划（modernist city planning）并非同一概念。后者是现代城市规划学科发展洪流中的一股，也即本章着重讨论的主题，因其特重城市的功能及明确的分区也被称为功能主义城市规划。不应忽略的是，现代主义规划思想是在批判和反思田园城市运动弊端的基础上产生的，至1933年CIAM第四次大会以“功能城市”为主题，最终确定了现代主义城市规划的原则和方法。

本章追溯现代主义规划思想形成的历史背景，重点比较田园城市规划和现代主义规划这两种思想的异同及关联，简述现代主义城市规划兴起的历史背景，如美国城市实用化运动和泰勒制理论的出现及功能分区和交通技术的进步等因素，论述第一次世界大战以后德国的大规模住宅区规划实践、包豪斯学派的兴起和柯布西耶等人提出的各种构想，如何促进了现代主义规划思想的形成和发展。

1928年CIAM成立后，现代主义运动逐渐将重心转移到城市规划方面，以“功能城市”为旗帜提出了不少构想并开展了相应的规划实践，为现代主义规划在第二次世界大战后占据主流奠定了基础。

图15-40 “梅小组”（The May Brigade，意指从事苏联新工业城镇规划和住宅设计的恩斯特·梅及其德、荷等国规划师同事）在苏联合影（1931年，前排坐者左5为恩斯特·梅）
资料来源：https://commons.wikimedia.org/wiki/Ernst_May.

前文提及现代主义建筑师和规划师恩斯特·梅（图15-40）、希尔勃赛玛等对田园城市思想过于倚重前工业化社会情调、罔顾技术进步等观点的批判，尤其住房造价太高难以满足现代城市发展的需求。比较戛涅工业城市方案中的住宅与恩翁设计的住宅，即可知二者的立

① Patrick Abercrombie. Town and Country Planning [M]. London: Thornton Butterworth Ltd., 1933: 114-118, 127.

场差别之巨大。现代主义规划一方面批判田园城市的主张，另一方面融合了同样重视技术的带形城市设计手法，推崇机械美学和严格的城市功能分区，逐渐成为主流思想。

柯布西耶等现代主义规划家所代表的这种方法虽然是在田园城市和带形城市的基础上发展而来的，但随着现代主义运动逐渐在全球范围掌握话语权而被世界各国争相效仿，功能主义思想遂取代了之前的田园城市和带形城市思想成为主流。但即使如此，第二次世界大战后英国和北欧诸国的新城规划、建设也是根据田园城市思想进行的，而美国、日本等国亦常见基于带形城市的理性模型与实践。但就设计手法而言，二者早已相互渗透融会，丰富了各自的内涵。

有关现代主义规划思想、实践与田园城市的区别与联系，可见表15-1。

田园城市规划思想与现代主义规划的对比　表15-1

	田园城市（Garden City）	功能城市（Functional City）
思想来源	19世纪英国理想城市构想及社会改革思潮	大工业化生产与泰勒制；城市实用化、城市效率化、城市科学化
城市发展模式	疏散式发展	集中式发展，或集中式与疏散式并用
规划内容	以住宅区为主；“寓工于农”	包括住宅在内的城市各功能要素
政治立场	赞成资本主义制度下的社会改革	反对资本主义
设计方法	浪漫主义；重视构图	理性主义；重视过程
对工业化生产的态度	批判	大力支持
对自然景观和绿化的态度	赞成提高绿化率；以“留白增绿”、卫星城发展模式为手段	赞成提高绿化率；以集中式发展模式为手段
对住宅问题的态度	独幢住宅；“每英亩不超过12户”；以工艺美术运动风格为主	条状多层公寓式住宅（Zeilenbau）；居住单元（Unité d’Habitation）；现代主义风格
对交通的态度	重视交通联系；发展了楔形绿地理论，使绿地与道路结合布置	重视交通效率；交通枢纽为城市的核心要素
对功能分区的态度	霍华德的田园城市图示中包含功能分区，但未细化	四大功能分区为核心思想
街道与建筑关系	以住宅等沿街建筑构成沿街景观	建筑布局与街道形式无关
对历史城区的态度	保留不加触动；未形成完善的保护理论和处理手法	保留不加触动，或拆除重建；未形成完善的保护理论和处理手法

续表

	田园城市（Garden City）	功能城市（Functional City）
主导国家	英、美	早期德、法，1930年代以后逐步移至英、美
国际组织	田园城市协会，后改称住房与规划国际联盟（IFHP）	CIAM及各国分部（1928年以降）
国际影响	全球性的田园城市运动；促进英国为首的各国立法	二战前主要活跃于欧洲，二战后重心转移至美国并推广到全球

总之，现代主义规划思想是在对田园城市规划进行批判和反思的基础上产生和发展的，但在很多方面（人员、技术、立场等）与后者一致并积极对后者发展出的新理论如邻里单元等加以融合，不但丰富了现代主义规划思想，也促进了现代城市规划运动的发展。应该注意的是，不论田园城市规划还是现代主义规划，都表达出对传统城市的鄙视和漠视，其代表人物均体现了真理在握、不容置辩的自信；此外，在对待历史遗产方面也比较漠然，远未形成系统的理论和方法。这些共性后来遭到后现代主义或城市主义者集矢攻击，而这种新一轮的反思和批判也喻示了现代城市规划运动发展新阶段的到来。

第16章
区域规划思想之形成及其早期实践与影响

20世纪上半叶是全球政治格局剧烈变动的时期。在这种全球变局的大背景下，区域规划思想的形成及其实践不但是现代城市规划学科逐渐成熟的重要标志，也折射出西方政治、经济思想的演替。实际上，霍华德的田园城市思想已包含了区域规划观念，而早期英、美两国重要的规划家如格迪斯、恩翁、阿伯克隆比、亚当斯、斯泰因、麦凯、芒福德等相率参与了区域规划的理论建构与实践工作。从原先仅针对未建设的郊区住宅开发，扩张到跨越多个行政区划、统筹考虑资源配置的区域规划，生动地反映出现代城市规划在20世纪初发展的历史脉络。

本章根据西方政治、经济思想的发展历程及其对城市规划的影响，将20世纪上半叶划分为三个时间段，分别考察区域规划思想在西方尤其是英美两国的发展演进及其补充、完善等历史过程，指出19世纪中后叶英、美兴起的政治、经济、社会改革浪潮如“市政社会主义”和进步主义思想，是形成英美规划传统并导致区域规划在两国发展的根本原因，也使之领先于欧洲大陆国家。同时，美、英两国的区域规划发展各循自下而上和自上而下的不同路径，但相互借鉴补充，在思想、方法、制度和教育基础等诸方面为区域规划在二战后大行其道奠定了基础。

16.1　从城市规划到区域规划：一种规划观念之产生与普及

区域规划“从发展历史上看，主要是在城市规划的基础上扩大范围而开展起来的”[①]。区域规划与城市规划有无本质区别呢？是否将主要针对城市的“城市规划”的规划原则和技术方法扩大到一定范围，就是区域规划？抑或区域规划所需考虑的不只是大城市本身，而是兼顾广大区域内的次级城镇和农村腹地的发展情形，从而形成新的规划愿景和原则？

究其本质而言，作为区域层面的空间发展计划与行动，区域规划已不局限于物质空间布局的范畴，而成为政策手段的继续，即“为实现一定地区范围的开发和建设目标而进行的总体部署”，是介乎全国性经济规划和城市规划之间的规划层级而为后者发展提供了依据。因为区域规划牵涉较多学科，对其认识也不尽相同，或将其作为“人文地理学的重要

① 胡序威．国土规划与区域规划［J］．经济地理，1982（1）：3-8．

内容之一”（胡序威）[①]，或视作经济地理学的有益补充[②]，或将之理解为“是国家空间治理的重要手段”[③]。城市规划学界比较统一的看法，是在较大地域范围上对社会、经济、科技等各方面发展进行综合分析后所作的总体战略部署[④]。无论哪种定义，都突出了区域规划工作的综合性及其战略意义，“是合理地分布各地区生产力的重要方法，是一个地区范围内整个经济建设的战略布署，是国民经济计划的具体化”[⑤]。

事实上，区域规划的观念产生很早，其重要性也很快为人们所认识。20世纪初的规划家很早就认识到有必要在包含了若干个地方政府的区域内对其发展进行综合统筹的规划[⑥]。以最早通过城市规划立法的英国为例，在1919年的政府公告中即提出“真有价值之建设计划，殆不能仅就各市、乡区界限而拟定”，而需顾及多个行政区域间的合作，因而很快在全英国成立了12个区域委员会从事协同规划[⑦]，至1930年更发展到60多个“联合区域计划委员会”（Joint Town Planning Committees）[⑧]。但是，直到第二次世界大战结束后英国才真正开始实施区域规划。法国区域规划的开展甚至更晚，到1960年代才制定出第一版巴黎及其周边的区域规划[⑨]。可见，区域规划思想自其萌生到被议会民主制国家接受而普遍施行，经历了漫长的历史过程。与之形成鲜明对比的是，苏联在十月革命后全面实行土地公有，早在1919年就开始推行区域规划，其区域规划理论和方法后来为包括我国在内的社会主义阵营国家所习仿[⑩]；德国、日本在1930年代也曾相率模仿苏联的“五年计划”模式和区域规划方法，对该国的经济资源进行统筹布局，继之进行各地城市建设。

为什么在资本主义国家，尤其是自由主义传统影响深远的国家，区域规划的发展较为迟缓呢？首先，西方各国普遍实行的土地私有制是区域规划发展的最大阻碍之一。19世纪欧美各国的政治思想家和经济学家对土地私有制提出质疑、批判并提出过各种土地公有化方案，但遭到地主阶层的极力阻挠。而城市规划能否有效施行的核心，就是如何获取处置

---

① 区域规划［EB/OL］. 中国大百科全书（第一版）· 建筑、城市规划、园林卷 https://h.bkzx.cn/item/78208?q=%E5%8C%BA%E5%9F%9F%E8%A7%84%E5%88%92.

② 张之，张学芹. 经济地理学与区域规划［J］. 地理学报，1960（2）：129-134.

③ 武廷海. 区域规划概论［M］. 北京：中国建筑工业出版社，2019：27.

④ 王浩. 区域规划理论与方法［J］. 管理世界，1993（2）：155-158；吴万齐. 开创区域规划工作的新局面［J］. 建筑学报，1983（5）：1-6，81-82.

⑤ 张之，张学芹. 经济地理学与区域规划［J］. 地理学报，1960（2）：129-134.

⑥ Patrick Geddes. Cities in Evolution［M］. London：Williams & Norage，1915. Patrick Abercrombie. Regional Planning［J］. The Town Planning Review，1923，10（2）：109-118.

⑦ Patrick Abercrombie. Regional Planning［J］. The Town Planning Review，1923，10（2）：109-118.

⑧ G. L. Pepler. 英格兰及威尔士之区域计划［J］. 工程译报，1930，1（2）：56-60.

⑨ Matthew Wendeln. Contested Territory：Regional Development in France，1934—1968［D］//History. Ecole des Hautes Etudes En Sciences Sociales. New York：New York University，2011；Frémont Armand. Regional Planning in France：Theory and Practice.［J］// Espace Géographique. Espaces，Modes d' emploi. Two Decades of l' Espace Géographique，an Anthology，1993（1）：33-46.

⑩（苏联）胡阿廷. 区域规划问题［M］. 北京：城市建设出版社，1956；张之，张学芹. 经济地理学与区域规划［J］. 地理学报，1960（2）：129-134.

土地及因地价增值所致的经济利益的合法权利。1909年以后英国城市规划的缓慢发展很大程度上正是由土地权属分散造成的。因此，牵涉面更广、利益纠葛更加复杂的区域规划更加难以推进。

其次，在行政区划和权属方面，地方政府负责各自规划方案的制定和实施并对相应区域征税，例如1930年代英国各地方政府中负责城市规划的部门多达1400多个[①]，各自为政、互不统属，其深厚的地方自治传统更导致跨越行政边界的区域规划活动难以实行。即使如1920年代的英国那样因产业协同发展等原因成立了跨行政区的委员会，也因缺少直属中央的权威机构而多流于形式，无法见诸实效。

最后，19世纪末到20世纪初，主导欧美国家意识形态的自由主义思想逐渐开始遭到质疑，社会舆论和意识形态也随之发生变化。19世纪末发源于美国的进步主义运动（Progressivism）要求政府摒弃此前的自由放任政策，打击垄断资本，加强对经济的干预，并担负起提供廉租房、养老金、义务教育等社会福利的责任。进步主义改革运动牵涉极广，举凡地税改革、平民住房改革、女性平权运动、专家委员会制度之出现及至传教政策迁变等，均与之密切相关，后文提及的美国规划家都成长于这一时期，其深受进步主义思想的感染。而在大洋彼岸的英国，从1870年代开始在地方上尝试扩大政府权力，即以由公营公司提供燃气、供水为主要内容的"市政社会主义"（municipal socialism），进至由英国议会立法推行各种改革，包括逐步扩大政府对土地征收和统一开发的权力，历经大半个世纪才为第二次世界大战后英国区域规划的实施奠定了基础。但是，从一种思想提出到转为可最终施行的政策存在漫长的历史过程，区域规划就是在这一背景下逐渐形成和发展起来的，并且深刻影响了政府的组织形式和经济政策。

区域规划作为一个重要的议题，早期的重要规划家如格迪斯、阿伯克隆比等已就其本质和方法进行过系统论述[②]，一个多世纪以来国内外研究成果也很多[③]。但是，既有中外文献大多以区域规划在某地、某一时段的发展或某些实践为研究对象，罕少从全球视角勾勒这一规划思想发展的轨迹。目前区域规划研究最权威的著作是霍尔（Peter Hall）出版于1975年的《城市和区域规划》，此书曾累经再版和翻译，但如作者所言其书"以英国的观点来撰写，为英国的读者服务"[④]，主要论述的是1945年以后的情况，对区域规划初创时期的发展描绘过简。并且，在这种"英国中心主义"的视角下，该书几乎没有提及美国在区

① Barry Cullingworth, et al. Town and Country Planning in the UK [M]. London: Routledge, 2015.

② Patrick Geddes. Cities in Evolution [M]. London: Williams & Norage, 1915; Patrick Abercrombie. Regional Planning [J]. The Town Planning Review, 1923, 10 (2): 109-118.

③ Peter Hall, Mark Tewdwr-Jones. Urban and Regional Planning [M]. London: Routledge, 2010; Stephen Ward. Planning and Urban Change [M]. London: Sage Publications, 2004; Michael Bally, Stephen Marshall. The Evolution of Cities: Geddes, Abercrombie and the New Physicalism [J]. The Town Planning Review, 2009, 80 (6): 551-574.

④ 彼得·霍尔. 城市和区域规划 [M]. 邹德慈，李浩，陈熳莎，译. 第四版. 北京：中国建筑工业出版社，2008：vi.

域规划发展中的贡献。而美国区域规划史家斯潘（Edward Spann）关于美国城市规划协会的著作则以其成员为对象，又很少涉及大西洋彼岸区域规划的相关进展[①]。国内系统梳理西方区域规划思想起源和发展的相关成果则更少。

因此，本章依据区域规划发展的三个历史阶段——从19世纪末到第一次世界大战结束的1918年为初生阶段、1919年至1933年为其在欧洲遭遇重重困难但在美国取得较大进展阶段、1933年至1945年为其在大西洋两岸均蓬勃发展阶段，在20世纪上半叶全球变局中追溯区域规划思想形成、充实及其实践与制度化的发展过程，呈现较完整的历史图景。在此过程中，区域规划思想不断发展和丰富其自身，挣脱了物质规划的羁绊而成为推动社会改革和推行新政策的重要工具和载体，从而改变了欧美各国的城市空间和生活方式，形成新的政治、经济思想和意识形态。因此，本章亦拟考察其如何进入公众视野并成为经济政策的组成部分，终致大大扩张"规划"的边界和含义，更进而改变了欧美各国的空间形态以至政治、社会和意识形态，体现出区域规划由社会改革所驱动且与国家政策紧密联系的重要特征。

16.2　区域规划思想之兴起及其困境：19世纪末至1918年

现代城市规划在其酝酿时期就包含了区域规划思想，这也是现代城市规划区别于19世纪及其之前各种理想城市方案的重要特征之一。

1882年，志在推动社会改革的西班牙火车工程师索里亚（Arturo Soria y Mata，1844—1920年）提出了带形城市思想（Linear City），并于1892年开始在马德里郊外购并土地、逐步实施。带形城市思想依赖当时逐渐发展成熟的轨道交通技术，提出以疏散人口和产业的方法解决过度拥挤、污染严重等城市问题，进而实现社会改良。有关带形城市思想国内外研究较多，唯应注意带形城市思想同样也强调城市扩张与其周边腹地的协同发展，"在主街两侧有序地建造住宅和城市的各类设施，并在外围布置工业，实现人口和产业的转移"，而工业区外围则是禁止开发的农田和郊外公园，从而实现索里亚提出的"乡村城市化；城市乡村化"目标。但是，在较长时间内，带形城市思想的实践和传播仅限于马德里和拉美国家，影响远不如之后兴起的田园城市运动。而且由于望文生义，人们多将其与沿公路发展的城区蔓延（ribbon development）相混淆，也滋生出种种误解[②]。

1898年，霍华德出版《明日》，在书中提出著名的田园城市思想，详细描绘出一种人口规模有限（最多32000人），其城区由绿地或农田限定，兼顾工农业发展的新型城市。

---

① Edward Spann. Designing Modern America: The Regional Planning Association of America and Its Members [M]. Columbus: Ohio State University Press, 1996.

② 刘亦师. 带形城市规划思想及其全球传播、实践与影响 [J]. 城市规划学刊, 2020 (5): 109-118.

霍华德的真实意图，是在一个广大区域内相隔一定距离重复建设这种“田园城市”，促成区域中心城市（“母城”）的消解并围绕其形成“社会城市群”（Social Cities），我国近代亦译作“复合田园都市”（图16-1）。通过这种方式，得以将现有大城市的冗余人口和工业疏散到其周边自给自足的“新城”中，其相互间通过便捷的水陆交通彼此联结为一有机体，而在较大空间范围中实现区域协调发展，最终以渐进、和平的方式重塑英国的城乡空间结构。在田园城市思想影响下，英国的早期规划家以伦敦为对象提出过一些立足于区域解决城市问题的方案，但尚缺少坚实的规划依据和可行的技术手段（图16-2，另见图3-30）。

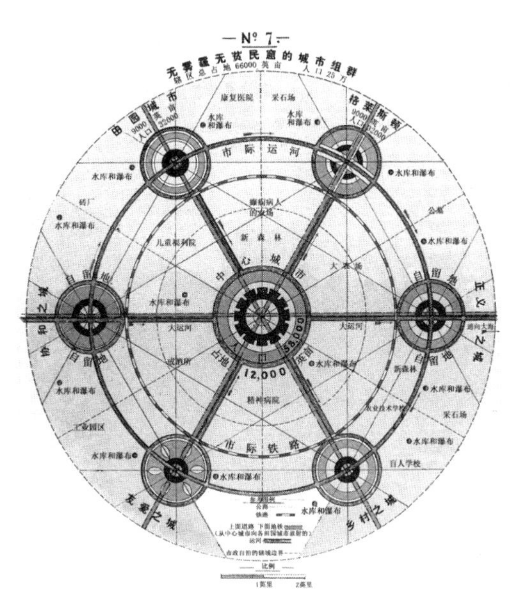

图16-1 霍华德书中的“社会城市群”图示（1898年）

资料来源：E.Howard. To-Morrow：A Peaceful Path to Real Reform［M］. With Comments by Peter Hall，Dennis Hardy and Colin Ward. 包志禹，卢健松，译. 北京：中国建筑工业出版社，2020：259.

可见，着眼于区域及区域内协调发展是田园城市思想的重要内容和最终目的。但是，随着田园城市运动的开展，住宅区规划、道路形式、景观朝向等物质空间的内容日渐成为这场运动关注的焦点，甚至将规划目标简单理解为“每英亩12户住房”[①]。这些侧重设计手法和技术标准的发展，固然使田园城市式的规划设计易于仿效，有助于在全球传播和扩大影响，但霍华德最初的社会改革目标则被搁置不问，其区域规划的宏图也无从谈起。

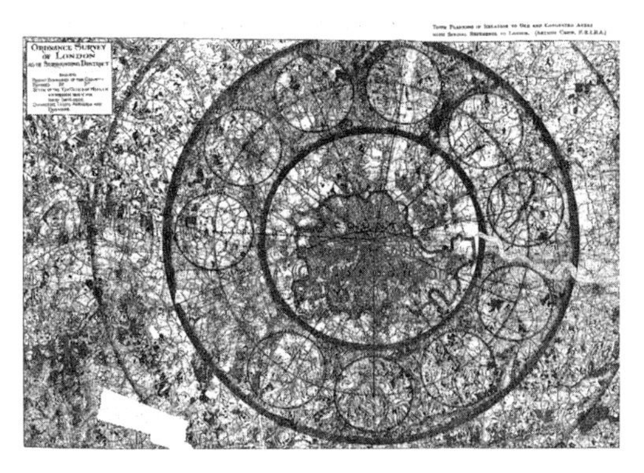

图16-2 英国规划家Arthur Crow所做围绕伦敦的区域规划方案（1910年）

资料来源：Arthur Crow. Maps of Ten Health City［C］//The RIBA. Town Planning Conference（London，Oct 10-15，1910）Transactions. London：RIBA，1911：410.

事实上，在田园城市运动中，开发商在地价较低的城郊兴建了大批田园住区（garden suburb），但它们多沿公路延绵分布，不断侵占农田并破坏了英国农村的景色，引起各界的批评。这种缺少城乡统筹

① Raymond Unwin. Nothing Gained by Overcrowding［M］. New York：Routledge，2014（Reprint of 1912）.

考虑、简单地扩充居住区的方式，虽然扩大了城区范围，但并未形成真正意义上的“区域”——即“社会、经济和生态环境相互关联的复合系统”[①]，相反地还对原来的生态格局造成了破坏，也无法有效地实现人口和产业疏散的目的，因而导致了不少英国规划家对田园城市运动的抵制。

现代城市规划形成初期，发源于欧洲的带形城市思想和田园城市思想是关于城市疏散的两种重要思想，深刻影响了西方城市规划学科的形成与发展，二者均包含了区域规划的内容。欧洲富有远见卓识的规划思想家在这一时期已对区域规划理论开展了讨论。如格迪斯在1914年就提出必须将城市规划问题置于相应的区域中加以考虑，并且提出“调查、分析和制定方案”作为规划方法的三个基本步骤，且强调对各种资源、设施和民情（folk）的详细调查在区域规划中尤为重要。这些理论工作对之后美国开展的区域规划理论争论和实践发挥了重要影响。同时，这一时期也产生了新的规划方法如楔形绿地等，成为之后区域规划发展的重要工具[②]。

20世纪初至第一次世界大战前，欧洲主要城市如巴黎、柏林、维也纳、罗马等以其城市整体局部地区为对象，都曾举办过规划竞赛。这些设计中最著名者为大柏林规划竞赛（Greater Berlin Competition），获奖方案均力图贯彻田园城市思想关于绿化隔离带和区域交通网络等主张，但重点仍集中在城市设计上[③]。这些以“区域规划”为名的规划方案，均着眼于城市空间形态及郊区与城区的关系，其空间范围不过市区及其近郊而已，也未涉及产业和经济布局等内容，仍未脱城市规划的窠臼。截至第一次世界大战结束，欧洲区域规划的实践很少，并未形成大的影响，其观念普及尚待时日。

但是，在大西洋彼岸的美国因其地大物博、山川地理适合划分为不同的经济区，美国规划家在20世纪之交业已进行了富有成效的实践。英国规划家阿伯克隆比曾在1920年代初撰文介绍美国区域规划的进展[④]，批评欧洲区域规划的误区与发展迟缓，并指出1880年代的美国波士顿及其周边的园林路规划是最早、最成功的案例，其规划观念和管理经验深值借鉴。

园林路（park-way）是美国景观学之父奥姆斯特德（Olmsted）在1868年完成纽约中央公园设计后提出的构想，用以连接城市内外的不同公园，以形成更多市民易于接近的休闲地带。其原型是巴黎、柏林等欧洲大城市的林荫大路：宽阔的道路两侧栽种若干排行道树，街道截面被行道树分割为不同的功能部分并对应相应的城市活动，而道路的目的地是市内及郊区的公园和休憩娱乐空间。从1868年开始，奥姆斯特德将“城市公园—园林路”

① 李其中，李小平．区域规划中的几个问题［J］．资源开发与保护，1989（3）：48-49．

② 刘亦师．楔形绿地规划思想及其全球传播与早期实践［J］．城市规划学刊，2020（3）：109-118．

③ Duygu Ökesli．Hermann Jansen’s Planning Principles and His Urban Legacy in Adana［J］．METU JFA．2009（2）：45-67；刘亦师．西方国家首都建设与现代城市规划之起源及发展（1850—1950）［J］．城市与区域规划，2021．

④ Patrick Abercrombie．Regional Planning［J］．The Town Planning Review，1923，10（2）：109-118．

体系思想应用于纽约州水牛城的城市规划和建设中，但范围主要还限于市区和近郊地带（图16-3）。

1886年，奥姆斯特德受聘主持波士顿地区的公园及园林路规划工作。由于波士顿周边多沼泽河流且地近大西洋，在建设中须综合考虑潮汐对沿海湿地的影响，并使绿地公园的规划与波士顿和周边大小城市发展相适应。在规划过程中，奥姆斯特德及其助手（Charles Eliot）在对目标区域进行详细调查后，说服波士顿及周边县市联合成立了联合委员会[①]，负责协调跨行政区的工程进展和利益协调工作，并集资统一征购土地，再盱衡全局布置公园、保护湿地和进行道路建设[②]。至20世纪初，波士顿及其周边共建成25mi的园林道路，其范围涉及波士顿周边共38个地方政府的行政区划，面积广达15000英亩，几乎涵盖波士顿地区沿岸全境，也证明了“联合行动并共同承担经济上的责任”是开展区域规划的可行方式[③]（图16-4）。

图16-3 纽约州水牛城的公园道系统
资料来源：University at Buffalo Online Library Mapping Collection.

除了设计方法和工程建设上的成就外，该例对区域规划的管理方式和规划观念的扩展也有重要的借鉴作用。波士顿区域园林路规划考虑了波士顿周边各地的特征，在道路布局上结合城市发展的趋势，不止步于向市民提供休憩娱乐空间，而是依托新建的道路网，争取在波士顿周围各县市都创造繁荣就业的机会，在波士顿以外努力形成人口和产业繁盛的次级中心。这与以波士顿为中心向周边地区扩展其郊外住宅区的“蔓延”方式截然不同，而是在共同利益的驱使下联合多个地方政府逐步推动区域规划的实施。并且，波士顿区域园林路规划与建设的经验，已得到大洋彼岸英国规划师和建筑师的关注，如利物浦在1910年代已开始建设连接城区与郊区的公园路系统；阿伯克隆比也认识到“多个中心的协同

① 先后成立了公共保留地托事会（Trustee of Public Reserves）负责协同各地方政府制定政策如购买土地和优化空间布局，及大城区公园委员会（Metropolitan Park Commission）负责处理具体的建设事宜。

② Matthew Dalbey. Regional Visionaries and Metropolitan Boosters［M］. New York: Springer Science, 2002: 20-24.

③ Patrick Abercrombie. Regional Planning［J］. The Town Planning Review, 1923, 10（2）: 109-118.

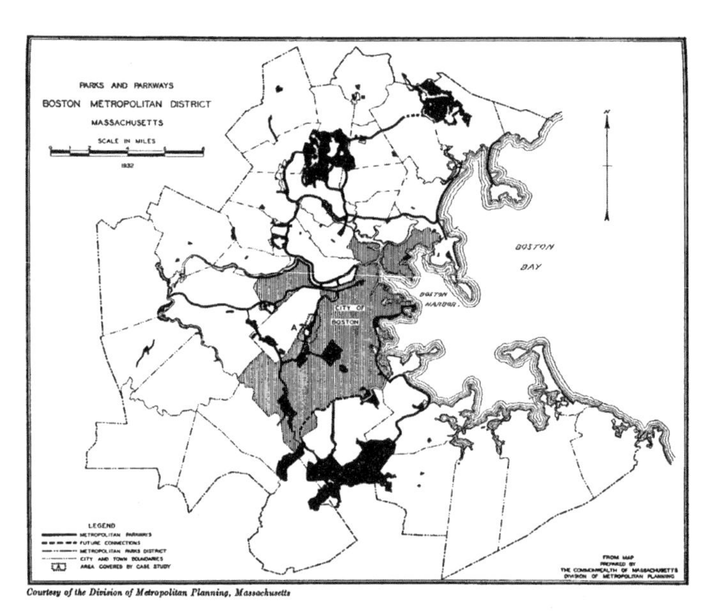

图16-4 波士顿及其周边区域的公园绿地与道路系统

资料来源：John Nolen，Henry Hubbard. Parkways and Land Values［M］.Cambridge：Harvard University Press，1937：15.

发展远较一个中心城市主导一切要好得多”①，这一观念也成为贯穿他此后规划生涯的基本原则。

16.3 区域规划观念与方法之发展及其早期实践（1919—1933年）

第一次世界大战结束之后，欧洲各国相率开始战后重建工作。各国政府不但需要为复员军人和因战争流离失所的一般居民提供住宅，同时还需解决工业化进程产生的新问题如老工业区凋敝等。这迫使欧洲各国政府着手研究范围更广的区域规划问题并进行局部的实践，但直至希特勒上台（1933年）其推进仍十分迟缓。相对而言，无论在区域规划的理论探索还是实践方面，美国在这一时期仍大幅领先于其他国家。

16.3.1 欧洲的区域规划发展

1909年英国议会通过了世界上第一部有关城市规划的法案——《住房、城市规划等法案》（The Housing，Town Planning，etc. Act）。这部法案是现代城市规划学科成立的重要标志之一，但多被规划史家认为其目标和范围过于狭隘，针对的是英国城市郊区新建居住区

① Van Roosmalen，P.K.M. London 1944：Greater London Plan［M］//En Bosma K.，Hellinga H.，ed. Mastering the City：North-European Town Planning 1900—2000（258-265）. NAi Publishers/EFL Publications，1997：258-265.

的空间布局，条文也失之约束力，因此成效不彰[①]。1919年，英国通过了第二部城市规划法，相比10年前的法案，以强制性条文规定在2万人以上的城镇凡新建的居住区必须事先制定规划方案。但究其本质，这两个法案“不过是针对城市郊区的规划法案”[②]，其空间范围主要针对待开发区域。不同的是，在第一次世界大战结束后，英国政府为兑现战争期间所作“为复原老兵提供体面住房”（home fit for heroes）的承诺，在1919年的规划法案中也将整治和重建城市中拥挤不堪的旧城区列入规划对象，使贫民窟地区的清除和改造成为当务之急。

为了推进这一工作，英国议会委任刚当选议员的张伯伦（Neville Chamberlain，1869—1940年）[③]主持“非健康地区调查委员会”（Unhealthy Area Committee），研究旧城区现状及其改进方式，并就新的居住模式和住宅方案提出建议。张伯伦曾担任伯明翰市长，一直积极推动1909年英国规划法案的实施，在住房和城市规划方面卓有声名。非健康地区调查委员会针对伦敦等大城市的旧城区改造，在1921年的最终报告中明确提出将居民和部分产业向伦敦城区以外进行疏散，并建议以田园城市式的卫星城和独幢住宅容纳这些外迁人口，也是英国规划史上最早提出将伦敦人口向周边区域有序疏散的官方文件[④]，1920年代以降关于伦敦的历次规划都参考了这份报告的结论，影响巨大、深远。

为了有效遂行将人口向伦敦周边疏散，该报告向议会建议，应在伦敦及其周边区域内新组建类似“伦敦市及其周边郡联合会”（Parliament of London and Home Counties）的新机构，专门负责区域发展之责，综合处理铁道和公路的布局、新城和工厂选址等问题[⑤]。除此以外，这一报告还提出，为形成伦敦的宜居环境，需将60万左右人口迁离伦敦及其周边，其去向和安置办法则应“成立其他专门委员会加以研究”，意即需在伦敦以外的更大区域内处理过于集中的人口和工业问题[⑥]。

从1920年代中期开始，张伯伦长期主政英国卫生部（当时英国城市规划工作归属该部管理），以致力于疏散伦敦人口闻名。1927年，张伯伦组建了大伦敦区域规划委

---

① George Sause. Land Development—Value Problems and the Town and Country Planning Act of 1947 [D]. New York: Dissertation of Columbia University, 1952.

② Patrick Abercrombie. Regional Planning [J]. The Town Planning Review, 1923, 10 (2): 109-118.

③ 其为曾在伯明翰市发起推动过“市政社会主义”的老张伯伦（Joseph Chamberlain）之子。刘亦师．“局外人”（二）：进步主义思潮与西方现代城市规划之形成及其早期发展［J］．建筑史学刊，2021（4）.

④ Gordon Cherry. The Place of Neville Chamberlain in British Town Planning [M] //G. E. Cherry, ed. Shaping an Urban World. London: Mansell, 1980: 166-79.

⑤ Simon Pepper, Peter Richmond. Homes Unfit for Heroes: The Slum Problem in London and Neville Chamberlain's Unhealthy Areas Committee, 1919—1921 [J]. The Town Planning Review, 2009, 80 (2): 143-171.

⑥ Jerry White. The "Dismemberment of London": Chamberlain, Abercrombie and the London Plans of 1943–1944 [J]. The London Journal, 2019, 44 (3): 206-226.

员会（Greater London Regional Planning Committee），并聘任英国当时最著名的规划家、田园城市运动的主将恩翁（Raymond Unwin）为总规划师，负责研究和制定伦敦及其周边地区的总体规划。恩翁提出伦敦的周边地带应作为禁止开发的绿地或农田处理，新建和扩建的“卫星城”则应散落在这些绿地中，而绝不应连片发展[①]。恩翁于1929年和1933年分别提出了两轮规划方案，均以构成环绕伦敦建成区的绿地空间为主要目标，进而提出了“绿化隔离带”（green girdle）的概念，在建成区和郊区外围形成环状的绿地系统（图16–5）。恩翁的这些规划正处于全球性经济危机愈演愈烈期间，难以实施，但其绿化隔离带的形态则产生了长久的影响。

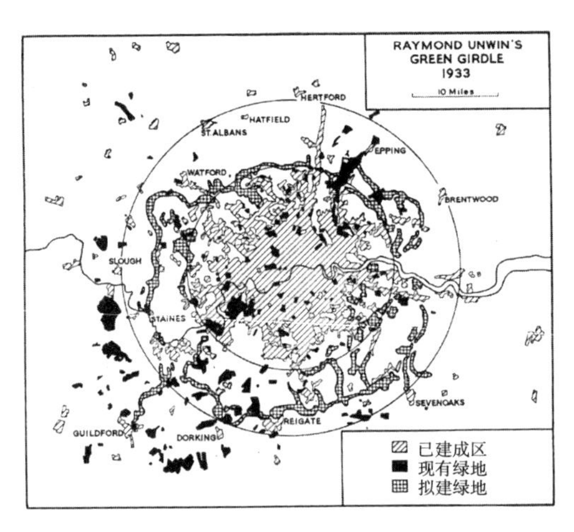

图16–5 恩翁的第一版伦敦区域规划方案（深色表示现有绿地的分布）

资料来源：David Thomas. London's Green Belt［J］. Ekistics, 1964, 17（100）: 177-181.

此外，张伯伦于1937年当选英国首相，旋即委任著名的巴罗委员会（Barlow Commission）从事全国性工业布局和伦敦疏散问题的研究，“体现其政治家的卓见”[②]。但因张伯伦在外交上推行“绥靖政策”而广遭诟病，也使其对英国城市规划发展的某些重要贡献被长期忽略。

欧洲其他国家在区域规划方面的进展同样十分迟缓。魏玛德国曾授权各邦在其行政区划内制定相应的区域规划。1920年普鲁士邦鲁尔煤矿区成立鲁尔定居点协会（Siedlungsverband Ruhrkohlenbezirk），于1927年制定了跨越多个地方政府的行政界限统一布局城镇发展规划，可视作欧洲大陆较早的区域规划实践[③]（图16–6）。其与英国煤矿区组成的区域性联合规划相似，与自然资源的开采利用有很强的依附性，规划的目标明确且较狭窄，尚未形成系统的规划理论。整体而言，这一时期的欧洲各国区域规划的发展相对迟缓，区域规划尚未引起足够重视，也没有真正成为中央政府的政策工具。

① Fabiano de Oliveira. Green Wedge Urbanism［M］. London: Bloomsbury, 2017: 52-53.

② Stephen Ward. Planning and Urban Change［M］. London: Sage Publications, 2004: 72.

③ Elke Pahl-Weber, Dietrich Henckel, ed. The Planning System and Planning Terms in Germany: A Glossary［M］. Hanover: Akademie für Raumforschung und Landesplanung, 2008: 33-34; Claas Beckord. Der Regionalverband Ruhr als Akteur der Regionalentwicklung und -planung in der Metropole Ruhr（The Ruhr Regional Association as an Actor in Regional Development and Planning in the Ruhr Metropolis）［J］. Mitteilungen der Essener Gesellschaft für Geographie und Geologie, 2010（1）: 59-64.

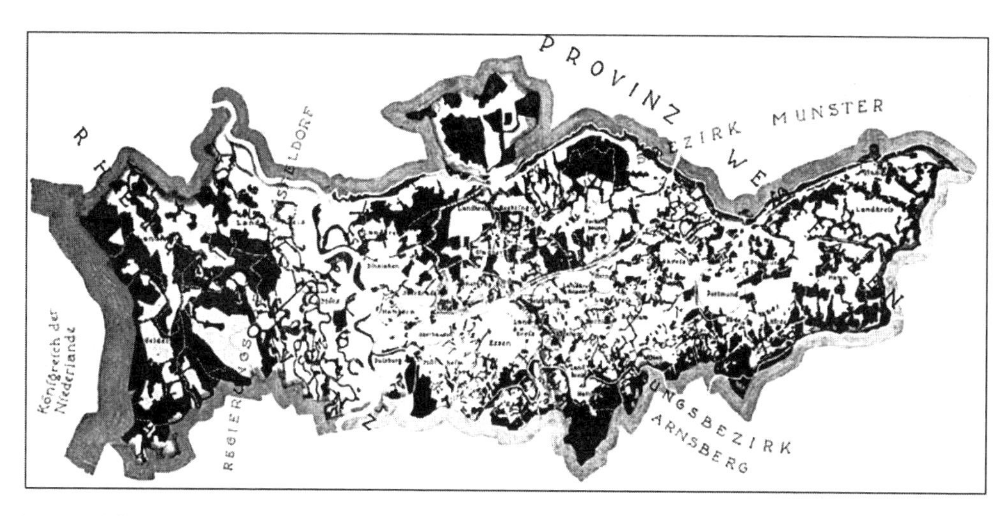

图16-6 跨多个行政单元的鲁尔区工业发展规划（1927年）

资料来源：Claas Beckord. Der Regionalverband Ruhr als Akteur der Regionalentwicklung und -planung in der Metropole Ruhr (The Ruhr Regional Association as an Actor in Regional Development and Planning in the Ruhr Metropolis) [J]. Mitteilungen der Essener Gesellschaft für Geographie und Geologie, 2010 (1): 59-64.

16.3.2 麦凯及其阿拉巴契亚山脉区域规划方案的提出与实施

阿巴拉契亚山脉（The Appalachian Mountains）是纵贯北美洲东部的巨大山系，也是这一区域诸多山脉的总称。其北起加拿大东南沿海，经美国“新英格兰”地区（即5个最早建立的英国殖民地州）延伸到东南部的田纳西州和阿拉巴马州，延伸2600多公里，穿行14州[①]。阿巴拉契亚山脉自然资源丰富且风景壮丽，同时地近美国工业最发达的东北地区，向来是人们度假出游的目的地。因此，随着19世纪中叶以后美国日渐富庶，各州对其境内的山区都进行了一定的开发[②]，但这些工作尚未统合起来。

1921年，曾在美国林业部任职的美国林学家麦凯（Benton Mackaye，1879—1975年）经过多年的实地考察和思考，在《美国建筑师学会会刊》上发表了题为“阿巴拉契亚山道：一个区域规划项目”的文章（下文简称“山道”）[③]，提出著名的“阿巴拉契亚山道”（The Appalachian Trail）方案（见图10-15），进而阐明了其作为区域规划实践的重要意义。这一论文篇幅不长，但一经发表即引起规划界和政界的广泛关注，也得到了各州政府的响应，促生出一系列跨行政区的新机构以协调此后整个山脉的保护和开发，是美国城市规划发展的里程碑式事件。

① 阿巴拉契亚高地[M]//中国大百科全书（第一版）·世界地理卷. https://h.bkzx.cn/item/48776?q=%E9%98%BF%E5%B7%B4%E6%8B%89%E5%A5%91%E4%BA%9A

② Matthew Dalbey. Regional Visionaries and Metropolitan Boosters [M]. New York: Springer Science, 2002.

③ Benton Mackaye. An Appalachian Trail: A Project in Regional Planning [J]. The Journal of the American Institute of Architects, 1921 (IXX): 3-7.

西方城市规划学科在其初生时期，很多发挥重要贡献者都来自与空间规划或城市地理不相干的其他领域[①]，麦凯同样是这样的“局外人”之一。他1900年毕业于哈佛大学林学系，之后相继就职于美国林业部、美国地质调查局（United States Geological Survey）和劳工部等部门。在这些工作经历中，他除搜集到大量森林和地理的第一手资料外，还广泛接触了宏观经济和就业等领域，得以在更宽阔的视野下考察阿巴拉契亚山脉及其周边城市发展的问题。

在1921年的文章中，麦凯提出了不同于以大城市为核心、向周边农村区域建设公路体系的理论，使大城市向其腹地蔓延导致彻底破坏了原先的小城镇生产方式和空间肌理。麦凯以人民渴求的休闲娱乐为切入口，要求各州按其自然资源情况对阿巴拉契亚山区加以适度开发，但坚持在山区统一采取供人徒步行走的道路（trailway），而非效率更高的汽车路，以切实保护山区的自然风景并提倡有别于汽车旅行的新休闲方式——山区徒步旅行。同时，他提出每隔一定距离建立设施相对完善的山区小镇和营地。以此为契机，可带来相应旅游和农业生产的发展，使部分城市人口转移到这些地区，并促成人们生活方式的改变，实现麦凯所谓的“再城市化”（re-centralization）。

麦凯坚决反对通过规划等政策手段进一步强化现有大城市的统治地位，使区域的发展完全顺从大城市工业和商业发展的需求，而应根据格迪斯的调查方法，充分凸显各个地方的空间特征和生产优势。通过对阿巴拉契亚山道的规划和建设，促成与休闲娱乐相关的产业和劳动力的重新布局，使美国东部地区形成与自然紧密联系、城市集群分布合理、经济发展逐步平衡的发展。这与1890年代波士顿公园路系统的规划思想颇不相同，也完全不同于当时欧美各国正在发生的城市蔓延现象。

在麦凯等人的推动下，1925年3月规划家、自然保护活动者和政府官员等在华盛顿召开了第一次“阿巴拉契亚山道会议”（Appalachian Trail Conference）。麦凯在会上作主旨讲演，指出山道的规划和建设“是自然保护、利用和休闲的统一部署，将使人们得以接近这一区域……但这是另一种'开放'模式，我们要的是'山道'（trailway）而非'铁道'（railway）”[②]。在这次演讲中，麦凯进一步细化了他1921年的方案，提出将整个阿巴拉契亚区域划分为五个相互联系的次级区域，并勾勒出优先建设的区段及建设内容。为了说服政府采纳其方案，他在新方案中没有坚持把建设融合生产和旅游消费为一体的小镇和营地、甚至重塑美国东北地区城市群空间作为最终目标，但他仍将如何保持各地特征置于重要地位，并主张由当地团体为主进行建设和管理。

阿巴拉契亚山道会议后来定期举办，并演变为阿巴拉契亚山道保护组织（Appalachian

① 刘亦师．“局外人”：19、20世纪之交英国“非国教宗”工业家之新村建设与现代城市规划的形成［J］．建筑史学刊，2021，2（1）：131-144．

② Larry Anderson．Benton Mackaye：Conservationist，Planner and Creator of the Appalachian Trail［M］．Baltimore：The John Hopkins University Press，2002：186．

图16-7 波士顿附近之阿巴拉契亚山道一段（2021年）
资料来源：徐林提供.

Trail Conservancy），是促成美国各州开展这一区域自然保护和开发建设的重要的非官方机构，其与美国国家公园系统（National Park System）和交通部等部门合作，最终完成了延绵3200多公里的山道及其周边基础设施的建设①（图16-7）。参与筹办1925年会议的重要人物包括后来曾相继担任美国总统的胡佛（John Edgar Hoover，1895—1972年）和罗斯福（Franklin Delano Roosevelt，1882—1945年），后者在其纽约州长任内曾聘请麦凯为该州的规划顾问②。

从此之后到1970年代，麦凯又撰写了大量文章并亲手绘制了各种图纸，继续发扬和深化他在1921年提出的区域规划思想，将其研究对象扩大到美国全境。麦凯一贯主张将区域规划作为从总体上部署城市化和发展区域经济的方式，进而借此重塑美国的城市空间结构并推动更全面的社会改革，因此赋予了区域规划新的功能和目的。

16.3.3 美国区域规划协会及其理论发展

1921年麦凯移居纽约，成为报刊的自由撰稿人，逐渐与纽约的一批思想左倾的知识分子如芒福德（Lewis Mumford，1895—1990年）和建筑师如斯泰因（Clarence Stein，1882—

---

① Matthew Dalbey. Regional Visionaries and Metropolitan Boosters [M]. New York: Springer Science, 2002: 78-83.

② Larry Anderson. Benton Mackaye: Conservationist, Planner and Creator of the Appalachian Trail [M]. Baltimore: The John Hopkins University Press, 2002.

1975年）、赖特（Henry Wright，1878—1936年）等人熟稔，并结识了有同样文化立场的地产开发商（后由其聘请斯泰因与赖特合作设计了雷德朋住宅区）和《美国建筑师学会会刊》主编等人。这些人都成长于进步主义社会改革风潮的时代中，但对当时已在进行的各项局部改革（如公租房和劳工改革等）感到不满，认为亟待创造出一种可以统御全局的方式来推动全面改革。

麦凯于1921年提出阿巴拉契亚山道区域规划时，时任美国建筑师学会社区规划委员会主席的斯泰因敏锐觉察到这一提议的意义并不限于阿巴拉契亚山脉，而是区域规划思想的有力发展："对于那些认为社区规划和区域规划不仅仅是开辟新道路以利攫取更多财富的人们来说，麦凯先生的这一方案应该引起重视。这并非是关于机器和土地保护的方案，其对象是人及其所热爱的自由和友爱精神"[①]。麦凯提出将城市体系布局、就业、经济发展、自然保护联合起来考虑的规划方法后，区域规划成为美国知识界和规划界的重要议题，也为纽约的这批致力于推动社会改革的知识分子和规划家指明了努力方向。

1923年3月，在斯泰因的组织下，这批人宣告成立新组织——"美国区域规划协会"（Regional Planning Association of America）以推动区域规划理论创造和实践。由于斯泰因、麦凯、芒福德等人均深受田园城市思想和田园城市运动的影响，该组织的名称原拟作"美国田园城市与区域规划协会"，旋为体现当时最为关切的问题而改用"美国区域规划协会"，但田园城市学说及其区域规划思想仍是该组织的重要理论参考[②]。

该协会以纽约为活动中心，是独立于官方机构之外、组织松散的民间学术组织[③]。其成员一致认为大城市的无序扩张是导致其周边小城市和农村衰败的主要原因，而问题重重的大城市的"出路在于城市之外的地区"（芒福德）[④]。他们主张以区域规划为手段推动社会改革，即改变当前城市规划的通常做法：扩大城区范围、强化城市在区域中的地位，以及屈从于资本和利润需求等方式，改为采取麦凯提出的方法——在更广大的区域中，将城市产业和人口分散到原先已衰败的小城镇中，阻遏人口向大城市的单向流动，同时复兴此前破落的中小城市。在此过程中，美国区域规划协会的成员特别重视如何彰显地方特色并延续其特殊的人地关系，力图使区域内的各个组成部分都各安其所，能均享规划带来的利益。

美国区域规划协会的核心成员如斯泰因、麦凯和芒福德通过出版、集会和进行实践活

---

① Clarence Stein. An Appalachian Trail: Introduction [J]. The Journal of the American Institute of Architects, 1921 (IXX): 2.

② Daniel Schaffer. The American Garden City [M] //Stephen Ward, ed. The Garden City. London: E & FN Spon, 1992: 127-142.

③ Larry Anderson. Benton Mackaye: Conservationist, Planner and Creator of the Appalachian Trail [M]. Baltimore: The John Hopkins University Press, 2002.

④ Matthew Dalbey. Regional Visionaries and Metropolitan Boosters [M]. New York: Springer Science, 2002: 89.

动，试图唤醒民众的共识，也逐渐引起了美国政治家的关注。1924年，刚上任不久的纽约州长史密斯（Alfred Smith）委任斯泰因为纽约州住房及区域规划委员会主席，对该州的城市发展和住房状况进行调查并提出规划建议。美国区域规划协会核心成员如赖特、麦凯等人都受聘开展调查和研究，并于1926年公开出版其研究报告①。

这一报告系统分析了影响纽约州经济发展的各种因素，并将纽约州城市发展的历程概括为三个历史阶段：1840—1880年为农村发展和城市聚集开始的第一阶段，1880—1920年为农村萧条和城市工业化狂飙突进的第二阶段，以及1920年代开始的第三阶段，后者以公路网和汽车为手段可以实现城市人口和产业的分散。这说明，现代交通技术如公路和汽车不再被区别于规划方案排除在外，关键在于如何将之与其他要素结合起来贯彻区域规划思想。在斯泰因团队的区域规划图中，高速公路、绿化带、森林保护和大小城市有序排布，描绘出纽约州以至美国城乡协调发展的未来图景（图16-8）。

除区域尺度的构想外，斯泰因和赖特等人专门研究了住宅区的规划和住宅组合形式，以此研究报告为理论依据在纽约郊外相继设计建成太阳花园（Sunnyside Garden）和雷德朋（Radburn）两个住宅区，均为现代城市规划史上的典型案例，也为田园城市运动的发展和其他区域规划提供了重要参考（图16-9，另见图10-17）。

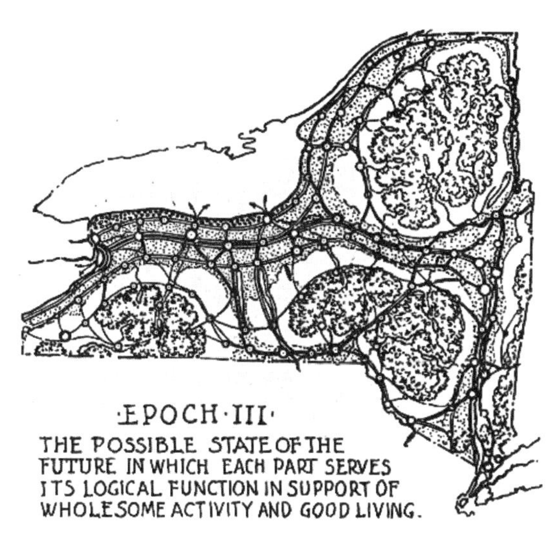

图16-8 斯泰因和赖特等人描绘的未来纽约及其周边区域示意图（1926年）

资料来源：Larry Anderson. Benton Mackaye：Conservationist，Planner and Creator of the Appalachian Trail［M］. Baltimore：The John Hopkins University Press，2002：181.

图16-9 雷德朋住宅区总平面图（1928年）

资料来源：The Staff of the Regional Plan. The Graphic Regional Plan（Vol II）［M］. New York：Regional Plan of New York and Its Environs，1929：141.

① Henry Wright. Report of the Commission of Housing and Regional Planning to Governor Alfred E. Smith and to the Legislature of the State of New York［R］，1926.

16.3.4　纽约市区域规划的实践与反思

纽约市是1920年代美国区域规划研究的中心。除上述美国区域规划协会外，同时期在纽约还有另一批规划家也在作系统调研，但采用了不同于前者的立场和方法，试图制定出指导纽约市及其周边区域较长期发展的规划方案。

19世纪后半叶纽约即稳居于美国最大、最繁荣的工业城市，并且由于近郊铁路和市郊轻轨的铺设，使市区范围从原先的曼哈顿岛一隅不断向外扩张，促生出兼跨新泽西州和康涅狄格州的广大城市区域（图16-10、图16-11）。同时，外国移民在这一时期大批迁入更加速了人口膨胀。纽约市及其周边地区的总人口从1850年的100万人猛增至1900年的500余万人，之后短短20年间又增加了近400万人，总人口达890万人。

图16-10 纽约市中心（曼哈顿半岛）及其近郊鸟瞰（中心绿地为中央公园，右侧为新泽西州，1922年）

资料来源：https://rpa.org/work/reports/regional-plan-of-new-york-and-its-environs.

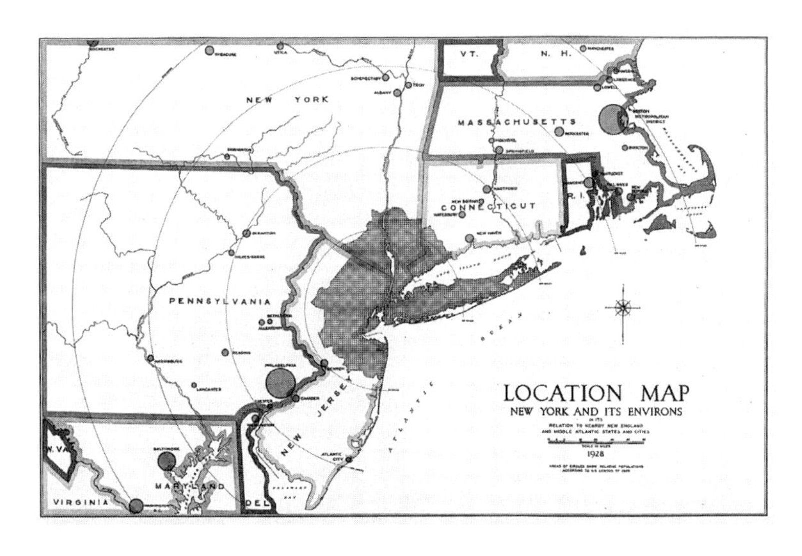

图16-11 纽约市区及其周边区域之区位图（1922年，黑色范围为上图鸟瞰部分）

资料来源：The Staff of the Regional Plan. The Graphic Regional Plan（Vol I）[M]. New York: Regional Plan of New York and Its Environs, 1929: 391.

1900年之后，为了应对纽约的住宅短缺和人口拥挤问题，纽约州、纽约市及其所辖区等各级政府制定过不少规划方案，但其规划对象单一、空间范围狭促，不能适应当时人口急剧膨胀、工业快速发展的状况，政府机构一时间束手无策。例如，1920年新成立的纽约港务局（Port of New York Authority）由纽约州和新泽西州联合管理，负责以纽约港口建设为主，兼顾纽约周边地区的规划和建设。这一新机构相较之前各自为政的状况虽然已握有很大职权，但是无力开展全面细致的调研，因此仍无法从更宏观的区域角度协调现有资源，以对将来发展作出有效建议①。

在此情形下，纽约银行家诺顿（Charles Norton，1871—1923年）决定采取非官方路线，组织包括纽约上层社会名流和规划专家在内的专门委员会，首先对纽约区域开展系统调研。诺顿是深受美国进步主义影响的商业巨擘和热心城市改革的社会活动家，深谙城市规划之得当是促进商业繁荣的重要保证。他曾担任芝加哥商业家俱乐部（Chicago Merchant Club）会长，在任期间聘任伯海姆（Daniel Burnham）制定了1909年芝加哥规划（这一方案同样是民间筹资制定，后被官方采纳），之后又协助伯海姆制定华盛顿改建规划并加以实施，积累了丰富的规划管理经验。诺顿的提议获得一向热心城市规划改革的罗素·萨奇基金会（Russell Sage Foundation）的大笔经费支持，遂于1921年成立了纽约区域规划委员会（Committee on the Regional Plan of New York）。

由于纽约较芝加哥面积更大、情况更复杂，诺顿决定组织一个专家团队。他征募了当时美国国内最优秀的一批规划家，如完成波士顿园林路系统的小奥姆斯特德（Frederic Law Olmsted，1870—1957年）、科米（Arthur Comey）、诺兰（John Nolen）和古德里奇（Ernest Goodrich，1874—1955年）等，还包括制定了纽约最早的功能分区法的法学家以及市政工程师和铁道工程师等各相关领域专家。其中，科米曾根据美国地广人稀的国情，在1923年提出过与英国田园卫星城不同的城市发展策略，以六边形交通网络连接全国城镇体系，在不同级别的道路交叉处布置不同规模的城市（图16–12）。

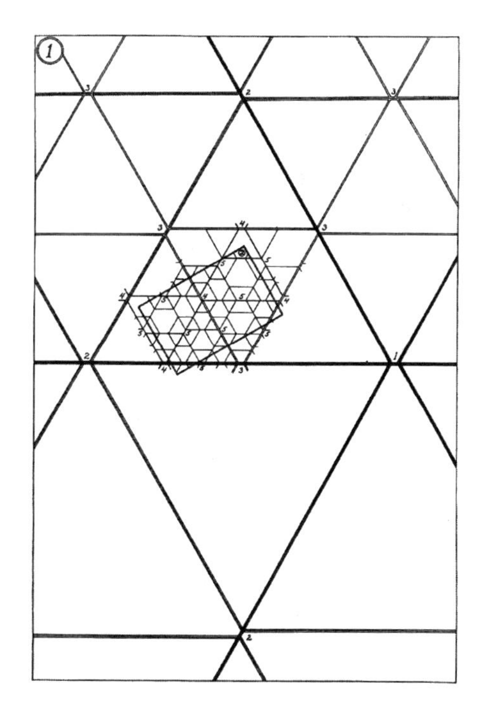

图16–12　科米提出的美国城镇体系区域规划图示（数字越小，其代表的城市等级越高），1923年）

资料来源：Arthur Comey. Regional Planning Theory: A Reply to the British Challenge [J]. Landscape Architecture Magazine, 1923, 13 (2): 81-96.

① David Johnson. Planning the Great Metropolis [M]. New York: Routledge, 2015: 43.

图16-13 纽约市区域规划委员会成员合影（1923年2月，前排左一为小奥姆斯特德，左二为亚当斯（主席））
资料来源：David Johnson. Planning the Great Metropolis［M］. New York：Routledge，2015：89.

由于当时规划界的主流方向是英国的田园城市运动，诺顿力邀这一规划运动的核心人物恩翁和亚当斯（Thomas Adams，1871—1940年）作为顾问，后者更在1923年年初被正式聘任为规划委员会主席，负责统合纽约周边区域的调研结果并制订具体方案[①]（图16-13）。亚当斯曾在1901年被霍华德选中担任田园城市协会的首任干事，在他的组织下，在伯恩维尔和阳光港先后举办了两次数千人参加的田园城市会议，极大地推动了田园城市运动的发展[②]。之后，亚当斯担任过第一座田园城市——莱彻沃斯（Letchworth）的开发经理，继之进入英国政府任职，后转迁加拿大和美国从事城市规划的实践和教学。他是推动全球田园城市运动发展的重要人物，致力于推广城郊田园住区（garden suburb）的设计方法，其规划观点也深受格迪斯影响[③]。他曾向诺顿提出在制定规划前先开展不受行政区划的调研工作，这一建议得到采纳。

亚当斯是立足现实的规划家，见识广博，长于沟通、管理和处理行政事务，能与诺顿及纽约位高权重的金融家、企业家紧密合作，其于1924年完成的调研报告保留了团队成员各人的主要成果。以此为据，亚当斯拟列出纽约区域规划方案的要点，即在汽车时代已经到来的背景下，通过新建现代交通网疏散市区人口、政府征购林地并形成绿地系统、工业有序迁出市区并向区域分散，预期在1965年时使纽约市区域能满足2000万人口及相应工商业发展的需要。

为达此目的，亚当斯团队对以曼哈顿岛为中心、40英里为半径的广大区域进行了统筹规划（图16-14）。首先，对纽约市及周边的现有交通体系进行梳理，提出环线和放射路结合的公路网结构，并与铁路和轻轨系统进行整合，尽量扩大运力，逐步促使市区人口和工业向公路沿线转移（图16-15、图16-16）。同时，亚当斯特别注意休闲娱乐与公路体系的结合，通过征购土地、形成连片的森林保留地，结合交通网络，首次将原本分散的绿地组成了指向市区的楔形绿地系统，构成了今天纽约市郊的生态景观基础[④]（图16-17）。

① David Johnson. Planning the Great Metropolis［M］. New York：Routledge，2015：88-92.
② Stanley Buder. Visionaries and Planners：The Garden City Movement and the Modern Community［M］. Oxford：Oxford University Press，1990.
③ Michal Simpson. Thomas Adams and the Modern Planning Movement［M］. Manshell：Alexandrine Press Book，1985.
④ David Johnson. Planning the Great Metropolis［M］. New York：Routledge，2015：169.

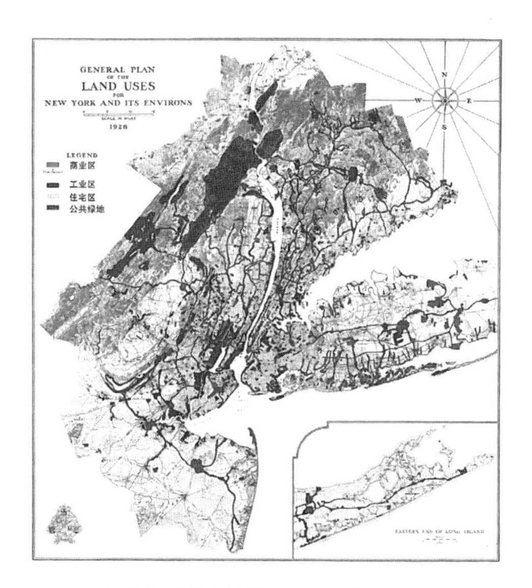

图16-14 纽约市区域规划土地利用总图（1929年）
资料来源：https://rpa.org/work/reports/regional-plan-of-new-york-and-its-environs.

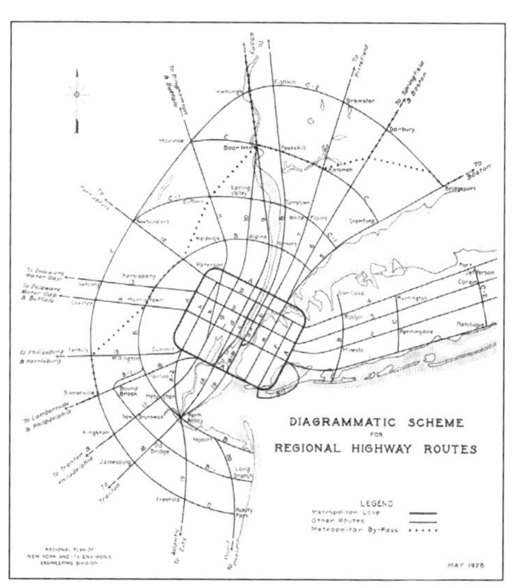

图16-15 纽约市区域高速公路网结构（环状路+放射路）示意图（1928年）
资料来源：The Staff of the Regional Plan. The Graphic Regional Plan（Vol I）[M]. New York：Regional Plan of New York and Its Environs，1929：218.

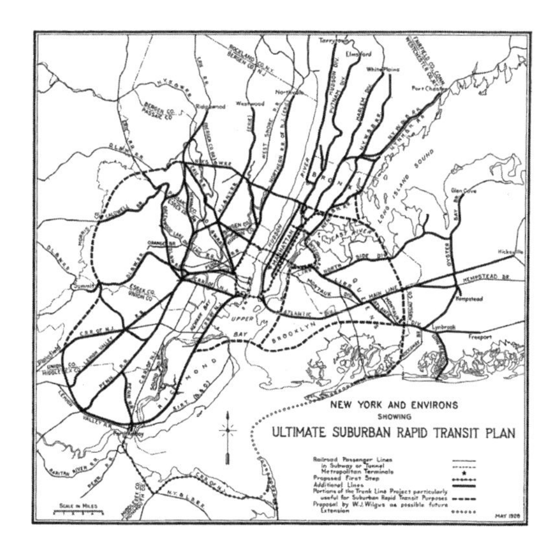

图16-16 纽约市区域轻轨及近郊铁路网规划图（1928年）
资料来源：The Staff of the Regional Plan. The Graphic Regional Plan（Vol I）[M]. New York：Regional Plan of New York and Its Environs，1929：198.

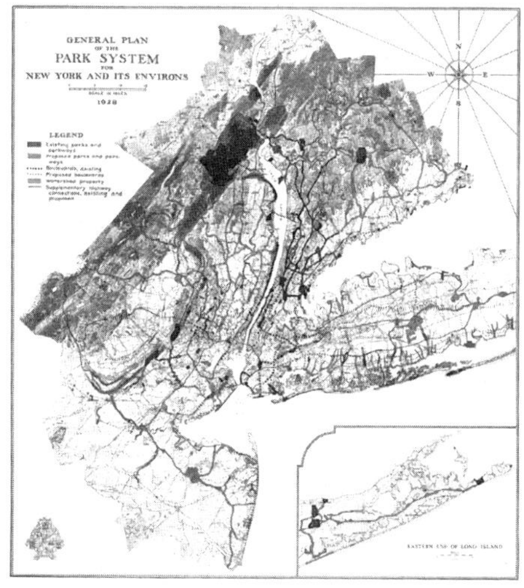

图16-17 纽约市区域公园绿地规划总图（1928年）
资料来源：https://rpa.org/work/reports/regional-plan-of-new-york-and-its-environs.

但是，亚当斯虽然采用了理性、科学的城市规划方法，但其现实主义态度“使他不得不屈从于金融家和资本家的要求”，致力于布局区域内的空间和基础设施以提高生产效率，满足商业发展和资本攫利的最终目的。1925年亚当斯曾协助主办了在纽约主办的世界城市规划大会，霍华德、恩翁等人都曾莅临并观摩了纽约市区域规划的进展，均对规划中仅布置郊外居住区而有意忽略由绿化带限制的“田园城市”表示不满①。

美国区域规划协会成员芒福德和麦凯对纽约市区域规划的批评尤为激烈。实际上，他们和亚当斯一样，都接受田园城市思想和格迪斯方法论的影响并认同“疏散”的观点，在交通、绿地系统和居住区设计等技术方面的立场也很近似。例如，提出邻里单元理论的佩里（Clarence Perry）既是美国区域规划协会的成员，也受聘于亚当斯的规划委员会，邻里单元理论被作为居住区设计的原则融入《纽约市及其周边区域规划》的正式报告中。在邻里单元理论指引下，美国区域规划协会成员斯泰因和赖特主持了雷德朋规划的设计，但这一项目从一开始就受到亚当斯的重视并促成了其实施，且亚当斯在其报告中也援引此例作为将来纽约地区居住区建设的范例（见图16-9）。

但是，在区域规划的目标上，芒福德等人与亚当斯产生了重大分歧。前者认为区域规划应该以“再城市化”的手段消解大城市并形成一系列中心城镇，并在一个广大范围重新布局城市空间，进而改造生产和生活方式，形成新的社会秩序。他们从根本上质疑将2000万人口作为预设目标的合理性，批评亚当斯的规划强化了纽约市在区域中一家独大的地位，其设计思想“背离了真正的区域规划”而不过是城市规划在更大范围内的一种应用②；而其设计方法上又过于保守，以提高效率为宗旨的总体规划服务于资本需求，势必导致城区蔓延并使既有的城市问题扩布到整个区域里。可以看到，亚当斯的规划方案中的确对中下收入人群的住宅区的规划、建设以及城市贫民窟的更新改造等问题言之甚少。这虽然是田园城市运动的通病，但也反映出这一规划其目标和内容受制于资本的事实。

《纽约市及其周边区域规划》的成果最终在1929年印行出版，迅即得到联邦政府和纽约州政府的认可。而且，在此之前纽约港务局即开始在亚当斯等人的调研结果的基础上开展交通设施建设，并在1930年代按照其规划进行了大规模公路建设，绿地空间系统也得到了快速发展，直至1941年太平洋战争爆发使建设基本停滞。这一规划在其制定过程中就引起美国各界的广泛关注，为普及城市规划和区域规划的观念及功用作了有效宣传。亚当斯、小奥姆斯特德、诺兰等人此后分别参与创办了哈佛大学、MIT、哥伦比亚大学等规划系③，成为开创和推动美国规划教育发展的里程碑。

---

① Matthew Dalbey. Regional Visionaries and Metropolitan Boosters [M]. New York: Springer Science, 2002: 87-89.

② Edward Spann. Franklin Delano Roosevelt and the Regional Planning Association of America, 1931–1936 [J]. New York History, 1993, 74 (2): 185-200.

③ David Johnson. Planning the Great Metropolis [M]. New York: Routledge, 2015.

16.4　区域规划观念之普及与实施（1933—1945年）

16.4.1　美国“新经济政策”及其区域规划实践

无论是美国区域规划协会还是亚当斯，他们都是在美国经济蒸腾发展的1920年代，以独立于官方机构之外的方式开展关于区域规划的理论探索和实践。这些工作稍后得到政治家的注意，在1930年代初经济危机愈演愈烈时，这些政策决定者开始考虑如何将区域规划作为振兴经济的政策工具加以利用。

1920年代中期，主持纽约州公园系统工作的罗斯福就曾约请麦凯，商议如何在纽约州内阿巴拉契山道的建设，对麦凯以新型农业吸引城市人口回流和保留大片森林等主张深表赞同。1929年罗斯福当选纽约州长后，适逢世界新经济危机爆发。罗斯福指出区域规划作为战略部署的综合性手段在经济发展和农业振兴上能发挥“防止生产过剩、稳定价格和提供充分就业”等重要作用，并促使城乡均衡发展[①]。1931年3月，罗斯福约请斯泰因商谈纽约市城市人口的疏散和农业振兴等问题，表达了区域规划乃至国家规划是救济现状的重要方法。

之后，美国区域规划协会于1931年7月在弗吉尼亚大学举办了区域规划会议，出席者不但包括从事区域规划研究的人士，筹划参选美国总统的罗斯福也受邀在会上作了一个小时的开幕讲演，阐明其拟以区域规划为政策遏制农村人口流失和森林保护等，并对州政府和地方政府在区域规划中的权界划分加以解释，“深获弗吉尼亚州听众的爱戴”[②]。这体现出罗斯福已看到资本主义自由市场体制积重难返的弊端，而正在形成以区域规划为手段加强政府对土地利用和经济发展进行干预的新政策思维[③]。

1933年罗斯福当选美国总统，决定采取凯恩斯主义经济政策，提出扩大公共工程开支、增加货币供应量、降低利率等政府干预市场和经济的新政策，试图以之为手段实现充分就业和经济复兴。罗斯福将这些措施统称为“新政”（New Deal），其得名亦来自美国区域规划协会成员的时论文章[④]。

1933年年初，罗斯福甫就任总统即签字通过了此前屡遭否决的《田纳西河流域管理局法案》（The TVA Act）（图16-18）。田纳西河是美国最大河流密西西比河的支流，贯穿美国南部达7州，流域面积广达6万余平方公里，“区内工业不发达，农业机械化程度甚低，

---

① Edgar B. Nixon. Franklin Delano Roosevelt & Conservation [M]. New York: Hyde Park Press, 1957: 59-60.

② Edward Spann. Franklin Delano Roosevelt and the Regional Planning Association of America, 1931–1936 [J]. New York History, 1993, 74 (2): 185-200.

③ Aelred Gray, David Johnson. The TVA Regional Planning and Development Program [M]. New York: Ashgate, 2005: 5.

④ Edward Spann. Franklin Delano Roosevelt and the Regional Planning Association of America, 1931–1936 [J]. New York History, 1993, 74 (2): 185-200.

水灾频仍，河运不便”，向为美国经济落后地区。1900年后，在进步主义改革运动的风潮下，田纳西州和阿拉巴马州曾分别建筑大坝，但对全流域影响甚微。此后美国各界认识到有必要全局考虑该流域各项事业，进行统筹开发，但开发工作由联邦政府、地方政府还是私人企业主导，则一直争论不已，整个计划延宕至罗斯福就任总统才得以正式通过，以中央政府授权形式注资组建田纳西河流域管理局（Tennessee Valley Authority，下称“田管局”），通过公司化运营模式从事田纳西河流域的洪水治理、水利开发、工农业发展和森林保护以及新居住区等一系列工程的建设和管理。根据参与过纽约区域规划方案的美国规划师诺兰的建议，《田纳西河流域管理局法案》特别增添了对全流域进行调研并开展区域规划的条款（第22、23款）[①]。因此，田纳西河流域的综合开发不但成为罗斯福“新政”重要的内容之一，也是美国历史上最著名的区域规划实践[②]。

图16-18 罗斯福总统签署《田纳西河流域管理局法案》（1933年，与罗斯福一同握笔者为一直努力推动该事业的诺里斯参议员，亦为美国进步主义运动的代表人物）

资料来源：Walter Creese. TVA's Public Planning: The Vision, the Reality [M]. Knoxville: The University of Tennessee Press，1933：80.

在田管局的统筹下，对全流域的水力资源进行调研，确定修筑大坝的位置，以充分利用河道并进行水力发电，继之在区域内因地制宜地发展农、工、林等各产业，“增进该区域民众的福祉”（图16-19）。在罗斯福的支持下，田管局试图建成为一个对经济和社会综合发展负责的区域性政府机构，因此获得了很大权力对区域规划加以实施，“凡农、工、矿、电、交通、卫生以及社会事业皆有兴办……所发生的电力除供工矿城市需用外，还电化农村，促成了农村的繁荣，同时还大量制造化肥，农产因此增加，在战时这些肥料厂又可改为炸药工厂，兼得国防的便利。”[③]（图16-20）

空间规划的第一步，是为安置因修筑大坝迁徙的居民提供新的居民点。田管局委任了美国区域规划协会的成员奥格（Tracy Augur）为规划师，在1933年年底设计了区域内的第

① Aelred Gray，David Johnson. The TVA Regional Planning and Development Program [M]. New York: Ashgate，2005：5-6.

② Aelred Gray，David Johnson. The TVA Regional Planning and Development Program [M]. New York: Ashgate，2005：3；Walter Creese. TVA's Public Planning: The Vision, the Reality [M]. Knoxville: The University of Tennessee Press，1990：6-12.

③ 杨达. 田纳西和乌拉尔是怎样创建起来的 [J]. 科学时代，1946（2）：11-13.

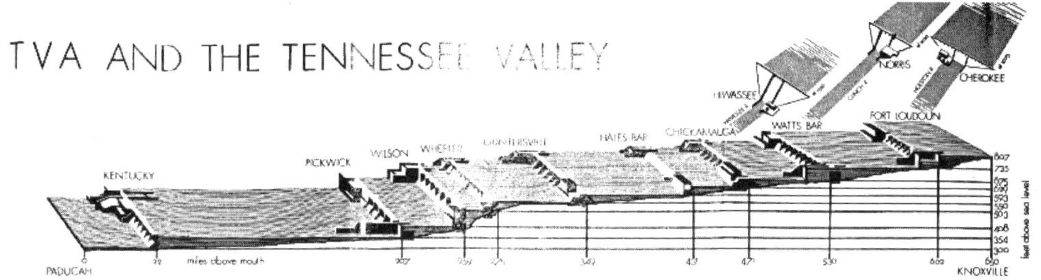

图16-19 田纳西河全流域水力资源调研及筑坝方案示意图（1933年）

资料来源：Sam Houston. T.V.A.: A Study on Policy Formation [D]. Ames: Dissertation of Lowa State University, 1942.

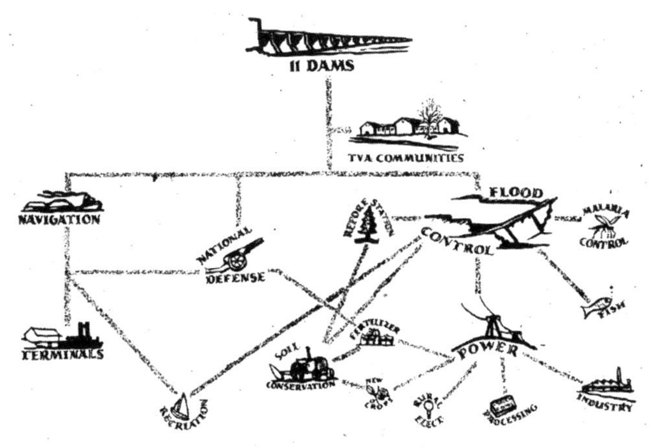

图16-20 田管局下辖各事业部及其相互关系示意图（1934年）

资料来源：Aelred Gray, David Johnson. The TVA Regional Planning and Development Program [M]. New York: Ashgate, 2005: 11.

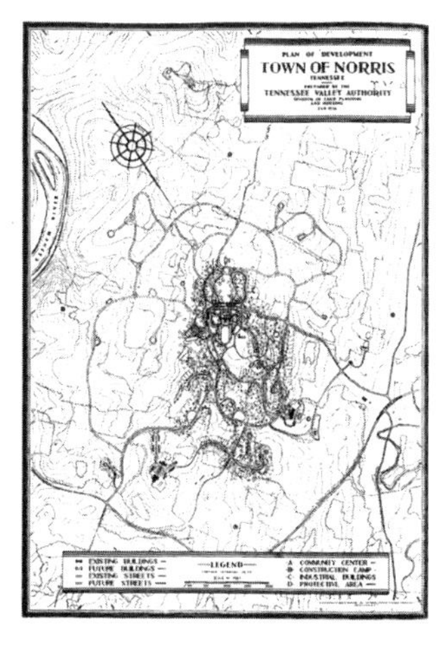

图16-21 诺里斯镇总平面图（1934年，左上部为诺里斯大坝，居民区布局采用雷德朋模式）

资料来源：Aelred Gray, David Johnson. The TVA Regional Planning and Development Program [M]. New York: Ashgate, 2005: 16.

一处“新城”——能容纳2000工人的诺里斯镇（Norris）[①]。奥格对田园城市运动在英国的发展和他的同侪斯泰因等人在雷德朋的创作十分熟悉，因此在诺里斯镇的规划中兼采二者之长，既包括绿化带也使用了人车分流方法（图16-21）。诺里斯镇在1934年即告建成，用于为农民提供技术培训以适应该地区工业发展的中心，而充足的电力供应也证明了这种

① George Norris是阿拉巴马州参议员，深受进步主义思想影响，主张加强政府权能，其自1920年代开始推动《田纳西河流域管理局法案》，但屡遭当任总统否决，至1933年始获通过。为纪念此人将第一座新城以其姓命名。

新能源能广泛用于新住宅区和城市的建设中，诺里斯镇的规划经验也被作为模范城镇被推广，成为该区域规划早期的标志性成就。

除奥格外，美国区域规划协会的重要成员麦凯也被田管局聘为“区域规划师”。实际上，麦凯1921年的文章中已包含了之后田纳西河流域（其亦属于阿巴拉契亚山脉区域）开发利用的雏形。1934年他提出以田管局和田纳西河流域的“实验”为样本，将流域开发和区域规划的思想和方法扩大到美国境内的各大流域，成为真正的“全国规划”（national planning）。但在美国两党政争和大资本利益盘根错节的政治格局下，田管局此后权力退缩至以负责具体工程项目的建设和管理为主。麦凯后来很快从田管局辞职，他承认“田管局对物质建设的关心远胜对文化的关心，其代价是忽略了人们对居住的心理认知的重要性和人地关系”[①]。这也说明了区域规划从擘画到实施，也是一个逐步摒除理想主义而切近可行政策的过程，与田园城市思想到田园城市运动的发展过程非常类似。

图16-22 经治理后的田纳西河水彩写生（吴良镛绘，1950年）

资料来源：吴良镛. 良镛求索［M］. 北京：清华大学出版社，2016：61.

1933年开始的这些建设和理论构想对包括我国在内的世界各国规划家都产生了深远影响。当时中国在美国学习建筑和规划的留学生均“千方百计争取去TVA”参观[②]（图16–22）。国民政府在抗战前后曾多次派员考察田管局的建设情况，俾为中国近代的区域开发和建设所参考。美国区域规划实践的技术专家，如参与纽约市区域规划的古德里奇和参与田纳西河流域规划的萨凡奇（John Savage，1879—1967年）都曾受聘于国民政府，分别在南京“首都计划”和长江流域规划中发挥了重要作用。

16.4.2　欧洲区域规划思想的理论发展及其实践

1930年代，美国在区域规划方面取得的成就远超其他各国，“为在世界范围内普及新的规划技术以确保世界和平提供了范例”[③]，也在恢复经济活力方面发挥了重要作用。欧洲

① Edward Spann. Franklin Delano Roosevelt and the Regional Planning Association of America, 1931–1936［J］. New York History，1993，74（2）：185-200.

② 吴良镛. 良镛求索［M］. 北京：清华大学出版社，2016：60-61.

③ Arthur Geddes. Regional Planning and Geography in the United States［J］. The Town Planning Review，1938，18（1）：41-47.

列强因此纷起仿效，尤其阿伯克隆比主持制定的两次伦敦规划再次使英国的区域规划成为举世瞩目的焦点，也为二战之后各国战后重建、区域发展和新城规划指示出了方向，英国区域规划思想和实践的影响力超过美国[①]。这方面的文献研究成果颇多[②]，本节仅简述这一时期英国区域规划方面思想和方法的创造及其影响。

与美国主要由民间发起的方式不同，英国的城市规划和区域规划实践与政府的策动和引导密不可分。一战结束后，英国政府即通过资金补助，引导开发商按照田园城市运动的主张在城郊建设低密度住宅区，而前文提及的1929—1933年间恩翁所做两次大伦敦地区区域规划提案也是由英国卫生部委托进行的。与纽约的情况类似，1920至1930年代伦敦的人口再次急剧膨胀，不但农村而且威尔士及英格兰北部等老工、矿区均凋敝日甚。实际上，整个1920年代，伦敦人口的增速相比19世纪更甚，至1930年每5个英国人中就有1人居住在伦敦，产业也日益向伦敦周边麇集，导致英国各界争相批评“伦敦的繁荣是造成其他地区萧条的祸因”[③]，必须从根本上加以改变。如果说之前关于伦敦人口和工业的各种疏散方案是为了使伦敦更宜居，那么1930年代以后的疏散要求则是立足于平衡英国全国的经济发展，解除伦敦作为“全国祸源”的一系列问题。

英国自17世纪末“光荣革命”以来形成了特征鲜明的政治传统，即以议会斗争和立法程序促进政治和社会改革[④]。此外，在英国的传统政治框架下，针对争论很大的社会问题，议会惯常委任多方面专业人才组成的专门委员会，如前述1919年成立的张伯伦委员会即为典型。这些专门委员会并非为解决具体问题，而是收集大量相关事实并加以分析，成为此后制定政策的依据。为了系统研究伦敦人口和产业过度集中对国家安全和长期发展带来的问题以及如何从法制上解决这些问题，英国议会从1937年开始委任了一系列委员会[⑤]。这些调查和政策研究是由最高权力部门——英国议会直接发起的，且能直接影响政策的制定和施行。通过顶层制度设计不但使之前徘徊不前的区域规划有了长足进步，同时更一举扩大到英国的全国规划层面。这种自上而下的路径，无论是制度建构还是法律程序对其余世界各国更有借鉴意义。

1937年，曾长期主政卫生部和英国规划工作且一向主张疏散伦敦人口的张伯伦当选

---

① Peter Hall. The Turbulent Eighth Decade: Challenges to American City Planning [J]. Journal of the American Planning Association, 1989, 55 (3): 275-282.

② Peter Hall, Mark Tewdwr-Jones. Urban and Regional Planning [M]. London: Routledge, 2010; Stephen Ward. Planning and Urban Change [M]. London: Sage Publications, 2004.

③ Jerry White. The “Dismemberment of London”: Chamberlain, Abercrombie and the London Plans of 1943–1944 [J]. The London Journal, 2019, 44 (3): 206-226.

④ 钱乘旦. 谈英国议会改革中和平变革的机制 [J]. 历史教学, 2006 (3): 5-11.

⑤ 除下文讨论的巴罗委员会外，又根据《巴罗报告》对于土地问题的建议，于1942年公布了《斯科特报告》(Scott Report)，1942年公布《乌瑟沃特报告》(Report of the Uthwatt Committee)，从法理上研究为实现土地公有，如何对地主进行补偿，以及战后进行城市更新时将土地增值收归公有等问题。

英国首相，旋即任命了著名的巴罗委员会（以其主席即大律师、原劳工部部长Montague Barlow命名），阿伯克隆比也是该委员会成员之一，旨在从全国工业布局和经济平衡发展的角度研究伦敦的城市疏散问题。1940年正式公布的《巴罗报告》（Barlow Report）雄辩地论证了人口和产业过度集中造成的国家安全和经济发展等弊端，其结论是必须将100万人口和相关产业迁出伦敦地区，与田园城市思想长期宣传的城市疏散观点如出一辙。同时，《巴罗报告》还建议为有效实现疏散，在中央成立专责机构，并制定全国规划，而且应成立其他专门委员会研究政府如何征购土地及补偿等问题，从机构建设和法治建设两方面保障区域规划的推进。

1940年伦敦遭到德国轰炸，迫使伦敦当局加速疏散，也证实了《巴罗报告》的结论。在当时的战争环境下，英国国内达成了高度共识，即国家利益理当凌驾于地方和资本利益之上，伦敦的产业格局和就业数量也应服从国家需求。同时，英国民众普遍认同各级规划的重要性，对声名显赫的规划师如阿伯克隆比等人寄予厚望①。在此背景下，英国于1943年成立城乡规划部（Ministry of Town and Country Planning），负责统筹和监督英国各级规划的制定和执行②。这为战后英国的城市规划发展奠定了制度基础。

1941年，负责伦敦市区规划和建设的伦敦郡议会（London County Council）委托其总建筑师福肖（J.H.Forshaw）和阿伯克隆比共同制定伦敦的战后复建规划，这就是1943年7月公布的“伦敦郡议会规划”（LCC Plan），但其主要针对的是伦敦建成区（图16-23）。为具体布局外迁的人口和产业，新建立的城乡规划部于1943年委托阿伯克隆比继续对包括更大范围的伦敦市及其周边区域进行规划，此即1944年公布的“大伦敦规划”（Greater London Plan）（图16-24）。

图16-23 1943年伦敦规划的发布会（1943年，正面左一为阿伯克隆比）
资料来源：Van Roosmalen, P.K.M. London 1944：Greater London Plan［M］//En Bosma K., Hellinga H., ed. Mastering the City：North-European Town Planning 1900-2000（258-265）. NAi Publishers/EFL Publications, 1997：258-265.

① John Pendlebury. The Urbanism of Thomas Sharp［J］. Planning Perspectives, 2009, 24（1）：3-27.
② Stephen Ward. Planning and Urban Change［M］. London：Sage Publications, 2004：85.

1943年和1944年的这两版规划应结合在一起考察，也可看到英国区域规划重大、快速的进展。二者都由历来赞成田园城市思想和城市疏散的阿伯克隆比主持，其规划依据除直接参考《巴罗报告》外，也遵照1921年张伯伦委员会报告的提议，从伦敦建成区疏散60余万人、从其周边地带再外迁40万人，并将之安置在伦敦远郊的若干“新城”中，其具体设计则遵照田园城市思想的重要原则[①]。1944年确定的这一规划成为战后伦敦地区发展的纲领。同时，在这两处规划中，阿伯克隆比都采用了著名的圈层空间结构，并在美国邻里单位设计方法的基础上加以创造，从区域到城市和社区都分割为相互独立、自成系统的若干“片段”，成为形成空间秩序的重要手段（图16-25）。同时，阿伯克隆比还制定了“环状+放射路”的道路结构，并将道路体系与楔形绿地有机结合（图16-26）。这两轮规划的共同目标是实施并扩大恩翁在1933年提出的绿化隔离带，使伦敦地区每千人绿地占有率从1943年以前的不足3英亩跃升至7～10英亩（图16-27、图16-28）。芒福德曾称赞1944年大伦敦规划为“从霍华德之后真正体现的区域规划方案”[②]。

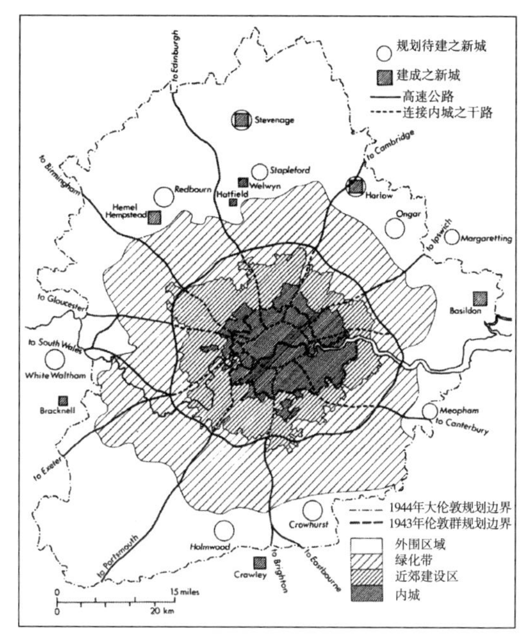

图16-24　阿伯克隆比制订的大伦敦规划方案（1944年），“四圈层”结构清晰可见

资料来源：Peter Hall，Mark Tewdwr-Jones. Urban and Regional Planning［M］. London：Routledge，2010：65.

阿伯克隆比的这两个规划方案建立在数十年详尽的调研基础上，具有清晰的层级体系和空间结构，在不同尺度上的设计手法简明易学。其指导思想、布局模式以至规划方法，对二战之后各国规划制度建设和城市规划发展有深刻的影响。阿伯克隆比的这一套规划思想和设计方法也传播到世界各地，同时区域规划的重要性也成为各国规划家的共识。以我国近代为例，在1947年制定《大上海都市计划》的过程中已明确提出“都市计划的大前提必须应用区域计划方法解决，未有区域计划，就不能有都市计划”[③]，足可见区域观念已成为城市规划的重要前提。

① 如新城规模受绿化带限制，与主城（伦敦）保持一定距离但交通便捷，在区域中形成新的城市格局等。

② Van Roosmalen，P.K.M. London 1944：Greater London Plan［M］//En Bosma K.，Hellinga H.，ed. Mastering the City：North-European Town Planning 1900—2000（258-265）. NAi Publishers/EFL Publications，1997：258-265.

③ 陆谦受. 大上海区域计划及土地使用述略［J］. 市政评论，1946，8（6）：11-12.

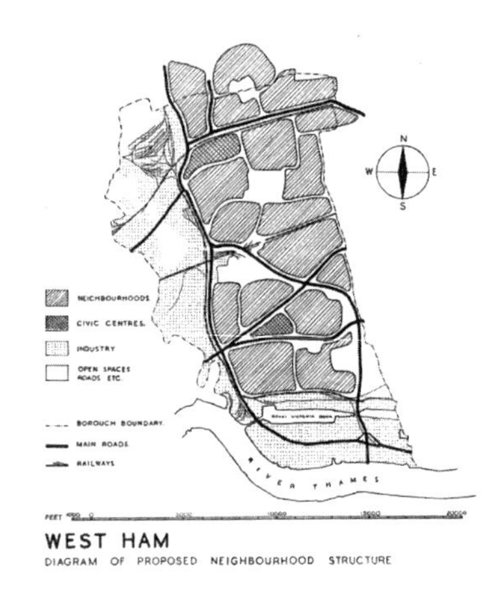

图16-25 1944年伦敦规划中邻里单位的典型应用（1944年）

资料来源：College of Environmental Design, UC Berkeley.

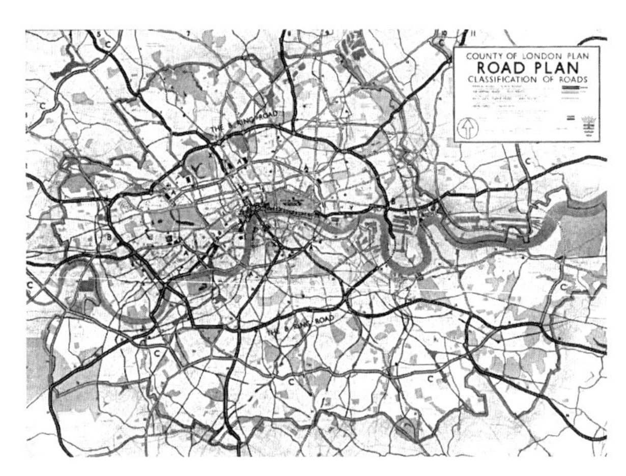

图16-26 1943年伦敦郡规划方案中之道路网规划（1943年，环路+放射路结构明晰可见）

资料来源：Peter Hall. Bringing Abercrombie Back from the Shades：A Look Forward and Back［J］. The Town Planning Review，1995，66（3）：227-241.

图16-27 1943年方案制定前（*a*）后（*b*）的伦敦建成区绿地空间对比（其致力于形成与道路网密切相关的绿化环和楔形绿地系统）

资料来源：Fabiano de Oliveira. Green Wedge Urbanism［M］. London：Bloomsbury，2017：79.

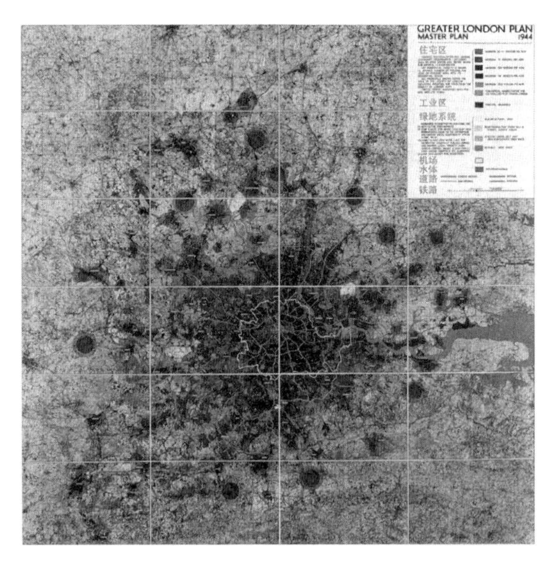

图16-28 1944年大伦敦规划方案中之土地利用规划（绿地系统面积更广大）

资料来源：Van Roosmalen，P.K.M. London 1944：Greater London Plan［M］//En Bosma K.，Hellinga H.，ed. Mastering the City：North-European Town Planning 1900-2000（258-265）. NAi Publishers/EFL Publications，1997：258-265.

在欧洲大陆，具有改革思想的现代主义建筑师如柯布西耶等人在1928年创建“国际现代主义建筑学会”（Congrès International d' Architecture Moderne，CIAM），从1933年第四次会议（雅典会议）开始将城市规划作为现代主义运动的中心议题，并明确提出了开展区域规划研究和实践的号召，如波兰规划家在1933—1935年提出以构建完善的水、陆、空交通网为基础，对华沙及周边区域进行了整体规划（图16-29）。这一方案虽未得到当时统治阶层的认可而未实施，但直接影响了二战后华沙的重建和规划。

此外，纳粹德国也在区域规划的实践和理论发展方面取得较大进展。1933年希特勒上台后推行“经济统制”，即把全部经济都纳入受国家控制、适应政治需要、实行强制生产的轨道。1935年德国成立帝国国土空间中心（Reichsstelle f ü r Raumordnung），致力于以区域规划为手段协调工业生产，编制“四年计划”进行战争准备[①]。这一时期，鲁尔工业区进行过新的区域规划（图16-30），与之前煤矿经济区的联合建设不同，新的规划体现了中央政府的意志。

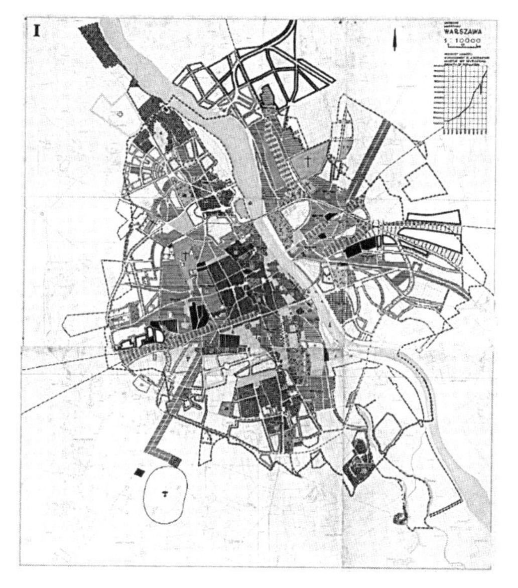

图16-29　华沙及其周边区域规划（1933-1935年）

资料来源：Van Fluck，ed. Atlas of the Functional City：CIAM 4 and Comparative Urban Analysis［M］. Amsterdam：Thoth，2014.

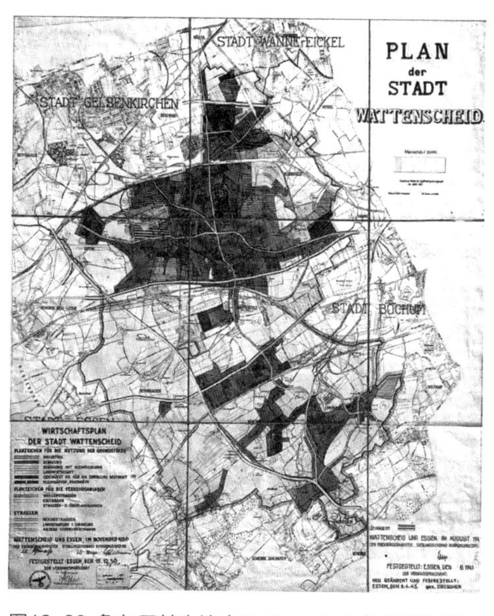

图16-30　鲁尔区某小镇（Wattenschein）的经济发展与土地利用规划（1941年）

资料来源：Haus der Geschichte des Rhurgebiets.

① Elke Pahl-Weber，Dietrich Henckel，ed. The Planning System and Planning Terms in Germany：A Glossary. Hanover：Akademie für Raumforschung und Landesplanung，2008：33-34；Wolfgang Istel. Entwicklungslinien einer Reichsgesetzgebung für die Landesplanung bis 1945（Development Lines of a Reich Legislation for Spatial Planning until 1945）［M］. Dortmund：Institut für Landes- und Stadtentwicklungsforschung，1985.

此外，德国地理学家克里斯泰勒（Walter Chrsitaller，1893—1969年）在1933年根据对德国南部居民点分布的研究，提出在较大范围内研究城市布局的“中心地理论”，为此后经济地理、区域经济和城市规划等诸多领域提供了新的理论模型和分析工具。与科米的区域城市发展图示相比，可见“中心地理论的空间图式及其关注的交通区域、等级秩序等要素与10年前科米的模型几乎相同”[①]。美国汉学家施坚雅（William Skinner，1925—2008年）在此基础上发展出阐释我国城市等级秩序和空间布局的理论[②]，对我国的城市史研究产生过深远影响；后起学者从我国古代华夷图山水城关系入手，也得出类似的空间模型（图16-31）。

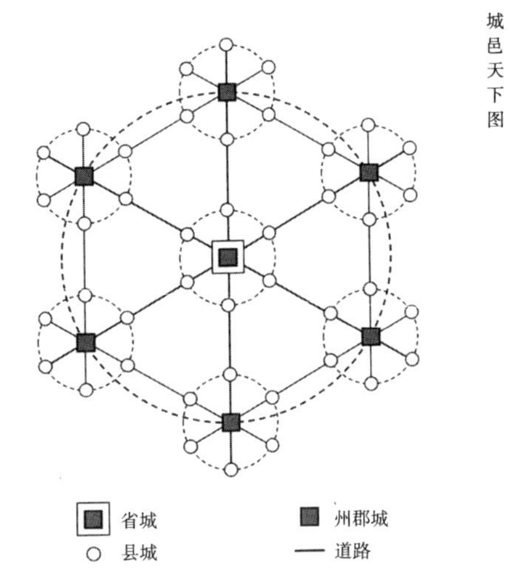

图16-31 “城邑天下图”总结的是中国封建王朝时代城市空间分布及其等级秩序

资料来源：武廷海. 中国空间规划与人居营建［M］. 北京：中国城市出版社，2021.

16.5　结语

20世纪上半叶席卷全球的田园城市运动主要由英国和美国推动，这是规划史界普遍接受的观点[③]。不难发现，这一时期区域规划理论和实践的发展，也主要是由英、美两国交替主导，最终使“城市规划”突破了最早新建住宅区的狭窄范畴，渐至涵盖城市的全部区域及其农村腹地，并进而跨越人为设立的行政区划，在更广大的“区域”范围内进行统筹布局，跃升为落实国家经济发展政策的重要工具。城市规划“边界”扩大的经历，反映出20世纪上半叶城市规划观念不断完善，和现代城市规划学科于20世纪初诞生之后逐渐成熟的历史过程。

彼得·霍尔已注意到在城市规划和区域规划方面，“英美和欧洲大陆之间的差别始终是存在着的。但1945年以后，这两条路线的相互掺合比以往多了起来”[④]。20世纪上半叶欧洲大陆其他国家的区域规划，相对而言普遍进展迟缓，苏联和1933年以后的德国是其中的

① 详见第19章。

② 施坚雅，编. 中华帝国晚期的城市［M］. 叶光庭，等，译. 北京：中华书局，2002.

③ Stephen Ward. Planning and Urban Change［M］. London：Sage Publications，2004；Anthony Sutcliffe. Towards the Planned City［M］. Oxford：Basil Blackwell Publisher，1981.

④ 彼得·霍尔. 城市和区域规划［M］. 邹德慈，李浩，陈熳莎，译. 第四版. 北京：中国建筑工业出版社，2008：57.

例外。通过前文可以看到，在英、美规划家丰富区域规划理论、从事实践工作的过程中，通过创立新机构、颁布新法案等措施，区域规划在二战将近结束时得以制度化，成为政府的职能之一，也更易于在战后为其他国家所效仿，为我们研究一种规划观念和规划制度的全球传播提供了典型例子。

可见，区域规划思想的发展和演进与20世纪上半叶全球变局的大背景密不可分。英、美两国的经济政策都曾长期受自由主义思想统治，在经济领域政府不作为而放任市场竞争。但至19世纪中后叶，英国开始推行“市政社会主义”，而美国则掀起了声势浩大的进步主义运动，节制资本扩张、加强政府干预，成为牵涉政治、社会、经济等各方面的改革浪潮。这一时期，“集权”国家苏联和德国的“计划”手段也显示出其效力，西方传统自由主义经济思想逐渐崩解。同时，为应对经济危机和新的世界大战，西方舆论逐渐倾向于将国家利益置于首要位置。因此，英、美两国政府在1930年代以后改弦更张，以政府职能的扩大为基础推动了区域规划的实践。

但是，英、美各自对区域规划的贡献和发展路径存在着显著区别。美国区域规划协会是民间学术团体，其成员则以社会改革者自居，他们不满足于城市规划的常规技术手段，而试图以区域规划实现城市空间格局的改造，进而重塑美国政治和社会。麦凯、斯泰因和芒福德是这一民间组织的核心人物（图16-32），推动了美国乃至全球城市规划运动的进展，而他们共同的精神导师则是英国规划家格迪斯。可以看到，现代城市规划主要是大西洋两岸英语国家推动的全球性运动，英、美规划家在其中发挥了至关重要的作用，他们的规划思想交相辉映，既擘画出社会改良的蓝图，也构成现代城市规划学科发展的重要基石。

图16-32 麦凯（右）和斯泰因（左）晚年像（1960年代）
资料来源：Rare Book and Manuscript Collections, Cornell University，档号RMC2010-0317.

美国区域规划协会主张的是去中心和多中心发展，这与阿伯克隆比“在区域内各个城市不论其大小均能各安其所，区域规划惠泽广大而非一家独大”的观点十分相近。但这种理想主义色彩浓烈的构想受到以亚当斯的纽约市区域规划为代表的规划思想的挑战，事实上也只有很少内容如居住点设计等被美国政府所采纳，成为罗斯福“新政”的一部分。而英国的区域规划发展主要是由政府推动，其方案制定后即成为政府政策的依据，发挥了更大影响，这一“由上而下”的发展路径也更易于世界其他国家所效仿。

第 17 章 守旧与创新：现代城市规划与历史城市保护思想之肇端与发展

17.1　引论：19世纪末以来的城市改造、城区扩展和城市更新与城市规划学科之形成

本书“绪章”的开头引用了梁思成、林徽因对18世纪工业革命以后西方城市的发展阶段及其困境的描述[①]。面对这些由于“资本主义的盲目发展、社会化的生产方式和生活及现代交通工具”导致的城市问题，19世纪中叶在法国首先产生了一场以美化市中心、疏导交通和便利军事统治为主要目标的大规模城市改建，即由奥斯曼领导的历时近20年的巴黎改造。其结果，清除了大量麇集于市中心的低矮民房（即梁、林文中的“贫民窟区”），替之以宽阔的林荫大道或公园等，并修建起完善的下水道和可靠的给水系统等。

这些成就为之后西欧国家首都的城市改造（urban reconstruction）树立了典范，也是崭新的城市景观和城市“现代性”的集中体现。但是，这种疾风骤雨的改造虽然提升了城市的效率并使巴黎的城市景观为之一新，但诸多历史遗迹如环绕市区的数重城墙和市内的历史建筑被大肆破坏，“历史建筑只有在作为街道景观的对景时才被稍加重视”[②]。这种对历史信息和城市肌理的破坏也是奥斯曼后来遭到诟病的主要原因之一。

在工业革命的诞生地英国，环境、居住、卫生等城市问题尤为突出。从19世纪40年代开始，由于霍乱、伤寒等“热病”反复侵扰，英国以防治疫病为目的，开始进行声势浩大的公共卫生运动，其中一项主要内容就是成片拆除伦敦、伯明翰、利物浦等大城市中“不卫生”的贫民窟住宅，并按照新法规建造所谓的“法定街道”（bye-law street），对街道的宽度和街道两侧的房屋高度进行了严格限定[③]，并力求打通原先封闭的街区，使各条道路

① 清华大学营建学系编译组．城市计划大纲［M］．上海：龙门联合书局，1951：1-2．

② Kathleen James-Chachraborty．Paris in the Nineteenth Century［M］//Architecture since 1400．Minneapolis：University of Minnesota Press，2015：273-289．

③ 英国各市要求主要街道宽度至少40ft（约12m），宽度实际远超当时车辆通行所需；1880年代以后德国规划师首先放弃对宽阔大街的追求，转而探索道路截面设计的丰富性。详Spiro Kostof．The City Assembled［M］．New York：Thames & Hudson，1992：206．

相通以利空气流动，达到“排散瘴气”的目的①。但由于孤悬于欧洲大陆之外具有相对安全的地理环境，英国城市的中世纪城墙很早就被拆除，在公共卫生运动推动下的英国城市空间重建毕竟不同于巴黎的大规模改造，英国人将之称为“贫民窟清除”（slum clearance）或“城市更新”（urban renewal）②。虽然二者出现的原因和目的不同，但都采用了以笔直道路为骨架，对传统城市空间产生的破坏效果也类似。

在德语区国家，其城市人口密度更大，城市拥挤程度更甚，柏林尤以污秽著称③。柏林和维也纳曾按照奥斯曼模式进行改建，尤以后者成就巨大，不但拆除了环绕城市的巨大城墙并填平沟壑，在城墙基址上改建宽阔的环城林荫大道（Ringstrasse），同时还在沿线兴建了若干公园，形成了连通内城与新区且环境宜人的区域（图17-1）。这种拆除老城区而替之以笔直大道和宏大广场的传统一直影响到20世纪初的维也纳改造（图17-2）。

但是，富有批判思维和理论素养的德语区国家规划家最先系统论述了“古城”（altstädte）的价值，使人们认识到欧洲城市老城区的空间形态和密集的传统建筑的价值——它们往往代表了所在国家的民族文化特征，并且提出不仅针对独幢建筑且将历史城区整体作为保护对象的观念④。并且，老城包含的“国家想象”及其“民族性”和“真实

图17-1　维也纳拆除城墙、兴建绿地和公共设施的规划方案（批准方案）（1860年）
资料来源：Charles Bohl，Jean-Francois Lejeuen. Sitte，Hegemann and the Metropolis［M］. New York：Routledge，2009.

① 刘亦师．19世纪中叶英国卫生改革与伦敦市政建设（1838—1875）：兼论西方现代城市规划之起源（上）［J］.北京规划建设，2021（4）：176-181.

② J. A. Yelling，LCC．Slum Clearance Policies，1889—1907［J］．Transactions of the Institute of British Geographers，1982，7（3）：292-303.

③ Daniel Rodgers．Atlantic Crossings：Social Politics in a Progressive Age［M］．Cambridge：Harvard University Press，1998：122.

④ Miles Glendinning．The Conservation Movement：A History of Architectural Preservation［M］．London and New York：Routledge，2013：164-175.

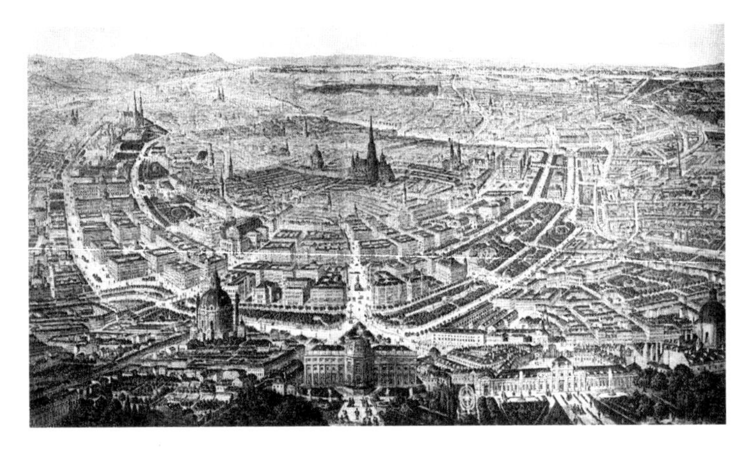

图17-2 维也纳环城大道局部鸟瞰（从维也纳剧院望向博物馆）（1911年）
资料来源：Charles Bohl, Jean-Francois Lejeuen. Sitte, Hegemann and the Metropolis [M]. New York: Routledge, 2009.

性"，在当时民族国家竞争日趋激烈的国际形势下具有提振民族主义情感的重要价值。"德国学派"在19世纪末、20世纪初的著述和实践对现代城市规划发展起到奠基作用，大大丰富了城市规划的内涵，并深刻影响了之后英国的田园城市运动。

到20世纪初，得益于对霍华德的田园城市思想的宣传和推广，世界上最早的规划法案、规划教育均诞生于英国，成为现代城市规划创立的标志。此后，随着田园城市运动的发展，正如梁、林文中所提到的那样，英国田园城市运动的快速发展导致侵占乡村廉价土地的"郊区化"和"城区蔓延"成为普遍现象，因此部分规划家在批判和反思田园城市运动的同时，组织起来致力于保护英国传统乡村的景观和村镇格局，使"历史保护"的范畴扩大到广袤的农村。

可见，正是在西欧国家各自进行的城市改建及其探索对待老城区不同处理方式的过程中，才为20世纪初城市规划作为独立的学科出现奠定了基础。在现代城市规划学科形成和丰富的大背景下，历史城区/城市的保护思想是递嬗演进的，与现代城市规划的各种流派——田园城市、功能城市、带形城市等密不可分，它们对历史城市保护对象的扩展及其理论方法的完善发挥了重要影响。至1940年代，"向后看""逆潮流"的历史保护已融入现代城市规划中，使城市规划兼具守旧与创新的双重特征，也成为规划学科走向成熟的重要标志。因此，梳理城市保护思想的演进线索也为认识现代城市规划学科的发展提供了新的维度和材料。

17.2 奥斯曼式城市VS艺术城市：19世纪末欧洲大陆的城市设计理论与历史城区保护观念之兴起

奥斯曼的巴黎改造模式深刻影响了19世纪中后叶西欧国家主要城市的改建，除上文提到的维也纳外，巴塞罗那、柏林、马德里、罗马等均大规模拆除原来密集的低矮房屋而替之以壮阔宏丽的林荫大道，形成了与巴黎类似的新的城市景观，唯尺度较小而已（图17-3）。此

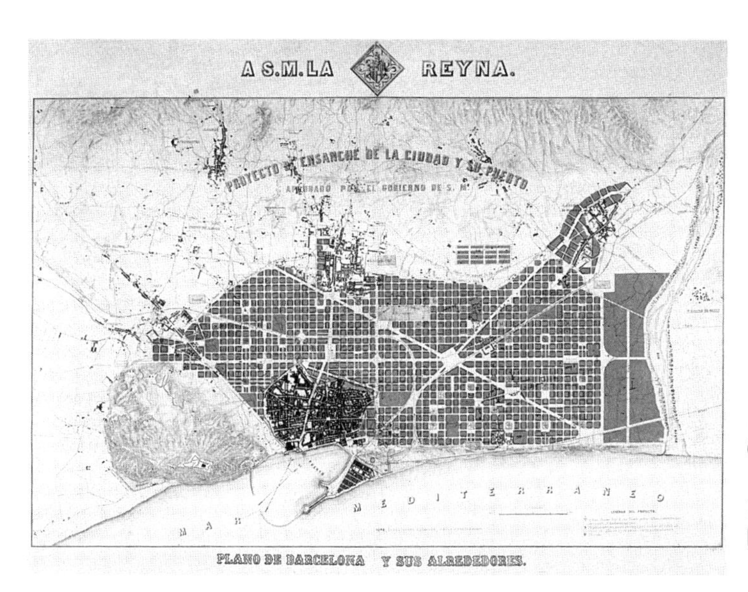

图17-3 巴塞罗那城区扩张规划（The Cerdà Plan，1859年）

资料来源：M. Wynn. Barcelona：Planning and Change, 1860 – 1977［J］. Town Planning Review, 1979, 50（2）: 185-203.

外，德国、比利时等国在紧邻大城市周边新建城区进行扩张（urban extension）时，大多以延伸主要道路为骨架，也不可避免地因袭了奥斯曼式的巴洛克城市设计手法，在空间格局上呈现放射状路和很强烈的几何形式。

1880年代初，比利时布鲁塞尔市在其留心历史遗产的市长布尔斯（Charles Buls）领导下，采取了有别于巴黎改造的方式，在市区改造时有意在原地保留了多处历史建筑。然而，最先在理论上对法国那种罔顾历史、以笔直大道为特征的奥斯曼式城市改造加以批判的是德语区国家规划家，其代表人物是奥地利人西特（Camilo Sitte，1843—1903年）和德国人施蒂本（Joseph Stübben，1845—1936年）。西特提出应认真研究中世纪发展留存下来的欧洲城市肌理，这是与巴洛克式设计趣味迥异的城市形态，也反映出“真实的”欧洲历史文化。他反对一味追求效率和壮观而修建笔直、畅通的大道，认为传统欧洲城市的精髓在于围合式的城市广场；同时，他也批评像巴黎那样完全贴合道路边线修建高度齐平的多层住宅或商业建筑，认为这样形成的城市空间单调乏味且“毫无想象力”①，而主张道路设计应与两侧建筑的进退结合起来，形成层次丰富的道路景观。

西特将这种富有生趣、重视地方历史特征的城市设计手法称为“艺术城市”（artistic city），并于1889年出版为《遵循艺术原则的城市设计》一书（见图12-7），迅即在德语区国家的奥匈帝国和德国造成巨大反响。在此书中，西特将其研究对象从单幢建筑扩大到建筑组群甚至整片历史城区的平面形态，“尝试对一系列古老优美的广场乃至城市加以考察”，以归纳出符合美学原则（西特称之为“美的成因”）的设计方法。“艺术城市”通过

① 西特．遵循艺术原则的城市设计［M］．王骞，译．武汉：华中科技大学出版社，2020：91-98．

精细的空间组织和交通梳理，旨在城市改造或更新的过程中真实地反映出城市的历史发展脉络和趋向，与“奥斯曼式城市”（Haussmannian city）那种奋力追求彰显理性、效率和普适性的城市设计手法截然不同。

西特并非现代意义上的城市保护理论家，亦非单纯的理论家，而是致力于以其设计理论服务于改造实践的规划家，使其理论能应用到当时德语区国家普遍开展的城区扩张活动中，即参考传统城市围合空间来设计新城区和新城市。如西特自述，他撰写《遵循艺术原则的城市设计》一书是为了使之成为“城建技术人员的专业原则和经验储备的一部分，当其制定地块的划分方案时，可以有所遵循。”[①]西特在书中就按他的“艺术城市”的设计原则，对他熟悉的维也纳的若干地段如环城大道边上空旷环境中的议会大厦前广场等提出改造建议，认为“环城大道应在这里消失，以建设出一座属于议会大厦的前广场，只有这样才能发挥出建筑那激动人心的效果”[②]（图17–4）。他指出奥斯曼式“现代城市”的建设方式无法“理解艺术的条件”，而只有通过对之改造以形成围合式空间，并在设计中全面考虑沿街道行进的人的视线和感受才能实现。

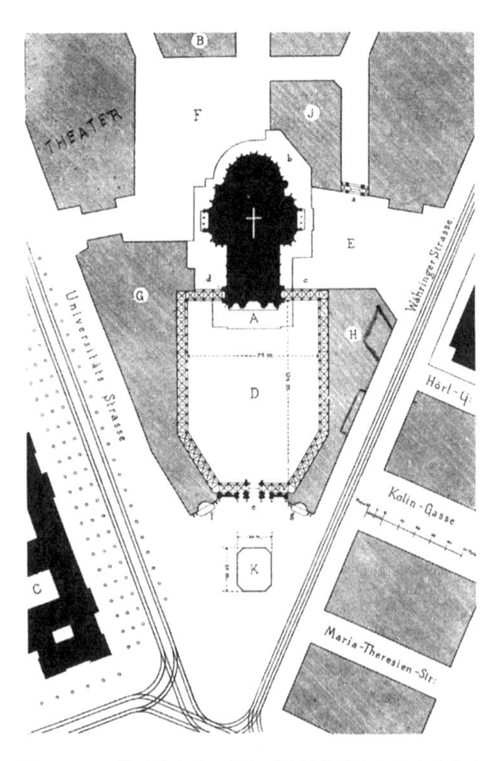

图17–4　西特对维也纳一处楔形地块教堂广场的改建方案（图中G、H地块为拟增建建筑且带环廊，用以将原广场（A）扩大至围合式广场（D））

资料来源：西特．遵循艺术原则的城市设计［M］．王骞，译．武汉：华中科技大学出版社，2020：154.

西特的著作出版后，他成为德语区国家规划界的代表人物，曾受邀为奥匈帝国境内的西里西亚、斯洛文尼亚等地区的城市制定城市改建和城区扩张的规划方案（图17–5）。在这些方案中，西特同样将其“艺术城市”的设计原则结合当地的街道走势、制高点景观等条件加以应用。这些方案多数虽也提出拆除大批混乱、密集的低矮房屋以腾清场地，但毕竟是在参考老城区的历史文脉的基础上进行改动，并着意加强了老城区的辨识性和独特的文化特征。同时，这些城市通过西特的这种更新改造形成了别具一格的新旧并立的现代感，也为当时正在兴起的旅游业所大力宣扬，其经验迅速传至欧美。西特式的改造方式源于其完善的理论体系且具有很强的可操作性，与奥斯曼式改造形成了强烈对

① 西特．遵循艺术原则的城市设计［M］．王骞，译．武汉：华中科技大学出版社，2020：vii-viii.

② 西特．遵循艺术原则的城市设计［M］．王骞，译．武汉：华中科技大学出版社，2020：165-166.

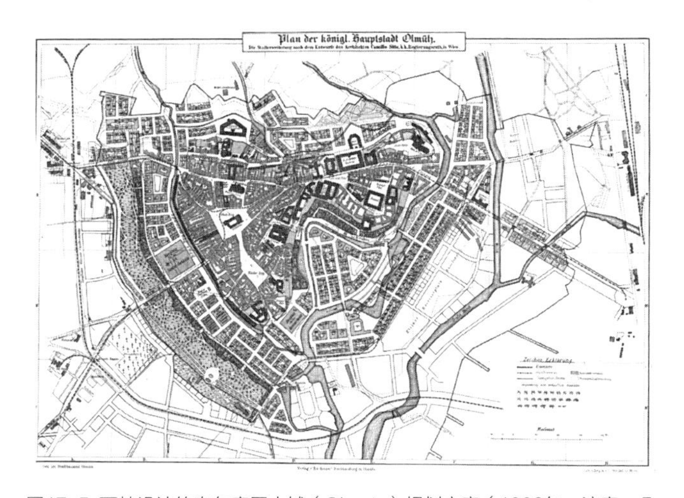

图17-5 西特设计的奥匈帝国小城（Olmutz）规划方案（1889年，注意：几乎没有笔直的道路且其宽度亦随两侧建筑物的不同布置而有丰富变化）

资料来源：Andrew Herscher. Städtebau as Imperial Culture：Camillo Sitte's Urban Plan for Ljubljana［J］. Journal of the Society of Architectural Historians，2003，62（2）：212-227.

HANDBUCH

DER

ARCHITEKTUR.

Unter Mitwirkung von Fachgenossen

Vierter Theil:

ENTWERFEN, ANLAGE UND EINRICHTUNG DER GEBÄUDE.

9. Halb-Band:

Der

Städtebau.

Von J. Stübben,

VERLAG VON ARNOLD BERGSTRASSER IN DARMSTADT

1890.

图17-6《城市建筑》一书扉页（说明该书性质是用于实践参考的“建筑手册”，1890年）

资料来源：Joseph Stübben. Der Städtebau［M］. Berlin：Auflage，1890.

比，反映出在对待历史城区和城市“现代性”等方面两种不同的立场和手法。并且，西特对“古城”及其空间构成的分析及其实践将“保护”的范畴从独幢建筑扩大到由一群建筑组成的城市片区甚至城市尺度，超越了当时遗产保护界占主流的法国建筑修复学派的边界，有力地推动了欧洲历史遗产保护思想的丰富和发展。

西特的著作出版后不到一年，德国规划家施蒂本就完成了《城市建筑》①（Der Städtebau，图17-6），书中总结了德国城市改造和城区扩张的各种要素的设计方法和技术经验，如交通规划、道路截面设计、功能分区原则等，但也详细论述了空间形态和美学原则等内容且明显体现了西特的影响。西特和施蒂本相继出版的这两本专著，从设计手法和规划技术方面进行了系统总结，使德语区国家的规划理论和实践被公认为大大领先世界其他国家，也成为后来英国规划家恩翁（Raymond Unwin）等人系统总结田园城市设计的原则的重要参考。当时，欧美各国前来德国观摩、学习城市建设经验者络绎不绝，而德国规划家如海基曼（Werner Hegemann，1881—1936年）、简森（Hermann Jansen，1869—1945年）等也在20世纪初远赴美国、土耳其担任规划顾问和制定规划方案②，促进了全球城市规划运动的开展。

① Joseph Stubben. City Building［M］. Julia Koschinsky，Emily Talen，Tran. Arizona State University Press，2014.

② 海基曼曾主持1910年柏林规划竞赛及一系列规划活动，后赴美国伯克利等市制定功能分区规划；简森在1920年代初获得土耳其首都安卡拉规划竞赛头奖，后曾为里加、马德里等欧洲城市制定规划方案。

此外，受西特推荐，施蒂本曾获得维也纳改造竞赛的一等奖[①]，并于1904年主办了与其著作同名的第一份德语城市规划专业期刊（Der Städtebau）。这也反映出在城市规划创生时期的规划家们往往活跃于多个领域，因而促成了城市规划学科的诞生，而他们对待历史、传统和“现代城市”的态度也使城市规划在其初创时期就具有很强的文化属性。

在西特和施蒂本等影响下，历史城区作为整体成为历史保护对象的观念逐渐得到普及。进入20世纪之后，在世界大战的阴霾笼罩下，西方各国皆积极鼓励本国民族主义运动的发展，代表了各国“真实历史”的历史城市也成为彰扬民族文化、强固民族认同的重要手段。因此，世界各国皆相率掀起“整理国故”热潮，如回溯本国城市和建筑发展历史、挖掘建筑特征和传统城市空间形态等文化建设活动。在历史城市保护方面，法国、德国都曾对富含历史文化、保持了完整中世纪肌理的小镇进行整体保护。例如，纽伦堡作为“纯正的”日耳曼城市在19世纪末就立法制止拆除老城区，并要求新建建筑也按传统风格设计[②]，后因古城风貌保存完整而成为纳粹党的党部和全国集会地（图17-7）。可见，第二次世界大战结束前欧美各国的历史城市保护工作同样是在民族国家竞争的一部分且是分头开

图17-7 纽伦堡街景鸟瞰（20世纪初）
资料来源：https://alamedainfo.com/nurnberg-nuremberg-germany/#bwg138/3501.

① Bernard Davies. Central Europe: Modernism and the Modern Movement as Viewed through the Lens of Town Planning and Building 1895—1939 [D]. Dissertation of Brunel University, 2008.
② Miles Glendinning. The Conservation Movement: A History of Architectural Preservation [M]. London and New York: Routledge, 2013: 174-175.

展的，这与第二次世界大战结束后各国均积极参与推动的国际合作模式截然不同。

17.3 英国的“四大运动”与英国城市更新模式之转变

“四大运动”指的是在19世纪中叶以降均源生于英国的公共卫生运动、工艺美术运动、田园城市运动及城乡保护运动，它们前后相继、交错影响且并行发展，并都与现代城市规划的创立密切相关，同时也深刻影响了英国城市更新模式的转变和城乡保护观念的发展。

19世纪中叶时，除欧洲大陆声势浩大的城市改造之外，英国也在进行以防治疫病为目的的公共卫生运动，其中一项主要内容就是成片拆除伦敦、伯明翰、利物浦等大城市中“不卫生”的贫民窟住宅，并按照新法规建造所谓的“法定住宅”（bye-law housing，图17-8）。这是英国最早有计划地进行的“城市更新”工作。这种从公共卫生目标着眼的城市改造，虽然在19世纪后半叶积累了大量的工程技术经验并发展出一套完整的建设模式[①]，但也造成了英国城市普遍单调乏味、千篇一律的景象。

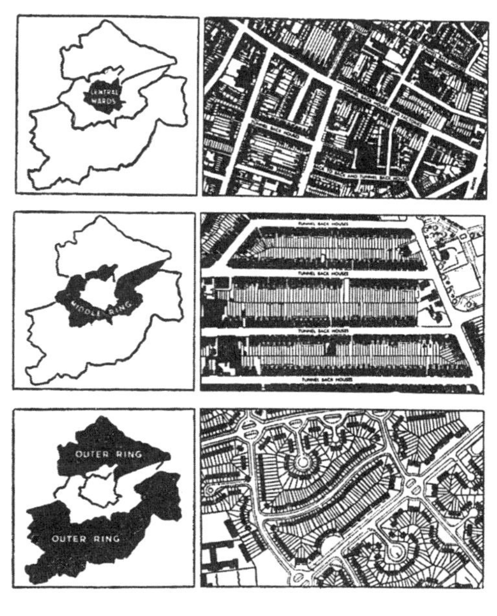

图17-8 19世纪中叶以降伯明翰市城市范围及其肌理的变化（上图为“法定住宅”之前的拥挤状况，中图为“法定住宅”的城市肌理，下图为以田园城市设计原则设计的新街区。伯明翰在20世纪初曾是英国率先开展城市规划实践的城市）

资料来源：Leonardo Benevolo. The Origins of Modern Town Planning［M］. Cambridge：The MIT Press，1985：99.

针对这一状况，当时英国知识界尤其是思想家和艺术家猛烈抨击工业革命对传统生活环境和生产方式的彻底破坏，造成了城市环境缺乏创造和个性的均质化现象。其中的代表人物如莫里斯（William Morris）、拉斯金（John Ruskin）等，在批判城市的生产和生活方式、讴歌英国乡村环境和景象的同时，号召重回前工业时代找出路，尤其推崇象征中世纪的哥特式风格，为这种建筑样式赋予了强烈的人文内涵和理想主义色彩[②]。同时，莫里斯

① 随着殖民主义的扩展，英国的这种城市住宅建设模式在全球殖民地城市中得以推广，如我国近代上海等地的里弄住宅等。

② 当时英国大城市的主要公共建筑都采用了哥特复兴样式，如1870年代重建的英国议会大厦和伯明翰市中心区及伯明翰大学等。英国哥特复兴样式也被称为浪漫主义风格，系指其立面的不对称构图。

还反对以对称构图和柱式为立面特征的新古典主义风格，并抨击采取了大量繁复装饰纹样的维多利亚式，将二者视作当时英国审美趣味堕落和丧失创造力的标志。

1870年代，莫里斯及其志同道合者掀起了影响深远的工艺美术运动（Arts and Crafts Movement），号召在住宅设计中采取不对称的构图形式，并剔除冗余装饰，这一原则迅速为当时英国的建筑师所接受，在之后英国新住宅区设计中得到普遍应用。工艺美术风格的住宅样式不拘一格，尤其屋顶变化多样，易于形成丰富的景观印象。它与在公共建筑上盛行的哥特式建筑一样，成为当时英国浪漫主义运动在物质空间上的重要体现。并且，莫里斯还在1877年组建了著名的古代建筑保护学会（Society for the Protection of Ancient Buildings，SPAB），号召对有优秀历史的建筑进行记录和保护，大大推动了英国建筑保护运动（Building Conservation Movement）的开展①。莫里斯在创造新风格和历史建筑保护两方面均贡献卓著，向世人说明"创新"与"守旧"可以并行不悖。但其范畴尚局限于单体建筑，还未扩大到城市尺度。

与此同时，英国地方政府开始发起包括对市中心更新改造在内的一系列市政改革，体现了与前一时期不同的策略。其中，成效最显著、影响最大的是伯明翰市长——老张伯伦（Joseph Chamberlain）在1870年代开始对该市区核心地段进行的改造（见图5-12），也因此开启了伯明翰在城市更新、建设公共住宅、建设工业新村等城市规划实践方面的一系列开创性探索②。同一时期，在费边社成员的协助下，伦敦郡议会（London County Council，LCC）于1889年成立，负责伦敦老城及周边区域的建设，并承诺提供廉价住宅等劳工福利。由于伦敦郡议会有更全局性的考虑和更多的资源，在清除贫民窟的实践中不但打破了"法定住宅"的呆板形制，而且将破败城区改为公共绿地，已初具现代城市规划的雏形（图17-9）。

至20世纪初，在田园城市思想加速传播的背景下，一批英国建筑师和规划家以霍华德的田园城市思想为旗帜，发起了波澜壮阔的田园城市运动。在其早期发展的过程中，恩翁对田园城市设计原则的确立、宣传及其实践等方面居功阙伟。他及其合伙人——帕克（Barry Parker）均非常推崇莫里斯的设计理念，将工艺美术风格广泛应用于住宅设计上。虽然在田园城市运动中，旧城区保护并非当时规划家关注的重点内容，但由于恩翁的宣传使西特式设计手法在英国广受关注，同时也普及了对传统历史城区价值以及对之作为整体加以保护的观点。

随着田园城市运动的发展，田园城市思想的内涵被缩窄，运动的重心从霍华德极力提倡的融合工、农业的新城转向以提供良好环境为目的的新式居住区，但以供给良好住区、

---

① Andrea Yount. William Morris and the Society for the Protection of Ancient Buildings: Nineteenth and Twentieth Century Historic Preservation in Europe [D]. Dissertation of Western Michigan University, 2005.

② 刘亦师. "局外人"：19、20世纪之交英国"非国教宗"工业家之新村建设与现代城市规划的形成[J]. 建筑史学刊，2021，2（1）：131-144.

图17-9 伦敦郡议会开发的伦敦某住宅区（Celedonian Estate）总平面图（上）及内院照片（下）（系由拆除“法定住宅”更新改建而来，并增添了绿地空间）

资料来源：L C C. Housing of the Working Class in London［M］. London：P.S.King and Son，1913：80-81.

迁移城市产业和人口、降低城市密度、增添公共绿地空间为宗旨的田园城市规划体系逐渐为民众和政府所接受。此前“法定住宅”式的城市更新模式逐渐为以提供更多绿地和开放空间为特征的内城更新、结合大量开发城郊田园住区（garden suburb）的新模式所替代。

在恩翁的影响下，英国政府于1918年正式出版《都铎·沃尔特斯报告》（Tudor Walters Report），明确指出建设城郊田园住宅是推进住宅建设和城市更新的重要手段，其密度则按恩翁此前提倡的那样规定为“每英亩12户住房（约40人）”，而住宅样式则以独幢或2～6户的联排、以工艺美术风格设计的住宅为主。次年，英国颁布了历史上第二部《住房和城市规划法》（Housing，Town Planning，Act），为按照前述田园城市设计原则进行建设的开发商提供资金补助，以经济政策为手段指导此后英国住宅的建设方向。至此，恩翁将其总结的田园城市设计原则转为英国住房和城市规划建设方针。此后，田园城市运动和城市更新运动，极大地推动了英国城市郊区化的发展，不但形成了丰富、宜人的景观环境，而且在一定程度上缓解了老城区的人口压力，提升了环境质量（图17-10），但其基本模式仍未脱在已建成城区边缘“摊大饼”式的扩张。

1920年代时，鉴于城郊田园住区肆无忌惮的扩张，且大多沿公路兴建，导致乡村的传统空间肌理和生活方式被破坏，并影响道路通行效率等弊端，一批成长于莫里斯著作影响下、对英国传统村镇的价值有清楚认识的规划家率先对这种沿公路的“带状”发展模式提出猛烈抨击，其代表人物为伊利斯（Clough William-Ellis）和夏普（Thomas Sharp）。前者于1928年出版了《英格兰与章鱼》一书[①]（图17-11），将城郊田园住区的蔓延比拟为不受节制的扩张行为，与此前美国进步主义运动中抨击标准石油等公司垄断市场、无序扩张等

① Clough William-Ellis. England and the Octopus［M］. London：Geoffrey Bles，1928.

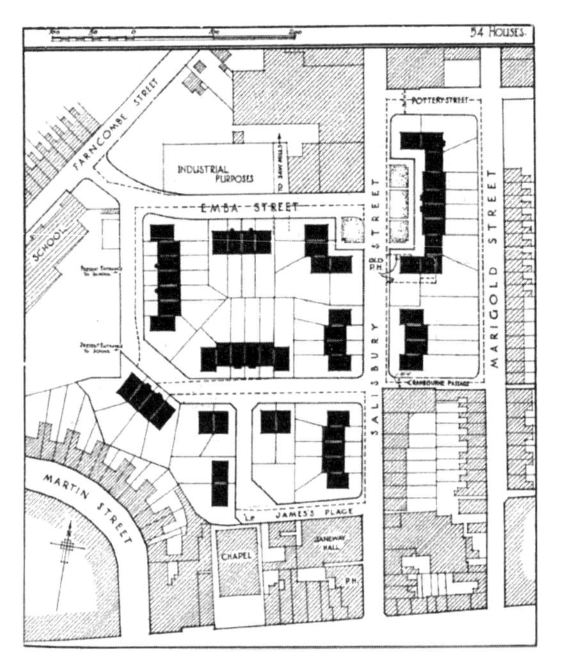

图17-10 伦敦中心区某处按田园城市设计原则建设的新住宅（1923年）

资料来源：Simon Pepper，Peter Richmond. Homes Unfit for Heroes: The Slum Problem in London and Neville Chamberlain's Unhealthy Areas Committee，1919—1921［J］. The Town Planning Review，2009，80（2）：143-171.

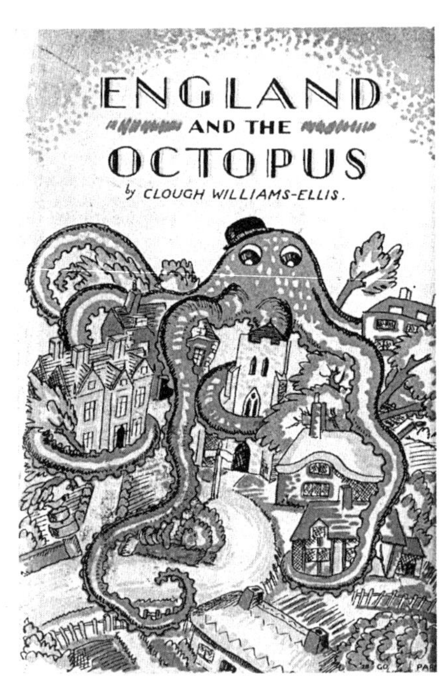

图17-11《英格兰与章鱼》一书封面（1928年）

资料来源：Alan Powers. Modernism and Romantic Regeneration in the English Landscape，1920—1940［J］. Studies in the History of Art，2015（78）：71-94.

行为相映成趣。夏普则对大量村镇的空间肌理进行测绘，以翔实的调研和分析论证了英国传统村镇空间对当前规划设计的参考价值。

1926年，现代城市规划运动的奠基人和推动者——阿伯克隆比（Patrick Abercrombie）在他创办的《城市规划评论》（The Town Planning Review）上发表了长达50余页的《英格兰乡村的保护》一文，提出“英国的乡村是我们最重要、也是最能体现英国特征的纪念物”，且为大众休闲娱乐所必需的“公器”，不应任由私人圈禁开发（图17-12）。阿伯克隆比在文中分析了构成乡村空间的要素，如道路、篱笆、田野、森林、树木，以及“从17世纪到19世纪形成的教堂、庄园、一般民宅、酒馆等各类设计精良的建筑物”和住宅前后的小花园等。他分类论述了对各组成

THE
TOWN PLANNING REVIEW

Vol. XII　　*May, 1926*　　*No. 1*

THE PRESERVATION OF RURAL ENGLAND

The English Countryside is undergoing a change; at present this is more rapid near the urban centres and in certain favourite localities, but there is a probability of almost universal alteration during the immediate future, owing to a variety of reasons. The recluse who lives in the country and the town dweller who uses it as a recreational contrast to his ordinary existence—

. . . . who, long in populous city pent
Where houses thick and sewers annoy the air,*
Forth issuing on a summer's morn to breathe
Among the pleasant villages and farms
Adjoin'd, from each thing met conceives delight,
The smell of grain or tedded grass, or kine,
Or dairy, each rural sight, each rural sound . . . .

both these would probably like to see it sterilized or stabilised in its present state and all development prevented. But this is really begging the question; the position to be faced is a reorganisation of Rural Life as advocated by Lord Milner,† by which a large population will be engaged in agricultural and country pursuits, and the natural tendency for Urban populations to spread themselves for recreation, residence and occupation further afield. Is this inevitable change to destroy the existing aspect of countryside or is it possible during transition to preserve its character or even in places to create a new type of beauty?

It is at any rate a matter that cannot be left to chance any more than can the development of suburban land outside our cities: *Rural*

* *If sewers have improved since Milton's day, chimneys have worsened!*
† "*Questions of the Hour,*" *by Viscount Milner (Nelson & Sons), p. 46.*

5

图17-12 阿伯克隆比关于乡村保护论文的首页（1926年）

资料来源：Patrick Abercrombie. The Preservation of Rural England［J］. The Town Planning Review，1926，12（1）：5-56.

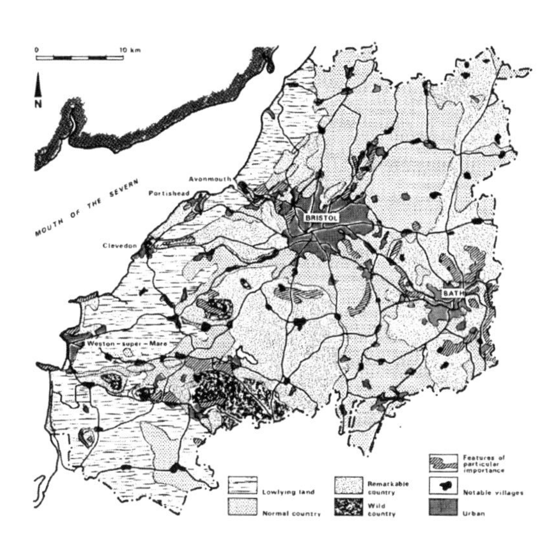

图17-13 阿伯克隆比在区域规划的尺度上对英格兰布里斯托（Bristol）及巴斯（Bath）等地所做的乡村景观保护规划（1930年）

资料来源：Gerald Dix. Little Plans and Noble Diagrams [J]. The Town Planning Review, 1978, 49 (3): 329-352.

要素的保护方法，指出尤应避免公路延展和沿路住宅区开发对传统乡镇的破坏，同时应对公路的性质（城际公路、休闲道路和生活性交通）加以细分并遏止沿公路的开发行为。阿伯克隆比还率先倡议开展跨地方行政边界的区域规划，以保证在广大区域中根据生态系统和地理地貌形成绿地空间体系①。

更重要的是，阿伯克隆比在该文中提出了“卫星城”（satellite towns）的城市疏散和发展模式，将远离现有城区兴建的新区细分为“工业城”（Industrial Satellite）和“睡城”（Dormitory Satellite），“卫星城的建设将与该区域一系列著名的老村镇的保护同时并举……这将成为整个伦敦居住区发展的原则”。可见，1926年的这篇文章已包含了日后《伦敦郡议会规划》（1943年）和《大伦敦规划》（1944年）新建卫星城的思想，同时也明确指出城市的发展与乡村的保护同等重要，并且将“历史保护”的范畴扩大到乡村，有力推动了城乡发展综合规划思想的发展。此后不久，阿伯克隆比与志同道合者创建了英格兰乡村保护委员会（Council for the Preservation of Rural England）②，在景观调查和区域规划的基础上，积极从事英国的村镇肌理保护和公共绿地保护运动，影响颇广③（图17-13）。

与此同时，英国城市的更新改造方面也出现了对历史街区进行整体保护的新趋势。1921年牛津地方政府就曾制定规划方案，并率先要求对构成牛津城市风貌的景观要素加以保护，“显示出牛津和剑桥无论在哪一方面都位于全英国城市等级秩序的最前列”④。1923年，莎士比亚的故乡斯特拉福德市（Stratford-on-Avon）委托阿伯克隆比对小镇进行调查并提出规划建议（图17-14）。阿伯克隆比对小镇的街道和建筑进行了详细调查，坚决否

① Patrick Abercrombie. The Preservation of Rural England [J]. The Town Planning Review, 1926, 12 (1): 5-56.

② Gerald Dix. Little Plans and Noble Diagrams [J]. The Town Planning Review, 1978, 49 (3): 329-352.

③ David Matless. Ages of English Design: Preservation, Modernism and Tales of Their History, 1926—1939 [J]. Journal of Design History, 1990, 3 (4): 203-212.

④ Miles Glendinning. The Conservation Movement: A History of Architectural Preservation [M]. London and New York: Routledge, 2013: 181.

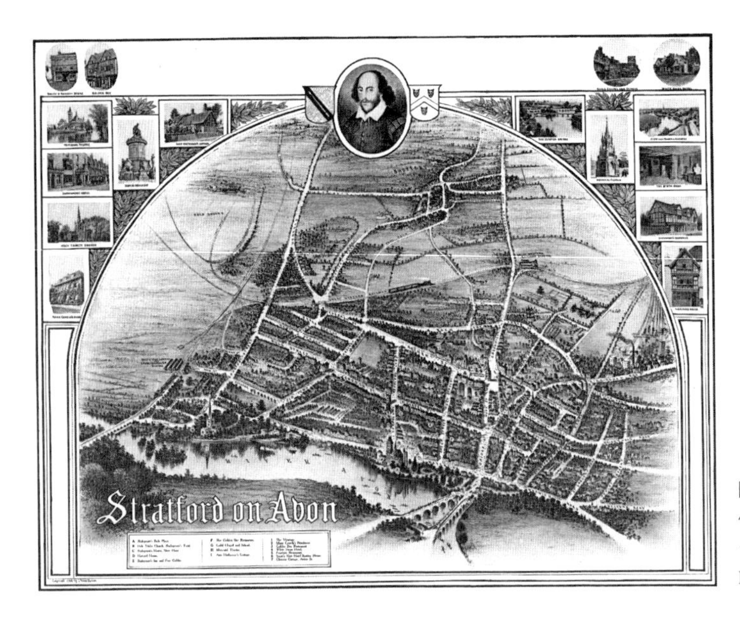

图17-14 斯特拉福德市的历史文化资源及主要道路肌理（1908年）
资料来源：CED Library，UC Berkeley.

定在该市新建化工厂的提议，提出应对围绕市中心三条主街的区域进行整体保护①。这是英国最早的老城区保护规划之一，也是1940年代的英国老城区保护规划的参考。

在阿伯克隆比等人的积极活动下，英国政府于1923年颁布了与修订后的住房与城市规划相关的一系列法案，已初具保护历史建筑及其环境的条文②，是英国城乡保护运动的一大进展。1932年新颁布的《城乡规划法》则首次将农村地区的规划列为对象，但有关"历史保护"的内容不增反减，也成为这一版规划法案的重要缺陷。1935年颁布的《限制带状发展法》（Restriction of Ribbon Development Act）赋予了地方政府必要的权力以节制对乡村景观和村镇肌理的破坏，可看作英国政府加大对经济生活和空间管理干预的举措，也是城市规划运动的重要进展。即使如此，1930年代中期的城市发展模式仍基于城市边缘地带的扩张，阿伯克隆比所期望的区域规划和卫星城建设仍需到10年后才得以为政府和社会所接受。

17.4 历史城市保护运动与现代主义运动之交织：从1930年代初的两个《雅典宪章》说起

第一次世界大战结束后，战胜国集团成立了世界上第一个政府间合作组织——国际联

① Patrick Abercrombie，Leslie Abercrombie. Stratford- upon-Avon：Report on Future Development［M］. London：Hodder & Stoughton，1923；Phil Hubbard，Keith Lilley. Selling the Past：Heritage-Tourism and Place Identity in Stratford-upon-Avon［J］. Geography，2000，85（3）：221-232.

② Stephen Ward. Planning and Urban Change［M］. London：SAGE Publications Ltd.，2004：43.

盟（The League of Nations），旨在“建立战胜国对于国际经济的支配权，缓和帝国主义内部的冲突，阻止战败国的复仇战争。”[①]虽然国际联盟最终在维护和平、遏止战争方面力不从心，至第二次世界大战后为联合国所替代，但1920年代在欧洲经济复兴和战后重建活动中，“国联曾起了相当的作用”，也有力推动了历史遗产保护的国际合作。

自19世纪以来，欧洲各国在历史遗产保护方面已积累了不少经验。在经历了法国建筑师维奥莱特-勒-杜克（Eugène Viollet-le-Duc，1814—1879年）为代表的风格性修复的理论争论和实践检验后，20世纪初各国在对历史建筑和历史城区的价值和保护方法上达成了不少共识。例如，历史遗产是全人类共有的财富，应予妥加管理、维护并确保其为后代完整地继承，而修复工作尤需慎重；对“真实性”的认识也由恢复初始风格演进为对不同历史阶段留存的历史信息皆应尊重和保护，等等。此外，在保护方法上，由于新材料和新技术已得到普遍应用，其经验亦亟待形成在之后保护工作中能遵照执行的技术标准。保护思想和技术上的这些共识超越了当时各国在意识形态方面的纷争，为历史遗产保护的国际合作奠定了基础。

在此背景下，国际联盟于1922年成立了国际知识合作委员会（International Committee on Intellectual Cooperation）——此即二战后成立的联合国教科文组织（UNESCO）的前身；1926年在此机构下又成立了国际博物馆局（International Museum Office），旨在定期举办关于历史遗产保护的学术活动以促进国际交流和合作。1931年10月21日至30日，国际博物馆局于雅典举办了“有艺术及历史价值的古迹保护问题研讨会”，参会的正式代表120人，来自欧洲的23个国家，是关于历史保护方面的一场空前隆重的会议[②]（图17-15）。雅典会议主要涉及对单个古迹或遗址的保护策略、保护技术尤其是新技术应用的推广及对古迹所处环境的关注等三方面内容[③]，系统批判了此前的风格性修复方法，并广泛讨论了与保护技术和科学方法的议题如保护立法、古迹修复、技术手

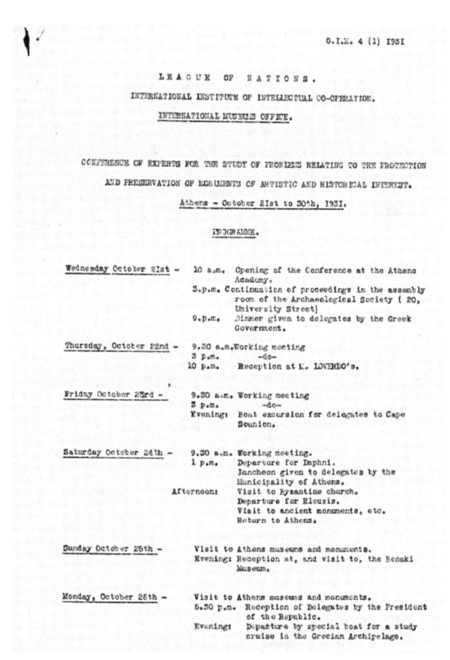

O.I.M. 4 (1) 1931

LEAGUE OF NATIONS.

INTERNATIONAL INSTITUTE OF INTELLECTUAL CO-OPERATION.

INTERNATIONAL MUSEUMS OFFICE.

CONFERENCE OF EXPERTS FOR THE STUDY OF PROBLEMS RELATING TO THE PROTECTION AND PRESERVATION OF MONUMENTS OF ARTISTIC AND HISTORICAL INTEREST.

Athens - October 21st to 30th, 1931.

PROGRAMME.

Wednesday October 21st - 10 a.m. Opening of the Conference at the Athens Academy.
3.p.m. Continuation of proceedings in the assembly room of the Archaeological Society (20, University Street)
9.p.m. Dinner given to delegates by the Greek Government.

Thursday, October 22nd - 9.30 a.m. Working meeting
3 p.m. -do-
10 p.m. Reception at M. LOVERDO's.

Friday October 23rd - 9.30 a.m. Working meeting
3 p.m. -do-
Evening: Boat excursion for delegates to Cape Sounion.

Saturday October 24th - 9.30 a.m. Working meeting.
1 p.m. Departure for Daphni.
Luncheon given to delegates by the Municipality of Athens.
Afternoon: Visit to Byzantine church.
Departure for Eleusis.
Visit to ancient monuments, etc.
Return to Athens.

Sunday October 25th - Visit to Athens museums and monuments.
Evening: Reception at, and visit to, the Benaki Museum.

Monday, October 26th - Visit to Athens museums and monuments.
5.30 p.m. Reception of Delegates by the President of the Republic.
Evening: Departure by special boat for a study cruise in the Grecian Archipelago.

图17-15　1931年10月雅典会议议程首页

资料来源：UNESCO Archives，档卷号：IICI0000004167-4167.

① 胡愈之．国际联盟的性质和组织［J］．世界知识，1934（1）：28-29．

② Miles Glendinning．The Conservation Movement：A History of Architectural Preservation［M］．London and New York：Routledge，2013：198-199．

③ 姚糖，蔡晴．两部《雅典宪章》与城市建筑遗产的保护［J］．华中建筑，2005（5）：31-33．

段等，“是保护思想逐渐成熟的标识”[①]。

雅典会议的最终报告递交国际博物馆局审定后，由其上级机构——国际知识合作委员会于1932年以《第一次历史古迹建筑师与技术人员大会》为题正式出版[②]，也被称作《雅典宪章》。该文件共7部分，以杜绝风格性修复为主旨，其主要内容虽然聚焦于古迹本体的保护，但在第三部分明确提到城市问题，指出应尊重古迹所处的城市外部空间，尤其对“古迹周边的街区应予特别的考虑”，对建筑组群和景观要素也当加以整体保护[③]。这一文件体现了确定历史城市片区作为保护对象的意义，是欧洲历史遗产保护思想发展的重大进步，但未具体讨论保护方法。

作为综合不同国家专家意见及其集体合作的成果，该宪章有意去除了此前普遍存在的地方色彩和个人风格，而体现出概括性和普遍适用性。《宪章》的最后一部分鼓励在国际知识合作委员会的组织下开展国际合作，并以之为将来历史遗产保护事业的发展方向，这一预言在二战结束后也得到了印证。

巧合的是，1933年8月国际现代建筑学会（CIAM）在从马赛到雅典的一艘游艇上举办了以“功能城市”（Functional City）为主题的第四次会议，正式宣告现代主义运动从单体建筑和居住区的设计扩大到城市规划领域。此次大会将柯布西耶、格罗皮乌斯等一直主张的城市功能分区和交通规划等思想确定为现代主义规划的基本原则。这一会议的经过和最终报告经柯布西耶整理，于1943年以《雅典宪章》（Charter of Athens）为题正式出版[④]，并迅速被转译为各国文字，成为普及现代主义思想、推动现代主义运动发展的重要文件。

在第四次大会上，有关历史城区的保护也被列入讨论议题，在《雅典宪章》中专门列出“有历史价值的建筑和地区”一节，指出“将所有干路避免穿行古建筑区，并使交通不增加拥挤，亦不妨碍城市有机的新发展”[⑤]。同时，对古迹附近的贫民窟应作有计划的更新和整治，旨在“改善附近住宅区的生活环境，并保护该地区居民的健康”[⑥]。可见，相较前述1931年古迹保护方面的雅典会议，这次会议在如何开展历史城区的保护方面提出了具体的解决方案，对如何与现代交通和城市功能的匹配问题也考虑得更深入。

实际上，CIAM第四次大会之前，柯布西耶等人在城市改造和新城规划中就提到对老城区加以完整保护的观点，也将这一原则落实在1930年代的一系列实践中，如在巴塞罗那（1929年）和阿尔及尔（1930年）的规划方案中对老城区就采取了不加扰动，而在其外围进行大规模改造的策略（图17-16）。但是，现代主义规划的要义是推行四大城市功能分

---

① 陈曦．建筑遗产保护思想的演变［M］．上海：同济大学出版社，2016：82．

② Institut de Cooperation Intellectuelle（ICI）. Le Conservation des Monuments d' Art et d' Histoire（The First International Congress of Architects and Technicians of Historic Monuments）[C]. Paris，1933.

③ The Athens Charter for the Restoration of Historic Monuments [EB/OL]，1931. https://www.icomos.org/.

④ Eric Mumford. The CIMA Discourse on Urbanism，1928—1960 [M]. Cambridge：The MIT Press，2000：75-84.

⑤ 清华大学营建学系编译组．城市计划大纲［M］．上海：龙门联合书局，1951：26．

⑥ 清华大学营建学系编译组．城市计划大纲［M］．上海：龙门联合书局，1951：26．

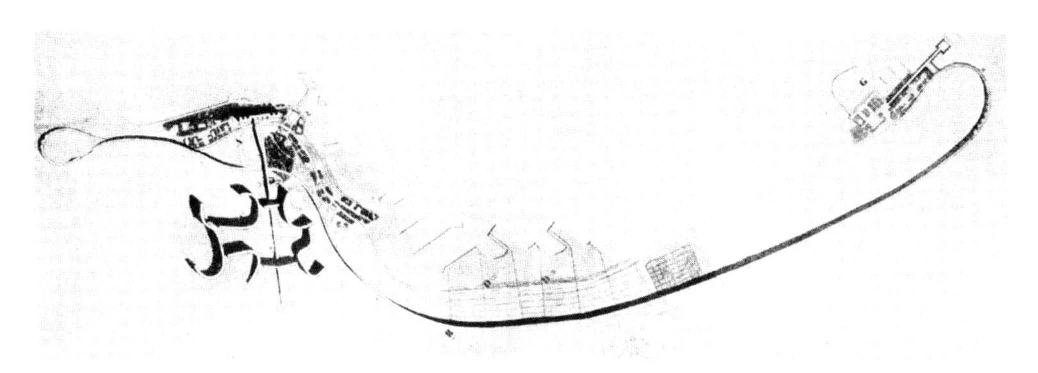

图17-16　柯布西耶的阿尔及尔规划方案总平面图（1930年，旧城（左上角）完整保留，与新建的高速路及多层住宅等形成强烈对比）
资料来源：P.W.Boesiger.Oeuvre Complète，Vol.2［M］.Zurich：Les Editions D'Architecture，1934.

区（居住、交通、娱乐、工业）以提高城市效率、优化城市生活环境，历史城区的保护并非其核心议题。而且，柯布西耶在他著名的巴黎改造方案中（1925年）甚至提出将塞纳河以北区域的全部建筑拆除，仅保留若干最重要的纪念性建筑（图17-17）。这种罔顾历史脉络的激进手法，与奥斯曼的巴黎改造颇为相似。同时，柯布西耶的规划方案中常出现放射状路网和几何式空间布局，亦可视作对奥斯曼传统的继承，但其一往无前、推陈出新的风格迥异于历史城区保护所具有的谨慎、周详等特征，也使人们容易将历史遗产保护和现代主义运动作为截然对立的两极看待。

图17-17　柯布西耶的巴黎改造方案模型（可见垂直路网及高层建筑与图中右下及远景保留的老城肌理形成强烈对比）
资料来源：William Curtis. Le Corbusier Ides and Forms［M］. London：Phaidon，1986：65.

但是，比较1931年和1933年的两次会议及其宣言，可见二者在本质上存在诸多相通之处。首先，遗产保护运动源生于历史文脉，而现代主义运动则力倡与传统割裂，二者皆先需廓清何谓传统。其次，历史遗产保护运动和现代主义运动都倾向于将历史城区视作独立的特殊区域，且与城市的其他区域隔离开来，并采取特殊的设计方法。最后，面对城市发展和更新改造，两个宪章都将对历史城区的保护纳入到整个城市持续发展的框架中加以考虑。在1931年《雅典宪章》的第一部分“总则”中即建议“当前对历史建筑的利用延续了其建筑生命，这种再利用方式应予维持，但应采取措施保证不会破坏其历史或艺术特征”①。1933年的雅典会议也将城市保护与更新并举，并提出“即使是在历史地段中，新建

① 清华大学营建学系编译组．城市计划大纲［M］．上海：龙门联合书局，1951：26．

建筑的风格也应有别于传统建筑”①。

应该注意到，柯布西耶在1920年代的巴黎改造方案毕竟只是现代主义规划发展的特殊阶段的产物，而且1930年代以后柯布西耶对历史城区的态度也与此前有所不同。但不可讳言，即使在1930年代的现代主义城市规划方案中，柯布西耶等人也对历史城区至多采取“存而不论”“不相闻问”的态度，甚至为了满足发展效率或个人喜好而彻底破坏原有的城市肌理，如二战后的昌迪加尔和巴西利亚等实践，也即之后被广为诟病的“盛期现代主义”（high modernism）。

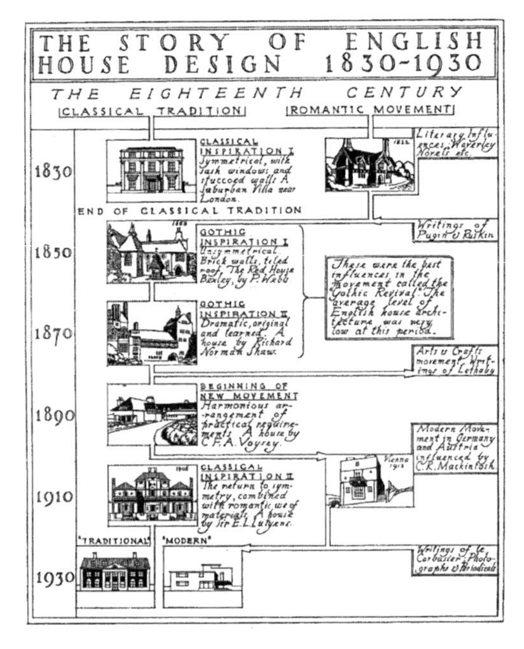

图17–18 英国建筑师伊利斯及萨莫森（John Summerson）等人总结的“1830—1930年英国住宅风格样式”

资料来源：William Whyte. The Englishness of English Architecture: Modernism and the Making of a National International Style, 1927—1957［J］. Journal of British Studies, 2009, 48（2）: 441-465.

可见，1930年代以降，历史遗产保护运动和现代主义运动交相影响和融合，成为现代城市规划的重要组成部分，进一步丰富了城市规划的内涵。以英国为例，1937年一批对田园城市运动漫无节制的郊区化尖锐批评的建筑师和规划师成立了“乔治风格小组”（Georgian Group），重新发掘出18世纪末、19世纪初构成英国城镇景观的联排住宅的美学价值，并提出将乔治风格简洁、理性等设计原则应用到正在进行的英国城市更新中②，影响延绵至1980年代以后③（图17–18、图17–19）。

同时，由于与现代主义运动有很多共通之处，“乔治风格小组”的不少成员同时是1933年成立的英国现代主义研究小组（MARS）成员，他们致力于以现代材料和现代主义构图与英国的城乡空间传统建立关联，这也成为英国现代主义理论探索和实践有别于其他国家的一大特征④。其结果，不但在英国形成了立足于城市历史街区保护和复兴的城市更新模式，与田园城市运动的郊区化发展影响相埒，同时也创造出了一批兼具英国城市特征和“如画式”（picturesque）传统景观意匠的新作品，在居住建筑中体现得尤其明显。

---

① Eric Mumford. Defining Urban Design: CIAM Architects and the Formation of a Discipline, 1937-1969［M］. New York: Graham, 2009.

② John Pendlebury. Reconciling History with Modernity: 1940s Plans for Durham and Warwick［J］. Environment and Planning B: Planning and Design, 2004（31）: 331-348.

③ Alan Powers. Britain Modern Architecture［M］. London: Reaktion Books, 2007: 180.

④ Alan Powers. Modernism and Romantic Regeneration in the English Landscape, 1920—1940［J］. Studies in the History of Art, 2015（78）: 71-94.

图17-19 英国某城市更新的方案渲染图（1938年，可见现代主义风格的集合住宅与英国“如画式”景观设计结合）
资料来源：Alan Powers. Modernism and Romantic Regeneration in the English Landscape，1920—1940［J］. Studies in the History of Art，2015（78）：71-94.

但是，虽然历史城区保护的观念在1930年代已渐被接受，但因缺少大规模实践的机会，上述以历史城区保护为核心的城市更新活动至第二次世界大战前并未充分开展。直至在第二次世界大战及其之后的重建活动中，历史城区和历史城市保护才真正成为现代城市规划的重要组成部分，并逐渐形成一套完整的设计语言和方法。

17.5 1940年代之战后重建规划与历史城市保护之制度化

1940年代初是现代城市规划发展的重要时期。第二次世界大战于1939年爆发，各国政府均迅即转入战时管制，加强了对经济、生活各方面的干预，规划（planning）则成为中央政府统一调配资源和保障战争供应的有效工具。在争取战争胜利的民族主义情绪鼓动下，各类规划活动得到民众的热烈支持且一直持续到二战结束之后。这种对规划的普遍支持不但一举涤荡了之前几十年城市规划发展的种种阻碍，如自由主义经济思想、土地私有制、地方保护主义等问题，在战时经济的特殊局面下推动了此前迟迟难以实现的工业疏散和区域规划，也促成了以政府扩权为特征的凯恩斯主义（Keynesianism）的盛行。在此背景下，英国民众对城市规划的热情尤高并对其效力寄予厚望。1940年规划家夏普出版的《城市规划》[①]一书成为英国最畅销的非小说类著作（图17-20），成为规划出版史上空前绝

① Thomas Sharp. Town Planning［M］. Harmondsworth：Penguin Books，1940.

后的特例，也说明了当时英国举国上下对规划的关注与乐观情绪[1]。

另一方面，战时轰炸殃及欧洲各国，并彻底摧毁了考文垂、德累斯顿等一些中小城市的老城区。在战争还在进行时，这些国家已相继开展重建被毁市区的规划活动。由于历史城区几乎被战火夷为平地，使得规划家在改造这些区域时获得柯布西耶等人孜孜渴求的机遇，即不受历史环境限制地制定重塑城市空间的规划方案，以求彻底解决此前困扰老城区的交通不便、建筑密度极高、缺乏绿地等问题。但采取“以新易旧”的决策需要很大的政治勇气，并需克服土地私有制等现实困难。在这方面，英国考文垂和德国汉堡的重建规划可谓是现代城市规划的里程碑式事件，对战后各国城市规划的发展产生了巨大影响。

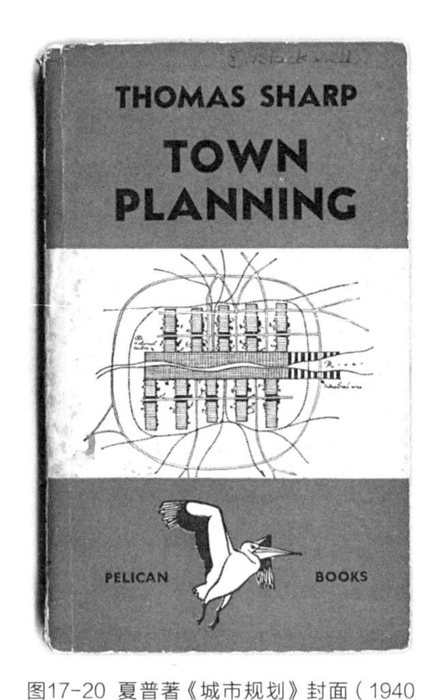

图17-20 夏普著《城市规划》封面（1940年，为是年英国畅销书并屡次重印）

资料来源：Thomas Sharp. Town Planning［M］. London：Pelican Books，1940.

考文垂旧城区的城市肌理和主要建筑几乎在1940年的大轰炸中被完全摧毁。但该市的总建筑师吉斯本（Donald Gisbon，1908—1991年）在轰炸前就曾组织过以现代主义规划原则重建市中心区的展览，大轰炸反而使其原本富有空想色彩的方案具备了实施条件。在积极推动重建规划的英国中央政府的大力支持下，考文垂市政府在1943—1951年间征购了市中心的大宗土地，并按吉斯本的方案进行规划和重建。虽然该方案重新布置城市道路系统，但以大轰炸后残留的中心教堂尖塔为对景布置商业区的轴线，又于1951—1962年间以现代主义风格复建了中心教堂的其余部分[2]，使这一区域具有了全新的景观特征但又与历史传统具有密切联系（图17-21，另见图15-36～图15-38）。考文垂的重建是现代主义城市规划第一次完整实施，有关其规划成就的广泛宣传有力地促使现代主义运动在战后大行其道。

德国汉堡在1943年7月底也遭到大轰炸，由中世纪发展而来的运河沿岸城区几乎荡然无存，其中人口最集中的老城区建筑被毁达75%，14余万人无家可归。并且，为应对盟军空袭的巨大威胁，到二战结束时汉堡总共从市中心外迁90余万人[3]。德国规划家同样也将

① John Pendlebury. Reconciling History with Modernity：1940s Plans for Durham and Warwick［J］. Environment and Planning B：Planning and Design，2004（31）：331-348.

② Alan Powers. Britain Modern Architecture［M］. London：Reaktion Books，2007：75-76.

③ Niels Gutschow. Hamburg：The “Catastrophe” of July 1943［M］//Jeffry Diefendorf，ed. Rebuilding Europe's Bombed Cities. London：Palgrave Macmillan，1990：120.

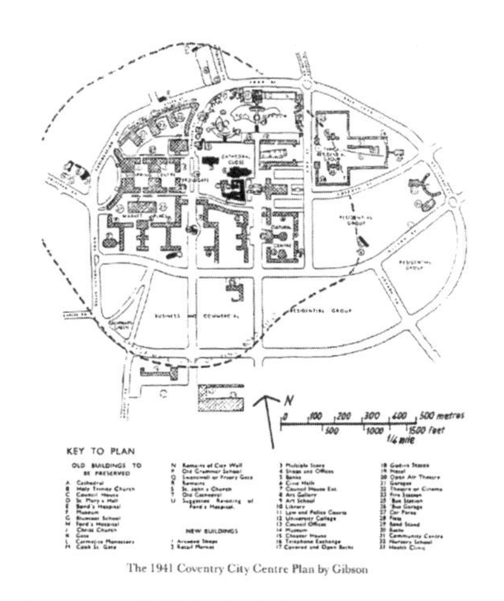

图17-21 吉斯本主持的考文垂重建规划（1941年，黑色部分为大轰炸后残留的历史建筑，余皆以现代主义风格新建）

资料来源：Junichi Hasegawa. Replanning the Blitzed City Centre [M]. Buckingham：Open University Press，1992：33.

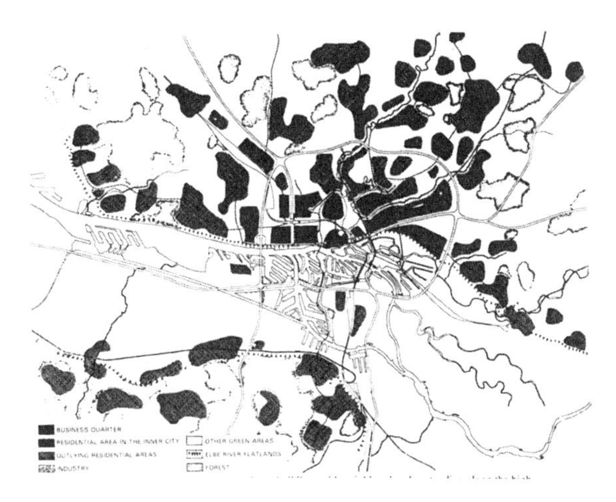

图17-22 以城市疏散为主要特征的汉堡市重建规划（1944年）

资料来源：Jeffry Diefendorf，ed. Rebuilding Europe's Bombed Cities [M]. London：Palgrave Macmillan，1990：227.

该城罹受的灾难当作重塑城市骨架和布局城乡关系的起点。他们在1943年12月的重建规划中提出将已遭摧毁的市中心区清理、改建为公园绿地，而将1/3的人口分散到环绕汉堡市的郊区安置点中，以减少轰炸对生产和生活的影响（图17-22）。相比建筑物，城市周边的地形地貌则更为久固和不受空袭影响，因此新的城市布局以自然因素为主导，将主要的居民安置点沿河流布置。这些新安置点根据交通网与主城脱离一段距离，充分论证了卫星城发展模式的可行性；其本身则依据当时流行的邻里单位理论进行规划，但以纳粹党部为中心布置公共设施①。

当时，各国政府为战争计均号召城市居民开荒耕种自给，汉堡建设的这种郊区安置点也有利于人们从事农业生产，"战争的极端环境迫使人们过上了之前憧憬的理想城市的生活"②。同时，德国规划传统一直包含着对人与自然和农业生产结合的思想，纳粹政府更是一直批判城市生活是导致堕落的根源，因此在宣传中将汉堡的重建规划鼓吹为"涅槃重生"，代表了纳粹德国新的城市模式和发展方式，德国城市的历史城区理当被彻底清除而为新的城市肌理和生活内容所替代。这种纳粹宣传显然是不经之谈，但汉堡重建规划及其后的建设经验成为之后阿伯克隆比提出1944年《大伦敦规划》及其"四圈层"结构和卫星

① Jeffry M. Diefendorf. Konstanty Gutschow and the Reconstruction of Hamburg [J]. Central European History，1985，18（2）：143-169.

② Niels Gutschow. Hamburg：The "Catastrophe" of July 1943 [M] //Jeffry Diefendorf，ed. Rebuilding Europe's Bombed Cities. London：Palgrave Macmillan，1990：120.

城建设的重要参考[①]。

实际上，虽然阿伯克隆比是历史遗产运动的积极推动者，也是富有历史关怀的规划实践家，但《大伦敦规划》中他对历史建筑最集中的内城（inner city）仍采取“存而不论”的态度，而将注意力放在伦敦的卫星城布局、建设及新居住区设计等方面[②]。相比之下，同一时期在英国各地热情支持城市规划的大潮中，出现了真正将历史城区保护作为城市规划的重要内容、以科学方法探索如何平衡城市发展与历史保护的一系列实践，亦即1940—1947年产生的英国地方城市的战后重建规划（表17–1）。

1947 年以前英国城市的重建规划方案统计 表 17-1

年份	重建规划数量
1941年	3
1942年	2
1943年	7
1944年	10
1945年	24
1946年	10
1947年	7

资料来源：Peter Larkham，Keith Lilley. Plans，Planners and City Images：Place Promotion and Civic Boosterism in British Reconstruction Planning［J］. Urban History，200330（2）：183-205.

在英国城市的重建规划中发挥了最显著作用的是阿伯克隆比和夏普两人。前者在这数年间制定了3座城市的重建规划，后者则多达9座，他们二人“在这一时期的重建规划中发挥了最显著的作用”[③]。这些方案均包含了对历史城区的详尽调查、保护措施及其如何将之融入城市战后重建和发展蓝图的具体建议。为了抵制新建工厂等破坏城市风貌的举措，阿伯克隆比和夏普都从全英国及至全世界的高度阐述这些城市的艺术和文化价值，也向世人证明了综合性规划在协调地方利益与历史遗产保护间的作用[④]。

① Miles Glendinning. The Conservation Movement：A History of Architectural Preservation［M］. London and New York：Routledge，2013：252.

② Patrick Abercrombie. Greater London Plan 1944［M］. London：His Majesty's Stationery Office，1945.

③ John Pendlebury. Planning the Historic City：Reconstruction Plans in the United Kingdom in the 1940s［J］. The Town Planning Review，2003，74（4）：371-393.

④ John Pendlebury. Reconciling History with Modernity：1940s Plans for Durham and Warwick［J］. Environment and Planning B：Planning and Design，2004（31）：331-348.

阿伯克隆比协助地方政府制定巴斯（Bath）、爱丁堡（Edinburgh）、沃尔维克（Warwick）等地重建规划。在对乡村建筑保存情况实地调研的基础上，他提出根据不同区位和不同时代建筑风格采取相应的保护措施，重点放在特定区域（如中世纪城墙内的区域）和19世纪以前的建筑物上，尤其是18世纪初以来乔治式风格建筑及街区，视之为英国城市特征的代表，而对19世纪装饰繁复的维多利亚式风格建筑则主张应予拆除。在战后重建的背景下，阿伯克隆比认为城市的发展与交通网络的完善密切相关，而老城区的保护也不得不服从城市发展的需求，唯应尽量减少对其破坏，因此在他的重建规划方案中都拓宽了旧城道路，或在旧城外围新增添一条车行环路，以提高通行效率，促进城市发展（图17-23）。

与此相似，夏普也遵循类似的规划原则，即着眼于城市的发展，而力图降低新添加的基础设施对古城的滋扰。他在德海姆（Durham）市的重建规划中否定了市政府原本提出的高架路，而替之以精心设计了路两侧建筑围合形式但拓宽过路面的主路（图17-24），而在牛津（Oxford）和埃克斯特（Exeter）的规划方案中也采取了和阿伯克隆比类似的外环路，同样破坏了新道路所经过区域的历史肌理（图17-25）。不同的是，夏普在

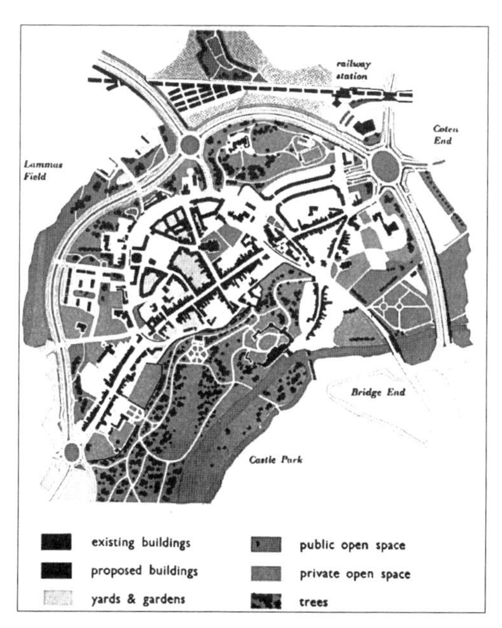

图17-23 阿伯克隆比设计的沃尔维克城市规划总平面（老城核心部分保留，但新置入的外环路破坏了城市肌理，1949年）

资料来源：John Pendlebury. Reconciling History with Modernity: 1940s Plans for Durham and Warwick [J]. Environment and Planning B: Planning and Design, 2004 (31): 331-348.

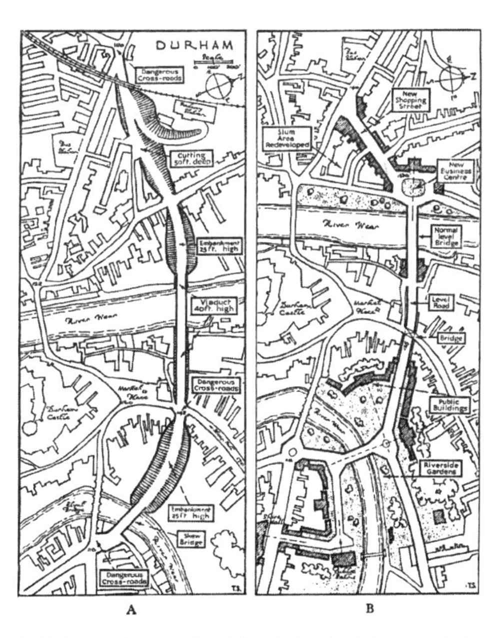

图17-24 夏普自1930年代就参与德海姆市老城区的保护规划。他在1937年的规划方案中比较两种道路形式：A为高架道路，B为结合两侧建筑设计的地面道路，最终采取后者，但其贯穿老城区仍有悖于今日之保护原则

资料来源：John Pendlebury. Reconciling History with Modernity: 1940s Plans for Durham and Warwick [J]. Environment and Planning B: Planning and Design, 2004 (31): 331-348.

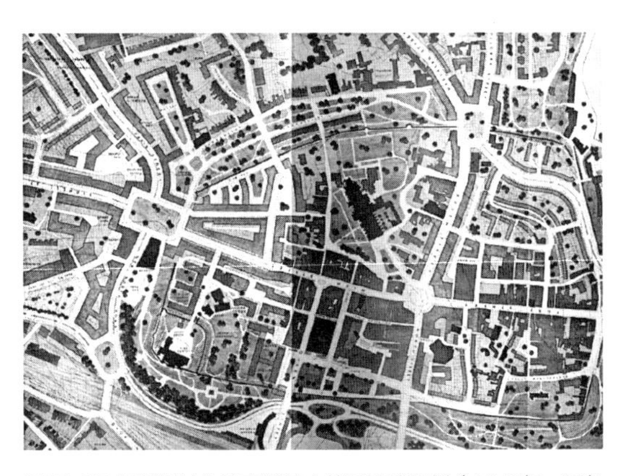
图17-25 夏普设计的埃克斯特市战后重建规划（1946年，深色色块为大轰炸后留存的建筑，其余为新建，道路体系体现出发展效率优先的规划立场）
资料来源：Catherine Flinn. "Exeter Phoenix": Politics and the Rebuilding of a Blitzed City［J］. Southern History，2008（30）：104-127

历史城区保护方面更重视历史建筑景观的重要性，不少方案都以该城市得以闻名或在城市景观上别具一格的建筑物为中心，重新组织道路和景观通廊，并在规划中强调对历史城市风貌（character）的保护（见图13-3）。

阿伯克隆比和夏普分别于1925—1926年及1945—1946年担任英国城市规划学会（Town Planning Institute）主席①，在英国乃至世界规划界享有盛誉（图17-26、图17-27）。他们参与制定上述历史城市的规划方案并将历史城区保护提高到显要位置，为以综合筹划为特征的现代城市规划增添了新内容。同时，这些实践所体现的规划原则和设计手法也为之后各国的保护规划实践所借鉴，成为英国规划家对现代城市规划发展的另一重要贡献。

1947年英国颁布了新的《城乡规划法》，规定具有历史、建筑或文化价值的建筑应予登录在案（listing）并加以保护的新制度，也表明保护工作已拓展到城市尺度②；同时，新规划法明确了以地方政府为主体制定规划方案，此后由著名规划师独立主导的规划活动逐渐减少，标志着英国及至世界的城市规划发展进入了新的阶段。

图17-26 阿伯克隆比像（1944年制定大伦敦规划时）
资料来源：Oxford Dictionary of National Biography.

图17-27 夏普像（1945年任英国城市规划学会主席时）
资料来源：Stephen Ward. Thomas Sharp as a Figure in the British Planning Movement［J］. Planning Perspectives，2008，23（4）：523-533.

① Peter Larkham，Keith Lilley. Plans，Planners and City Images：Place Promotion and Civic Boosterism in British Reconstruction Planning［J］. Urban History，200330（2）：183-205.

② 该项条款在较长时间内并未真正执行，直至1968年新颁布的《城乡规划法》才明确文物保护工作的权责。Deborah Mays. The Mother of All Planning Acts［EB/OL］. https://historicengland.org.uk；彼得·拉克汉姆，蔡建辉，汤培源. 英国的遗产保护与建筑环境［J］. 城市与区域规划研究，2017，9（1）：169-191.

17.6　结语：20世纪上半叶历史城市保护之若干特征

梁思成和林徽因在他们翻译的《雅典宪章》的序言中指出：

我们尤其不可顷刻忘记：建筑和都市计划不是单纯的经济建设，它们同时也是文化建设中极重要而最显著的一部分。他们都必需在民族优良的传统上发展起来[①]。

这表明，在梁、林撰述此文的1951年，历史遗产保护所包含的回溯历史、凝练民族文化特征并研究如何加以保护与传承等内容已融并为现代城市规划的组成部分，但这种融合经历了漫长的历史过程：在对法国奥斯曼式城市改造的不足进行反思的基础上，19世纪末的“德国学派”规划家已系统分析了历史城区价值并在新城建设的设计中借鉴应用，对历史城区加以整体保护的观念也在此时产生。20世纪初，英国现代城市规划创生后，规划设计和管理的范畴逐渐从城郊的新建住宅区扩大到老城区的更新与保护，进而扩大到对农村地区村镇空间肌理和自然景观的保护，最终在1930年代时通过两个《雅典宪章》正式将历史城区保护列为现代城市规划的组成要素之一。但历史城区保护的规划理论和技术方法则直到1940年代才逐渐成熟和完善起来。

从1850年奥斯曼改造巴黎开始，至1940年代一大批英国城市制定战后规划方案，其间近百年时间见证了现代城市规划的发展、演进，也是现代历史城市保护观念兴起、普及和实践的关键时期，突破了之前对单幢建筑的保护而扩大到城市尺度。因此，“守旧”与“创新”成为现代城市规划的双重特征，也意味着现代城市规划具有更强的综合性，是其发展臻于成熟的重要标志。其中，“德国学派”曾起过奠基性作用，而英国规划家对历史遗产保护和历史城市规划的贡献尤大，源生于英国的“四大运动”则将“保护”的范畴进一步扩大到乡村，促进了现代城市规划和历史城市保护运动的发展；1930年代初拟定的两个《雅典宪章》宣告了历史城市保护应融入城市规划中综合考虑，其中一些原则在1940年代的城市重建规划中分别得以应用于实践。在现代城市规划创立和发展的大脉络下考察西欧历史城市保护思想的演进及其实践，有助于加深对二者关联的认识，也为研究现代城市规划如何扩展其边界、丰富其内涵提供了新的线索。

这一历史过程中有两方面内容值得注意。首先，1930年代初的历史遗产保护运动与之前各国各自进行的古城保护和修复不同，即通过1931年的雅典会议及《雅典宪章》提出了保护原则和技术规范，并初步厘清了历史城区保护与现代城市发展的关系，后者在现代主义城市规划运动中得以进一步发挥和明确。这使历史城区保护不再是孤立、守旧或鼓动民族主义情绪的活动，而是作为城市发展中不可回避的重要环节被融入现代城市规划中。

其次，历史城区保护的规划理论和实践之所以在1940年代战时和战后重建的大背景下

---

① 清华大学营建学系编译组．城市计划大纲［M］．上海：龙门联合书局，1951：4．

得以快速发展，与当时各国对规划的乐观态度和普遍支持有关。其中，英国的情形尤为突出，即从之前放任市场的自由主义思想转向由政府主导的系统干预，以消弭阶级矛盾并确保国家利益和社会公平，《巴罗报告》有关疏散伦敦工业和人口等建议在政府强力运作下逐渐实施，更加雄辩地论证了唯有统筹全局的综合规划才能解决经济发展和城市问题的观点，也使人们相信综合性规划能够有效解决文化遗产保护和城市发展的矛盾。因此，在上述战后重建规划中历史城区保护的内容才被真正融入立足于发展的城市规划方案中。

实际上，以今天的历史城市保护的观点看，不论阿伯克隆比还是夏普的历史城区保护规划方案都存在严重问题。例如，在当时的思想背景下，他们更加重视"发展"和创新的重要性，认为历史城区保护应服从发展的需求，唯求对其根本特征不加扰动，而构成"风貌协调区"的边缘及乡村均可进行重建。由于尚未明确"保护区"的概念及相关规划方法，在侧重发展的原则上才出现了多个包裹老城区外围的环路方案[①]。同时，他们一致推崇乔治式风格而认为19世纪及之后建成的建筑可以大规模拆除，对于不同历史时期对构成城市整体风貌的价值认识也有失公允和全面。但他们的一系列实践活动为之后文化遗产保护和现代城市规划的发展奠定了基础、树立了典范，则殆无疑义。

可见，20世纪上半叶城市保护思想是逐渐形成和丰富的，且与现代城市规划的创立与发展密切相关。至1940年代，现代城市规划发展中的各种流派如田园城市规划、带形城市规划、现代主义规划、历史遗产保护运动交相影响、并力推进，最终汇成巨流，兼具综合性、前瞻性与尊重传统和历史等多重特性。有趣的是，早期规划家们在理论建构和实践中也显示其规划立场的多重特征。例如，阿伯克隆比曾积极宣传田园城市思想，但他在1920年代发起的英国乡村保护运动则是对田园城市运动的有力批判和行动；同时，他虽然偏爱历史传统，但十分赞成在城市更新中采用新形式、新材料，对城市更新的不同方式和趋势也较为开放，曾称赞以现代主义手法设计的案例[②]。再如，夏普虽然厌弃柯布西耶的现代主义规划思想，但在制定重建方案时，他坚决主张在老城区的新建建筑上采取包含历史主题但形制不同于传统样式的设计手法，以示明确区别于历史城区的原貌（图17-28）。正如本章标题所示，对现代城市规划而言，"守旧"与"创新"是同一事物的两个方面，共同构成现代城市规划的根本特征，不但丰富其内涵，也是其真正成熟的标志。

① "保护区"的概念直到1967年才在《城市设施法》（Civic Amenities Act）中出现，次年新颁布的《城乡规划法》进一步对历史建筑和街区保护的权责进行了界定。

② Patrick Abercrombie. Slum Clearance and Planning: The Re-Modelling of Towns and Their External Growth［J］. The Town Planning Review, 1935, 16（3）: 195-208.

图17-28　夏普在埃克斯特市设计的新市区（与远景教堂形成对比）

资料来源：Thomas Sharp. Cathedral City: A Plan for Durham [M]. London: The Architectural Press, 1945.

第18章 楔形绿地规划理论及其全球传播与早期实践

18.1　引论：楔形绿地的概念与研究现状

顾名思义，楔形绿地是呈楔状，从远郊由宽及窄，直插进入城市中心地带的绿地。按照《中国大百科全书》的定义，楔形绿地是“从城市郊区沿城市的辐射线方向插入城市内的绿地，因反映在城市总平面图上呈楔形而得名。它是某些城市的城市园林绿地系统组成部分。”[①]（图18-1）因为这种绿化布局“便于城市中心地区的居民接触大片绿地，进行休息、游乐和健身活动”[②]，所以楔形绿地经常出现在国内外的各种城市规划中。

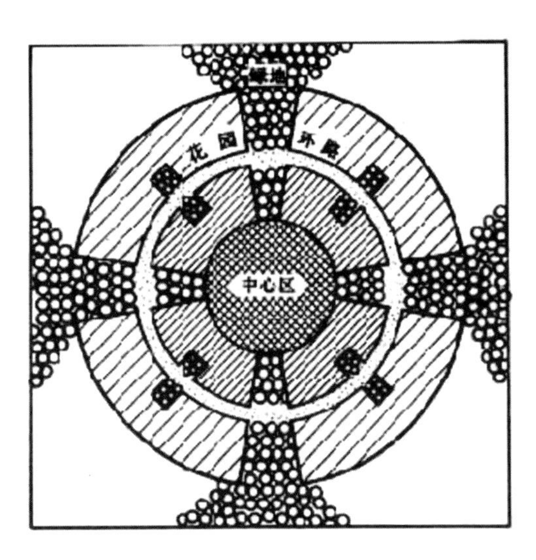

图18-1 我国1980年代的楔形绿地图示（可与图18-16比较）
资料来源：中国大百科全书编辑委员会.中国大百科全书·建筑、城市规划、园林卷［M］.北京：中国大百科全书出版社，1988：“楔形绿地”词条.

以北京为例，从1950年代初开始楔形绿地就出现在总体规划中，后通过苏联专家的影响体现得更加显著，最新的北京总体规划明确“形成以郊野公园和生态农业用地为主体的环状绿化带，加强九条楔形绿色廊道植树造林”（《北京城市总体规划（2016—2035年）》）；上海将楔形绿地定义为“确保中心城生态环境质量、提升地区整体功能品质”的大型公园绿地（《上海市城市绿地系统规划（2002—2020年）》），并在1990年代提出楔形绿地从总图到单元规划和详细规划层面的实施步骤[③]。国外以楔形绿化布局作为其城市规划特征的例子同样很普遍，如德国汉堡、丹麦哥本哈根皆以“指状规划”闻名，此即楔形绿地的一种应用形式，澳洲的一些城

① 中国大百科全书编辑委员会. 中国大百科全书·建筑、城市规划、园林卷［M］. 北京：中国大百科全书出版社，1988：“楔形绿地”词条.

② 中国大百科全书编辑委员会. 中国大百科全书·建筑、城市规划、园林卷［M］. 北京：中国大百科全书出版社，1988：“楔形绿地”词条.

③ 仇昕晔. 上海市楔形绿地规划实施评估和思考［J］. 上海城市规划，2017（3）：109-115.

市如维多利亚（Victoria）等也以其为城市空间布局的基本形态。[①]

实际上，楔形绿地并非仅是城市绿地系统的组成部分，它在20世纪初西方城市规划形成和发展过程中有其特殊意义。西方现代城市规划史上的不少著名人物都曾基于楔形绿地展开对城市空间发展的讨论，各种相关学说、理论模型和实践活动前后相继，贯穿了西方城市规划发展成熟的过程，其中1940年代以数次伦敦规划尤为著名。楔形绿地理论不但打破了欧洲自19世纪以来占统治地位的同心圆式城市格局，创造出有利卫生和健康的通风廊道和居民便于接近的城市绿地，而且结合城市的内外交通在区域范围中协调空间和资源布局，同时还蕴含着破除城乡区隔的深远寓意。因此，楔形绿地理论形成了规划史上另一类重要的理想城市模型，被传播到世界各地，发挥了决定城市布局、提升环境质量、更新规划思想和有效推进管理等作用，有着丰富的思想和文化内涵。

然而，楔形绿地在20世纪后半叶被逐渐缩略和简化为一种可被方便运用的绿地系统规划手法。国内学界对楔形绿地的概念、起源与发展历史长期未加措意，缺少系统的历史研究。例如，《全国报刊索引》收录的中华人民共和国成立前的报纸杂志文献虽多讨论“绿化”，但无一专文论及楔形绿地或绿带；知网上也几乎找不到对历史研究有参考价值的文献。出版于2009年的《中国大百科全书（第二版）》不知出于何种考虑取消了“楔形绿地”词条。因此，有关楔形绿地的认识也变得模糊不清。如《北京城市总体规划（2016—2035年）》中划出了9条楔形绿色廊道，但未阐明楔形绿地与总体规划中“中心城区通风廊道”的关系，而实际上楔形绿地的重要功能之一就是由郊区向城市腹地输送新鲜空气。此外也未注意楔形绿地对协调区域发展和指引疏散等方面应发挥的作用。

最新的《英国大百科全书》中同样未收录green wedge这一词条。最近一些西方学者开始注意到这一问题[②]，其中英国学者F. L. de Oliveira的一些论著以相当宽宏的视野，比较系统地讨论了楔形绿地的形成过程和在各国的实践[③]。但这些文献立足点仍植根于西方，基本未涉及中国、日本等国的情况，对苏联及社会主义阵营国家的讨论也很简短。总之，为了全面了解楔形绿地的思想文化内涵及其在规划史上的地位，从而能更好地从事规划编制和管理工作，有必要厘清楔形绿地规划的思想根源并在全球图景中梳理其历史发展。

---

① 举例而言，澳大利亚墨尔本和维多利亚均以楔形绿地为城市绿地的基本形态，后者于2015年还曾公布《楔形绿化规划条款》。

② Marco Amati，ed．Urban Green Belts in the Twenty-First Century［M］．Aldershot：Ashagate，2008．

③ F. de Oliveira．Green Wedges：Origins and Development in Britain［J］．Planning Perspectives，2014，29：3，357-379；F. de Oliveira．Green Wedge Urbanism：History，Theory and Contemporary Practice［M］．London：Bloomsbury，2017．

18.2　楔形绿地规划之兴起及其思想来源

18.2.1　楔形绿地理论出现的历史背景

自文艺复兴以来，欧洲的理想城市布局凸显出两个特征。其一，理想城市的不同方案虽大小、形态各异，但均是脱离现有城市的各种沉疴而完全新建的理想化市镇；其二，受到文艺复兴理性精神的影响，其布局均为严格的几何对称形体，尤其偏好年轮圈层那样的同心圆结构，如法拉雷特（de Filarete，1400—1469年）设计的圆形城市。这些圆形城市模型是后来霍华德的田园城市思想的重要思想来源之一[①]（见图7-9）。但随着工业化的开展，完全摆脱现有城市的约束不够现实，如何提高城市的现实状况并以之为依托进行发展才是当务之急。楔形绿地正是在这种大背景下诞生的。

工业革命最早在英国开展，因此包括伦敦在内的英国大城市最先经历了人口膨胀、居住环境和居民健康状况恶化等城市病。英国的社会改革家和医生提出市中心的恶臭是传播瘟疫的媒介，此即盛行于19世纪的“瘴气理论”（miasma theory）[②]。但是，针对市内恶臭的系统调查迟至1930年代末才开始，对其彻底整治则更推延到1850年代。在此之前为了维护健康、增强体质，伦敦市民只能寄希望于经常到市郊高地呼吸新鲜空气（因此导致伦敦最早的一批皇家园囿陆续对公众开放），并盼望自然风能将市内不洁的瘴气迅速带走。

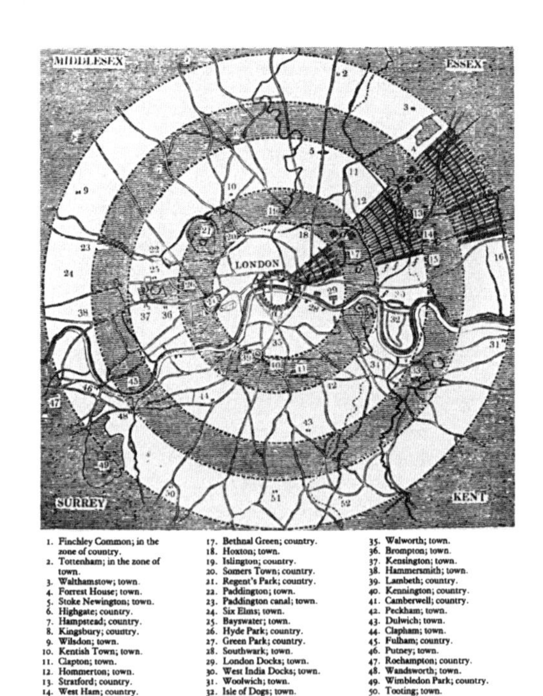

图18-2 罗顿提出的名为“呼吸之地”的伦敦规划

资料来源：Melanie L. Simo. John Claudius Loudon：On Planning and Design for the Garden Metropolis［J］. Garden History，1981，9（2）：184-201.

在此背景下，苏格兰园艺学家罗顿（John Claudius Loudon，1783—1843年）于1829年提出改造伦敦及其周边地区的概念方案（图18-2）。罗顿将其方案命名为“呼吸之地”（Hints for Breathing Place），寓意为伦敦创造更多健康的绿地，从此拉开了此后一百多年间针对伦敦区域规划活动的大幕。这一方案“仅旨在显示若干规划原则，并非真实设计”，围绕圣保罗大教堂形成6个半径分别为1mi和1.5mi交替的同心圆。其中，最内圈为完整保护的伦

① 刘亦师．田园城市学说之形成及其思想来源研究［J］．城市规划学刊，2017（4）：20-29．

② 详见第2章。

敦老城区，之外交错布置城镇圈层和乡村圈层。乡村圈层将散布在伦敦各处的公园和公共空间联结起来，成为环绕的绿化环带。但罗顿说明了该方案仅为概念图而非按实际情况所做的设计。巨大的绿楔虽是这一方案的重要特征，但并不与伦敦长年主导风向（西风及西南风）一致，而仅通过“腾退还绿”实现“使规划中的伦敦居民离绿化空间的距离不超过半英里”①。

罗顿的方案引入绿楔，是突破西欧传统的同心圆城市格局的最先案例。虽然该方案未能实现，但它将伦敦市郊结合起来考虑，从区域规划的角度创建有利于呼吸和健康环境的前瞻性主张得到罗顿同时代人的一致赞同，促进了英国公共卫生运动的发展，其使用绿楔的规划手法也对之后的区域规划产生了很大影响②。

18.2.2　楔形绿地规划的思想来源

19世纪中后叶欧洲和美国在建筑和城市建设方面的交流日益频繁。1850年代奥斯曼开始将巴黎改造成西方城市建设的楷模，美国景观建筑学创始人奥姆斯特德（Frederick Law Olmsted，1822—1903年）曾专程到巴黎拜访他。当时奥姆斯特德已经设计了纽约中央公园并掀起了美国城市公园运动，在巴黎林荫道的基础上创造出了更宽大的园林大道（parkway）。园林大道的绿化效果更好，其上布置分别用于马车、骑行和行人使用的多条车道（Carson，1993）。奥姆斯特德用其将分布各处的公园串接起来形成完整的绿化系统，使市中心的公园和开放空间都被纳入更大的绿化系统中。这一理论最先于1866年在纽约州水牛城（Buffalo）得以实施③（图18-3）。从此，绿化系统与交通路线紧密结合起来。19世纪末的规划思想家们因此尝试将这种包含了交通线路的绿化带用于同心圆城市布局外围绿化带，以连通城市的不同部分，使同心圆城市结构更加合理，其中最典型的就是霍华德著作中关于“社会城市”的构想。

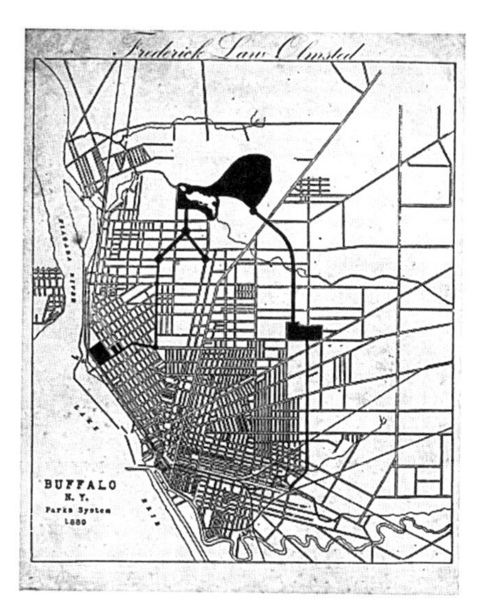

图18-3 水牛城公园及公园道绿地系统（黑色）（1880年）

资料来源：Buffalo Municipal Archives.

① Richard Aitken. J.C.Loudon and the Diffusion of Useful Knowledge［J］. Australian Garden History, 1992，4（1）：6-7.

② Melanie L. Simo. John Claudius Loudon：On Planning and Design for the Garden Metropolis［J］. Garden History, 1981，9（2）：184-201.

③ Francis R. Kowsky. Municipal Parks and City Planning：Frederick Law Olmsted's Buffalo Park and Parkway System. Journal of the Society of Architectural Historians, 1987，46（1）：49-64.

另一方面，由于19世纪末交通技术的突飞猛进，地铁、城郊铁路和公路的陆续建设使人们预期工业时代的城市扩张将主要沿交通要道进行。1892年西班牙规划师马塔（Soria y Mata，1844—1920年）据此发表了带状城市规划（linear planning）思想①。带状城市规划虽然与楔形绿地并不直接相关，但它强调交通线的重要性，连同上述公园道一起有效地突破欧洲传统的同心圆式城市布局——将从城市中心向外延伸的放射状道路扩大成楔形绿地，使之将市中心与远郊连成一片，在楔形绿地中融合了绿地、风道、交通等功能并赋予城市适当的空间形态。

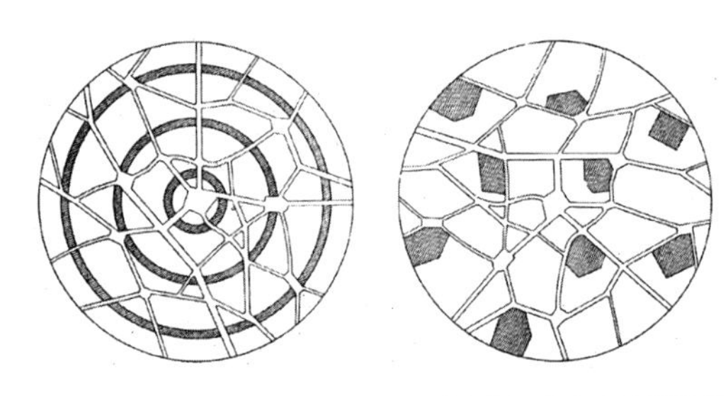

图18-4 理想分布的城市绿地系统（左图：集中在个别位置的绿化，右图：通过交通线连接起来的“钻石状”绿化分布）
资料来源：Cohen Jean-Louis. Le Grand Paris，une Question allemande?［J］Actes du Colloque des 5 et 6 Décembre 2013，Cité de l'Architecture et du Patrimoine，Paris，Bordeaux，éditions Biére，2016：312-332.

与之类似地，法国著名建筑师尤金·希那德（Eugène Hénard，1849—1923年）同样也在规划中将绿化和交通线路视作城市发展和环境质量提升的重要因素，并比较了两种绿化布置方式，即集中式的绿化环带和由道路连接分散在合适位置的城市绿地②（图18-4）。他在1903年制定的巴黎规划中对公园和郊外绿地采取了他称之为“钻石式分布”的策略，不再是同心圆结构（图18-5）。

与田园城市运动一样，楔形绿地的另一思想来源是19世纪末德国规划师的理论研究和实践。施蒂本（Joseph Stübben）出版于1890年的专著《城市建筑》③（见图17-6）总结了德国城市规划和建设的各种手法，除街头绿地、城市广场、道路截面等公共空间内容外，还详细讨论了欧洲城市的不同绿化形态，启发了后来的楔形绿地设计（图18-6）。

此外，楔形绿地的发源地——英国为这一思想的讨论、成熟和检验提供了良好条件。霍华德提出田园城市思想之后，有关城市布局的争论便此起彼伏，楔形绿地逐渐成为讨论的焦点。而轰轰烈烈的田园城市运动迫切地归纳了一系列能方便模仿的设计手法，楔形绿地也被包括在内。同时，亟待改造的伦敦成为规划家们应用这些思想进行实践的广阔舞台。在1910年代至第二次世界大战后的数轮伦敦规划中，楔形绿地占据了重要地位，成为决定区域布局和空间形态的决定要素。

① George R. Collins. Linear Planning throughout the World［J］. Journal of the Society of Architectural Historians，1959，18（3）：74-93.

② Cohen Jean-Louis. Le Grand Paris，une Question allemande?［J］Actes du Colloque des 5 et 6 Décembre 2013，Cité de l'Architecture et du Patrimoine，Paris，Bordeaux，éditions Biére，2016：312-332. http://www.inventerlegrandparis.fr/link/?id=200.

③ Joseph Stübben. Der Städtebau［M］. Berlin：Vieweg，1890.

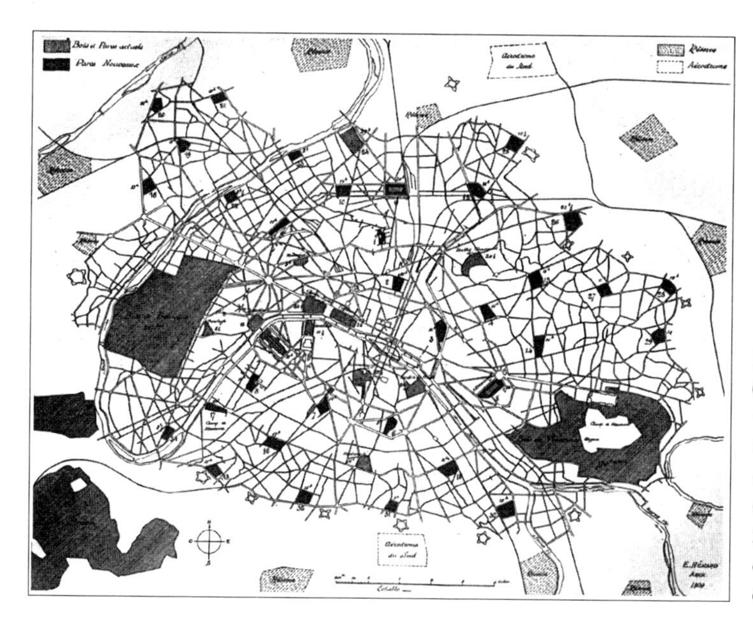

图18-5 希那德的巴黎规划（1902年）

资料来源：Cohen Jean-Louis. Le Grand Paris，une Question allemande［Z］? Actes du Colloque des 5 et 6 Décembre 2013，Cité de l' Architecture et du Patrimoine，Paris，Bordeaux，éditions Biére，2016：312-332.

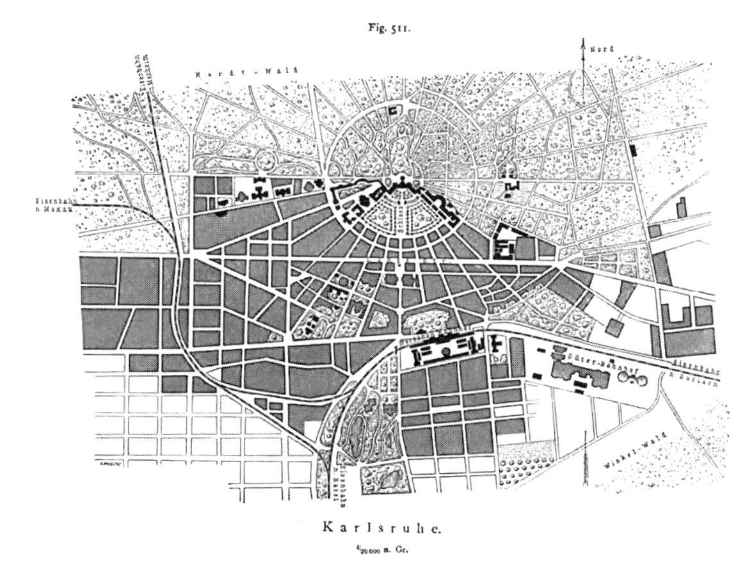

图18-6 德国城市卡施努赫（Karlsruhe）的绿地系统（可见绿色通廊插向市中心。该城的城市空间模型在欧洲规划史上影响深远）

资料来源：Joseph Stübben. Der Städtebau［M］. Berlin：Vieweg，1890：263.

18.3　绿环VS绿楔VS隔离带：三种规划思想之交锋与融合

18.3.1　楔形绿地理论的提出与阐发

较早明确反对环状布置、提倡使用放射道路结合绿地的规划家是英国皇家城市规划学会创始人之一的兰彻斯特（Henry Vaughan Lanchester，1863—1953年）。他认为足够的绿地和开放空间是保证城市生活健康的关键，虽然“伦敦已建成不少公园，但从一处公园到另一处公园却总要穿过一大片乏味单调的地带”。他批评了像维也纳环城大道（Ring

Strasse）那样的环状同心圆布局是中世纪遗留的习惯，而“将若干公园沿着放射状大道布置是更合理的方式”。兰彻斯特虽未使用“楔形绿地”这一术语，但他绘制的规划模型显示若干条带状的绿地和开放空间均指向城市中心广场，“如将这一概念按模型与实际地貌等情况结合，空间形态会有趣得多”。他同时敏锐地指出带状绿地与环状绿带并不截然对立，“规划师们虽然习惯性地想在内城使用环状道路连接各处的公园，但在城市近郊及以外的区域显然应采用带状道路。”[①]（图18-7）

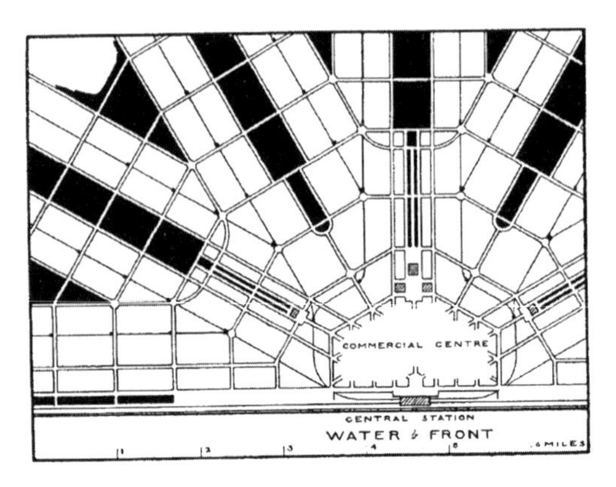

图18-7 兰彻斯特以楔状开放空间为特色的滨海城市空间布局模型（1908年）

资料来源：H. V. Lanchester. Park Systems for Great Cities［J］. The Builder，1908，95（3）：343-348.

最先明确提出“楔形绿地”概念的是德国经济学家和规划家埃博思塔特（Rudolf Eberstadt，1856—1922年）。他与另两位德国同事合作，获得了1910年的大柏林规划及中心区设计竞赛二等奖[②]。这次竞赛的头奖方案仍遵循环状布局，以两道绿化带环绕柏林市区，而埃博思塔特等人的方案则彻底放弃了环形布局，在从市中心向外辐射的放射状大道（园林大道的衍生形式）沿线布置若干簇团公园和开放空间（奥姆斯特德公园大道的衍生形式），并以交通线上新建的车站为中心形成新的居住点。埃博思塔特等人的方案与头奖方案形成了鲜明对比，为正在蓬勃发展的城市规划学科带来了革命性的新思想和新方法，起到了巨大的推动作用。这次规划的主办方曾盛赞埃博思塔特等人的方案：

> “这些放射状线路不但承载了交通功能，还同时将公园聚集起来，创造出将新鲜空气导入城市中心区的广阔通道。此外，市民能方便地进入绿地和公园，并经由放射道路抵达郊外更宽阔的开放空间和绿化地带，从而享受“自然美景”（natural beauty）……这一方案体现了更加革命性的规划精神和方法，对任何城市来说，无论美学方面还是卫生和健康方面，它都更加适用。”[③]

英国著名建筑师恩翁（Raymond Unwin，1863—1940年）也曾亲自到柏林参观这一竞赛的展览，他注意到头等奖方案非常注重道路等级的划分，虽然也包含了非常宽广的放射

① Henry Vaughan Lanchester. Park Systems for Great Cities［J］. The Builder，1908，95（3）：343-348.

② 详见第3章。

③ Wenner Hegemann. Comments［C］//The RIBA. Town Planning Conference（London，Oct 10-15，1910）Transactions. London：RIBA，1911：239-240. Hegemann为德国著名的规划师和策展人，推动了国际城市规划运动的发展。

状交通路线，但它们没有深入市中心区，因此无法有效发挥人流集散的作用，而且市内外的绿地缺少连接[①]（图18-8）。而埃博思塔特等人的方案显然更加灵活。

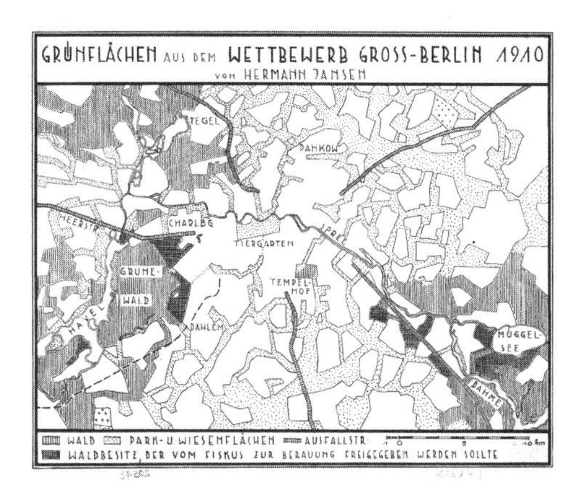

图18-8　德国规划师简森获头奖的大柏林规划竞赛方案之公园体系规划（1910年）

资料来源：Anthony Sutcliffe. Towards the Planned City［M］. Oxford: Basil Blackwell Publisher，1981：45.

埃博思塔特在竞赛之后对他们获奖方案的规划思想进行了理论总结。1910年秋英国皇家建筑师学会（RIBA）在伦敦举办了一次以城市规划为主题的会议。这次会议是现代城市规划学科发展史上的里程碑式事件，规划史上的重要人物齐集一堂。会上埃博思塔特受邀发表了题为“德国城市规划：大柏林规划竞赛”的报告，第一次提出“楔形绿地”（green wedge）并阐述其重要意义（图18-9，另见图3-23）：

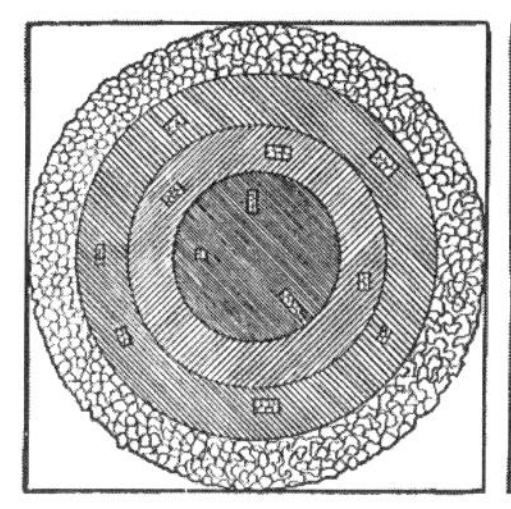
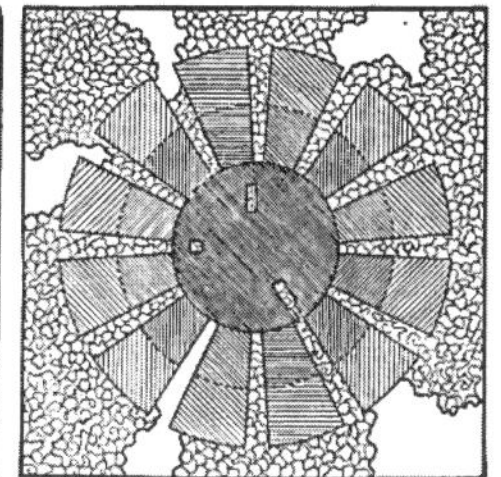

图18-9　埃博思塔特的楔形绿地模型（左图：同心圆城市布局，右图：楔形绿地布局）

资料来源：The RIBA. Town Planning Conference（London，Oct 10-15，1910）Transactions［C］. London：RIBA，1911：328.

“欧洲大陆的城市大多遵循同一种模式——同心圆的格局。这些城市的建设通常以一道（城墙）圈环为其限，如越过圈层继续发展就得另建一层圈环，并附建一圈绿化带。如此环环相套：最里面是城堡，接下来是市政衙署建筑，然后是一圈道路和铁路，最后是外围的绿化地带。

虽然存在多种名称，但是我相信每一道环或圈对城市发展来说都是有害而无益的……对现代城市来说，我们必须彻底放弃这些环状空间；现代城市发展的基本模式是带状发展。城市发展的基石由交通路线所决定。开放空间不应是城市中随意布置、相互隔离的孤岛，而应该统一规划来为整个城市提供能方便接触的开放空间和自由流通的新鲜空气。我们1910年的竞赛方案就建立在以交通线和开放空间分布这两个原则之上。”[②]

① F. de Oliveira. Green Wedge Urbanism：History，Theory and Contemporary Practice［M］. London：Bloomsbury，2017：30-31.

② Rudolf Eberstadt. Town Planning in Germany：The Greater Berlin Competition［C］//The RIBA. Town Planning Conference（London，Oct 10-15，1910）Transactions. London：RIBA，1911：313-328.

埃博思塔特列举了楔形绿地相比环形绿地的几个优点，如能有效串接起市内外的开放空间和公园形成绿地系统，将新鲜空气输送到人口密度大的市中心从而保证市民的身心健康等。楔形绿地与交通线的结合明确了城市发展方向，能在区域层面解决单一城市的无限膨胀问题。同时，楔形绿地使市民能方便地接近市内外的各种绿地，因此还具有消弭城乡对立的象征意义。并且，楔形绿地反映了德国文化界一直推崇的将“自然美学”与理性和卫生合而为一的观点，象征着人类理想的未来居住环境和规划模式。埃博思塔特的观点得到参会的兰彻斯特等人的热情支持，推动田园城市运动的干将托马斯·亚当斯（Thomas Adams，1871—1940年）和阿伯克隆比（Patrick Abercrombie，1879—1957年）等人均深表赞同，也深刻影响了他们各自日后的事业。

应该看到，埃博思塔特虽然批评了欧洲同心圆式的城市发展模式，但他的楔形绿地和马塔等人的线性规划思想不同，并非与同心圆结构截然对立。楔形绿地规划模型尊重内城的环形现状，而采用了环圈和楔带结合的方式，这也是兰彻斯特和埃博思塔特的共同之处。同时，楔形绿地也深具打破城乡对立、使其相互融合的意图，与田园城市思想颇为一致。但是，田园城市的思想是“寓工于农，寓市于乡”，要脱离旧城以外新建若干规模较小的“乡市”，最终目的是瓦解旧有大城市，实现人口合理分布。而楔形绿地规划考虑的重点是如何提高既有城市的环境品质以及更合理的城市发展模式。

实际上，霍华德的田园城市思想中绿化带兼有两层作用：一是环绕在城市周边来限制城市的过度扩张；二是用作农业生产，实现田园城市的自给自足[①]。但田园城市思想从未能完整地实施，而席卷全球的田园城市运动主要创造的是绿化充足、环境宜人的新式市郊住宅区。而楔形绿地由于包含了交通干道，引导了城市的发展方向，将交通、娱乐、休憩和生产等多种功能蕴含于绿地之中。同时楔形绿地将区域性的观念带入人们的视野，呼应了格迪斯（Patrick Geddes）的区域规划思想，是后者“调查、研究、规划”等规划方法的具体应用，能有效形成完整的绿地系统。这对此后的历版伦敦规划产生了巨大影响。

18.3.2　楔形绿地理论的发展及其与田园城市规划和功能主义规划的融合

埃博思塔特在1910年会上提出的楔形绿地空间模型迅速传向全世界，在欧美各国及日本激发了强烈反响，并在这一模型基础上衍生出关于城市布局和绿化系统的其他模型。例如，德国现代主义建筑师瓦格纳（Martin Wagner）在其博士论文《城市的卫生绿地》（1915年）中绘制了城市绿地分布的理想模型，“所有住宅距离其最近的儿童游乐场地都应在0.8km以内”[②]（图18-10）。瓦格纳后在魏玛共和国时期主管柏林规划及其城市建设，将这

① E. Howard. To-Morrow: A Peaceful Path to Real Reform [M]. London: Swan Sonnenschein & Co., Ltd., 1898.

② Sonja Duempelmann. Creating order with nature: transatlantic transfer of ideas in park system planning in twentieth - century Washington D.C., Chicago, Berlin and Rome, *Planning Perspectives*, 2009, 24: 2, 143-173.

一思想落实（图18-11）。纳粹得势后瓦格纳受格罗皮乌斯之邀赴哈佛任教，又将德国城市规划的这些经验带入美国。

至1920年代初楔形绿地理论已为德国规划界普遍接受，在理论研究中出现了各种基于楔形绿地的理想城市图示，试图对膨胀的城市加以合理控制和疏导（图18-12）。在具体实践中，德国规划师也根据不同城市的情况制定了规划方案，如1925年的汉堡市规划图即形似盛开的花丛，其楔形的“枝蔓”从旧市区延伸至远郊。这一格局在汉堡市的绿地系统规划中沿用至今（图18-13）。

受德国影响颇大的北欧国家和低地国家也在其城市规划中引入了楔形绿地理论。如荷兰因用地紧张，其规划界不赞成套用田园城市那样脱离大城市而发展郊区的主张[①]。1920年荷兰建筑师维基德维尔德（Hendrik Wijdeveld）为500万人口的阿姆斯特丹制定了一个基于楔形绿化系统的理想规划[②]，图中老城区被完整保护下来，居住区和其他功能空间被布置在由市中心辐射出的曲尺形带形空间，其余部分均为楔形绿地（图18-14）。这一规划中的三道环仅是串接各功能带的快速交通线，不同于田园城市思想中的绿化或功能环带。

虽然楔形绿地与田园城市并非相互排斥的规划模式，但直至1920年代规划家们才取长补短，将二者统合起来，形成现代城市规划中的一种基本模式。1910

Abb. 4.

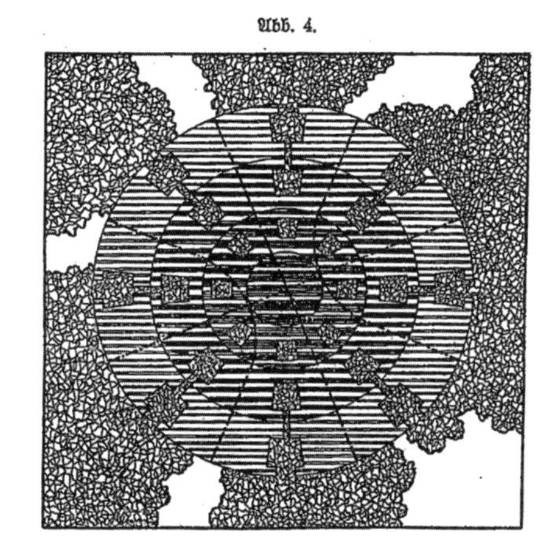

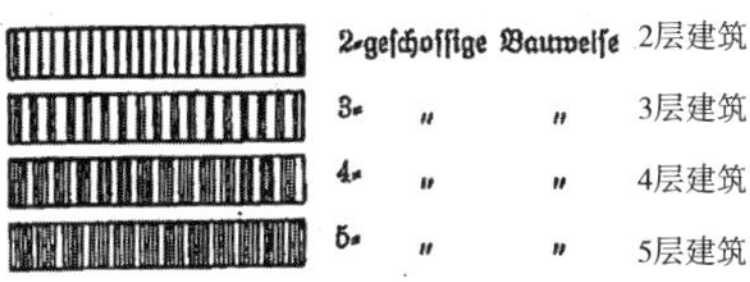

Verteilung der Freiflächen nach Einflußzone und Bauweise.
(Vorschlag des Verfassers.)

图18-10 瓦格纳的“卫生城市模型”（重绘，1915年）
资料来源：Sonja Duempelmann. Creating Order with Nature: Transatlantic Transfer of Ideas in Park System Planning in Twentieth-Century Washington D.C., Chicago, Berlin and Rome [J]. Planning Perspectives, 2009, 24: 2, 143-173.

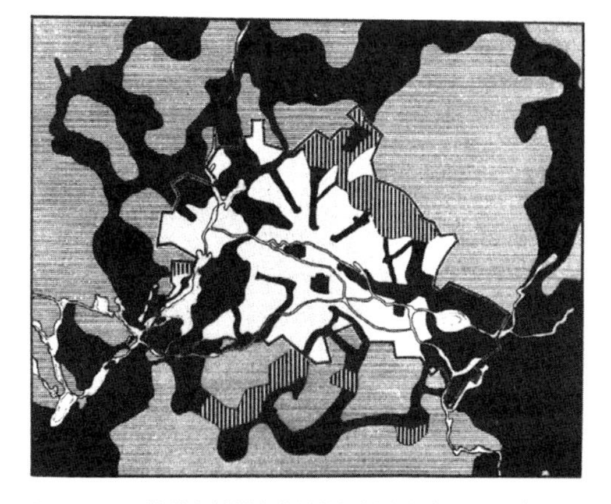

图18-11 瓦格纳主持拟定的柏林规划方案（1929年）
资料来源：F. de Oliveira. Green Wedge Urbanism: History, Theory and Contemporary Practice [M]. London: Bloomsbury, 2017: 51.

① W. Dougill. Amsterdam: Its Town Planning Development [J]. The Town Planning Review, 1931, 14 (3): 194-200.

② F. de Oliveira. Green Wedge Urbanism: History, Theory and Contemporary Practice [M]. London: Bloomsbury, 2017: 39-40.

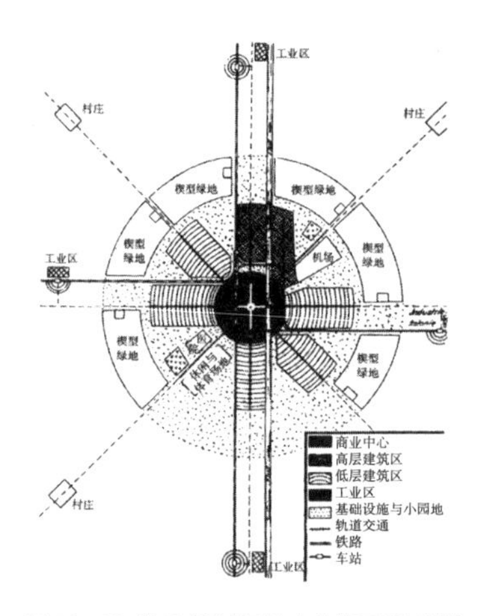

图18-12 德国规划师提出的楔形绿地城市规划模型（1921年）
资料来源：阿尔伯斯. 城市规划理论与实践概论［M］. 吴唯佳，译. 北京：科学出版社，2000：33.

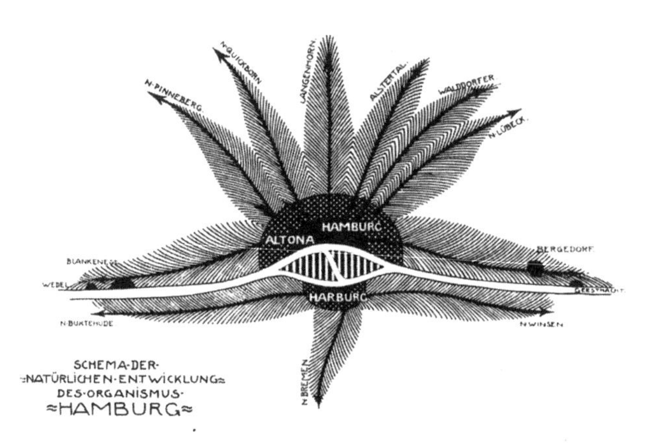

图18-13 德国汉堡市规划图（1919年）
资料来源：F. de Oliveira. Green Wedge Urbanism：History，Theory and Contemporary Practice［J］. London：Bloomsbury，2017：39.

年参加过英国皇家建筑师学会的重要人物如派普勒（George Pepler，1882—1959年）和恩翁等人，虽然都赞成埃博思塔特楔形绿地的重要作用，但在具体工作中尚未立即将之付诸实践。1910年大会结束后，派普勒联合重要的规划师如恩翁、兰彻斯特等人组成“伦敦学会”（London Society），即英国城市规划学会的前身，在深入普查的基础上制定出伦敦第一个真正的区域规划方案①。此方案的重要特征是一圈派普勒称之为“大环带”（great girdle）的绿化环带，用以限制伦敦市的过度膨胀，其外围再由园林大道形成交通环线。可见，此方案仍以环形绿化带为特征，尚无楔形绿地的踪影（图18-15）。但至1923年派普勒已转向主张将绿环、公园路与绿楔相结合，形成更加合理的城市绿地公园系统，使城市各处与绿地的最大间距不超过1英里（图18-16）。派普勒的

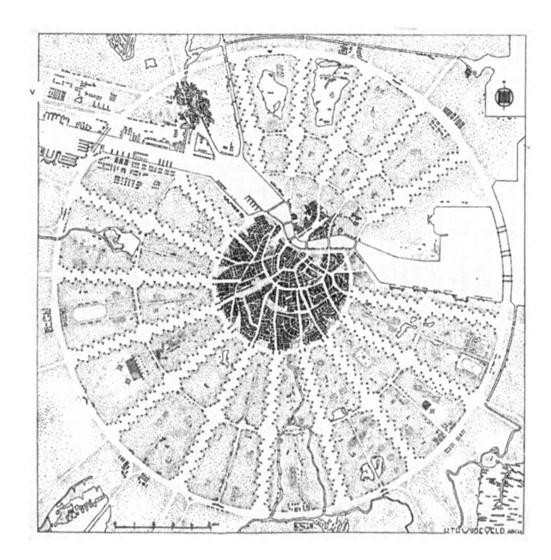

图18-14 维基德维尔德提出名为“混乱与秩序”（Chaos and Order）的阿姆斯特丹规划方案（1920年）
资料来源：NAI Collection，WIJD 290-4.

① Lucy E. Hewitt. Towards a Greater Urban Geography：Regional Planning and Associational Networks in London during the Early Twentieth Century［J］. Planning Perspectives，2011，26：4，551-568.

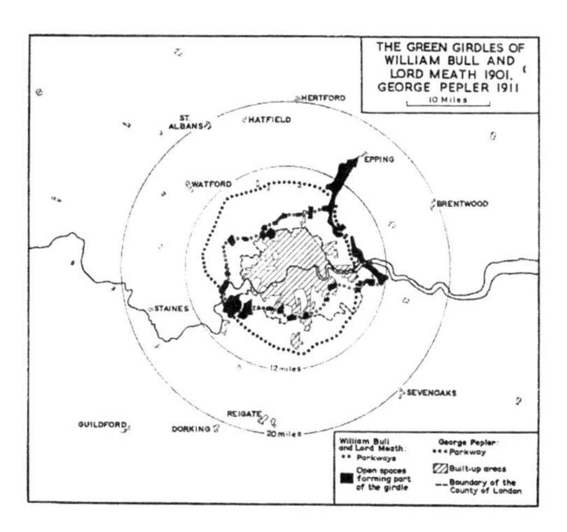

图18-15 派普勒制定的伦敦区域规划（以同心圆格局和绿化环带为特征，1918年）

资料来源：David Thomas. London's Green Belt: The Evolution of an Idea [J]. The Geographical Journal, 1963, 129 (1): 14-24.

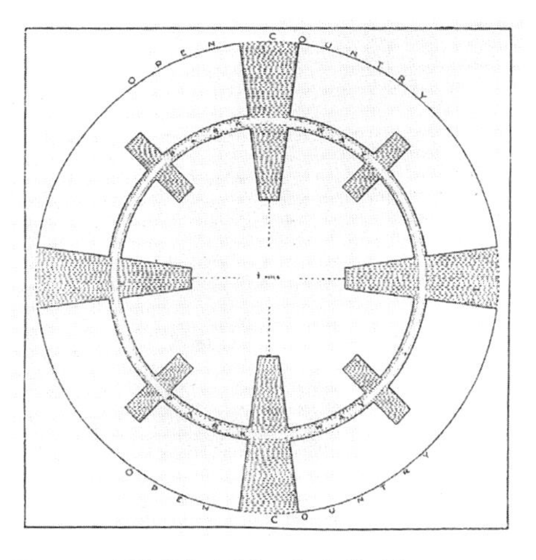

图18-16 派普勒提出的楔形绿化模型（1923年，图18-1即由本图衍生而出）

资料来源：F. de Oliveira. Green Wedges: Origins and Development in Britain [J]. Planning Perspectives, 2014, 29: 3, 357-379.

这一图示在埃博思塔特楔形绿地模式的基础上，加入了奥姆斯特德式的公园路，与田园城市思想的环状模型很好地结合为一，对此后各国绿地系统规划产生了巨大影响。可以看到，派普勒的这一楔形绿地图示就是《中国大百科全书》中“楔形绿地”词条所用图（见图18-1）的原型。

同时，在1920年代中叶，现代主义城市规划以革命性的姿态进入人们的视野，主张采用工业生产方式大量建造住宅以解决社会矛盾，一反田园城市思想中那种追慕郊野乡村的情调。而功能分区是现代主义城市规划的重要基石，尤其倡举将工业区与居住区等其他部分用防护绿化完全隔离开来。由于不管绿环还是绿楔都能很好地用作隔离带，因此随着现代主义运动的推展及其话语权不断加重，楔形绿地也逐渐被认为是现代主义城市规划理所当然的一部分，进一步使楔形绿地退缩为简单的绿地规划工具，而抹煞了其区域规划和社会、文化方面的意涵。

18.4　楔形绿地理论的全球传播与实践（1920—1960年）

虽然楔形绿地在1920年代以后被融入田园城市规划和现代主义城市规划而逐渐失去其作为规划思想的独立性，但因其楔形形态特征明显，世界各地的城市规划尤其是区域规划中楔形绿地这一要素仍清晰可辨。又因其具有消弭城乡差别的寓意，成为苏联城市规划的重要组成部分，并随之传播到社会主义阵营国家。

18.4.1 在欧美之发展与实践

欧洲出现的新规划思想和方法随着欧美日益频繁的学术交流和技术人才的全球流动而传播到美国，其中1920年代在英国倡举田园城市运动发展的一批规划师最先到达北美开展规划活动，推动了美国和加拿大城市规划学科的发展。其中一位佼佼者是曾担任英国田园城市协会首任干事的托马斯·亚当斯（图18-17）。他在1923年接受纽约市的聘请主持制定纽约的区域规划①。亚当斯在这一规划中放弃了环状布局，而将楔形绿地引入纽约的绿地系统规划中，除将哈德逊河作为一条“蓝楔”之外（图18-18），另拟建设大面积的绿地（黑色）与现有郊野公园和开放空间连成一片，从远郊楔入市中心，将著名的中央公园变成一个广大绿地系统中的一部分。

1920年代的英国是城市规划思想最活跃的地方，伦敦则为规划师检验其规划思想提供了理想平台。1927年，当时主管英国城市规划的卫生部委任恩翁为伦敦制定新一轮区域规划。恩翁在1929年拟定了第一版方案，其环状绿化带已和楔形绿地结合起来，与横穿伦敦市区的泰晤士河一道组成了城市外围的绿地系统（图18-19）。1933年恩翁在此基础上又融入田园城市思想中关于卫星城镇的内容，明确了楔形绿地不应包括新城镇的建设，而应

图18-17 亚当斯像（1921年）
资料来源：Michael Simpson. Thomas Adams and the Modern Planning Movement［M］. London：Mansell, 1985.

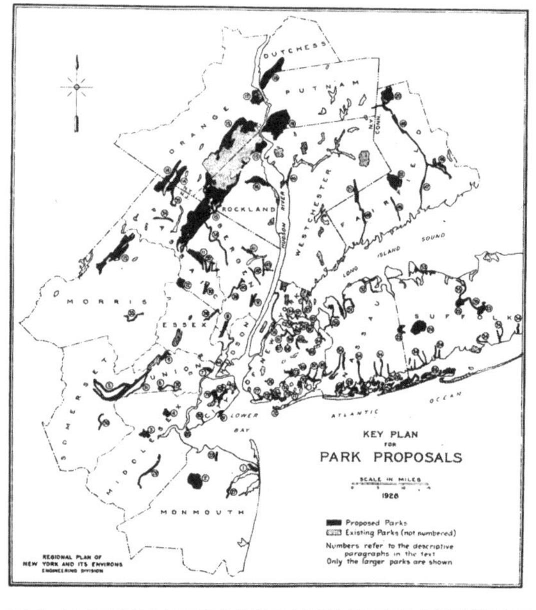

图18-18 亚当斯主持制定的纽约及其周边地区绿地系统规划（黑色，1928年）
资料来源：Thomas Adams. Regional Plan of New York and Its Environs（Vol 1）［Z］，1929：345.

① 详见第16章。

作为绿色廊道完善市内外的绿地系统[①]。

1940年恩翁去世后，阿伯克隆比成为英国最权威的规划家。阿伯克隆比自从1910年参加英国皇家建筑师规划大会，一直认可楔形绿地在城市规划中的作用。1941年英国皇家建筑师学会委任他制定伦敦人口发展和区域规划，他在研究中重申了埃博思塔特关于绿地应与交通干线相结合的观点，同时提出成片的集中绿地应精心设计为建成区或新建市镇的边界景观。形态自由的楔形绿地成为重要的空间要素出现在他的规划图上，其中最重要的一条“楔带”是贯穿市区的泰晤士河[②]。随着战争的进行，1943年阿伯克隆比又接受英国政府的任命制定伦敦市域范围的战时发展规划。由于战争的影响，伦敦的人口和工业需从原市区向外疏散，伦敦的市域范围也较之前扩大不少。在此情形下，阿伯克隆比基于1941年的方案加入若干卫星城镇，在卫星城镇间布置了13条由远郊插向市区的楔形绿地，并指出这些绿地内不应进行建设，但可用作农业生产以缓解战争带来的饥荒[③]（图18-20）。

一年之后，阿伯克隆比再次受命负责制定伦敦及其周边地区的战后发展区域规划，这就是著名的“1944年大伦敦规划”（The Greater London Plan 1944），也是20世纪前半叶规划思想的集大成作品。这一规划是他此前工作的延续，在总图中除了采取“四圈层”结构和布置宽广的绿化环带外，还拟定了多达24条楔形绿地（包括泰晤士河），再

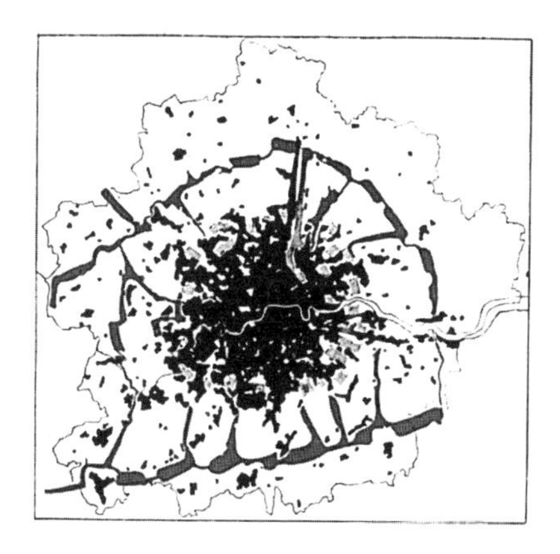

图18-19　恩翁主持制定的伦敦区域规划（1929年）
资料来源：Tom Turner. Open Space Planning in London：From Standards per 1000 to Green Strategy［J］. The Town Planning Review，1992，63（4）：365-386.

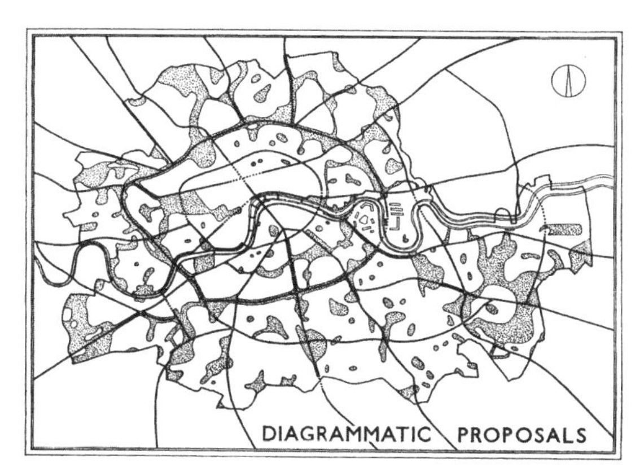

图18-20　阿伯克隆比主持制定的伦敦市域规划（1943年）
资料来源：Tom Turner. Open Space Planning in London：From Standards per 1000 to Green Strategy［J］. The Town Planning Review，1992，63（4）：365-386.

---

① F. de Oliveira. Green Wedge Urbanism：History，Theory and Contemporary Practice［M］. London：Bloomsbury，2017：51-52.

② Tom Turner. Open Space Planning in London：From Standards per 1000 to Green Strategy［J］. The Town Planning Review，1992，63（4）：365-386.

③ Michael P. Collins. The London County Council's Approach to Town Planning：1909–1945［J］. The London Journal，2017，42：2，172-191.

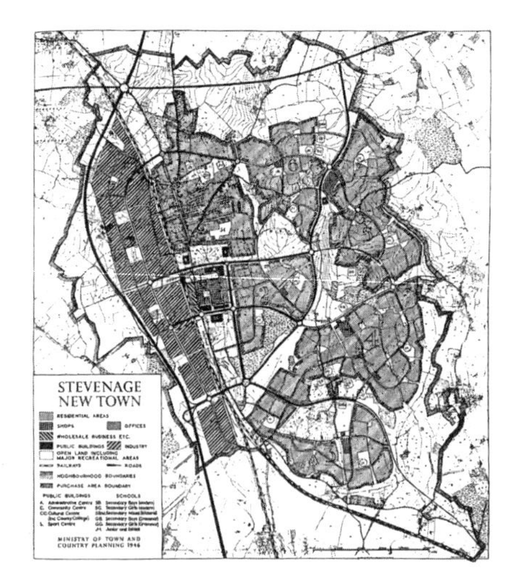

图18-21 受大伦敦规划思想影响，二战后在伦敦周边开展的“新城”（Stevenage）规划（1947年）
资料来源：Stephen Ward. Planning and Urban Change［M］. London：SAGE Publications，2004：96.

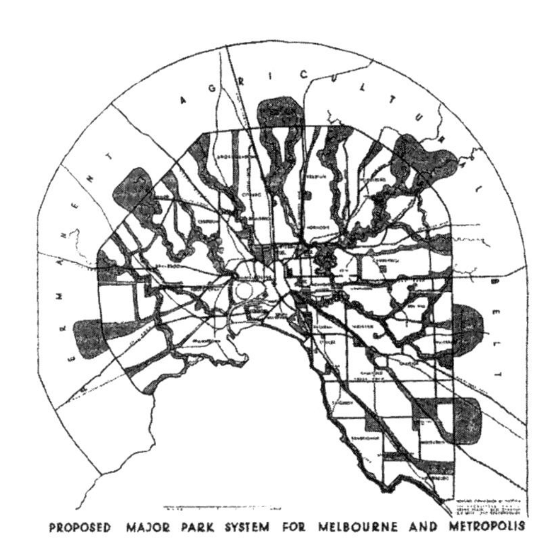

图18-22 墨尔本城市规划方案（可见楔形绿地指向市中心，1944年）
资料来源：Marco Amati，ed. Urban Green Belts in the Twenty-First Century［M］. Aldershot：Ashagate，2008：63.

次明确楔形绿地的重要意义，同时在绿化环带和更外层的农村地区布置了20多处卫星市[①]（见图16-28）。这一规划对英国战后的城市规划产生了深远影响，直接导致了延续到1970年代的英国“新城”（new town）建设运动，并在这些规划中延续了楔形绿地的作用（图18-21）。同时这种绿楔和绿环相结合的布局形式也被传向世界其他地区，产生了巨大影响。

北欧国家的城市规划效仿伦敦的样例，在城市布局中突出楔形绿地的重要性。例如，丹麦首都哥本哈根制定于1947年的规划方案形如手掌状（finger plan），将新建的卫星市镇布置在5个不同方向，楔形绿地除分隔建设区外还承载了游憩和农业生产等功能，并界定了新建市镇的空间形态[②]（见图14-33）。此外，1944年澳大利亚墨尔本的规划同样以楔形绿地为组织绿地系统的重要手段，这一特征同样延续至今[③]（图18-22）。

18.4.2 在非西方世界之发展与实践

在1920年代和1930年代楔形绿地理论成熟和广为传播之前，英、法等国已完成了其海

① Stephen Ward. Planning and Urban Change［M］. London：SAGE Publications，2004：81-91.
② F. de Oliveira. Green Wedge Urbanism：History，Theory and Contemporary Practice［M］. London：Bloomsbury，2017：108-110.
③ Marco Amati，ed. Urban Green Belts in the Twenty-First Century［M］. Aldershot：Ashagate，2008：63-71.

外殖民地首都城市的建设，如新德里、堪培拉和法属北非的城市建设均发生在20世纪初到1920年间，普遍遵循的是当时最流行的田园城市思想及其设计原则[①]。

1920年代以降，日本较早地汲引了西方出现的楔形绿地理论。当时一批日本规划师参加了1924年在阿姆斯特丹举办的国际规划会议，会上德国规划师沃夫（Adolf Wolf）展示了他基于埃博思塔特的楔形绿地图示发展出的城市空间布局模型（图18-23）。这一模型将快速交通环线和卫星城镇融入城市的区域布局中并形成新的绿地系统布局方式，对日本规划界产生了很大的影响[②]（图18-24）。1932年在日本占领我国东北、建立伪满洲国后，在“新京”（长春）规划中曾加以初步尝试：将市内较低洼的地带布置成连续的绿化带，从边缘伸入市中心；同时从西南方顺应主导风向布置了两条楔入市区的绿带（图18-25）。

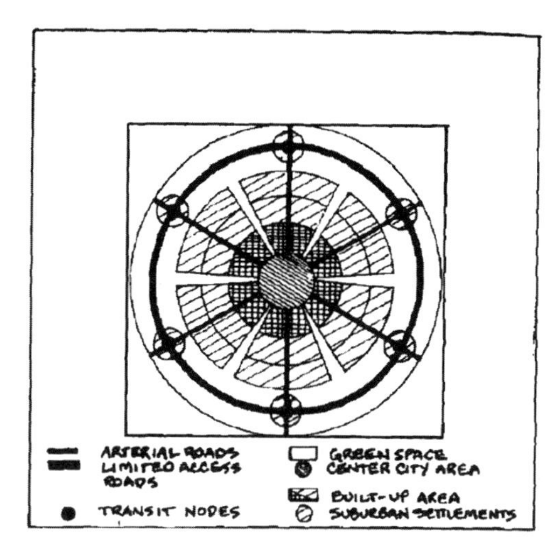

图18-23 沃夫的楔形绿地模型（深远影响了日本规划界，1919年）

资料来源：Michel Geertse. Defining the Universal City［D］. VU Univesity, Dissertation, 2012: 195.

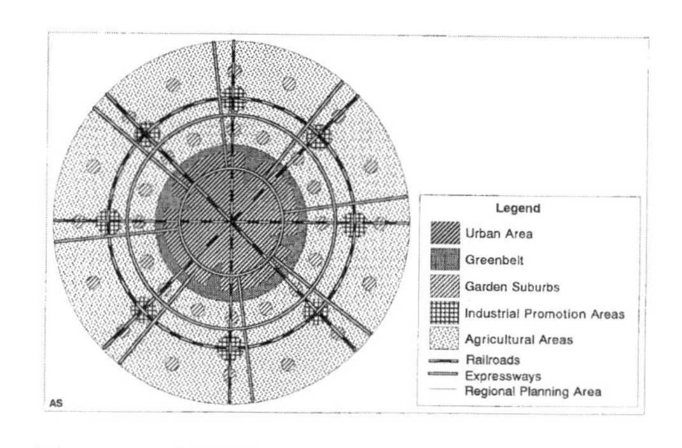

图18-24 日本关东地区城市结构示意图（1940年）

资料来源：Andre Sorensen. The Making of Urban Japan［M］. London and New York: Routledge, 2001: 144.

为了进行战争准备，日本军国政府在1937年颁布了《防空法》，将东京郊区的空地收归国有并布置防空军事设施，此外在更外层形成绿化隔离带并结合布置了若干楔形绿地（图18-26）。这些举措一直影响了二战结束以后东京的城市规划，如1946年战后的首次东京规划与1956年的东京都都市整备规划，都延续了绿化带加楔形绿地的基本格局[③]（图18-27）。

除日本外，苏联是“非西方”世界中积极引入楔形绿地并加以应用的主要国家。1917

① 刘亦师．20世纪上半叶田园城市运动在“非西方”世界之展开［J］．城市规划学刊，2019（2）：109-118．

② Andre Sorensen．The Making of Urban Japan［M］．London and New York：Routledge，2001：144-146；越沢明．満州国の首都計画［M］．筑摩書房，2002：141．

③ Marco Amati，ed．Urban Green Belts in the Twenty-First Century［M］．Aldershot：Ashagate，2008：22-26．

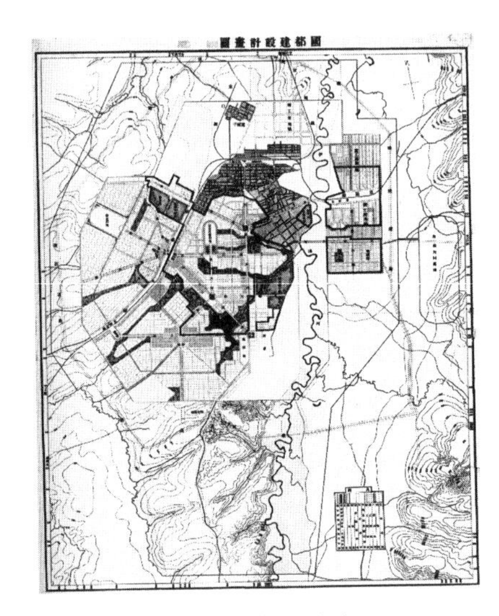

图18-25 “新京”规划（1932年）
资料来源：长春市规划设计院提供.

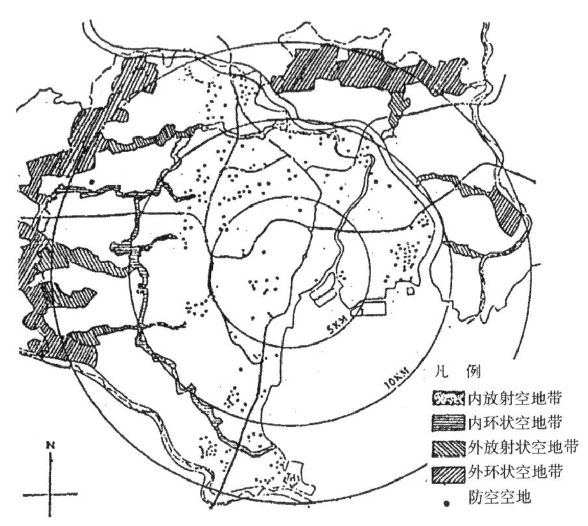

图18-26 日本防空法案规定的东京及其周边绿地与防空布置（1932年）
资料来源：Marco Amati，ed. Urban Green Belts in the Twenty-First Century [M]. Aldershot：Ashagate，2008：24.

年苏维埃政权建立后，土地收归公有，为统一的城市规划编制与实行创造了理想环境。以城乡结合为旗帜的田园城市思想与马克思打破“三大差别”（城乡、工农、脑力与体力）的教导相符，一度在苏联规划界占据重要地位，但不久苏联政府就因经济和意识形态原因，放弃了脱离原有城市另起炉灶，而代之以依托既有城市发展的做法。

和伦敦一样，莫斯科从1910年代末到1930年代也经历了多轮规划，尤其1920年代上半叶各种规划思潮被积极引入，产生了为数众多的方案①。其中，对1935年苏联政府核准实施的莫斯科总体规划发生了重要影响的是谢斯塔柯夫（Sergi Shestakov）于1925年提出的“大莫斯科规划”。这一方案将莫斯科及其周边地区划为五道环：

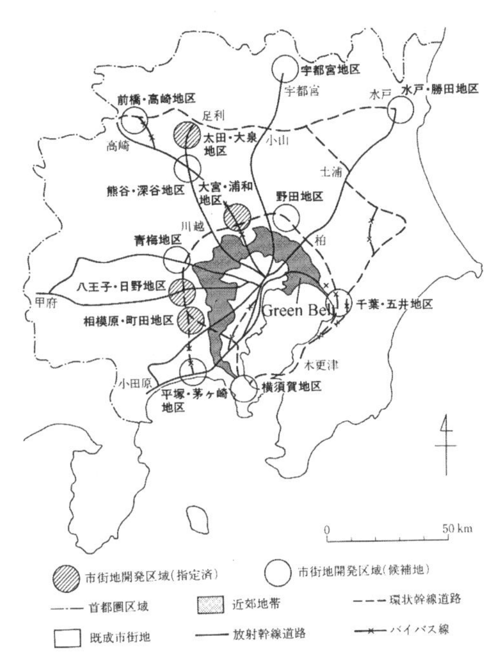

图18-27 东京都都市整备规划（1956年）
资料来源：Marco Amati，ed. Urban Green Belts in the Twenty-First Century [M]. Aldershot：Ashagate，2008：26.

① Selim Khan-Magomedov. Pioneers of Soviet Architecture [M]. London：Thames and Hudson，1987：310-325.

最内圈为保留的老城，次之为工业圈，再外也是最为宽广的一圈布置居住区和公园绿化，然后是森林地带，最外圈是铁路等对外交通。居住区被从外围楔入的公园等绿地分割开，成为指向市中心的楔形绿地（图18-28）。谢斯塔柯夫的方案因工业用地过于狭促而未被采用，但楔形绿地的基本思想此后反复出现在苏联政府主导的各种规划方案中。例如，负责制定五年计划的苏维埃计划委员会于1930年拟定了一个莫斯科发展规划[①]（图18-29）。这一方案与1920年维基德维尔德所做的方案有类似之处（见图18-14），同样将居住区布置在由市中心辐射出的窄条状空间，但将工业集中在六个不同地区，而以大片绿地和林地分隔其间。

1935年获得苏维埃政府批准的莫斯科总体规划方案规定西南地区为工业发展地带，采用了大片绿地将之与城市的其他部分隔开，城市外围的“森林公园防护带”宽达10km以上，但从各个方向均布置了由外向内的楔形绿地，结合着贯穿莫斯科的河流一道形成了完整的绿地系统（图18-30）。莫斯科规划明确了楔形绿地旨在将莫斯科市内和郊区同莫斯科的大自然环境结合起来，“促进首都及其体系内的其他城市周围环境的卫生条件得以改善（城市空气流通的卫生条件、调节小气候等），创造居民群众在大自然环境中休息的良好条件”（伊格纳坚科，1990），是莫斯科规划的标志要素之一，也成为社会主义城市规划的重要原则。同时，在意识形态上，绿楔成为社会主义城市规划重视人民健康的象征。

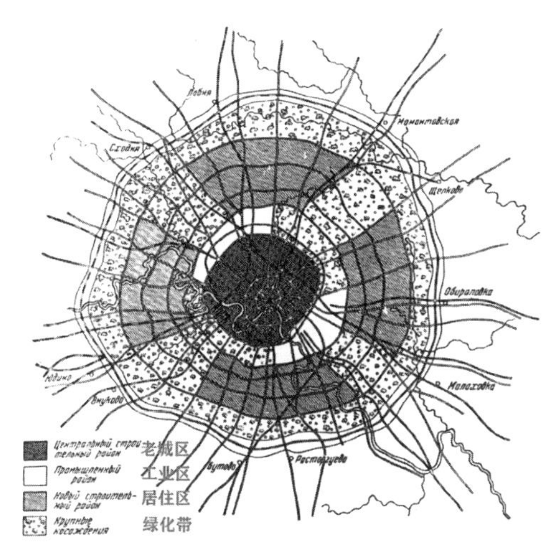

图18-28 谢斯塔柯夫提出的莫斯科区域规划（1925年）
资料来源：Timothy Colton. Moscow：Governing the Socialist Metropolis［M］. Cambridge：Harvard University Press，1995：235.

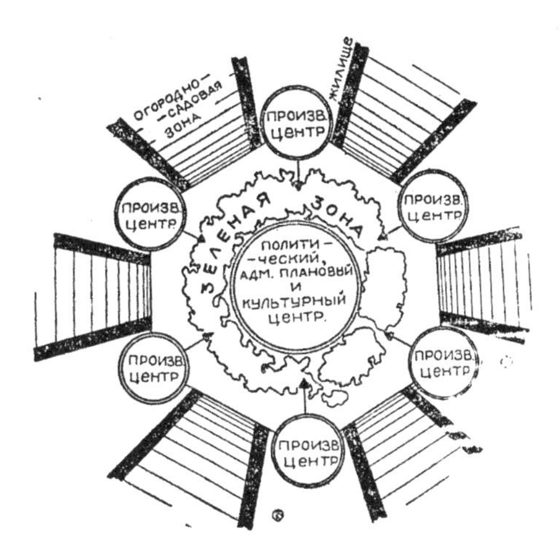

图18-29 苏维埃中央计划委员会（GOSPLAN）提出的莫斯科城市发展模型（黑色为居住区，圆形为工业生产中心，其余为绿地）
资料来源：Timothy Colton. Moscow：Governing the Socialist Metropolis［M］. Cambridge：Harvard University Press，1995：244.

① Timothy Colton. Moscow：Governing the Socialist Metropolis［M］. Cambridge：Harvard University Press，1995.

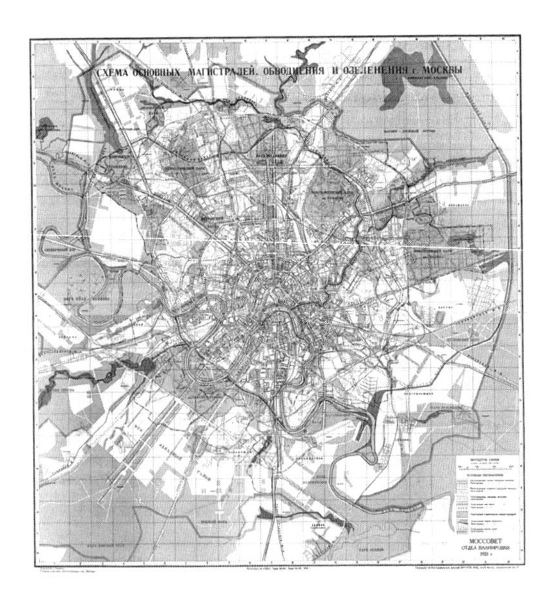

图18-30 苏联政府核准的莫斯科总体规划（1935年）
资料来源：Nikolai Kruzhkov提供.

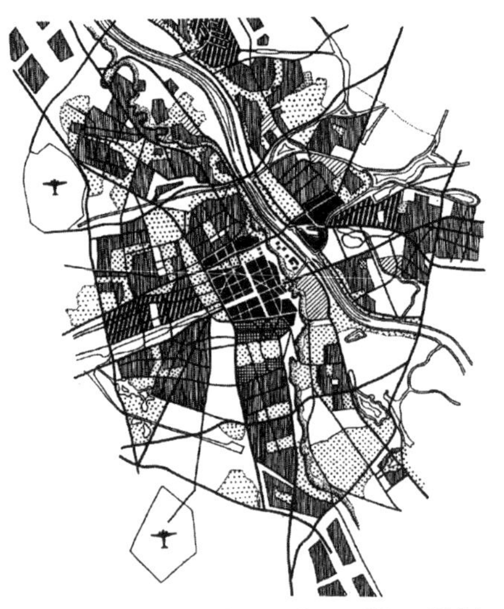

图18-31 二战后的华沙总体规划（1946年，点状为绿地系统。可与图16-34比较）
资料来源：Н. П. Былинкина. Всеобщая история архитектуры：Архитектура СССР［J］. Под редакцией Н. В.（зам. отв. едактора），1975：185.

此外，将宽阔绿化隔离带设计成森林公园也是莫斯科规划的特点，不但有助于实现莫斯科城市体系范围内空地绿化，还能“促进首都及其体系内的其他城市周围环境的卫生条件得以改善（城市空气流通的卫生条件、调节小气候等），创造居民群众在大自然环境中休息的良好条件”[①]，也成为社会主义城市规划的重要原则之一。

第二次世界大战后，苏联建立起社会主义阵营，并将苏联式的城市规划模式带入东欧社会主义国家[②]。如1946年华沙总体规划中（图18-31），在对被战争毁坏的中心城区（黑色）重建之外，还强化了绿化带并引入楔形绿地，使外围绿地延伸进入市中心。布达佩斯、布拉格等首都城市的战后总体规划（1945年）也反映了同样的规划原则。

我国近代虽然积极引介了田园城市等规划思想和日本及西方的规划实践经验，但始终对楔形绿地重视不足，连1946—1948年间完成、代表近代中国城市规划集大成的作品——《大上海都市计划》中也只字未提楔形绿地[③]。其中原由尚待推究。1947年阿伯克隆比受殖

① M·M·伊格纳坚科，Г·M·加夫里洛夫，王一平．莫斯科的森林公园防护带［J］．北京园林，1990（3）：28-31．

② Н. П. Былинкина．Всеобщая история архитектуры：Архитектура СССР［J］．Под редакцией Н. В.（зам．отв．едактора），1975．

③ 上海市城市规划设计研究院，编．大上海都市计划［M］．上海：同济大学出版社，2014．

民政府之邀考察香港，并于次年发表其调查报告和初步方案[①]，其规划图显然延续了他在大伦敦规划及之前历次规划中确定的原则和设计手法，亦包括环状绿化带与楔形绿地相结合。但此点尚未引起学界的充分注意[②]。

中华人民共和国成立后，北京市政府都市计划委员会在1953年春编制了甲、乙两个北京城市建设总体规划方案，其中乙方案由陈占祥主持制定。陈占祥在1940年代曾在伦敦政经学院（The London School of Economics and Political Science）就学，得到该校规划教授阿伯克隆比亲炙。陈占祥回国后参与过大上海都市计划。他提出的乙方案如同大伦敦计划一样，完整保留下北京旧城及其街巷格局，而“结合河湖和主干道进行充分绿化，楔入中心区，交错联系形成系统”[③]（图18–32）。

此后，在苏联专家的指导下，1957年3月北京市规划委员会正式提交了《北京城市建设总体规划初步方案》，其中园林绿地系统规划明确了“公园绿地由绿带相连形成绿色走廊，楔形绿地由四邻’楔入’城市”，城市外围如同莫斯科那样，“选择适当地区建设一些森林”[④]，旨在“结合道路、河流、水渠等形成宽阔的绿化网络，并结合城市边缘的环路绿化、防护林带、果园等形成环抱城市的绿化环，并与楔形绿地系统衔接起来”[⑤]（图18–33）。这一方案较1953年的甲、乙方案明显增加了绿地面积并提高了绿地系统的完整性，同时楔形绿地作为规划概念被写入说明文件中。

1958年在“大跃进”和人民公社化运动的背景下，北京市总体规划进行了重大调

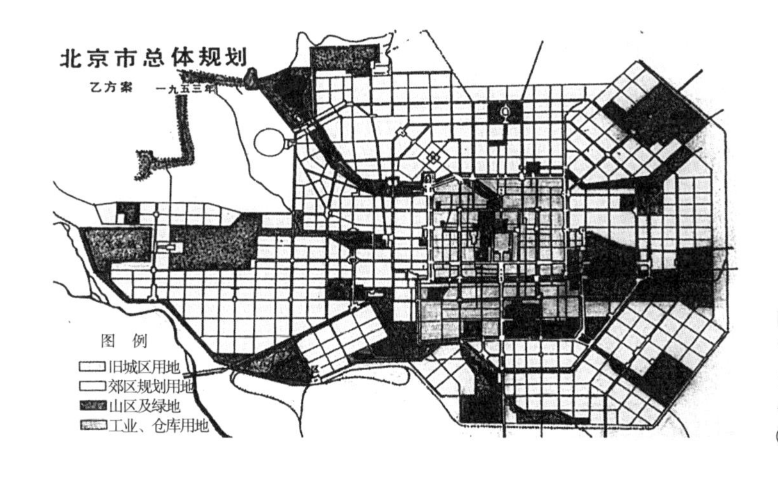

图18–32 陈占祥等人制定的“乙方案”（1953年）
资料来源：北京市规划委员会，编. 北京城市规划图志（1949—2005）[M]，2005.

① Patrick Abercrombie. Hong Kong Preliminary Planning Report [M]. Hong Kong: Government Printer, 1948.

② 李百浩，邹涵. 阿伯克隆比与香港战后城市规划 [J]. 城市规划学刊，2012（1）：108-113.

③ 北京都市计划委员会提出的北京建设规划甲、乙方案. 北京城市建设规划篇·城市规划（上册）. 北京城市建设档案馆. 1998：43.

④ 北京市城市建设总体规划初步方案的要点 [M] //北京城市建设规划篇·城市规划（下册），1998：488.

⑤ 北京城市园林绿化 [M] //北京城市建设规划篇·城市规划（上册），1998：237.

整，不但打破了此前规划中严格划定的功能分区，也正式提出“分散集团式”空间布局，促进市区人口向卫星城镇疏散。1957年规划中的绿化环带和楔形绿地格局仍延续下来，但绿化面积跃增，并明确了绿化结合生产的原则，这和当时世界各国规划中利用绿化区兼营农业生产的做法一致。但在功能分区和居住区组织原则等方面，不但与西方经验不同，也背离了苏联模式，是我国城市规划道路的重要探索。这些改动最后反映在1959年的规划图上，楔形绿地成为我国城市规划尤其是绿地系统规划的重要组成部分（图18-34）。

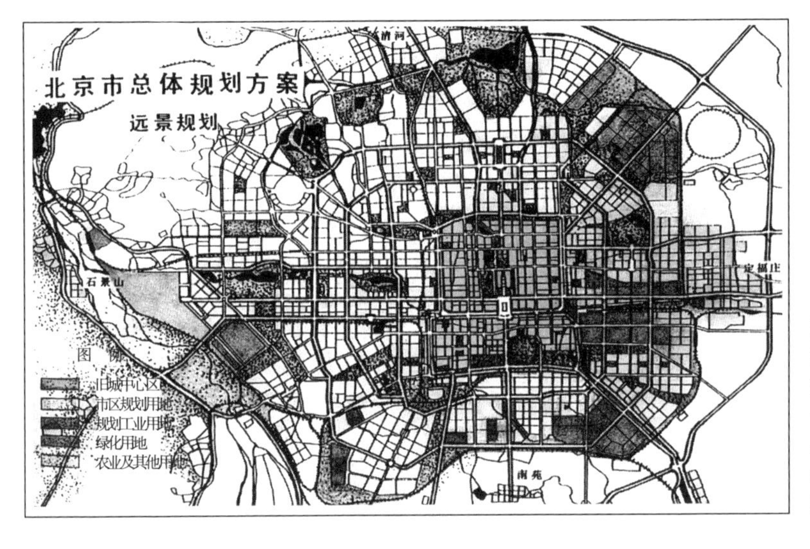

图18-33 苏联专家指导的北京总体规划（1957年）

资料来源：北京市规划委员会，编. 北京城市规划图志（1949—2005）[M]，2005.

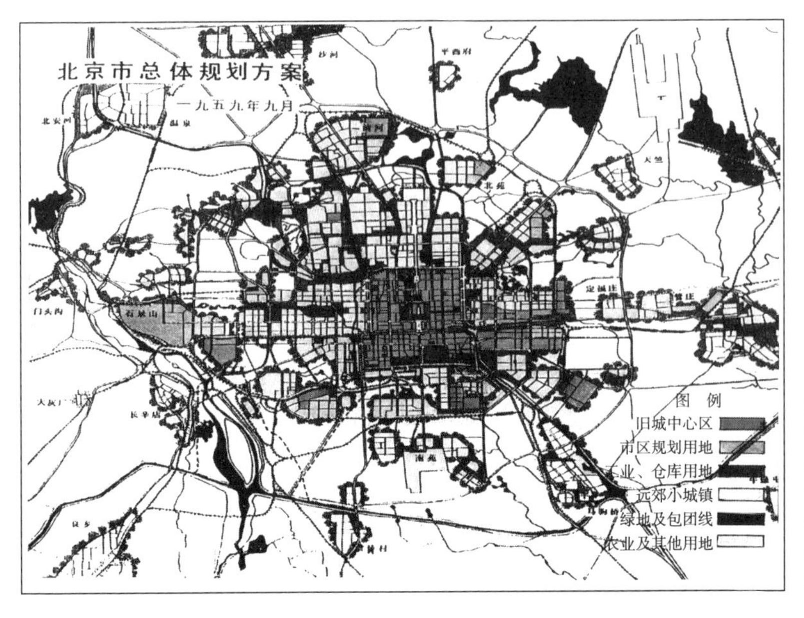

图18-34“大跃进”背景下修订后的北京总体规划（1959年）

资料来源：北京市规划委员会，编. 北京城市规划图志（1949—2005）[M]，2005.

18.5　结语

楔形绿地是城市绿化系统的重要部分。其产生于20世纪初西方现代城市规划的肇始时期，有其悠远、深厚的思想和文化背景。规划史上的一批著名人物针对楔形绿地提出过众多理论和理想模型，并将之应用于伦敦、纽约、莫斯科、东京等城市规划中。本文考察楔形绿地规划的思想来源，厘清其在区域规划、城乡结合、城市疏散、交通组织、环境卫生等方面的内涵，梳理自20世纪初至1960年代楔形绿地理论完善与全球传播的历史过程，并讨论其刻板印象的产生和被学界忽视的原因。梳理楔形绿地理论的历史源流和全球流布有利于加深对城市规划史的认识，增强当下规划编制与管理工作的逻辑理性。

楔形绿地"是包括花园、公园、森林公园、草甸、水面和其他露天场地，把自然和规划综合在一起的整体。"[①]从历史发展看，楔形绿地一般呈块状或条状，由郊外直插入城市中心区，其宽度逐渐缩窄，为城市输送新鲜空气，并能根据城市地貌和既有格局，与环状快速道路一起将散落城市各处的小块绿地组织为一个完整的系统。同时，楔形绿地也是一种与对外交通密切相关的有效的区域规划工具。因其形态较为自由，且可以结合交通干道引导城市发展和人口疏散的方向，因此直至今天的城市规划中仍得到广泛应用。

但楔形绿地的历史意义还不限于上述设计手法层面。它实际上是20世纪初西方现代城市规划学科初起时人们不满于城市呈同心圆状外漾式发展而提出的一种解决方案，有深厚的文化、社会寓意，被赋予了比较强烈的意识形态色彩。本文考察了自20世纪初楔形绿地理论的形成背景及其思想来源，并在全球图景中缕述截至1960年代的楔形绿地的理论发展和实践情况。可以看到，城市规划史早期的重要人物大多都参与了楔形绿地规划理论的讨论及相关实践活动。其中影响最大的是埃博思塔特和派普勒的楔形绿地模型，而恩翁、亚当斯、阿伯克隆比等人参与楔形绿地相关的规划实践，大大推动了城市规划学科的发展，并形成了一系列沿用至今的设计模式。在这一过程中，楔形绿地的思想内容被大为简化。

本章同时讨论了何以楔形绿地理论罕少见诸当下的规划文本和学术研究。一种合理的解释是，由于楔形绿地规划思想多以空间模型的形式呈现，缺乏系统性和完整性，尤其没有涉及住房问题和空间美学问题，因此其最初就是作为田园城市思想和欧洲传统同心圆格局的一种补充而出现的。早期的规划文献对楔形绿地主要强调其卫生功能及在形成绿化体系中的作用。此后随着现代主义规划占据主导，又撷取楔形绿地作为功能分区间的隔离带，进一步模糊了楔形绿地原初的思想意义。一种规划思想在转为实践的过程中背离其原旨，同时又在这一过程丰富其内涵，这种现象为规划史所常见。今天梳理楔形绿地理论的历史源流和全球流布，能使我们形成对城市规划史的新认识，对今天的规划编制与管理工作不无益处。

① M·M·伊格纳坚科，Γ·M·加夫里洛夫，王一平．莫斯科的森林公园防护带［J］．北京园林，1990（3）：28-31．

第19章 六边形规划理论的形成、实践与影响

本章讨论现代城市规划初生时期产生的一种颇有趣味的规划理论。阿伯克隆比在他出版于1933年的著作《城市与乡村规划》中列举了19世纪以前欧洲城市的几种基本形态，其中就有融合了放射形路和环状路的六边形结构（图19-1）。在同一本书中，阿伯克隆比还列举了以六边形规划（hexagonal planning）理论为基础的居住区布局，作为当时与现代主义规划和田园城市规划等量齐观的居住区布局形式（图19-2）。差不多同时期，梁思成和张锐合作的《城市设计使用手册——天津特别市物质建设方案》，也以六边形的街道系统为主要的空间特征（图19-3）。

实际上，1930年代中期以降，六边形规划已逐渐式微，以致今天很少为人所知。这种富有乌托邦色彩的规划理论何以产生，其思想经历了怎样的演进，有哪些实践，产生过何种影响，又为什么被历史放弃？围绕这些问题，本章拟从规划思想史角度论述六边形规划理论的形成背景，简述若干实例及其影响。六边形规划理论形成于19世纪末、20世纪初，初衷是为丰富城市景观，使规划方法更经济和科学，同时更是当时西方社会变迁和规划思想流变的重要反映。20世纪以降，六边形规划思想随着田园城市运动传布到世界各地，与我国近代以来的城市发展和研究也密切相关。

按其思想来源和发展顺序，本章分别论述19世纪末、20世纪初欧、美各国的技术乐观主义、田园城市运动、城市美化运动和城市功能化运动对六边形规划思想形成的影响。

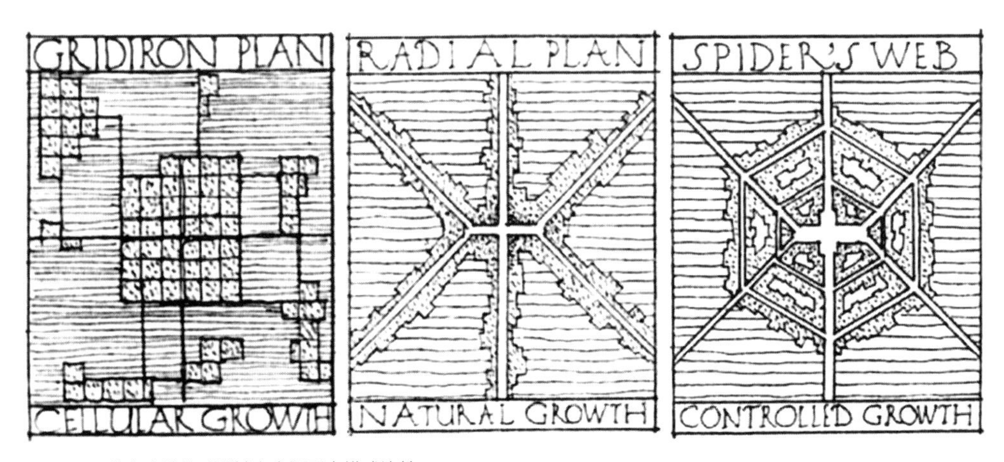

图19-1 阿伯克隆比的欧洲城市空间形态模式比较

资料来源：Patrick Abercrombie. Town and Country Planning [M]. London：Thornton Butterworth Ltd., 1933：13-15.

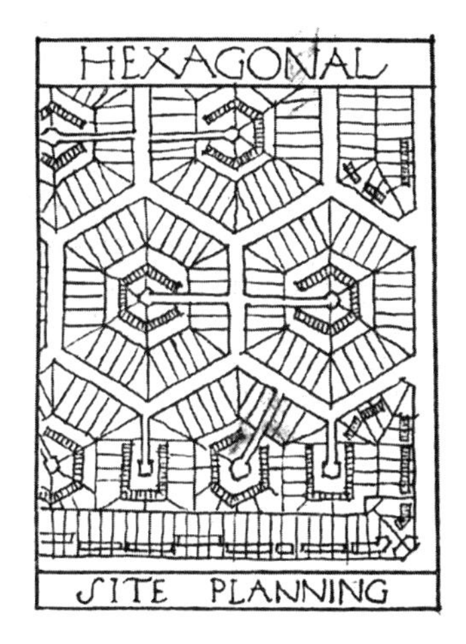

图19-2 基于六边形理论的居住区布局

资料来源：Patrick Abercrombie. Town and Country Planning［M］. London：Thornton Butterworth Ltd.，1933：160.

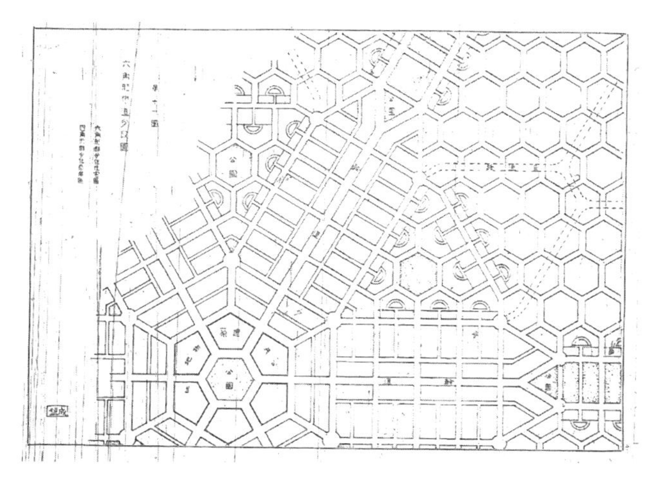

图19-3 梁思成所拟天津特别市物质建设方案“六角形街道分段图”

资料来源：梁思成，张锐.城市设计使用手册——天津特别市物质建设方案［M］. 天津：北洋美术印刷所，1930.

1940年代以前世界各地均出现了以六边形为特征的新城和居住区规划，本章介绍其中5例：格里芬的堪培拉规划、卢廷斯的新德里规划、伪满“新京”规划、帕克的维森沙维村规划及加州的六边形移民安置居住区。最后一部分简述六边形规划衰落的原因及1940年代以降的其他影响。

19.1　引论

六边形是一种特殊的几何形，而六边形规划是西方城市规划史上有趣的现象。六边形因其围合面积与周长的比值较大，且满足弥合性原则——即能够在同一单元的基础上无限延伸而不留空隙（表19-1），所以是自然界（如蜂巢）和人工环境中应用广泛的母题，也是地理和生物学中常见的一类模型。

圆及其内接等边形的几何特性比较（以图形的半径长度为 1 分别计算）　表 19-1

	面积	周长	面积周长比	弥合性
圆形	3.14	6.28	0.5	否
正三角形	1.30	4.20	0.31	弥合
正方形	2.00	5.66	0.35	弥合
正六边形	2.30	6.00	0.38	弥合
正八边形	2.83	6.12	0.46	否

从古罗马到文艺复兴时期的意大利，六边形元素反复出现在西方城市规划中。但六边形作为一种规划理论和方法逐步形成于19世纪末20世纪初，与城市规划学科的形成基本同步。六边形规划因其类似蜂巢的形态和可以无限延展的结构，成为资本主义制度下效率、勤勉、自律、秩序的象征，常被当时西方建筑家和规划家用于描绘未来城市的理想形态。19世纪末以来的不少规划家对格网式规划（grid planning）加以研究和改进（见图19-1），其中一种解决方案就是基于经济学和美学原理而形成的六边形规划，认为六边形广场创造了网格式布局中不曾有的空间体验（图19-4），并且六边形地块及周边的住宅易于取得更好的景观效果（图19-5）。这些都是此前格网式或巴洛克式城市规划所不具备的优势。正如梁思成在其《城市设计使用手册——天津特别市物质建设方案》中所说，六边形规划因具有良好朝向、获得更多的阳光、土地利用率更大、工程管线花费较少以及减少交通隐患等优点，“在近代城市设计中占一极重要之位置……此种分段制度实最新式的、最进步的、最合适用的制度也。”

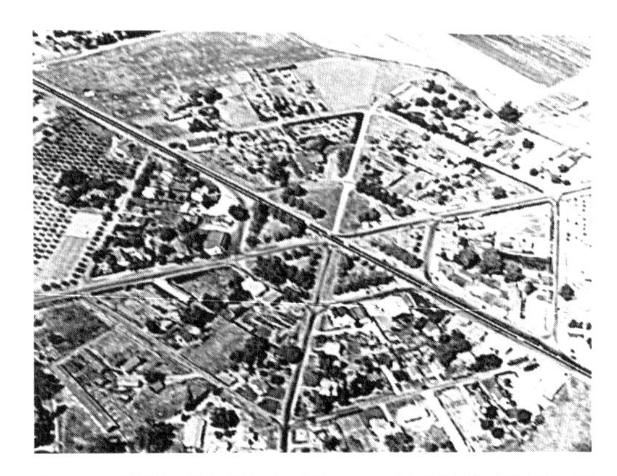

图19-4 美国加州克塔提市（Cotati，1892年建成）航拍照片（1952年）
资料来源：CED Library，UC Berkeley.

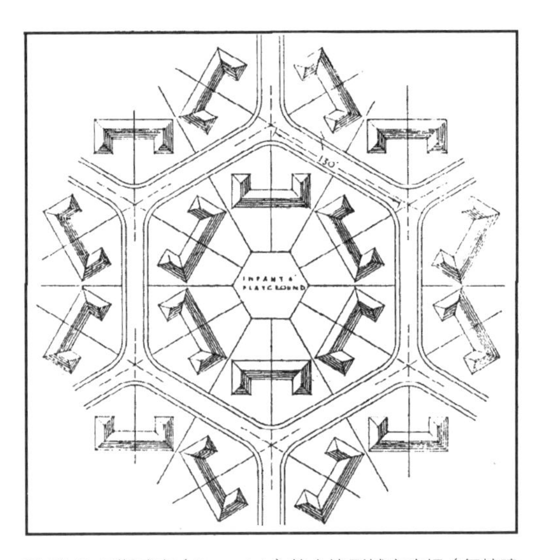

图19-5 厄斯威克（Earswick）的六边形城市广场（每幢建筑均可获得较宽阔的景观视野且可避免面对面布置的单调格局）
资料来源：Barry Parker. Site Planning：As Exemplified at New Earswick［J］. The Town Planning Review，1937，17（2）：93.

六边形规划并非仅仅是提供一种区别于格网式或巴洛克式城市的物质空间，而是提出一整套社会改良的宏大设想，是作为西方现代的各种规划思潮，如田园城市运动、城市美化运动、城市功能化运动等的一种具体解决方案出现和发展的。因此，在这一过程中，规划史上的著名人物如霍华德（E. Howard）、格迪斯（P. Geddes）、科根（N. Cauchon）、帕克（B. Parker）等人无不与有力焉，从中可见六边形规划理论在西方现代城市规划早年发展过程中的重要地位。

1940年代以前六边形规划曾被应用于世界各地不同规模的城市规划中，此后还出现了以之为母题的未来城市方案，并在建筑学、地理学、历史学等领域产生了深远的影响，与我国近代以来城市的发展和研究同样关系綦重。近年来，西方学者对20世纪初的六边形规划已有一些讨论①，但对其理论的思想来源，及其在全球各地城镇建设中的实际应用，尤其是与我国近代以来有关的部分内容，则仍感疏漏较多，对新旧史料有必要钩沉索隐、继续发掘。

本章首先从规划思想史的角度研究六边形规划的形成背景与理论基础，利用当时思想家和规划师的各种文、图资料探索检视它兴起和衰落的原因，探讨其发展过程与近世西方社会变迁的关系。之后分居住区规划和新城规划两类分别讨论以六边形规划为典型特征的五个案例，最后考察其所以式微的原因及其他影响。

19.2　从宗教礼仪到理想城市：19世纪以前的西方六边形规划

六边形出现在西方城市建设的历史可追溯至古罗马时期。一方面，六边形和正方形、圆形结合在一起能形成理性和规整的几何形，因此被应用在古罗马城市广场的设计上（图19-6）。

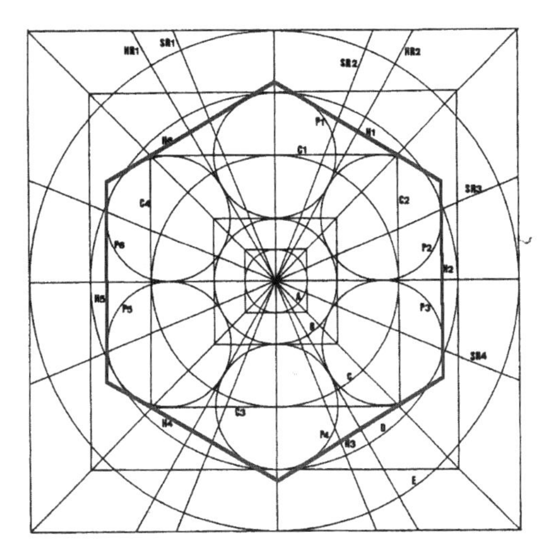

图19-6 古罗马广场设计的几何关系（重绘）

资料来源：Greg Wightman. The Imperial Fora of Rome: Some Design Considerations［J］. Journal of the Society of Architectural Historians，1997，56（1）：68.

文艺复兴时期由于建筑师对几何形及其所代表的理性和秩序的追求，伴随着当时以军事防御所需的筑城术的兴起，不但产生了各种星形和放射状的“理想城市”构想（ideal-city concept）②，而且在欧洲各地建成许多六边形军事要塞（图19-7）。美国受欧洲的影响也曾建造六边形要塞③，但由伍德沃德（A.B. Woodward）更进一步将六边形和正三角形进行组合，试图应用在底特律灾后的城市规划上（图19-8）。这些例子虽然在形态上与下文探讨的六边形规划有类似之处，但二者的思想根源和理论基础均不相同，并非简单沿承的关系。后者是在19世纪末以后西方社会和规划思想急剧变化的新形势下探索理想的城市形态与发展模式的结果。

---

① Eran Ben-Joseph，David Gordon. Hexagonal Planning in Theory and Practice［J］. Journal of Urban Design，2000，5（3）：237-26；Jon Adams. Rat Cities and Beehive Worlds：Density and Design in the Modern City［J］. Comparative Studies in Society and History，2011，53（4）：722–756.

② 最早也著名者为佛罗伦萨建筑师菲拉雷特（Filaret）为米兰公爵斯福尔扎（Sforzinda）设计的理想城（1465年）。详Helen Rosenau. The Ideal City，Its Architectural Evolution［M］. London：Studio Vista，1970.

③ 如建于1846年的佛罗里达州杰弗逊要塞（Jefferson Fort）。

图19-7 文艺复兴时期的六边形要塞平面及细部

资料来源：Andre Felibien. Des Principles de L' Architecture［Z］. Paris，1699.

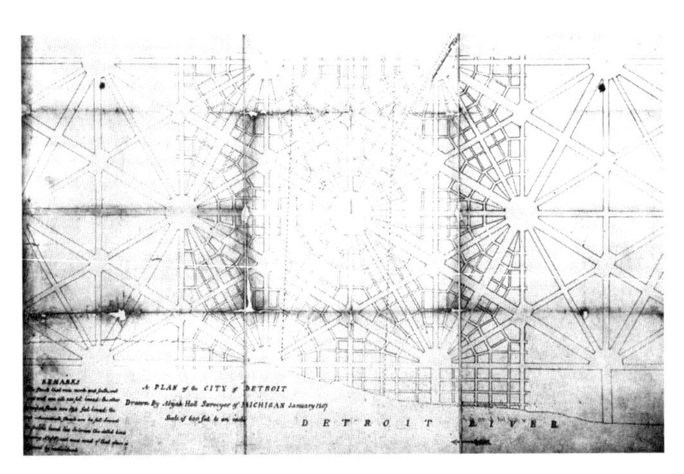

图19-8 伍德沃德的底特律重建规划（1807年）

资料来源：John Reps. The Making of Urban America［M］. Princeton：Princeton University Press，1965：267.

19.3 19世纪末、20世纪初西方规划思想的流变与六边形规划产生的理论基础

19世纪末、20世纪初是现代建筑运动蓬勃发展、现代城市规划思想和方法逐渐形成的关键时期。本节从四个方面讨论六边形规划产生的历史背景和理论基础。其中，世纪之交的技术乐观主义以与资本主义精神气质相符的六边形规划作为理想城市的基本原型，深具社会改良的宏图，此后在各种城市规划运动中不断被修订和发展，最终在1920年代末城市功能化的思潮下发展成熟。

19.3.1 世纪之交的技术乐观主义

19世纪下半叶在第二次产业革命的推动下，美国通过在经济生产中运用新的科学技术完成了近代工业化，超过西欧列强成为世界头号工业大国。在这种背景中，世纪之交的美国思想界弥散着技术乐观主义思想，科学技术被当成是社会进步的决定因素和解决社会问题的灵丹妙药。

在城市问题上，技术乐观主义者也坚信通过设计合理的城市结构并采取恰当的科学管理，能解决由于经济的狂飙突进导致的各种城市问题。其中，一个未来理想城市的方案出自美国社会思想家、以发明安全剃须刀闻名的企业家吉列特（K. C. Gillette）。吉列特设想将所有美国人都移居到他精心设计的安大略湖两岸六边形的巨型城市中，利用尼亚加拉大瀑布产生的电力为之提供清洁能源。整个城市被正六边形和正三角形地块划分，六边形地块中交错安排住宅和各类公共设施（图19-9、图19-10）。六边形的城市结构也易于后继扩展。

图19-9　吉列特理想城市平面局部（1894年，图中A为学校，B为娱乐设施，C为餐饮及食品贮藏。齿轮状建筑为住宅。所有建筑均为高层塔楼）

资料来源：Gillette. The Human Drift［M］. N.Y.：Scholars' Facsimiles & Reprints, Inc., 1976：88-112.

图19-10　吉列特理想城市透视图（1894年）

资料来源：Gillette. The Human Drift［M］. N.Y.：Scholars' Facsimiles & Reprints, Inc., 1976：88-112.

蜂巢形的理想城市将现代技术和社会结构合而为一，这种秩序井然的城市形态能促进工业化生产和协调城市生活，从而解决诸多城市问题[①]。吉列特的构想是蜂巢形理想城市最早的例子。虽然城市资源的集中带来了效率的提升，但却以大量驯服、勤劳的工人为前提和抹煞城市空间的个性为代价，吉列特之后的六边形城市构想大多也未脱此窠臼。

由于西方国家尤其是美国在第二次科技革命中受益大，得风气之先，故一批社会思想家能够较早、较敏锐地感受到科技革命所带来的社会巨变，提出各自理想城市的构想。而由于蜂巢形的建筑模式不但可以用来建造高层建筑，还能在更大尺度上构成整个城市，同时工作和居住于蜂巢城市的人们也会像工蜂那样被规训，与韦伯（M. Webber）所谓的恪尽职守、勤奋工作的资本主义的精神气质相符，所以理想城市构想的一个共同主题就是六边形结构。

① Kenneth Roemer. Technology, Corporation, and Utopia: Gillette's Unity Regained［J］. Technology and Culture, 1985, 26（3）：560-570.

19.3.2 田园城市运动的兴起与发展

六边形的六个顶点和其几何中心合在一起形成了西方文明的神圣数字“7”[①]，将天象崇拜反映在城市建设中，构成了古代宗教仪礼的基础[②]。这种具有宗教涵义的城市空间设计在西方一直延续到近代，如后来成为田园城市思想来源之一的“教堂七城”构想（见图8-10）。霍华德的理想田园城市的规模是以5万人的主城为中心，通过6条放射状交通干线连接周边的6座3.2万人口的“田园新市”[③]。

霍华德的学说一方面通过其他学者的阐释得以发扬光大，如森内特（A.J. Sennett）于1905年出版的《田园城市的理论和实践》一书，厚达800余页，“用他自己独创的六边形单元原理归纳出一套田园城市的规划方法”[④]。森内特特别提到六边形是“自然界具有的形态，而顺应自然能实现效率最大化”[⑤]（图19-11、图19-12）。另一方面，从1904年起，恩温（R. Unwin）和帕克（B. Parker）根据霍华德的田园城市学说为莱彻沃斯（Letchworth）等小镇制定了城市规划并陆续实施。帕克独立执业后，曾于1925年结识科根并接受了他的六边形规划理论，将之应用于英国城镇建设中（详后）。

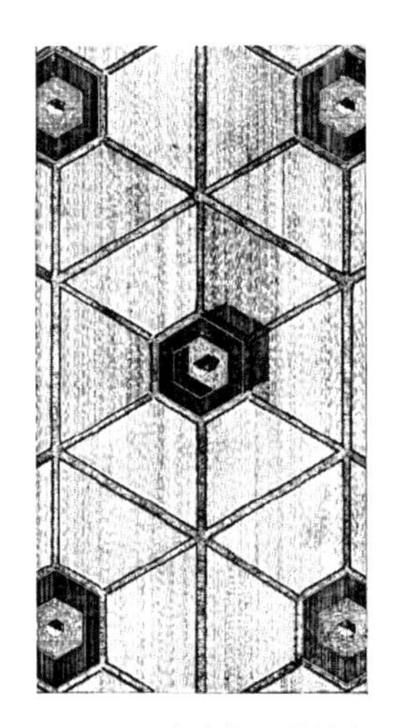

图19-11 森内特田园城市中的六边形村落（1905年）
资料来源：A. R. Sennett. Garden Cities in Theory and Practice［M］. London: Bemrose and Sons, Limited, 1905: 228.

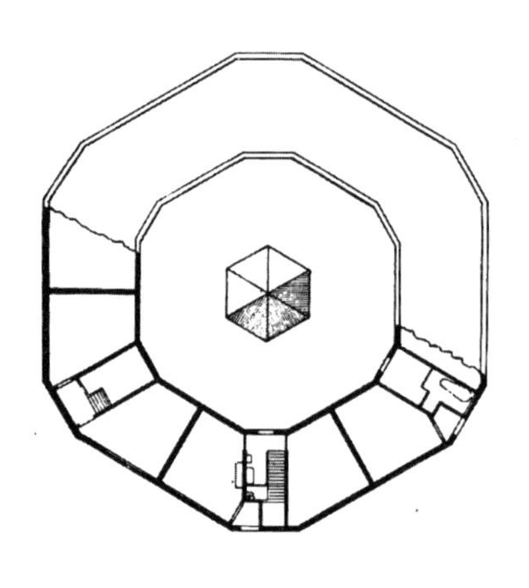

图19-12 森内特田园城市中的六边形独幢住宅（1905年）
资料来源：A. R. Sennett. Garden Cities in Theory and Practice［M］. London: Bemrose and Sons, Limited, 1905: 230.

田园城市运动的另一

① 宗教和文化常常采用“七”来规范人的道德和行为。古代世界的各个文明均有崇拜“7”，并进而演化成宗教信仰的传统，如建立古巴比伦王国的闪米特人相信“七曜皆神”；希伯来人喜欢用“7”来发誓，犹太人的三大节日都是为期7天；《圣经》中上帝用7天创造了世界，在第7天造出人类，人类有七罪七罚等。

② 如罗马帝国时期在地中海地区的巴勒贝克（Baalbek）市建造了一座六边形平面的神殿，神殿中心供奉主神太阳神，六边则按序列布六位天神，象征一周的七天。见Donald F. Brown. The Hexagonal Court at Baalbek［J］. American Journal of Archaeology, 1939, 43（2）: 285-288.

③ 详见第8章。

④ Patrick Abercrombie. Town Planning Literature: A Brief Summary of Its Present Extent［J］. The Town Planning Review, 1915, 6（2）: 77-100.

⑤ A. R. Sennett. Garden Cities in Theory and Practice［M］. London: Bemrose and Sons, Limited, 1905: 226.

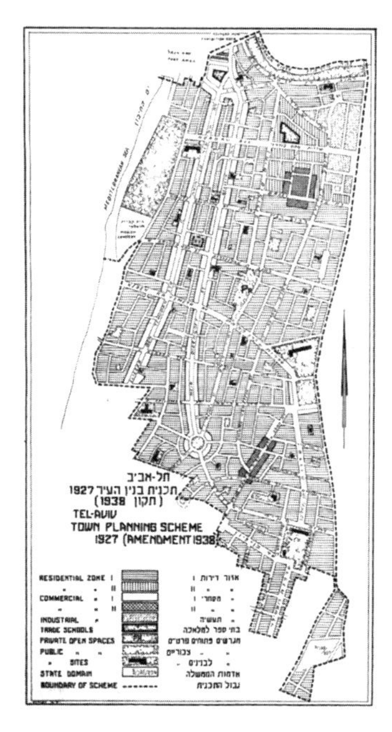

图19-13 格迪斯设计的特拉维夫城市规划修改方案（1927年，城市最大的六边形广场在新城南部接近旧城的地方。该方案仅部分路网结构得到实施）

资料来源：Noah Hysler-Rubin. Patrick Geddes and Town Planning [M]. New York: Routledge, 2011: 117.

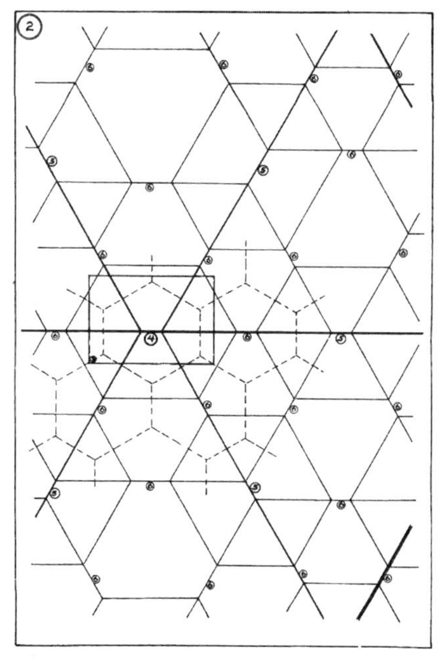

图19-14 科米以六边形和三角形组合为基础的区域城市群模型（1923年，这一图式对10年之后出现的中心地理论产生了直接影响）

资料来源：Arthur C. Comey. Regional Planning Theory: A Reply to the British Challenge [J]. Landscape Architecture Magazine, 1923, 13 (2): 81-96.

重要思想家格迪斯（P. Geddes）也偏好在城市规划中加入正六边形，以之形成新城的中心及与老城相连的枢纽①（图19-13），使得六边形规划开始在欧美以外的地区流传。

田园城市思想传到北美后，对美国的城市规划尤其是居住区规划产生了巨大影响，并促进了区域规划的发展②。美国规划师科米（Arthur Comey）于1923年发表题为《区域规划理论：应对来自英国的挑战》的文章，批评霍华德将人口控制在一定范围以内的学说过于教条化，不适合美国地广人稀的国情，并且英国式的田园城市运动忽视了城市在集聚条件下所具有的巨大活力③。科米汲取田园城市关于城乡一体的思想，但更重视交通干线的作用，以三角形为骨架建立了全国公路网，沿线发展小型工商业城市。此外，他还将霍华德的圈形城市改为六边形使之可以扩散到全国范围，而在三角形路网的交点处设置大型六边形城市（图19-14，另见图14-37、图16-15）。这一构想结合了带形城市和田园城市的规

① 格迪斯向特拉维夫犹太人委员会所作的报告中提到他设计的是一个六边形广场，作为连接南部拉法旧城的枢纽。但1926年和1927年的规划方案中六边形的样式并不明显。详Volker M. Welter. The 1925 Master Plan for Tel-Aviv by Patrick Geddes [J]. Israel Studies, 2009, 14 (3): 109.

② 详见第16章。

③ 详见第16章。

划方法[①]，启发了此后关于区域规划和城镇体系的研究。

可见，六边形规划理论是田园城市运动在其发展过程中的一个重要组成部分，并随着田园城市运动在世界各国的流行而传播到各地。

19.3.3 城市美化（City Beautiful）运动：六边形规划空间模式的形成

格网式规划（grid planning）[②]是19世纪以前的西方城市规划中无可争议的主要类型[③]，对之加以改进是城市美化运动形成的主要原因之一。西方规划史上曾出现过多种改进格网式规划的模式，如伦敦灾后重建规划方案（1666年），爱丁堡新城规划（1795年），朗方的华盛顿规划（1791年），豪斯曼的巴黎改造规划（1852—1870年），以及将格网和对角线及城市广场结合在一起布置的模式，曾在20世纪初由日本殖民者应用于诸多满铁附属地的城市规划中[④]。它们都是城市美化运动的重要思想来源。

1893年芝加哥博览会的成功举办促使城市美化运动在北美各地迅速开展，它以改进城市基础设施和美化城市面貌为主要内容，将创造整洁、高效和具有艺术感的城市空间的观点推向全社会，堪萨斯（1896年）、旧金山（1905年）、芝加哥（1907年）等城市均据之进行了重建和改造。纽约建筑师兰姆（C. Lamb）在1904年提出了六边形模范城市构想，就是以城市美化思想为基础对既有城市进行改造的方案。他主张彻底抛弃格网式布局，利用对角线大道提高城市效率，并认为最经济和实用的方案是六边形骨架[⑤]。他将建筑按功能（商业、娱乐、文教等）集中布置在六边形地块边缘，形成初步的功能分区制度。同时，兰姆认为六边形造成的斜角和连续弯曲的道路有利于创造美观生动的街景，并且设想在高空设置街道联系各幢高层建筑[⑥]（图19-15、图19-16）。

19.3.4 城市功能化（City Functional）运动：六边形规划理论的成熟时期

由于城市美化运动过于注重城市外在环境的改造而忽视了社会问题和经济性，因此在提出不久后就遭到抨击。1920年代随着城市规划的专业性越来越强，关注的重点日益转向城市专门问题如交通和分区等，城市美化运动逐渐衰落，代之而起的是城市功能化

---

① 详见第14章。

② 也称棋盘网式规划（check-board planning）或希波丹姆型（Hippodamus）规划，从古希腊的米利都（Miletus）到纽约曼哈顿都是这种规划思想的产物。格网式规划虽然实用性强，但城市格局较为呆板，城市景观较少艺术性可言。另外，棋盘式的路网结构增加了城市中两点间运动的距离，降低了城市效率。

③ Thomas Hall. Planning Europe’s Capital Cities [M]. London and New York: Routledge, 2010: 9.

④ 刘亦师. 近代长春城市发展历史研究 [D]. 北京: 清华大学硕士论文, 2006: 34-57.

⑤ Charles Lamb. City Plan [J]. The Craftsman, 1904 (6): 3-13.

⑥ George R. Collins. Visionary Drawings of Architecture and Planning: 20th Century through the 1960s [J]. Art Journal, 1979, 38 (4): 244-256.

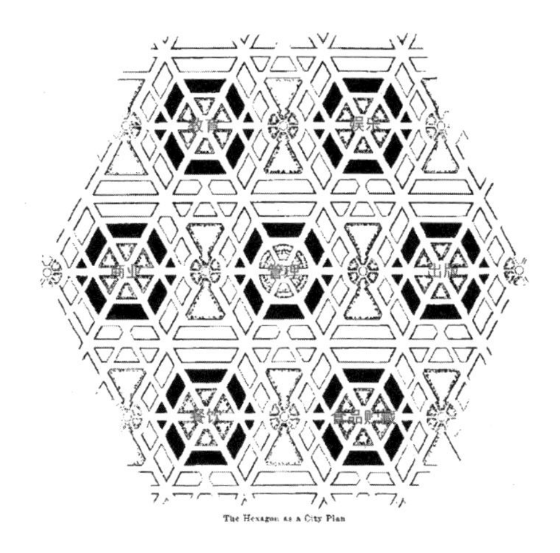

图19-15 兰姆的六边形城市构想（1904年，城市功能交错安排在不同地块内，与吉列特的方案类似。重绘）
资料来源：Charles Lamb. City Plan［J］. *The Craftsman*, 1904（6）：11.

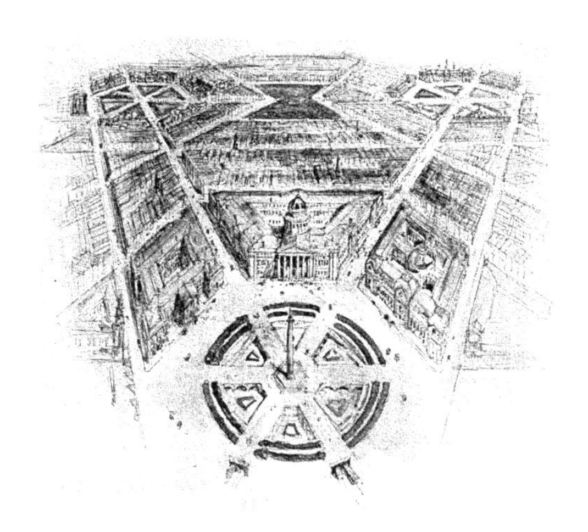

图19-16 兰姆的六边形城市鸟瞰（1904年）
资料来源：转引自George R. Collins. Visionary Drawings of Architecture and Planning：20th Century through the 1960s［J］. Art Journal，1979，38（4）：245.

（City Functional）思想，或称城市实用（City Practical）、城市效率（City Efficient），即对城市美化运动的批判和反思，转而倡导更实际的规划理念，以科学分析和计算推导代替道德说教。

在这一背景下，维也纳工程师穆勒（A. Müller）提出的六边形城市改造方案，是以六边形单元扩建现有城市或连接两部分城区。他认为六边形城市结构对城市水道系统而言是最经济的形式，在同样的条件下实现"最少的消火栓数量和最短的供水干管长度"①。穆勒同样沿六边形周边布置建筑，与兰姆的方案类似，但他的六边形地块较大，六边形间的关系更紧凑和明了，因此连接周边的辅助三角形地块的中心，可以形成另一个外套的六边形，城市形态显得更加规整和理性（图19-17）。

科根则以数学方法详尽地论证了六边形规划的优点，并对兰姆、穆勒、科米等人的方案作了改进，使其更具可行性。科根是加拿大市镇规划学院（the Town Planning Institute of Canada）和加拿大首都规划委员会的创始人（图19-18），他的工程师背景使他采取了与城市美化截然不同的规划方法，即所谓"城市科学化"（City Scientific），深远影响了1920年代以后加拿大的主流规划思想②。

科根在1925年从交通的安全和便利角度分析了六边形城市的街道形式，发现120°的

① John Reps. Urban Planning，1794—1918［EB/OL］. http://urbanplanning.library.cornell.edu/DOCS/muller.htm.

② David Gordon. "Agitating People's Brains"：Noulan Cauchon and the City Scientific in Canada's Capital［J］. Planning Perspectives，2008，23：349-379.

图19-17　穆勒的六边形城市方案（1908年，重绘。红色为另一嵌套的六边形。图中建筑可以避免面对面的布置，并且街道无需太宽即可解决通勤问题。加拿大铁道工程师和规划师科根（N.Cauchon）的理论就基于这一方发展而来）

资料来源：John Reps：http://urbanplanning.library.cornell.edu/DOCS/muller.htm.

图19-18　加拿大市镇规划学院为纪念科根而设计的院徽

资料来源：David Gordon. "Agitating People's Brains"：Noulan Cauchon and the City Scientific in Canada's Capital［J］. Planning Perspectives，2008，23：370.

交角有利于汽车驾驶员廓清视野，即满足交通规划上的视线三角形原理，同时在斜交的三岔路口仅有3个可能发生撞车，而直角相交的十字路口则多达16个（图19-19）。另外，六边形城市道路的每个路口因不存在直行方向车辆的干扰，所以右转可以不必减速，使城市通勤效率更高。

此外，科根通过计算证明在相同面积的条件下，围合六边形地块的道路长度比长方形地块少10%，即可在街道、人行道、下水道等基础建设上节省10%的投资（见图15-8），并论证了六边形地块内的合理布局可避免建筑间的相互遮挡，创造更健康的城市环境。科根之前的理想城市方案都说明了经济性是六边形规划的一大优点，但直到科根才将之具体量化。此后科根又提出更宏大的六边形城市模型（图19-20）。从19世纪末吉列特开始的六边形城市构想至此形成了完整的规划理论。科根的规划思想和图纸在当时的规划界产生了巨大震动，被世界各国的规划师纷纷效仿，在1920年代后期风靡一时，也曾是梁思成和张锐的天津规划方案的原型（见图19-3）。

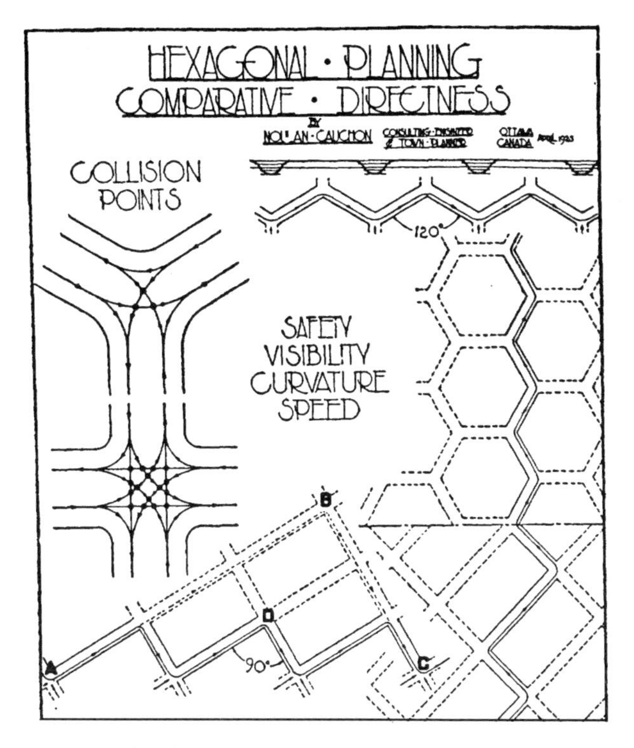

图19-19　六边形路网的三岔路口和格网形路网十字路口交通流线中可能碰撞的交点数目比较（1927年）

资料来源：Noulan Cauchon. Planning Organic Cities to Obviate Congestion Orbiting Traffic by Hexagonal Planning and Intercepters [C]. Annals of the American Academy of Political and Social Science, Vol. 133, Planning for City Traffic (Sep., 1927): 242.

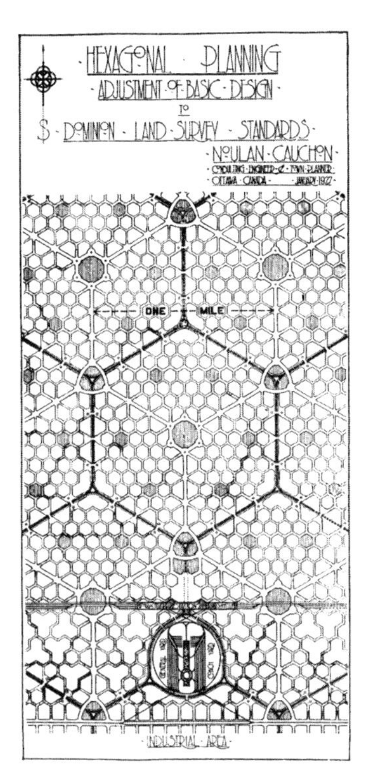

图19-20　科根六边形城市模型（1927年）

资料来源：Noulan Cauchon. Planning Organic Cities to Obviate Congestion Orbiting Traffic by Hexagonal Planning and Intercepters [C]. Annals of the American Academy of Political and Social Science, Vol. 133, Planning for City Traffic (Sep., 1927): 242.

19.4　1940年代以前六边形规划在世界各地城市建设中的实践

六边形规划作为一种特殊的空间图式和解决社会问题具体的方案，在1940年代以前传播到包括中国在内的世界各地，在新建城市（尤其是殖民地首都城市）和居住区建设中都发挥了较大影响。

19.4.1　新城规划

19.4.1.1　堪培拉规划

堪培拉在1913年被选定为澳大利亚的首都时还是一片荒地，根据芝加哥建筑师格里芬（W. Griffin）制定的规划，从一开始起就作为“澳洲的华盛顿”来建设，是以使用六边形规划而著名的规划方案[①]。

格里芬曾在赖特的事务所工作过，在设计思想上深受芝加哥学派的影响，即最大程度地利用天然地形地貌并以城市空间形态表达民主理想，这两者都成为堪培拉规划的重要特色。格里芬的规划表现了强烈的几何特性，同时也将堪培拉高低起伏的地形及其周边的山脉、湖水考虑在内，在1914年获堪培拉竞赛的头奖并由澳大利亚政府公布于世，立即轰动了世界规划和建筑界。

堪培拉规划除了使用城市美化运动的设计手法，也遵循田园城市规划的原则，即在城市内部形成各不相同的组团，并将工业区和居住区隔离开，这种布局符合田园城市限制城市扩张的精神（图19-21，另见图10-23）。格里芬在城市宏大三角形结构的顶点，分别设置的是政治中心（国会山）、市场中心（火车站）及市民中心，其西北部远处则是制造业区域。格里芬的规划方案包含三个六边形地块，其中最重要、也唯一建成的是位于人工湖北岸的市民广场（Civic Center）（图19-22），在其周边布置一系列商业建筑和购物中心。

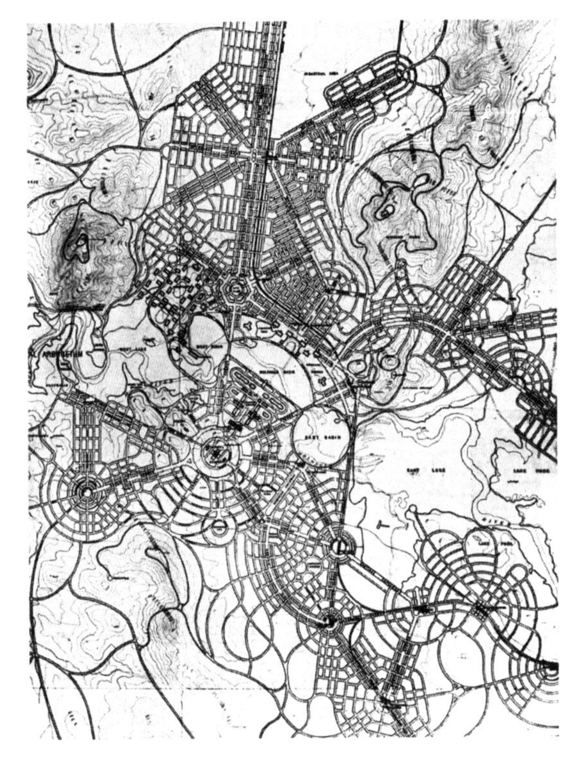

图19-21 堪培拉规划修改后的实施方案（1918年）
资料来源：A. J. Brown. Some Notes on the Plan of Canberra, Federal Capital of Australia. The Town Planning Review, 1952, 23（2）: 17.

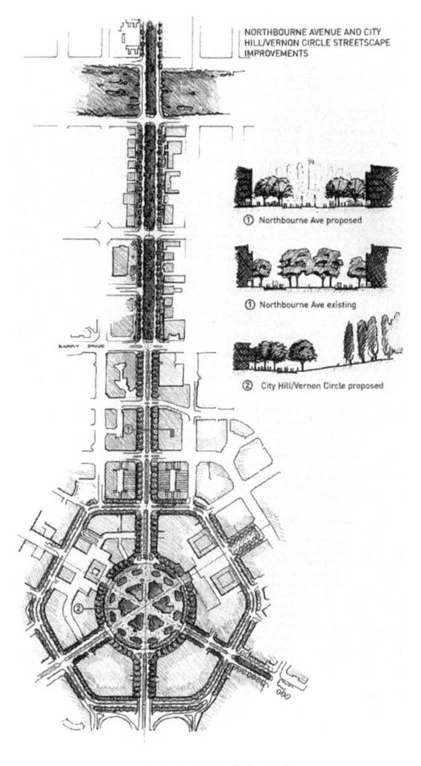

图19-22 堪培拉方案市民广场局部
资料来源：Ian Wood-Bradley. The Griffin Legacy［M］. Canberra: Craftsman Press, 2004: 76.

① Lawrence Vale. Architecture, Power and National Identity［M］. New Haven and London: Yale University Press, 1992: 73.

格里芬在他的方案中借鉴了此前兰姆、穆勒等人将六边形和三角形结合布置的构想，将之有机地融入田园城市的设计中。堪培拉规划提出的时间较早，并且经过各种媒体的宣传广为人知，成为此后其他六边形规划的重要参考。

19.4.1.2　新德里规划

印度是英帝国最大也是最重要的海外殖民地，1911年英国政府决定将印度的首都从港口城市加尔各答迁到内陆的古都德里附近，并且明确宣布将建成一座像“罗马或华盛顿那样恢弘壮丽”的首都城市①。

新德里的选址和规划均由英国建筑师卢廷斯（E. Lutyens）负责制定。卢廷斯采取了明显的对称式布局，“向印度人展示西方科学、艺术和理性的力量”，同时巧妙地融入了他所偏好的正三角形和六边形元素，所有放射状的道路均布置成30°或60°。城市的骨架由纵横两条大道构成（图19-23）。总督府被安置在最重要轴线（国王大道）的东端，紧

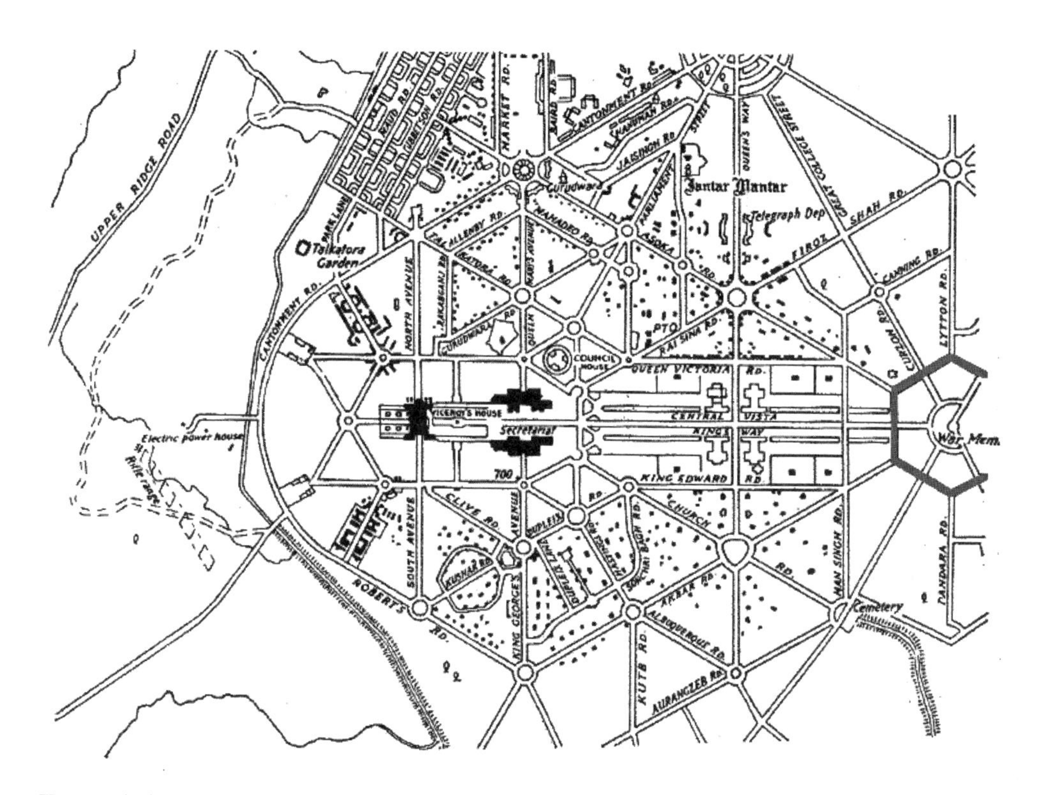

图19-23 新德里规划（1914年，城市被划分为东（行政区）、西（住宅区）两部分）

资料来源：A. J. Brown. Some Notes on the Plan of Canberra, Federal Capital of Australia [J]. The Town Planning Review, 1952, 23 (2): 17.

① Ranjana Sengupta. Enshrining an Imperial Tradition [J]. India International Centre Quarterly, 2006, 33 (2): 13-26.

靠它沿道路两旁布置了秘书处等官衙建筑，在城市东部形成中心行政区，而较远处的西端则是六角形的居住区。

居住区是独立于东部行政区的几何构图，因此能以六边形为基本元素进行组织。居住区可解析为两个叠加的大六边形，东西向主轴和南北向主轴（皇后大道）恰将之从顶点处对分，其内较小的六边形则成为居住区内的道路骨架，但在外围处理成与周边环境和旧城相融合的形态（图19-24）。

实际上新德里面积较小，近似英国田园城市的规模，当时城市的建筑密度非常低而绿化率非常高，创造出了亚洲前此未有的城市景观。卢廷斯本人此前曾与帕克和恩温合作，赞同田园城市的规划哲学，因此按照田园城市的规划方法设计了印度的新首都，六边形规划也随之出现在亚洲。

19.4.1.3　“新京”规划

1931年“九一八”事变后日本在我国东北建立伪满洲国，“奠都”长春，改称“新京”，并从1933年正式开始“新京”规划的建设（图19-25）。“新京”规划的制定者从一开始就有意识地参考当时世界上其他殖民地国家和新兴的民族国家首都的规划方法和技术。当

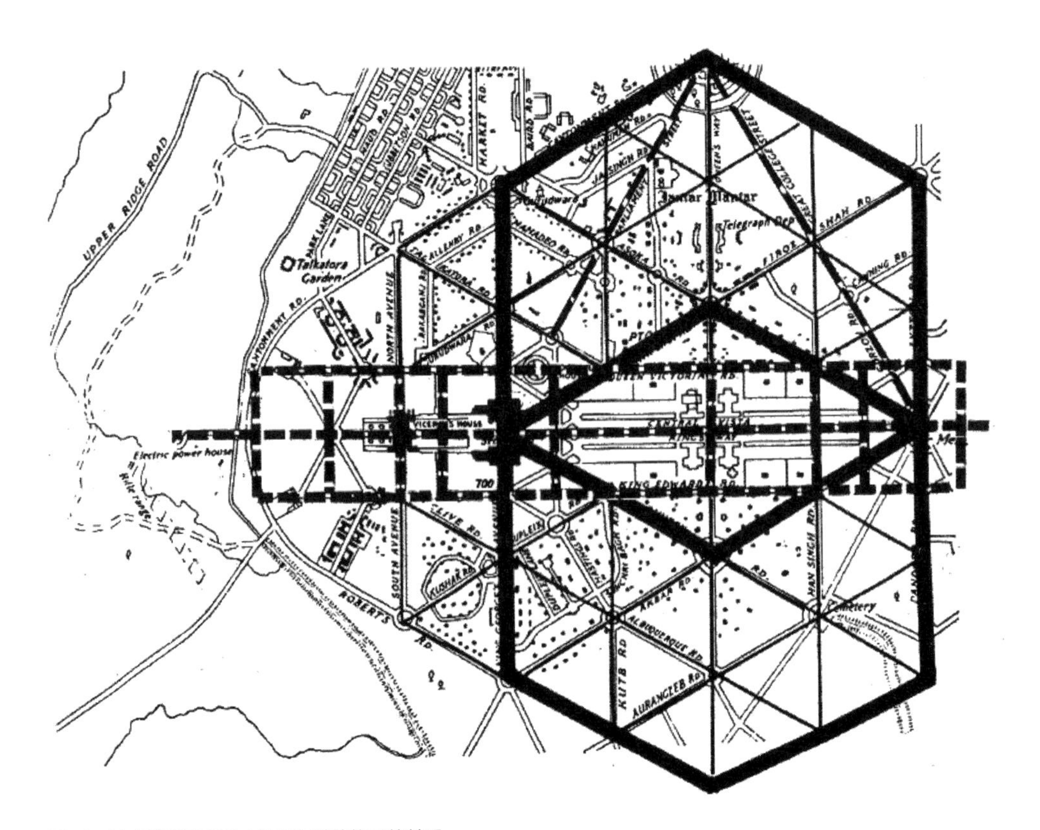

图19-24 新德里规划中六边形与整体格局的关系

资料来源：A. J. Brown. Some Notes on the Plan of Canberra, Federal Capital of Australia［J］. The Town Planning Review, 1952, 23（2）: 17.

“新京”建设接近完成时，时论评述“首都的建设在世界上是无与伦比的，无论建设的速度还是规模，皆远超澳大利亚的新首都堪培拉，以及土耳其的新首都安哥拉。”①

1932年的“新京”规划体现了很多重要现代特征，如明确提出功能分区与容积率成为“新京”规划中“为本局果行事业上，所最注重者”②，采用规整的路网结构和严格的街道分级系统，在居住区设计上采取了邻里单位的设计方法，与堪培拉规划相似③，是田园城市运动的影响波及远东的例子。截至1937年9月伪满“国都”建设“第一期五年计划”完成时，“使昔之荒野寒村一变而为富丽堂皇之近代都市”，且“即以之放诸世界名都，亦无逊色也。”④

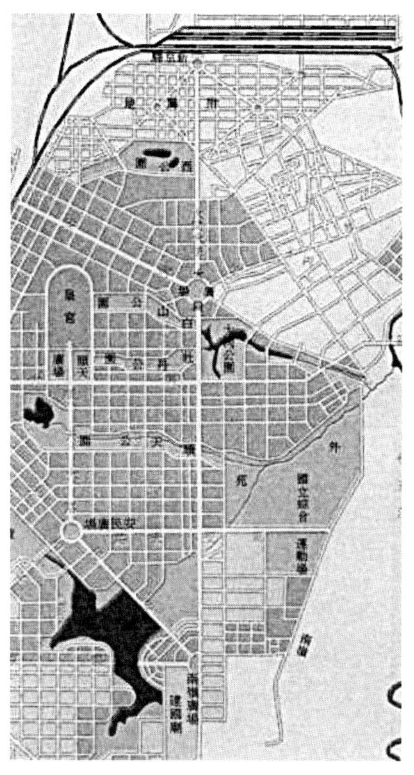

图19-25“新京”规划（1940年，可见市中心的六边形广场（大同广场））

资料来源：三重洋行发行. 新京特别市中央通六十番地［M］. 康德七年.

“新京”规划的一个重要特征是六边形的城市核心地段，时称“大同广场”的圆形交通环岛就位于六边形的中心（见图1-7，可与图19-22比较）。大同广场是“新京”最大的广场，也是举行政治集会和游行的重要场所，周边列布伪满政权的关键部门如伪满中央银行、警察厅、电信局等。这一六边形的“威权广场”在形式和交通组织上都与堪培拉的市民广场非常相似，唯其周边所设置的建筑样式和用途则大相径庭。

19.4.2　居住区规划

19.4.2.1 帕克的田园城市实践与维森沙尔（Wythenshawe）村规划

帕克是最早进行田园城市运动实践的英国规划师，也是尽端式道路布局（cul-de-sac）的创造者之一（1904年）。他对科根及其六边形规划理论非常欣赏，与斯坦等人也有交谊，因此对这两种规划方法都很熟悉。1929年帕克受委托为英国曼彻斯特郊外的维

① First Five Year of Capital Construction［J］. Contemporary Manchuria, 1938, II（1）: 2.

②“新京”规划将全市分成住宅区、商业区、工业区、杂项（苗圃、牧场等）及旧城区，在此之上则是“执政府”“行政区”，以后将南岭地区划定为文化娱乐区。同时，对各种用地的容积率也作了详细规定，如一级居住地域的建筑面积不得超过总建筑面积的三成，其他二、三、四级则不超过四成。“本局”指负责规划和建设的伪满“国都”建设局。

③ 刘亦师. 近代长春城市面貌的形成与特征（1900—1957）［J］. 南方建筑，2012（5）: 66-73.

④“国都建设之伟容与纪念式典”［N］. 盛京时报，1937-09-10.

森沙尔村制定规划。在这一项目中，他不但进行功能分区，采用兴起于美国的景观大道（parkway）作为贯穿小镇南北的主要动脉，而且在住宅区布置上结合利用了六边形理论和邻里单元理论，成为当时英国田园城市运动的里程碑，“在许多方向上作出了有益的探索”①。

由于汽车的普及，帕克对交通问题特别关注，在总图中设置了一系列六边形广场，以交通岛的方式疏导车流。住宅区由数排相互衔接的六边形组成，整体构图庄重美观（图19-26、图19-27），“将功能和美感合为一体……可能与帕克最初曾从事工艺美术运动风格的墙纸设计有关”②。居住区的中心遵循邻里单元的模式布置一所小学，并利用尽端式道路营造出安全的居住环境。

帕克的规划方案在实施过程中不断遭到修改，但仍有一处居住区基本实现了六边形的格局。这个建成的六边形案例与雷德朋（Radburn）居住区及现代主义规划家提倡的行列式居住区布局，分别代表了1930年代以前居住区规划的三种方式。

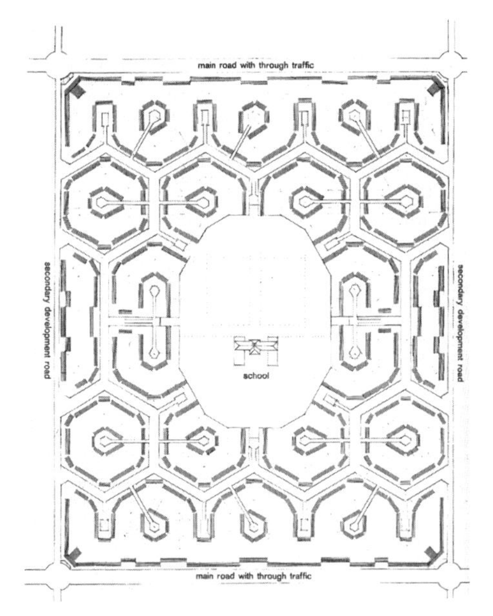

图19-26 帕克的维森沙尔村六边形居住区规划（1928年，可与图19-2比较）

资料来源：Walter Creese. The Search for Environment: The Garden City Before and After [M]. New Haven: Yale University Press, 1966: 101.

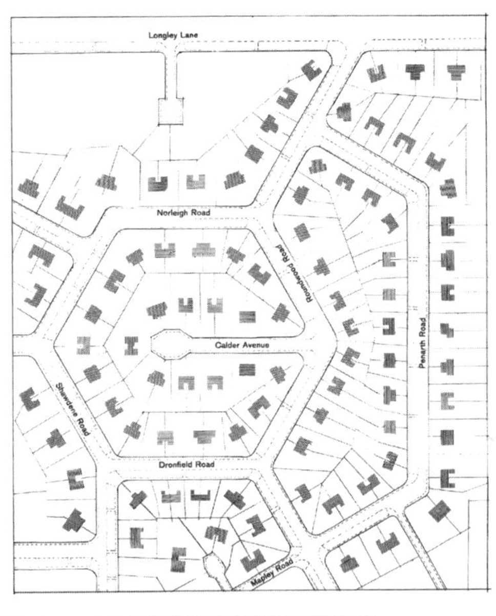

图19-27 六边形居住区规划局部（1928年）

资料来源：Walter Creese. The Search for Environment: The Garden City Before and After [M]. New Haven: Yale University Press, 1966: 103.

① Wesley Dougill. Wythenshawe: A Modern Satellite Town [J]. The Town Planning Review, 1935, 16 (3): 209-215.

② Walter Creese. The Search for Environment: The Garden City Before and After [M]. New Haven: Yale University Press, 1966: 266-270.

19.4.2.2　美国加州的州外移民劳工安置社区规划

为了解决经济危机导致的社会问题，罗斯福总统于1935年设立了移垦管理局（Resettlement Administration，后改称农业安全管理局），为当时流离失所的劳工和遭受“黑色风暴”（Dust Bowl）灾害被迫离开故土的农民提供安置他们的救济营。1930年代后期加州中部陆续修建起13座这样的社区。它们一般位于中小城市的郊外，造价低廉（如采用当地较便宜的木材和混凝土预制技术），成为一类独特的卫星城。

安置社区的核心部分是提供医疗、教育、食品等救济服务的社区中心，外围布置各种住宅，一般只设一座临近管理处的大门便于监控和管理①。早期的这类社区中多按照格网式布局的临时性建筑，但后来出现了永久性社区，空间布局也更为复杂。其中，韦斯特利（Westley）和余巴（Yuba）就是两个较典型的永久移民劳工社区，并都以六边形为其特征。

安置社区的规划师虽然熟悉当时占主流的邻里单元理论和雷德朋模式，但安置营所要求的低造价和小规模等特殊性使其有所不同。他们认为六边形的布局更加紧凑和经济，并且“在营地上形成更多的散步、娱乐和公共空间”，同时六边形也使居于几何中心的社区中心更便于服务和管理②。余巴的六边形社区内大都为临时住宅，行列式的永久性建筑则安排在六边形之外的林地间（图19-28）。这类安置社区的规模较小，一直未得到研究者

图19-28 余巴社区俯瞰（1940年建成）

资料来源：Greg Hise. From Roadside Camps to Garden Homes：Housing and Community Planning for California's Migrant Work Force，1935-1941［J］.Perspectives in Vernacular Architecture，1995，5：250.

---

① 根据著名小说《愤怒的葡萄》改编的电影中可以直观地了解这种类型的救济社区。

② Greg Hise．From Roadside Camps to Garden Homes：Housing and Community Planning for California's Migrant Work Force，1935—1941［J］．Perspectives in Vernacular Architecture，1995，5：243-258．

关注，但其六边形布局却是当时美国居住区规划主流以外的特例。

19.5 六边形规划之式微及其余波

19.5.1 六边形规划之式微及其原因

1920年代末以科根为代表的六边形居住区规划理论已成熟完善，与大概同时兴起的雷德朋模式[①]一道，成为居住区住宅的两种主要规划方法，二者都取代了格网状的道路布局，形成交通安全和自成体系的居住环境。

不同的是，科根的各种方案在他1935年去世前均未实施，实际应用非常有限。相反，另一种居住区规划方法即雷德朋模式和邻里单元理论成为大萧条和战时美国住宅规划必须遵照的原则并在全世界风行，广为美国社会和规划政策制定者所接受，完全取代了六边形理论。此外，六边形规划虽然比网格式布局要经济，但相比尽端式道路优势并不明显[②]，尤其是地块细分时规整的地块更易于操作。通过设计处理，交通的便捷和安全性问题也可在雷德朋模式下得到解决。因此，六边形理论从1930年代在美国就销声匿迹了。

六边形规划理论日渐式微的另一个原因是经济危机所产生的社会问题及之后的生态环境问题，规划过程及其意义越来越成为关注的焦点，而抽象的几何构图显得过于形式化。战后随着规划和建筑理论越来越倾向于关注设计过程，在方法上则采取动态设计，六边形城市模型的构图上的美感和韵律也失去了其意义。

更重要的是，综观从吉列特以来的各种六边形城市构想，无不以技术乐观主义为基础，重视城市环境的建设，以将城市居民驯服为遵守秩序、工作勤奋的劳动力为目标，而忽视了人作为个体的情感及社会需求。正如英国作家福斯特（E.M. Foster）发表于1909年的短篇科幻小说《机器休止》（The Machine Stops）描述的未来社会，人们各自“占据一小间六边形的房间，就像蜂巢中的一个蜂室”[③]，人与人之间相互隔绝，最后由于过分依赖机器导致了人类的灭亡。如果将科学技术绝对化，一个必然的逻辑后果是人类失误的全部责任也须由其承担，从而导致由一个极端（技术乐观主义）走向另一个极端（技术悲观主义）[④]。世风易替，建立在技术乐观主义哲学基础上的六边形规划逐渐衰落。

---

① 它是由斯坦（C. Stein）等基于邻里单元理论，结合了恩温和帕克的尽端路布局创造的一种居住区规划模式，1928年最先在新泽西州雷德朋市建成。

② Barry Parker. Site Planning: As Exemplified at New Earswick [J]. The Town Planning Review, 1937, 17 (2): 79-102.

③ E.M.Foster. The Machine Stops [M] //David Leavitt, Mark Mitchell, ed. Selected Stories. New York: Penguin, 2001: 91.

④ 徐奉臻. 梳理与反思：技术乐观主义思潮 [J]. 学术交流，2001 (1): 14-18.

虽然1940年代以后六边形规划大规模兴建的案例较为少见，但它在规划之外的建筑设计、城市地理等理论研究方面仍持续发挥着影响。

19.5.2　克里斯泰勒中心地理论与施坚雅空间模型

前文所述的科米六边形规划理论以交通干线为基础将全部国土划分为若干六边形的区域，并在六边形的中心形成各自的中心城市。这一理论对现代地理学和区域经济学产生了巨大影响①。德国地理学家克里斯泰勒（W. Christaller）于1933年完成了他关于德国南部城市的研究，提出中心地理论（central place theory）②，即人类社会聚落结构可抽象为三角形聚落分布和六边形市场区的组合结构，中心地位于六边形的中央，用六边形来形象地概括地域内城市级别与规模的关系，同时赋予交通因素以重要意义③（图19-29）。

图19-29 克里斯泰勒晚年像
资料来源：Stephen Ward，ed. The Garden City：Past，Present and Future［M］. London：E & FN Spon，1992：100.

中心地理论形成了严密的逻辑体系，可推演应用于同类型区域，是现代地理学的第一个成熟理论④，反映出德国人抽象、逻辑思维上的专长。然而，中心地理论的空间图式（图19-30）及其关注的交通、区域、等级秩序等要素与10年前科米的模型几乎相同，这是国内中心地理论研究中常被忽视的部分。

美国著名汉学家施坚雅（G. W. Skinner）根据他对我国成都平原地区的研究，提出应从区域城市化的角度给以系统阐述中国前近代时期的城市发展，并在中心地理论的基础上发展出市场等级理论，同样以六边形的几何结构建构出符合中国主要地区体系的市场模型⑤（图19-31、图19-32，另见图16-35）。施坚雅的市场体系模型把地理学的空间概念、层级概念引入了原本缺乏空间性、立体性的历史领域，从而在中国城市史和经济史领域开辟了一片广阔的新天地⑥，也可见六边形规划理论对我国城市研究的重要意义。

---

① George R. Collins. Visionary Drawings of Architecture and Planning：20th Century through the 1960s［J］. Art Journal，1979，38（4）：248.

② 克里斯泰勒. 德国南部中心地原理［M］. 上海：商务印书馆，2009.

③ 柯建民，陈森发. 中心地理论的进一步探讨［J］. 城市规划，1986（4）：26-32.

④ 葛本中. 中心地理论评介及其发展趋势研究［J］. 安徽师范大学学报，1989（2）：80-88.

⑤ 施坚雅. 中国农村的市场和社会结构［M］. 史建云，徐秀丽，译. 北京：中国社会科学出版社，1998.

⑥ 史建云. 对施坚雅市场理论的若干思考［J］. 近代史研究，2004（4）：70-89.

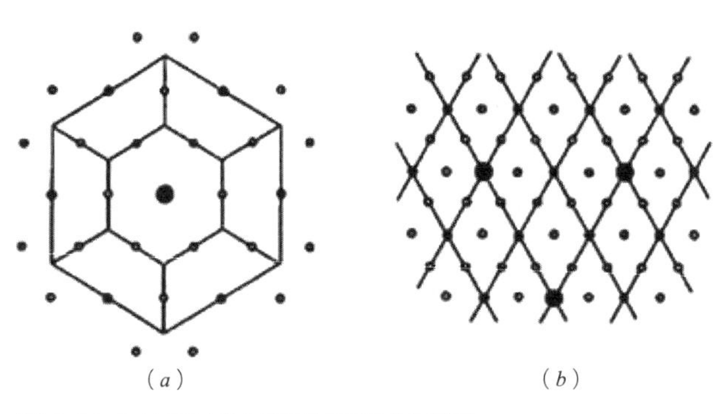

图19-30 中心地理论以交通干线组织城市的模型

资料来源：Michael F. Dacey. The Geometry of Central Place Theory［J］. Human Geography，1965，47（2）：120.

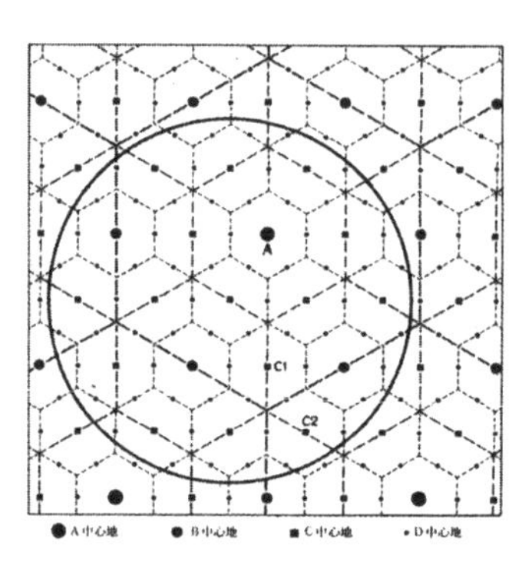

图19-31 施坚雅的市场等级理论图式

资料来源：施坚雅. 城市与地方层级［M］//施坚雅，编. 中华帝国晚期的城市. 叶光庭，等，译. 北京：中华书局，2002：331.

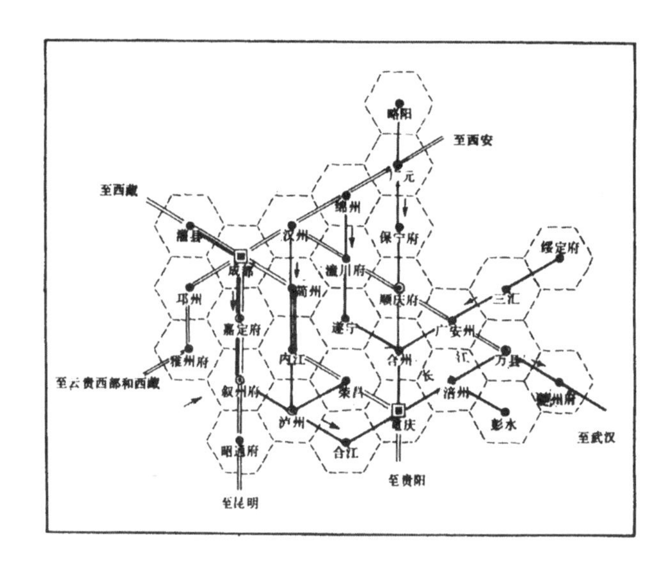

图19-32 施坚雅市场等级理论用于分析长江上游地区较大城市贸易体系（1893年）的图式

资料来源：施坚雅. 城市与地方层级［M］//施坚雅，编. 中华帝国晚期的城市. 叶光庭，等，译. 北京：中华书局，2002：346.

19.5.3 1960年代的理想城市构思

1960年代是世界各地左翼运动风云激荡、反传统思潮（counter-cultural movement）愈演愈烈的时期，建筑界和规划界也掀起了对代表官僚机构和商业权力的现代建筑和城市的批判，并不约而同地以新技术为特点，构思了未来城市和生活的各种形态，其中著名者如国际情境主义（Situationist International）、建筑电讯派（Archigram）、新陈代谢派等。同时，1960年代也是生态环境意识逐渐觉醒的时期，以麦克哈格（I. McHarg）为代表的生态设计的方法越来越受到关注。

美国建筑师索莱瑞（P. Soleri）就在这两个背景中提出了他的六面体城市构想。这种城市由一系列与外界隔绝、由机器提供通风照明等设施的六面体组成，每幢楼高达1000m，可容纳10万人在其中居住、生活和工作（图19-33、图19-34）。索莱瑞将他的设

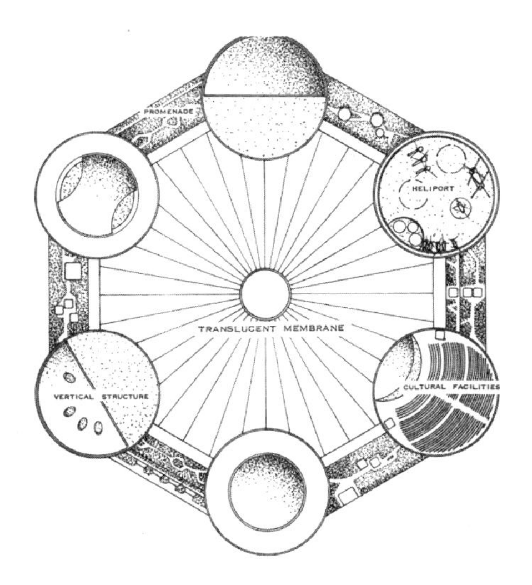

图19-33 索莱瑞的六边体城市平面（1969年）
资料来源：Paolo Soleri. Archology：The City in the Image of Man［M］. Cambridge：The MIT Press，1969.

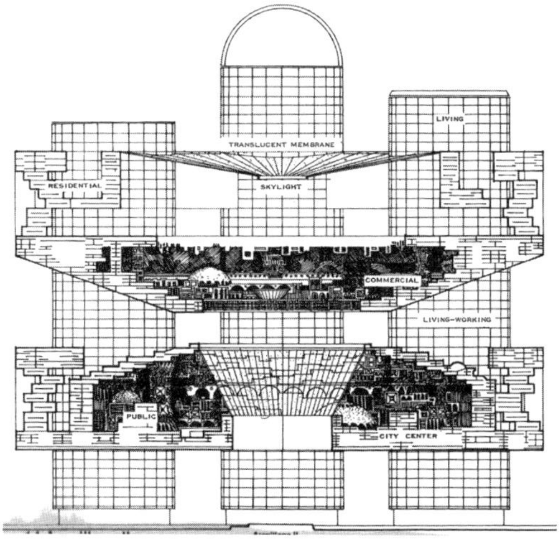

图19-34 索莱瑞的六边体城市剖面（与图19-10比较可见二者相似性）
资料来源：Paolo Soleri. Archology：The City in the Image of Man［M］. Cambridge：The MIT Press，1969.

计哲学称为建筑生态学（Archology，为建筑和生态的合成词），为了保护自然环境、避免郊区无限蔓延，转而将人的活动限制在超高密度的巨型城市中。

索莱瑞的这种巨构城市的思想与之前的柯布西耶和当时的日本新陈代谢派颇多共同之处，但与70多年以前的吉列特的城市构想更加相似，体现了技术乐观主义在这一时期城市规划思想中的影响。

图19-35 别伊莫米尔市建成时鸟瞰（1965年）
资料来源：Maarten Mentzel.The Birth of Bijlmermeer（1965）：The Origin and Explanation of High-Rise Decision Making［J］. The Netherlands Journal of Housing and Environmental Research，1990，5（4）：375.

19.5.4 战后六边形居住区规划的理论与实践

如前所述，六边形规划在战后多被用于数学建模和理论分析，实际建成者多见于小型社区的一隅。战后至今以六边形为基础规模较大也较为著名的城市建设当属阿姆斯特丹东南郊的别伊莫米尔（Bijlmermeer）市规划。该项目是为低收入市民集中提供的保障性住房，始建于现代主义城市规划思想盛行的1964年，因此在规划上既体现了现代主义规划和建筑注重效率和功能的特征，也体现了六边形易于扩展、用地经济的特征，形成了基于六边形组合而成的高层住宅群（图19-35）。高层住宅之间还架有专供人行的联系通道，实现了兰姆60年前的设想。1970年代美国规划学家仍在继续探讨如何在新城区中利用六边形得到更利于扩展和组合的城市形态（图19-36）。

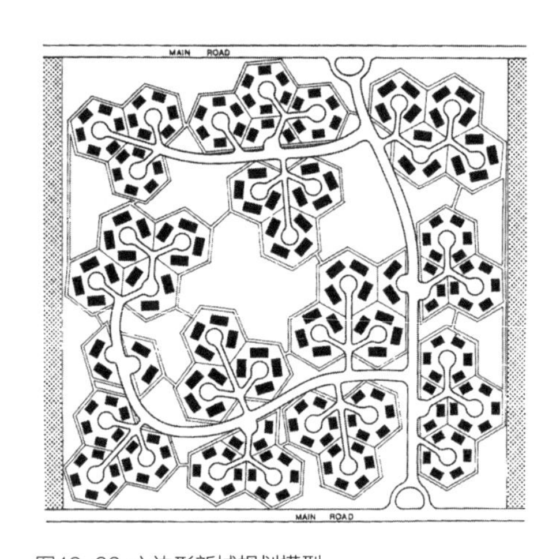

图19-36 六边形新城规划模型

资料来源：Gideon Golany. New Town Planning Principles and Practices［M］. New York：John Wiley and Sons，1976：229.

19.6 结语

六边形规划理论是在19世纪末20世纪初西方城市规划思想蓬勃发展的背景下产生的，是作为解决当时西方城市和社会问题而提出的综合方案。六边形因其特殊的几何特性，且与蜂巢相似，易于产生勤奋工作、秩序尽然等积极的联想，所以为吉列特、兰姆、森内特、科米、科根等很多社会思想家和规划师所偏爱，试图构建以六边形为基本形式的理想城市模型，以之根除资本主义发展产生的各种痼疾，因此产生了各种奇思妙想。但随着规划学科的日渐成熟，规划师们越来越多地关注六边形规划形式上的特性和优势，其社会改良的初衷反而不再被提起。

19世纪末至20世纪初风靡西方的技术乐观主义是六边形规划的哲学基础，这种规划思想迅即成为田园城市运动、城市美化运动和城市功能化运动的重要组成部分，六边形规划的部分理论基础就是在这几种思潮的相互作用和递嬗演替下形成的，并随着这些思潮得以在全球各地传播。随着技术乐观主义和形式主义不断被质疑，六边形规划也逐步式微，成为今天罕为人知、但曾活跃于20世纪上半叶的一种空间模式和社会改良方案。

六边形规划的实际影响，主要体现在新建城市，尤其是意图体现政治权力的首都城市规划以及居住区规划上。综合考察前文列举的五个实际建成的六边形规划案例，反映了一种规划思想观念在全球的传播和应用的过程，也提供了一个将我国近代以来的城市发展置于全球图景中加以考察的视角，是规划思想史研究的典型案例。

不论是城市尺度上还是居住区尺度上，六边形规划理论的衍生形态虽多，但真正实现的只是其中很小一部分，其成熟和式微的过程集中体现了当时各种规划思想和规划方法的升降与演替。认真研究这一过程，对我们加深了解西方近世以来的城市规划史及其与我国近现代城市发展的关系，无疑有很大意义。

第20章 城市道路横断面设计及其技术标准

街道横断面设计是西方现代城市规划形成的重要基石。所谓“街道横断面”是沿道路宽度方向，垂直于道路中心线所作的竖向剖面，其路幅总宽度由车行道、人行道、绿带和道路附属设施用地组成[①]。横断面设计不仅是城市道路设计的一个重要组成部分，而且是“最富有表现力，最能体现道路功能与性质的一个面，是工程技术、经济与建筑艺术的综合。”[②]此外，地下管线的布置、临街建筑的设计和行道树的栽种及管理等多方面内容与之直接相关，从其技术标准和管理制度的确立过程能反映出西方各国自19世纪中叶以来国家建构的若干侧面。

本章研究城市街道横断面的技术标准的确立过程，考察其自19世纪中叶以来在全球的传播。现代城市道路横断面设计肇端于法国巴黎改造，于19世纪后半叶至20世纪20年代期间，在德国、英国、美国、日本、苏联等国均有不同发展，各有其侧重，大大扩展和丰富了横断面设计的形式和内容，是城市规划技术在全球传播的典范。本章的研究范畴从专注于西方转向“非西方”世界，尤其是1949年以后中华人民共和国的城市建设。这也更充分地体现了城市规划运动，包括规划思想、设计手法和技术标准等各方面的全球性和关联性，为我们将来深入研究近代以来中国的城市和建筑问题提供了更坚实的基础。

20.1　19中叶以降的欧美城市道路断面设计

20.1.1　欧洲城市道路改造：从巴黎改造到田园城市运动

19世纪中叶，奥斯曼主持的巴黎改造正式采用放射状的林荫道来改造城市空间和景观。1856年，奥斯曼任命军事工程师出身的阿方德（Jean-Charles Adolphe Alphand，1817—1891年）负责建设巴黎的街道。阿方德在宽阔的街道两侧配备了数排行道树并在地下埋设各种管线，使之不但成为巴黎改造项目的重要组成部分，也是此后西方林荫大道设计所依据的原型。

巴黎改造所形成的法国式林荫大道（contre allée），其重要特征是车行道不论位于道

① 徐循初，编．城市道路与交通规划（上册）[M]．北京：中国建筑工业出版社，2005：87．

② 上海市城市建设工程学校，北京建筑工程学校，编．城市道路设计[M]．北京：北京工业出版社，1961：4．

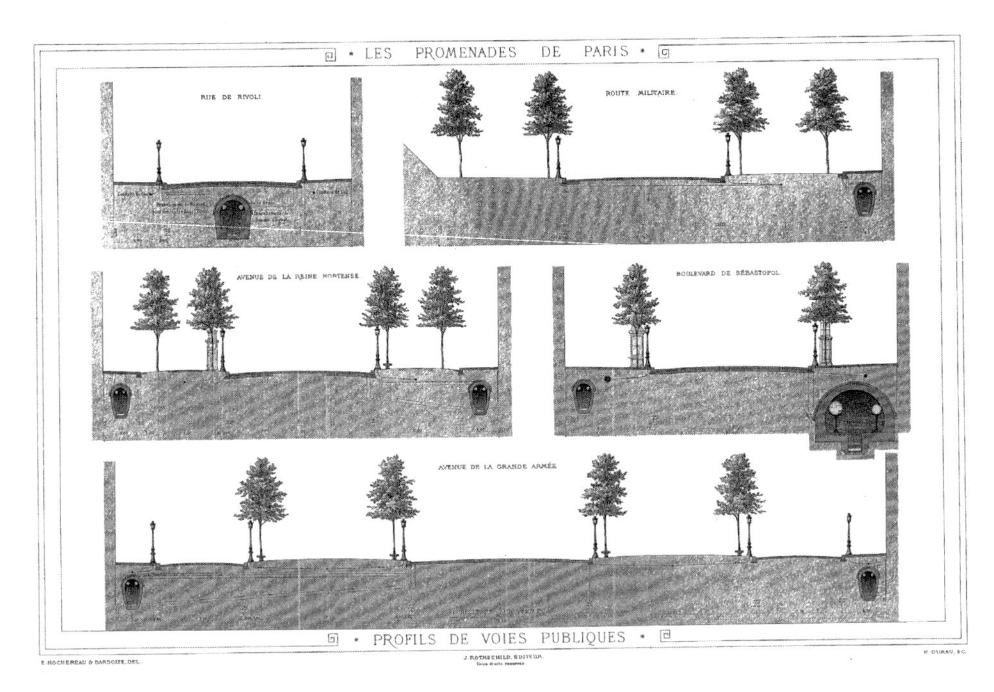

图20-1 阿方德著作中的道路横断面设计（1867年）
资料来源：Adolphe Alphand. Les Promenades de Paris［M］. Princeton Architectural Press，1984（a Reprint of 1867）.

路的中央或两翼，皆由两排或四排行道树所夹峙。这种形式的道路断面布局，特重车行道所形成的景观轴线，因此易于形成庄重、宏伟的街景。阿方德的著作详细记录了这类林荫道的横断面设计的细节（图20-1、图20-2）。通过计算和实际经验，阿方德提出如在断面上布置3条车行道，总宽平均至少50m①（图20-3），此即后来“复合型林荫大道”（multi-way boulevard）的原型②。但当时林荫道的断面形式相对简单，类似我们今天所称的“一块板”，唯路面的宽幅和沿街的景观有所变化。

受巴黎改造的影响，欧洲其他国家的主要城市也陆续在拆除的城墙基址上修建宽阔的环状道路③。其中，德国城市的道路横断面设计有机融合了功能性和观赏性，将由行道树和草坪环绕的步行道独立出来，占据了道路的中央而将车行道布置在其两侧（图20-4）。在保证车行道视线通达性的基础上，既具有丰富多样的街道断面形式和街景，又能接纳

① Joseph Stubben. City Building［M］//Julia Koschinsky，Emily Talen，Tran. Arizona State University Press，2014：39.

② Allan B. Jacobs，Elizabeth Macdonald，YodanRofe. 复合型林荫大道的历史、演进与设计［M］. 王洲，等，译. 天津：天津大学出版社，2015：77.

③ 石川幹子. 街路景観と並木道［J］//公益財団法人国際交通安全学会. IATSS Review，2004，28（4）：25-33.

市民及其城市生活，与法国式道路以突出恢弘气度的设计意图迥乎不同，被称为“德国式城市街道设计方法”（German School）[①]，对之后包括我国在内的各国城市景观的改造产生了深远影响。

英国在园林和城市公园设计方面虽有悠久传统，但直至19世纪中叶，包括伦敦在内的大城市道路都缺乏行道树的荫蔽，断面形式单调，“道路设计远较德国逊色”[②]。但随着20世纪初田园城市运动兴起，英国规划家在街道横断面设计上借鉴德国经验，开创出了居住区道路规划的典范（图20-5），同时提出在交通量最大的街道上“仿效铁道干线建造多路幅林荫道”，使过境交通和远程交通集中在中央车道，速度较慢的车辆则被疏导于两侧的车道[③]。

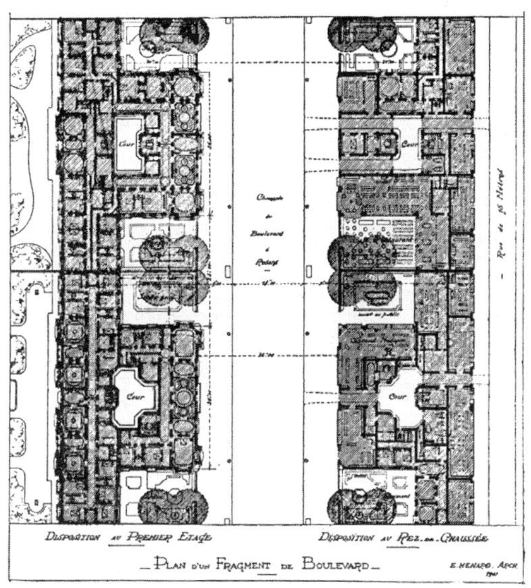

图20-2 奥斯曼的巴黎改造中的一条典型道路（Fragrance Avenue）的平面图和透视图

资料来源：Norma Evenson. Paris：A Century of Change，1878—1978［M］. New Haven：Yale University Press，1979：38.

综观1850年代以来的欧洲城市道路设计，不论是法国的奥斯曼、阿方德，德国的施蒂本（Joseph Stübben），奥地利的西特（Camillo Sitte），还是英国的恩翁（Raymond Unwin），都分别总结街道断面设计的重要意义及其理论与方法，推动了这一规划技术在世界各地的传播和发展。这一时期的道路通常包括了各类交通形式，其断面设计突出了景观效果和可达性，与20世纪20年代以后强调通畅性和安全性，并根据断面宽度或其上的交通性质加以分级和量化的设计思想大相径庭。

---

① Raymond Unwin. Raymond Unwin［M］//Town Planning in Practice：An Introduction to the Art of Designing Cities and Suburbs. London：Adelphi Terrace，1909：241.

② Joseph Stubben. City Building［M］//Julia Koschinsky，Emily Talen，Tran. Arizona State University Press，2014：83.

③ Raymond Unwin. Raymond Unwin［M］//Town Planning in Practice：An Introduction to the Art of Designing Cities and Suburbs. London：Adelphi Terrace，1909：242-243.

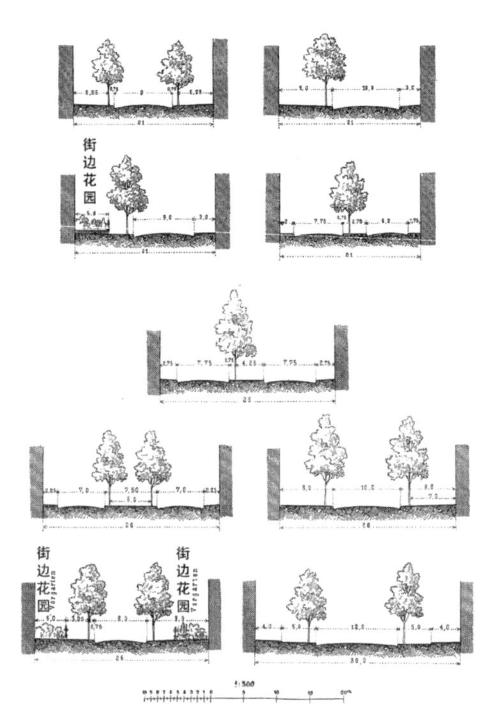

图20-3 19世纪欧洲城市道路的不同横断面形式

资料来源：Joseph Stübben. City Building［M］//Julia Koschinsky, Emily Talen, Tran. Arizona State University Press，2014：36.

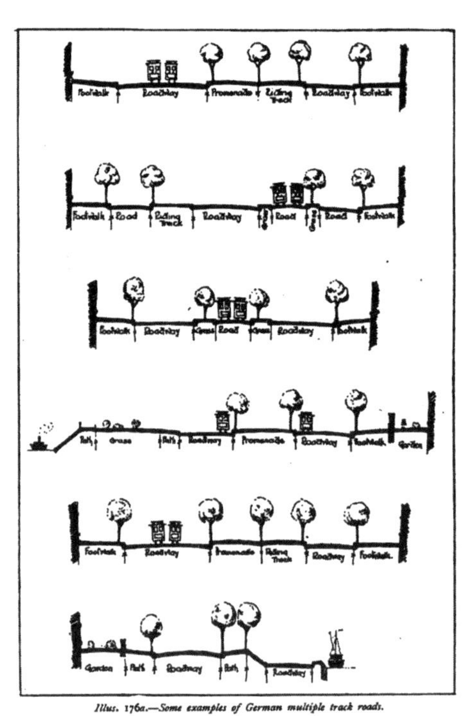

图20-4 恩翁著作中的德国道路横断面设计（1909年）

资料来源：Raymond Unwin. Town Planning in Practice：An Introduction to the Art of Designing Cities and Suburbs［M］. London：Adelphi Terrace，1909：243.

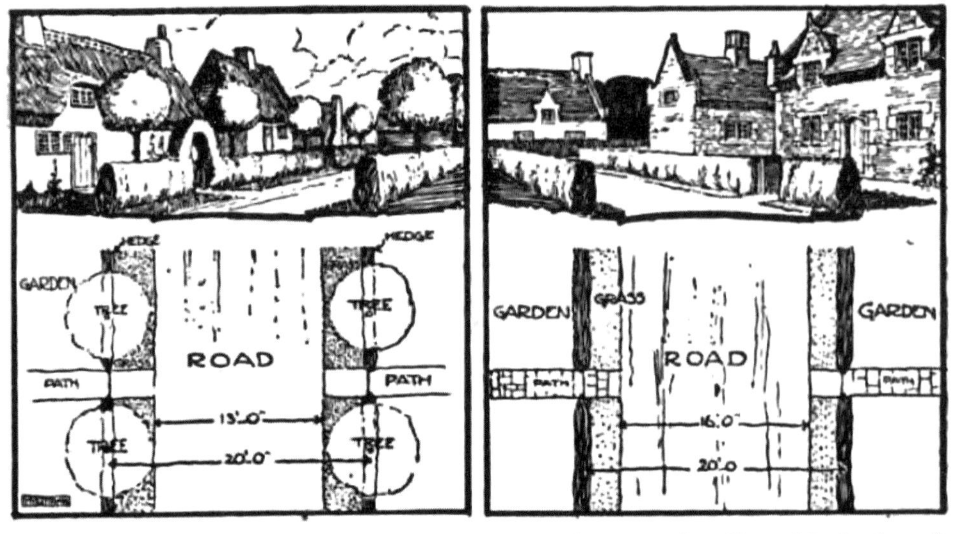

图20-5 莱彻沃斯田园城市居住区的道路横断面设计（1909年）

资料来源：Raymond Unwin. Town Planning in Practice：An Introduction to the Art of Designing Cities and Suburbs［M］. London：Adelphi Terrace，1909：248.

20.1.2　美国城市道路设计：园林路系统的产生与演变

19世纪后半叶，在法国巴洛克式园林和英国自然式园林两方面影响下，美国掀起了一场轰轰烈烈的城市公园运动。在这场运动中，奥姆斯特德（Fredrick Olmsted）和沃克斯（Carlvert Vaux）脱颖而出，不但设计了诸如纽约中央公园等项目，也创造出一种新的街道类型——园林路（parkway，民国时期也译作“公园路”或“游兴道”，即连接两处公园或位处公园之中的道路）。奥姆斯特德将其定义为“使所有面向街道的房屋皆能方便地使用它，并不干扰快速行进的车辆；以及配有宽阔的步道、足够数量的座椅等公共空间，并使树木能茂密生长”①。显然，美国的园林路不仅承载了交通功能，更重视其可达性，使之兼具更多的社会意义和经济、美学价值。

奥姆斯特德的园林路横断面设计是在学习巴黎改造的基础上发展而来的，如1860年代设计的布鲁克林东大街（Eastern Parkway）就参考了阿方德的多路幅道路设计（图20-6），使中心主干道与辅道彼此平行，将城市主干道上的过境交通与街区交通并置，因此又被称为复合型林荫道或多路幅（multi-way/multi-track boulevard）林荫道，成为奥姆斯特德的园林路系统规划的原型②。

由于19世纪后半叶交通工具的快速发展，传统交通工具如马车和新兴交通工具如自行车、有轨电车、汽车等在道路上并驾齐驱，这种复杂的交通状况使得能够容纳不同交通速度和形式的多路幅林荫大道成为奥姆斯特德等人的选择。园林路路面功能虽发生了显著变化（图20-7），但宽阔的步行道及其所容纳的城市生活场景始终是这条园林路的重要特征。此后，小奥姆斯特德（奥姆斯特德之子）在波士顿及其周边区域的公园体系规划上，针对不同区域如城市建设区、城市公园、郊外绿地、沿岸湿地等采用了不同断面形式的道路（图20-8），是美国城市规划酝酿和发展过程中的重要案例。其建设一直持续到1920年代，作为区域规划的成功实践，为欧洲规划家如阿伯克隆比等人所赞扬备至③。

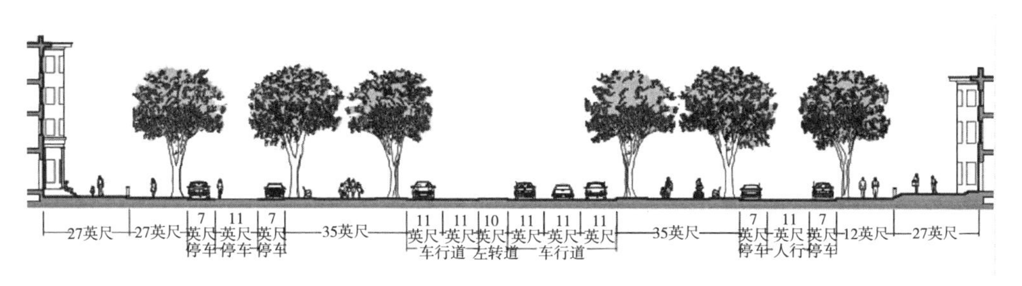

图20-6 布鲁克林市东大街横断面（奥姆斯特德设计，1870-1874年。重绘）

资料来源：Victor Dover. *Street Design*: *The Secret to Great Cities and Towns*［M］. Hoboken：John Wiley & Sons，Inc：67.

① E. S. Macdonald. Enduring Complexity：A History of Brooklyn's Parkways［D］. Dissertation at UC Berkeley，1999：42.

② Scott A. Carson. Frederick Law Olmsted and the Buffalo Park and Parkway Systems［D］. Dissertation，Syracuse：State University of New York，1993.

③ 详见第16章。

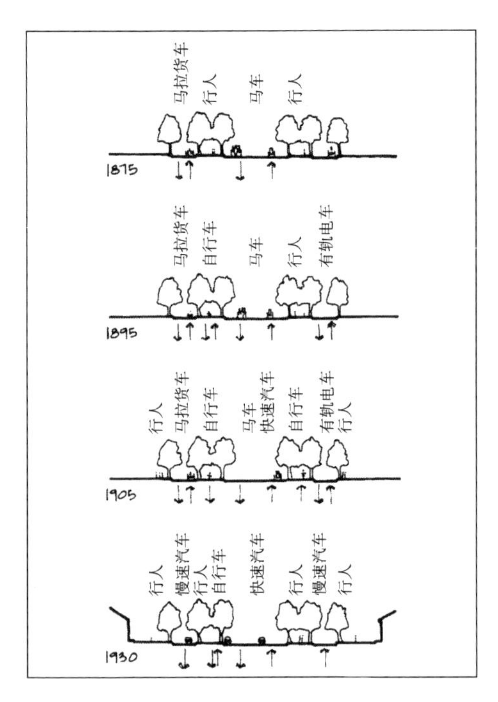

图20-7 布鲁克林市东大街在不同历史阶段其道路使用分析（1880年代）

资料来源：E.S.Macdonald. Enduring Complexity：A History of Brooklyn's Parkways［D］. Dissertation at UC Berkeley，1999：139.

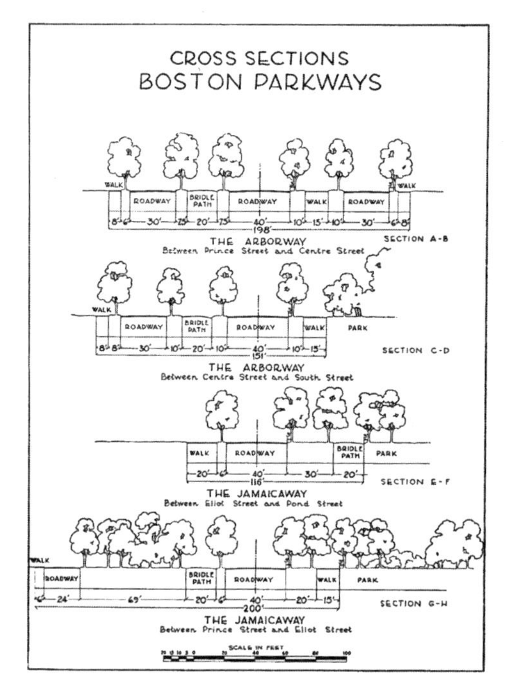

图20-8 波士顿公园景观路截面设计（1890年代）

资料来源：John Nolen，Henry V. Hubbard. Parkways and Land Values［M］.Cambridge：Harvard University Press，1937：23.

至1920年代，美国的道路交通规划及道路断面设计发生了本质变化。交通工程（traffic engineering）的专业人员开始占据美国街道设计的核心地位，对通行效率和安全性的重视取代了之前的功能混合，多路幅模式的园林路也逐渐式微。所有街道被按照其承载的交通功能而严格划分为居住区尽端路、居住区普通道路、支路、主干道、快速路、高速公路[①]等（图20-9）。此后，美国的“园林路”也成为对道路两边环境封闭的高速公路系统的一部分，不再蕴含与景观设计和城市生活有关

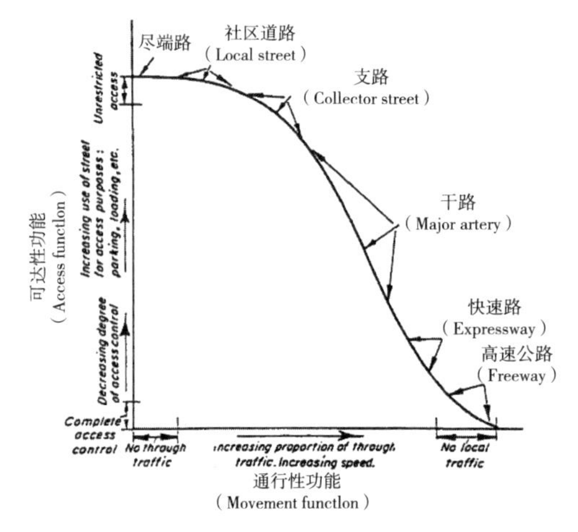

图20-9 道路功能分级对道路级别及其功能的影响

资料来源：E.S.Macdonald. Enduring Complexity：A History of Brooklyn's［D］Parkways. Dissertation at UC Berkeley，1999：4.

① 景观大道被视为高速公路的一部分修建，不允许道路两侧的房屋直接进入该路。

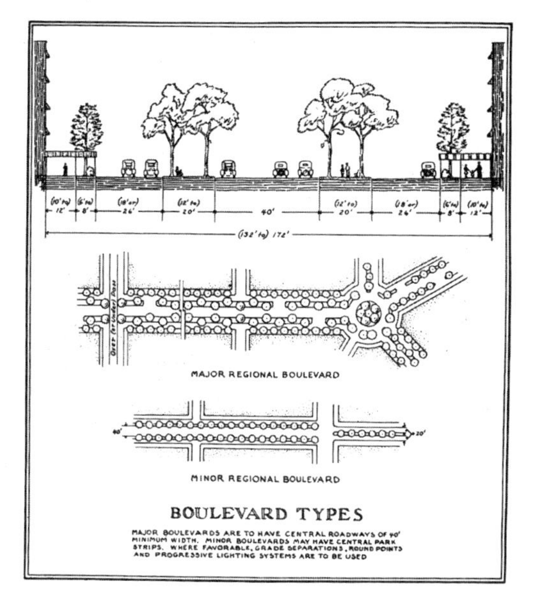

图20-10　纽约市区内林荫道横截面设计（1929年）

资料来源：The Staff of the Regional Plan. The Graphic Regional Plan（Vol I）[M]. New York：Regional Plan of New York and Its Environs，1929：270.

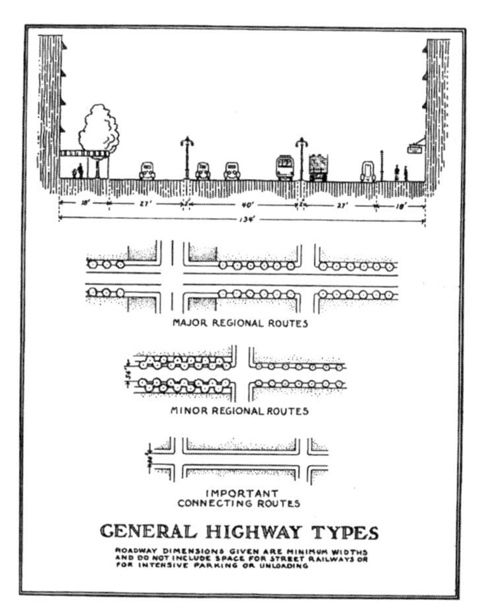

图20-11　纽约市周边高速公路横截面设计（1929年）

资料来源：The Staff of the Regional Plan. The Graphic Regional Plan（Vol I）[M]. New York：Regional Plan of New York and Its Environs，1929：261.

的内容①。

以1929年的纽约市域规划为例，在街道横断面设计上，城市里普通林荫道的隔离带由之前的35ft（布鲁克林东大街）缩减为12～20ft，使绿化隔离带不再具有接纳市民活动的功能，而将其完全转移至人行道上，其活动也仅限于快速通行而已（图20-10、图20-11）。同时，横断面设计被缩减为若干标准样式，以图便于实施和养护。这种功能等级划分（Functional Classification）及实用主义的思想和方法将丰富的城市生活场景从街道中剥离出来，使街道纯粹服务于交通安全和通行效率。这一思想深远影响了此后的世界街道横断面设计，也成为1960年代简·雅各布斯等人关于街道和城市设计理论之争的渊薮。

20.2　日本与近代中国的城市道路断面设计及其演进

20.2.1　日本的外国租界及日本占领地区的城市道路技术标准

西方在租界内修建的马路历史较长且质量较高，但宽度较窄。如天津租界“马路普

① John Nolen，Henry V. Hubbard. Parkways and Land Values [M]. Cambridge：Harvard University Press，1937：12-13.

通宽度为三十四尺（加两边各留便道七尺共五十尺），均为柏油马路。”[1]1920年代之前街道绿化及横断面设计较好的城市，除了上海等地的租界以外，德国、日本先后占领和建设的青岛是“全国的楷模之一”，其街道的断面设计，尤其是行道树的布置为我国此后的道路建设提供了参考。

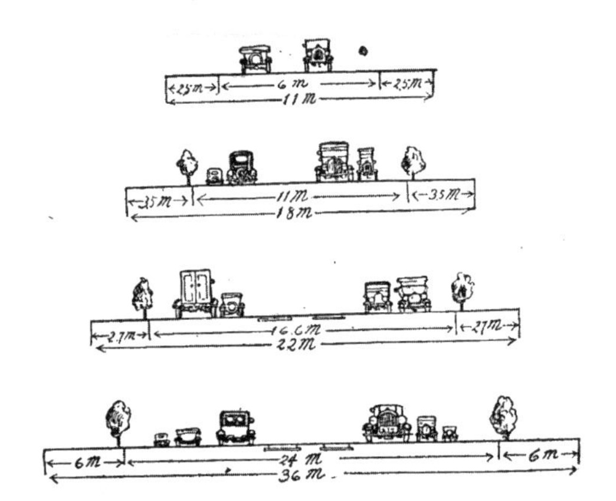

图20-12　东京市政改良后11m、18m、22m、36m之道路横断面图

资料来源：杨保璞．东京之道路［J］．道路月刊，1925，14（1）：64.

日本修建林荫道和引入行道树的观念与我国民国年间的情形非常类似，都是出自对西方近代化成就的追慕，即修建用行道树加以装饰的宽阔道路是为了彰示其市政完善、管理得当，使之具有提振人心、激发民族主义思想等积极意义。日本于1919年颁布了《道路法》，明确了行道树植栽的义务，同年又颁布《都市计画法》，将日本城市的道路划分为宽幅路、一等大路、二等大路和小路等级别，规定宽幅路宽度为44m以上，一等大路宽度为22～36m，路两侧均应种植美观的行道树[2]（图20-12）。日本的道路横断面设计受德国影响较大，有将隔离带和步行道置于道路中央的传统，因此也将这一设计方法带到长春等地（图20-13）。

抗日战争之后，日本在其侵占的城市如天津、徐州、新乡等地颁布了《城市计划大纲》，关于道路等级划分皆规定“干线宽度以35m以上为标准，补助干线之宽度则由20m至25m”。横断面的具体布置方法，“主要干线均区分步道、车道。步道上栽植树带，至车道之高速、缓速交通路线亦以树带分隔之……对于干线宽度之35m，拟分宽度25m及宽度15m两种，适宜配置之，并均区分步道、车道，车道宽度拟为10m。至局部的单纯住宅道路拟以宽度5m为标准，不满5m者不许设置。”与东京各级道路的宽幅相比略窄。重要城市则另外划定等级与路幅。如1940年伪北京市政府建设总署都市局公布《都市计划（街路计划标准）》将北京街道规定为五种，即一等大街路（80m以上）、二等大街路（50m以上）、一等街路（40m以上）、二等街路（30m以上）、一等小街路（20m以上）[3]，与长春相似，远比东京的街道宏阔。

可见，日本在我国占领地推广的道路等级制度和设计标准相对统一，其经验和办法延续到战后。

① 天津英租界之路工［J］．道路月刊，1926，18（1）：65-66．

② 越沢明．都市計画における並木道と街路樹の思想［J］．IATSS Review，1996，22（1）．

③ 建设总署都市局．街路计划标准（民国二十九年八月）［S］．北京市档案馆．J061-001-00305．

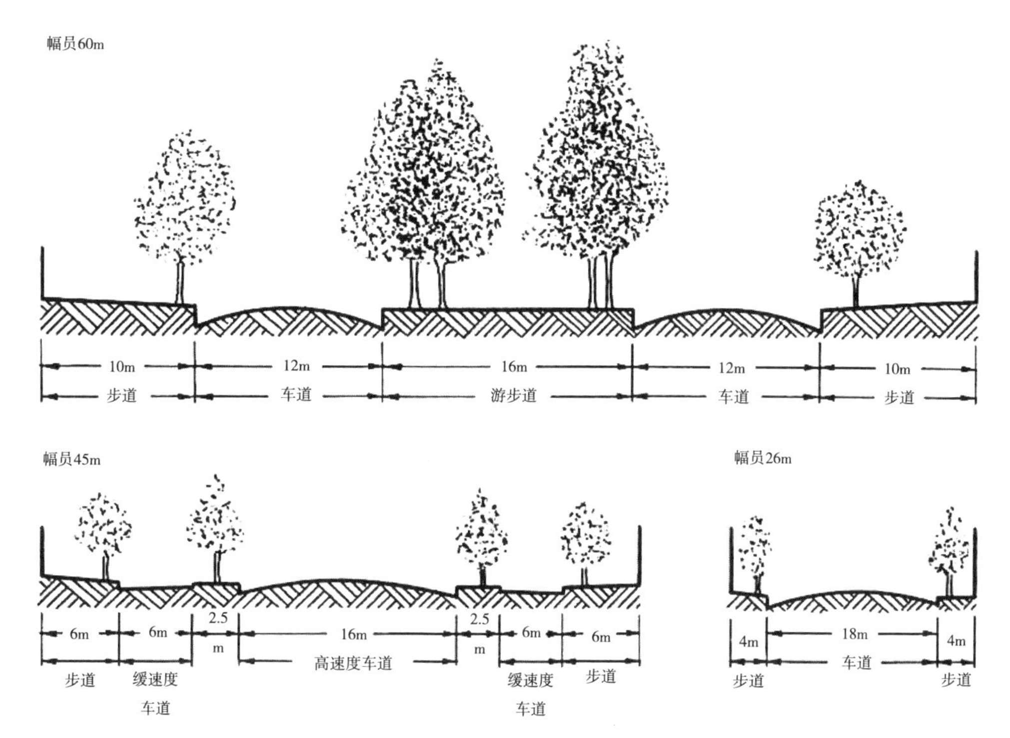

图20-13 "新京"规划主要街道截面设计（1930年代，基本实现并沿用至今）
资料来源：越沢明. 滿洲國の首都计画［M］. 日本经济评论社，1988：125.

20.2.2 《道路月刊》与中国近代城市道路的技术标准

由中华全国道路建设协会在1922年春创办的针对国内路政、市政研究的机关刊物——《道路月刊》，连续发行十余年直至抗战爆发，是研究我国近代交通史和市政发展史的重要文献。通过爬梳该刊登载的相关文章，基本可以厘清民国时期道路设计标准在美、日等国街道设计中功能等级划分的影响下的演进，借此可进一步了解当时中国的路政、市政及由此带来的城市化的发展状况。

民初对城市道路的命名和划分与其所在的城市区域有关，如"（一般道路）为便交通受阳光及流空气，故宜直而阔，唯公园路则曲折以求美景。"①具体划分为贯城街道、商业街道、住宅街道、公园路等数种，但各地的名称和种类不同。

这一时期我国各地皆颁布了各自的道路分级办法和街道横断面设计标准，除名称不同外，标准间的差异也较大，未得统一。较早者如福州市将道路分为3级，大道宽40至60呎②，"属商铺的道路宽自30至40呎，属住宅的道路宽自20至30呎"③。汉口的道路被分为主

① 潘绍宽．城市计划摘要［J］．道路月刊，1926，16（1）：28-31．
② 1公尺（m）=3呎
③ 周一夔．建设福州市的计划［J］．道路月刊，1923，7（2）：96-97．

要干道（马路总宽为40m和30m两等）和次要干道（自21m至30m不等），其等级也与道路功能相联系[①]。厦门的道路分级如表20–1所示。可见，各市的市政建设中虽均有意进行了道路等级划分，但其名称、种类、宽幅甚至度量单位都无一相同，均各行其是。

厦门道路种类及其幅员　　表 20–1

种类	车路幅员	每边人行道幅员	总宽度
甲	50呎	10呎	70呎
乙一	42呎	10呎	62呎
乙二	40呎	10呎	60呎
丙	32呎	8呎	48呎
丙一	30呎	10呎	50呎
丙二	30呎	8呎	46呎

资料来源：彭禹谟. 厦门之道路工程［J］. 道路月刊，1928，25（3）：32-34.

1928年南京国民政府成立后，宣传新建的道路“不输于上海租界内的马路”[②]，尤其宁、沪两地的建设“叫它能和世界的名都，并驾齐驱”[③]。两地的道路等级划分和技术标准亦较之前细致规范（表20–2）。

南京及上海的道路分级方式比较　　表 20–2

<table>
<tr><th colspan="2">南京</th><th colspan="2">上海</th></tr>
<tr><td rowspan="5">干线</td><td>特等 150～180尺</td><td rowspan="3">大商业区街道</td><td rowspan="3">100尺（双电车道20尺，电车道两旁之车道共30尺，两边之停车道各8尺，及两边之人走道各16尺）</td></tr>
<tr><td>一等 ≥ 120尺</td></tr>
<tr><td>二等 ≥ 100尺</td></tr>
<tr><td rowspan="2">三等 ≥ 80尺</td><td>商业区及行政区街道</td><td>80尺（双电车道共20尺，电车道两旁之车道共16尺，两边之停车道共14尺，两边之人走道各15尺）</td></tr>
<tr><td>工业区街道</td><td>70尺（车道共40尺，两旁之人走道各15尺）</td></tr>
</table>

① 陈克明．汉口市街之计划［J］．道路月刊，1930，30（2）：135-139．
② 郁樱．南京中山路之今昔［J］．道路月刊，1930，31（2）：7．
③ 刘市长讲演建筑中山大道的经过［J］．首都市政公报，1929（31）：1-4．

续表

南京		上海	
支线	一等 ≥ 60尺	住宅区及教育区街道	60尺（树木之地位居中间，树木两面之普通车道各16尺，两旁人走道各10尺）
	二等 ≥ 50尺		
	三等 ≥ 40尺		
	四等 ≥ 30尺		
里巷	一等 ≥ 24尺	住宅区及教育区小巷	12尺（车道共8尺，一面人走道共4尺）
	二等 ≥ 20尺		
备注	也分为干路、次要道路、环城大道、林荫大道、内街5类	备注	也分为干道系统、次要道路系统和空地及园林3类

资料来源：国都技术处之首都街道规划［J］. 道路月刊，1929，28（2）：44-46；南京市确定干道路线［J］. 道路月刊，1928，24（1）：69-70；马轶群. 首都城市建筑计划［J］. 道路月刊，1928，23（2-3）：12-18；上海中心区域道路系统分干道、次要道路、园林等三类［J］. 道路月刊，1929，31（2）：60-61.

在断面设计上，该刊还积极向国内工程界推介美国风行的多幅路："近来对于路线布置之法，多设与大街平行之'副道'，使有适当之宽度。此于各种工作物充满之现代市街道路，实不得不谓进步的调剂之法。"①且认识到干路的断面形式与行道树的布置密切相关（图20-14）。"以140尺而最宽，计有两线……横干路最宽者100尺，次则80尺，其余所有道路，则自60尺以至20尺。140尺之大道，两旁各植双树行，而各路除30尺以下较狭者，不能植树外，其余在30尺以上者，一律于道路两旁各植树一行。"②分期修建的南京中山路是为数不多的在民国时期建成的多幅路，其路宽40m（130呎），路中间10m宽为双线快车道，快、慢车道及

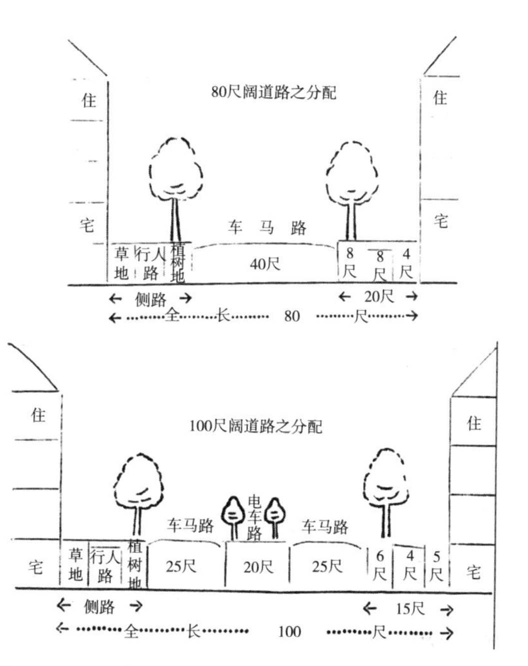

图20-14　80呎（约25m）和100呎（约30m）道路截面布置图示
资料来源：江国仁. 为植行道树进一解. 国立中央大学农学丛刊. 1929/10：5.

① 张钟山. 现代都市道路之技术的进步［J］. 道路月刊，1927，22（1）：6-9.
② 马轶群. 首都城市建筑计划［J］. 道路月刊，1928，23（2-3）：12-18.

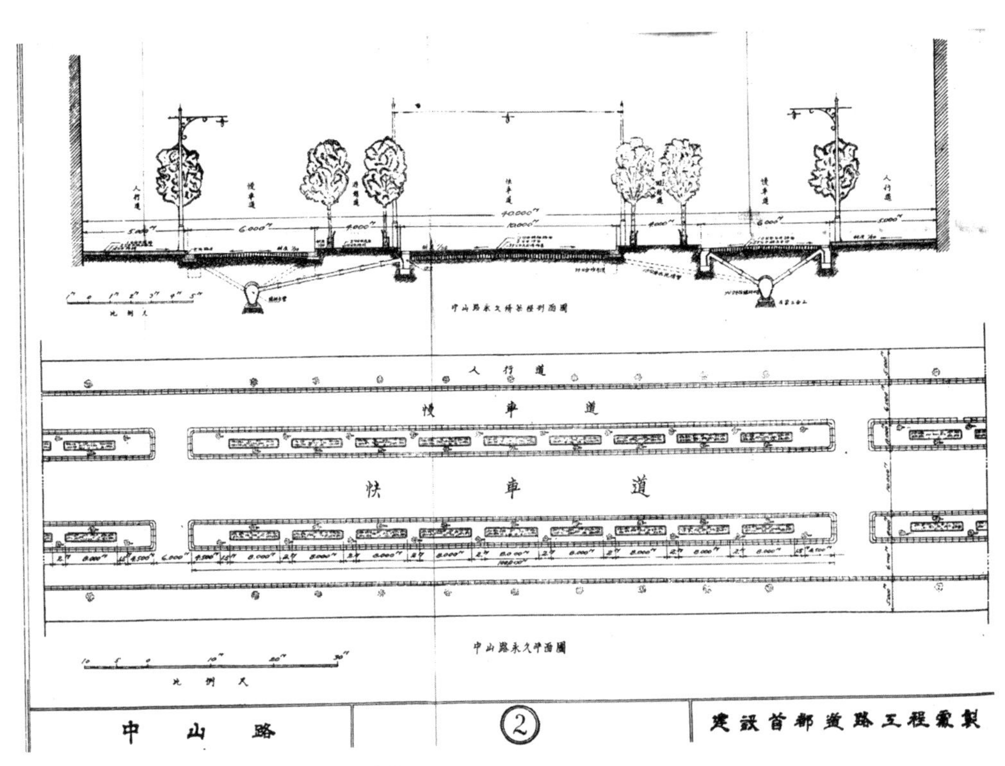

图20-15 南京中山路截面及平面图（1930年）
资料来源：建设首都道路工程处. 建设首都道路工程处业务报告［R］. 徐颂雯（Carmen C.M. Tsui）博士提供.

慢车道与人行道间计划种植6排行道树（图20-15）。

综上而言，民国时期的道路分级和横断面设计标准已在全国推广和实施，但缺乏统一标准，不同城市间道路等级的性质、名称及宽度各不相同。直至1947年内政部颁布的《市县道路修筑条例》才将全国城市道路的分级及路幅标准明确下来（表20-3）。

《市县道路修筑条例》中关于城市道路的分级及路幅标准　　表 20-3

道路等级名称	宽幅及内容
园林大道	32m
干道	交通道路30m，商业道路22m，居住道路15m
主路	交通道路22m，商业道路15m，居住道路11m
支路	交通道路15m，商业道路13.5m，居住道路6m
里巷	6m

资料来源：内政部函发市县道路修筑条例（民国三十六年十月二十日），北京市档案馆，档卷号J1-4-345。

20.3　1949年以降我国城市道路断面设计及其技术标准的确立：以北京为例

20.3.1　都委会有关道路系统及道路技术标准的讨论

中华人民共和国成立前夕，为了建设首都成立了北京都市计划委员会（都委会），系统探讨了北京总体规划的方针和内容，其下设立道路系统专门委员会，又分道路系统和技术标准两个组分别开展研究。1951年5月组建的道路系统组旨在解决“建设一个完整的道路系统（环形与放射并用），使北京和各相邻省市及本市区内得到最高效率的运输”，以及“如何使现有道路能配合将来道路系统”等问题。

技术标准组由华南圭任主席，于1951年5月3日第一次会议上即指出“本组工作是为道路系统服务的，照理应在道路系统确定后再进行较好，但目前情况不可能，本组只好根据各种不同条件，初步订出不同的标准，然后由系统计划组方面再根据不同的需要，找出与其需要条件相似的标准，并加以反复修正”。

1951年5月技术标准组的第二次会议系统介绍了苏联的道路标准，将城市道路分为3类（表20-4）。苏联的道路建设因克服了资本主义土地私有等事权分散的弊病被作为体现社会主义体制优越性来宣传，在横断面设计中同时解决多种问题成为苏联城市街道设计的惯例[①]，这种设计思想和技术也影响到1949年之后我国的道路设计。

苏联道路等级划分　　表20-4

名称	内容	备注
直达干线	服务于穿城而过的高速度（每小时50km以上）车辆，其两侧也有市内交通的车行道。道路宽度是60～80m，纵坡度最大不超过4%	其图示类似于复合型林荫道，或我国的“三块板”道路
干线	道路宽度25～60m，纵坡度最大6.5%，车速不超过30～45km/h。这种干线又分为两级：①联系区域间交通；②维持区内客货运交通亦可通行电车及公共汽车	其图示类似于“两块板”，中间布置7m宽阔林荫带
局部道路	维持区内或几个街坊间的交通，仅可通行市民及各企业小汽车、卡车、兽车。其宽度为20～30m，纵坡度不超过8%，车速不超过30km/h	其图示类似6.5～12m宽的“一块板”，两侧设置1.5～4.5m的步行道

资料来源：1951年5月10日技术标准组的第二次会议刘宗唐“苏联道路标准简介”的报告，北京市都委会道路系统委员会技术标准组1—13次会议记录，北京市档案馆，档卷号150-1-33。

① 斯特缅托夫·密尔库洛夫，著．城市道路设计（上册）[M]．龚雨雷，等，译．北京：高等教育出版社，1955：17．

在参考苏联经验和日伪《都市计划（街路计划标准）》的基础上，技术标准组将道路分为主干线、次干线和支路三种，但加入小胡同作为第四类（表20-5）。“前两种是为交通，使车辆在路上要能安全而迅速地通过，后两种是供工商业和居民的日常活动”。这种分级的前三种分别对应着苏联的道路分级方式，但其对生活性道路的细分及支路等命名，又体现了我国近代的各种经验和创造，演化形成了沿用至今的“快速路—主干路—次干路—支路”4级划分。

都委会确定的北京市道路分等、名称及定义（1951年） 表20-5

<table>
<tr><th>道路等级名称</th><th>都委会定义</th><th>苏联的对应名称</th><th>我国当前的对应名称</th></tr>
<tr><td>主干路</td><td>是城内南北东西长距离直达而行车速度较高的主要交通线，为快速交通服务。一方面只许与通郊区的直达干路连接，一方面只许与少数的次干路连接，而绝不许与支路和小胡同直接连接。路线避免穿过商业区及市中心区，并以不设有轨电车为宜。行车时速最高50km</td><td>直达干线</td><td>快速路</td></tr>
<tr><td>次干路</td><td>是城内各区的主要联络线，是各区内的主要交通线，是环绕着邻里单位四周的交通线，也是各个邻里单位的联络线。这种干路一方面连接主干路与其他次干路，一方面又连接支路，但不与小胡同连接。行车时速最高40km</td><td>干线</td><td>主干路</td></tr>
<tr><td>支路</td><td>是各区内的次要交通线，是各邻里单位内的主要交通线，联系各区及街坊。一方面连接小胡同，一方面连接次干路。行车时速最高30km</td><td rowspan="2">局部道路</td><td>次干路</td></tr>
<tr><td>小胡同</td><td>是街坊内的道路，主要是为本区段的住户解决行的问题，可与支路连接</td><td>支路</td></tr>
</table>

资料来源：北京市都委会道路系统委员会技术标准组1-13次会议记录，北京市档案馆，档卷号150-1-33。

苏联的道路设计将街道分解为若干构成部分，分别规定各部分的尺寸，选择合宜的路面种类，对不同部分与街道建筑物在建筑艺术上的配合也作了详尽规定。这一经验反映在技术标准组绘制的北京各类道路横断面布置的示意图上（图20-16），如详细规定了行道树的栽种、维护及地下管线布置原则和方法，这些都是参考了苏联的做法，为此前各类街道横断面设计的文献和图纸所未见。但苏联街道设计所追求的工程合理性将每一部分的尺

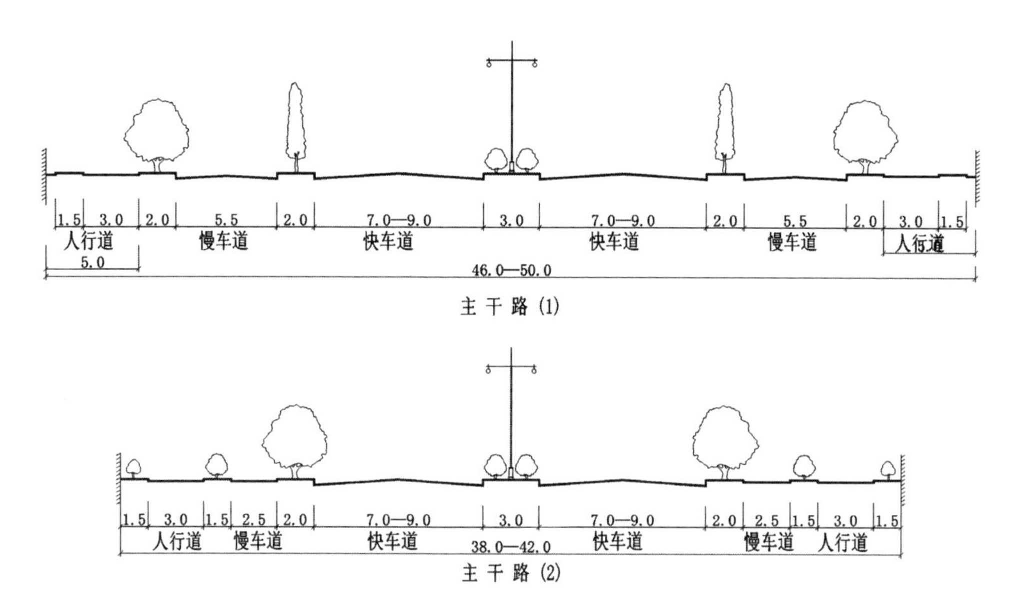

图20-16 北京主干路的横断面示例（1951年）
资料来源：北京市档案馆，档卷号150-1-33，重绘。

寸标准化后，横断面形式渐趋单调，也是我国后来街道断面设计的不足之一。

都委会的当时会议记录并未明确各级道路的宽幅，但已注意到北京与苏联城市道路条件的差别，“与莫斯科有些道路宽度比较，莫斯科中心地区因受原有房屋限制，很难展宽，如卡利亚叶夫大街（计委举例的道路），计划展至55m，结果被人批评为十年也难以完成的措施；高尔基大街展宽至35m，即已拆除四层楼房。”而北京拆迁量相比较小。同时，莫斯科新建地区的道路也较宽，如列宁格勒大道计划108～120m、雅洛斯拉夫里路计划80～100m、卡路日大道计划103m①。至1957年3月，在北京市委常委会上审查讨论北京城市建设总体规划方案时，才确定主干道宽为60～90m，次干道为40～50m，支路为30～40m，东、西长安街为120m②。这说明，我国社会主义城市建设虽然深受苏联的影响，但其发展轨迹仍独具特色，形成了特殊的城市面貌和城市管理制度。

20.3.2 “一块板”“两块板”“三块板”技术标准的定型

1951年6月间都委会道路系统专门委员会技术标准组绘制的道路横断面布置示意图，仍以“主干路”“次干路”等为图注。但最迟到1957年时，北京市区现有道路的横断面

① 道路宽度问题，国外城市建设的参考资料（1953年），北京市档案馆，档卷号001-006-02421。
② 规划篇史料征集办公室．北京城市建设规划篇（第二卷）[Z]：123．北京市城市建设档案馆（内部资料）．

基本形式就统一为一块板、两块板、三块板三种①。这种形象的名称既未见于我国近代的文献，也未见于西方、日本或苏联的道路设计规范中，是我国城市规划发展史上的创造。

其中，中华人民共和国成立初至1975年期间所修建的道路主要是一块板，类似于前文将车行道居中的林荫路，其中一些干道由于当时强调战备需要而修成较宽的一块板形式。它具有投资省、占地拆迁量小的优点，但街道景观较为单调。如1958年北京市规委会曾提到“东西长安街不要一块板，中间最好种高树，如南京有的大马路中间种着法国梧桐，看起来非常美丽。路中间没有树虽然对国防有利，但我们应多考虑和平环境。”②这种将绿化隔离带布置在马路中间的形式源从德国的道路断面设计（见图20–4），实际上就是“两块板”，以北京解放前形成的正义路和长春新民大街为典型。中华人民共和国成立后修建的两块板道路缩小了隔离带的宽度，排除了行人活动的空间。

三块板道路断面设置与巴黎改造的多路幅林荫道和美国的复合型林荫道颇相似，皆为三条车道，车道间为绿化带和行道树所隔离，且都有效地应对了城市内快慢交通混杂的各种出行方式。但由于受20世纪美国道路功能等级划分及经济因素的影响，三块板道路的隔离带非常狭仄，因此也无法容纳更多的城市生活。

实际上，技术标准组在1951年就指出“快速车道（汽车、摩托车、无轨电车之车道）及慢速车道（自行车、三轮车、马车、大车使用之车道）必须用隔离带或绿地带隔开，并须分上下行车道。快速车道上不许停放车辆，唯需为公共汽车、无轨电车布置停车站，以便乘客上下”，其容纳并区分不同交通形式的思想与奥姆斯特德的园林路如出一辙，与民国时代就被提倡的多幅路断面形式亦类似，唯均未用“三块板”的名称。

北京的第一条三块板道路是1957年建成的三里河路③。其中间快车道宽14m，两侧慢车道各4m。道路两侧和快慢车道的分隔带内种植杨树，夏秋季节浓荫覆盖，郁郁葱葱，效果非常突出④（图20–17）。三块板之后成为北京环路（如三环）和主干路的主要断面形式。

1950年代末“一块板”“两块板”“三块板”的技术标准形成并被广泛接受之后，街道断面设计越来越标准化，一方面有力地促进了我国的城市建设进程，但同时也使北京正义路和长春新民大街那样的街道形式不复存在，客观上造成了城市街道景观趋同的现象。

---

① 北京建设史书编集委员会编辑部．建国以来的北京城市建设资料（第三卷）·道路交通（内部资料）[Z]：36.

② 市公安局十一处对1957—1958年交通改善措施的意见，北京市档案馆，档卷号151-001-00051。

③ 北京建设史书编集委员会编辑部．建国以来的北京城市建设资料（第三卷）·道路交通（内部资料）[Z]：37.

④ 关于三里河路绿化问题的复函（1957年），北京市档案馆，档卷号151-001-00050。

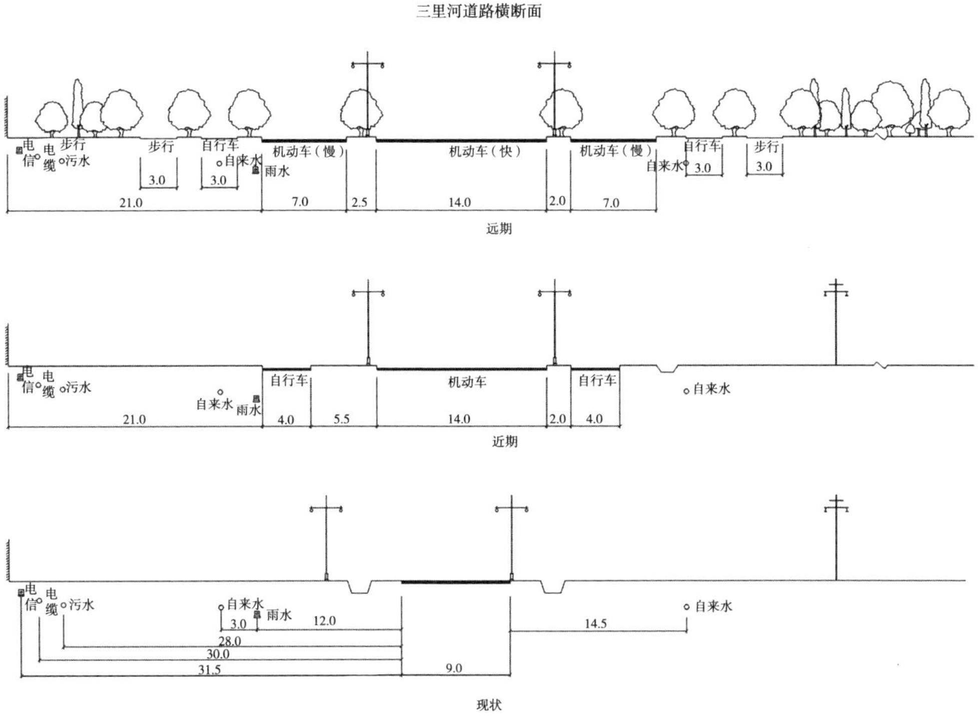

图20-17 三里河路横断面的现状、近期设计及远期设计（1957年）

资料来源：北京市档案馆，档卷号151-1-50。重绘

20.4 结语

本章研究了现代城市建设中的一个重要部分——街道横断面的布置及其技术标准的确立。我国近代城市的路政体现了其熟稔国外的经验并且体现出一定的创造性，但由于缺少一个政令通达的、强有力的中央政权，存在着明显的各自为政的现象，技术标准在全国范围内未得贯彻。中华人民共和国成立后，都委会在道路系统的设计原则中就提出北京的道路系统“在全国应该是最好最标准的，必须表现出雄伟的气派，足以为其他城市仿效”。事实上，1957年北京总体规划基本定案后，城市规划的基本原则，包括道路等级和横断面设计的方法，都成为在全国推广的规范，其影响力至今仍清晰可见。

考察1949年以后的我国城市和建筑发展，有必要回溯到1949年之前讨论其思想根源，同时，1949年中华人民共和国的成立虽致力在意识形态、所有制形式和生产方式等方面发生了剧烈变化，具有划时代的意义，但也未能阻断人、事、物在此前后的联系和延续。以我国近代以来的道路横断面设计而言，可见建筑和规划技术标准的发展过程是一个连续的历史链条，是在长期经验积累的基础上，广泛参鉴国内外而形成的，不因政权更迭和意识形态变化而断裂。

例如，在道路横断面设计上，都委会道路系统专门委员会技术标准组在1951年明确提到参考了四方面的资料：公路总局拟定的公路设计准则与桥梁设计标准、都委会拟定的道路标准、敌伪建设总署编的都市计划道路标准、苏联的都市道路标准，“总之多方搜集，再结合本市具体情况分析研究。”①可见，街道横断面设计的技术标准绝非突如其来，而是在诸多方面延续了近代时期及国外的做法，命名方式则借鉴了近代不同政权颁布条例中的名称。

在全球视野中比较研究道路横断面设计的演进轨迹，这些在中华人民共和国成立初拟定的技术标准又明显地与其参考的近代或外国有所不同，围绕道路宽度的争论与“一块板”“两块板”“三块板”的技术标准确立即其典例。1950年代北京道路等级和横断面设计标准的确立既有多方面的创造，也体现出与近代时期和外国经验的显著关联。而且，这些技术标准和设计方法至今仍是我国城市规划理论和实践仍继续遵从的基本原则，这也是汪坦先生所说，“走出了西方，又解脱苏联，这是中国的理解”。

系统、全面地梳理西方的城市规划和建设历程，是为了获得对我国近代以来城市和建筑问题的更深刻的理解。本章对道路截面的研究说明，虽然资料来源有所不同，但研究的基本立场和取径——在全球关联网络中重视思想观念、设计手法、技术标准的传播、调适、实施及其影响，则与前述章节无异。我们期待在本书已经描摹出的西方现代城市规划思想和实践发展大骨架下，一方面持续增添生动、鲜活的材料以全理解，一方面以之为重要的参考对象，基于一手材料研究我国近、现代时期的城市规划和建筑课题，推动这个领域往前再进一步。

① 北京市都委会道路系统委员会技术标准组1—13次会议记录，北京市档案馆，150-001-00033。

后记

本书的最后爰将我从事西方城市规划思想史研究的缘由、经过和感想简述如下。

我在2003年考入清华大学建筑学院读硕士，跟从张复合先生学习中国近代建筑史。2004年夏，张先生承接了长春市政府委托的历史建筑紫线研究的项目。此后一年间我多次到长春，在文物和规划部门的配合下开展实地调研。我还记得当时看到日本人在1930年代建的东本愿寺大殿（时为某个中学的礼堂）后，才真正觉得中国近代建筑史的研究空间辽阔、大有可为。之后，我以长春的城市、建筑发展为题先后在清华和伯克利完成了硕士和博士论文。在我学术成长的初期就有机会去切身考察一个重要的近代城市的发展，并自然地将研究视野扩大到城市范畴，这种际遇令我获益匪浅。

但一个研究者的学术认识的提高毕竟是一个逐渐的过程。我在伯克利读博士时，同学中就有人专门研究英国的城市规划制度。但当时我专注于中国近代城市史和殖民地城市研究的领域，自觉不应也无暇旁顾。整个博士阶段我既没有选修过城市规划方面的课程，也没有去细读西方规划史的经典著作，虽然隐感与长春相关的不少问题其来龙去脉一直没搞清楚，但就这样完成了博士论文。不过读博士的五年半中经由各种方式，多少接触了一些与西方规划史有关的内容，对经典作家的名字及其著作有粗率的了解。

到2014—2015年，我陆续研究了中国近代以来的草坪、行道树和道路横截面设计等三个相互关联、且都与田园城市运动有关的题目，在这个过程中开始读施蒂本、西特、霍华德、恩翁等人的著作，逐渐认识到田园城市是一个牵涉极广、值得下大力气彻底搞清楚的课题。由于找不到很好的西方规划史的译本，我于是找来Gordon Cherry、Anthony Sutcliffe、Peter Hall、Stephen Ward等规划史家（都是英国人）的原作——这些书在伯克利的研讨班上曾被列在参考书中，但当时总觉得隔自己的研究太远而从没认真通读过。这时联系着正在加深的对中国近、现代建筑和城市的认识来读，不但解答了此前的一些疑惑，并越发觉得不但应该厘清田园城市的研究体系，而且以之为线索，还可以把看似头绪纷杂的西方城市规划的早期发展脉络梳理出来。这项工作对我自己的教学和研究当然有直接帮助。因为，中国近、现代城市和建筑虽然一度体现过来自日本和苏联的影响，但归根到底还是指向西方的规划思想和规划技术的发展历程；只有先把西方的历史背景和各种核心议题及其相互关联搞清楚，织成一张大网，才能真正形成全球视野，对嵌入其中的近代以来的中国问题获得更深入、立体的理解。

这项工作开始不久，我即认识到田园城市思想、田园城市运动和田园城市设计，其涵义各不相同；而由此构成的田园城市研究体系，则是研究西方现代城市规划早期发展的关键线索。深究下去，区域规划、城市更新以及历史城区和乡村保护，无不与田园城市思想和运动的发展密切相关。如果再进一步考察田园城市之于“艺术城市”“带形城市”“工业城市”“功能城市”“光辉城市”等规划思想的影响和相互作用，以及对田园城市的各种反思和批判，则“几乎构成了西方现代城市规划早期发展的全景”。这些研究就是本书的主要内容，其中涉及英国城市建设和规划发展的篇幅最多，包括19世纪以来英国的土地政策、公共卫生和城市规划立法等。这不但因为英国是田园城市思想的诞生地，而且在20世纪上半叶英国规划家群星闪耀，是全球性城市规划运动发展的最有力的推动力量，而且也是导致“城市规划”这一新学科其边界不断扩大、内涵逐渐丰富的根本原因。吴良镛先生曾以“理论、实践和立法活动”作为概括西方现代城市规划的三要素，本书的主体部分正是这三方面内容的反映，而其枢轴则聚焦于各种规划思想间的关联、区别及其对于“城市规划”观念动态演进的贡献。

在此以外，西方各国规划家的主张、实践及其对同侪和后世的影响也是本书关注的重点。我在硕士期间曾读过金经元先生关于霍华德、格迪斯和芒福德的书，一直赞同他所定义的“人文主义规划家”；通过这几年的研究，我不但更多地了解了他们及恩翁、阿伯克隆比等人，还逐渐熟悉起一长串较少见录于国内教材和参考书的欧美规划家，如积极推动区域规划运动的麦凯（Benton Mackaye）和在德国及苏联都进行过大量住宅区规划实践的恩斯特·梅（Ernst May），等等。而且，在规划家、建筑师、景观学家甚至地理学家和社会学家之外，还有一批真正的“局外人”或称规划学科的“越界者”——如19世纪末的英国“非国教宗”企业家、费边社成员以及有改革精神的新闻记者、进步主义政治家等，他们对现代城市规划学科的形成和发展无不与有力焉。对“人”及其思想演进的研究是本书的主要内容之一，但遗憾本书的体例和篇幅已不容对他们专门立传记述，只得分散到各章中，因此难免有所重复。

要以言之，本书是以田园城市研究体系为主线，考察其与20世纪上半叶其他主要规划思想的关联。这条主线可以有效地贯穿看似分散的各国的规划活动和规划事件，从而在全球图景下描摹出现代城市规划学科的建立与现代城市规划运动在西方各国（间或提及苏联、日本和中国）展开的历史进程。本书各章都强调了规划思想发展的全球性、关联性和动态性特征，既注重考察某一规划思想的历时性变化及其在不同地区的调适和修改，也重视西方规划家的规划思想和设计手法的演进过程，其要旨虽在缕述西方城市规划学科的诞生及其早期发展历史，但作者的本意是盼望这些研究最终能为将来中国城市和建筑问题的探索提供有益和坚实的参考。

笼统来讲，学术研究的类型可粗分为实证性和综述性两种。前者可谓开疆拓土、探幽凿险，多见诸个案的分析，是基于对实地及档案等一手材料的解析而在某些方面有所创辟，再以大量的类似个案的积累为基础形成新的理论体系；后者则近乎温故知新、采择抉发，是将前人的阐发按一定逻辑重新梳理、考订、裁选，使之继长增高，并求勾勒出经纬脉络，以在较宏观的层面获得更全面、深入的认识。这两类研究各有其必要，而本书显然属于后者。我自己在研究和写作的过程中，一方面很高兴地多了解到一些史实，例如我曾读书的加州小镇伯克利（Berkeley）是美国最早实行住宅分区制度的地方，使我通过这次研究加深了对自身经历的认识；另一方面，也尝试着进行了有关税收、经济和土地政策及立法等通常不被认为是建筑史范畴内的新研究，而其基础则是对英国19世纪甚至更早之前的政治、社会和思想问题的系统了解。因此，本书的目的首先是为完善作者自己的知识结构并作为教学参考之用，但如果它能对学有余力的建筑系或规划系同学在课外阅读时，起到辅弼教材、裨补阙漏的作用，那就更加不胜庆祷。

从2017年开始，本书的多数章节曾分别发表在《城市规划学刊》《城市与区域规划研究》《北京规划建设》《世界建筑》《建筑史学刊》等刊物上，其中几篇文稿曾得到清华大学吴唯佳、武廷海及北京市规划院马良伟等师友指教，多受鼓舞；同时，作者对上述期刊匿名评审人的宝贵意见与各编辑部同志的宽容和帮助再申谢悃。2020年春，中国建筑工业出版社的老朋友易娜同我商量出版一本介绍西方城市规划史的小书。感谢她的促成，我缕列了本书目录并在这两年间集中写了若干篇章以补全体系。而本次汇纂各文，除扩充文图外也借机对从前认识的若干不足和一些措辞不当之处加以修订。此外，多年以来的研究工作得到清华大学图书馆信息参考部郭依群、馆际互借处王伟、王凌云、何莉凤等老师的热心帮助，屡次解决了关键文献的调阅问题；我的几位博士生——邓可、王睿智、杜林东和张啸奔走校内外借书和扫描，节省了我很多时间，书成之际一并致谢。当然，书中现存的错误全部责之于作者。作者向来从事中国近、现代建筑史研究，了解城市规划学界甚少，鲁莽跨界，不胜惶恐，此书闭门造车、疵谬必多，切盼方家指示，以匡不逮。

2021年11月27日